KB261690

CBT 문제은행
공조냉동기계 기능사

김증식 편저

CBT 안내

한국산업인력공단에서 시행하는 국가기술자격검정 기능사 필기시험이 CBT 방식으로 달라졌습니다. CBT란 컴퓨터 기반 시험(Computer-Based Testing)의 약자로, 종이 시험지 없이 컴퓨터상에서 시험을 본다는 의미입니다. CBT 시험은 답안이 제출된 뒤 현장에서 바로 본인의 점수와 합격 여부를 확인할 수 있습니다.

Q-net에서 안내하는 CBT 시험 진행 절차는 다음과 같습니다.

신분 확인

시험 시작 전 수험자에게 배정된 좌석에 앉아 있으면 신분 확인 절차가 진행됩니다. 시험장 감독위원이 컴퓨터에 나온 수험자 정보와 신분증이 일치하는지를 확인하는 단계입니다.

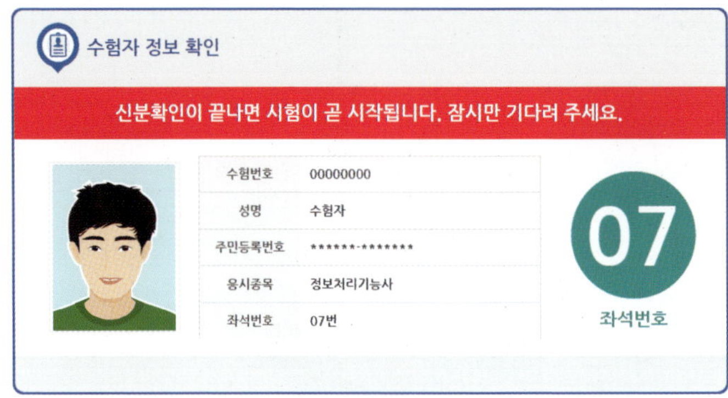

시험 준비

1. 안내사항

시험 안내사항을 확인합니다. 확인을 다하신 후 아래의 [다음] 버튼을 클릭합니다.

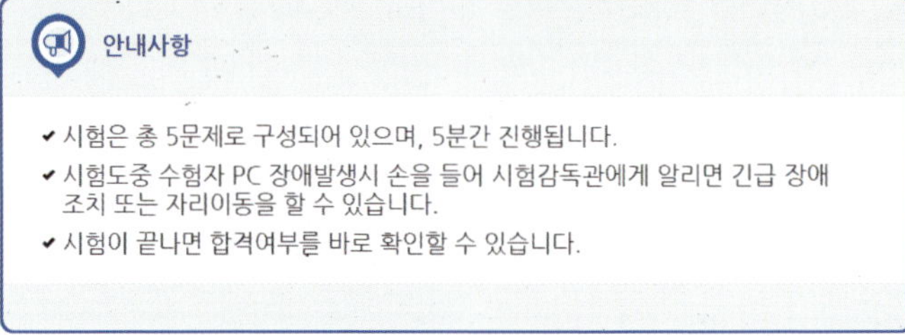

2. 유의사항

시험 유의사항을 확인합니다. [다음 유의사항 보기 ▶] 버튼을 클릭하여 유의사항 3쪽을 모두 확인합니다.

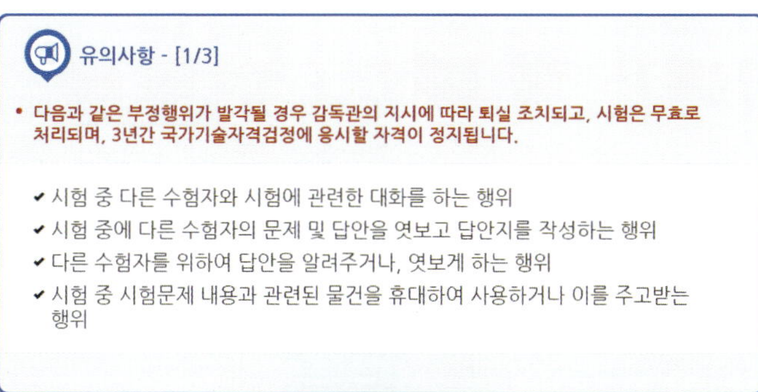

다음 유의사항 보기 ▶

3. 메뉴 설명

문제풀이 메뉴 설명을 확인하고 기능을 숙지합니다. 각 메뉴에 관한 모든 설명을 확인하신 후 아래의 [다음] 버튼을 클릭해 주세요.

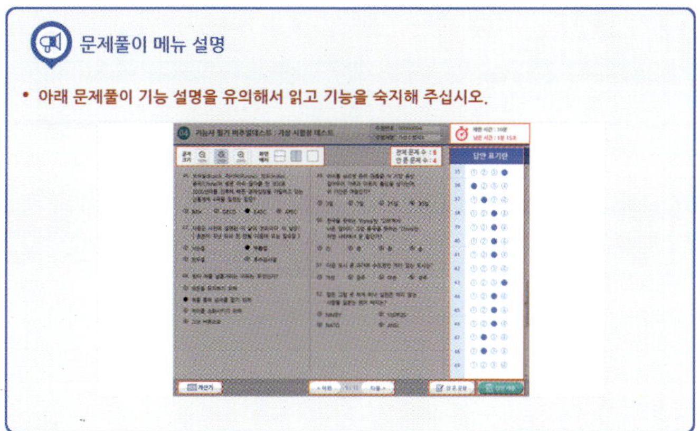

4. 문제풀이

자격검정 CBT 문제풀이 연습 버튼을 클릭하여 실제 시험과 동일한 방식의 문제풀이 연습을 준비합니다.

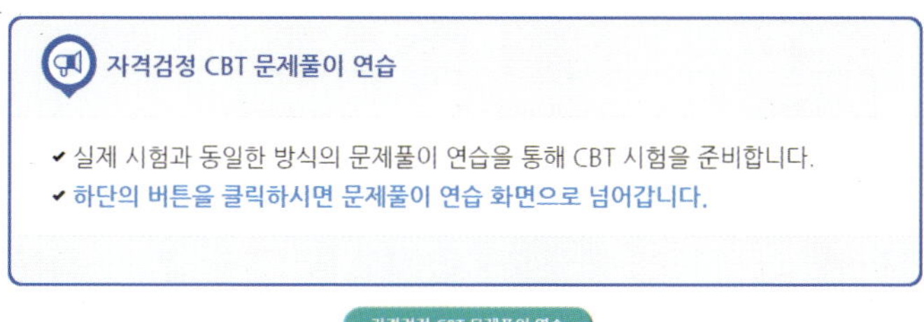

※ 조금 복잡한 자격검정 CBT 프로그램 사용법을 충분히 배웠습니다. [확인] 버튼을 클릭하세요.

5. 시험 준비 완료

시험 안내사항 및 문제풀이 연습까지 모두 마친 수험자는 [시험 준비 완료] 버튼을 클릭한 후 잠시 대기 합니다.

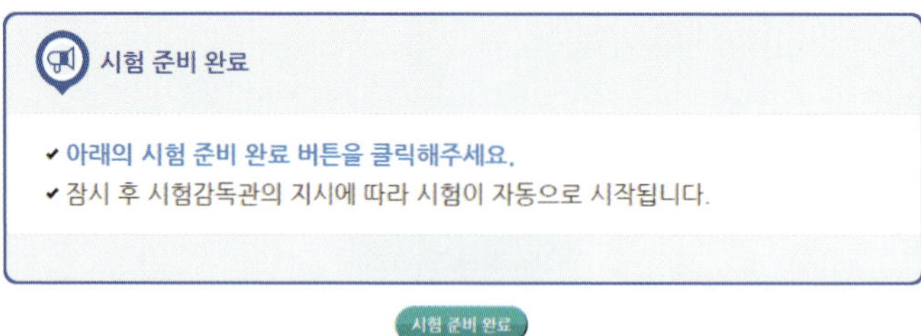

시험 시작

문제를 꼼꼼히 읽어보신 후 답안을 작성하시기 바랍니다. 시험을 다 보신 후 [답안 제출] 버튼을 클릭하세요.

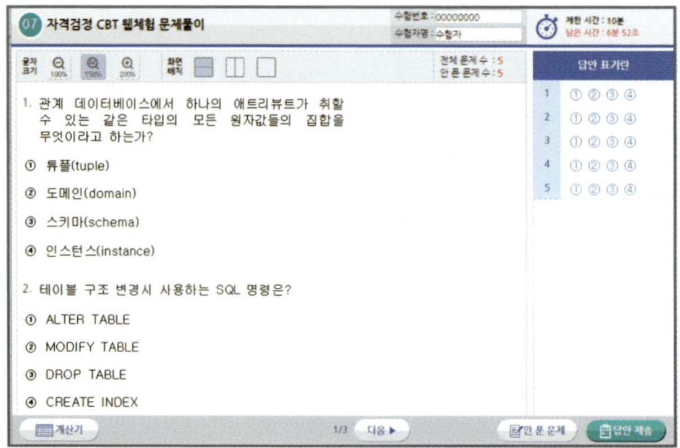

시험 종료

본인의 득점 및 합격 여부를 확인할 수 있습니다.

머리말

공조냉동기술은 주로 제빙, 식품 저장 및 가공 분야 외에 경공업, 중화학공업 분야, 의학, 축산업, 원자력공업 및 대형 건물의 냉난방 시설에 이르기까지 광범위하게 응용되고 있다. 또한 경제 성장과 더불어 산업체에서부터 가정에 이르기까지 냉동기 및 공기조화 설비 수요가 큰 폭으로 증가함에 따라 공조냉동기계와 관련된 생산, 공정, 시설, 기구의 안전관리 등을 담당할 기능 인력이 필요하게 되었다.

이러한 추세에 부응하여 필자는 수십 년간의 현장과 강단에서의 경험을 바탕으로, 공조냉동기계 기능사 필기시험을 준비하는 수험생들의 실력 배양 및 합격에 도움이 되고자 이 책을 출판하게 되었다.

이 책은 공조냉동기계기능사 필기시험에 합격하기 위한 핵심 이론을 과년도 문제 풀이를 통해 효율적으로 습득할 수 있도록 구성한 CBT 완벽 대비 수험서이다. 2002년부터 2016년까지 과년도 출제문제를 출제기준에 따라 냉동공학 / 공기조화 / 안전관리로 분류하여 문제은행 형식으로 수록하였으며, 각 문제마다 상세한 해설을 달아 줌으로써 기본적인 개념을 충분히 이해하고 출제 경향을 파악할 수 있도록 하였다.

끝으로 이 책으로 공조냉동기계기능사 필기시험을 준비하는 수험생 여러분께 합격의 영광이 함께 하길 바라며, 이 책이 나오기까지 여러모로 도와주신 모든 분들과 도서출판 **일진사** 직원 여러분께 깊은 감사를 드린다.

저자 씀

■ 공조냉동기계기능사 출제기준 (필기) ■

필기 과목명	주요 항목	세부 항목
공조냉동 안전관리	1. 안전관리의 개요	(1) 안전관리의 개요 (2) 재해 및 안전점검 (3) 보호구 및 안전표시 (4) 고압가스안전관리법(냉동 관련) (5) 산업안전 보건법
	2. 안전관리	(1) 기계설비의 안전 (2) 각종 기계 안전 (3) 운반기계 안전 (4) 전격재해 및 정전기의 재해 안전 (5) 전기설비기기 안전 (6) 가스 및 위험물 안전 (7) 보일러 안전 (8) 냉동기 안전 (9) 공구취급 안전 (10) 화재 안전
냉동기계	1. 냉동의 기초	(1) 단위 및 용어 (2) 냉동의 원리 (3) 기초 열역학
	2. 냉매	(1) 냉매 (2) 신냉매 및 천연냉매 (3) 브라인 (4) 냉동기유
	3. 냉동 사이클	(1) 몰리에르 선도와 상변화 (2) 카르노 및 이론 실제 사이클 (3) 단단 압축 사이클 (4) 다단 압축 사이클 (5) 이원 냉동 사이클
	4. 냉동장치의 종류	(1) 용적식 냉동기 (2) 원심식 냉동기 (3) 흡수식 냉동기 (4) 신·재생에너지(지열, 태양열 이용 히트펌프 등)
	5. 냉동장치의 구조	(1) 압축기 (2) 응축기 (3) 증발기 (4) 팽창밸브 (5) 부속장치 (6) 제어용 부속기기
	6. 냉동장치의 응용	(1) 제빙 및 동결장치 (2) 열펌프 및 축열장치
	7. 배관	(1) 배관 재료 (2) 배관 도시법 (3) 배관 시공 (4) 배관 공작
	8. 전기 및 자동제어	(1) 직류 회로 (2) 교류 회로 (3) 시퀀스 회로
	9. 냉동장치 유지 및 운전	(1) 냉동장치 유지 및 운전
공기조화	1. 공기조화의 기초	(1) 공기조화의 개요 (2) 공기의 성질과 상태 (3) 공기조화의 부하
	2. 공기조화 방식	(1) 중앙 공기조화 방식 (2) 개별 공기조화 방식
	3. 공기조화기기	(1) 송풍기 및 에어필터 (2) 공기 냉각 및 가열코일 (3) 가습·감습장치 (4) 열교환기 (5) 열원기기 (6) 기타 공기조화 부속기기
	4. 덕트 및 급배기설비	(1) 덕트 및 덕트의 부속품 (2) 급·배기설비
	5. 난방	(1) 직접 난방 (2) 간접 난방

차 례

Craftsman Air-Conditioning and Refrigerating Machinery

제 1 편

냉동공학

ⒸⒷⓉ 문제은행

1장 기초 냉동

1. 열용량을 나타내는 식으로 맞는 것은?

① 물질의 부피×밀도 [02, 04, 10]
② 물질의 무게×비열
③ 물질의 부피×비열
④ 물질의 무게×밀도

해설 열용량은 어떤 물질을 1℃ 높이는 데 필요한 열량으로 그 크기는 물질의 무게(중량)×비열이다.

2. 열(熱)의 뜻을 옳게 설명한 것은? [02]

① 차고 따뜻한 정도를 말한다.
② 힘으로 바꿀 수 있는 원인이 되는 것이다.
③ 에너지의 한 형태이며, 기계적 에너지와 같은 것이다.
④ 분자의 운동 에너지이다.

3. 다음 중 자연적인 냉동 방법의 특징으로 틀린 것은? [11]

① 온도 조절이 자유롭지 않다.
② 얼음의 융해열을 이용할 수 있다.
③ 다량의 물품을 냉동할 수 없다.
④ 연속적으로 냉동효과를 얻을 수 있다.

해설 ④는 기계적 냉동 방법의 특징이다.

4. NH_3를 냉매로 하고 물을 흡수제로 하는 흡수식 냉동기에서 열교환기의 기능을 잘 나타낸 것은? [11]

① 흡수기의 물과 발생기의 NH_3와의 열교환
② 흡수기의 진한 NH_3 수용액과 발생기의 묽은 NH_3 수용액과의 열교환
③ 응축기에서 냉매와 브라인과의 열교환
④ 증발기에서 NH_3 냉매액과 브라인과의 열교환

5. 냉동장치의 능력을 나타내는 단위로서 냉동톤(RT)이 있다. 1냉동톤을 설명한 것으로 옳은 것은? [05, 09, 12, 15]

① 0℃의 물 1 kg을 24시간에 0℃의 얼음으로 만드는 데 필요한 열량
② 0℃의 물 1 ton을 24시간에 0℃의 얼음으로 만드는 데 필요한 열량
③ 0℃의 물 1 kg을 1시간에 0℃의 얼음으로 만드는 데 필요한 열량
④ 0℃의 물 1 ton을 1시간에 0℃의 얼음으로 만드는 데 필요한 열량

해설 1냉동톤은 0℃의 물 1 ton을 하루 동안에 0℃ 얼음으로 만드는 데 필요한 열량이다. 즉 1 RT = 79680 kcal/24 h = 3320 kcal/h

6. 압력계의 지침이 9.80 cmHgv였다면 절대압력은 약 몇 kgf/cm^2a인가? [13]

① 0.9 ② 1.3
③ 2.1 ④ 3.5

해설 $P = \frac{76 - 9.8}{76} \times 1.033$

$= 0.899\ kgf/cm^2a$

정답 1. ② 2. ④ 3. ④ 4. ② 5. ② 6. ①

7. 다음 중 열의 이동에 관한 설명으로 틀린 것은? [11, 14]

① 열에너지가 중간물질에는 관계없이 열선의 형태를 갖고 전달되는 전열형식을 복사라 한다.
② 대류는 기체나 액체 운동에 의한 열의 이동현상을 말한다.
③ 온도가 다른 두 물체가 접촉할 때 고온에서 저온으로 열이 이동하는 것을 전도라 한다.
④ 물체 내부를 열이 이동할 때 전열량은 온도차에 반비례하고, 거리에 비례한다.

해설 전열량은 온도차에 비례하고, 길이에 반비례한다.

8. 다음 중 브롬화리튬(LiBr) 수용액이 필요한 장치는? [02, 06, 14]

① 증기 압축식 냉동장치
② 흡수식 냉동장치
③ 증기 분사식 냉동장치
④ 전자 냉동장치

해설 흡수식 냉동장치에서 냉매가 물일 때 흡수제로 LiBr 또는 LiCl을 사용하고 냉매가 NH_3일 때 흡수제는 H_2O이다.

9. 흡수식 냉동장치에서 냉매인 물이 5℃ 전후의 온도로 증발하고 있다. 이때 증발기 내부의 압력은? [06, 08, 09]

① 약 7 mmHg (933 Pa)·a 정도
② 약 32 mmHg (4266 Pa)·a 정도
③ 약 75 mmHg (9999 Pa)·a 정도
④ 약 108 mmHg (14398 Pa)·a 정도

해설 물이 5℃에서 증발하는 장치의 압력은 4~7 mmHg (753~756 mmHgVac) 정도이다.

10. 다음의 사항 중에서 잘못된 것은? [06]

① 1 BTU란 물 1 lb를 1℉ 높이는 데 필요한 열량이다.
② 1 kcal란 물 1 kg를 1℃ 높이는 데 필요한 열량이다.
③ 1 BTU는 3.968 kcal에 해당된다.
④ 기체에서 정압비열은 정적비열보다 크다.

해설 1 kcal = 3.968 BTU이다.

11. 1 psi는 몇 gf/cm^2인가? [09, 12]

① 64.5 ② 70.3
③ 82.5 ④ 98.1

해설 $1\ psi = \frac{1000}{14.22} = 70.32\ gf/cm^2$

12. 물-LiBr계 흡수식 냉동기의 순환 과정이 옳은 것은? [13]

① 발생기 → 응축기 → 흡수기 → 증발기
② 발생기 → 응축기 → 증발기 → 흡수기
③ 흡수기 → 응축기 → 증발기 → 발생기
④ 흡수기 → 응축기 → 발생기 → 증발기

해설 ⓐ 냉매 순환 경로 : 발생기 → 응축기 → 증발기 → 흡수기
ⓑ 흡수제 순환 경로 : 발생기 → 열교환기 → 흡수기

13. 서로 친화력을 가진 두 물질의 용해 및 유리작용을 이용하여 압축 효과를 얻는 냉동법은 어느 것인가? [13]

① 증기압축식 냉동법
② 흡수식 냉동법
③ 증기분사식 냉동법
④ 전자냉동법

해설 흡수식 냉동법은 저온에서 용해되고 고온에서 분리되는 친화력을 가진 두 물질을 이용한 것이다.

정답 7. ④ 8. ② 9. ① 10. ③ 11. ② 12. ② 13. ②

14. 냉동 관련 설명에 대한 내용 중에서 잘못된 것은? [13]

① 1 BTU란 물 1 lb를 1℉ 높이는 데 필요한 열량이다.
② 1 kcal란 물 1 kg를 1℃ 높이는 데 필요한 열량이다.
③ 1 BTU는 3.968 kcal에 해당된다.
④ 기체에서 정압비열은 정적비열보다 크다.

해설 1 BTU는 $\frac{1}{3.968}(=0.252)$ kcal이다.

15. 열역학 제1법칙을 설명한 것 중 옳은 것은 어느 것인가? [12]

① 열평형에 관한 법칙이다.
② 이론적으로 유도 가능하여 엔트로피의 뜻을 잘 설명한다.
③ 이상 기체에만 적용되는 열량 법칙이다.
④ 에너지 보존의 법칙 중 열과 일의 관계를 설명한 것이다.

해설 에너지 보존의 법칙에서 일과 열은 교환이 가능하다.

16. 냉매의 비열비가 크다는 것과 가장 관계가 큰 것은? [03, 07]

① 워터 재킷 ② 플래시 가스
③ 오일포밍 현상 ④ 에멀션 현상

해설 비열비가 크면 토출가스 온도가 높고 실린더가 과열되므로 압축기에 워터 재킷을 설치하여 냉각시킨다.

17. 기체의 용해도에 대한 설명 중 맞는 것은 어느 것인가? [03]

① 고온, 고압일수록 용해도가 커진다.
② 저온, 저압일수록 용해도가 커진다.
③ 저온, 고압일수록 용해도가 커진다.
④ 고온, 저압일수록 용해도가 커진다.

해설 고온, 저압일수록 증발이 쉽고 저온, 고압일수록 용해가 잘된다.

18. 어떤 기체에 15 kcal/kg의 열량을 가하여 700 kg · m/kg의 일을 하였다. 이 기체의 내부 에너지 증가량은 몇 kcal/kg인가? [03]

① 3.36 ② 7.36
③ 13.36 ④ 16.63

해설 $u = 15 - 700 \times \frac{1}{427} = 13.36$ kcal/kg

19. 다음 중 자연적인 냉동 방법이 아닌 것은 어느 것인가? [02, 09, 13]

① 증기분사식을 이용하는 방법
② 융해열을 이용하는 방법
③ 증발잠열을 이용하는 방법
④ 승화열을 이용하는 방법

해설 증기분사식은 노즐로 증기를 운동(속력)에너지로 바꾸고 디퓨저에 의해서 압력 에너지로 바꾸는 기계적 냉동장치이다.

20. 열이 이동되는 3가지 기본 현상(형식)이 아닌 것은? [13]

① 전도 ② 관류
③ 대류 ④ 복사

해설 열 이동의 3가지 기본 현상은 전도, 대류, 복사이다.

21. 다음 중 냉동능력의 단위로 옳은 것은? [07, 11, 13]

① kcal/kg · m^2
② kJ/h
③ m^3/h
④ kcal/kg · ℃

해설 냉동능력의 단위는 kcal/h 또는 kJ/h이다.

정답 14. ③ 15. ④ 16. ① 17. ③ 18. ③ 19. ① 20. ② 21. ②

22. **다음 중 이상적인 냉동 사이클에 해당되는 것은?** [11, 16]

① 오토 사이클 ② 카르노 사이클
③ 사바테 사이클 ④ 역카르노 사이클

해설 카르노 사이클의 반대인 역카르노 사이클은 증기 압축식 냉동장치의 원리로 이상적인 냉동 사이클이다.

23. **다음 중 냉동에 대한 정의 설명으로 가장 적합한 것은?** [11, 15]

① 물질의 온도를 인위적으로 주위의 온도보다 낮게 하는 것을 말한다.
② 열이 높은 데서 낮은 곳으로 흐르는 것을 말한다.
③ 물이 자체의 열을 이용하여 일정한 온도를 유지하는 것을 말한다.
④ 기체가 액체로 변화할 때의 기화열에 의한 것을 말한다.

해설 냉동 : 인위적으로 온도를 낮추는 것, 즉 열의 결핍 현상이다.

24. **다음 중 1초 동안에 75 kg·m의 일을 할 경우 시간당 발생하는 열량은 몇 kcal/h인가?** [06, 11, 14]

① 621 kcal/h ② 632 kcal/h
③ 653 kcal/h ④ 675 kcal/h

해설 ⓐ 1 PS = 75 kg·m/s = 632.3 kcal/h
ⓑ 1 HP = 76 kg·m/s = 641 kcal /h
ⓒ 1 kW = 102 kg·m/s = 860 kcal/h

25. **절대압력이 0.5165 kgf/cm²일 경우 복합 압력계로 표시되는 진공도는 약 얼마인가?** [11]

① 28 cmHgV ② 22.8 cmHgV
③ 38 cmHgV ④ 32.8 cmHgV

해설 $h = 76 - \frac{0.5165}{1.033} \times 76$
$= 38$ cmHgVac

26. **암모니아 흡수 냉동 사이클에 관한 설명 중 틀린 것은?** [11]

① 흡수기에서 암모니아 증기가 농축된 농용액이 된다.
② 발생기에서는 남은 희박용액을 흡수기로 되돌려 보낸다.
③ 열교환기에서는 발생기로부터 흡수기로 가는 희박용액이 가열된다.
④ 발생기 내에서는 물의 일부도 증발한다.

해설 발생기에서 흡수기로 가는 희석용액이 열교환에 의해서 냉각된다.

27. **냉동이란 저온을 생성하는 방법이다. 다음 중 저온 생성 방법이 아닌 것은?** [04, 08]

① 기한제 이용
② 액체의 증발열 이용
③ 펠티에 효과(Peltier effect) 이용
④ 기체의 응축열 이용

해설 ⓐ 자연냉동법
- 고체 용해잠열을 이용하는 방법(얼음, 눈)
- 고체의 승화잠열을 이용하는 방법(고체 CO_2)
- 액체의 증발잠열을 이용하는 방법(N_2, CO_2)
- 기한제를 이용하는 방법(얼음 또는 눈+기한제)

ⓑ 기계냉동법
- 증기압축식 냉동법
- 흡수식 냉동법
- 증기분사식 냉동법
- 공기압축식(기체 냉동) 냉동법(줄톰슨 효과)
- 전자 냉동법(펠티에 효과)
- 자기냉각법(단열탈법, 단열소자법)

정답 22. ④ 23. ① 24. ② 25. ③ 26. ③ 27. ④

28. 다음 설명 중 옳은 것은? [11]

① 1 HP는 860 kcal/h이다.

② 승화열, 증발열, 융해열은 잠열이다.

③ 1 kW보다 1 kg의 물이 가진 증발잠열이 크다.

④ 섭씨온도 t [℃]와 절대온도 T [K]의 관계는 $T = 273 - t$이다.

해설 잠열은 물질의 온도 변화 없이 상태 변화에 필요한 열로 승화열, 증발열, 융해열 등이 있다.

29. 다음 중 기계적 냉동 방법인 것은? [11]

① 고체의 융해잠열을 이용하는 방법

② 고체의 승화열을 이용하는 방법

③ 기한제를 이용하는 방법

④ 증기 압축식 냉동기를 이용하는 방법

해설 ①, ②, ③은 자연적인 냉동법이다.

30. [kcal/m·h·℃]의 단위는 무엇인가? [09, 11]

① 열전도율 ② 비열

③ 열관류율 ④ 오염계수

해설 ① 열전도율 : kcal/m·h·℃

② 비열 : kcal/kg·℃

③ 열관류율 : kcal/m^2·h·℃

④ 오염계수 : m^2·h·℃/kcal

31. 물이 얼음으로 변할 때의 동결잠열은 얼마인가? [11, 13]

① 79.68 kJ/kg ② 632 kJ/kg

③ 333.62 kJ/kg ④ 0.5 kJ/kg

해설 $q = 79.68 \times 4.187 = 333.62$ kJ/kg

32. 다음 중 증기분사 냉동법 설명으로 가장 옳은 것은? [12]

① 융해열을 이용하는 방법

② 승화열을 이용하는 방법

③ 증발열을 이용하는 방법

④ 펠티에 효과를 이용하는 방법

해설 증기분사식 냉동법도 증기압축식 냉동법과 같이 증발잠열을 이용한다.

33. 자연적인 냉동 방법 중 얼음을 이용하는 냉각법과 가장 관계가 많은 것은 어느 것인가? [12]

① 융해열 ② 증발열

③ 승화열 ④ 응고열

해설 얼음의 용해(융해) 잠열을 이용한다.

34. 고체에서 기체로 상태가 변화할 때 필요로 하는 열을 무엇이라 하는가? [07, 13]

① 증발열 ② 융해열

③ 기화열 ④ 승화열

해설 고체에서 기체로 변화할 때 승화열을 흡수하고, 기체에서 고체로 변화할 때 승화열을 방출한다.

35. 다음 중 냉동의 원리에 이용되는 열의 종류가 아닌 것은? [13]

① 증발열 ② 승화열

③ 융해열 ④ 전기 저항열

해설 전기 저항열은 난방열의 종류이다.

36. 1 kcal의 열을 전부 일로 바꾼다면 몇 kg·m의 일이 되는가? [06]

① $\frac{1}{427}$ kg·m ② 427 kg·m

③ 632 kg·m ④ 641 kg·m

해설 열의 일당량 $A = 427$ kg·m/kcal이므로 $1 \times 427 = 427$ kg·m이다.

정답 28. ② 29. ④ 30. ① 31. ③ 32. ③ 33. ① 34. ④ 35. ④ 36. ②

37. 압력 표시에서 1atm과 값이 다른 것은? [13]

① 1.01325 bar
② 1.10325 MPa
③ 760 mmHg
④ 1.03322 kgf/cm^2

해설 ⓐ 1 atm = 760 mmHg = 1.01325 bar
= 30 inHg = 1.03322 kgf/cm^2
= 14.7 lb/in^2 = 101325 N/m^2
= 101.325 kPa = 0.101325 MPa

ⓑ $P = \frac{1.10325 \times 1000000}{101325}$

$= 10.89\,\text{atm}$

38. 열전도율의 단위로 맞는 것은? [06]

① kcal/h·m^2 ② kcal/h·kg·m^2
③ kcal/h·℃·m ④ kcal/h·m

39. 1냉동톤(한국 RT)이란? [08, 15]

① 65 kcal/min ② 1.92 kcal/s
③ 3320 kcal/h ④ 55680 kcal/day

해설 1 RT는 0℃ 물 1000 kg을 24시간 동안에 0℃의 얼음으로 만드는 열로 79680 kcal/24h (3320 kcal/h)이다.

40. 1 HP은 몇 W인가? [05]

① 535 ② 620
③ 710 ④ 746

해설 $1\,\text{HP} = \frac{76}{102} = 0.746\,\text{kW} = 746\,\text{W}$

41. 100℃ 물의 증발잠열은 약 몇 kcal/kg인가? [08, 15]

① 539 ② 600
③ 627 ④ 700

해설 100℃ 물의 증발잠열은 538.8 kcal/kg 이고, 0℃ 물의 증발잠열은 597.3 kcal/kg이다.

42. 냉동톤(RT)에 대한 설명 중 맞는 것은? [02, 03, 08, 10]

① 한국 1냉동톤은 미국 1냉동톤보다 크다.
② 한국 1냉동톤은 3024 kcal/h이다.
③ 냉동능력은 응축온도가 낮을수록, 증발온도가 낮을수록 좋다.
④ 1냉동톤은 0℃의 얼음이 1시간에 0℃의 물이 되는 데 필요한 열량이다.

해설 한국 1냉동톤은 3320 kcal/h이고, 미국 1USRT는 12000 BUT/h (= 3024 kcal/h)이다.

43. 가스의 비열비에 대한 설명 중 맞는 것은 어느 것인가? [08]

① 비열비는 항상 1보다 작다.
② 정적비열을 정압비열로 나눈 값이다.
③ 비열비는 항상 1보다 크기도 하고 1보다 작기도 하다.
④ 비열비의 값이 커질수록 압축기 토출가스 온도는 상승된다.

해설 비열비는 단열압축 지수로서 그 값이 클수록 토출가스 온도 상승폭이 크다.

44. 1제빙톤은 몇 냉동톤인가? (단, 원료수의 온도는 25℃ 기준임) [08]

① 1.25 RT ② 1.45 RT
③ 1.65 RT ④ 1.85 RT

해설 1제빙톤

$= \frac{1000 \times \{(1 \times 25) + 79.68 + (0.5 \times 9)\}}{79680} \times 1.2$

$= 1.642 \fallingdotseq 1.65\,\text{RT}$

정답 37. ② 38. ③ 39. ③ 40. ④ 41. ① 42. ① 43. ④ 44. ③

45. 3320 kcal의 열량에 가장 가까운 값은? [02, 07, 11]

① 1 USRT ② 1417640 kg·m
③ 19588 BTu ④ 3.86 kW

해설 $g = 1417640 \times \frac{1}{427} = 3320$ kcal
$W = 3320 \times 427 = 1417640$ kg·m

46. 다음 용어 중 단위가 필요한 것은? [03]

① 단열 압축지수 ② 건조도
③ 정압 비열 ④ 압축비

해설 정압 비열의 단위는 kcal/kg·℃이다.

47. 액체가 기체로 변할 때의 열은? [06, 15]

① 승화열 ② 응축열
③ 증발열 ④ 융해열

해설 ① 승화열 : 고체가 기체, 기체가 고체로 변할 때의 열
② 응축열 : 기체가 액체로 변할 때의 열
③ 증발열 : 액체가 기체로 변할 때의 열
④ 융해열 : 고체가 액체로 변할 때의 열

48. 흡수식 냉동기의 주요 부품이 아닌 것은? [06]

① 응축기 ② 증발기
③ 발생기 ④ 압축기

해설 흡수식 냉동장치는 압축기 대신에 흡수기와 발생기가 있다.

49. 동력의 단위 중 그 값이 큰 순서대로 나열이 된 것은? (단, PS는 국제마력이고, HP는 영국마력이다.) [04, 06, 08, 14]

① 1 kW > 1 HP > 1 PS > 1 kg·m/s
② 1 kW > 1 PS > 1 HP > 1 kg·m/s
③ 1 HP > 1 PS > 1 kW > 1 kg·m/s
④ 1 HP > 1 PS > 1 kg·m/s > 1 kW

해설 ⓐ 1 kW = 102 kg·m/s
ⓑ 1 HP = 76 kg·m/s
ⓒ 1 PS = 75 kg·m/s

50. 다음 중 흡수식 냉동장치의 적용대상이 아닌 것은? [13]

① 백화점 공조용 ② 산업 공조용
③ 제빙공장용 ④ 냉난방장치용

해설 흡수식 냉동장치는 주로 공기조화용으로 저온장치인 제빙시설에 사용할 수 없다.

51. 흡수식 냉동기에 사용되는 흡수제의 구비 조건으로 맞지 않는 것은? [08, 10, 15]

① 용액의 증기압이 낮을 것
② 농도 변화에 의한 증기압의 변화가 작을 것
③ 재생에 많은 열량을 필요로 하지 않을 것
④ 점도가 높을 것

해설 흡수식 냉동기에 사용되는 흡수제는 점도가 작아야 한다.

52. 다음 중 흡수식 냉동기의 설명으로 잘못된 것은? [12]

① 운전 시의 소음 및 진동이 거의 없다.
② 증기, 온수 등 배열을 이용할 수 있다.
③ 압축식에 비해서 설치면적 및 중량이 크다.
④ 흡수식은 냉매를 기계적으로 압축하는 방식이며, 열적(熱的)으로 압축하는 방식은 증기압축식이다.

해설 흡수식은 열에너지를 압력 에너지로 전환하는 방식이다.

정답 45. ② 46. ③ 47. ③ 48. ④ 49. ① 50. ③ 51. ④ 52. ④

53. **흡수식 냉동기에서 냉매 순환 과정을 바르게 나타낸 것은?** [13, 16]

① 재생(발생)기 → 응축기 → 냉각(증발)기 → 흡수기
② 재생(발생)기 → 냉각(증발)기 → 흡수기 → 응축기
③ 응축기 → 재생(발생)기 → 냉각(증발)기 → 흡수기
④ 냉각(증발)기 → 응축기 → 흡수기 → 재생(발생)기

해설 ⓐ 냉매 순환 경로 : 재생기 → 응축기 → 증발기 → 흡수기 → 열교환기
ⓑ 흡수제 순환 경로 : 재생기 → 열교환기 → 흡수기 → 열교환기

54. **고체 이산화탄소가 기화할 때 필요한 열은 어느 것인가?** [06, 08]

① 융해열 ② 응고열
③ 승화열 ④ 증발열

해설 ⓐ 고체 CO_2는 −78.5℃에서 승화할 때 137 kcal/kg의 열을 흡수한다.
ⓑ 승화열 : 고체가 기체, 기체가 고체 될 때 필요한 열량이다.

55. **흡수식 냉동기의 발생기(재생기)가 하는 역할을 올바르게 설명한 것은?** [08]

① 냉수 출구온도를 감지하여 부하변동에 대응하는 증기량을 조절한다.
② 흡수액과 냉매를 분리하여 냉매는 응축기로, 흡수제는 흡수기로 보낸다.
③ 냉매증기의 열을 대기 중으로 방출하여 액화시킨 다음 증발기로 보낸다.
④ 응축기에서 넘어온 냉매를 이용하여 피냉각물체로부터 열을 흡수한다.

해설 발생기는 열을 이용하여 냉매와 흡수제를 분리시켜서 냉매는 응축기로, 흡수제는 흡수기로 공급한다.

56. **다음은 열과 온도에 관한 설명이다. 이 중 틀린 것은?** [08]

① 물체의 온도를 내리거나 올리는 데 그 원인이 되는 것을 열이라 한다.
② 물체가 뜨겁고 찬 정도를 나타내는 것을 온도라 하며 단위로는 섭씨(℃)와 화씨(℉) 등이 사용된다.
③ 온도가 낮은 물에 손을 담그면 차게 느껴지는 것은 물의 열이 손으로 이동하기 때문이다.
④ 두 물체 사이의 온도 차이가 클수록 열의 이동이 잘 된다.

해설 차게 느끼는 이유는 인체의 열을 빼앗기기 때문이다.

57. **냉동의 뜻을 올바르게 설명한 것은 어느 것인가?** [03, 05, 16]

① 인공적으로 주위의 온도보다 낮게 하는 것을 말한다.
② 열이 높은 데서 낮은 곳으로 흐르는 것을 말한다.
③ 물체 자체의 열을 이용하여 일정한 온도를 유지하는 것을 말한다.
④ 기체가 액체로 변화할 때의 기화열에 의한 것을 말한다.

해설 냉동은 열의 결핍 현상으로 자연계에 존재하는 온도보다 낮게 유지시키는 역할을 한다.

58. **엔탈피의 단위로 옳은 것은?** [15]

① kcal/kg ② kcal/h·℃
③ kcal/kg·℃ ④ $kcal/m^3·h·℃$

해설 ③ : 비열

정답 53. ① 54. ③ 55. ② 56. ③ 57. ① 58. ①

59. **완전 진공상태를 0으로 기준하여 측정하는 압력은?** [05, 11]

① 대기압 ② 진공도
③ 계기압력 ④ 절대압력

해설 ⓐ 계기압력 : 대기압을 0 kg/cm²·g로 한 것
ⓑ 절대압력 : 완전 진공을 0 kg/cm²·a로 한 것

60. **열전도저항에 대한 설명 중 맞는 것은?**

① 길이에 반비례한다. [02]
② 전도율에 비례한다.
③ 전도면적에 반비례한다.
④ 온도차에 비례한다.

해설 저항 $R = \dfrac{l}{\lambda \cdot F \cdot \Delta t}$ [m²h℃/kcal]

여기서, λ : 전도율 (kcal/mh℃)
F : 면적(m²)
l : 길이(m)
Δt : 온도차 (℃)

61. **다음 중 반도체를 이용하는 냉동기는?**

① 흡수식 냉동기 [02, 05, 08]
② 전자식 냉동기
③ 증기분사식 냉동기
④ 스크루식 냉동기

해설 전자식 냉동기 : 어떤 두 종류의 다른 금속을 접합하여 이것에 직류 전기를 통하면 접합부에서 열의 방출과 흡수가 일어나는 현상을 이용하여 저온도를 얻을 수 있다. 전류의 흐름 방향을 반대로 하면 열의 방출과 흡수가 반대로 된다.

62. **기체 또는 액체가 갖는 단위 중량당 열에너지를 무엇이라 하는가?** [03]

① 엔탈피 ② 엔트로피
③ 비체적 ④ 비중량

해설 엔탈피 : 어떤 물질 1 kg이 갖는 열에너지

63. **4.5 kg의 얼음을 융해하여 0℃의 물로 만들려면 약 몇 kcal의 열량이 필요한가? (단, 얼음은 0℃이며, 융해잠열은 80 kcal/kg이다.)** [04, 12]

① 320 kcal ② 340 kcal
③ 360 kcal ④ 380 kcal

해설 $q = 4.5 \times 80 = 360$ kcal

64. **열과 일의 관계를 바르게 나타낸 것은? (단, J = 열의 일당량, A = 일의 열당량, W = 소요되는 일, Q = 발생열량이다.)**

① $Q = AW$ ② $W = \dfrac{1}{J}Q$ [08]
③ $W = AQ$ ④ $J = AW$

해설 ⓐ J : 열의 일당량 (427kg·m/kcal, 1kN·m/kJ)
ⓑ A : 일의 열당량 ($\frac{1}{427}$kcal/kg·m, 1 kJ/kN·m)
ⓒ W : 소요되는 일(kg·m, kN·m)
ⓓ Q : 발생열량(kcal, kJ)

65. **표준 대기압을 0으로 기준하여 측정한 압력은?** [07]

① 대기압 ② 절대압력
③ 게이지 압력 ④ 진공도

해설 표준 대기압을 0으로 기준하여 측정한 압력은 게이지 압력이고, 완전 진공을 0으로 기준하여 측정한 압력은 절대압력이다.

정답 59. ④ 60. ③ 61. ② 62. ① 63. ③ 64. ① 65. ③

66. **냉동장치는 냉매의 어떤 열을 이용하여 냉동 효과를 얻는가?** [03, 05]

① 승화열 ② 기화열
③ 용해열 ④ 응고열

해설 냉동장치는 냉매의 증발 (기화) 잠열을 주로 이용한다.

67. **열에 관한 사항 중 틀린 것은 어느 것인가?** [04]

① 감열은 건구온도계로서 측정할 수 있다.
② 잠열은 물체의 상태를 바꾸는 작용을 하는 열이다.
③ 감열은 상태변화 없이 온도 변화에 필요한 열이다.
④ 승화열은 감열의 일종이며, 고체를 기체로 바꾸는 데 필요한 열이다.

해설 승화열은 잠열이며, 고체를 기체로 또는 기체를 고체로 바꾸는 데 필요한 열이다.

68. **다음 설명 중 옳은 것은?** [06]

① 고체에서 기체가 될 때에 필요한 열을 증발열이라 한다.
② 온도의 변화를 일으켜 온도계에 나타나는 열을 잠열이라 한다.
③ 기체에서 액체로 될 때 제거해야 하는 열은 기화열 또는 감열이라 한다.
④ 기체에서 액체로 될 때 필요한 열은 응축열이며, 이를 잠열이라 한다.

해설 ① 고체에서 기체가 될 때 필요한 열을 승화열이라 한다.
② 온도의 변화를 일으켜 온도계에 나타나는 열을 현열(감열)이라 한다.

69. **열통과에 대한 설명 중 가장 바르게 설명한 것은?** [07]

① 열이 기체에서 기체로 이동하는 것이다.
② 열이 기체에서 고체로 이동하는 것이다.
③ 열이 고체벽을 사이에 두고 유체 A에서 유체 B로 이동하는 것이다.
④ 열이 고체벽 A에서 다른 고체벽 B로 이동하는 것이다.

해설 열통과는 유체(공기) → 고체(벽체) → 유체(공기)로 이동하는 것이다.

70. **35℃의 물 3 m^3을 5℃로 냉각하는 데 제거할 열량은?** [07]

① 60000 kcal ② 80000 kcal
③ 90000 kcal ④ 120000 kcal

해설 $q = 3 \times 1000 \times 1 \times (35-5)$
$= 90000 \text{ kcal}$

71. **수증기를 열원으로 하여 냉방에 적용시킬 수 있는 냉동기는?** [14]

① 원심식 냉동기 ② 왕복식 냉동기
③ 흡수식 냉동기 ④ 터보식 냉동기

해설 흡수식 냉동기는 재생기(발생기)에 공급되는 열원이 온수 또는 수증기이고 최근에는 가스에 의한 직화식도 있다.

72. **전자냉동은 다음 중 어떠한 원리를 이용한 것인가?** [12]

① 제베크 효과 ② 안티 효과
③ 펠티에 효과 ④ 증발 효과

해설 열전냉동기는 다른 종류의 금속의 접합점을 통하여 전류를 흘리면 열의 흡수와 발생이 일어나는 현상 (펠티에 효과)을 이용한 것으로 최근에는 반도체를 이용하여 같은 원리로 저온을 얻는 것을 전자냉동장치라 한다.

정답 66. ② 67. ④ 68. ④ 69. ③ 70. ③ 71. ③ 72. ③

73. **다음 중 열에 관한 설명으로 틀린 것은 어느 것인가?** [09, 10, 15]

① 승화열은 고체가 기체로 되면서 주위에서 빼앗는 열량이다.
② 잠열은 물체의 상태를 바꾸는 작용을 하는 열이다.
③ 현열은 상태 변화 없이 온도 변화에 필요한 열이다.
④ 융해열은 현열의 일종이며, 고체를 액체로 바꾸는 데 필요한 열이다.

해설 융해열은 잠열의 일종이며, 고체를 액체로 바꾸는 데 필요한 열이다.

74. **열역학 제1법칙을 설명한 것으로 옳은 것은?** [15]

① 밀폐계가 변화할 때 엔트로피의 증가를 나타낸다.
② 밀폐계에 가해 준 열량과 내부에너지의 변화량의 합은 일정하다.
③ 밀폐계에 전달된 열량은 내부에너지 증가와 계가 한 일의 합과 같다.
④ 밀폐계의 운동에너지와 위치에너지의 합은 일정하다.

해설 가열량 $q = u + APV =$ 내부에너지 + 외부에너지(유동일)

75. **다음 설명 중 내용이 맞는 것은?** [04, 09]

① 1 BTU는 물 1 lb를 1℃ 높이는 데 필요한 열량이다.
② 절대압력은 대기압의 상태를 0으로 기준하여 측정한 압력이다.
③ 이상기체를 단열팽창시켰을 때 온도는 내려간다.
④ 보일-샤를의 법칙에서 기체의 부피는 압력에 반비례하고 절대온도에 반비례한다.

해설 ① 1BTU는 물 1 lb를 1°F 높이는 데 필요한 열량이다.
② 절대압력은 완전 진공을 0으로 한 압력이다.
④ 보일-샤를의 법칙에서 기체의 부피는 압력에 반비례하고 온도에 비례한다.

76. **1분간에 25℃의 순수한 물 100 L를 3℃로 냉각하기 위하여 필요한 냉동기의 냉동톤은?** [06, 10]

① 0.66 ② 39.76
③ 37.67 ④ 45.18

해설 $RT = \dfrac{100 \times 1 \times (25-3) \times 60}{3320}$
$= 39.759$

77. **절대 압력과 게이지 압력과의 관계식으로 옳은 것은?** [09]

① 절대 압력 = 대기 압력 + 게이지 압력
② 절대 압력 = 대기 압력 − 게이지 압력
③ 절대 압력 = 대기 압력 × 게이지 압력
④ 절대 압력 = 대기 압력 ÷ 게이지 압력

78. **다음 설명 중 옳은 것은?** [10]

① 냉장실의 온도는 열복사에 의해서 균일하게 된다.
② 냉장실의 방열벽에는 열전도율이 큰 재료를 사용한다.
③ 물은 얼음보다는 열전도율이 작으나 공기보다는 크다.
④ 수랭응축기에서 냉각관의 전열은 물때의 영향은 받으나 냉각수의 유속과는 관계가 없다.

해설 열전도율 순서 : 얼음 > 물 > 공기

정답 73. ④ 74. ③ 75. ③ 76. ② 77. ① 78. ③

79. 증발열을 이용한 냉동법이 아닌 것은?

① 증기분사식 냉동법 [10, 14]
② 압축 기체 팽창 냉동법
③ 흡수식 냉동법
④ 증기 압축식 냉동법

해설 ①, ③, ④는 증발열을 이용한 방법이고, ②는 기체의 현열을 이용한 방법이다.

80. 1 BTU는 몇 kcal인가? [10]

① 3.968 ② 0.252
③ 252 ④ 1.8

해설 $1\text{ BTU} = \frac{1}{3.968} = 0.252\text{ kcal}$

81. 다음 용어 설명 중 잘못된 것은 어느 것인가? [12]

① 냉각(cooling) : 상온보다 낮은 온도로 열을 제거하는 것
② 동결(freezing) : 냉각작용에 의해 물질을 응고점 이하까지 열을 제거하여 고체 상태로 만드는 것
③ 냉장(storage) : 냉각장치를 이용, 0℃ 이상의 온도에서 식품이나 공기 등을 상변화 없이 저장하는 것
④ 냉방(air conditioning) : 실내공기에 열을 가하여 주위 온도보다 높게 하는 방법

해설 냉방 : 실내공기의 열과 습도를 제거하여 쾌적한 환경을 조성하는 것

82. 운전 중에 있는 냉동기의 압축기 압력계가 고압은 8 kg/cm^2, 저압은 진공도 100 mmHg를 나타낼 때 압축기의 압축비는?

① 약 6 ② 약 8 [15]
③ 약 10 ④ 약 12

해설 $a = \dfrac{8+1.033}{\dfrac{760-100}{760} \times 1.033} = 10.07$

83. 다음 중 증발잠열을 이용하는 물질로서 맞지 않는 것은? [09]

① 알코올 ② 암모니아
③ 물 ④ 수증기

해설 수증기는 응축잠열을 이용한다.

84. 드라이아이스(고체 CO_2)는 어떤 열을 이용하여 냉동효과를 얻는가? [13]

① 승화 잠열 ② 응축 잠열
③ 증발 잠열 ④ 융해 잠열

해설 드라이아이스(고체 CO_2)는 −78.5℃에서 137 kcal/kg의 잠열을 흡수하여 승화한다.

85. 영국의 마력 1 HP를 열량으로 환산할 때 맞는 것은? [07, 12, 15]

① 102 kcal/h ② 632 kcal/h
③ 860 kcal/h ④ 641 kcal/h

해설 ⓐ 프랑스 1 PS = 632.3 kcal/h
ⓑ 영국 1 HP = 641 kcal/h
ⓒ 1 kW = 860 kcal/h

86. 가열원이 필요하며 압축기가 필요 없는 냉동기는? [15]

① 터보 냉동기 ② 흡수식 냉동기
③ 회전식 냉동기 ④ 왕복동식 냉동기

해설 흡수식 냉동장치는 압축기 대신에 흡수기와 발생기를 사용하고 발생기의 가열량으로 수증기 또는 가스로 직접 가열한다.

정답 79. ② 80. ② 81. ④ 82. ③ 83. ④ 84. ① 85. ④ 86. ②

87. 온도가 다른 두 물체를 접촉시키면 열은 고온에서 저온의 물체로 이동한다. 이것은 어떤 법칙인가? [12]

① 줄의 법칙 ② 열역학 제2법칙
③ 헤스의 법칙 ④ 열역학 제1법칙

해설 ⓐ 제1법칙 : 에너지 보존의 법칙
ⓑ 제2법칙 : 열 이동의 과정을 명시한 자연 법칙

88. 다음 열전달률에 대한 설명 중 옳은 것은 어느 것인가? [14]

① 열이 관벽 또는 브라인(brine) 등의 재질 내에서의 이동을 나타내며 단위는 kcal/m·h·℃이다.
② 액체면과 기체면 사이의 열의 이동을 나타내며 단위는 kcal/m·h·℃이다.
③ 유체와 고체 사이의 열의 이동을 나타내며 단위는 $kcal/m^2 \cdot h \cdot$℃이다.
④ 고체와 기체 사이의 한정된 열의 이동을 나타내며 단위는 $kcal/m^3 \cdot h \cdot$℃이다.

해설 열전달률은 유체와 고체 사이에서 단위시간 동안 면적 $1m^2$당 온도 1℃ 변화하는 데 이동하는 열량으로 단위는 $kcal/m^2 \cdot h \cdot$℃이다.

89. 다음 중 표준대기압(1 atm)에 해당되지 않는 것은? [07]

① 76 cmHg ② 1.013 bar
③ 15.2 lb/in^2 ④ 1.0332 kgf/cm^2

해설 $1\ atm = 76\ cmHg = 30\ inHg$
$= 1.0332\ kg/cm^2$
$= 14.7\ lb/in^2 = 1.01325\ bar$
$= 101325\ N/m^2$

90. 기체의 비열에 관한 설명 중 옳지 않은 것은? [14]

① 비열은 보통 압력에 따라 다르다.
② 비열이 큰 물질일수록 가열이나 냉각하기가 어렵다.
③ 일반적으로 기체의 정적비열은 정압비열보다 크다.
④ 비열에 따라 물체를 가열, 냉각하는 데 필요한 열량을 계산할 수 있다.

해설 정압비열이 정적비열보다 크다.

91. 표준 대기압 상태에서 100℃의 포화수 2 kg을 100℃의 건포화증기로 만드는 데 필요한 열량은? [15]

① 3320 kcal ② 2435 kcal
③ 1078 kcal ④ 539 kcal

해설 $q = 2 \times 539 = 1078\ kcal$

92. 2중효용 흡수식 냉동기에 대한 설명 중 옳지 않은 것은? [05]

① 단중효용 흡수식 냉동기에 비해 효율이 높다.
② 2개의 재생기가 있다.
③ 2개의 증발기가 있다.
④ 열교환기가 추가로 필요하다.

해설 2중효용이라는 것은 재생기(발생기)가 2개라는 뜻으로 증발기의 숫자와 관계 없다.

93. 100000 kcal의 열로 0℃의 얼음 약 몇 kg을 용해시킬 수 있는가? [13]

① 1000 kg ② 1050 kg
③ 1150 kg ④ 1250 kg

해설 얼음의 용해 잠열을 약 80 kcal/kg으로 보면 $G = \frac{100000}{80} = 1250\ kg$이다.

정답 87. ② 88. ③ 89. ③ 90. ③ 91. ③ 92. ③ 93. ④

94. 다음 용어의 설명 중 맞지 않는 것은 어느 것인가? [12]

① 냉각 : 식품을 얼리지 않는 범위 내에서 온도를 낮추는 것
② 제빙 : 물을 동결하여 얼음을 생산하는 것
③ 동결 : 어떤 물체를 가열하여 얼리는 것
④ 저빙 : 생산된 얼음을 저장하는 것

해설 동결 : 어떤 물질을 결빙점 이하로 낮추어서 얼리는 것

95. 25℃의 순수한 물 50 kg을 10분 동안에 0℃까지 냉각하려 할 때, 최저 몇 냉동톤의 냉동기를 써야 하는가? (단, 손실은 흡수열량의 25 %이고 냉동톤은 한국냉동톤으로 한다.) [05]

① 1.53 냉동톤 ② 1.98 냉동톤
③ 2.82 냉동톤 ④ 3.13 냉동톤

해설 냉동톤 (RT)

$$= \frac{50 \times 1 \times (25 - 0) \times 60 \times 1.25}{3320 \times 10} = 2.82$$

96. 얼음 두께를 t, 브라인 온도를 t_b라 할 때 결빙시간의 산정식으로 맞는 것은? [10]

① $\frac{0.56 \times t^2}{t_b}$ = 결빙시간

② $\frac{0.56 \times t_b}{t^2}$ = 결빙시간

③ $\frac{0.56 \times t^2}{-t_b}$ = 결빙시간

④ $\frac{0.56 \times t_b}{-t^2}$ = 결빙시간

97. 대기압이 1.005 at일 때 1300 mmHg·a는 계기압력으로 몇 kPa인가? [09]

① 22.56 ② 34.76
③ 52.96 ④ 74.76

해설 $p = \left(\frac{1300}{760} - \frac{1.005}{1.033}\right) \times 101.325$
$= 74.74\,\text{kPa}$

98. 한 공학자가 가정용 냉장고를 이용하여 겨울에 난방을 할 수 있다고 주장하였다면 이론적으로 열역학법칙과 어떠한 관계를 갖겠는가? [11]

① 열역학 제1법칙에 위배된다.
② 열역학 제2법칙에 위배된다.
③ 열역학 제1, 2법칙에 위배된다.
④ 열역학 제1, 2법칙에 위배되지 않는다.

해설 냉장고의 흡열과 방열은 2법칙이고 실내의 에너지 손실이 없는 것은 1법칙이다.

99. 흡수식 냉동장치에서 암모니아가 냉매로 사용될 때 흡수제는 어떤 것인가? [07]

① LiBr ② $CaCl_2$
③ NH_3 ④ H_2O

해설 냉매가 NH_3일 때 흡수제는 H_2O이고 냉매가 H_2O일 때 흡수제는 LiBr 또는 LiCl이다.

100. 30℃의 물 2000 kg을 −15℃의 얼음으로 만들고자 한다. 이 경우 물로부터 빼앗아야 할 열량은 얼마인가? (단, 외부로부터 침입되는 열량은 없는 것으로 한다.) [02]

① 234360 kcal ② 281232 kcal
③ 149400 kcal ④ 293400 kcal

해설 $q = 2000 \times \{(1 \times 30) + 79.68 + (0.5 \times 15)\} = 234360\,\text{kcal}$

정답 94. ③ 95. ③ 96. ③ 97. ④ 98. ④ 99. ④ 100. ①

101. 다음의 그림은 열흐름을 나타낸 것이다. 열흐름에 대한 용어로 틀린 것은? [08, 12]

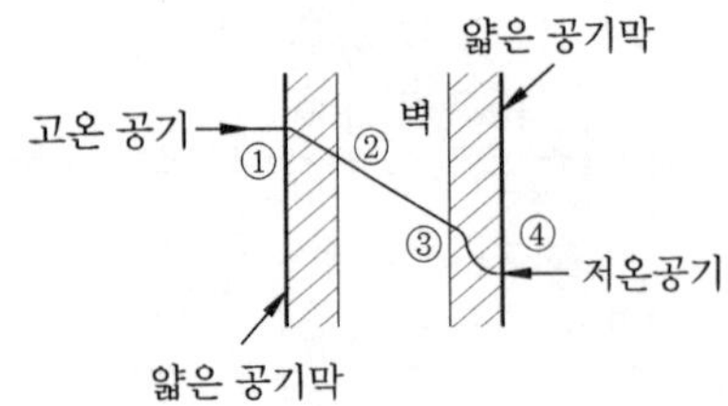

① ①→② : 열전달
② ②→③ : 열관류
③ ③→④ : 열전달
④ ①→④ : 열통과

해설 ②→③ : 열전도

102. 열용량에 대한 설명으로 맞는 것은 어느 것인가? [12]

① 어떤 물질 1 kg의 온도를 10℃ 올리는 데 필요한 열량을 뜻한다.
② 어떤 물질의 온도를 1℃ 올리는 데 필요한 열량을 뜻한다.
③ 물 1 kg의 온도를 0.1℃ 올리는 데 필요한 열량을 뜻한다.
④ 물 1 lb의 온도를 1℉ 올리는 데 필요한 열량을 뜻한다.

해설 열용량 = 질량 × 비열

103. 열부하 계산 시 적용되는 열관류율 (K)에 대한 설명으로 틀린 것은? [04]

① 열관류율이란 전도, 대류, 복사에 의한 열전달의 모든 요인들을 혼합하여 하나의 값으로 나타낸 값이다.
② 단위는 kcal/kg·℃이다.
③ 열관류율이 커지면 열부하도 커진다.
④ 고체벽을 사이에 두고 유체에서 유체로 열이 이동하는 비율을 말한다.

해설 열관류율의 단위는 kcal/m^2·h·℃이고 kcal/kg·℃는 비열의 단위이다.

104. 기계적인 냉동방법인 것은? [07]

① 고체의 융해 잠열을 이용하는 방법
② 고체의 승화열을 이용하는 방법
③ 기한제를 이용하는 방법
④ 증기압축식 냉동기를 이용하는 방법

해설 ①, ②, ③은 자연적인 냉동방법이다.

105. 흡수식 냉동장치의 냉매와 흡수제의 조합으로 맞는 것은? [11, 14]

① 물 (냉매) – NH_3 (흡수제)
② NH_3 (냉매) – 물 (흡수제)
③ LiBr (냉매) – 물 (흡수제)
④ 물 (냉매) – 메탄올 (흡수제)

해설 냉매와 흡수제의 조합 : NH_3 (냉매) – H_2O (흡수제), H_2O (냉매) – LiBr (흡수제), H_2O (냉매)–LiCl (흡수제)

106. 냉동능력 20톤 이상의 냉동설비의 압력계에 관한 설명 중 틀린 것은? [08]

① 냉매설비에는 압축기의 토출 및 흡입 압력을 표시하는 압력계를 부착할 것
② 압축기가 강제 윤활 방식인 경우에는 윤활유 압력을 표시하는 압력계를 부착할 것
③ 발생기에는 냉매가스의 압력을 표시하는 압력계를 부착할 것
④ 압력계 눈금판의 최고눈금 수치는 당해 압력계의 설치 장소에 따른 시설의 기밀시험 압력 이상이고 그 압력의 1배 이하일 것

해설 압력계의 눈금은 최고 사용압력의 1.5~2배이어야 한다.

정답 101. ② 102. ② 103. ② 104. ④ 105. ② 106. ④

107. 흡수식 냉동장치와 증기분사식 냉동장치의 냉매로 사용되는 것은? [07, 10]

① 물 ② 공기
③ 프레온 ④ 탄산가스

해설 ⓐ 흡수식 : 열에너지 → 압력에너지
ⓑ 증기분사식 : 열에너지 → 운동(속력)에너지 → 압력에너지
ⓒ 흡수식, 증기분사식의 사용 냉매는 물이다.

108. 흡수식 냉동장치의 주요 구성요소가 아닌 것은? [15]

① 재생기 ② 흡수기
③ 이젝터 ④ 용액펌프

해설 흡수식의 주요 구성요소는 흡수기, 발생기(재생기), 응축기, 증발기, 열교환기, 펌프 등이다.

109. 다음 중 흡수식 냉동기의 장점이 아닌 것은 어느 것인가? [06]

① 진동이 적다.
② 증기, 온수 등 폐열을 이용할 수 있다.
③ 부분 부하 시는 운전비가 경제적이다.
④ 물을 냉매로 하는 것은 저온을 얻을 수 있다.

해설 물을 냉매로 하면 0℃ 이하의 저온을 얻을 수 없다.

110. 다음 중 물에 용해성이 좋아서 흡수식 냉동기의 냉매로 가장 적합한 것은? [14]

① R-502 ② 황산
③ 암모니아 ④ R-22

해설 암모니아(NH_3)는 물에 800~900배 용해된다.

111. 접합점의 온도를 달리하여 전기가 흐르는 현상은? [06]

① 전자 효과 ② 제베크 효과
③ 펠티에 효과 ④ 줄톰슨 효과

해설 가스레인지의 파워파일은 제베크 효과를 이용하여 온도를 전기로 바꾸는 전자발전기이다.

112. 증기 압축식 냉동장치의 냉동원리에 해당되는 것은? [10]

① 증기의 팽창열을 이용한다.
② 액체의 증발잠열을 이용한다.
③ 고체의 승화열을 이용한다.
④ 기체의 온도차에 의한 현열 변화를 이용한다.

해설 증기 압축식은 기계적 냉동법으로 냉매의 증발잠열을 이용한다.

113. 어떤 냉동기를 사용하여 25℃의 순수한 물 100 L를 −10℃의 얼음으로 만드는 데 10분이 걸렸다고 한다면, 이 냉동기는 약 몇 냉동톤인가? (단, 1냉동톤은 3320 kcal/h, 냉동기의 모든 효율은 100 %이다.)

① 3냉동톤 ② 16냉동톤 [10]
③ 20냉동톤 ④ 25냉동톤

해설 냉동톤(RT)

$$= \frac{100 \times \{(1 \times 25) + 79.68 + (0.5 \times 10)\} \times 60}{10 \times 3320}$$

$= 19.82 ≒ 20$

114. 두 가지 금속으로 폐회로를 만들었을 때 두 접합점에 온도 차이를 주면 열기전력이 발생하는 현상은? [12]

① 평형 효과 ② 톰슨 효과
③ 열전 효과 ④ 펠티에 효과

정답 107. ① 108. ③ 109. ④ 110. ③ 111. ② 112. ② 113. ③ 114. ③

115. 다음 중 기체를 액화시키는 방법으로 옳은 것은? [06, 10]

① 임계압력 이하로 압축한 후 냉각시킨다.
② 임계온도 이상으로 가열한 후 압력을 높인다.
③ 임계압력 이상으로 가압하고 임계온도 이하로 냉각한다.
④ 임계온도 이하로 냉각하고 임계압력 이하로 감압한다.

해설 기체는 압력을 높이고 온도를 낮추어서 액화시킨다.

116. 다음과 같은 냉동기의 냉매 배관도에서 고압액 냉매 배관은 어느 부분인가? [06]

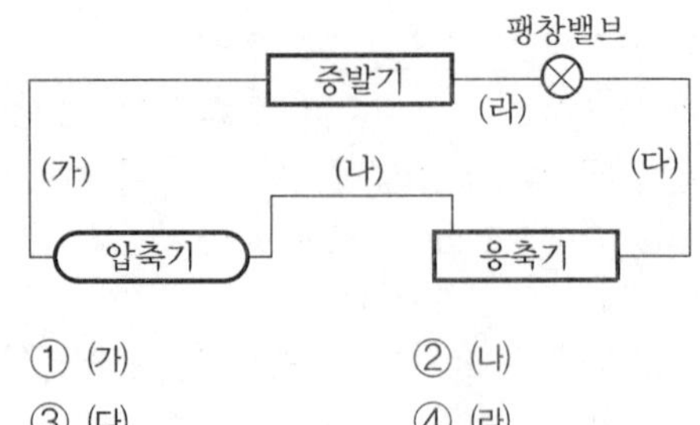

① (가) ② (나)
③ (다) ④ (라)

해설 (가) 흡입가스 배관, (나) 고압가스 배관
(다) 고압액 냉매 배관, (라) 습증기 배관

정답 115. ③ 116. ③

2장 냉동 사이클

1. 기준 냉동 사이클에 의해 작동되는 냉동장치의 운전 상태에 대한 설명 중 옳은 것은? [15]

① 증발기 내의 액냉매는 피냉각 물체로부터 열을 흡수함으로써 증발기 내를 흘러감에 따라 온도가 상승한다.
② 응축온도는 냉각수 입구온도보다 높다.
③ 팽창과정 동안 냉매는 단열팽창하므로 엔탈피가 증가한다.
④ 압축기 토출 직후의 증기온도는 응축과정 중의 냉매 온도보다 낮다.

해설 ① : 온도는 일정하고 엔탈피는 상승한다.
③ : 팽창밸브는 교축작용이므로 엔탈피가 일정하다.
④ : 압축기 토출가스 온도는 냉동장치에서 제일 높다.

2. 다음 중 냉동 사이클의 구성 순서가 바른 것은? [13]

① 증발 → 응축 → 팽창 → 압축
② 압축 → 응축 → 증발 → 팽창
③ 압축 → 응축 → 팽창 → 증발
④ 팽창 → 압축 → 증발 → 응축

해설 역카르노 사이클은 증발 → 압축 → 응축 → 팽창 순이며 이것이 이상적 냉동 사이클의 원리이다.

3. 표준 냉동 사이클에서 과냉각도는 어느 것인가? [15]

① 45℃　　② 30℃
③ 15℃　　④ 5℃

해설 ⓐ 응축온도 : 30℃
ⓑ 팽창밸브 직전 온도 : 25℃ (과냉각도 5℃)
ⓒ 증발온도 : −15℃
ⓓ 압축기 흡입상태 : −15℃의 포화증기

4. 표준 냉동 사이클의 온도 조건과 관계없는 것은? [11, 14]

① 증발온도 : −15℃
② 응축온도 : 30℃
③ 팽창밸브 입구에서의 냉매액 온도 : 25℃
④ 압축기 흡입가스 온도 : 0℃

해설 ① 증발온도 : −15℃
② 응축온도 : 30℃
③ 팽창밸브 직전 온도 : 25℃(과냉각도 5℃)
④ 압축기 흡입가스 온도 : −15℃ 포화증기

5. 표준 사이클을 유지하고 암모니아의 순환량을 186 kg/h로 운전했을 때의 소요동력은 약 몇 kW인가? (단, NH_3 1 kg을 압축하는 데 필요한 열량은 몰리에르 선도 상에서는 56 kcal/kg이라 한다.) [08]

① 12.1　　② 24.2
③ 28.6　　④ 36.4

해설 $N = \frac{186 \times 56}{860} = 12.1\,\text{kW}$

정답 1. ②　2. ③　3. ④　4. ④　5. ①

6. **냉동 사이클에서 증발온도가 −15℃이고 과열도가 5℃일 경우 압축기 흡입가스온도는?**

① 5℃ ② −10℃ [15]
③ −15℃ ④ −20℃

해설 흡입가스온도 = −15 + 5 = −10℃

7. **역카르노 사이클은 어떤 상태 변화 과정으로 이루어져 있는가?** [09, 10, 11, 12, 15]

① 2개의 등온과정, 1개의 등압과정
② 2개의 등압과정, 2개의 교축작용
③ 2개의 단열과정, 1개의 교축과정
④ 2개의 단열과정, 2개의 등온과정

해설 이상적 냉동장치인 역카르노 사이클은 2개의 단열과정과 2개의 등온과정으로 이루어지며, 카르노 사이클의 역순환으로 저온부의 열을 고온부로 이동시키는 냉동장치이다.
※ 역카르노 사이클 : 등온팽창 → 단열압축 → 등온압축 → 단열팽창

8. **다음의 역카르노 사이클에서 냉동장치의 각 기기에 해당되는 구간이 바르게 연결된 것은?** [05, 08, 10, 11, 12, 14]

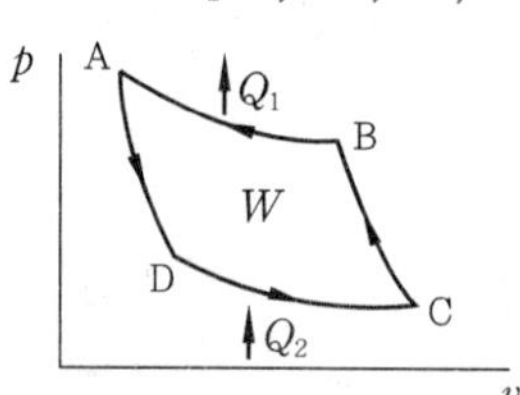

① B → A : 응축기, C → B : 팽창 밸브, D → C : 증발기, A → D : 압축기
② B → A : 증발기, C → B : 압축기, D → C : 응축기, A → D : 팽창 밸브
③ B → A : 응축기, C → B : 압축기, D → C : 증발기, A → D : 팽창 밸브
④ B → A : 압축기, C → B : 응축기, D → C : 증발기, A → D : 팽창 밸브

해설 ⓐ D → C : 등온흡열(증발기)
ⓑ C → B : 단열압축(압축기)
ⓒ B → A : 등온방열(응축기)
ⓓ A → D : 단열팽창(팽창 밸브)

9. **다음 중 이상적인 냉동 사이클은 어느 것인가?** [07, 09, 11]

① 역카르노 사이클 ② 랭킨 사이클
③ 브리튼 사이클 ④ 스털링 사이클

해설 카르노 사이클의 반대인 역카르노 사이클은 증기 압축식 냉동장치의 원리로 이상적인 냉동 사이클이다.

10. **다음 그림 중 고압액관은 어느 것인가?** [04, 15]

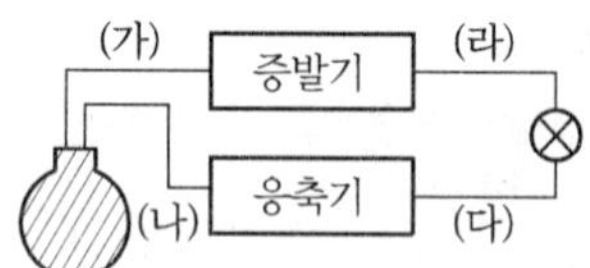

① (가) ② (나)
③ (다) ④ (라)

해설 (가) : 흡입가스 배관
(나) : 토출가스 배관
(다) : 고압액 배관
(라) : 습증기 배관

11. **암모니아 냉동기에서 일반적으로 압축비가 얼마 이상일 때 2단 압축을 하는가?**

① 2 ② 3 [02, 13]
③ 4 ④ 6

해설 2단 압축
ⓐ NH_3 : 압축비 6 이상
ⓑ 프레온 : 압축비 9 이상

정답 6. ② 7. ④ 8. ③ 9. ① 10. ③ 11. ④

12. **실제 증기압축 냉동 사이클에 관한 설명으로 틀린 것은?** [15]

① 실제 냉동 사이클은 이론 냉동 사이클보다 열손실이 크다.
② 압축기를 제외한 시스템의 모든 부분에서 냉매배관의 마찰저항 때문에 냉매유동의 압력강하가 존재한다.
③ 실제 냉동 사이클의 압축과정에서 소요되는 일량은 이론 냉동 사이클보다 감소하게 된다.
④ 사이클의 작동유체는 순수물질이 아니라 냉매와 오일의 혼합물로 구성되어 있다.

해설 실제 압축과정의 동력은 이론동력보다 크다.

13. **증발기에서 나온 냉매가스를 압축기에서 압축하는 이유는?** [11]

① 냉매가스의 온도를 상승시키기 위하여
② 냉매가스의 비체적을 감소시키기 위하여
③ 압력을 상승시켜 응축기 내에서 쉽게 액화할 수 있게 하기 위하여
④ 응축기에서 냉각수량 부족 시 수온 상승을 방지하기 위하여

해설 압축기는 냉매장치를 순환시키는 역할을 하고 온도와 압력을 상승시켜 응축기에서 액화를 용이하게 하며 증발기의 가스를 흡입하여 규정 압력으로 유지시킨다.

14. **왕복동식 암모니아(NH_3) 압축기에서 워터 재킷(water jacket)을 사용하는 설명 중에서 옳은 것은?** [06]

① 암모니아(NH_3) 냉매는 다른 냉매에 비하여 비열비가 크기 때문이다.
② 암모니아(NH_3) 냉매는 다른 냉매에 비하여 저온에 사용되기 때문이다.
③ 암모니아(NH_3) 냉매는 다른 냉매에 비하여 비체적이 크기 때문이다.
④ 암모니아(NH_3) 냉매는 다른 냉매에 비하여 압력범위가 넓기 때문이다.

해설 NH_3는 비열비가 커서 실린더가 과열되고 토출가스 온도가 상승하므로 워터 재킷을 설치하여 압축기를 냉각시킨다.

15. **2단 압축장치의 구성 기기에 속하지 않는 것은?** [03, 10, 14]

① 증발기
② 팽창 밸브
③ 고단 압축기
④ 캐스케이드 응축기

해설 캐스케이드 응축기는 2원 냉동장치에서 저온측 응축기와 고온측 증발기가 열교환하는 장치이다.

16. **2단 압축 냉동 사이클에 대한 설명으로 틀린 것은?** [07, 09, 12]

① 2단 압축이란 증발기에서 증발한 냉매가스를 저단 압축기와 고단 압축기로 구성되는 2대의 압축기를 사용하여 압축하는 방식이다.
② NH_3 냉동장치에서 증발온도가 -35℃ 정도 이하가 되면 2단 압축을 하는 것이 유리하다.
③ 압축비가 10 이상이 되는 냉동장치인 경우에만 2단 압축을 해야 한다.
④ 최근에는 한 대의 압축기로써 각각 다른 2대의 압축기 역할을 할 수 있는 콤파운드 압축기를 사용하기도 한다.

해설 NH_3 장치는 압축비 6 이상, 프레온 장치는 압축비 9 이상일 때 2단 압축을 한다.

정답 12. ③ 13. ③ 14. ① 15. ④ 16. ③

17. 2단 압축 1단 팽창 냉동장치에 대한 설명 중 옳은 것은? [12, 15]

① 단단 압축시스템에서 압축비가 작을 때 사용된다.
② 냉동부하가 감소하면 중간냉각기는 필요 없다.
③ 단단 압축시스템보다 응축능력을 크게 하기 위해 사용된다.
④ −30℃ 이하의 비교적 낮은 증발온도를 요하는 곳에 주로 사용된다.

해설 ⓐ 2단 압축장치는 NH_3를 기준으로 압축비 6 이상이거나 증발온도 −35℃(기준 사이클) 또는 응축온도가 높은 여름에는 −25℃ 이하에서 설치한다.
ⓑ 프레온 : 압축비 9 이상 증발온도 −50℃ 이하

18. 2단 압축 1단 팽창 사이클에서 중간 냉각기 주위에 연결되는 장치로서 적당하지 못한 것은? [08, 14, 15]

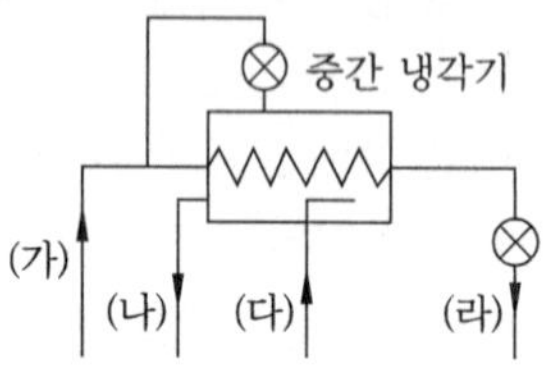

① ㈎ : 수액기로부터
② ㈏ : 고단측 압축기로
③ ㈐ : 응축기로부터
④ ㈑ : 증발기로

해설 ㈐는 저단 압축기 토출측으로부터 연결된다.

19. 1대의 압축기를 이용해 저온의 증발 온도를 얻으려 할 경우 여러 문제점이 발생되어 2단 압축 방식을 택한다. 1단 압축으로 발생되는 문제점으로 틀린 것은? [11, 13]

① 압축기의 과열 ② 냉동능력 증가
③ 체적 효율 감소 ④ 성적계수 저하

해설 2단 압축의 목적
ⓐ 압축일량 감소
ⓑ 토출가스의 온도 상승 방지
ⓒ 각종 이용 효율 증가
ⓓ 냉동능력 향상

20. 저온을 얻기 위해 2단 압축을 했을 때의 장점은? [09]

① 성적계수가 향상된다.
② 설비비가 적게 된다.
③ 체적 효율이 저하한다.
④ 증발압력이 높아진다.

해설 2단 압축의 목적
ⓐ 압축일량 분배(감소)
ⓑ 이용 효율 증가
ⓒ 토출가스의 온도 상승 방지
ⓓ 냉동효과가 커지므로 성적계수 향상

21. 2단 압축방식을 채용하는 이유로서 맞지 않는 것은? [13]

① 압축기의 체적 효율과 압축 효율 증가를 위해
② 압축비를 감소시켜서 냉동능력을 감소하기 위해
③ 압축비를 감소시켜서 압축기의 과열을 방지하기 위해
④ 냉동기유의 변질과 압축기 수명 단축 예방을 위해

해설 2단 압축방식을 채용하면 압축비 감소로 냉동능력이 증가한다.

22. 2단 압축을 채용하는 목적이 아닌 것은 어느 것인가? [04]

정답 17. ④ 18. ③ 19. ② 20. ① 21. ② 22. ②

① 냉동능력을 증대시키기 위해
② 압축비가 2 이상일 때 채택
③ 압축비를 감소시키기 위해
④ 체적효율을 증가시키기 위해

해설 암모니아의 압축비가 6 이상, 프레온의 압축비가 9 이상일 때 2단 압축을 채용한다.

23. 2단 압축장치의 중간 냉각기의 역할이 아닌 것은? [08, 12]

① 압축기로 흡입되는 액냉매를 방지하기 위함이다.
② 고압 응축액을 냉각시켜 냉동능력을 증대시킨다.
③ 저단측 압축기 토출가스의 과열을 제거한다.
④ 냉매액을 냉각하여 그 중에 포함되어 있는 수분을 동결시킨다.

해설 중간 냉각기는 ①, ②, ③ 외에 고단측 압축기의 액압축을 방지한다.

24. 저단측 토출가스의 온도를 냉각시켜 고단측 압축기가 과열되는 것을 방지하는 것은 어느 것인가? [05, 08, 10]

① 부스터 ② 인터쿨러
③ 콤파운드 압축기 ④ 익스팬션 탱크

해설 중간 냉각기(inter-cooler)
ⓐ 저단 압축기 토출가스 온도의 과열도를 제거하고 고단 압축기가 과열 압축하는 것을 방지하여 토출가스 온도 상승을 감소시킨다.
ⓑ 팽창 밸브 직전의 액냉매를 과냉각시켜서 플래시 가스 발생량을 감소시킴으로써 냉동 효과(냉동능력)를 증가시킨다.
ⓒ 고단 압축기의 액압축을 방지한다.

25. 2단 압축 냉동 사이클에서 중간 냉각기가 하는 역할 중 틀린 것은? [11, 16]

① 저단압축기의 토출가스 온도를 낮춘다.
② 냉매가스를 과냉각시켜 압축비를 낮춘다.
③ 고단압축기로의 냉매액 흡입을 방지한다.
④ 냉매액을 과냉각시켜 냉동효과를 증대시킨다.

해설 중간 냉각기는 냉매액을 과냉각시켜 냉동효과를 증대함으로써 냉동능력을 향상시킨다.

26. 2단 압축 냉동 사이클에서 중간 냉각을 행하는 목적이 아닌 것은? [04]

① 고단 압축기가 과열되는 것을 방지한다.
② 고압 냉매액을 과랭시켜 냉동효과를 증대시킨다.
③ 고압 측 압축기의 흡입가스 중의 액을 분리시킨다.
④ 저단 측 압축기의 토출가스를 과열시켜 체적효율을 증대시킨다.

해설 중간 냉각은 저단 압축기의 토출가스의 과열도를 감소시킨다.

27. 2단 압축 냉동장치에 있어서 중간 냉각의 역할에 관한 사항 중 틀린 것은? [06, 07]

① 증발기에 공급하는 액을 과냉각시켜 냉동효과를 증대시킨다.
② 고압 압축기의 흡입가스 압력을 저하시키고 압축비를 감소시킨다.
③ 저압 압축기의 압축가스의 과열도를 저하시킨다.
④ 고압 압축기의 흡입가스의 온도를 내리고 냉동장치의 성적계수를 향상시킨다.

해설 저단압축기 토출가스 과열도를 감소

정답 23. ④ 24. ② 25. ② 26. ④ 27. ②

시켜서 고단압축기의 과열압축을 방지하여 토출가스 온도의 과도한 상승을 방지한다.

28. 2단 압축 냉동장치에 있어서 다음 사항 중 옳은 것은? [02, 06]

① 고단측 압축기와 저단측 압축기의 피스톤 압출량을 비교하면 저단측이 크다.
② 냉매순환량은 저단측 압축기 쪽이 많다.
③ 2단 압축은 압축비와는 관계없으며 단단압축에 비해 유리하다.
④ 2단 압축은 R－22 및 R－12에는 사용되지 않는다.

해설 저단측 냉매의 비체적이 크기 때문에 체적은 저단 압축기가 크고 냉매순환량은 고단압축기가 크다.

29. 2원 냉동기의 저온측 냉매로 사용이 적당치 않은 것은? [06]

① R－12 ② 프로판
③ R－13 ④ R－14

해설 2원 냉동장치의 저온측 냉매로는 R－13, R－14, R－23, R－503, C_3H_8, C_2H_4, CH_4 등이 있다.

30. 다음 중 2원 냉동 사이클에 대한 설명으로 틀린 것은? [09]

① －70℃ 이하의 저온을 얻기 위해 이용한다.
② 2종류의 냉매를 이용한다.
③ 저온측 냉매는 수냉각으로 응축시켜야 한다.
④ 저압측에 팽창탱크를 설치한다.

해설 저온측 냉매는 고온측 증발기에 의해서 액화된다.

31. 2원 냉동 사이클에 사용하는 냉매 중 저온측 냉매로 가장 적당한 것은? [11]

① R－11 ② R－12
③ R－21 ④ R－13

해설 저온측 냉매에는 R－13, R－14, R－23, R－503 등이 있다.

32. 2원 냉동장치에 사용하는 저온측 냉매로서 옳은 것은? [08, 10, 14]

① R-717 ② R-718
③ R-14 ④ R-22

해설 2원 냉동장치 사용 냉매
ⓐ 고온측 : R-12, R-22, R-502, C_3H_8 등
ⓑ 저온측 : R-13, R-14, R-23, R-503, C_3H_8, CH_4 등

33. 2원 냉동장치에는 고온 쪽과 저온 쪽에 서로 다른 냉매를 사용한다. 다음 중 저온 쪽에 사용하기에 적합한 냉매군은 어느 것인가? [04]

① 암모니아, 프로판, R-11
② R-13, 에탄, 에틸렌
③ R-13, R-21, R-113
④ R-12, R-22, R-500

해설 ⓐ 고온용 냉매 : R-12, R-22, R-502, C_3H_8 등
ⓑ 저온용 냉매 : R-13, R-14, R-503, C_2H_4, C_2H_6 등

34. 다음 2원 냉동 사이클에 대한 설명 중 틀린 것은? [09, 11]

① 다단압축 방식보다 저온에서 좋은 효율을 얻을 수 있다.

정답 28. ① 29. ① 30. ③ 31. ④ 32. ③ 33. ② 34. ③

② 저온측 냉매와 고온측 냉매를 구분하여 사용한다.
③ 저온측 응축기의 열은 냉각수를 이용하여 냉각시킨다.
④ 2원 냉동은 −100℃ 정도의 저온을 얻고자 할 때 사용한다.

해설 저온측 응축기는 고온측 증발기에 의해 냉각된다.

35. 2원 냉동 사이클에 대한 설명으로 가장 거리가 먼 것은? [14]

① 각각 독립적으로 작동하는 저온측 냉동 사이클과 고온측 냉동 사이클로 구성된다.
② 저온측의 응축기 방열량을 고온측의 증발기로 흡수하도록 만든 냉동 사이클이다.
③ 보통 저온측 냉매는 임계점이 낮은 냉매, 고온측은 임계점이 높은 냉매를 사용한다.
④ 일반적으로 −180℃ 이하의 저온을 얻고자 할 때 이용하는 냉동 사이클이다.

해설 −70℃ 이하에서 2원 냉동장치가 채용된다.

36. 다음 중 2원 냉동장치 냉매로 많이 사용되는 R−290은 어느 것인가? [13]

① 프로판 ② 에틸렌
③ 에탄 ④ 부탄

해설 ① R−290 : C_3H_8 (프로판)
② R−1150 : C_2H_4 (에틸렌)
③ R−170 : C_2H_6 (에탄)
④ R−600 : C_4H_{10} (부탄)

37. 2원 냉동장치에 대한 설명 중 틀린 것은? [15, 16]

① 냉매는 주로 저온용과 고온용을 1 : 1로 섞어서 사용한다.
② 고온측 냉매로는 비등점이 높은 냉매를 주로 사용한다.
③ 저온측 냉매로는 비등점이 낮은 냉매를 주로 사용한다.
④ −80∼−70℃ 정도 이하의 초저온 냉동장치에 주로 사용된다.

해설 2원 냉동장치는 저온측에는 저온용 냉매, 고온측에는 고온용 냉매를 사용한다.

38. 2원 냉동장치의 설명으로 볼 수 없는 것은? [02, 08, 10]

① −70℃ 이하의 저온을 얻는 데 사용된다.
② 비등점이 높은 냉매는 고온측 냉동기에 사용된다.
③ 저온측 압축기의 흡입관에는 팽창탱크가 설치되어 있다.
④ 중간 냉각기를 설치하여 고온측과 저온측을 열교환시킨다.

해설 ④ 캐스케이드 콘덴서를 설치하여 고온측 증발기가 저온측 응축기를 냉각시킨다.

39. 2원 냉동장치에 대한 설명 중 틀린 것은 어느 것인가? [08]

① 냉매는 저온용과 고온용을 50 : 50으로 주로 섞어서 사용한다.
② 고온측 냉매로는 응축압력이 낮은 냉매를 주로 사용한다.
③ 저온측 냉매로는 비점이 낮은 냉매를 주로 사용한다.
④ −80∼−70℃ 정도 이하의 초저온 냉동장치에 주로 사용된다.

해설 냉매는 저온용과 고온용이 다르므로 희석하여 사용할 수 없다.

정답 35. ④ 36. ① 37. ① 38. ④ 39. ①

40. 다음 중 2원 냉동장치의 캐스케이드 콘덴서(cascade condenser)에 대한 설명으로 맞는 것은? [09]

① 고온측 응축기와 저온측 증발기를 열교환기 형식으로 조합한 것이다.
② 저온측 응축기와 고온측 증발기를 열교환기 형식으로 조합한 것이다.
③ 고온측 응축기의 열을 저온측 증발기로 이동한다.
④ 저온측 증발기의 열을 고온측 응축기로 이동한다.

해설 캐스케이드 콘덴서는 고온측 증발기가 저온측 응축기를 냉각시키는 구조이다.

41. 다음 중 냉매의 물리적 조건이 아닌 것은 어느 것인가? [02, 04]

① 상온에서 임계온도가 낮을 것(상온 이하)
② 응고온도가 낮을 것
③ 증발잠열이 크고, 액체비열이 작을 것
④ 누설 발견이 쉽고, 전열작용이 양호할 것

해설 상온에서 임계온도가 높아야 응축이 잘 된다.

42. 다음 냉매 중 원심식 냉동기에 알맞은 냉매는? [06]

① R-11 ② R-22
③ R-290 ④ R-717

해설 원심식 냉동기의 냉매로는 R-11(R-123), R-113, R-114 등이 있고, 100 RT 이하의 소형장치에는 R-113을 사용한다.

43. 터보 냉동기의 구조에서 불응축 가스 퍼지, 진공작업, 냉매충전, 냉매재생의 기능을 갖추고 있는 장치는? [02, 06, 13]

① 플로트 체임버 장치
② 전동장치
③ 일리미네이터 장치
④ 추기회수 장치

해설 추기회수 장치는 정비 시 각종 압력시험과 냉매충전, 배출을 할 수 있고, 운전 중에는 자동으로 불응축 가스를 배출시킨다. 분리된 불응축 가스는 대기 방출하고 냉매는 증발기로 회수시킨다.

44. 부하가 감소되면 서징(surging) 현상이 일어나는 압축기는? [03]

① 터보 압축기 ② 왕복동 압축기
③ 회전 압축기 ④ 스크루 압축기

해설 터보(원심식) 압축기는 압축비가 결정된 상태에서 운전되고 운전 중 압축비 변화가 없으므로, 운전 중 흡입측과 토출측에 압력이 감소되는 경우가 생기면 토출가스가 역류하여 재차 압축을 반복하는 현상, 즉 서징 현상이 유발된다.

45. 다음 중 터보 냉동기와 왕복동식 냉동기를 비교했을 때 터보 냉동기의 특징으로 맞는 것은? [03]

① 회전수가 매우 빠르므로 동작 밸런스나 진동이 크다.
② 보수가 어렵고 수명이 짧다.
③ 소용량의 냉동기에는 한계가 있고 생산가가 비싸다.
④ 저온장치에서도 압축단수가 적어지므로 사용도가 넓다.

해설 왕복동식의 최대 용량은 일반적으로 150 RT이고, 터보 냉동장치의 최소 용량이 일반적으로 150 RT 이상이다.

정답 40. ② 41. ① 42. ① 43. ④ 44. ① 45. ③

46. **원심식 냉동기의 서징 현상에 대한 설명 중 옳지 않은 것은?** [02, 06]

① 응축압력이 한계점 이상으로 계속 상승한다.
② 고저압계 및 전류계의 지침이 심히 움직인다.
③ 냉각수의 감소에도 원인이 있다.
④ 소음과 진동을 수반하는 맥동 현상이 일어난다.

해설 서징 현상이 발생하면 다음과 같은 영향이 있다.
ⓐ 소음 및 진동 발생
ⓑ 증발압력이 규정치 이상으로 상승한다.
ⓒ 응축압력이 한계치 이하로 감소한다.
ⓓ 압축기가 과열된다.
ⓔ 전류계의 지침이 흔들리고 심하면 운전이 불가능하다.

47. **2원 냉동장치 냉매로 많이 사용되는 R-290은 어느 것을 말하는가?** [02]

① 프로판 ② 에틸렌
③ 에탄 ④ 부탄

48. **냉매의 물리적 성질로서 맞는 것은?** [04]

① 응고온도는 높을 것
② 증발잠열이 작을 것
③ 표면장력이 클 것
④ 임계온도가 높을 것

해설 ① 응고점이 낮을 것
② 증발잠열이 클 것
③ 표면장력이 작을 것

49. **증기 압축식 냉동기의 냉매로써 구비해야 할 성질이 아닌 것은?** [03, 16]

① 증발 잠열이 클 것
② 저압측에 있어 증기의 비열비가 클 것
③ 표면장력이 적을 것
④ 인화성, 악취, 독성 등이 적을 것

해설 냉매는 증기의 비열비가 작아야 한다.

50. **냉동용 장치에 사용되는 냉매로서 갖추어야 할 성질이 아닌 것은?** [03]

① 임계온도가 높아야 한다.
② 비열비가 적어야 한다.
③ 응고온도가 낮아야 한다.
④ 윤활유와 잘 작용해야 한다.

해설 냉매는 윤활유와 분리하는 것이 좋다.

51. **다음 중 프레온 냉매의 일반적인 특성으로 틀린 것은?** [13]

① 누설되어 식품 등과 접촉하면 품질을 떨어뜨린다.
② 화학적으로 안정되고 연소되지 않는다.
③ 전기절연성이 양호하다.
④ 비열비가 작아 압축기를 공랭식으로 할 수 있다.

해설 프레온은 무색, 무독, 무취, 비폭발성으로 인체에 피해가 없다.

52. **다음 중 냉매가 갖추어야 할 조건에 해당되지 않는 것은?** [05]

① 증발잠열이 클 것
② 증발압력이 낮을 것
③ 비부피가 적당히 작을 것
④ 응축압력이 적당히 낮을 것

해설 냉매는 저온에서는 대기압 이상 압력에서 증발하고 상온에서는 높지 않은 압력에서 응축할 수 있어야 한다.

정답 46. ① 47. ① 48. ④ 49. ② 50. ④ 51. ① 52. ②

53. 냉매의 특성 중 틀린 것은? [02, 05]

① 냉동톤당 소요동력은 증발온도, 응축온도가 변하여도 일정하다.

② 압축비가 클수록 냉매 단위 중량당의 압축열이 커진다.

③ 냉매 특성상 동일 냉동능력에 대한 소요동력은 적은 것이 좋다.

④ 압축기 흡입가스가 과열하였을 때 NH_3 체적효율이 감소한다.

해설 증발온도와 응축온도가 변화하면 압축비가 변화하므로 그에 따라서 소요동력도 변화한다.

54. 다음 중 냉매의 성질로 옳은 것은? [12]

① 암모니아는 강을 부식시키므로 구리나 아연을 사용한다.

② 프레온은 절연내력이 크므로 밀폐형에는 부적합하고 개방형에 사용된다.

③ 암모니아는 인조고무를 부식시키고 프레온은 천연고무를 부식시킨다.

④ 프레온은 수분과 분리가 잘되므로 드라이어를 설치할 필요는 없다.

해설 암모니아는 인조고무를 부식시키므로 천연고무를 사용하고 프레온은 천연고무를 부식시키므로 인조고무를 사용한다.

55. 프레온계 냉매의 특성으로 거리가 먼 것은 어느 것인가? [06]

① 화학적으로 안정하다.

② 비열비가 작다.

③ 전기절연물을 침식시키지 않으므로 밀폐형 압축기에 적합하다.

④ 수분과의 용해성이 극히 크다.

해설 프레온계 냉매는 수분과 분리된다.

56. 냉매의 특성에 관한 다음 사항 중 옳은 것은? [02]

① R-12는 암모니아에 비하여 유분리가 용이하다.

② R-12는 암모니아보다 냉동력(kcal/kg)이 크다.

③ R-22는 R-12에 비하여 저온용에 부적당하다.

④ R-22는 암모니아 가스보다 무거우므로 가스의 유동 저항이 크다.

해설 비중량 순서는 프레온 > H_2O > 오일 > NH_3이다.

57. NH_3, R-12, R-22 냉매의 기름과 물에 대한 용해도를 설명한 것으로 옳은 것은? [15]

㉠ 물에 대한 용해도는 R-12가 가장 크다. ㉡ 기름에 대한 용해도는 R-12가 가장 크다. ㉢ R-22는 물에 대한 용해도와 기름에 대한 용해도가 모두 암모니아보다 크다.

① ㉠, ㉡, ㉢　　② ㉡, ㉢

③ ㉡　　④ ㉢

해설 ⓐ 물에 대한 용해도는 NH_3가 가장 크다 (800~900배 용해).

ⓑ R-22는 기름에 대한 용해도가 NH_3보다 크다.

ⓒ 윤활유에 잘 용해되는 냉매는 R-11, R-12, R-21, R-113이다.

ⓓ 윤활유와 저온에서 쉽게 분리되는 냉매는 R-13, R-22, R-114이다.

58. 다음 중 냉매에 관한 설명으로 옳은 것은 어느 것인가? [14]

① 비열비가 큰 것이 유리하다.

정답 53. ① 54. ③ 55. ④ 56. ④ 57. ③ 58. ②

② 응고온도가 낮을수록 유리하다.
③ 임계온도가 낮을수록 유리하다.
④ 증발온도에서의 압력은 대기압보다 약간 낮은 것이 유리하다.

해설 냉매의 구비 조건
ⓐ 비열비가 작을 것
ⓑ 응고점이 낮을 것
ⓒ 임계온도와 압력이 높을 것
ⓓ 증발온도는 대기 압력 이상이고 응축온도는 낮을 것
ⓔ 증발잠열이 클 것
ⓕ 점성이 적을 것

59. 다음의 내용 중 잘못 설명된 것은? [08]

① CFC 프레온 냉매는 안전하므로 누출되어도 환경에 전혀 문제가 없다.
② 물을 냉매로 하면 증발온도를 0℃ 이하로 운전하는 것은 불가능하다.
③ 응축기 내에 들어있는 불응축 가스는 전열효과를 저하시킨다.
④ 2원 냉동장치는 초저온 냉각에 사용되는 것이다.

해설 CFC 프레온 냉매는 Cl (염소), F (불소), C (탄소) 계열의 냉매로서 분해가 잘 되어 오존층을 파괴시키므로 몬트리올 의정서에 의해서 규제 대상이다.

60. 다음 냉매의 특성을 설명한 것 중 맞는 것은? [05]

① NH_3는 R-22보다 열전도가 양호하다.
② NH_3는 R-22보다 배관저항이 크다.
③ NH_3는 R-22보다 내구성이 우수하다.
④ NH_3는 R-22보다 냉동효과가 작다.

해설 열전도 순서 : NH_3 > H_2O > 프레온 > 공기

61. 냉매에 관한 설명 중 올바른 것은 어느 것인가? [13]

① 암모니아 냉매는 증발 잠열이 크고, 냉동효과가 좋으나 구리와 그 합금을 부식시킨다.
② 일반적으로 특정 냉매용으로 설계된 장치에도 다른 냉매를 그대로 사용할 수 있다.
③ 프레온 냉매의 누설 시 리트머스 시험지가 청색으로 변한다.
④ 암모니아 냉매의 누설검사는 핼라이드 토치를 이용하여 검사한다.

해설 ② 다른 냉매를 그대로 사용할 수 없다.
③ 암모니아(NH_3) 냉매의 누설 시 리트머스 시험지가 청색으로 변한다.
④ 프레온 냉매의 누설검사는 핼라이드 토치를 이용하여 검사한다.

62. 냉매 중 NH_3에 대한 설명으로 옳지 않은 것은? [07, 08, 14]

① 누설검지가 대체적으로 쉽다.
② 응고점이 비교적 낮아 초저온용 냉동에 적합하다.
③ 독성, 가연성, 폭발성이 있다.
④ 경제적으로 우수하여 대규모 냉동장치에 널리 사용되고 있다.

해설 NH_3는 비등점 -33.3℃, 응고점 -77.7℃로 저온용은 가능하지만 초저온에는 부적합하다.

63. 암모니아 냉매에 대한 설명으로 틀린 것은? [14]

① 가연성, 독성, 자극적인 냄새가 있다.
② 전기 절연도가 떨어져 밀폐식 압축기에는 부적합하다.
③ 냉동효과와 증발잠열이 크다.
④ 철, 강을 부식시키므로 냉매배관은 동관을 사용해야 한다.

정답 59. ① 60. ① 61. ① 62. ② 63. ④

해설 암모니아는 동 또는 동합금, 알루미늄, 아연 등을 부식시키고 철, 강은 부식시키지 않는다.

64. 다음 중 암모니아 냉매의 특성에 속하지 않는 것은? [09]

① 폭발 및 가연성이 있다.
② 독성이 있다.
③ 사용되는 냉매 중 증발잠열이 가장 작다.
④ 물에 잘 용해된다.

해설 암모니아 냉매의 증발잠열은 표준 냉동 사이클에서 313.5 kcal/kg으로 사용하는 냉매 중에서 큰 편이다.

65. 암모니아 냉매의 특성으로 틀린 것은?

① 물에 잘 용해된다. [15]
② 밀폐형 압축기에 적합한 냉매이다.
③ 다른 냉매보다 냉동효과가 크다.
④ 가연성으로 폭발의 위험이 있다.

해설 NH_3 냉매는 동 또는 절연물질인 에나멜을 부식시키므로 밀폐형 냉동기에 사용할 수 없다.

66. 냉동장치의 냉매계통 중에 수분이 침입하였을 때 일어나는 현상을 열거한 것 중 잘못된 것은? [12]

① 유리된 수분이 물방울이 되어 프레온 냉매계통을 순환하다가 팽창밸브에서 동결한다.
② 침입한 수분이 냉매나 금속과 화학반응을 일으켜 냉매계통의 부식, 윤활유의 열화 등을 일으킨다.
③ 암모니아는 물에 잘 녹으므로 침입한 수분이 동결하는 장애가 적은 편이다.
④ R-12는 R-22보다 많은 수분을 용해하므로, 팽창밸브 등에서의 수분동결의 현상이 적게 일어난다.

해설 프레온 장치는 수분과 분리되므로 팽창밸브 빙결 현상의 우려가 있다.

67. 다음 중 프레온계 냉매의 특성이 아닌 것은 어느 것인가? [06]

① 화학적으로 안정하다.
② 독성이 없다.
③ 가연성, 폭발성이 없다.
④ 강관에 대한 부식성이 크다.

해설 프레온은 화학적으로 안정하고 독성, 가연성, 폭발성이 없으며 Mg 또는 2% 이상의 Mg을 함유한 Al 합금을 부식시킨다.

68. 냉매의 특징에 관한 설명으로 옳은 것은? [15]

① NH_3는 물과 기름에 잘 녹는다.
② R-12는 기름과 잘 용해하나 물에는 잘 녹지 않는다.
③ R-12는 NH_3보다 전열이 양호하다.
④ NH_3의 포화증기의 비중은 R-12보다 작지만 R-22보다 크다.

해설 ⓐ NH_3는 물에 800~900배 용해되고 기름과는 분리된다.
ⓑ 전열 순서는 NH_3 > H_2O > freon > Air 순이다.
ⓒ 비중량 순서는 freon > H_2O > oil > NH_3 순이다.

69. 냉매에 따른 배관 재료를 선택할 때 옳지 못한 것은? [03]

① 염화메틸 – 이음매 없는 알루미늄관
② 프레온 – 배관용 스테인리스 강관

정답 64. ③ 65. ② 66. ④ 67. ④ 68. ② 69. ①

③ 암모니아 – 압력배관용 탄소강 강관
④ 암모니아 – 저온배관용 강관

해설 R – 40 (CH_3Cl)은 Al, Zn, Mg 등을 부식시킨다.

70. **프레온 냉동장치에 수분이 침입하였을 경우 장치에 미치는 영향이 아닌 것은?** [08]

① 동 부착 현상 ② 팽창밸브 동결
③ 장치 부식 촉진 ④ 유탁액 현상

해설 유탁액(emulsion) 현상은 NH_3 냉동장치에서 수분이 윤활유와 섞이면 우윳빛으로 변질되는 현상이다.

71. **냉매가 냉동기유에 다량으로 융해되어 압축기 기동 시 크랭크케이스 내의 압력이 급격히 낮아지면서 발생하는 현상은?** [08, 10]

① 오일 흡착 현상
② 오일 에멀션 현상
③ 오일 포밍 현상
④ 오일 캐비테이션 현상

해설 압축기 정지 중에 크랭크실 내의 윤활유에 용해되었던 냉매가 기동 시에 급격히 압력이 낮아져 증발하면서 거품이 생기는 현상을 오일 포밍(oil foaming)이라고 한다.

72. **냉매의 구비 조건으로 틀린 것은?** [07]

① 저온에서는 증발압력이 대기압 이하일 것
② 임계온도가 높고 상온에서 액화될 것
③ 증발잠열이 크고 액체비열이 작을 것
④ 증기의 비열비가 작을 것

해설 저온에서 증발압력이 대기압 이상일 것

73. **암모니아 냉동장치 중에 다량의 수분이 함유될 경우 윤활유가 우윳빛으로 변하게 되는 현상은?** [07]

① 코퍼 플레이팅 현상
② 오일 포밍 현상
③ 오일 해머 현상
④ 에멀션 현상

해설 암모니아 장치에 수분이 함유되어 오일이 우윳빛으로 변색되는 것을 에멀션 현상이라 한다.

74. **냉매에 따른 배관 재료를 선택할 때 옳지 못한 것은?** [07]

① 염화메틸 – 이음매 없는 알루미늄관
② 프레온 – 배관용 스테인리스 강관
③ 암모니아 – 압력배관용 탄소강 강관
④ 암모니아 – 저온배관용 강관

해설 염화메틸(R – 40 : CH_3Cl)은 Al, Zn, Mg 등의 금속을 부식시킨다.

75. **다음 중 터보 냉동기에 사용하는 냉매는 어느 것인가?** [06]

① R – 11 ② R – 12
③ R – 21 ④ R – 13

해설 터보 (원심식) 냉동기의 냉매로는 R – 11, R – 113, R – 114, R – 123 등이 있다.

76. **다음 중 비등점이 가장 높은 것은? (단, 대기압에서)** [06]

① NH_3 ② CO_2
③ R–502 ④ SO_2

해설 비등점
ⓐ NH_3 : –33.3 ℃
ⓑ R–502 : –45.5 ℃

정답 70. ④ 71. ③ 72. ① 73. ④ 74. ① 75. ① 76. ④

ⓒ CO_2 : −78.5 ℃
ⓓ SO_2 : −10 ℃

77. **냉매에 대한 설명으로 틀린 것은?** [09]
① 암모니아에는 동 또는 동합금을 사용해도 좋다.
② R−12, R−22에는 강관을 사용해도 좋다.
③ 암모니아는 물에 잘 용해한다.
④ 암모니아액은 냉동기유보다 가볍다.

해설 NH_3는 동 또는 동합금을 부식시킨다.

78. **프레온 냉매에 대한 것 중 염려가 되는 것은 어느 것인가?** [06]
① 폭발 ② 화재
③ 독성 ④ 금속재료의 부식

해설 프레온 냉매는 무독, 무취, 비폭발성이고 Mg 또는 2 % 이상 Mg가 함유된 Al 합금을 부식시킨다.

79. **표준 냉동 사이클에서 토출가스 온도가 제일 높은 냉매는?** [12, 15]
① R−11 ② R−22
③ NH_3 ④ CH_3Cl

해설 토출가스 온도
① R−11 : 44.4℃
② R−22 : 55℃
③ NH_3 : 98℃
④ CH_3Cl (R−40) : 77.8℃

80. **장치의 저온측에서 윤활유와 가장 잘 용해되는 냉매는 어느 것인가?** [04]
① 프레온 12 ② 프레온 22
③ 암모니아 ④ 아황산 가스

해설 윤활유에 잘 용해되는 냉매는 R−11, R−12, R−21, R−113이다.

81. **다음 중 초저온에 가장 적합한 냉매는?**
① R−11 ② R−12 [07, 09]
③ R−13 ④ R−114

해설 초저온용 냉매로는 R−13, R−14, R−23, R−503 등이 있다.

82. **기준 냉동 사이클에서 흡입압력이 높은 순서대로 나열된 것은?** [08]
① R−12 > R−22 > NH_3
② R−22 > NH_3 > R−12
③ NH_3 > R−22 > R−12
④ R−12 > NH_3 > R−22

해설 흡입압력(저압)
ⓐ R−12 : 1.86 $kg/cm^2 \cdot a$
ⓑ R−22 : 3.025 $kg/cm^2 \cdot a$
ⓒ NH_3 : 2.41 $kg/cm^2 \cdot a$

83. **표준 냉동 사이클에서 냉동효과가 큰 냉매 순서로 맞는 것은?** [11]
① 암모니아 > 프레온 114 > 프레온 22
② 프레온 22 > 프레온 114 > 암모니아
③ 프레온 114 > 프레온 22 > 암모니아
④ 암모니아 > 프레온 22 > 프레온 114

해설 냉동효과 (kcal/kg)
ⓐ NH_3 : 269
ⓑ R−22 : 40.2
ⓒ R−114 : 25.1

84. **다음 중 비등점이 가장 낮은 냉매는? (단, 대기압에서)** [08]
① R−500 ② R−22
③ NH_3 ④ R−12

해설 ① R−500 : −33.3℃
② R−22 : −40.8℃

정답 77. ① 78. ④ 79. ③ 80. ① 81. ③ 82. ② 83. ④ 84. ②

③ NH_3 : −33.3℃
④ R-12 : −29.8℃

85. 다음 프레온 냉매 중 냉동능력이 가장 좋은 것은? [05, 11, 13]

① R-113 ② R-11
③ R-12 ④ R-22

해설 냉동능력
① R-113 : 30.9
② R-11 : 38.6
③ R-12 : 29.6
④ R-22 : 40.2

86. 다음 냉매 가스 중 표준 냉동 사이클에서 냉동효과가 가장 큰 냉매 가스는? [05, 14]

① 프레온 11 ② 프레온 13
③ 프레온 22 ④ 암모니아

해설 냉동효과
① R-11 : 38.6 kcal/kg
② R-13 : 25.9 kcal/kg
③ R-22 : 40.2 kcal/kg
④ NH_3 : 269 kcal/kg

87. R-113의 분자식은? [05]

① C_2HClF_3 ② $C_2Cl_2F_2$
③ C_2Cl_3F ④ $C_2Cl_3F_3$

해설 100단위는 C_2H_6 계열이므로 음(−) 이온이 6개가 된다.

88. 압축 후의 온도가 너무 높으면 실린더 헤드를 냉각할 필요가 있다. 다음 표를 참고하여 압축 후 냉매의 온도가 가장 높은 냉매는 어느 것인가? (단, 모든 냉매는 같은 조건으로 압축함) [03, 05, 07]

냉 매	비열비(k)	정압비열
R-12	1.136	0.147
R-22	1.184	0.152
NH_3	1.31	0.52
CH_3Cl	1.20	0.62

① R-12 ② R-22
③ NH_3 ④ CH_3Cl

해설 비열비 $k=\dfrac{C_p}{C_v}$가 클수록 토출되는 가스의 온도가 상승한다.

89. R-21의 분자식은? [03, 04, 08]

① $CHCl_2F$ ② $CClF_3$
③ $CHClF_2$ ④ CCl_2F_2

해설 ① R-21 : $CHCl_2F$
② R-13 : $CClF_3$
③ R-22 : $CHClF_2$
④ R-12 : CCl_2F_2

90. 냉매 R-22의 분자식으로 옳은 것은 어느 것인가? [07, 14]

① CCl_4 ② CCl_3F
③ $CHCl_2F$ ④ $CHClF_2$

해설 ① R-10 : CCl_4
② R-11 : CCl_3F
③ R-21 : $CHCl_2F$
④ R-22 : $CHClF_2$

91. 냉매와 화학 분자식이 옳게 짝지어진 것은 어느 것인가? [09, 11, 14]

① R113 : CCl_3F_3
② R114 : CCl_2F_4
③ R500 : $CCl_2F_2+CH_2CHF_2$
④ R502 : $CHClF_2+C_2ClF_5$

정답 85. ④ 86. ④ 87. ④ 88. ③ 89. ① 90. ④ 91. ④

해설 ① R113 : $C_2Cl_3F_3$
② R114 : $C_2Cl_2F_4$
③ R500 : $C_2H_4F_2$ (R152) + CCl_2F_2 (R12)
④ R502 : $CHClF_2$ (R22) + C_2ClF_5 (R115)

92. 다음 중 할로겐화 탄화수소 냉매가 아닌 것은? [02, 07, 16]

① R-114 ② R-115
③ R-134 ④ R-717

해설 R-717은 암모니아 냉매이다.

93. 프레온계 냉매 중에서 수소 원자(H)를 가지고 있지 않은 것은? [10]

① R-21 ② R-22
③ R-502 ④ R-114

해설 R-114의 화학 분자식은 $C_2Cl_2F_4$이다.

94. 냉매의 특성에 관한 다음 사항 중 옳은 것은? [04]

① R-12는 암모니아에 비하여 유분리가 용이하다.
② R-12는 암모니아보다 냉동력(kcal/kg)이 크다.
③ R-22는 R-12에 비하여 저온용에 부적당하다.
④ R-22는 암모니아 가스보다 무거우므로 가스의 유동저항이 크다.

해설 비중량 순서 : 프레온 > H_2O > 오일 > NH_3

95. 다음 중 냉매의 설명으로 적당하지 못한 것은? [06]

① 프레온 냉동장치에서 유분리기를 압축기에서 멀리 응축기 가까운 곳에 설치하면 가스 온도가 낮아져 유의 점도가 커짐으로 분리가 용이하다.
② 프레온 냉동장치에서 수분에 의한 영향을 막기 위해 건조기를 설치한다.
③ NH_3 냉동장치에서의 패킹재료로서 천연 고무가 사용된다.
④ 압축효율 증대를 위해 NH_3 냉동장치에서는 워터 재킷을 설치한다.

해설 프레온 장치의 유분리기는 토출배관에서 압축기 가까이에 설치한다.

96. 냉매에 관한 다음 설명 중 적합하지 않은 것은? [03]

① R-12의 분자식은 CCl_2F_2이다.
② NH_3 냉매액(30℃)은 R-22 냉매액(30℃)보다 무겁다.
③ 초저온 냉매로는 R-13이 적합하다.
④ 흡수식 냉동기의 냉매로는 물이 적합하다.

해설 냉매의 비중량 순서는 프레온 > H_2O > 오일 > NH_3이다.

97. NH_3 냉매를 사용하는 냉동장치에서 일반적으로 압축기를 수랭식으로 냉각하는 주된 이유는? [15]

① 냉매의 응축압력이 낮기 때문에
② 냉매의 증발압력이 낮기 때문에
③ 냉매의 비열비 값이 크기 때문에
④ 냉매의 임계점이 높기 때문에

해설 NH_3는 비열비가 크고 방출열이 많기 때문에 수랭식으로 한다.

98. NH_3와 접촉 시 흰 연기를 발생하는 것은 어느 것인가? [02, 04]

① 아세트산 ② 수산화나트륨

정답 92. ④ 93. ④ 94. ④ 95. ① 96. ② 97. ③ 98. ③

③ 염산　　④ 염화나트륨

해설 NH_3는 S, SO_2, Cl_2, HCl, H_2SO_4 등에 접촉하면 흰색 연기가 발생한다.

99. 다음 중 수소, 염소, 불소, 탄소로 구성된 냉매 계열은? [08, 10, 14]

① HFC계　　② HCFC계
③ CFC계　　④ 할론계

해설 ① HFC계 : 수소, 불소, 탄소
② HCFC계 : 수소, 염소, 불소, 탄소
③ CFC계 : 염소, 불소, 탄소
④ 할론계 : 프레온 냉매

100. 프레온 냉매(할로겐화탄화수소)의 호칭기호 결정과 관계없는 성분은? [10, 15]

① 수소　　② 탄소
③ 산소　　④ 불소

해설 프레온 냉매의 호칭기호 (번호)는 탄소, 수소, 불소의 원자수를 이용한다.

101. 다음 중 할로겐화탄화수소 냉매가 아닌 것은? [13]

① R-114　　② R-115
③ R-134a　　④ R-717

해설 R-717 : NH_3

102. 다음 중 암모니아 냉매의 단점에 속하지 않는 것은? [04]

① 폭발 및 가연성이 있다.
② 독성이 있다.
③ 사용되는 냉매 중 증발잠열이 가장 작다.
④ 공기조화용으로 사용하기에는 부적절하다.

해설 NH_3는 냉매 중 증발잠열이 큰 편이다.

103. 다음의 내용 중 잘못 설명된 것은 어느 것인가? [02]

① 프레온 냉매는 안전하므로 누출되어도 전혀 문제는 없다.
② 물을 냉매로 하면 증발온도를 0℃ 이하로 운전하는 것은 불가능하다.
③ 응축기 내에 들어있는 불응축가스는 전열효과를 저하시킨다.
④ 2원 냉동장치는 초저온 냉각에서 사용되는 것이다.

해설 프레온 냉매가 누출되면 냉동장치의 운전이 불가능하고, 공기 중에 누설되어 일정 공간에 희석되었을 때 공기 중의 산소 함유량이 18 % 이하이면 작업자의 호흡이 곤란해진다.

104. 암모니아 냉매의 성질에서 압력이 상승할 때 성질 변화에 대한 것으로 맞는 것은 어느 것인가? [11]

① 증발잠열은 커지고 증기의 비체적은 작아진다.
② 증발잠열은 작아지고 증기의 비체적은 커진다.
③ 증발잠열은 작아지고 증기의 비체적도 작아진다.
④ 증발잠열은 커지고 증기의 비체적도 커진다.

해설 $P \sim i$ 선도에서 압력과 증발잠열은 반비례하므로 잠열은 작아지고 보일의 법칙에서 체적은 반비례하므로 비체적도 작아진다.

105. 공조설비에 사용되는 NH_3 냉매가 눈에 들어간 경우 조치 방법으로 적당한 것은? [12]

① 레몬주스 또는 20 %의 식초를 바른다.
② 2 %의 붕산액으로 세척하고 유동파라

정답 99. ②　100. ③　101. ④　102. ③　103. ①　104. ③　105. ②

핀을 점안한다.

③ 차아황산나트륨 포화용액으로 씻어낸다.

④ 암모니아수로 씻는다.

해설 NH_3가 눈에 들어가면 물 또는 2 % 붕산액으로 세안하고 유동파라핀을 점안한다.

106. 다음 냉매 중 수분의 냉매에 대한 용해도가 가장 큰 것은? [06]

① R−22 ② 암모니아

③ 탄산가스 ④ 아황산가스

해설 NH_3는 수분에 800~900배 용해된다.

107. 냉매 중 독성이 큰 것부터 나열한 것은 어느 것인가? [02]

① $SO_2-CH_3Cl-NH_3-CO_2-CCl_2F_2$

② $SO_2-NH_3-CH_3Cl-CO_2-CCl_2F_2$

③ $NH_3-SO_2-CH_3Cl-CO_2-CCl_2F_2$

④ $NH_3-CO_2-SO_2-CH_3Cl-CCl_2F_2$

해설 ⓐ SO_2 : 5 ppm

ⓑ NH_3 : 25 ppm

ⓒ CO_2와 CCl_2F_2는 독이 없음

ⓓ CH_3Cl은 freon 계열에서 독성 가연성 가스이다.

108. 오존층 파괴문제 등으로 인해 냉열원 기기로서 흡수식 냉동기가 많이 채택된다. 이것의 장점이 아닌 것은? [11]

① 구성요소 중 회전기기가 적으므로 진동 소음이 매우 적다.

② 전기 사용량이 적으므로 여름철 전력 수급에 유리하다.

③ 기기의 배출열량이 압축식에 비해 적으므로 냉각탑의 용량이 적다.

④ 기기 내부가 진공에 가까우므로 파열의 위험이 없어 안전하다.

해설 흡수식 냉동장치는 RT당 16 L/min의 많은 냉각수가 소요되므로 냉각탑 용량이 크다.

109. 다음 냉매 중 오존층 파괴 정도가 가장 큰 냉매는? [06]

① R−22 ② R−113

③ R−134a ④ R−142b

해설 오존층 파괴의 주범은 염소 (Cl)이며, R−113 ($C_2Cl_3F_3$)은 CFC 냉매 중 염소가 많은 냉매로 분해가 잘된다.

110. 다음 중 프레온 냉동장치에서 오일 포밍(oil foaming) 현상과 관계없는 것은? [13]

① 오일 해머(oil hammer)의 우려가 있다.

② 응축기, 증발기 등에 오일이 유입되어 전열 효과를 증가시킨다.

③ 크랭크 케이스 내에 오일 부족 현상을 초래한다.

④ 오일 포밍을 방지하기 위해 크랭크 케이스 내에 히터를 설치한다.

해설 오일 포밍 : 프레온 냉동장치 정지 중에 냉매가 윤활유 속에 용해되어 있다가 압축기 가동 시 오일이 분리되면서 거품이 발생하는 현상으로 심하면 오일 해머의 우려가 있으며, 방지법으로 오일 히터를 설치한다.

111. 냉매 중 NH_3에 대한 설명으로 올바르지 않은 것은? [05]

① 누설검지가 쉽다.

② 가격이 비싼 편이다.

③ 임계온도, 응고온도 등이 적당하다.

④ 가장 오랫동안 사용되어온 냉매로 대규모 냉동장치에 널리 사용되고 있다.

정답 106. ② 107. ② 108. ③ 109. ② 110. ② 111. ②

해설 NH_3는 프레온 계열 냉매보다 저렴하다.

112. **공비 혼합 냉매에 대한 설명으로 틀린 것은?** [05]

① 서로 다른 냉매를 혼합하여 결점을 보완한 좋은 냉매로 만든다.
② 적당한 비율로 혼합하여 비등점이 일치하는 혼합 냉매로 만든다.
③ 공비 혼합 냉매를 사용하면 응축압력을 감소시킬 수 있다.
④ 공비 혼합 냉매는 혼합된 후 각각 서로 다른 특성을 지니게 된다.

해설 공비 혼합냉매는 일정한 비율로 혼합되면 새로운 냉매가 된다.

113. **다음은 공비 냉매의 조합에 대한 설명이다. 틀린 것은?** [06]

① R-500 = R152 + R12
② R-501 = R12 + R22
③ R-502 = R115 + R22
④ R-503 = R13 + R22

해설 R-503 = R13 + R23

114. **다음 중 공비 혼합 냉매가 아닌 것은 어느 것인가?** [13]

① 프레온 500　② 프레온 501
③ 프레온 502　④ 프레온 152a

해설 공비 혼합 냉매는 500번 계열이고, 100번 계열은 C_2H_6 계열이다.

115. **공비 혼합 냉매로서 R-12의 능력을 개선할 때 사용되는 냉매는?** [03]

① R-500　② R-501
③ R-502　④ R-503

해설 R-500의 냉동능력은 R-12보다 18 % 이상 증가한다.

116. **다음 사항 중 틀린 것은?** [05]

① H_2의 임계온도는 약 -239℃이다.
② 공기의 임계온도는 약 150℃이다.
③ R-12 임계압력은 약 41 $kg/cm^2 \cdot a$이다.
④ 암모니아 임계온도는 약 133℃이다.

해설 공기의 임계온도는 -141℃이고, 임계압력은 40.4 kg/cm^2이다.

117. **압력이 일정한 조건하에서 냉매가 가열, 냉각에 의해 일어나는 상태 변화에 대해 다음 설명 중 틀린 것은?** [08]

① 과냉각액을 냉각하면 액체의 상태에서 온도만 내려간다.
② 건포화증기를 가열하면 온도가 상승하고 과열증기로 된다.
③ 포화액이 주위에서 열을 흡수하여 가열되면 온도가 변하고 일부가 증발하여 습증기로 된다.
④ 습증기를 냉각하면 온도가 변하지 않고 건조도가 감소한다.

해설 포화액은 가열하면 온도가 불변인 상태에서 포화증기가 된다.

118. **프레온 냉동장치에서 오일 포밍 현상이 일어나면 실린더 내로 다량의 오일이 올라가 오일을 압축하여 실린더 헤드부에서 이상 음이 발생하게 되는 현상은?** [05, 10, 13]

① 에멀션 현상
② 동부착 현상
③ 오일 포밍 현상
④ 오일 해머 현상

정답 112. ④　113. ④　114. ④　115. ①　116. ②　117. ③　118. ④

해설 오일 포밍의 발생이 심하면 오일이 실린더로 다량 흡입되어 오일 해머링이 발생되며, 방지법으로 오일 히터를 설치한다.

119. **냉동장치에 수분이 침입되었을 때 에멀션 현상이 일어나는 냉매는?** [05, 16]

① 황산　② R-12
③ R-22　④ NH_3

해설 NH_3 장치에 수분이 침입하면 윤활유가 우윳빛으로 변질되는 에멀션 현상이 일어난다.

120. **암모니아와 프레온 냉동장치를 비교 설명한 것 중 옳은 것은?** [07, 10]

① 압축기의 실린더 과열은 프레온보다 암모니아가 심하다.
② 냉동장치 내에 수분이 있을 경우, 장치에 미치는 영향은 프레온보다 암모니아가 심하다.
③ 냉동장치 내에 윤활유가 많은 경우, 프레온보다 암모니아 문제성이 적다.
④ 위 사항에 관계없이 동일 조건에서는 성능, 효율 및 모든 제원이 같다.

해설 암모니아는 비열비가 크므로 프레온보다 압축기가 더 과열되어 토출가스 온도가 높다.

121. **다음 중 냉매의 명칭과 표기 방법이 잘못된 것은?** [12]

① 아황산가스 : R-764
② 물 : R-718
③ 암모니아 : R-717
④ 이산화탄소 : R-746

해설 이산화탄소 : R-744

122. **불연성이며 폭발성이 없고 수분을 함유하면 부식을 일으키고, 유(oil)와 잘 혼합하지 않으며, 재료는 동 및 동합금을 사용할 수 있고 체적은 암모니아의 약 1.5배이며, NH_3와 열역학 성질이 흡사한 냉매는?** [02]

① R-22　② CO_2
③ SO_2　④ 메틸클로라이드

해설 NH_3는 R-22와 물리적 성질이 비슷하고 SO_2와는 열역학적 특성이 비슷하다.

123. **암모니아 냉매와 프레온 냉매의 설명 중 맞는 것은?** [04]

① R-12는 암모니아보다 냉동효과(kcal/kg)가 커서 일반적으로 많이 사용한다.
② R-22는 암모니아보다 냉동효과(kcal/kg)가 크고 안전하다.
③ R-22는 R-12에 비하여 저온용에 적합하다.
④ R-12는 암모니아에 비하여 유 분리가 용이하다.

해설 냉매의 응고온도가 R-12는 -158.2℃이고 R-22는 -160℃이므로 R-22가 R-12보다 저온에 적합하다.

124. **다음 중 프레온계 냉매의 일반적 특성으로 틀린 것은?** [11]

① 화학적으로 안정하다.
② 독성이 없다.
③ 가연성, 폭발성이 없다.
④ 동관에 대한 부식성이 크다.

해설 프레온은 Mg 또는 2% 이상의 Mg이 함유된 Al 합금을 부식시킨다.

125. **다음 중 1냉동톤당 냉매 순환량(kg/**

정답 119. ④　120. ①　121. ④　122. ③　123. ③　124. ④　125. ④

h)이 가장 많은 냉매는? [03]

① R−11 ② R−12
③ R−22 ④ R−114

해설 1냉동톤당 냉매 순환량(kg/h)
① R−11 : 86.1
② R−12 : 112.3
③ R−22 : 82.7
④ R−114 : 132.1

126. 다음 중 암모니아 누설검지법이 아닌 것은? [02, 03, 04, 06]

① 유황초 사용
② 리트머스 시험지 사용
③ 네슬러 시약 사용
④ 핼라이드 토치 사용

해설 핼라이드 토치는 프레온 누설검지용으로 누설 시 불꽃은 초록색으로 변색된다.

127. 냉매에 대하여 다음 각 항 중 맞는 것은? [02, 06]

① NH_3는 물과 기름에 잘 녹는다.
② R−12는 기름과 잘 용해하나 물에는 잘 녹지 않는다.
③ R−12는 NH_3보다 전열이 양호하다.
④ NH_3의 비중은 R−12보다 작지만 R−22보다 크다.

해설 NH_3는 물에 용해되고 기름과 분리되며, 프레온은 기름에 용해되고 물과 분리된다.

128. 다음 냉매에 대한 설명 중 옳은 것은 어느 것인가? [04]

① 증발온도에서의 압력은 대기압보다 약간 낮은 것이 유리하다.
② 비열비가 큰 것이 유리하다.
③ 임계온도가 낮을수록 유리하다.
④ 응고온도가 낮을수록 유리하다.

해설 ① 증발압력은 대기압보다 높은 것이 유리하다.
② 비열비가 크면 실린더가 과열되고 토출가스 온도가 상승하므로 작은 것이 유리하다.
③ 임계온도가 낮으면 응축기에서 쉽게 액화되지 못하므로 높을수록 유리하다.
④ 응고온도가 낮으면 저온에서 냉매를 증발시킬 수 있어서 피냉각물질을 낮은 온도로 저장할 수 있다.

129. 암모니아의 누설 검지 방법이 아닌 것은? [15]

① 심한 자극성 냄새를 가지고 있으므로, 냄새로 확인이 가능하다.
② 적색 리트머스 시험지에 물을 적셔 누설 부위에 가까이 하면 누설 시 청색으로 변한다.
③ 백색 페놀프탈레인 용지에 물을 적셔 누설 부위에 가까이 하면 누설 시 적색으로 변한다.
④ 황을 묻힌 심지에 불을 붙여 누설 부위에 가져가면 누설 시 홍색으로 변한다.

해설 황을 누설 부위에 접하면 백색 연기가 난다.

130. 핼라이드 토치의 연료로 적합하지 않는 것은? [02]

① 부탄 ② 알코올
③ 프로판 ④ 아세틸렌

해설 부탄은 연소 공기량이 많으므로 핼라이드 토치에 사용하면 불꽃 색깔 변동이 작다.

정답 126. ④ 127. ② 128. ④ 129. ④ 130. ①

131. **암모니아 냉동장치에서 암모니아가 누설되는 곳에 붉은 리트머스 시험지를 대면 어떤 색으로 변화되는가?** [11]

① 흑색 ② 다갈색
③ 청색 ④ 백색

해설 적색 리트머스 시험지는 알칼리성에서 청색으로 변색된다.

132. **프레온 냉매의 누설검사 방법 중 핼라이드 토치를 이용하여 누설검지를 하였다. 핼라이드 토치의 불꽃색이 녹색이면 어떤 상태인가?** [03]

① 정상이다.
② 소량 누설되고 있다.
③ 다량 누설되고 있다.
④ 누설 양에 상관없이 항상 녹색이다.

해설 핼라이드 불꽃색은 소량 누설 시 녹색이고, 다량 누설하면 꺼진다.

133. **다음 중 NH_3의 누설검사와 관계없는 것은?** [05]

① 붉은 리트머스 시험지를 물에 적셔 누설 개소에 대면 청색으로 변한다.
② 유황초에 불을 붙여 누설 개소에 대면 백색 연기가 발생한다.
③ 브라인에 NH_3 누설 시에는 네슬러 시약을 사용하면 다량 누설 시 자색으로 변한다.
④ 페놀프탈레인지를 물에 적셔 누설 개소에 대면 청색으로 변한다.

해설 페놀프탈레인지는 NH_3와 접촉하면 홍색으로 변한다.

134. **브라인에 암모니아 냉매가 누설되었을 때, 적합한 누설 검사 방법은?** [08]

① 리트머스 시험지로 검사한다.
② 누설 검지기로 검사한다.
③ 핼라이드 토치로 검사한다.
④ 네슬러 시약으로 검사한다.

해설 브라인에 가성소다를 넣고 네슬러 시약을 투입했을 때 누설이 없으면 홍색, 누설이 있으면 자색으로 변한다.

135. **프레온 누설 검사 중 핼라이드 토치 시험에서 냉매가 다량으로 누설될 때 변화된 불꽃의 색깔은?** [14]

① 청색 ② 녹색
③ 노랑 ④ 자색

해설 냉매 누설이 없으면 청색, 있으면 자색이다.

136. **R-12를 사용하는 밀폐식 냉동기의 전동기가 타서 냉매가 수백도의 고온에 노출되었을 경우 발생하는 유독 기체는?** [06]

① 일산화탄소 ② 사염화탄소
③ 포스겐 ④ 염소

해설 프레온 냉매는 600℃ 이상일 때 유독성 가스를 발생하는데, R-12 냉매에서 제일 많이 발생되는 가스는 포스겐($COCl_2$)이다.

137. **유기질 브라인으로 부식성이 적고, 독성이 없으므로 주로 식품 냉동의 동결용에 사용되는 브라인은?** [14]

① 염화마그네슘 ② 염화칼슘
③ 에틸렌글리콜 ④ 프로필렌글리콜

해설 염화마그네슘과 염화칼슘은 무기질이고, 에틸렌글리콜은 유기질이지만 독성이 있다.

정답 131. ③ 132. ② 133. ④ 134. ④ 135. ④ 136. ③ 137. ④

138. **프레온 냉동장치에 대한 다음 설명 중 옳은 것은?** [06]

① 냉매가 다량 누설하는 부위에 핼라이드 토치를 가깝게 대면 불꽃은 흑색으로 변한다.
② −50℃~−70℃의 저온용 배관재료로서 이음매 없는 동관을 사용한다.
③ 브라인 중에 냉매가 누설하였을 경우의 시험약품으로서 네슬러 시약 용액을 사용한다.
④ 포밍을 방지하기 위해 압축기에 오일 필터를 사용한다.

해설 저온용 배관에는 동관, 내식 알루미늄관, STS관, SPLT관 등이 있다.

139. **다음 냉매 가스 중 1 RT당 냉매 가스 순환량이 제일 큰 것은? (단, 온도 조건은 동일하다.)** [03, 04]

① 암모니아 ② 프레온 22
③ 프레온 21 ④ 프레온 11

해설 냉동효과가 작을수록 냉동능력당 냉매 순환량이 많아진다. 냉동효과는 NH_3 : 269 kcal/kg, R−22 : 40.2 kcal/kg, R−21 : 50.9 kcal/kg, R−11 : 38.6 kcal/kg이다.

140. **프레온 냉동장치에서 오일이 압력과 온도에 상당하는 양의 냉매를 용해하고 있다가 압축기 기동 시 오일과 냉매가 급격히 분리되어 크랭크 케이스 내의 유면이 약동하고 심하게 거품이 일어나는 현상은?** [13]

① 오일 해머 ② 동 부착
③ 에멀션 ④ 오일 포밍

해설 오일 포밍을 방지하려면 오일 히터를 설치한다.

141. **다음 설명 중 내용이 맞는 것은?** [05]

① 윤활유와 혼합된 프레온 냉매는 오일 포밍 현상이 일어나기 쉽다.
② 윤활유 중에 냉매가 용해하는 정도는 압력이 낮을수록 많아진다.
③ 윤활유 중에 냉매가 용해하는 정도는 온도가 높을수록 많아진다.
④ 장치 내의 온도가 낮을수록 동부착 현상을 일으킨다.

해설 ② 윤활유 중에 냉매가 용해하는 정도는 압력이 높을수록 많아진다.
③ 윤활유 중에 냉매가 용해하는 정도는 온도가 낮을수록 많아진다.
④ 동부착 현상은 오일 온도가 높거나 수분이 침입할 때 발생한다.

142. **다음 중 브라인(brine)의 구비 조건으로 옳지 않은 것은?** [14]

① 응고점이 낮을 것
② 전열이 좋을 것
③ 열용량이 작을 것
④ 점성이 작을 것

해설 브라인은 비열이 크고 열용량이 커야 한다.

143. **브라인에 대한 설명 중 옳지 않은 것은?** [11]

① 일반적으로 무기질 브라인은 유기질 브라인에 비해 부식성이 크다.
② 브라인은 용액의 농도에 따라 동결온도가 달라진다.
③ 브라인은 2차 냉매라고도 한다.
④ 브라인의 구비 조건으로는 비중이 적당하고 점도가 커야 한다.

해설 1차 냉매와 2차 냉매인 브라인은 점

정답 138. ② 139. ④ 140. ④ 141. ① 142. ③ 143. ④

성(도)이 작아야 한다.

144. 브라인의 구비 조건 중 틀린 것은? [10]

① 공정점과 점도가 낮을 것
② 전열이 양호할 것
③ 부식성이 적고 냉장품을 변질, 변색시키지 말 것
④ 구입이 용이하고 열용량이 적을 것

해설 브라인은 열용량이 커야 한다.

145. 냉동기의 2차 냉매인 브라인의 구비 조건으로 틀린 것은? [15]

① 낮은 응고점으로 낮은 온도에서도 동결되지 않을 것
② 비중이 적당하고 점도가 낮을 것
③ 비열이 크고 열전달 특성이 좋을 것
④ 증발이 쉽게 되고 잠열이 클 것

해설 브라인은 현열을 운반하므로 비열이 크고 응고점이 낮으며, 비등점이 높아야 한다.

146. 브라인의 구비 조건으로 적당하지 못한 것은? [06, 08, 13]

① 응고점이 낮아야 한다.
② 열전도가 커야 한다.
③ 화학반응을 일으키지 않아야 한다.
④ 점성이 커야 한다.

해설 문제 143번 해설 참조

147. 다음 중 브라인 동파 방지 대책이 아닌 것은? [07]

① 동결방지용 온도조절기 사용
② 브라인 부동액을 첨가 사용
③ 응축압력 조정 밸브 설치 사용
④ 단수 릴레이를 사용

해설 브라인은 증발기에 공급되는 부동액이므로 응축기와 관계가 없다.

148. 공정점이 −55℃이고 저온용 브라인으로서 일반적으로 제빙, 냉장 공업용으로 많이 사용되고 있는 것은 다음 중 어느 것인가? [02, 08, 09, 10, 12, 13]

① 염화칼슘 ② 염화나트륨
③ 염화마그네슘 ④ 프로필렌글리콜

해설 공정점
① 염화칼슘 : −55℃
② 염화나트륨 : −21.2℃
③ 염화마그네슘 : −33.6℃
④ 프로필렌글리콜 : −59.5℃

149. 다음 중 브라인의 부식성 크기 순서가 맞는 것은? [11]

① $NaCl > MgCl_2 > CaCl_2$
② $NaCl > CaCl_2 > MgCl_2$
③ $MgCl_2 > CaCl_2 > NaCl$
④ $MgCl_2 > NaCl > CaCl_2$

해설 ⓐ 공정점 : NaCl (−21.2℃), $MgCl_2$ (−33.6℃), $CaCl_2$ (−55℃)
ⓑ 부식 순서 : $NaCl > MgCl_2 > CaCl_2$

150. 다음 중 브라인의 동파 방지책으로 옳지 않은 것은? [14]

① 부동액을 첨가한다.
② 단수릴레이를 설치한다.
③ 흡입압력 조절밸브를 설치한다.
④ 브라인 순환펌프와 압축기 모터를 인터록 한다.

해설 흡입압력 조절밸브는 압축기용 전동기 과부하 방지용이다.

정답 144. ④ 145. ④ 146. ④ 147. ③ 148. ① 149. ① 150. ③

151. 다음 브라인(brine)에 관한 설명 중 옳은 것은? [08]

① 식염수 브라인의 공정점보다 염화칼슘 브라인의 공정점이 높다.
② 브라인의 부식성을 없애기 위해 되도록 공기와 접촉시키지 않는 것이 좋다.
③ 무기질 브라인보다 유기질 브라인이 부식성이 더 크다.
④ 브라인은 약한 산성이 좋다.

해설 브라인은 공기 중의 산소와 접촉하면 부식성이 증가한다.

152. 브라인을 사용할 때 금속의 부식 방지법으로 맞지 않는 것은? [13]

① 브라인 pH를 7.5~8.2 정도로 유지한다.
② 방청제를 첨가한다.
③ 산성이 강하면 가성소다로 중화시킨다.
④ 공기와 접촉시키고, 산소를 용입시킨다.

해설 금속의 부식을 방지하기 위해 공기와 접촉을 피하여 산소 유입을 차단한다.

153. 브라인 부식 방지 처리에 관한 설명으로 틀린 것은? [09, 12, 15]

① 공기와 접촉하면 부식성이 증대하므로 가능한 한 공기와 접촉하지 않도록 한다.
② $CaCl_2$ 브라인 1 L에는 중크롬산소다 1.6 g을 첨가하고 중크롬산소다 100 g마다 가성소다 27 g의 비율로 혼합한다.
③ 브라인은 산성을 띠게 되면 부식성이 커지므로 pH 7.5~8.2 정도로 유지되도록 한다.
④ NaCl 브라인 1 L에 대하여 중크롬산소다 0.9 g을 첨가하고 중크롬산소다 100 g마다 가성소다 1.3 g씩 첨가한다.

해설 NaCl 브라인 1 L에 중크롬산소다 3.2 g을 첨가하고 중크롬산소다 100 g마다 가성소다 27 g씩 첨가한다.

154. 식품을 냉각된 부동액에 넣어 직접 접촉시켜서 동결시키는 것으로 살포식과 침지식으로 구분하는 동결장치는? [15]

① 접촉식 동결장치 ② 공기 동결장치
③ 브라인 동결장치 ④ 송풍식 동결장치

해설 브라인(brine)은 0℃ 이하에서 얼지 않는 액체로 일명 부동액이라 한다.

155. 다음 브라인에 대한 설명 중 옳은 것은? [08, 09]

① 브라인은 잠열 형태로 열을 운반한다.
② 에틸렌글리콜, 프로필렌글리콜, 염화칼슘 용액은 유기질 브라인이다.
③ 염화칼슘 브라인은 그중에 용해되고 있는 산소량이 많을수록 부식성이 적다.
④ 프로필렌글리콜은 부식성이 적고, 독성이 없어 냉동식품의 동결용으로 사용된다.

해설 ① 브라인은 현열 형태로 열을 운반한다.
② 염화칼슘은 무기질이다.
③ 부식 방지를 위하여 공기 중의 산소와 접촉을 차단한다.

156. [보기]의 내용 중 브라인의 구비 조건으로 적절한 것만 골라놓은 것은? [12, 14]

[보기]

(가) 비열과 열전도율이 클 것
(나) 끓는점이 높고, 불연성일 것
(다) 동결온도가 높을 것
(라) 점성이 크고 부식성이 클 것

정답 151. ② 152. ④ 153. ④ 154. ③ 155. ④ 156. ①

① (가), (나)　　② (가), (다)
③ (나), (다)　　④ (가), (라)

해설 브라인의 구비 조건
ⓐ 비열이 클 것
ⓑ 점성이 작을 것
ⓒ 열전도율이 클 것
ⓓ 동결온도가 낮을 것
ⓔ 부식성이 작을 것
ⓕ 불연성일 것
ⓖ 악취, 독성, 변색, 변질이 없을 것
ⓗ 구입이 용이하고 가격이 저렴할 것

157. 피동결물을 냉각한 부동액에 넣어서 동결시키는 방법은? [02]

① 접촉식 동결장치　② 진공식 동결장치
③ 침지식 동결장치　④ 송풍식 동결장치

158. 브라인의 종류 중 무기질 브라인은? [10]

① 에틸알코올
② 에틸렌글리콜
③ 프로필렌글리콜
④ 염화나트륨 수용액

해설 무기질 브라인에는 염화칼슘, 염화나트륨, 염화마그네슘 등이 있다.

159. 냉동장치에 사용하는 브라인(brine)의 산성도(pH)로 가장 적당한 것은 어느 것인가? [02, 11, 14]

① 7.5~8.2　② 8.2~9.5
③ 6.5~7.0　④ 5.5~6.5

해설 냉동장치의 브라인의 산성도는 7.5~8.2이고 보일러장치는 12 정도이다.

160. 제빙용으로 브라인(brine)의 냉각에 적당한 증발기는? [12]

① 관코일 증발기
② 헤링본 증발기
③ 원통형 증발기
④ 평판상 증발기

해설 NH_3 제빙용 증발기는 탱크형인 헤링본식이다.

161. 어떤 물질의 산성, 알칼리성 여부를 측정하는 단위는? [10, 13, 15]

① CHU　② RT
③ pH　④ B.T.U

해설 ⓐ 산성 : pH값 6 이하
ⓑ 중성 : pH값 6~10
ⓒ 알칼리성 : pH값 10 이상

162. 다음 중 2차 냉매의 열전달 방법은? [13]

① 상태 변화에 의한다.
② 온도 변화에 의하지 않는다.
③ 잠열로 전달한다.
④ 감열로 전달한다.

해설 2차 냉매인 브라인(brine)은 현열(감열)로 열을 운반한다.

163. 동결점이 최저로 되는 용액의 농도를 공융농도라 하고 이때의 온도를 공융온도라 하는데, 다음 브라인 중에서 공융온도가 가장 낮은 것은? [13]

① 염화칼슘　② 염화나트륨
③ 염화마그네슘　④ 에틸렌글리콜

해설 공융온도(공정점)
① 염화칼슘 : −55℃
② 염화나트륨 : −21.2℃
③ 염화마그네슘 : −33.6℃
④ 에틸렌글리콜 : −12.6℃

정답 157. ③　158. ④　159. ①　160. ②　161. ③　162. ④　163. ①

164. 브라인에 암모니아 냉매가 누설되었을 때, 적합한 누설 검사 방법은? [12]

① 비눗물 등의 발포액을 발라 검사한다.
② 누설 검지기로 검사한다.
③ 핼라이드 토치로 검사한다.
④ 네슬러 시약으로 검사한다.

해설 브라인을 시료로 채취하여 NaOH 수용액을 넣고 네슬러 시약을 투입했을 때 누설이 없으면 홍색, 있으면 자색이다.

165. 브라인 냉매에 관한 설명 중 틀린 것은? [12]

① 무기질 브라인 중 염화나트륨이 염화칼슘보다 부식성이 더 크다.
② 염화칼슘 브라인은 공정점이 낮아 제빙, 냉장 등으로 사용된다.
③ 브라인 냉매의 pH값은 7.5~8.2(약 알칼리)로 유지하는 것이 좋다.
④ 브라인은 유기질과 무기질로 구분되며 유기질 브라인의 부식성이 더 크다.

해설 유기질이 무기질보다 부식성이 작다.

166. 유기질 브라인으로서 마취성과 인화성이 있고, -100℃ 정도의 식품 초저온 동결에 사용되는 것은? [10]

① 에틸알코올　② 염화칼슘
③ 에틸렌글리콜　④ 염화나트륨

해설 브라인의 공정점
① 에틸알코올 : -100℃
② 염화칼슘 : -55℃
③ 에틸렌글리콜 : -12.6℃
④ 염화나트륨 : -21.2℃

167. 간접식과 비교한 직접 팽창식 냉동기의 특징이 아닌 것은? [02]

① 냉동능력을 저장할 수 없다.
② 같은 냉동온도에 대해서 냉매의 증발온도가 높다.
③ 구조도 간단하다.
④ 냉매량(충전량)이 적어도 된다.

해설 직접 팽창식 냉동기는 간접식보다 1 RT당 냉매 순환량이 적다.

정답 164. ④　165. ④　166. ①　167. ④

3장 몰리에르 선도

1. 다음 중 용어 설명이 맞는 것은? [06]

① 건포화증기 : 습포화증기를 계속 가열하여 액이 존재하지 않는 포화상태의 가스
② 과열도 : 과열증기 온도－포화액 온도
③ 포화온도 : 어떤 압력하에서 상승하는 온도
④ 건조도 : 과열증기 구역에서 액과 가스의 존재 비율

해설 ① 건포화증기 : 어떤 압력에서 포화상태의 가스
예 1atm에서 100℃의 수증기
② 과열도 : 과열증기 온도－포화증기 온도
③ 포화온도 : 어떤 압력에서 액체의 비등점온도 또는 증기의 응축온도(노점온도)
④ 건조도 : 포화상태에서 기체가 차지하는 비율

2. 다음 중 $P-h$ 선도의 등건조도선에 대한 설명으로 적당하지 못한 것은? [03]

① 습증기 구역 내에서만 존재하는 선이다.
② 과열증기구역에서 우측 하단으로 비스듬히 내려간 선이다.
③ 포화액의 건조도는 0이고 건조 포화증기의 건조도는 1이다.
④ 팽창밸브 통과 시 발생한 플래시 가스량을 알기 위한 선이다.

해설 과열증기구역에서 우측 하단으로 비스듬히 내려간 선은 등온선이다.

3. 다음 중 증기를 교축시킬 때 변화가 없는 것은? [05, 16]

① 비체적　② 엔탈피
③ 압력　④ 엔트로피

해설 교축작용에서 엔탈피는 불변이고 압력과 온도는 감소하며 비체적과 엔트로피는 증가한다.

4. 다음의 $P-h$ 선도(Mollier 선도)에서 등온선을 나타낸 것은? [06, 15]

① P, 0, h

② 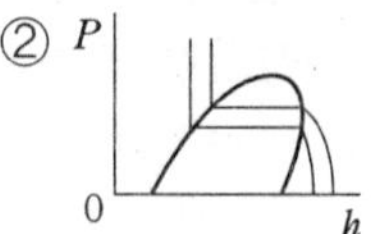

③ P, 0, h

④ 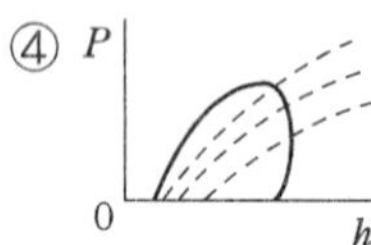

해설 ① 등건조도선
② 등온선
③ 등엔트로피선
④ 등비체적선

5. 몰리에르 선도상에서 알 수 없는 것은 다음 중 어느 것인가? [05, 06]

① 압축비　② 냉동효과
③ 성적계수　④ 압축효율

해설 $P \sim i$ 선도에서 압축, 체적, 기계효율은 알 수 없다.

정답 1. ①　2. ②　3. ②　4. ②　5. ④

6. $P-h$ **선도상의 ㈎~㈑에 대한 명칭 중 맞는 것은?** [04, 13]

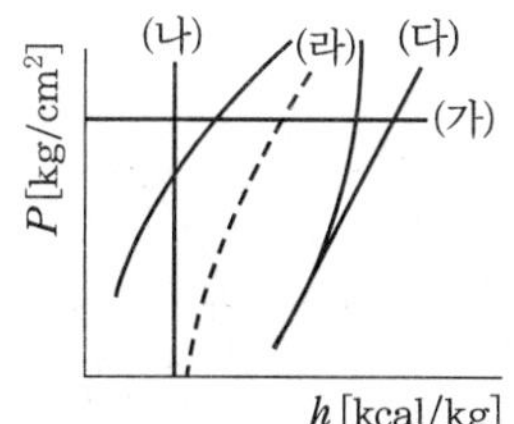

① ㈎ : 등비체적선
② ㈏ : 등엔트로피선
③ ㈐ : 등엔탈피선
④ ㈑ : 등건조도선

해설 ㈎ : 등압력선(kg/cm^2a)
㈏ : 등엔탈피선(kcal/kg)
㈐ : 등엔트로피선(kcal/kg·K)
㈑ : 등건조도선(%)

7. $P-h$ **선도상의 [a-b] 변화 과정 중 맞는 것은 어느 것인가?** [09]

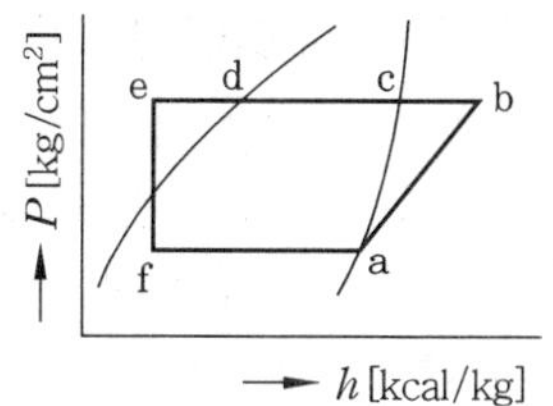

① 압력 저하　② 온도 저하
③ 엔탈피 증가　④ 비체적 증가

해설 a-b : 압축과정으로 엔트로피는 일정하며, 엔탈피, 온도, 압력은 증가하고 비체적은 감소한다.

8. 표준 사이클을 유지하고 암모니아의 순환량을 186 kg/h로 운전했을 때의 소요동력은 몇 kW인가? (단, 1 kW는 860 kcal/h, NH_3 1 kg을 압축하는 데 필요한 열량은 몰리에르 선도상에서는 56 kcal/kg이라 한다.) [04, 14, 16]

① 24.2 kW　② 12.1 kW
③ 36.4 kW　④ 28.6 kW

해설 $N = \frac{186 \times 56}{860} = 12.11$ kW

9. 다음 $P-h$ **선도상의 (f → a) 변화 과정에 대한 내용으로 맞는 것은?** [10]

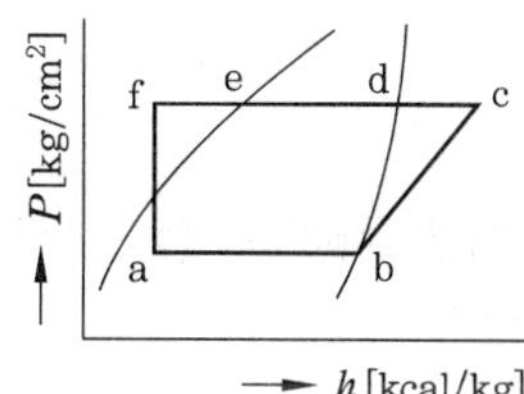

① 압력 상승　② 온도 상승
③ 엔탈피 불변　④ 비체적 감소

해설 a → b : 등온 등압 변화
b → c : 등엔트로피 변화
c → f : 등압 변화
f → a : 등엔탈피 변화

10. 증발온도와 응축온도가 일정하고 과냉각도가 없는 냉동 사이클에서 압축기에 흡입되는 상태가 변화했을 때의 $P-h$ **선도 중 건조 포화 압축 냉동 사이클은?** [02, 07, 10]

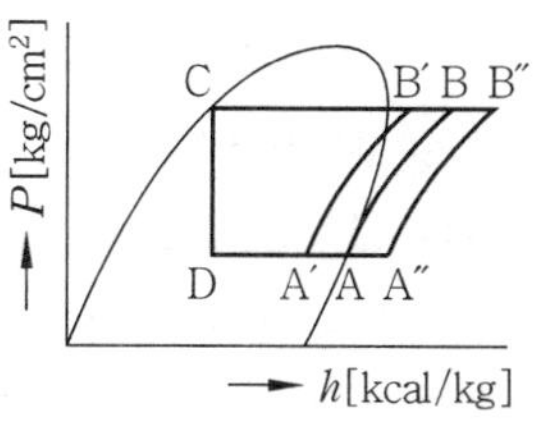

① A-B-C-D　② A′-B′-C-D
③ A″-B″-C-D　④ A′-B′-B″-A″

해설 ① A-B-C-D : 포화 증기 압축 사이클
② A′-B′-C-D : 습증기 압축 사이클
③ A″-B″-C-D : 과열 증기 압축 사이클

정답 6. ④　7. ③　8. ②　9. ③　10. ①

11. 증발온도가 낮을 때 미치는 영향 중 틀린 것은? [07, 12]

① 냉동능력 감소
② 소요동력 감소
③ 압축비 증대로 인한 실린더 과열
④ 성적계수 저하

해설 증발온도가 낮으면 압축할 때 소요전류는 적으나, 단위능력당 소요동력은 증가한다.

12. 몰리에르(mollier) 선도로서 계산할 수 없는 것은? [11]

① 냉동능력 ② 성적계수
③ 냉매 순환량 ④ 오염계수

해설 각종 효율과 오염계수는 $P-i$ 선도에 없다.

13. 표준 냉동 사이클을 몰리에르 선도상에 나타내었을 때 온도와 압력이 변하지 않는 과정은? [02, 08, 11]

① 응축과정 ② 팽창과정
③ 증발과정 ④ 압축과정

해설 표준 냉동 사이클에서 증발과정은 등온 등압 변화이다(잠열과정).

14. 표준 냉동 사이클의 $P-h$(압력-엔탈피) 선도에 대한 설명으로 틀린 것은? [08, 15]

① 응축과정에서는 압력이 일정하다.
② 압축과정에서는 엔트로피가 일정하다.
③ 증발과정에서는 온도와 압력이 일정하다.
④ 팽창과정에서는 엔탈피와 압력이 일정하다.

해설 팽창과정은 교축작용으로 엔탈피는 일정하고 온도, 압력은 감소하며 엔트로피는 상승한다.

15. 다음 그림($p-h$ 선도)에서 응축부하를 구하는 식으로 맞는 것은? [14]

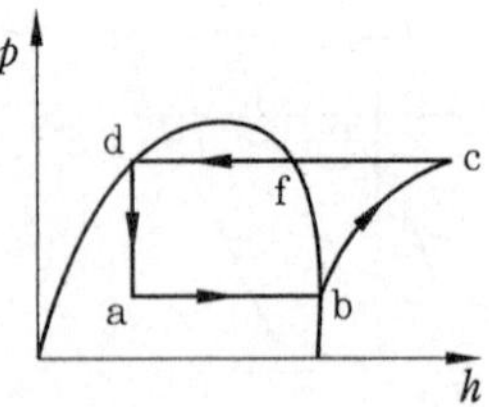

① $h_c - h_d$ ② $h_c - h_b$
③ $h_b - h_a$ ④ $h_d - h_a$

해설 ① 응축열량 $= h_c - h_d$
② 압축일의 열당량 $= h_c - h_b$
③ 냉동효과 $= h_b - h_a$

16. 프레온 냉동장치를 능률적으로 운전하기 위한 대책이 아닌 것은? [03, 05, 07]

① 이상고압이 되지 않도록 주의한다.
② 냉매 부족이 없도록 한다.
③ 습압축이 되도록 한다.
④ 각부의 가스 누설이 없도록 유의한다.

해설 NH_3 장치는 토출 가스 온도를 낮추기 위하여 습압축을 하지만 프레온 장치는 토출 가스 온도 상승을 위하여 과열압축 또는 표준압축을 한다.

17. 어떤 냉동 사이클의 증발온도가 −15℃이고, 포화액의 엔탈피가 100 kcal/kg, 건조포화증기의 엔탈피가 160 kcal/kg, 증발기에 유입되는 습증기의 건조도 $x = 0.25$일 때 냉동효과는? [06, 10]

① 15 kcal/kg ② 35 kcal/kg
③ 45 kcal/kg ④ 75 kcal/kg

해설
$$q_e = (1-x)q = (1-0.25)\times(160-100) = 45 \text{ kcal/kg}$$

정답 11. ② 12. ④ 13. ③ 14. ④ 15. ① 16. ③ 17. ③

18. 그림에서 습압축 냉동 사이클은 어느 것인가? [08, 13]

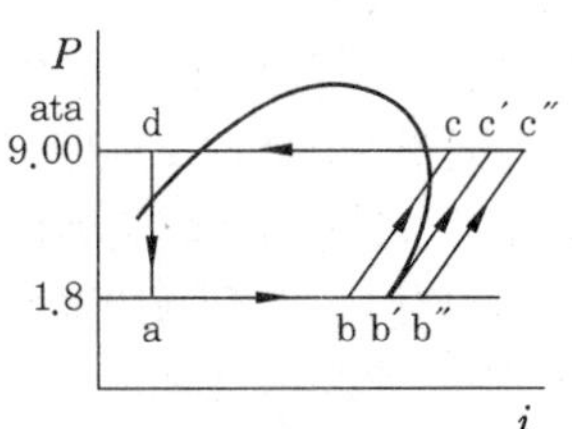

① ab′c′da ② bb″c″cb
③ ab″c″da ④ abcda

해설 흡입가스 상태가 b는 습압축, b′는 표준압축, b″는 과열증기압축 상태이다.

19. 다음은 R-22 표준 냉동 사이클의 $P-h$ 선도이다. 건조도는 약 얼마인가? [12]

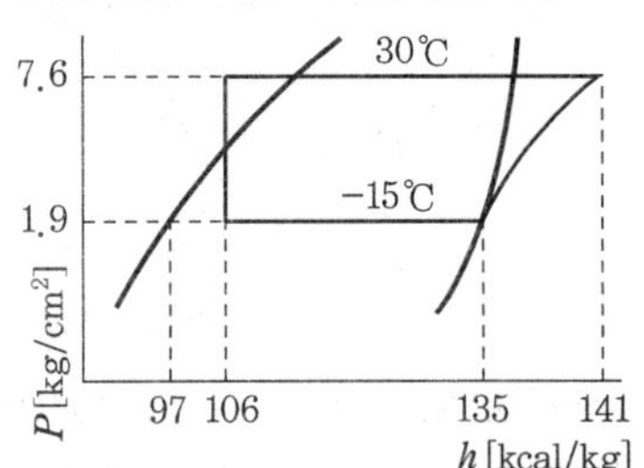

① 0.8 ② 0.21
③ 0.24 ④ 0.36

해설 $x=\dfrac{106-97}{135-97}=0.2368$

20. 냉매의 건조도가 가장 큰 상태는? [12]

① 과냉액 ② 습포화 증기
③ 포화액 ④ 건조포화 증기

해설 냉매 건조도는 포화액은 0이고 포화증기는 1이다.

21. 팽창밸브 직후의 냉매 건조도를 0.23, 증발 잠열을 52 kcal/kg이라 할 때 이 냉매의 냉동 효과는 약 몇 kcal/kg인가? [09, 15]

① 226 ② 40
③ 38 ④ 12

해설 $q_e=(1-0.23)\times52=40.04\text{kcal/kg}$

22. 팽창변 직후의 냉매의 건조도 $X=0.14$이고, 증발잠열이 400 kcal/kg이라면 냉동 효과는? [05, 10]

① 56 kcal/kg ② 213 kcal/kg
③ 344 kcal/kg ④ 566 kcal/kg

해설 $q_e=(1-0.14)\times400=344\text{ kcal/kg}$

23. 다음 $P-h$(압력-엔탈피) 선도에서 응축기 출구의 포화액을 표시하는 점은? [11]

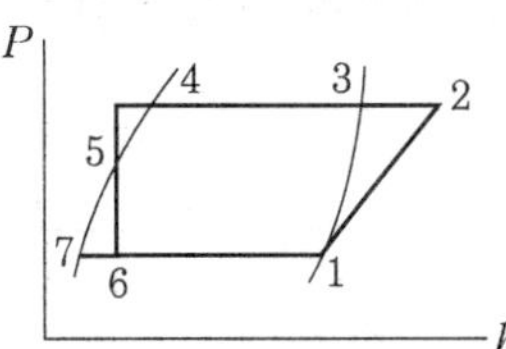

① 1 ② 3
③ 4 ④ 6

해설 1 : 포화증기
2 : 과열증기
3 : 포화증기
4 : 포화액(응축기 출구)
5 : 과냉각액(응축기 출구)
6 : 습증기
7 : 증발기 입구 포화액

24. NH_3 냉동장치에서 팽창밸브 직전에서 과냉각도는 몇 ℃가 적당한가? [06]

① 5℃ ② 11℃
③ 14℃ ④ 21℃

해설 응축온도 30℃, 팽창밸브 직전 온도 25℃이므로 과냉각도는 5℃가 된다.

정답 18. ④ 19. ③ 20. ④ 21. ② 22. ③ 23. ③ 24. ①

25. 다음과 같은 $P-h$ 선도에서 온도가 가장 높은 것은? [02, 06, 10, 14]

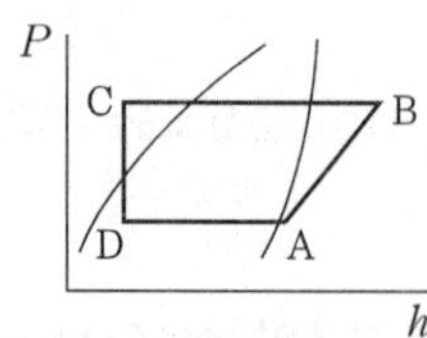

① A ② B ③ C ④ D

해설 A : 압축기 흡입가스 온도
B : 압축기 토출가스 온도(온도가 제일 높다.)
C : 팽창밸브 직전 액냉매 온도
D : 증발기 입구 습증기 온도

26. 다음은 NH_3 표준 냉동 사이클의 $P-h$ 선도이다. 플래시 가스 열량은 얼마인가? [12, 15]

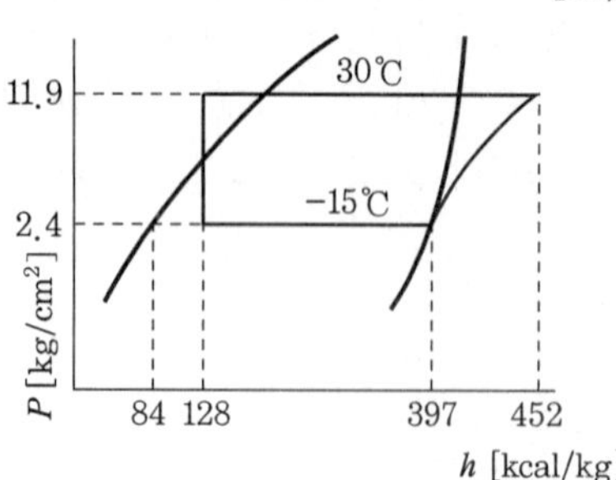

① 44 kcal/kg ② 55 kcal/kg
③ 313 kcal/kg ④ 368 kcal/kg

해설 $q_f = 128 - 84 = 44$ kcal/kg

27. 냉동 사이클에서의 냉매 상태 변화가 옳게 설명된 것은? [04, 16]

① 압축과정 : 압력 상승, 비체적 감소
② 응축과정 : 압력 일정, 엔탈피 증가
③ 팽창과정 : 압력 강하, 엔탈피 감소
④ 증발과정 : 압력 일정, 온도 상승

해설 ① 압축과정 : 압력 상승, 비체적 감소, 온도 상승, 엔탈피 증가, 엔트로피 일정
② 응축과정 : 압력 일정, 비체적 감소, 온도 감소, 엔탈피 감소, 엔트로피 감소
③ 팽창과정 : 압력 감소, 비체적 증가, 온도 감소, 엔탈피 일정, 엔트로피 증가
④ 증발과정 : 압력 일정, 비체적 증가, 온도 일정, 엔탈피 증가, 엔트로피 증가

28. 다음 $P-h$ 선도는 NH_3를 냉매로 하는 냉동장치의 운전상태를 냉동 사이클로 표시한 것이다. 이 냉동장치의 부하가 50000 kcal/h일 때 이 응축기에서 제거해야 할 열량은 약 얼마인가? [12]

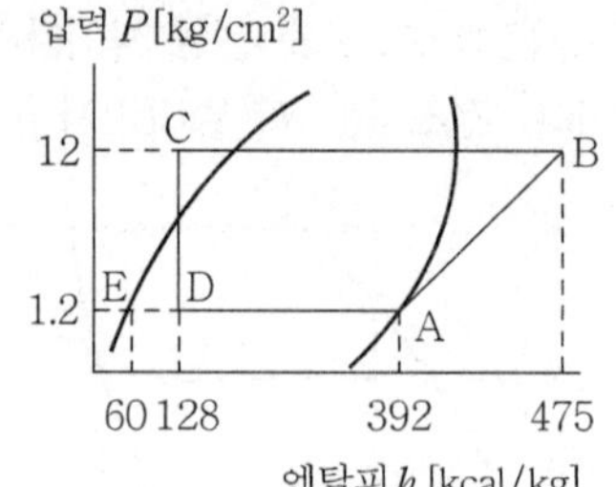

① 209032 kcal/h ② 41813 kcal/h
③ 65720 kcal/h ④ 52258 kcal/h

해설 $Q_c = G \cdot q_c = \dfrac{Q_e}{q_e} \cdot q_c$

$$= \frac{50000}{(392-128)} \times (475-128)$$

$= 65719.7$ kcal/h

29. −15℃에서 건조도 0인 암모니아 가스를 교축 팽창시켰을 때 변화가 없는 것은 어느 것인가? [09]

① 비체적 ② 압력
③ 엔탈피 ④ 온도

해설 교축 팽창시키면 엔탈피는 일정하고 압력과 온도는 감소하며 엔트로피는 상승한다.

정답 25. ② 26. ① 27. ① 28. ③ 29. ③

30. **냉동장치의 온도 관계에 대한 사항 중 올바르게 표현한 것은? (단, 표준 냉동 사이클을 기준으로 할 것)** [13]

① 응축온도는 냉각수 온도보다 낮다.
② 응축온도는 압축기 토출가스 온도와 같다.
③ 팽창 밸브 직후의 냉매 온도는 증발온도보다 낮다.
④ 압축기 흡입가스 온도는 증발온도와 같다.

해설 ① 응축온도는 냉각수 온도보다 높다.
② 토출가스 온도는 응축온도보다 높다.
③ 증발온도와 팽창 밸브 직후의 냉매 온도는 같다.
④ 흡입가스 온도는 증발온도와 같거나 높다 (표준 사이클에서는 같다).

31. **다음 $P-h$ 선도는 NH_3를 냉매로 하는 냉동장치의 운전상태를 냉동 사이클로 표시한 것이다. 이 냉동장치의 부하가 50000 kcal/h일 때 NH_3의 냉매 순환량은 얼마인가?** [03, 14]

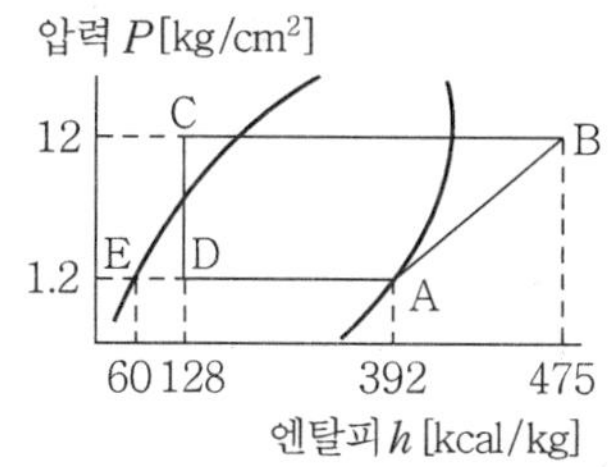

① 189.4 kg/h ② 602.4 kg/h
③ 150.6 kg/h ④ 120.5 kg/h

해설 $G=\dfrac{50000}{392-128}=189.4\text{ kg/h}$

32. **다음 압축비의 설명 중 알맞은 것은 어느 것인가?** [04, 08]

① 고압 압력계가 나타내는 압력을 저압 압력계가 나타내는 압력으로 나눈 값에 1을 더한 값이다.
② 흡입 압력이 동일할 때 압축비가 커지면 냉동능력이 증가한다.
③ 압축비가 적어지면 소요동력이 증가한다.
④ 응축압력이 동일할 때 압축비가 커지면 냉동능력이 감소한다.

해설 압축비가 커지면 체적효율이 감소하여 냉매 순환량이 적어지므로 냉동능력이 감소한다.

33. **다음의 그림은 무슨 냉동 사이클이라고 하는가?** [07]

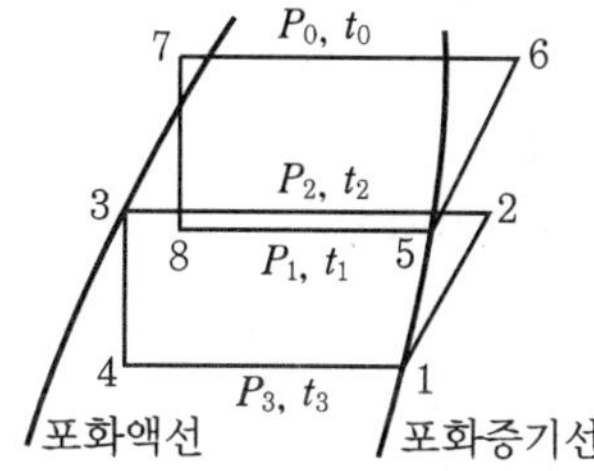

① 2단 압축 1단 팽창 냉동 사이클이라 한다.
② 2단 압축 2단 팽창 냉동 사이클이라 한다.
③ 2원 냉동 사이클이라 한다.
④ 강제순환식 2단 사이클이라 한다.

해설 그림은 고온측 증발기가 저온측 응축기를 냉각시키는 2원 냉동장치이다.

34. **응축온도를 상승시킬 때 일어나는 변화 중 틀린 것은?** [07]

① 압축비 감소 ② 성적계수 감소
③ 압축일량 증가 ④ 냉동효과 감소

해설 응축온도를 상승시키면 압축비, 토출가스 온도, 일량 등이 상승한다.

정답 30. ④ 31. ① 32. ④ 33. ③ 34. ①

35. **압축기의 압축비가 커지면 어떤 현상이 일어나겠는가?** [04]

① 압축비가 커지면 체적효율이 증가한다
② 압축비가 커지면 체적효율이 저하한다.
③ 압축비가 커지면 소요동력이 작아진다
④ 압축비와 체적효율은 아무런 관계가 없다.

해설 압축비가 커지면 체적효율 감소, 토출 가스 온도 상승, 소요동력 증가, 냉동능력 감소 등의 현상이 발생한다.

36. **$P-h$ 선도의 구성요소에 대한 설명으로 적당한 것은?** [03]

① 압축과정은 등엔탈피선에서 이루어진다.
② 팽창과정은 등엔트로피선에서 이루어진다.
③ 등비체적선은 습증기구역 내에서만 존재하는 선이다.
④ 등압선에서 응축과정과 증발과정의 절대압력을 알 수 있다.

해설 ① 압축은 등엔트로피 과정이다.
② 팽창은 등엔탈피 과정이다.
③ 등비체적 구역은 존재하지 않는다.
④ 응축과 증발은 등압 과정이다.

37. **다음 그림은 무슨 냉동 사이클이라고 하는가?** [10, 12]

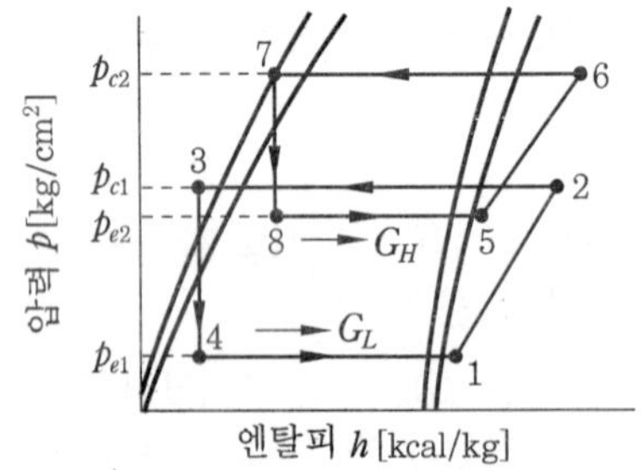

① 2단 압축 1단 팽창 냉동 사이클이라 한다.
② 2단 압축 2단 팽창 냉동 사이클이라 한다.
③ 2원 냉동 사이클이라 한다.
④ 강제 순환식 2단 사이클이라 한다.

해설 고온측 증발기(5~8)가 저온측 응축기(2~3)를 냉각시키는 2원 냉동장치이다.

38. **건조 포화 증기를 흡입하는 압축기가 있다. 고압이 일정한 상태에서 저압이 내려가면 이 압축기의 냉동능력은 어떻게 되는가?** [03]

① 증대한다.
② 변하지 않는다.
③ 감소한다.
④ 감소하다가 점차 증대한다.

해설 고압이 일정한 상태에서 저압이 낮아지면 압축비가 커지므로 플래시 가스와 압축일량이 증가하고, 냉동 효과가 작아져서 냉동능력이 감소한다.

39. **응축온도 및 증발온도가 냉동기의 성능에 미치는 영향에 관한 사항 중 옳은 것은?** [07, 13]

① 응축온도가 일정하고 증발온도가 낮아지면 압축비가 증가한다.
② 증발온도가 일정하고 응축온도가 높아지면 압축비는 감소한다.
③ 응축온도가 일정하고 증발온도가 높아지면 토출 가스 온도는 상승한다.
④ 응축온도가 일정하고 증발온도가 낮아지면 냉동능력은 증가한다.

해설 응축온도가 일정할 때 증발압력이 낮아지면 압축비가 증가하고 체적효율이 감소하여 냉매순환량이 감소하므로 냉동능력이 감소하고 토출 가스 온도가 상승한다.

정답 35. ② 36. ④ 37. ③ 38. ③ 39. ①

40. 임계점에 대한 설명으로 맞는 것은? [12]

① 어느 압력 이상에서 포화액이 증발이 시작됨과 동시에 건포화 증기로 변하게 되는데, 포화액선과 건포화 증기선이 만나는 점
② 포화온도하에서 증발이 시작되어 모두 증발하기까지의 온도
③ 물이 어느 온도에 도달하면 온도는 더 이상 상승하지 않고 증발이 시작하는 온도
④ 일정한 압력하에서 물체의 온도가 변화하지 않고 상(相)이 변화하는 점

해설 포화액과 포화증기가 만나는 점이 임계점이며, 이 점을 지나서 액과 증기는 공존할 수 없다.

41. 냉동 사이클에서 응축온도를 일정하게 하고, 압축기 흡입가스의 상태를 건포화 증기로 할 때 증발온도를 상승시키면 어떤 결과가 나타나는가? [06]

① 압축비 증가 ② 냉동효과 증가
③ 성적계수 감소 ④ 압축일량 증가

해설 응축온도를 일정하게 하고 증발온도를 상승시키면 압축비 감소, 성적계수 증가, 압축일량 감소, 토출가스 온도 상승, 플래시 가스 발생량 감소, 냉동효과 증가의 현상이 나타난다.

42. 다음은 R-22 표준 냉동 사이클의 $P-h$ 선도이다. 압축일량은? [07]

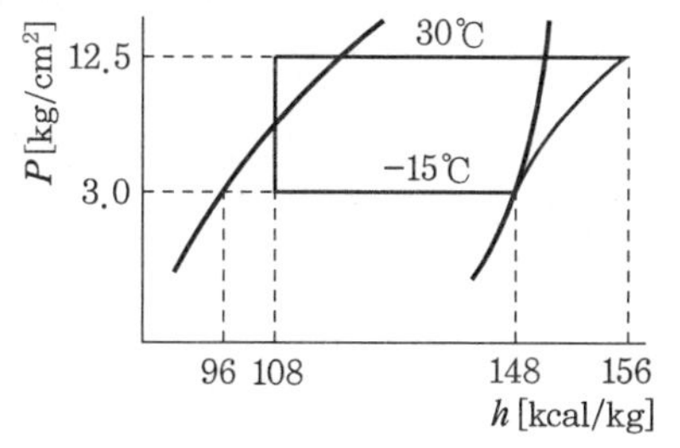

① 8 kcal/kg ② 48 kcal/kg
③ 52 kcal/kg ④ 60 kcal/kg

해설 $Aw = 156 - 148 = 8 \text{ kcal/kg}$

43. 표준 사이클을 유지하고 암모니아의 순환량을 186 kg/h로 운전했을 때의 소요동력(kW)은 약 얼마인가? (단, NH_3 1 kg을 압축하는 데 필요한 열량은 몰리에르 선도상에서는 56 kcal/kg이라 한다.) [11]

① 12.1 ② 24.2
③ 28.6 ④ 36.4

해설 $N = \dfrac{186 \times 56}{860} = 12.11 \text{ kW}$

44. 운전 중에 있는 암모니아 압축기의 압력계가 고압은 8 kg/cm², 저압은 진공도 100 mmHg를 나타내고 있다. 이 압축기의 압축비는 얼마인가? [05]

① 약 7 ② 약 8
③ 약 9 ④ 약 10

해설 $a = \dfrac{8 + 1.033}{\dfrac{760 - 100}{760} \times 1.033}$
$= 10.06 \fallingdotseq 10$

45. 다음 냉동 사이클에서 이론적 성적계수가 5.0일 때 압축기 토출가스의 엔탈피는 얼마인가? [13]

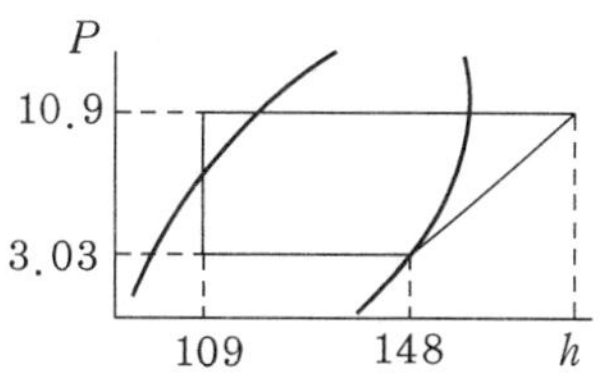

① 17.8 kcal/kg ② 138.9 kcal/kg
③ 19.5 kcal/kg ④ 155.8 kcal/kg

해설 $COP = \dfrac{148 - 109}{h - 148} = 5$

$\therefore h = 148 + \dfrac{148 - 109}{5} = 155.8 \text{kcal/kg}$

정답 40. ① 41. ② 42. ① 43. ① 44. ④ 45. ④

46. 암모니아 냉동장치가 다음 몰리에르 선도에 표시되어 있는 것과 같이 운전될 때 냉매 순환량 G [kg/h] 및 압축기 실제 소요동력 N [kW]은 얼마인가? (단, 냉동능력은 10 RT (한국)이고, 압축효율 70 %, 기계효율 80 %이다.) [07]

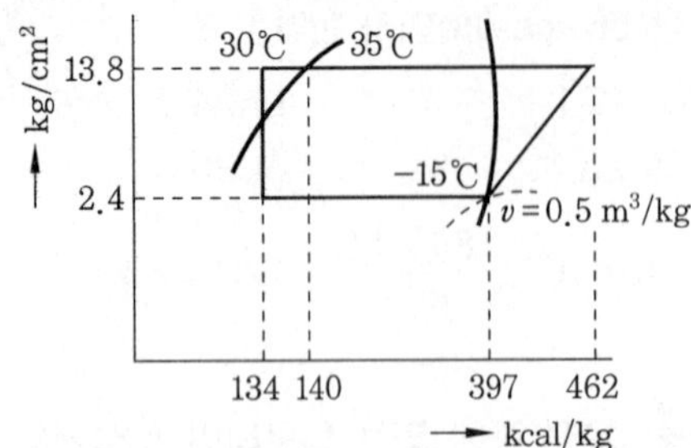

① G : 26.2 kg/h, N : 27.4 kW
② G : 66.2 kg/h, N : 5.7 kW
③ G : 96.2 kg/h, N : 34.4 kW
④ G : 126.2 kg/h, N : 17.0 kW

해설 ① $G = \dfrac{10 \times 3320}{397 - 134} = 126.24$ kg/h

② $N = \dfrac{126.2 \times (462 - 397)}{860 \times 0.7 \times 0.8}$
$= 17.03$ kW

47. 압축기 운전상태가 다음 $P-h$ 선도와 같이 나타났을 때 냉동능력은 약 몇 RT인가? (단, 피스톤 압출량은 350 m³/h이고, 압축기의 체적효율은 75 %이다.) [09]

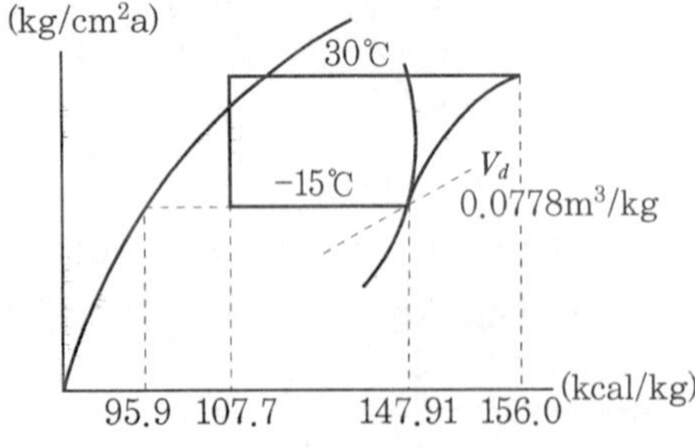

① 30.57 ② 40.86
③ 50.57 ④ 60.86

해설 냉동톤 (RT)
$= \dfrac{350 \times (147.91 - 107.7)}{3320 \times 0.0778} \times 0.75$
$= 40.86$

48. 고열원 온도 T_1, 저열원 온도 T_2인 카르노 사이클의 열효율은? [15]

① $\dfrac{T_2 - T_1}{T_1}$ ② $\dfrac{T_1 - T_2}{T_2}$

③ $\dfrac{T_2}{T_1 - T_2}$ ④ $\dfrac{T_1 - T_2}{T_1}$

해설 Q_1 : 고온부의 열량 (kcal/h)
Q_2 : 저온부의 열량 (kcal/h)
Q_a : 남는 열량 (kcal/h)

$$\eta = \frac{Q_1 - Q_2}{Q_1} = \frac{Q_a}{Q_1} = \frac{T_1 - T_2}{T_1}$$

49. 응축온도가 13℃이고, 증발온도가 -13℃인 카르노 사이클에서 냉동기의 성적계수는 얼마인가? [02, 03, 07, 14]

① 0.5 ② 2
③ 5 ④ 10

해설 $COP = \dfrac{273 - 13}{(273 + 13) - (273 - 13)} = 10$

50. 어떤 냉동기에서 0℃의 물로 0℃의 얼음 2톤 (ton)을 만드는 데 40 kWh의 일이 소요된다면 이 냉동기의 성적계수는 얼마인가? (단, 얼음의 융해 잠열은 80 kcal/kg이다.) [13]

① 2.72 ② 3.04
③ 4.04 ④ 4.65

해설 $COP = \dfrac{2000 \times 80}{40 \times 860} = 4.651$

정답 46. ④ 47. ② 48. ④ 49. ④ 50. ④

51. 다음 몰리에르 선도에서의 성적계수는 얼마인가? [10, 12, 13, 15]

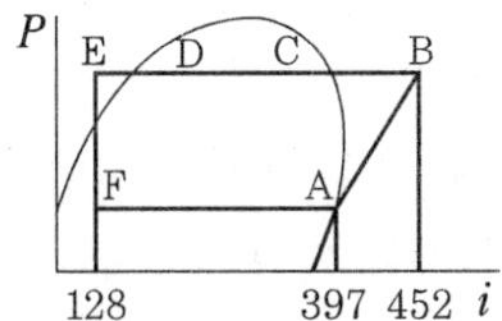

① 2.4 ② 4.9
③ 5.4 ④ 6.3

해설 $COP = \dfrac{397-128}{452-397} = 4.89$

52. 고온부에서 방출하는 열량을 이용하여 난방을 행하는 열펌프의 고온부 온도가 30℃이고, 저온부 온도가 -10℃일 때 이 열펌프의 성적계수는? [10]

① 약 4.5 ② 약 5.5
③ 약 6.5 ④ 약 7.5

해설 $COP = \dfrac{T_1}{T_1 - T_2}$

$= \dfrac{273+30}{(273+30)-(273-10)}$

$= 7.58$

53. 단단 증기압축식 이론 냉동사이클에서 응축부하가 10 kW이고 냉동능력이 6 kW일 때 이론 성적계수는 얼마인가? [08, 10]

① 0.6 ② 1.5
③ 1.67 ④ 2.5

해설 성적계수 $= \dfrac{6}{10-6} = 1.5$

54. 흡수식 냉동기의 성적계수를 구하는 식은 어느 것인가? [07]

① $\dfrac{\text{냉동능력}}{\text{흡수기에서의 방열량}}$

② $\dfrac{\text{용액 열교환기의 열교환량}}{\text{냉동능력}}$

③ $\dfrac{\text{냉동능력}}{\text{재생기에서의 방열량}}$

④ $\dfrac{\text{응축기에서의 방열량}}{\text{냉동능력}}$

55. 다음과 같은 R-22 냉동장치의 $P-h$ 선도에서의 이론 성적계수는? [03]

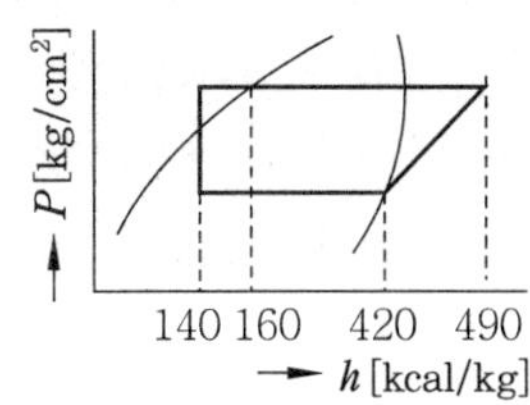

① 3.7 ② 4
③ 47 ④ 5

해설 $COP = \dfrac{420-140}{490-420} = 4$

56. 다음 냉동장치에 관한 설명 중 올바른 것은? [13]

① 응축기에서 방출하는 열량은 증발기에서 흡수하는 열량과 같다.
② 응축기의 냉각수 출구 온도는 응축온도보다 낮다.
③ 증발기에서 방출하는 열량은 응축기에서 흡수하는 열량보다 크다.
④ 증발기의 냉각수 출구 온도는 응축온도보다 높다.

해설 ① 응축열량
= 증발열량 (냉동능력) + 압축열량
② 응축기 냉각수온은 응축온도보다 낮다.
③ 증발기 흡수열량 (냉동능력)
= 응축기 방출량 - 압축열량
④ 증발기에 공급되는 냉수 (brine)의 출구온도는 증발온도보다 높다.

정답 51. ② 52. ④ 53. ② 54. ③ 55. ② 56. ②

57. 다음 $P-h$ 선도에서의 압축일량과 성적계수는 각각 얼마인가? [03, 14]

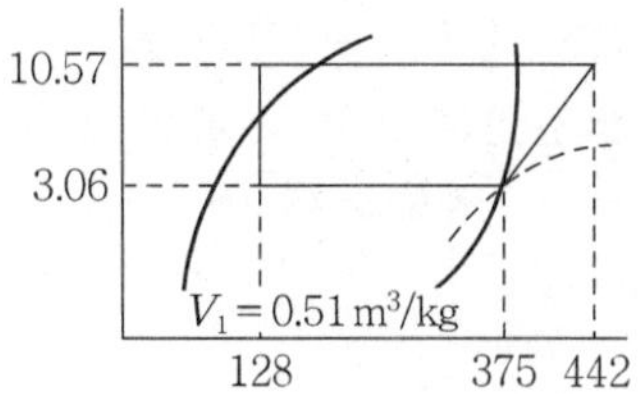

① 압축일량 : 67 kcal/kg, 성적계수 : 4.68
② 압축일량 : 247 kcal/kg, 성적계수 : 3.9
③ 압축일량 : 67 kcal/kg, 성적계수 : 3.68
④ 압축일량 : 247 kcal/kg, 성적계수 : 3.68

해설 ① 압축일량 = 442 − 375
= 67 kcal/kg

② 성적계수 = $\frac{375-128}{442-375} = 3.68$

58. 냉동장치의 압축기에서 가장 이상적인 압축과정은? [05]

① 등온 압축
② 등엔트로피 압축
③ 등적 압축
④ 등압 압축

해설 가장 이상적인 압축과정은 단열압축으로 엔트로피가 불변이다.

59. 열펌프에서 압축기 이론 축동력이 3 kW이고, 저온부에서 얻은 열량이 7 kW일 때 이론 성적계수는 약 얼마인가? [08, 10]

① 1.43 ② 1.75
③ 2.33 ④ 3.33

해설 $COP = \frac{7+3}{3} = 3.33$

60. 냉동장치를 정상적으로 운전하기 위한 것이 아닌 것은? [08]

① 이상고압이 되지 않도록 주의한다.
② 냉매 부족이 없도록 한다.
③ 습압축이 되도록 한다.
④ 각부의 가스 누설이 없도록 유의한다.

해설 습압축이 되면 액압축의 위험이 있다.

61. 냉동장치 내에 냉매가 부족할 때 일어나는 현상이 아닌 것은? [11]

① 냉동능력이 감소한다.
② 고압측 압력이 상승한다.
③ 흡입관에 상(霜)이 붙지 않는다.
④ 흡입가스가 과열된다.

해설 냉매가 부족하면 흡입가스가 과열되고 고압과 저압이 낮아진다.

62. 2단 압축 2단 팽창 냉동 사이클을 몰리에르 선도에 표시한 것이다. 각 상태에 대해 옳게 연결한 것은? [05, 09, 13, 15]

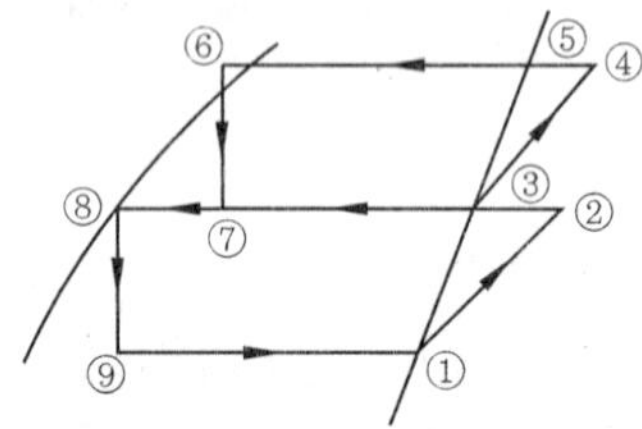

① 중간 냉각기의 냉동효과 : ③ − ⑦
② 증발기의 냉동효과 : ② − ⑨
③ 팽창변 통과 직후의 냉매 위치 : ⑤, ⑥
④ 응축기의 방출열량 : ⑧ − ②

해설 ⓐ 중간 냉각기의 냉동효과 : ③ − ⑦
ⓑ 증발기의 냉동효과 : ① − ⑨
ⓒ 팽창밸브 통과 직후 냉매 위치 : ⑦, ⑨
ⓓ 응축기 방출열량 : ④ − ⑥
ⓔ 저단압축일량 : ② − ①
ⓕ 고단압축일량 : ④ − ③

정답 57. ③ 58. ② 59. ④ 60. ③ 61. ② 62. ①

63. 다음 설명 중 옳은 것은? [07]

① 응축기에서 방출하는 열량은 증발기에서 흡수하는 열량과 같다.
② 증발기에서 흡수하는 열량은 응축기에서 방출하는 열량보다 작다.
③ 응축기 냉각수 출구온도는 응축온도와 같다.
④ 증발기 냉각수 출구온도는 응축온도보다 크다.

해설 응축열량 = 증발열량 + 압축열량

64. 냉매가스 압축 시 단열 압축이 행하여지는데 토출가스의 온도가 상승하는 이유는? [06]

① 압축일량이 열로 바뀌어서 냉매에 전해지기 때문이다.
② 주위의 열을 흡수하여 냉매가스의 온도를 높이기 때문이다.
③ 내부 에너지를 사용하여 냉매가스의 온도를 높이기 때문이다.
④ 압축 시 팽창된 냉매가스의 체적이 열로 바뀌기 때문이다.

해설 $\dfrac{T_2}{T_1} = \left(\dfrac{P_2}{P_1}\right)^{\frac{k-1}{k}}$ 에서 비열비 k가 크면 토출가스 온도는 상승한다.

65. 어떤 냉동기의 냉동력이 4300 kJ/h, 성적계수 6, 냉동효과 7.1 kJ/kg, 응축기 방열량 8.36 kJ/kg일 경우 냉매순환량은 약 얼마인가? [12]

① 450 kg/h ② 505 kg/h
③ 550 kg/h ④ 605 kg/h

해설 $G = \dfrac{Q_e}{q_e} = \dfrac{4300}{7.1} = 605.6 \text{ kg/h}$

66. 암모니아 냉동기의 냉동능력이 40000 kcal/h이고, 성적계수가 15, 압축일이 60 kcal/kg일 때 냉매순환량은? [04, 11]

① 14.4 kg/h ② 24.4 kg/h
③ 34.4 kg/h ④ 44.4 kg/h

해설 $q_e = 15 \times 60 = 900 \text{ kcal/kg}$

$$G = \frac{40000}{900} = 44.4 \text{ kg/h}$$

67. 다음의 몰리에르(Mollier) 선도를 참고로 했을 때 5냉동톤(RT)의 냉동기 냉매순환량은 약 얼마인가? [11, 13]

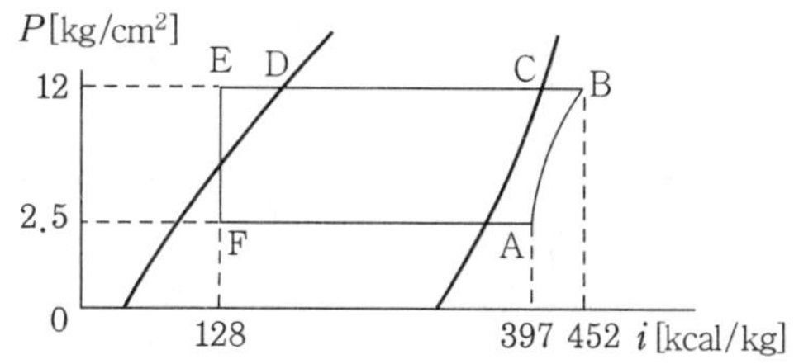

① 301.8 kg/h ② 51.3 kg/h
③ 61.7 kg/h ④ 67.7 kg/h

해설 $G = \dfrac{5 \times 3320}{397 - 128} = 61.71 \text{ kg/h}$

68. 2단 압축 2단 팽창 사이클로 운전되는 암모니아 냉동장치에서 저단측 압축기의 피스톤 압출량이 444.4 m³/h일 때 저단측 냉매순환량(kg/h)은 얼마인가? (단, 저단측 및 고단측 압축기의 체적 효율은 각각 0.7 및 0.8이며, 저단측 및 고단측 흡입가스의 비체적은 각각 1.55 m³/kg 및 0.42m³/kg이다.) [11]

① 100.2 ② 200.7
③ 300.7 ④ 400.5

해설 $G = \dfrac{444.4}{1.55} \times 0.7 = 200.696 \text{ kg/h}$

정답 63. ② 64. ① 65. ④ 66. ④ 67. ③ 68. ②

69. 냉동기의 냉동능력이 24000 kcal/h, 압축일 5 kcal/kg, 응축열량이 35 kcal/kg 일 경우 냉매순환량은? [07]

① 600 kg/h ② 800 kg/h
③ 700 kg/h ④ 400 kg/h

해설 $G = \dfrac{24000}{35-5} = 800\ \text{kg/h}$

70. 몰리에르 선도를 이용하여 압축기 피스톤경 130 mm, 행정 90 mm, 4기통, 1200 rpm으로서 표준상태로 작동하고 있다. 이때 냉매순환량은 약 몇 kg/h인가? [08]

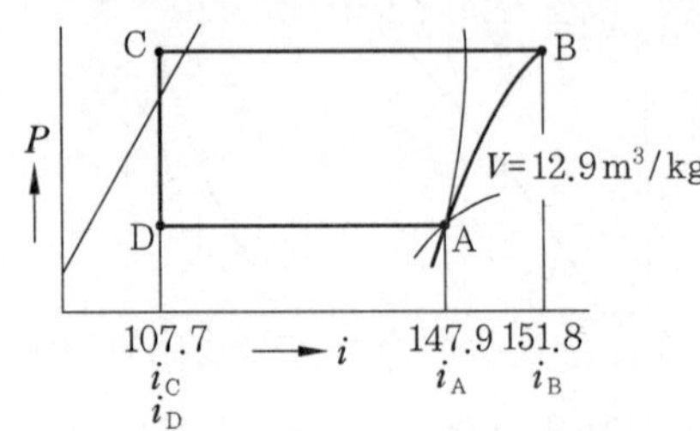

① 26.7 ② 343.8
③ 1257.4 ④ 4438.1

해설 냉매순환량 (G)

$$= \frac{3.14 \times 0.13^2 \times 0.09 \times 4 \times 1200 \times 60}{4 \times 12.9}$$

$= 26.65\ \text{kg/h}$

71. 냉동장치에서 다단 압축을 하는 목적으로 옳은 것은? [14]

① 압축비 증가와 체적 효율 감소
② 압축비와 체적 효율 증가
③ 압축비와 체적 효율 감소
④ 압축비 감소와 체적 효율 증가

해설 다단 압축의 목적
ⓐ 압축일량 분배(압축비 감소)
ⓑ 토출가스의 온도 상승 방지
ⓒ 각종 이용 효율(압축, 기계, 체적) 증가

72. 2단 압축 냉동장치에서 저압측(흡입압력)이 0 kgf/cm²g, 고압측(토출압력)이 15 kgf/cm²g이었다. 이때 중간압력은 약 몇 kgf/cm²g인가? [12]

① 2.03 ② 3.03
③ 4.03 ④ 5.03

해설 $P_0 = \sqrt{(0+1.033)\times(15+1.033)}$

$= 4.069\text{kg/cm}^2\text{a}$

$= 3.036\text{kg/cm}^2\text{g}$

73. 저온을 얻기 위해 2단 압축을 했을 때의 장점은? [07]

① 성적계수가 향상된다.
② 설비비가 적게 된다.
③ 체적효율이 저하한다.
④ 증발압력이 높아진다.

해설 2단 압축의 목적
ⓐ 압축일량 분배
ⓑ 각종 이용 효율 증대
ⓒ 토출가스의 온도 상승 방지

74. 몰리에르(Mollier) 선도에서 등온선과 등압선이 서로 평행한 구역은? [13]

① 액체 구역
② 습증기 구역
③ 건증기 구역
④ 평행인 구역은 없다.

해설 등온선과 등압선은 과냉각액(액체) 구역에서는 직교하고, 습증기(증발잠열) 구역에서는 평행이며, 과열증기(건증기) 구역에서 온도선은 포물선에 가까우므로 직교에 가깝다.

정답 69. ② 70. ① 71. ④ 72. ② 73. ① 74. ②

75. 2단 압축 냉동 사이클에서 저압축 증발압력이 2 kgf/cm²g이고 고압축 응축압력이 17 kgf/cm²g일 때 중간압력은 약 얼마인가?(단, 대기압은 1 kgf/cm²a이다.) [11]

① 5.8 kgf/cm²a ② 6.0 kgf/cm²a
③ 7.3 kgf/cm²a ④ 8.5 kgf/cm²a

해설 $P_0 = \sqrt{(2+1)\times(17+1)}$
$= 7.35\ \text{kgf/cm}^2\text{a}$

76. 다음 중 2단 압축 2단 팽창 냉동 사이클에서 사용되는 중간 냉각기의 형식은 어느 것인가? [09, 15]

① 플래시형 ② 액냉각형
③ 직접팽창식 ④ 저압수액기식

해설 플래시형은 2단 압축 2단 팽창 사이클에 사용하고, 액냉각형은 2단 압축 1단 팽창 사이클에 사용한다.

77. 다음 온도-엔트로피 선도에서 a→b 과정은 어떤 과정인가? [15]

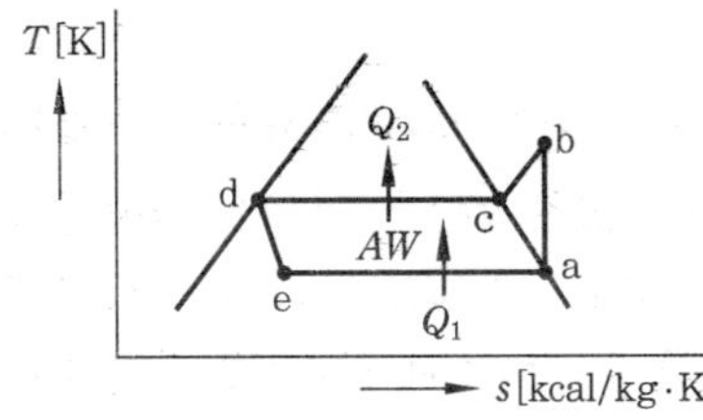

① 압축과정 ② 응축과정
③ 팽창과정 ④ 증발과정

해설 a→b : 압축
b→d : 응축
d→e : 팽창
e→a : 증발

78. 2단 압축 냉동장치에 있어서 흡입압력 진공도가 7 cmHg·g (P_o), 토출압력이 13 kg/cm²·g (P_k)일 때 이상적인 중간압력은? [07]

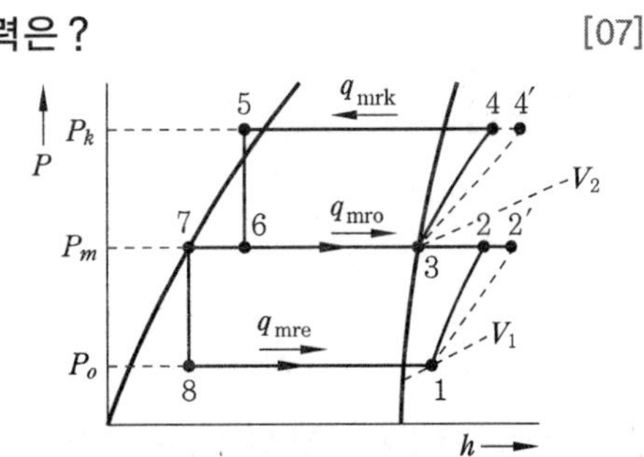

① 1.5 kg/cm²·g ② 2.6 kg/cm²·g
③ 3.6 kg/cm²·g ④ 4.0 kg/cm²·g

해설 $P_m = \sqrt{\dfrac{76-7}{76}\times 1.03\times(13+1.03)}$
$= 3.672\ \text{kg/cm}^2\cdot\text{a}$
$= 2.59\ \text{kg/cm}^2\cdot\text{g}$

79. 다음 그림은 2단 압축, 2단 팽창 이론 냉동 사이클이다. 이론 성적계수를 구하는 공식으로 옳은 것은?(단, G_L 및 G_H는 각각 저단, 고단 냉매순환량이다.) [14]

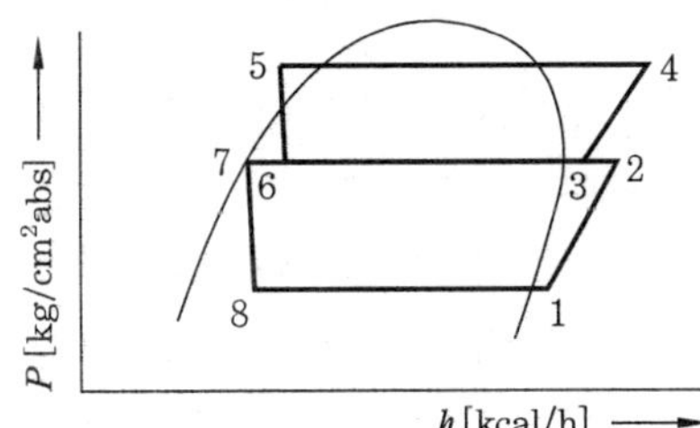

① $COP = \dfrac{G_L\times(h_1-h_8)}{(G_L+G_H)\times(h_4-h_1)}$

② $COP = \dfrac{G_L\times(h_1-h_8)}{(G_L-G_H)\times(h_4-h_1)}$

③ $COP = \dfrac{G_H\times(h_1-h_8)}{G_L\times(h_2-h_1)+G_H\times(h_4-h_3)}$

④ $COP = \dfrac{G_L\times(h_1-h_8)}{G_L\times(h_2-h_1)+G_H\times(h_4-h_3)}$

해설 $COP = \dfrac{Q_e}{N_L+N_H}$
$= \dfrac{G_L(h_1-h_8)}{G_L(h_2-h_1)+G_H(h_4-h_3)}$

정답 75. ③ 76. ① 77. ① 78. ② 79. ④

4장 압축기

1. 왕복동 압축기의 특징이 아닌 것은?

① 압축이 단속적이다. [02, 06]
② 진동이 크다.
③ 내부압력이 저압이다.
④ 배기용량이 적다.

해설 왕복동 압축기는 같은 용량의 스크루 압축기보다는 배기량이 작지만 용적에 비하여 배기량이 큰 편이다.

2. 포핏(poppet) 밸브의 사용처에 관한 설명으로 가장 옳은 것은? [06]

① 암모니아 입형 저속압축기에 많이 사용한다.
② 카 쿨러에 많이 사용한다.
③ 프레온 소형 압축기에 많이 사용한다.
④ 고속 압축기의 토출밸브에 사용한다.

해설 포핏 밸브는 중량이 무거워서 NH_3 저속 왕복동 압축기 흡입밸브로 사용한다.

3. 피스톤링이 과대 마모되었을 때 일어나는 현상으로 옳은 것은? [02, 15]

① 실린더 냉각
② 냉동능력 상승
③ 체적효율 감소
④ 크랭크 케이스 내 압력 감소

해설 피스톤링이 마모되면 미치는 영향
ⓐ 체적효율 감소
ⓑ 냉매순환량 감소
ⓒ 냉동능력 감소
ⓓ 실린더 과열
ⓔ 토출가스 온도 상승
ⓕ 윤활유 열화 및 탄화
ⓖ 단위능력당 소비동력 증가
ⓗ 크랭크 케이스 압력 상승

4. 실린더 안지름 20 cm, 피스톤 행정 20 cm, 기통수 2개, 회전수 300 rpm인 냉동기의 피스톤 압출량은? [02, 05, 06, 13]

① 182.1 m^3/h ② 201.4 m^3/h
③ 226.1 m^3/h ④ 262.7 m^3/h

해설 $V = \frac{\pi}{4} \times 0.2^2 \times 0.2 \times 2 \times 300 \times 60$
$= 226.08 \text{ m}^3/\text{h}$

5. 왕복동 압축기의 기계효율(η_m)에 대한 설명으로 옳은 것은? (단, 지시 동력은 가스를 압축하기 위한 압축기의 실제 필요 동력이고, 축 동력은 실제 압축기를 운전하는 데 필요한 동력이며, 이론적 동력은 압축기의 이론상 필요한 동력을 말한다.) [08, 12]

① $\frac{\text{지시 동력}}{\text{축 동력}}$
② $\frac{\text{이론적 동력}}{\text{지시 동력}}$
③ $\frac{\text{지시 동력}}{\text{이론적 동력}}$
④ $\frac{\text{축 동력} \times \text{지시 동력}}{\text{이론적 동력}}$

해설 ②는 압축효율을 나타낸다.

정답 1. ④ 2. ① 3. ③ 4. ③ 5. ①

6. **왕복 압축기에서 이론적 피스톤 압출량 (m^3/h)의 산출식으로 옳은 것은? (단, 기통 수 N, 실린더 안지름 D [m], 회전수 R [rpm], 피스톤 행정 L [m]이다.)** [07, 12, 15]

① $V=D\cdot L\cdot R\cdot N\cdot 60$

② $V=\frac{\pi}{4}D\cdot L\cdot R\cdot N$

③ $V=\frac{\pi}{4}D\cdot L\cdot R\cdot N\cdot 60$

④ $V=\frac{\pi}{4}D^2\cdot L\cdot N\cdot R\cdot 60$

해설 ⓐ 왕복동 압축기

$$V=\frac{\pi}{4}D^2\cdot L\cdot N\cdot R\cdot 60[\mathrm{m^3/h}]$$

ⓑ 회전 압축기

$$V=\frac{\pi}{4}(D^2-d^2)t\cdot R\cdot 60[\mathrm{m^3/h}]$$

여기서, d : 회전 피스톤 지름 (m)
t : 실린더의 두께(m)

7. **왕복 압축기의 용량 제어 방법이 아닌 것은?** [07, 13]

① 흡입 밸브 조정에 의한 방법
② 회전수 가감법
③ 안전두 스프링의 강도 조정법
④ 바이패스 방법

해설 왕복동 압축기의 용량 제어법
ⓐ 회전수 가감법
ⓑ 클리어런스를 증감시키는 법
ⓒ 바이패스 방법
ⓓ 일부 실린더를 놀리는 방법(unload 장치)
ⓔ 소형장치에서 on, off 제어 : 기기 수명이 단축되고 경제적으로 불리함

8. **왕복동식 압축기와 비교하여 스크루 압축기의 특징이 아닌 것은?** [15]

① 흡입·토출밸브가 없으므로 마모 부분이 없어 고장이 적다.
② 냉매의 압력 손실이 크다.
③ 무단계 용량 제어가 가능하며 연속적으로 행할 수 있다.
④ 체적 효율이 좋다.

해설 스크루 압축기는 ①, ③, ④ 외에
ⓐ 진동이 없어 견고한 기초가 필요 없다.
ⓑ 소형이고 가볍다.
ⓒ 액압축 및 오일 해머링이 적다.
ⓓ 부품 수가 적고 수명이 길다.

9. **다음 중 용적형 압축기에 대한 설명으로 맞지 않는 것은?** [09, 13, 16]

① 압축실 내의 체적을 감소시켜 냉매의 압력을 증가시킨다.
② 압축기의 성능은 냉동능력, 소비동력, 소음, 진동값 및 수명 등 종합적인 평가가 요구된다.
③ 압축기의 성능을 측정하는 데 유용한 두 가지 방법은 성능계수와 단위 냉동능력당 소비동력을 측정하는 것이다.
④ 개방형 압축기의 성능계수는 전동기와 압축기의 운전 효율을 포함하는 반면, 밀폐형 압축기의 성능계수에는 전동기 효율이 포함되지 않는다.

해설 개방형, 밀폐형 모두 성능계수에는 압축 효율, 기계 효율이 포함되고 전동 효율은 포함되지 않는다.

10. **고속 다기통 압축기의 흡입 및 토출밸브에 주로 사용하는 것은?** [14]

① 포핏 밸브 ② 플레이트 밸브
③ 리드 밸브 ④ 와셔 밸브

해설 ① 포핏 밸브는 저속 왕복동에 사용
③ 리드 밸브는 소형 압축기에 사용
④ 와셔 밸브는 없음

정답 6. ④ 7. ③ 8. ② 9. ④ 10. ②

11. 다음 중 고속다기통 압축기의 장점으로 틀린 것은? [13, 16]

① 동적(動的)평형이 양호하여 진동이 적고 운전이 정숙하다.
② 압축비가 증가하여도 체적 효율이 감소하지 않는다.
③ 냉동능력에 비해 압축기가 작아져 설치면적이 작아진다.
④ 부품의 교환이 간단하고 수리가 용이하다.

해설 고속다기통 압축기는 압축비 증가에 따른 체적 효율 감소가 크다.

12. 다음 중 고속다기통 압축기의 장점이 아닌 것은? [06, 10]

① 체적효율이 좋다.
② 부품 교환 범위가 넓다.
③ 진동이 비교적 적다.
④ 용량에 비하여 기계가 작다.

해설 고속다기통은 톱 클리어런스가 커서 체적효율이 나쁘고 흡입밸브의 저항 때문에 고진공을 얻기 어렵다.

13. 고속다기통 압축기 유압계의 정상 유압으로 옳은 것은? [06, 09, 10]

① 정상 저압+4~6 kgf/cm^2
② 정상 고압+1.5~3 kgf/cm^2
③ 정상 고압+4~6 kgf/cm^2
④ 정상 저압+1.5~3 kgf/cm^2

해설 ⓐ 고속다기통 압축기의 정상 유압 : 정상 저압+1.5~3 kgf/cm^2
ⓑ 저속왕복동 압축기의 정상 유압 : 정상 저압+0.5~1.5 kgf/cm^2
ⓒ 스크루 압축기의 정상 유압 : 정상 고압+2~3 kgf/cm^2
ⓓ 터보 압축기의 정상 유압 : 정상 저압 +6~7 kgf/cm^2

14. 다음 중 냉동용 압축기의 안전 헤드(safety head)는? [03]

① 액체 흡입으로 압축기가 파손되는 것을 막기 위한 것이다.
② 워터재킷을 설치한 실린더 헤드(cylinder head)를 말한다.
③ 토출가스의 고압을 막아주므로 안전밸브를 따로 둘 필요가 없다.
④ 흡입압력의 저하를 방지한다.

해설 안전 헤드(안전두)는 액압축으로부터 냉기를 보호하는 안전장치이다.

15. 다음 중 로터의 회전에 의해 가스를 흡입 압축하는 압축기는? [02]

① 원심식 압축기 ② 회전식 압축기
③ 스크루 압축기 ④ 왕복동식 압축기

해설 회전식 압축기(rotary compressor)는 편심된 회전자(로터)가 실린더 내면을 일정 편심로로 회전하여 흡입한 냉매가스를 압축하는 기기이다.

16. 다음 중 회전식 압축기의 특징에 해당되지 않는 것은? [10, 15]

① 조립이나 조정에 있어서 고도의 정밀도가 요구된다.
② 대형 압축기와 저온용 압축기에 많이 사용한다.
③ 왕복동식보다 부품수가 적으며, 흡입밸브가 없다.
④ 압축이 연속적으로 이루어져 진공펌프로도 사용된다.

해설 회전식 압축기는 소형 밀폐형 압축기이다.

정답 11. ② 12. ① 13. ④ 14. ① 15. ② 16. ②

17. 회전식 압축기의 피스톤 압출량(V)을 구하는 공식은 어느 것인가? (단, D=실린더 안지름(m), d=회전 피스톤의 바깥지름(m), t=실린더의 두께(m), R=회전수(rpm), n=기통수, L=실린더 길이이다.) [02, 13]

① $V=60\times0.785\times(D^2-d^2)tnR$ [m³/h]
② $V=60\times0.785\times D^2tnR$ [m³/h]
③ $V=60\times\frac{\pi D^2}{4}LnR$ [m³/h]
④ $V=\frac{\pi DR}{4}$ [m³/h]

해설 ⓐ 왕복동 압축기 피스톤 압출량

$V=60\times\frac{\pi}{4}D^2LnR$ [m³/h]

ⓑ 회전 압축기 피스톤 압출량

$V=60\times\frac{\pi}{4}(D^2-d^2)tnR$ [m³/h]

$=60\times0.785\times(D^2-d^2)tnR$ [m³/h]

18. 다음 회전식(rotary) 압축기의 설명 중 틀린 것은? [02, 03, 04, 08, 12]

① 흡입밸브가 없다.
② 압축이 연속적이다.
③ 회전수가 매우 적다.
④ 왕복동에 비해 구조가 간단하다.

해설 회전 압축기는 회전수 1000 rpm 이상의 고속이다.

19. 회전식과 비교하여 왕복동식 압축기의 특징이 아닌 것은? [08, 14]

① 압축이 단속적이다.
② 진동이 크다.
③ 크랭크 케이스 내부 압력이 저압이다.
④ 압축능력이 적다.

해설 회전식은 연속 흡입 토출하며 진동이 적고 내부 압력이 고압이다. 왕복동식은 압축이 단속적이고 내부 압력이 저압이며 압축능력이 양호하다.

20. 회전식 압축기에서 회전식 베인형의 베인은 어떻게 회전하는가? [06, 13]

① 무게에 의하여 실린더에 밀착되어 회전한다.
② 고압에 의하여 실린더에 밀착되어 회전한다.
③ 스프링 힘에 의하여 실린더에 밀착되어 회전한다.
④ 원심력에 의하여 실린더에 밀착되어 회전한다.

해설 ⓐ 회전형 : 원심력에 의해서 실린더 벽에 밀착되어 회전한다.
ⓑ 고정형 : 스프링에 의해서 회전자에 밀착되어 회전한다.

21. 회전날개형 압축기에서 회전날개의 부착은? [06, 07, 15]

① 스프링 힘에 의하여 실린더에 부착한다.
② 원심력에 의하여 실린더에 부착한다.
③ 고압에 의하여 실린더에 부착한다.
④ 무게에 의하여 실린더에 부착한다.

해설 회전식 압축기(rotary compressor)는 회전익형과 고정익형이 있는데, 회전익형은 원심력에 의해 밀착되고 고정익형은 스프링 힘에 의해 밀착된다.

22. 고압(응축압력)이 18 kg/cm²·a, 저압(증발압력)이 5 kg/cm²·a일 때 압축비는? [09]

① 2 ② 3.6
③ 4.5 ④ 6.0

해설 $a=\frac{18}{5}=3.61$

정답 17. ① 18. ③ 19. ④ 20. ④ 21. ② 22. ②

23. 다음 회전식 압축기의 설명 중 틀린 것은? [07, 08, 11]

① 회전식 압축기는 조립이나 조정에 있어 고도의 공작 정밀도가 요구되지 않는다.
② 잔류 가스의 재팽창에 의한 체적효율의 감소가 적다.
③ 회전식 압축기는 구조가 간단하다.
④ 왕복동식에 비해 진동과 소음이 적다.

해설 회전 압축기는 조립이나 조정에 고도의 정밀도가 요구되므로 정비 보수가 불가능하다.

24. 회전식(rotary) 압축기에 대한 설명으로 틀린 것은? [15]

① 흡입밸브가 없다.
② 압축이 연속적이다.
③ 회전 압축으로 인한 진동이 심하다.
④ 왕복동에 비해 구조가 간단하다.

해설 회전 압축기는 고도의 정밀도로 제작된 고속 압축기로 진동 및 소음이 적은 정숙한 냉동기이다.

25. 다음 중 회전식 압축기의 특징 설명으로 틀린 것은? [09, 15]

① 용량 제어가 없고 분해 조립 및 정비에 특수한 기술이 필요하다.
② 대형 압축기와 저온용 압축기로 사용하기 적당하다.
③ 왕복동식처럼 격간이 없어 체적효율, 성능계수가 양호하다.
④ 소형이고 설치면적이 적다.

해설 회전 압축기는 정밀도가 요구되는 장치로 주로 소형 밀폐식이다.

26. 회전식 압축기(rotary compressor)의 특징 설명으로 옳지 않은 것은? [07, 10]

① 왕복동식에 비해 구조가 간단하다.
② 기동 시 무부하로 기동될 수 있으며 전력소비가 크다.
③ 잔류 가스의 재팽창에 의한 체적효율 저하가 작다.
④ 진동 및 소음이 적다.

해설 회전 압축기는 부하 경감장치가 없으므로 기동 시에 부하가 크고, 압축효율과 체적효율이 양호하다.

27. 다음 중 냉동기의 스크루 압축기(screw compressor)에 대한 특징으로 틀린 것은? [14]

① 암·수나사 2개의 로터나사의 맞물림에 의해 냉매가스를 압축한다.
② 왕복동식 압축기와 동일하게 흡입, 압축, 토출의 3행정으로 이루어진다.
③ 액격 및 유격이 비교적 크다.
④ 흡입·토출 밸브가 없다.

해설 스크루(나사) 압축기는 펌프와 유사한 구조이므로 액압축(액격)과 오일압축(유격)이 일어나지 않는다.

28. 터보 냉동기의 특징을 설명한 것이다. 옳은 것은? [10]

① 마찰 부분이 많아 마모가 크다.
② 제어범위가 좁아 정밀제어가 곤란하다.
③ 저온장치에서는 압축단수가 작아지며 효율이 좋다.
④ 저압냉매를 사용하므로 취급이 용이하고 위험이 적다.

해설 터보(원심식) 압축기는 저압 압축기로 압축단수가 높은 고온 냉방 전용장치이다. 고속 회전을 하며 마찰부가 적고 정밀한 용량 제어를 할 수 있다.

정답 23. ① 24. ③ 25. ② 26. ② 27. ③ 28. ④

29. **다음 중 밀폐형 압축기의 특징으로 잘못된 것은?** [11]

① 냉매의 누설이 적다.
② 소음이 적다.
③ 과부하운전이 가능하다.
④ 냉동능력에 비해 대형으로 설치면적이 크다.

해설 밀폐형 압축기는 냉동능력에 비해 소형으로 설치면적이 작으며 과열압축이 가능하다.

30. **다음 중 냉동기의 스크루 압축기(screw compressor)에 대한 특징 설명 중 잘못된 것은?** [12, 16]

① 암, 수 2개 나선형 로터의 맞물림에 의해 냉매가스를 압축한다.
② 액격 및 유격이 적다.
③ 왕복동식과 비교하여 동일 냉동능력일 때 압축기 체적이 크다.
④ 흡입·토출 밸브가 없다.

해설 스크루 압축기는 용량에 비해서 소형이다.

31. **다음 중 스크루(screw) 압축기의 특징으로 틀린 것은?** [11]

① 액격(liquid hammer) 및 유격(oil hammer)이 적다.
② 부품수가 적고 수명이 길다.
③ 오일펌프를 따로 설치하여야 한다.
④ 비교적 소음이 적다.

해설 스크루 압축기는 소음이 큰 것이 단점이다.

32. **다음 중 스크루 압축기의 특징이 아닌 것은?** [08, 11]

① 오일펌프를 따로 설치하여야 한다.
② 소형경량으로 설치면적이 작다.
③ 액 해머 및 오일 해머가 크다.
④ 밸브와 피스톤이 없어 장시간의 연속 운전이 가능하다.

해설 스크루 압축기는 액펌프의 원리와 같으므로 액압축의 위험이 적다.

33. **스크루 압축기의 장점으로 맞는 것은?**

① 토크 변동이 많다. [09, 11]
② 압축요소의 미끄럼 속도가 빠르다.
③ 흡입 밸브나 토출 밸브가 없으며 부품 수가 적다.
④ 고효율, 고소음, 고진동 및 고신뢰성을 갖는다.

해설 스크루(screw) 압축기는 흡입·토출 밸브 대신에 역류방지용 밸브가 있고 부품 수가 적으며 액 압축의 위험이 낮다.

34. **터보 냉동기와 왕복동식 냉동기를 비교했을 때 터보 냉동기의 특징으로 맞는 것은?** [03, 04, 08, 09, 11, 15]

① 회전수가 매우 빠르므로 동작 밸런스나 진동이 크다.
② 보수가 어렵고 수명이 짧다.
③ 소용량의 냉동기에는 한계가 있고 생산가가 비싸다.
④ 저온장치에서도 압축단수가 적어지므로 사용도가 넓다.

해설 터보 냉동기의 특징
ⓐ 동작 밸런스가 맞아서 진동이 작다.
ⓑ 정밀도가 요구되지만 수명은 길다.
ⓒ 100 RT 이상은 대형장치, 이하는 소형장치(잘 사용하지 않는다.)
ⓓ 저압 압축기이며 저온장치에서는 압축 단수가 커져서 사용이 곤란하므로 주로 고온장치에 사용한다.

정답 29. ④ 30. ③ 31. ④ 32. ③ 33. ③ 34. ③

35. 다음 중 스크루 압축기의 장점이 아닌 것은? [03, 05, 09]

① 흡입, 토출밸브가 없어 밸브의 마모와 진동이 적다.
② 냉매의 압력 손실이 커서 효율이 저하된다.
③ 1단의 압축비를 크게 취할 수 있다.
④ 체적 효율이 크다.

해설 스크루 압축기는 내부 압력 손실은 없고 효율이 양호하며 액 압축의 우려가 작다.

36. 다음 중 스크루 압축기의 장점이 아닌 것은? [03, 06, 07, 09]

① 흡입 및 토출밸브가 없다.
② 크랭크샤프트, 피스톤링 등의 마모부분이 없어 고장이 적다.
③ 냉매의 압력 손실이 없어 체적 효율이 향상된다.
④ 고속회전으로 인하여 소음이 적다.

해설 스크루 압축기는 진동은 적으나 소음이 크고, 소비동력이 많이 드는 것이 단점이다.

37. 원심식 압축기에 대한 설명으로 옳은 것은 어느 것인가? [15]

① 임펠러의 원심력을 이용하여 속도에너지를 압력에너지로 바꾼다.
② 임펠러 속도가 빠르면 유량흐름이 감소한다.
③ 1단으로 압축비를 크게 할 수 있어 단단 압축방식을 주로 채택한다.
④ 압축비는 원주 속도의 3제곱에 비례한다.

해설 터보(원심식) 압축기는 원심력으로 디퓨저에 의해서 속도에너지를 압력에너지로 바꾼다.

38. 원심력을 이용하여 냉매를 압축하는 형식으로 터보 압축기라고도 하며, 흡입하는 냉매 증기의 체적은 크지만 압축압력을 크게 하기 곤란한 압축기는? [12]

① 원심식 압축기 ② 스크루 압축기
③ 회전식 압축기 ④ 왕복동식 압축기

해설 원심식 압축기는 저압용 압축기이고 냉매 증기의 체적이 크며 효율이 나쁘다.

39. 다음 중 터보 냉동기의 주요 부품이 아닌 것은? [11]

① 임펠러 ② 피스톤링
③ 추기 회수장치 ④ 흡입 가이드 베인

해설 피스톤링은 왕복동 압축기 부품이다.

40. 터보 냉동기의 운전 중 서징(surging) 현상이 발생하였다. 다음 중 그 원인으로 틀린 것은? [15]

① 흡입가이드 베인을 너무 조일 때
② 가스 유량이 감소될 때
③ 냉각수온이 너무 낮을 때
④ 너무 낮은 가스유량으로 운전할 때

해설 ③ 냉각수온이 높을 때

41. 다음 중 냉동기유에 가장 용해하기 쉬운 냉매는 어느 것인가? [09, 11]

① R-11 ② R-13
③ R-14 ④ R-502

해설 ⓐ 윤활유에 잘 용해되는 냉매 : R-11, R-12, R-21, R-113
ⓑ 저온에서 윤활유와 분리되는 냉매 : R-13, R-22, R-114

정답 35. ② 36. ④ 37. ① 38. ① 39. ② 40. ③ 41. ①

42. 원심식 냉동기의 서징현상에 대한 설명 중 옳지 않은 것은? [09]

① 흡입가스 유량이 증가되어 냉매가 어느 한계치 이상으로 운전될 때 주로 발생한다.
② 전류계의 지침이 심하게 움직인다.
③ 고압이 저하하며, 저압이 상승한다.
④ 소음과 진동을 수반하고 베어링 등 운동부분에서 급격한 마모현상이 발생한다.

해설 흡입가스 유량이 감소되거나 응축압력이 높을 때 발생한다.

43. 터보 냉동기 윤활 사이클에서 마그네틱 플러그가 하는 역할은? [05, 08, 10, 12]

① 오일 쿨러의 냉각수 온도를 일정하게 유지하는 역할
② 오일 중의 수분을 제거하는 역할
③ 윤활 사이클로 공급되는 유압을 일정하게 하여 주는 역할
④ 윤활 사이클로 공급되는 철분을 제거하여 장치의 마모를 방지하는 역할

해설 마그네틱 플러그는 윤활유 중의 철분을 제거하여 고속 운전하는 활동부에 흠집이 생기는 것을 방지한다.

44. 다음 중 원심(turbo)식 압축기의 특징이 아닌 것은? [06, 08]

① 임펠러(impeller)에 의해 압축된다.
② 보통 전동기 직결에서는 증속장치가 필요하다.
③ 부하가 감소하면 서징이 일어난다.
④ 주로 공기 냉각용으로 직접 팽창방식을 사용한다.

해설 원심식 압축기는 냉방 전용으로 주로 냉수를 냉각시켜 순환하는 간접 팽창식 공기 조화방식이다.

45. 다음 중 터보 압축기의 특징으로 맞지 않는 것은? [09, 10, 11, 12]

① 임펠러에 의한 원심력을 이용하여 압축한다.
② 응축기에서 가스가 응축하지 않을 경우 이상고압이 발생된다.
③ 부하가 감소하면 서징을 일으킨다.
④ 진동이 적고, 1대로도 대용량이 가능하다.

해설 응축기에서 가스 응축을 하지 못하면 서징 현상이 발생되고 고압이 낮아진다.

46. 원심 압축기에 관한 다음 설명 중 틀린 것은? [05]

① 가스는 축방향으로 회전차(impeller)에 흡입되고 반지름 방향으로 나간다.
② 냉매의 유량을 가이드 베인이 제어한다.
③ 정지 중에는 윤활유 히터를 켜둘 필요가 없다.
④ 서징은 운전상 좋지 않은 현상이다.

해설 원심 압축기의 윤활유 히터는 연중 무정전 장치이며 유온을 50~60℃로 유지한다.

47. 다음 설명 중 맞는 것은? [08]

① 윤활유와 혼합된 프레온 냉매는 오일 포밍현상이 일어나기 쉽다.
② 윤활유 중에 냉매가 용해하는 정도는 압력이 낮을수록 많아진다.
③ 윤활유 중에 냉매가 용해하는 정도는 온도가 높을수록 많아진다.
④ 장치 내의 온도가 낮을수록 동 부착현상을 일으킨다.

해설 프레온 냉매는 오일과 혼합되면 기동 시 냉매와 오일이 분리되면서 거품 발생(oil foaming) 현상이 발생한다.

정답 42. ① 43. ④ 44. ④ 45. ② 46. ③ 47. ①

48. **부하가 감소되면 서징(surging)현상이 일어나는 압축기는?** [07]

① 터보 압축기 ② 왕복동 압축기
③ 회전 압축기 ④ 스크루 압축기

해설 터보(원심식) 냉동기에서 고압이 높거나 저압이 낮을 때 압축이 반복되는 현상을 서징현상이라고 한다.

49. **다음 중 냉동기유에 대한 설명으로 옳은 것은?** [15]

① 암모니아는 냉동기유에 쉽게 용해되어 윤활불량의 원인이 된다.
② 냉동기유는 저온에서 쉽게 응고되지 않고 고온에서 쉽게 탄화되지 않아야 한다.
③ 냉동기유의 탄화현상은 일반적으로 암모니아보다 프레온 냉동장치에서 자주 발생한다.
④ 냉동기유는 증발하기 쉽고, 열전도율 및 점도가 커야 한다.

해설 ① 프레온은 냉동기유에 쉽게 용해되어 오일 포밍의 발생 원인이 된다.
② 냉동기유는 응고점 또는 유동 온도가 낮고 열화 및 탄화 온도가 높을 것
③ 암모니아는 비열비가 커서 프레온보다 윤활유가 쉽게 탄화된다.
④ 냉동기유와 냉매는 점도(점성)가 작을 것

50. **냉매와 윤활유에 대하여 설명한 것 중 옳은 것은?** [06]

① R-12의 액은 윤활유보다 비중이 크다.
② R-12와 윤활유는 혼합이 잘 안된다.
③ 암모니아액은 윤활유보다 비중이 크다.
④ 암모니아액은 R-12보다 비중이 크다.

해설 비중량 순서 : 프레온 > H_2O > 오일 > NH_3

51. **냉동기 오일에 관한 설명으로 옳지 않은 것은?** [10, 14]

① 윤활 방식에는 비말식과 강제급유식이 있다.
② 사용 오일은 응고점이 높고 인화점이 낮아야 한다.
③ 수분의 함유량이 적고 장기간 사용하여도 변질이 적어야 한다.
④ 일반적으로 고속다기통 압축기의 경우 윤활유의 온도는 50~60℃ 정도이다.

해설 윤활유(oil)는 응고점이 낮고 인화점이 높아야 한다.

52. **-30℃ 이하에서는 1단 압축할 경우 다음과 같은 좋지 않은 이유 때문에 2단 압축을 행한다. 이러한 좋지 않은 이유에 해당되지 않는 것은?** [03]

① 압축기 토출 증기의 온도 상승
② 압축비 상승
③ 압축기 체적효율 감소
④ 압축기 행정 체적의 증가

해설 압축기 행정 체적은 항상 일정하다.

53. **압축기의 축봉장치에서 슬립 링형 축봉장치의 종류에 속하는 것은?** [13]

① 소프트 패킹식 ② 메탈릭 패킹식
③ 스터핑 박스식 ④ 금속 벨로스식

해설 ⓐ 축상형 축봉장치(글랜드 패킹 또는 스터핑 박스)는 메탈릭, 세미메탈릭, 소프트 패킹 등이 있으며 600 rpm 이하의 저속용이다.

정답 48. ① 49. ② 50. ① 51. ② 52. ④ 53. ④

ⓑ 기계적 축봉장치(활윤식 축봉장치)는 고속 회전용으로 금속 벨로스식(고정형과 회전형)이 있다.

54. **다음 중 냉동기유에 대한 설명으로 맞는 것은?** [11]

① 냉동기유는 암모니아 냉매보다 가벼워 만액식 증발기의 냉매액면 위로 뜬다.
② 냉동기유는 저온에서 쉽게 응고되지 않고 고온에서 쉽게 탄화되지 않아야 한다.
③ 냉동기유의 탄화현상은 일반적으로 암모니아보다 프레온 냉동장치에서 자주 발생한다.
④ 냉동기유는 증발하기 쉽고 열전도율 및 점도가 커야 한다.

해설 윤활유는 유동점이 낮고 저온에서 왁스 성분이 없으며, 고온에서 슬러지를 형성하지 않아야 한다.

55. **압축기의 상부 간격(top clearance)이 크면 냉동 장치에 다음 중 어떤 영향을 주는가?** [02, 03, 04, 05, 15]

① 토출가스 온도가 낮아진다.
② 윤활유가 열화되기 쉽다.
③ 체적효율이 상승한다.
④ 냉동능력이 증가한다.

해설 톱 클리어런스 또는 압축비가 크면 다음과 같은 영향이 있다.
ⓐ 체적효율 감소
ⓑ 냉매순환량 감소
ⓒ 냉동능력 감소
ⓓ 단위능력당 소비동력 증가
ⓔ 실린더 과열
ⓕ 윤활유의 열화 및 탄화
ⓖ 토출가스 온도 상승
ⓗ 습동부품의 마모 및 파손

56. **축봉장치(shaft seal)의 역할로서 부적당한 것은?** [02, 04, 06, 16]

① 냉매 누설 방지
② 오일 누설 방지
③ 외기 침입 방지
④ 전동기의 슬립(slip) 방지

해설 슬립은 전동기의 회전수를 감소시키는 것으로 냉동기의 축봉장치와 관계없다.

57. **압축기의 톱 클리어런스가 크면 어떠한 영향이 나타나는가?** [06, 08, 10, 14]

① 체적효율이 증대한다.
② 냉동능력이 감소한다.
③ 토출가스 온도가 저하한다.
④ 윤활유가 열화하지 않는다.

해설 문제 55번 해설 참조

58. **압축기의 축봉장치란?** [03, 14]

① 냉매 및 윤활유의 누설, 외기의 침입 등을 막는다.
② 축의 베어링 역할을 하며 냉매가 새는 것을 막는다.
③ 축이 빠지는 것을 막아주는 역할을 한다.
④ 윤활유를 저장하고 있는 장치이다.

해설 축봉장치는 압축기 크랭크축에 설치하여 냉매 및 윤활유의 누설과 외기 침입을 방지한다.

59. **다음 중 흡수식 냉동기의 특징이 아닌 것은?** [06]

① 압축기 구동용의 대형 전동기가 없다.
② 부분 부하 시의 운전 특성이 우수하다.
③ 용량 제어성이 좋다.
④ 부하가 규정용량을 초과하게 되면 상

정답 54. ② 55. ② 56. ④ 57. ② 58. ① 59. ④

당히 위험하다.

해설 흡수식은 부하에 관계없이 일정한 냉동능력을 발생시킨다.

60. **터보 압축기의 능력 조정 방법으로 옳지 못한 방법은?** [05, 07, 09]

① 흡입 댐퍼(damper)에 의한 조정
② 흡입 베인(vane)에 의한 조정
③ 바이 패스(by-pass)에 의한 조정
④ 클리어런스 부피에 의한 조정

해설 터보(원심식) 용량 제어법
ⓐ 흡입 베인 제어
ⓑ 바이 패스 제어
ⓒ 회전수 제어
ⓓ 디퓨저 제어
ⓔ 흡입 댐퍼 제어

61. **냉동 윤활장치에서 유압이 낮아지는 원인이 아닌 것은?** [09, 11]

① 오일이 부족할 때
② 유온이 낮을 때
③ 유 여과망이 막혔을 때
④ 유압 조정 밸브가 많이 열렸을 때

해설 유온이 낮으면 오일의 점성이 커지므로 유압이 상승한다.

62. **냉동장치 운전 중 유압이 너무 높을 때의 원인으로 가장 거리가 먼 것은?** [15]

① 유압계가 불량일 때
② 유배관이 막혔을 때
③ 유온이 낮을 때
④ 유압조정밸브 개도가 과다하게 열렸을 때

해설 유압조정밸브의 개도가 과다하면 유압은 낮아진다.

63. **강제급유식에 기어 펌프를 주로 사용하는 이유는?** [08, 12]

① 유체의 마찰저항이 크다.
② 저속으로도 일정한 압력을 얻을 수 있다.
③ 구조가 복잡하다.
④ 대형으로만 높은 압력을 얻을 수 있다.

해설 기어 펌프는 제작이 간편하고 저속으로 일정 압력을 얻을 수 있으며, 크랭크축에 연결하므로 압축기 회전 속도에 비례하여 회전한다.

64. **강제급유식에 사용되는 오일 펌프의 종류가 아닌 것은?** [10]

① 플런저 펌프 ② 로터리 펌프
③ 터보 펌프 ④ 기어 펌프

해설 강제급유식에 사용되는 오일 펌프에는 플런저 펌프, 로터리 펌프, 기어 펌프, 스크루 펌프 등이 있다.

65. **유압 압력 조정 밸브는 냉동장치의 어느 부분에 설치되는가?** [03, 04]

① 오일 펌프 출구
② 크랭크 케이스 내부
③ 유 여과망과 오일 펌프 사이
④ 오일쿨러 내부

해설 유압 조정 장치는 오일 펌프 출구에 설치하여 공급 유압을 일정하게 유지시킨다.

66. **압축기 종류에 따른 정상적인 유압이 아닌 것은?** [03, 05, 14]

정답 60. ④ 61. ② 62. ④ 63. ② 64. ③ 65. ① 66. ④

① 터보 = 정상저압 + 6 kg/cm^2
② 입형저속 = 정상저압 + 0.5~1.5 kg/cm^2
③ 고속다기통 = 정상저압 + 1.5~3 kg/cm^2
④ 고속다기통 = 정상저압 + 6 kg/cm^2

해설 고속다기통
= 정상저압 + 1.5~3 kg/cm^2

67. **고속다기통 압축기에서 정상운전 상태로서의 유압은 저압보다 얼마나 높아야 하는가?** [04]

① 0~1.5 kg/cm^2
② 1.5~3.0 kg/cm^2
③ 3.5~4.0 kg/cm^2
④ 4.5~5.0 kg/cm^2

해설 유압은 저속왕복동 압축기에서 정상저압 + 0.5~1.5 kg/cm^2이고, 고속다기통 압축기에서 정상저압 + 1.5~3 kg/cm^2이다.

68. **다음 중 윤활유의 사용 목적으로 거리가 먼 것은?** [12]

① 운동면에 윤활작용으로 마모 방지
② 기계적 효율 향상과 소손 방지
③ 패킹 재료를 보호하여 냉각작용을 억제
④ 유막 형성으로 냉매가스 누설 방지

해설 윤활유는 패킹 재료를 보호하여 기밀작용을 한다.

69. **다음 냉동기유의 구비 조건 중 옳지 않은 것은?** [07, 09, 12]

① 응고점과 유동점이 높을 것
② 인화점이 높을 것
③ 점도가 적당할 것
④ 전기 절연내력이 클 것

해설 냉동기유는 응고점과 유동점이 낮아야 한다.

70. **다음 중 냉동기유의 구비 조건으로 맞지 않는 것은?** [09, 13, 14]

① 냉매와 접하여도 화학적 작용을 하지 않을 것
② 왁스 성분이 많을 것
③ 유성이 좋을 것
④ 인화점이 높을 것

해설 냉동기유는 왁스 성분이 적어야 한다. (저온에서 왁스분, 고온에서 슬러지가 없을 것)

71. **냉동장치에 사용하는 냉동기유(refrigeration oil)에 대한 설명 및 구비 조건으로 잘못된 것은?** [11, 13]

① 적당한 점도를 가지며, 유막 형성 능력이 뛰어날 것
② 인화점이 충분히 높아 고온에서도 변하지 않을 것
③ 밀폐형에 사용하는 것은 전기절연도가 클 것
④ 냉매와 접촉하여도 화학반응을 하지 않고, 냉매와의 분리가 어려울 것

해설 윤활유는 냉매와 분리되고 화학적으로 안전하며 분해되지 말아야 한다.

72. **다음 중 냉동기 윤활유 구비 조건으로 적합하지 않은 것은?** [06, 10]

① 고점도액일 것
② 전기적 절연내력이 클 것
③ 냉매가스와 용해가 적을 것
④ 인화점이 높을 것

해설 냉동유는 점성이 알맞아야 한다.

정답 67. ② 68. ④ 69. ① 70. ② 71. ④ 72. ①

73. 냉동기에 사용하는 윤활유의 구비 조건으로서 틀린 것은? [09, 11]

① 불순물을 함유하지 않을 것
② 인화점이 높을 것
③ 냉매와 분리되지 않을 것
④ 응고점이 낮을 것

해설 윤활유는 냉매와 분리되어야 한다.

74. 다음 중 부스터(booster) 압축기 설명으로 옳은 것은? [04, 09]

① 2단 압축 냉동에서 저단 압축기를 말한다.
② 2원 냉동에서 저온용 냉동장치의 압축기를 말한다.
③ 회전식 압축기를 말한다.
④ 다효 압축을 하는 압축기를 말한다.

해설 부스터 압축기는 2단 압축 장치에서 저압측에 설치하여 중간 압력으로 상승시키는 장치로 저단 (보조) 압축기라 한다.

75. 증기 압축식 냉동장치에서 증발기로부터의 흡입 가스를 압축기로 압축하는 이유는? [05]

① 엔탈피를 증가시키고 비체적을 감소시키기 위하여
② 압축함으로써 압력을 상승시키면 대응하는 포화온도가 상승하여 상온에서 액화시키기 쉽기 때문에
③ 수랭식 또는 공랭식 응축기를 사용할 수 있도록 하기 위하여
④ 압축함으로써 압력을 상승시키면 임계온도가 상승되어 상온에서 액화시키기 쉽기 때문에

해설 증발압력을 일정하게 유지시키고 상온에서 쉽게 액화할 수 있게 압력과 온도를 상승시킨다.

76. 암모니아 냉동기의 압축기에 공랭식을 채택하지 않는 이유는? [04, 09]

① 토출가스의 온도가 높기 때문에
② 압축비가 작기 때문에
③ 냉동능력이 크기 때문에
④ 독성가스이기 때문에

해설 암모니아 장치는 토출가스 온도가 높고 응축열량이 많으므로 공랭식을 채택하기 어려운 점이 많다.

77. 다음 중 압축기에 관한 설명으로 옳은 것은? [06, 13]

① 토출가스 온도는 압축기의 흡입가스 과열도가 클수록 높아진다.
② 프레온 12를 사용하는 압축기에는 토출온도가 낮아 워터 재킷(water jacket)을 부착한다.
③ 톱 클리어런스(top clearance)가 클수록 체적효율이 커진다.
④ 토출가스 온도가 상승하여도 체적효율은 변하지 않는다.

해설 압축기는 압력과 온도를 상승시키므로 흡입가스가 과열되면 토출가스 온도가 상승한다.

78. 다음의 설명 중 틀린 것은? [04]

① 냉동능력 2 kW는 약 0.52 냉동톤이다.
② 냉동능력 10 kW, 압축기동력 4 kW의 냉동장치에 있어 응축부하는 14 kW이다.
③ 냉매증기를 단열 압축하면 온도는 높아지지 않는다.
④ 진공계의 지시값이 10 cmHg인 경우, 절대 압력은 약 0.9 kg/cm^{2}이다.

정답 73. ③ 74. ① 75. ② 76. ① 77. ① 78. ③

해설 냉매증기를 단열 압축하면 비열비가 큰 냉매일수록 토출가스 온도는 상승한다.

79. 다음 중 압축기 용량 제어의 목적이 아닌 것은? [04, 10, 14]

① 경제적 운전을 하기 위하여
② 일정한 증발온도를 유지하기 위하여
③ 경부하 운전을 하기 위하여
④ 응축압력을 일정하게 유지하기 위하여

해설 용량 제어는 냉동능력을 감소시키는 방법으로 목적은 다음과 같다.
ⓐ 기동 시 경부하 운전
ⓑ 경제적 운전
ⓒ 기기 수명 연장
ⓓ 일정한 증발온도 유지

80. 완전 기체에서 단열압축 과정 동안 나타나는 현상은? [10, 14]

① 비체적이 커진다.
② 전열량의 변화가 없다.
③ 엔탈피가 증가한다.
④ 온도가 낮아진다.

해설 단열압축하면 엔트로피는 일정하고 온도, 열량, 엔탈피는 상승하며 비체적은 감소한다.

81. 다음 중 압축기 체적효율에 영향을 미치지 않는 것은? [11]

① 격간(clearance) 용적
② 전동기의 슬립 효율
③ 실린더 과열
④ 흡입밸브의 저항

해설 $\eta = 1 - \frac{V_c}{V_s}\left\{\left(\frac{P_2}{P_1}\right)^{\frac{1}{n}} - 1\right\}$이고, 슬립은 전동기의 회전수와 관련이 있다.

82. 암모니아 냉동장치에서 실린더 지름 150 mm, 행정이 90 mm, 회전수 1170 rpm, 기통수 6기통일 때 법정 냉동능력(RT)은? (단, 냉매 상수는 8.4이다.) [09]

① 98.2 ② 79.7
③ 59.2 ④ 38.9

해설 냉동능력(RT) = $\frac{V}{C}$

$$= \frac{\frac{\pi}{4} \times 0.15^2 \times 0.09 \times 1170 \times 60 \times 6}{8.4}$$

$= 79.7$

83. 다음 중 압축기의 과열 원인이 아닌 것은? [02]

① 냉매 부족 ② 밸브 누설
③ 공기의 혼입 ④ 부하 감소

해설 정상 운전 중 부하가 감소하면 습압축(액압축)의 위험이 있다.

84. 흡수식 냉동기의 특징으로 틀린 것은?

① 전력 사용량이 적다. [04, 15]
② 압축식 냉동기보다 소음, 진동이 크다.
③ 용량 제어 범위가 넓다.
④ 부분 부하에 대한 대응성이 좋다.

해설 흡수식은 소음, 진동이 적고 소비동력이 작다.

85. 가역 사이클인 냉동기의 능력이 20 RT, 증발온도 −10℃, 응축온도 20℃에서 작동하고 있다. 이 냉동기의 이론적인 소요동력은 몇 마력인가? [08]

정답 79. ④ 80. ③ 81. ② 82. ② 83. ④ 84. ② 85. ②

① 17.74 PS ② 11.98 PS
③ 10.76 PS ④ 9.87 PS

해설 소요동력

$$L_{ps} = \frac{(273+20)-(273-10)}{632.3 \times (273-10)} \times 20 \times 3320 = 11.978 \text{ PS}$$

86. 다음 문장의 ( ) 안에 알맞은 말이 순서에 맞게 짝지어진 것은? [05]

> 체적효율은 클리어런스의 증대에 의하여 ( )한다. 또한 압축비가 클수록 ( )하게 되어 C_p/C_v 가 적은 냉매일수록 그 정도가 ( ). 단, 여기서 C_p 는 ( ) 비열, C_v는 ( ) 비열이다.

① 감소, 감소, 크다, 정압, 정적
② 증가, 감소, 적다, 정압, 정적
③ 감소, 증가, 크다, 정압, 정적
④ 증가, 증가, 적다, 정압, 정적

87. 흡수식 냉동장치에서 냉매와 흡수제를 분리하는 것은? [08]

① 발생기 ② 응축기
③ 증발기 ④ 흡수기

해설 냉매와 흡수제를 분리하는 장치를 발생기 또는 재생기라 한다.

88. 다음 중 흡수식 냉동기의 특징이 아닌 것은? [09]

① 운전 시의 소음 및 진동이 거의 없다.
② 증기, 온수 등 배열을 이용할 수 있다.
③ 압축식에 비해서 설치면적 및 중량이 크다.
④ 압축식에 비해서 예냉시간이 짧다.

해설 예냉시간은 비교가 어렵다.

89. 다음 표의 ( ) 안에 들어갈 말로 옳은 것은? [15]

> 압축기의 체적효율은 격간(clearance)의 증대에 의하여 (㉠)하며, 압축비가 클수록 (㉡)하게 된다.

① ㉠ : 감소, ㉡ : 감소
② ㉠ : 증가, ㉡ : 감소
③ ㉠ : 감소, ㉡ : 증가
④ ㉠ : 증가, ㉡ : 증가

90. 증기 압축식 냉동기와 흡수식 냉동기에 대한 설명 중 잘못된 것은? [07, 09, 12]

① 증기를 값싸게 얻을 수 있는 장소에서는 흡수식이 경제적으로 유리하다.
② 냉매를 압축하기 위해 압축식에서는 기계적 에너지를, 흡수식에서는 화학적 에너지를 이용한다.
③ 흡수식에 비해 압축식이 열효율이 높다.
④ 동일한 냉동능력을 갖기 위해서 흡수식은 압축식에 비해 장치가 커진다.

해설 흡수식은 열에너지를 압력 에너지로 바꾼다.

91. 가열원이 필요하며 압축기가 필요 없는 냉동기는? [04, 12]

① 터보 냉동기 ② 흡수식 냉동기
③ 회전식 냉동기 ④ 왕복동식 냉동기

해설 가열원이 필요한 장치는 흡수식과 증기 분사식이 있다.

92. 흡수식 냉동장치에는 안전확보와 기기의 보호를 위하여 여러 가지 안전장치가 설치되어 있다. 그 목적에 해당되지 않는 것은 어느 것인가? [06, 10]

정답 86. ① 87. ① 88. ④ 89. ① 90. ② 91. ② 92. ④

① 냉수 동결 방지 ② 결정 방지
③ 모터 보호 ④ 압축기 보호

해설 흡수식 냉동장치에는 압축기와 팽창 밸브가 없다.

93. 2중 효용 흡수식 냉동기에 대한 설명 중 옳지 않은 것은? [09, 12]

① 단중 효용 흡수식 냉동기에 비해 효율이 높다.
② 2개의 재생기가 있다.
③ 2개의 증발기가 있다.
④ 2개의 열교환기를 가지고 있다.

해설 2중 효용은 재생기(발생기)가 2개라는 뜻이다.

94. 다음 중 흡수식 냉동기의 용량 제어 방법이 아닌 것은? [10, 15]

① 구동열원 입구 제어
② 증기토출 제어
③ 발생기 공급 용액량 조절
④ 증발기 압력 제어

해설 흡수식 냉동기의 용량 제어
ⓐ 구동열원 입구 제어
ⓑ 가열 증기 또는 온수유량 제어
ⓒ 바이패스 제어
ⓓ 흡수액 순환량 제어

95. 다음 중 흡수식 냉동장치의 적용 대상이 아닌 것은? [08, 15]

① 백화점 공조용 ② 산업 공조용
③ 제빙공장용 ④ 냉난방장치용

해설 흡수식 냉동장치는 주로 공기조화용에 사용한다.

96. 다음 중 압축기 효율과 가장 거리가 먼 것은? [09, 10, 15]

① 체적효율 ② 기계효율
③ 압축효율 ④ 팽창효율

해설 압축기 효율에는 냉매순환량을 결정하는 체적효율과 냉매를 직접 압축하는 지시동력의 압축효율, 그리고 냉동기를 돌리는 기계효율이 있다.

97. 다음 중 압축기와 관계없는 효율은 어느 것인가? [04, 07]

① 체적효율 ② 기계효율
③ 압축효율 ④ 슬립효율

해설 슬립효율은 전동기의 회전수와 관계가 있다.

98. 다음 중 압축기에 관한 설명으로 옳은 것은? [08]

① 토출가스 온도는 압축기의 흡입가스 과열도가 클수록 높아진다.
② 프레온 12를 사용하는 압축기에는 토출온도가 낮아 워터재킷(water jacket)을 부착한다.
③ 톱 클리어런스(top clearance)가 클수록 체적효율이 커진다.
④ 토출가스 온도가 상승하여도 체적효율은 변하지 않는다.

해설 토출가스 온도는 비열비에 의해서 결정되며, 흡입가스가 과열될수록 토출가스 온도는 상승한다.

99. 증기압축식 냉동장치의 주요 구성요소가 아닌 것은? [07]

① 압축기 ② 흡수기
③ 응축기 ④ 팽창 밸브

해설 흡수기는 흡수식 냉동장치의 구성요소이다.

정답 93. ③ 94. ④ 95. ③ 96. ④ 97. ④ 98. ① 99. ②

100. 다음 중 압축비에 관한 설명으로 옳은 것은? [07]

① 압축비가 클수록 체적효율이 커진다.
② 압축비의 값은 1을 초과하지 않는다.
③ 압축비가 클수록 냉매 단위중량당의 일량이 커진다.
④ 압축비가 클수록 기계일량이 작아지고 냉동능력에는 하등의 영향을 주지 않는다.

해설 압축비가 크면 체적효율이 감소하고 단위능력당 소비동력이 증가한다.

101. 건조 포화 증기를 흡입하는 압축기가 있다. 고압이 일정한 상태에서 저압이 내려가면 이 압축기의 냉동능력은 어떻게 되는가? [02]

① 증대한다.
② 변하지 않는다.
③ 감소한다.
④ 감소하다가 점차 증대한다.

해설 저압이 낮아지면 압축비가 증가하고 토출가스 온도 상승, 압축일량 증가로 성적계수 감소, 플래시 가스 발생량 증가로 냉동효과가 감소되므로 냉동능력이 감소한다.

102. 건포화증기를 압축기에서 압축시킬 경우 토출되는 증기의 상태는? [05, 14]

① 과열증기 ② 포화증기
③ 포화액 ④ 습증기

해설 증발기에서 나오는 저온 저압의 포화증기를 압축기에서 단열압축하면 토출가스 온도가 상승하여 과열증기가 된다.

103. 압축기의 운전 중 이상음이 발생하는 원인이 아닌 것은? [03, 07, 14]

① 기초 볼트의 이완
② 토출 밸브, 흡입 밸브의 파손
③ 피스톤 하부에 다량의 오일이 고임
④ 크랭크 샤프트 등의 마모

해설 피스톤 하부는 저유통으로 일정량의 오일이 있다. 즉, 운전 중 유면의 1/2 정도이고 운전 정지 시는 2/3 정도이다.

104. 압축기의 실린더를 냉각수로 냉각시키는 이유 중 해당되지 않는 것은? [02, 11]

① 윤활작용이 양호해진다.
② 체적효율이 증대한다.
③ 실린더의 마모를 방지한다.
④ 응축 능력이 향상된다.

해설 냉동기 실린더를 냉각하는 이유
ⓐ 압축기 실린더 과열 방지
ⓑ 각종 이용 효율(체적, 압축, 기계 등) 향상
ⓒ 윤활유의 열화 및 탄화 방지
ⓓ 윤활부품의 수명 연장
ⓔ 토출가스 온도의 상승 방지

105. 냉동장치에서 압축기의 이상적인 압축 과정은? [15]

① 등엔트로피 변화 ② 정압 변화
③ 등온 변화 ④ 정적 변화

해설 압축기는 가역 단열 정상류 변화이고 엔트로피가 일정하다.

106. 단열압축, 등온압축, 폴리트로픽압축에 관한 다음 사항 중 틀린 것은? [08, 12]

① 압축일량은 단열압축이 제일 크다.
② 압축일량은 등온압축이 제일 작다.
③ 실제 냉동기의 압축 방식은 폴리트로픽 압축이다.

정답 100. ③ 101. ③ 102. ① 103. ③ 104. ④ 105. ① 106. ④

④ 압축가스 온도는 폴리트로픽압축이 제일 높다.

해설 온도 상승은 단열압축, 폴리트로픽압축, 등온압축 순이다.

107. 압축기 용량 제어 방법의 채택 목적이 아닌 것은? [02]

① 냉동능력의 증대
② 경제적인 운전 실현
③ 경부하 기동 및 운전
④ 압축기 보호

해설 용량을 제어하면 압축을 못하게 하므로 냉동능력이 감소한다.

108. 2단 압축 냉동장치에서 각각 다른 2대의 압축기를 사용하지 않고 1대의 압축기가 2대의 압축기 역할을 할 수 있는 압축기는? [10, 15]

① 부스터 압축기
② 캐스케이드 압축기
③ 콤파운드 압축기
④ 보조 압축기

해설 1대의 압축기로 저단과 고단 압축을 하는 장치를 콤파운드 압축기라고 한다.

109. 1대의 압축기로 증발온도를 저온도로 낮출 경우 장치에 미치는 영향이 아닌 것은? [08]

① 압축기 토출가스의 온도 상승
② 압축비 증대
③ 압축기 체적효율 감소
④ 압축기 행정체적의 증가

해설 압축기 행정체적은 변화가 없다.

110. 단단 증기압축식 냉동 사이클에서 건조압축과 비교하여 과열압축이 일어날 경우 나타나는 현상으로 틀린 것은? [15]

① 압축기 소비동력이 커진다.
② 비체적이 커진다.
③ 냉매순환량이 증가한다.
④ 노출가스의 온도가 높아진다.

해설 과열압축을 하면 비용적(비체적)이 커지고, 체적효율이 감소하여 냉매순환량이 감소한다.

111. 냉동기에서 압축기의 기능으로 가장 거리가 먼 것은? [08, 15]

① 냉매를 순환시킨다.
② 응축기에 냉각수를 순환시킨다.
③ 냉매의 응축을 돕는다.
④ 저압을 고압으로 상승시킨다.

해설 압축기는 저온·저압의 냉매를 단열압축하여 고온·고압으로 만들어서 응축기가 쉽게 액화(응축)하게 하고 냉동장치에 냉매를 순환시킨다.

112. 다음 중 증기를 단열 압축할 때 엔트로피의 변화는? [14]

① 감소한다.
② 증가한다.
③ 일정하다.
④ 감소하다가 증가한다.

해설 단열 압축은 가역 정상류 변화이므로 엔트로피가 일정하다.

113. 압축기 분해 시, 다음 부품 중 제일 나중에 분해되는 것은? [04]

① 실린더 커버
② 세이프티 헤드 스프링
③ 피스톤
④ 토출밸브

정답 107. ① 108. ③ 109. ④ 110. ③ 111. ② 112. ③ 113. ③

해설 피스톤이 제일 안쪽에 있으므로 마지막에 분해된다.

114. **왕복동 압축기와 비교하여 원심 압축기의 장점으로 틀린 것은?** [14]

① 흡입밸브, 토출밸브 등의 마찰 부분이 없으므로 고장이 적다.
② 마찰에 의한 손상이 적어서 성능 저하가 적다.
③ 저온장치에는 압축단수를 1단으로 가능하다.
④ 왕복동 압축기에 비해 구조가 간단하다.

해설 저압 압축기인 원심 압축기는 저온 냉동에 사용하려면 압축단수가 많아야 하므로 실제 운전이 불가능하여 고온 공기조화 장치에만 주로 사용되지만 왕복동식은 고온, 중온, 저온 모든 장치에 사용할 수 있다.

115. **압축기의 압축비가 커지면 어떤 현상이 일어나는가?** [02, 10]

① 압축비가 커지면 체적효율이 증가한다.
② 압축비가 커지면 체적효율이 저하한다.
③ 압축비가 커지면 소요동력이 작아진다.
④ 압축비와 체적효율은 아무런 관계가 없다.

해설 압축비와 톱 클리어런스가 커지면 체적효율이 감소한다.

116. **다음 중 실제 증기압축 냉동 사이클의 설명으로 맞지 않는 것은?** [09]

① 실제 냉동 사이클과 이론적인 냉동 사이클과의 차이는 주로 압축기에서 발생한다.
② 압축기를 제외한 시스템의 모든 부분에서 냉매배관의 마찰저항 때문에 냉매유동의 압력강하가 존재한다.
③ 실제 냉동 사이클의 압축과정에서 소요되는 일량은 표준 증기 압축 사이클보다 감소하게 된다.
④ 사이클의 작동유체는 순수 물질이 아니라 냉매와 오일의 혼합물로 구성되어 있다.

해설 실제 압축 사이클의 일량은 이론 압축보다 증가한다.

117. **증기압축식 냉동 사이클의 압축 과정 동안 냉매의 상태변화로 틀린 것은?** [15]

① 압력 상승
② 온도 상승
③ 엔탈피 증가
④ 비체적 증가

해설 압축 과정 : 압력, 온도, 엔탈피 상승, 엔트로피 불변, 비체적 감소

118. **압축기 보호장치에 해당되는 것은?**

① 냉각수 조절 밸브 [13]
② 유압보호 스위치
③ 증발압력 조절 밸브
④ 응축기용 팬 컨트롤

해설 유압보호 스위치(OPS)는 유압이 규정압력 이하이면 60~90초 이내에 압축기를 정지시킨다.

119. **다음 중 냉동기 토출압력의 이상 상승 시 제일 먼저 작동되는 안전장치는?** [04]

① 안전두 스프링
② 저압 차단 스위치
③ 고압 차단 스위치
④ 유압 차단 스위치

해설 안전두는 내장형 안전밸브로서 작동압력이 정상 고압 + 2~3 kgf/cm^2이다.

정답 114. ③ 115. ② 116. ③ 117. ④ 118. ② 119. ①

120. 다음 중 압축비에 대한 설명으로 옳은 것은? [15]

① 압축비는 고압 압력계가 나타내는 압력을 저압 압력계가 나타내는 압력으로 나눈 값에 1을 더한 값이다.
② 흡입압력이 동일할 때 압축비가 클수록 토출가스 온도는 저하된다.
③ 압축비가 적어지면 소요동력이 증가한다.
④ 응축압력이 동일할 때 압축비가 커지면 냉동능력이 감소한다.

해설 압축비는 고압 절대압력÷저압 절대압력으로, 크면 토출가스 온도 상승, 소요동력 증가, 실린더 과열, 체적효율 감소, 냉동능력 감소 현상이 일어난다.

121. 압축방식에 의한 분류 중 체적 압축식 압축기가 아닌 것은? [03, 07, 09, 10, 11, 14]

① 왕복동식 압축기
② 회전식 압축기
③ 스크루 압축기
④ 흡수식 압축기

해설 흡수식은 냉매를 흡수제에 용해시키며, 압축기는 존재하지 않는다.

122. 압축기가 냉매를 압축할 때 단열압축 과정에서 변하지 않는 것은 어느 것인가? (단, 외부에 열손실이 없는 표준 냉동 사이클을 기준으로 할 것) [08]

① 엔탈피 ② 엔트로피
③ 온도 ④ 압력

해설 압축기에서 가역 단열압축을 하면 엔트로피가 불변이다.

123. 토출 압력이 너무 낮은 경우의 원인으로 적절하지 못한 것은? [12]

① 냉매 충전량 과다
② 토출밸브에서의 누설
③ 냉각수 수온이 너무 낮아서
④ 냉각수량이 너무 많아서

해설 냉매 충전량이 많으면 냉동장치 전체 압력이 상승한다.

124. 압축기의 흡입 및 토출밸브의 구비조건으로 적당하지 않은 것은? [14]

① 밸브의 작동이 확실하고, 개폐하는 데 큰 압력이 필요하지 않을 것
② 밸브의 관성력이 크고, 냉매의 유동에 저항을 많이 주는 구조일 것
③ 밸브가 닫혔을 때 냉매의 누설이 없을 것
④ 밸브가 마모와 파손에 강할 것

해설 밸브의 탄성력이 크고 유동 저항이 작아야 한다.

125. 다음 중 압축기의 과열 원인이 아닌 것은 어느 것인가? [13]

① 냉매 부족 ② 밸브 누설
③ 윤활 불량 ④ 냉각수 과랭

해설 냉각수온이 낮으면 응축 온도와 압력이 낮아져 압축비가 작아지므로 압축기는 정상 운전된다.

126. 저온을 얻기 위해 2단 압축을 했을 때의 장점은? [14]

① 성적계수가 향상된다.
② 설비비가 적게 된다.
③ 체적효율이 저하한다.
④ 증발압력이 높아진다.

해설 2단 압축을 하면 냉동효과가 커지므로 성적계수는 1단 압축보다 증가한다.

정답 120. ④ 121. ④ 122. ② 123. ① 124. ② 125. ④ 126. ①

127. 다음 중 등온변화에 대한 설명으로 틀린 것은? [15]

① 압력과 부피의 곱은 항상 일정하다.
② 내부에너지는 증가한다.
③ 가해진 열량과 한 일이 같다.
④ 변화 전과 후의 내부에너지의 값이 같아진다.

해설 내부에너지는 온도만의 함수이므로 등온변화 시에는 일정하다.

128. 압축기에서 냉매를 압축하는 궁극적인 목적은 무엇인가? [06]

① 저압으로 하기 위하여
② 액화하기 위하여
③ 저열원으로 하기 위하여
④ 팽창하기 위하여

해설 압축기는 냉매의 압력과 온도를 상승시켜서 응축기에서 쉽게 액화되게 하고 냉동장치에 냉매를 순환시키는 역할을 한다.

129. 터보 냉동기의 운전 중에서 서징현상이 발생하였다. 다음 중 그 원인으로 맞지 않는 것은? [13]

① 흡입가이드 베인을 너무 조일 때
② 가스 유량이 감소될 때
③ 냉각 수온이 너무 낮을 때
④ 어떤 한계치 이하의 가스 유량으로 운전할 때

해설 냉각 수온이 높으면 응축압력이 상승하여 서징현상의 우려가 있다.

130. 다음 중 다원 냉동장치에서만 볼 수 있는 것은? [10]

① 불응축 가스 퍼저
② 중간 냉각기
③ 캐스케이드 열교환기
④ 부스터

해설 다원 냉동장치에서 고온측 증발기와 저온측 응축기가 열교환하는 구조로 된 기기가 캐스케이드 열교환기이다.

정답 127. ② 128. ② 129. ③ 130. ③

Ⓒ Ⓑ Ⓣ 문제은행

5장 응축기

1. 입형 셸 앤드 튜브식 응축기의 특징으로 가장 거리가 먼 것은? [06, 07, 10, 14]

① 옥외 설치가 가능하다.
② 액냉매의 과냉각이 쉽다.
③ 과부하에 잘 견딘다.
④ 운전 중 청소가 가능하다.

해설 입형 셸 앤드 튜브식 응축기는 냉매와 냉각수가 병류(평행류)이므로 과냉각은 어렵지만 냉각수량을 많이 공급할 수 있어서 과부하를 처리하고 운전 중 청소가 가능하며 옥내외 어디든지 설치가 가능하다.

2. 수직형 셸 앤드 튜브 응축기의 설명이 잘못된 것은? [03, 09, 16]

① 설치면적이 적어도 되며 옥외 설치가 가능하다.
② 유분리기와 응축기 사이는 균압관을 설치하는 것이 좋다.
③ 대형 NH_3 냉동장치에 사용된다.
④ 응축열량은 증발기에서 흡수한 열량과 압축기 열량의 합과 같다.

해설 균압관은 응축기와 수액기 상부의 연락관이다.

3. 횡형 셸 앤드 튜브(horizental shell and tube)식 응축기에 부착되지 않는 것은? [03, 15]

① 역지 밸브
② 공기배출구
③ 물 드레인 밸브
④ 냉각수 배관 출·입구

해설 횡형 응축기에는 ②, ③, ④항 외에 압력계, 온도계, 균압관, 안전밸브 등이 부착된다.

4. 다음 중 지수식 응축기라고도 하며 나선 모양의 관에 냉매를 통과시키고 이 나선관을 구형 또는 원형의 수조에 담그고 순환시켜 냉매를 응축시키는 응축기는? [11, 14]

① 셸 앤드 코일식 응축기
② 증발식 응축기
③ 공랭식 응축기
④ 대기식 응축기

해설 지수식 응축기(submerged condenser)는 셸 앤드 코일 응축기(shell and coil condenser)라고도 하며, NH_3, CO_2, SO_2 등의 소형 냉동기에 사용된다.

5. 다음 수랭식 응축기에 관한 설명으로 옳은 것은? [12, 15]

① 수온이 일정한 경우 유막 물때가 두껍게 부착하여도 수량을 증가하면 응축압력에는 영향이 없다.
② 응축부하가 크게 증가하면 응축압력 상승에 영향을 준다.
③ 냉각수량이 풍부한 경우에는 불응축 가스의 혼입 영향이 없다.
④ 냉각수량이 일정한 경우에는 수온에 의한 영향은 없다.

해설 ① 수량을 증가하면 응축온도와 압력이 낮아진다.

정답 1. ② 2. ② 3. ① 4. ① 5. ②

③ 냉각수량과 불응축 가스는 관련성이 없다.
④ 냉각수량이 일정하면 수온에 따라서 응축온도와 압력이 변화한다.

6. **프레온계 냉매용 횡형 셸 앤드 튜브(shell and tube)식 응축기에서 냉각관의 설명으로서 맞는 것은?** [11]

① 재료는 강이고 냉각수측의 전열저항에 비해 냉매측의 전열저항이 매우 크므로 외측의 전열면적을 증가시킨 핀 튜브가 사용된다.
② 재료는 동이고 냉각수측의 전열저항에 비해 냉매측의 전열저항이 매우 크므로 외측의 전열면적을 증가시킨 핀 튜브가 사용된다.
③ 재료는 강이고 냉각수측의 전열저항에 비해 냉매측의 전열저항이 매우 크므로 내측의 전열면적을 증가시킨 핀 튜브가 사용된다.
④ 재료는 동이고 냉각수측의 전열저항에 비해 냉매측의 전열저항이 매우 크므로 내측의 전열면적을 증가시킨 핀 튜브가 사용된다.

해설 전열 순서가 NH_3 > H_2O > 프레온 > 공기이므로 전열저항이 큰 배관 외측, 프레온측에 핀을 부착한다.

7. **에바콘(EVA-CON) 내부에 설치된 일리미네이터의 역할은?** [06]

① 물의 증발을 양호하게 함
② 공기를 제거해 주는 역할을 함
③ 바람으로 인한 수분의 비산을 방지함
④ 물의 과냉각을 방지함

해설 에바콘(증발식 응축기)에 설치된 일리미네이터는 수분이 비산되어 나가는 것을 방지한다.

8. **증발식 응축기에 대한 설명 중 옳은 것은 어느 것인가?** [14]

① 냉각수의 사용량이 많아 증발량도 커진다.
② 응축능력은 냉각관 표면의 온도와 외기 건구온도차에 비례한다.
③ 냉각수량이 부족한 곳에 적합하다.
④ 냉매의 압력강하가 작다.

해설 증발식 응축기의 순환수량은 다른 수랭식 응축기의 3~4 %로서 다른 응축기보다 냉각수 소비량이 적고 냉각수량이 부족한 곳에 적합하다.

9. **증발식 응축기에 관한 사항 중 옳은 것은 어느 것인가?** [10]

① 외기의 건구온도 영향을 많이 받는다.
② 냉각수의 현열을 이용하여 냉매가스를 응축시킨다.
③ 펌프(pump), 팬(fan), 노즐(nozzle) 등의 부속설비가 많다.
④ 냉각관 내 냉매의 압력강하가 작다.

해설 물의 증발잠열을 이용하므로 외기 습구온도의 영향을 받으며 사용하는 응축기 중에서 증발온도와 압력이 제일 높고 압력강하가 크다.

10. **다음 중 증발식 응축기에 관한 설명으로 옳은 것은?** [12]

① 일반적으로 물의 소비량이 수랭식 응축기보다 현저하게 적다.
② 대기의 습구온도가 낮아지면 응축온도가 높아진다.
③ 송풍량이 적어지면 응축능력이 증가한다.
④ 냉각작용 3가지(수랭, 공랭, 증발) 중 1가지(증발)에 의해서만 응축이 된다.

정답 6. ② 7. ③ 8. ③ 9. ③ 10. ①

해설 증발식 응축기는 냉각수 소비량이 적다.

11. **불응축 가스의 침입을 방지하기 위해 액 순환식 증발기와 액펌프 사이에 부착하는 것은 무엇인가?** [13]

① 감압 밸브 ② 여과기
③ 역지 밸브 ④ 건조기

해설 체크(역류 방지) 밸브는 증발기의 압력 상승으로 인해 냉매가 펌프 쪽으로 역류하는 것을 방지한다.

12. **다음 중 불응축 가스가 주로 모이는 곳은 어느 것인가?** [04, 07, 09, 11, 15]

① 증발기 ② 액분리기
③ 압축기 ④ 응축기

해설 불응축 가스는 주로 응축기와 수액기 상부에 체류한다.

13. **다음 중 냉동장치 내에 공기가 유입되었을 경우 나타나는 현상으로 가장 거리가 먼 것은?** [14]

① 응축압력이 높아진다.
② 압축비가 높게 되어 체적효율이 증가된다.
③ 냉매와 증발관과의 열전달을 방해하여 냉동능력이 감소된다.
④ 공기 침입 시 수분도 혼입되어 프레온 냉동장치에서 부식이 일어난다.

해설 공기가 유입되면 불응축 가스가 생성되어 냉동장치에 다음과 같은 영향을 미친다.
ⓐ 응축온도와 응축압력이 상승한다.
ⓑ 압축비가 상승하여 체적효율이 감소한다.
ⓒ 냉매순환량, 냉동능력이 감소한다.
ⓓ 프레온 장치에서는 팽창밸브 빙결 현상, 동 부착 현상, 배관 부식이 발생한다.
ⓔ 실린더가 과열되고 토출가스 온도가 상승하며 윤활유의 열화 및 탄화가 발생한다.

14. **열 통과율이 가장 좋은 응축기는?** [03]

① 증발식
② 입형 셸 앤드 튜브식
③ 횡형 셸 앤드 튜브식
④ 7 통로식

해설 ① 증발식 : 300 kcal/m^2h℃
② 입형 셸 앤드 튜브식 : 750 kcal/m^2h℃
③ 횡형 셸 앤드 튜브식 : 900 kcal/m^2h℃
④ 7 통로식 : 1000 kcal/m^2h℃

15. **셸 튜브 응축기는?** [06, 16]

① 공랭식 응축기이다.
② 수랭식 응축기이다.
③ 역류식 응축기이다.
④ 강제 대류식 응축기이다.

해설 셸 튜브 응축기는 셸 안의 냉매 배관 속에 물이 흐르는 수랭식 응축기이다.

16. **응축압력이 지나치게 내려가는 것을 방지하기 위한 조치방법 중 틀린 것은?** [15]

① 송풍기의 풍량을 조절한다.
② 송풍기 출구에 댐퍼를 설치하여 풍량을 조절한다.
③ 수랭식일 경우 냉각수의 공급을 증가시킨다.
④ 수랭식일 경우 냉각수의 온도를 높게 유지한다.

해설 냉각수량이 증가하면 응축온도와 응축압력이 낮아진다.

정답 11. ③ 12. ④ 13. ② 14. ④ 15. ② 16. ③

17. 핀 튜브에 관한 설명 중 틀린 것은 어느 것인가? [10, 13]

① 관내에 냉각수, 관 외부에 프레온 냉매가 흐를 때 관 외측에 부착한다.
② 증발기에 핀 튜브를 사용하는 것은 전열 효과를 크게 하기 위함이다.
③ 핀은 열 전달이 나쁜 유체 쪽에 부착한다.
④ 관내에 냉각수, 관 외부에 프레온 냉매가 흐를 때 관 내측에 부착한다.

해설 ⓐ 관내에 냉각수, 관 외부에 프레온 냉매가 흐를 때 프레온 냉매측, 즉 관 외측에 핀을 부착한다.
ⓑ 전열작용이 불량한 쪽에 핀을 부착한다.
ⓒ 전열 순서 : NH_3 > H_2O > 프레온 > 공기

18. 수랭식 응축기 냉각관의 일반적인 청소 시기로 적당한 것은? [10]

① 매월 1회 ② 매년 1회
③ 3개월에 1회 ④ 6개월에 1회

해설 냉각관 청소는 하절기(여름)를 대비하여 4~5월(봄)에 한다.

19. 수랭식 응축기의 응축압력에 관한 사항 중 옳은 것은? [04, 09]

① 수온이 일정한 경우 유막 물때가 두껍게 부착하여도 수량을 증가하면 응축압력에는 영향이 없다.
② 냉각관 내의 냉각수 속도가 빨라지면 횡형 셸 앤드 튜브식 응축기의 열통과율은 커지고 응축압력에 영향을 준다.
③ 냉각수량이 풍부한 경우에는 불응축 가스의 혼입 영향은 없다.
④ 냉각수량이 일정한 경우에는 수온에 의한 영향은 없다.

해설 ⓐ 유량이 증가하면 응축온도와 응축압력이 낮아진다.
ⓑ 냉각수량과 불응축 가스는 상관관계가 없다.

20. 다음 증발식 응축기에 관한 사항 중 옳은 것은? [03, 05]

① 응축온도는 외기의 건구온도보다 습구온도의 영향을 더 많이 받는다.
② 냉각수의 현열을 이용하여 냉매가스를 응축시킨다.
③ 응축기 냉각관을 통과하여 나오는 공기의 엔탈피는 감소한다.
④ 냉각관 내 냉매의 압력강하가 작다.

해설 증발식 응축기는 물의 증발잠열을 이용하는 응축기로서 공기 중에 수분이 적으면 물의 증발량이 증가되므로 공기의 습구온도 영향을 받는다.

21. 다음 중 냉각수 계통에서 발생하는 장애가 아닌 것은? [08]

① 부식 장애 ② 스케일 장애
③ 슬라임 장애 ④ 오일 장애

해설 냉매와 오일은 같이 순환하므로 냉매 계통에서 오일 장애가 발생한다.

22. 증발식 응축기에 대한 설명 중 옳지 않은 것은? [03, 05]

① NH_3 장치에 주로 사용된다.
② 물의 증발열을 이용한다.
③ 냉각탑을 사용하는 것보다 응축압력이 높다.
④ 소비 냉각수의 양이 제일 적다.

해설 냉각탑을 사용하는 것보다 응축압력이 낮고 응축온도가 5℃ 정도 낮다.

정답 17. ④ 18. ② 19. ② 20. ① 21. ④ 22. ③

23. 다음 중 프레온 응축기에 대하여 맞는 것은? [12]

① 냉각관 내의 유속을 빠르게 하면 할수록 열전달이 잘 되므로 빠를수록 좋다.
② 냉각수가 오염되어도 응축온도는 상승하지 않는다.
③ 냉매 중에 공기가 혼입되면 응축압력이 상승하고 부식의 원인이 된다.
④ 냉각수량이 부족하면 응축온도는 상승하고 응축압력은 하강한다.

해설 ① 냉각 유속은 0.5~1.5 m/s 이내이고 유속이 빠르면 부식이 촉진된다.
② 냉각수가 오염되면 전열이 불량하여 응축온도가 상승한다.
④ 냉각수량이 부족하면 응축온도와 응축압력이 상승한다.

24. 다음 중 쿨링 타워에 대한 설명으로 옳은 것은? [02, 04, 11]

① 냉동장치에서 쿨링 타워를 설치하면 응축기는 필요 없다.
② 쿨링 타워에서 냉각된 물의 온도는 대기의 습구온도보다 높다.
③ 타워의 설치 장소는 습기가 많고 통풍이 잘 되는 곳이 적합하다.
④ 송풍량이 많게 하면 수온이 내려가고 대기의 습구온도보다 낮아진다.

해설 쿨링 어프로치(= 냉각탑 출구 수온 − 대기 습구온도)는 5℃ 정도가 양호하다.

25. 응축기에서 응축 액화된 냉매가 수액기로 원활히 흐르지 못하는 가장 큰 원인은? [10]

① 액 유입관경이 크다.
② 액 유출관경이 크다.
③ 안전밸브의 구경이 작다.
④ 균압관의 관경이 작다.

해설 냉매가 수액기로 회수 안 되는 원인
ⓐ 균압 불량(균압관 지름이 작다.)
ⓑ 응축기 출구 관지름이 작을 때
ⓒ 응축기 출구 밸브 조작 불량

26. 증발식 응축기 설계 시 1 RT당 전열면적은 얼마인가?(단, 응축온도는 43℃로 한다.) [06, 08, 14]

① 1.2 m^2/RT ② 3.5 m^2/RT
③ 6.5 m^2/RT ④ 7.5 m^2/RT

해설 기준 냉동 사이클에서 전열계수가 300 kcal/m^2·h·℃이고 전열면적이 2.2 m^2/RT일 때 풍속 3 m/s이고 냉각공기량 7.5~8 m^3/min·RT이며 응축온도 43℃에서 전열면적은 1.2~1.5 m^2/RT이다.

27. 불응축 가스가 냉동장치 운전에 미치는 영향으로 옳지 않은 것은? [11, 16]

① 응축압력이 낮아진다.
② 냉동능력이 감소한다.
③ 소비전력이 증가한다.
④ 응축압력이 상승한다.

해설 불응축 가스가 냉동장치 운전에 미치는 영향
ⓐ 응축온도와 응축압력 상승
ⓑ 체적효율 감소
ⓒ 냉매순환량 감소
ⓓ 냉동능력 감소
ⓔ 단위능력당 소비동력 증가

28. 다음 중 냉각탑과 응축기 사이에 순환되는 물의 명칭은? [06]

① 정수 ② 냉각수
③ 응축수 ④ 온수

해설 응축기에 공급하는 물은 냉각수이고, 증발기에 공급하는 물은 냉수(brine)이다.

정답 23. ③ 24. ② 25. ④ 26. ① 27. ① 28. ②

29. 증발식 응축기의 일리미네이터에 대한 설명으로 맞는 것은? [13]

① 물의 증발을 양호하게 한다.
② 공기를 흡수하는 장치다.
③ 물이 과냉각되는 것을 방지한다.
④ 냉각관에 분사되는 냉각수가 대기 중에 비산되는 것을 막아주는 장치다.

해설 일리미네이터는 냉각수가 공기를 따라 대기로 방출되는 것을 방지한다.

30. 대기 중의 습도가 냉매의 응축온도에 관계있는 응축기는? [03, 04, 07, 11, 13]

① 입형 셸 앤드 튜브 응축기
② 공랭식 응축기
③ 횡형 셸 앤드 튜브 응축기
④ 증발식 응축기

해설 대기 습구 온도의 영향을 받는 응축기는 증발식 응축기이며, 냉각탑도 습구 온도의 영향을 받는다.

31. 개방식 냉각탑의 종류로 가장 거리가 먼 것은? [14]

① 대기식 냉각탑
② 자연 통풍식 냉각탑
③ 강제 통풍식 냉각탑
④ 증발식 냉각탑

해설 증발식 응축기는 있어도 냉각탑은 없다.

32. 냉각탑 부속품 중 일리미네이터(eliminator)가 있는데 그 사용 목적은 다음 중 어느 것인가? [02, 04, 07, 09]

① 물의 증발을 양호하게 한다.
② 공기를 흡수하는 장치이다.
③ 물이 과냉각되는 것을 방지한다.
④ 수분이 대기 중에 방출하는 것을 막아주는 장치이다.

해설 일리미네이터는 공기를 따라서 수분이 배출되는 것을 방지하는 장치이다.

33. 다음 중 암모니아 불응축 가스 분리기의 작용에 대한 설명으로 옳은 것은 어느 것인가? [06, 08, 10]

① 분리된 공기는 수조로 방출된다.
② 암모니아 가스는 냉각되어 응축액으로 되어 유분리기로 되돌아간다.
③ 분리기 내에서 분리된 공기는 온도가 상승한다.
④ 분리된 암모니아 가스는 압축기로 흡입된다.

해설 분리된 공기는 수조(대기)로 방출시키고 냉매는 수액기로 회수한다.

34. 쿨링 타워(cooling tower) 설치 위치 선정 시 주의사항 중 타당하지 않는 것은? [05]

① 먼지가 적은 장소에 설치할 것
② 냉동기로부터 거리가 먼 장소일 것
③ 설치, 보수, 점검이 용이한 장소일 것
④ 고온의 배기영향을 받지 않는 장소일 것

해설 냉각탑은 냉동장치의 응축기로부터 가능한 한 짧은 거리에 설치한다.

35. 증발식 응축기를 설치할 경우 불응축 가스의 인출 위치는? [07]

① 가스 헤더
② 액 헤더
③ 수액기와 가스 헤더를 연결하는 균압관
④ 가스 헤더와 증발기를 연결한 균압관

해설 증발식 응축기에서 불응축 가스는 액 헤더 상부와 수액기 상부에 체류한다.

정답 29. ④ 30. ④ 31. ④ 32. ④ 33. ① 34. ② 35. ②

36. **다음 중 압력자동 급수밸브의 역할은?**

① 냉각수온을 제어한다. [07, 15]
② 수압을 제어한다.
③ 부하변동에 대응하여 냉각수량을 제어한다.
④ 응축압력을 제어한다.

해설 압력자동 급수밸브는 응축기 입구에 설치하여 부하변동에 따라 냉각수량을 조절한다.

37. **냉동장치 내에 불응축 가스가 침입되었을 때 미치는 영향 중 틀린 것은?** [10]

① 압축비 증대
② 응축압력 상승
③ 소요동력 증대
④ 토출가스 온도 저하

해설 불응축 가스가 미치는 영향
ⓐ 응축온도와 응축압력 상승
ⓑ 압축비 증대
ⓒ 최적효율 감소
ⓓ 냉매순환량 감소
ⓔ 응축능력과 냉동능력 감소
ⓕ 토출가스 온도 상승
ⓖ 능력당 소요동력 증가
ⓗ 윤활유의 열화 및 탄화
ⓘ 윤활 부품의 마모 및 파손

38. **응축기에 대한 설명 중 옳은 것은 어느 것인가?** [05, 06, 08]

① 수랭식 응축기에서는 냉각수의 흐르는 속도가 클수록 열통과율이 크지만 부식할 염려가 있다.
② 냉각관 내에 물때가 많이 끼어도 냉각수의 양은 변하지 않는다.
③ 응축기의 안전밸브의 최소 지름은 압축기의 피스톤 압출량에 의해서 산출된다.
④ 해수를 냉각수로 사용하는 응축기에서는 동합금이 부식을 일으키기 때문에 일반적으로 스테인리스 강관을 사용한다.

해설 ⓐ 유속이 빠르면 부식이 촉진된다.
ⓑ 배관에 물때가 부착되면 유체 저항이 증가하고 단면적이 작아지므로 냉각수량이 감소한다.
ⓒ 응축기 지름(m)을 D, 응축기 길이(m)를 L이라 할 때 응축기 안전밸브의 최소 지름은 $\sqrt{DL}$에 비례한다.

39. **냉동능력 10 RT이고 압축일량이 10 kW일 때 응축기의 방열량은 약 얼마인가?** [11]

① 41800 kcal/h ② 22900 kcal/h
③ 2400 kcal/h ④ 18600 kcal/h

해설 $Q_e = 10 \times 3320 + 10 \times 860$
$= 41800$ kcal/h

40. **응축기에서 제거되는 열량은?** [11]

① 증발기에서 흡수한 열량
② 압축기에서 가해진 열량
③ 증발기에서 흡수한 열량과 압축기에서 가해진 열량
④ 압축기에서 가해진 열량과 기계실 내에서 가해진 열량

해설 응축열량(Q_c)
= 냉동능력(Q_e) + 압축동력(L_{kw})

41. **수랭식 응축기의 능력을 증가시키는 방법 중 적합하지 않은 것은?** [11, 16]

① 냉각수량을 증가시킨다.
② 수온을 낮춰 준다.
③ 응축기 코일을 세척한다.
④ 냉각수 유속을 2배로 증가시킨다.

해설 냉각수 유속을 너무 빠르게 하면 관 부식의 우려가 있다.

정답 36. ③ 37. ④ 38. ① 39. ① 40. ③ 41. ④

42. 다음 중 압축기 토출 압력이 정상보다 너무 높게 나타나는 경우 그 원인에 해당하지 않는 것은? [13]

① 냉각수량이 부족한 경우
② 냉매 계통에 공기가 혼입되어 있는 경우
③ 냉각수 온도가 낮은 경우
④ 응축기 수 배관에 물때가 낀 경우

해설 냉각수 온도가 높거나 유량이 부족한 경우 또는 배관에 물때가 끼어 있을 때 압력이 상승한다.

43. 응축압력이 높을 때의 대책이라 볼 수 없는 것은? [14]

① 가스 퍼저(gas purger)를 점검하고 불응축 가스를 배출시킬 것
② 설계 수량을 검토하고 막힌 곳이 없는가를 조사 후 수리할 것
③ 냉매를 과충전하여 부하를 감소시킬 것
④ 냉각면적에 대한 설계계산을 검토하여 냉각면적을 추가할 것

해설 냉매는 규정에 맞게 적절하게 충전하며 과충전하면 응축압력이 상승된다.

44. 다음 설명 중 옳은 것은? [04, 07, 15]

① 냉각탑의 입구수온은 출구수온보다 낮다.
② 응축기 냉각수 출구온도는 입구온도보다 낮다.
③ 응축기에서의 방출열량은 증발기에서 흡수하는 열량과 같다.
④ 증발기의 흡수열량은 응축열량에서 압축일량을 뺀 값과 같다.

해설 ① 냉각탑 입구수온은 출구수온보다 5℃ 이상 높다.
② 응축기 냉각수 출구온도는 입구온도보다 5℃ 이상 높다.
③ 응축열량 = 증발열량 + 압축일의 열당량

45. 다음 중 응축압력이 상승되는 원인으로 옳은 것은? [03]

① 유분리기 기능 양호
② 부하의 급격한 감소
③ 외기 온도 상승
④ 냉각수량 과다

해설 외기 온도가 높으면 냉각 유체의 온도가 높아지기 때문에 응축온도(압력)가 상승한다.

46. 바깥지름 54 mm, 길이 2.66 m, 냉각관 수 28개로 된 응축기가 있다. 입구 냉각수온 22℃, 출구 냉각수온 28℃이며 응축온도는 30℃이다. 이때의 응축부하 Q [kcal/h]는 약 얼마인가? (단, 냉각관의 열통과율(K)은 900 kcal/m²·h·℃이고, 온도차는 산술 평균 온도차를 이용한다.) [09, 16]

① 25300 ② 43700
③ 56858 ④ 79682

해설 $$Q_c = 900 \times (\pi \times 0.054 \times 2.66 \times 28) \times \left(30 - \frac{22+28}{2}\right) = 56858.6 \text{ kcal/h}$$

47. 냉방능력 1 냉동톤인 응축기에 10 L/min의 냉각수가 사용되었다. 냉각수 입구의 온도가 32℃이면 출구 온도는 약 몇 ℃인가? (단, 방열계수는 1.2로 한다.) [07, 08, 15]

① 12.5℃ ② 22.6℃
③ 38.6℃ ④ 49.5℃

해설 $$t_{w2} = 32 + \frac{3320 \times 1.2}{10 \times 60 \times 1} = 38.64\text{℃}$$

정답 42. ③ 43. ③ 44. ④ 45. ③ 46. ③ 47. ③

48. 전열면적 20 m^{2}인 응축기에서 응축수량 0.2 톤/분, 열통과율 800 kcal/m^{2}h℃, 냉각수 입구 온도가 32℃, 출구 온도는 40℃일 때 산술평균 온도차는 몇 ℃인가? [03]

① 3℃ ② 5℃
③ 6℃ ④ 9℃

해설 응축열량

$$Q_c = K \cdot F \cdot \Delta t_m = G_w \cdot C_w \cdot (t_{w_2} - t_{w_1})$$

산술평균 온도차

$$\Delta t_m = \frac{G_w \cdot C_w \cdot (t_{w_2} - t_{w_1})}{K \cdot F} = \frac{(0.2 \times 1000 \times 60) \times 1 \times (40-32)}{800 \times 20} = 6\,℃$$

49. 압축기의 토출가스 압력의 상승 원인이 아닌 것은? [14]

① 냉각수온의 상승
② 냉각수량의 감소
③ 불응축 가스의 부족
④ 냉매의 과충전

해설 불응축 가스가 많으면 응축기 전열면적 감소로 고압이 상승하고, 적으면 고압이 낮으므로 토출압력이 낮아진다.

50. 수랭식 응축기의 능력은 냉각수 온도와 냉각수량에 의해 결정이 되는데, 응축기의 능력을 증대시키는 방법에 관한 사항 중 틀린 것은? [03, 06, 10, 15]

① 냉각수온을 낮춘다.
② 응축기의 냉각관을 세척한다.
③ 냉각수량을 늘린다.
④ 냉각수 유속을 줄인다.

해설 냉각수 유속을 줄이면 배관의 단면적이 일정하기 때문에 냉각유체의 수량이 감소하여 응축 능력이 감소된다.

51. 프레온 응축기(수랭식)에서 냉각수량이 시간당 18000 L, 응축기 냉각관의 전열면적 20 m^2, 냉각수 입구온도 30℃, 출구온도 34℃인 응축기의 열통과율이 900 kcal/m^2·h·℃라고 할 때 응축온도는? (단, 냉매와 냉각수와의 평균 온도차는 산술평균치로 하고 열손실은 없는 것으로 한다.) [14]

① 32℃ ② 34℃
③ 36℃ ④ 38℃

해설

$$\Delta t_m = t_c - \frac{t_{w1} + t_{w2}}{2} = \frac{GC(t_{w2} - t_{w1})}{K \cdot F}$$

$$\therefore t_c = \frac{GC(t_{w2} - t_{w1})}{K \cdot F} + \frac{t_{w1} + t_{w2}}{2} = \frac{18000 \times 1 \times (34-30)}{900 \times 20} + \frac{30+34}{2} = 36\,℃$$

52. 응축기의 방열량 Q_1, 증발기의 흡수열량 Q_2, 압축소요 열당량 A_w이라면 올바른 관계식은? [10]

① $A_w = Q_1 - Q_2$ ② $A_w = Q_1 + Q_2$
③ $A_w = Q_2 - Q_1$ ④ $A_w = \frac{Q_1}{Q_2}$

해설 응축열량(Q_1) = 증발열량(Q_2) + 압축소요열량(A_w)

53. 냉동능력이 5냉동톤(한국 냉동톤)이며, 압축기의 소요동력이 5마력(PS)일 때 응축기에서 제거하여야 할 열량(kcal/h)은 얼

정답 48. ③ 49. ③ 50. ④ 51. ③ 52. ① 53. ②

마인가? [04, 06, 14]

① 약 18790 kcal/h ② 약 19760 kcal/h
③ 약 20900 kcal/h ④ 약 21100 kcal/h

해설 $Q_c = 5 \times 3320 + 5 \times 632.3$

$= 19761.5 \text{kcal/h}$

54. 냉동능력이 45냉동톤인 냉동장치의 수직형 셸 앤드 튜브 응축기에 필요한 냉각수량은 약 얼마인가? (단, 응축기 입구 온도는 23℃이며, 응축기 출구 온도는 28℃이다.) [03, 12]

① 38844 L/h ② 43200 L/h
③ 51870 L/h ④ 60250 L/h

해설 $G_w = \dfrac{45 \times 3320}{1 \times (28-23)} \times (1.2 \sim 1.3)$

$= 35856 \sim 38844 \text{ L/h}$

55. 냉동능력이 40냉동톤인 냉동장치의 수직형 셸 앤드 튜브 응축기에 필요한 냉각수량은 약 얼마인가? (단, 응축기 입구 온도는 23℃이며, 응축기 출구 온도는 28℃이다.) [13]

① 51870 L/h ② 43200 L/h
③ 38844 L/h ④ 34528 L/h

해설 $G_w = \dfrac{40 \times 3320 \times 1.3}{1 \times (28-23)}$

$= 34528 \text{ kg/h} \fallingdotseq 34528 \text{L/h}$

56. 양측의 표면 열전달률이 3000 kcal/m²·h·℃인 수랭식 응축기의 열관류율은? (단, 냉각관의 두께는 3 mm이고, 냉각관 재질의 열전도율은 40 kcal/m·h·℃이며, 부착 물때의 두께는 0.2 mm, 물때의 열전도율은 0.8 kcal/m·h·℃이다.) [15]

① 978 kcal/m²·h·℃
② 988 kcal/m²·h·℃
③ 998 kcal/m²·h·℃
④ 1008 kcal/m²·h·℃

해설 ① 열저항 $R = \dfrac{1}{K}$

$= \dfrac{1}{3000} + \dfrac{0.003}{40} + \dfrac{0.0002}{0.8} + \dfrac{1}{3000} \, [\text{m}^2 \cdot \text{h} \cdot ℃/\text{kcal}]$

② 열관류율

$K = \dfrac{1}{R} = 1008.403 \text{ kcal/m}^2 \cdot \text{h} \cdot ℃$

57. 암모니아 냉동기에 사용되는 수랭 응축기의 전열계수(열통과율)가 800 kcal/m²·h·℃이며, 응축온도와 냉각수 입출구의 평균 온도차가 8℃일 때 1 냉동톤당의 응축기 전열면적은 얼마인가? (단, 방열계수는 1.3으로 한다.) [02, 13]

① 0.52 m² ② 0.67 m²
③ 0.97 m² ④ 1.7 m²

해설 $F = \dfrac{3320 \times 1.3}{800 \times 8} = 0.67 \text{ m}^2$

58. 100 RT의 터보 냉동기에 순환되는 냉수량(L/min)을 구하면 약 얼마인가? (단, 냉각기 입구에서 냉수의 온도는 12℃, 출구에서는 6℃이며, 또 응축기로 들어오는 냉각수의 온도는 32℃, 출구의 온도는 37℃이다.) [06]

① 1922 L/min ② 1439 L/mim
③ 1107 L/min ④ 922 L/min

해설 $G_b = \dfrac{100 \times 3320}{1 \times (12-6) \times 60}$

$= 922 \text{L/min}$

정답 54. ① 55. ④ 56. ④ 57. ② 58. ④

59. 소요냉각수의 양 120 L/min, 냉각수 입출구 온도차 6℃인 수랭 응축기의 응축부하는 얼마인가? [04, 08, 10, 15]

① 43200 kcal/h ② 14400 kcal/h
③ 12000 kcal/h ④ 66400 kcal/h

해설 $Q_c = (120 \times 60) \times 1 \times 6$
$= 43200 \text{ kcal/h}$

60. 냉각기 입구 및 출구의 냉수 온도는 각각 12℃와 6℃, 그리고 응축기로 들어오는 냉각수 온도는 32℃, 출구온도는 37℃인 100 RT 용량을 가진 터보 냉동기에 순환되는 냉각수량(L/min)은 약 얼마인가? [08]

① 1992 ② 1328
③ 1107 ④ 922

해설 $G_w = \dfrac{100 \times 3320 \times 1.2}{(37-32) \times 1 \times 60}$
$= 1328 \text{L/min}$

61. 30℃의 물 2000 kg을 −15℃의 얼음으로 만들려고 한다. 이 경우 물로부터 빼앗아야 할 열량은 약 얼마인가? (단, 외부로부터 침입되는 열량은 없는 것으로 한다.) [06]

① 149400 kcal ② 234360 kcal
③ 281232 kcal ④ 393400 kcal

해설 $q = 2000 \times \{(1 \times 30) + 79.68$
$+ (0.5 \times 15)\} = 234360 \text{ kcal}$

62. 냉각수 입구온도 32℃, 냉각수량 1000 L/min, 응축기 냉각면적 100 m^2, 그 전열계수가 720 kcal/h · m^2 · ℃이고, 응축온도와 냉각수온의 평균온도차가 6.5℃일 때 냉각수 출구수온은 얼마인가? [07, 16]

① 31.8℃ ② 35.5℃
③ 39.8℃ ④ 44.6℃

해설 $t_{w_2} = \dfrac{720 \times 100 \times 6.5}{1000 \times 60 \times 1} + 32$
$= 39.8 ℃$

정답 59. ① 60. ② 61. ② 62. ③

ⒸⒷⓉ 문제은행

6장 팽창밸브

1. 이상 기체의 엔탈피가 변하지 않는 과정은 어느 것인가? [03, 12]

① 가열 단열과정 ② 등온과정
③ 비가역 압축과정 ④ 교축과정

해설 팽창밸브(교축과정)에서는 엔탈피가 일정하고 압력, 온도는 감소하며 비체적은 증가한다.

2. 팽창밸브에서 냉매액이 팽창할 때 냉매의 상태 변화에 관한 사항으로 옳은 것은? [12]

① 압력과 온도는 내려가나 엔탈피는 변하지 않는다.
② 압력은 내려가나 온도와 엔탈피는 변하지 않는다.
③ 온도는 변하지 않으나 압력과 엔탈피가 감소한다.
④ 엔탈피만 감소하고 압력과 온도는 변하지 않는다.

해설 팽창밸브에서 냉매액의 팽창은 교축작용에 의한 비가역 단열 변화이므로 엔탈피는 불변이고 온도와 압력이 감소한다.

3. 다음 설명 중 내용이 맞는 것은? [13]

① 1BTU는 물 lb를 1℃ 높이는 데 필요한 열량이다.
② 절대압력은 대기압의 상태를 0으로 기준하여 측정한 압력이다.
③ 이상기체를 단열팽창시켰을 때 온도는 내려간다.
④ 보일-샤를의 법칙이란 기체의 부피는 절대압력에 비례하고 절대온도에 반비례한다.

해설 이상기체를 단열팽창시키면 온도와 압력이 감소한다.

4. 다음 중 증기를 교축시킬 때 변화가 없는 것은? [09]

① 비체적 ② 엔탈피
③ 압력 ④ 엔트로피

해설 교축과정은 비정상류 단열 변화로 엔탈피가 일정하다.

5. 팽창밸브에 관한 설명 중 틀린 것은 어느 것인가? [07, 09]

① 팽창밸브의 조절이 양호하면 증발기를 나올 때 가스 상태를 건조포화 증기로 할 수 있다.
② 팽창밸브에 될 수 있는 대로 낮은 온도의 냉매액을 보내면 냉동능력이 증대한다.
③ 팽창밸브를 과도하게 조이면 증발기 내부가 저압, 저온이 되어 증발기 출구의 가스가 과열되므로 압축기는 과열압축이 된다.
④ 팽창밸브를 조절할 때는 서서히 개폐하는 것보다 급히 개폐하는 것이 빨리 안정

정답 1. ④ 2. ① 3. ③ 4. ② 5. ④

된 운전상태로 들어갈 수 있으므로 좋다.

해설 팽창밸브는 압축기 흡입 가스 상태를 보면서 서서히 개폐하여 조정한다.

6. **팽창밸브가 냉동 용량에 비하여 너무 작을 때 일어나는 현상은?** [15]

① 증발압력 상승
② 압축기 소요동력 감소
③ 소요전류 증대
④ 압축기 흡입가스 과열

해설 팽창밸브가 작으면 냉매순환량이 감소하므로 다음과 같은 현상이 발생한다.
ⓐ 증발압력 감소
ⓑ 소요전류 감소
ⓒ 단위능력당 동력 증가
ⓓ 흡입가스 과열로 체적효율 감소
ⓔ 토출가스 온도 상승

7. **-15℃에서 건조도가 0인 암모니아 가스를 교축팽창시켰을 때 변화가 없는 것은?** [15]

① 비체적 ② 압력
③ 엔탈피 ④ 온도

해설 팽창밸브에서 교축작용에 의해 감압시킬 때 엔탈피는 불변이다.

8. **냉동장치의 팽창밸브 용량을 결정하는 데 해당하는 것은?** [03, 04, 10, 11]

① 밸브 시트의 오리피스 지름
② 팽창밸브 입구의 지름
③ 니들밸브의 크기
④ 팽창밸브 출구의 지름

해설 팽창밸브 용량은 밸브 시트의 오리피스 지름, 증발기의 종류, 사용 냉매량, 냉동능력 등에 의해서 결정된다

9. **냉동장치의 계통도에서 팽창밸브에 대한 설명으로 옳은 것은?** [14]

① 압축 증대장치로 압력을 높이고 냉각시킨다.
② 액봉이 쉽게 일어나고 있는 곳이다.
③ 냉동부하에 따른 냉매액의 유량을 조절한다.
④ 플래시 가스가 발생하지 않는 곳이며, 일명 냉각장치라 부른다.

해설 팽창밸브의 역할
ⓐ 감압 작용
ⓑ 유량 조절
ⓒ 고·저압 분리

10. **이론상의 표준 냉동 사이클에서 냉매가 팽창밸브를 통과할 때 변하는 것은?** [12, 14]

① 엔탈피와 압력 ② 온도와 엔탈피
③ 압력과 온도 ④ 엔탈피와 비체적

해설 팽창밸브에서 교축작용에 의해 압력, 온도는 감소하고 엔트로피는 증가하며 엔탈피는 불변이다.

11. **다음 중 압력과 온도를 동시에 낮추어 주는 곳은?** [08, 12]

① 증발기 ② 압축기
③ 응축기 ④ 팽창밸브

해설 팽창밸브(감압장치)에서는 온도와 압력이 감소하고 엔탈피는 일정하다.

12. **팽창밸브 선정 시 고려할 사항 중 관계 없는 것은?** [08, 10, 12]

① 관 두께
② 냉동기의 냉동능력
③ 사용 냉매 종류

정답 6. ④ 7. ③ 8. ① 9. ③ 10. ③ 11. ④ 12. ①

④ 증발기의 형식 및 크기

해설 팽창밸브는 냉매의 종류, 증발기 형상, 냉동능력 등을 고려하여 선정한다.

13. **팽창밸브를 적게 열었을 때 일어나는 현상으로 옳은 것은?** [14]

① 증발압력 상승
② 토출온도 상승
③ 증발온도 상승
④ 냉동능력 상승

해설 팽창밸브 열림이 작으면 냉매순환량이 감소하여 증발압력이 낮아지므로 냉동능력, 증발온도는 작아지고 흡입가스가 과열되어 토출가스 온도가 상승한다.

14. **온도식 액면 제어밸브에 설치된 전열히터의 용도는?** [03, 04, 07]

① 감온통의 동파를 방지하기 위해 설치하는 것이다.
② 냉매와 히터가 직접 접촉하여 저항에 의해 작동한다.
③ 주로 소형 냉동기에 사용되는 팽창밸브이다.
④ 감온통 내에 충진된 가스를 민감하게 작동토록 하기 위해 설치하는 것이다.

해설 전열히터는 감온통 가스 발생을 도와서 팽창밸브를 민감하게 작동시킨다.

15. **한쪽에는 구동원으로 바이메탈과 전열기가 조립된 바이메탈 부분과 다른 한쪽은 니들밸브가 조립되어 있는 밸브 본체 부분으로 구성되어 있는 팽창밸브로 맞는 것은?** [12]

① 온도식 자동 팽창밸브
② 정압식 자동 팽창밸브
③ 열전식 팽창밸브
④ 플로트식 팽창밸브

해설 전자 팽창밸브

ⓐ 증발기의 유량을 전자제어장치에 의해서 조절하는 밸브
ⓑ 운전시간이 길고 부하변동이 클 경우에 적용함으로써 에너지 사용을 절감시켜 초기 투자비용을 초기에 회수할 수 있어 근래 많이 사용된다.
ⓒ 종류
- 열전식 : 바이메탈의 변형을 이용
- 열동식 : 봉입 왁스의 가열에 의한 체적 팽창 이용
- 펄스폭 변조식 : 펄스 신호에 의한 솔레노이드 밸브 개폐 조절
- 스텝 모터식 : 모터의 연속적인 좌우 회전을 니들밸브의 직선운동으로 변환하여 밸브의 개도 조절

16. **온도 자동 팽창밸브에서 감온통의 부착 위치는?** [08, 10, 13, 14]

① 팽창밸브 출구
② 증발기 입구
③ 증발기 출구
④ 수액기 출구

해설 TEV는 증발기 출구의 과열도를 일정하게 유지시킨다.

17. **다음 중 냉동장치에 관한 설명이 옳지 않은 것은?** [02, 05, 07]

① 안전밸브가 작동하기 전에 고압차단 스위치가 작동하도록 조정한다.
② 온도식 자동 팽창밸브의 감온통은 증발기의 입구측에 붙인다.
③ 가용전은 응축기의 보호를 위하여 사용한다.
④ 파열판은 주로 터보 냉동기의 저압측에 사용한다.

정답 13. ② 14. ④ 15. ③ 16. ③ 17. ②

해설 온도식 자동 팽창밸브의 감온통(감온구)은 증발기 출구 흡입관에 부착한다.

18. 다음 그림 기호 중 정압식 자동 팽창밸브를 나타내는 것은? [06, 13]

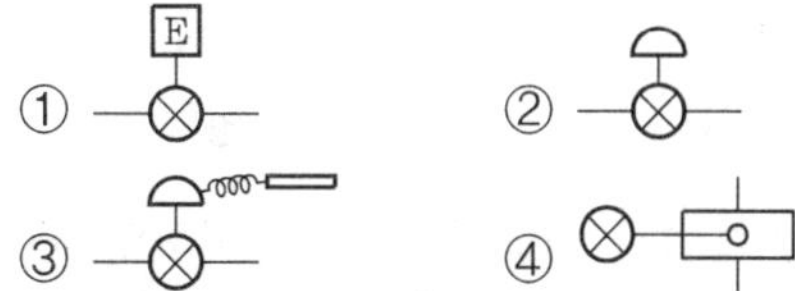

해설 ① 팽창밸브(수동)
② 정압식 팽창밸브(다이어프램식)
③ 온도식 팽창밸브
④ 부자식 팽창밸브

19. 정압식 자동 팽창밸브(AEV)는 어느 것에 의하여 제어작용을 행하는가? [04]

① 증발기의 압력
② 증발기의 온도
③ 냉매의 응축온도
④ 냉동부하량

해설 정압식 팽창밸브는 증발기의 압력을 일정하게 유지한다.

20. 다음 중 감온식 팽창밸브(TEV) 작동에 관계없는 것은? [09]

① 압축기의 압력
② 증발기 내 냉매 증발 압력
③ 스프링의 압력
④ 감온통 내의 가스 압력

해설 감온통 가스 압력 = 스프링 압력 + 증발 압력

21. 부하측(저압측) 압력을 일정하게 유지시켜 주는 밸브는? [08]

① 감압밸브 ② 안전밸브
③ 체크밸브 ④ 앵글밸브

해설 감압밸브는 2차(저압측) 압력을 사용 조건에 알맞게 일정하게 유지시킨다.

22. 온도작동식 자동 팽창밸브에 대한 설명으로 옳은 것은? [05, 08, 10, 11, 15]

① 실온을 서모스탯에 의하여 감지하고, 밸브의 개도를 조정한다.
② 팽창밸브 직전의 냉매온도에 의하여 자동적으로 개도를 조정한다.
③ 증발기 출구의 냉매온도에 의하여 자동적으로 개도를 조정한다.
④ 압축기의 토출 냉매온도에 의하여 자동적으로 개도를 조정한다.

해설 TEV(온도작동 팽창밸브)는 증발기 출구 냉매온도에 의해서 작동되고 과열도를 일정하게 유지시킨다.

23. 온도식 자동 팽창밸브에 관한 설명으로 옳은 것은? [07, 14]

① 냉매의 유량은 증발기 입구의 냉매가스 과열도에 의해 제어된다.
② R-12에 사용하는 팽창밸브를 R-22 냉동기에 그대로 사용해도 된다.
③ 팽창밸브가 지나치게 적으면 압축기 흡입가스의 과열도는 크게 된다.
④ 증발기가 너무 길어 증발기의 출구에서 압력 강하가 커지는 경우에는 내부 균압형을 사용한다.

해설 ① 온도식 자동 팽창밸브는 증발기 출구 과열도에 의해서 작동한다.
② R-12에 사용하는 팽창 밸브를 R-22에 그대로 사용할 수 없다.
③ 팽창밸브가 적으면 냉매순환량이 적어지므로 흡입가스는 과열된다.

정답 18. ③ 19. ① 20. ① 21. ① 22. ③ 23. ③

④ 증발 압력 강하가 크면 외부 균압형을 사용한다.

24. **증발기 내의 압력에 의해서 작동하는 팽창밸브는?** [06]

① 저압측 플로트 밸브
② 정압식 자동 팽창밸브
③ 온도식 자동 팽창밸브
④ 수동 팽창밸브

해설 정압식 자동 팽창밸브는 증발기 내의 압력을 일정하게 유지한다.

25. **정압식 팽창밸브의 설명 중 틀린 것은 어느 것인가?** [03, 07, 09, 11]

① 부하변동에 따라 자동적으로 냉매 유량을 조절한다.
② 증발기 내의 압력을 일정하게 유지시켜 주는 냉매 유량 조절밸브이다.
③ 단일 냉동장치에서 냉동부하의 변동이 적을 때 사용한다.
④ 냉수 브라인 등의 동결을 방지할 때 사용한다.

해설 정압식 팽창밸브는 증발압력을 일정하게 유지하고, 부하변동에 따른 냉매 유량 제거에 민감하지 못하다.

26. **팽창밸브 본체와 온도센서 및 전자제어부를 조립함으로써 과열도 제어를 하는 특징을 가지며, 바이메탈과 전열기가 조립된 부분과 니들밸브 부분으로 구성된 팽창밸브는?** [15]

① 온도식 자동 팽창밸브
② 정압식 자동 팽창밸브
③ 열전식 팽창밸브
④ 플로트식 팽창밸브

해설 문제 15번 해설 참조

27. **흡입관 지름이 20 mm (7/8″) 이하일 때 감온통의 부착 위치로 적당한 것은?(단, ● 표시가 감온통임)** [13, 16]

① 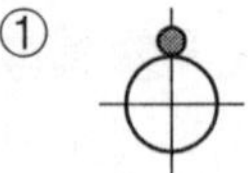
② 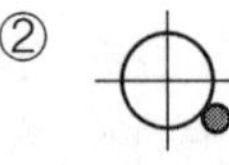
③
④ 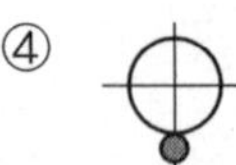

해설 흡입관 지름이 20 mm 이하일 때는 ①과 같이 감온구를 배관 상부에 부착하고, 흡입관 지름이 25 mm 이상일 때는 ②와 같이 부착한다.

28. **냉동 효과의 증대 및 플래시(flash) 가스 방지에 적당한 사이클은?** [14]

① 건조 압축 사이클
② 과열 압축 사이클
③ 습압축 사이클
④ 과냉각 사이클

해설 플래시 가스의 발생을 방지하려면 팽창밸브 직전 액냉매를 5℃ 정도 과냉각시킨다.

29. **그림에서 온도식 자동 팽창밸브의 감온통 부착 위치로 가장 적당한 곳은?** [09, 11]

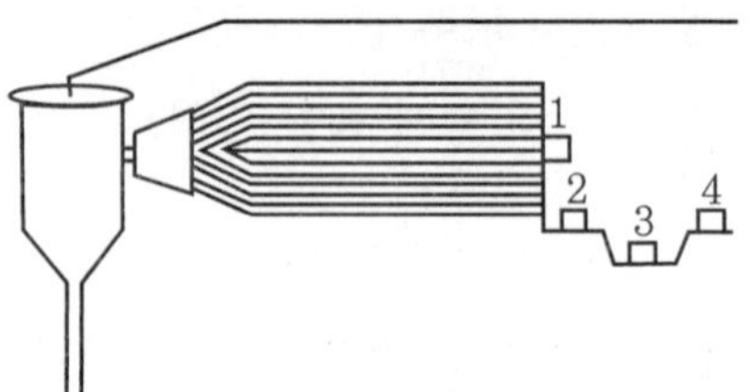

① 1 ② 2 ③ 3 ④ 4

해설 감온통은 가급적 증발기 출구인 2에 설치하고 1과 3은 피하며 불가피한 경우 4에 설치할 수도 있다.

정답 24. ② 25. ① 26. ③ 27. ① 28. ④ 29. ②

30. **프레온 냉매 액관을 시공할 때 플래시 가스 발생 방지 조치로서 틀린 것은?** [14]

① 열교환기를 설치한다.
② 지나친 입상을 방지한다.
③ 액관을 방열한다.
④ 응축 설계온도를 낮게 한다.

해설 플래시 가스를 방지하기 위하여 응축기 출구 또는 팽창밸브 직전 온도를 과냉각시키므로 응축 설계온도와는 관계없다.

31. **인버터 구동 가변 용량형 공기조화장치나 증발온도가 낮은 냉동장치에서는 냉매 유량 조절의 특성 향상과 유량 제어 범위의 확대 등이 중요하다. 이러한 목적으로 사용되는 팽창밸브로 적당한 것은?** [13]

① 온도식 자동 팽창밸브
② 정압식 자동 팽창밸브
③ 열전식 팽창밸브
④ 전자식 팽창밸브

32. **다음 중 모세관의 압력 강하가 가장 큰 것은?** [15]

① 지름이 작고 길이가 길수록
② 지름이 크고 길이가 짧을수록
③ 지름이 작고 길이가 짧을수록
④ 지름이 크고 길이가 길수록

해설 모세관의 압력 강하는 지름에 반비례하고 길이에 비례한다. 즉, 지름이 작고 길이가 길수록 압력 강하가 크다.

33. **플래시 가스(flash gas)가 냉동장치의 운전에 미치는 영향 중 부적당한 것은?** [11]

① 냉동능력이 감소
② 압축비 저하
③ 소요동력이 증대
④ 토출가스 온도 상승

해설 플래시 가스가 발생하면 냉동능력이 감소하고 저압이 낮아지므로 압축비가 상승한다.

정답 30. ④ 31. ④ 32. ① 33. ②

ⒸⒷⓉ 문제은행

7장 증발기

1. 다음 중 기준 냉동 사이클의 증발 과정에서 증발압력과 증발온도는 어떻게 변화하는가? [10, 14]

① 압력과 온도가 모두 상승한다.
② 압력과 온도가 모두 일정하다.
③ 압력은 상승하고 온도는 일정하다
④ 압력은 일정하고 온도는 상승한다.

해설 증발 과정에서 온도와 압력은 일정하고 엔탈피, 엔트로피, 비체적은 증가한다.

2. 건포화 증기를 흡입하는 압축기가 있다. 고압이 일정한 상태에서 저압이 내려가면 이 압축기의 냉동능력은 어떻게 되는가? [14]

① 증대한다.
② 변하지 않는다.
③ 감소한다.
④ 감소하다가 점차 증대한다.

해설 고압이 일정할 때 저압이 낮아지면 압축비가 증대하여 체적효율이 감소하므로 냉동능력은 감소한다.

3. 정상적으로 운전되고 있는 증발기에 있어서, 냉매 상태의 변화에 관한 사항 중 옳은 것은?(단, 증발기는 건식증발기이다.) [13]

① 증기의 건조도가 감소한다.
② 증기의 건조도가 증대한다.
③ 포화액이 과냉각액으로 된다.
④ 과냉각액이 포화액으로 된다.

해설 팽창밸브를 통과한 습증기 냉매가 외부의 열을 흡수하여 증발되므로 건조도는 증가하고 습도는 감소한다.

4. 구조에 따라 증발기를 분류하여 그 명칭들과 동시에 그들의 주 용도를 나타내었다. 틀린 것은? [13]

① 핀 튜브형 : 주로 0℃ 이상의 물 냉각용
② 탱크식 : 제빙용 브라인 냉각용
③ 판냉각형 : 가정용 냉장고의 냉각용
④ 보데로(Baudelot)식 : 우유, 각종 기름류 등의 냉각용

해설 핀 튜브형은 주로 공기 냉각용이다.

5. 동일한 증발온도일 경우 간접 팽창식과 비교하여 직접 팽창식 냉동장치에 대한 설명으로 틀린 것은? [03, 04, 07, 09, 10, 14]

① 소요동력이 작다.
② 냉동톤(RT)당 냉매순환량이 적다.
③ 감열에 의해 냉각시키는 방법이다.
④ 냉매의 증발온도가 높다.

해설 직접 팽창식은 냉매의 잠열에 의해 피냉각물질을 냉각시킨다.

6. 저장품을 동결하기 위한 동결 부하 계산에 속하지 않는 것은? [13]

① 동결 전 부하 ② 동결 후 부하
③ 동결 잠열 ④ 환기 부하

해설 환기 부하는 공조 부하이다.

정답 1. ② 2. ③ 3. ② 4. ① 5. ③ 6. ④

7. 냉동이란 저온을 생성하는 수단 방법이다. 다음 중 저온 생성 방법에 들지 못하는 것은? [02]

① 기한제 이용
② 액체의 증발열 이용
③ 펠티에 효과(peltier effect) 이용
④ 기체의 응축열 이용

해설 기체의 응축열은 응축기에서 고온의 방열작용을 하므로 저온을 얻을 수 없다.

8. 증발온도가 낮을 때 미치는 영향 중 틀린 것은? [09]

① 냉동능력 감소
② 소요동력 감소
③ 압축비 증대로 인한 실린더 과열
④ 성적계수 저하

해설 응축온도가 일정하고 증발온도가 낮으면 냉매순환량이 적어지므로 소요전류는 감소하지만 단위능력당 소비동력은 증가한다.

9. 증발온도가 낮을 때 미치는 영향 중 틀린 것은? [14, 16]

① 냉동능력 감소
② 소요동력 증대
③ 압축비 증대로 인한 실린더 과열
④ 성적계수 증가

해설 증발온도가 낮으면 냉동효과(q_e)가 감소하고 압축일량(AW)이 증가하므로, 성적계수$\left(=\frac{q_e}{AW}\right)$는 감소한다.

10. CA 냉장고란? [07, 09, 11]

① 제빙용 냉동고 ② 공조용 냉장고
③ 해산물 냉동고 ④ 청과물 냉장고

해설 CA 냉장고는 청과물을 냉장 저장할 때 저장성을 높이기 위하여 공기 중의 산소를 3~5% 감소시키고 CO_2를 3~5% 증가시켜서 청과물의 호흡을 억제시킴으로써 신선도를 유지하는 방법을 이용한 것이다.

11. 1분간에 25℃의 순수한 물 100 L를 3℃로 냉각하기 위하여 필요한 냉동기의 냉동톤은 약 얼마인가? [14]

① 0.66 RT ② 39.76 RT
③ 37.67 RT ④ 45.18 RT

해설 $\frac{100\times60\times1\times(25-3)}{3320}$

$=39.759\ \text{RT}$

12. 동결장치 상부에 냉각코일을 집중적으로 설치하고 공기를 유동시켜 피냉각물체를 동결시키는 장치는? [09, 12, 14]

① 송풍 동결장치 ② 공기 동결장치
③ 접촉 동결장치 ④ 브라인 동결장치

해설 냉각코일에 공기를 강제로 유동시켜 물체를 동결시키는 장치를 송풍 동결장치라 한다.

13. 만액식 냉각기에 있어서 냉매측의 열전달률을 좋게 하는 것이 아닌 것은 어느 것인가? [02, 09, 13]

① 관이 액 냉매에 접촉하거나 잠겨 있을 것
② 관 간격이 좁을 것
③ 유막이 존재하지 않을 것
④ 관면이 매끄러울 것

해설 증발기 관면은 거칠고 깨끗하게 하여 전열면적을 증가시켜서 전열 작용을 양호하게 한다.

정답 7. ④ 8. ② 9. ④ 10. ④ 11. ② 12. ① 13. ④

14. 혼합원료를 일정량씩 동결시키도록 하는 장치인 배치(batch)식 동결장치의 종류로 가장 거리가 먼 것은? [15]

① 수평형 ② 수직형
③ 연속형 ④ 브라인식

해설 배치식 동결장치(콘택트 프리저)는 급속 동결장치로 증발기 모형에 따라 수평형, 수직형, 브라인식으로 구분한다.

15. LNG 냉열 이용 동결장치의 특징으로 맞지 않는 것은? [10, 11, 16]

① 식품과 직접 접촉하여 급속동결이 가능하다.
② 외기가 흡입되는 것을 방지한다.
③ 공기에 분산되어 있는 먼지를 철저히 제거하여 장치 내부에 눈이 생기는 것을 방지한다.
④ 저온공기의 풍속을 일정하게 확보함으로써 식품과의 열전달계수를 저하시킨다.

해설 저온공기의 풍속을 일정하게 확보함으로써 식품과의 열전달계수를 상승시킨다.

16. 다음 증발기에 대한 설명 중 옳은 것은 어느 것인가? [03, 05]

① 증발기에 많은 성애가 끼는 것은 냉동능력에 영향을 주지 않는다.
② 냉동부하에 대해 증발기의 전열면적이 적으면 냉동능력당의 전력소비가 증대한다.
③ 냉동부하에 대해 냉매순환량이 작으면 증발기 출구에서 냉매가스의 과열도가 작아진다.
④ 액순환식의 증발기에서는 냉매액만이 흐르고 냉매 증기는 일체 없다.

해설 전열면적이 적으면 전열작용이 불량하므로 단위능력당 소비동력이 증가하게 된다.

17. 다음 증발기에 대한 설명 중 옳은 것은 어느 것인가? [08, 10]

① 증발기에 많은 성애가 끼는 것은 냉동능력에 영향을 주지 않는다.
② 직접 팽창식보다 간접 팽창식 증발기가 RT당 냉매 충전량이 적다.
③ 만액식 증발기에서 냉매측의 전열을 좋게 하기 위한 방법으로는 관경을 크고, 관 간격을 넓게 하는 방법이 있다.
④ 액순환식의 증발기에서는 냉매액만이 흐르고 냉매 증기는 전혀 없다.

해설 직접 팽창식은 배관길이가 길어서 많은 냉매가 필요하고, 간접 팽창식은 유닛으로 되어 있어 냉매 충전량이 적다.

18. 증발온도의 변화에 따라 비교가 맞지 않은 것은? [06]

① 증발잠열 : 저온(−20)℃>중온(−10℃)>고온(0℃)
② 냉동효과 : 저온(−20℃)>중온(−10℃)> 고온(0℃)
③ 토출가스온도 : 저온(−20℃)> 중온(−10℃)>고온(0℃)
④ 압축비 : 저온(−20℃)> 중온(−10℃)>고온(0℃)

해설 냉동효과는 응축온도가 일정할 때 증발온도가 높을수록 크다.

19. 액순환식 증발기와 액펌프 사이에 반드시 부착해야 하는 것은? [03, 04, 09]

정답 14. ③ 15. ④ 16. ② 17. ② 18. ② 19. ③

① 전자 밸브　② 여과기
③ 역지 밸브　④ 건조기

해설 액펌프 출구에 역류 방지용 체크(역지) 밸브를 설치하여 수격 현상을 방지한다.

20. 증발기의 설명 중 틀린 것은? [05]

① 건식 증발기는 냉매량이 적어도 되는 이익이 있고, 프레온과 같이 윤활유를 용해하는 냉매에 있어서는 유가 압축기에 들어가기 쉽다.
② 만액식 증발기는 냉매측에 열전달률이 양호하므로 주로 액체 냉각용에 사용한다.
③ 만액식 증발기에 프레온을 냉매로 하는 것은 압축기에 유를 돌려보내는 장치가 필요없다.
④ 액순환식 증발기는 액화 냉매량의 4~5배의 액을 액펌프를 이용해 강제 순환시킨다.

해설 만액식 증발기는 오일이 체류할 우려가 있으므로 반드시 유회수 장치를 설치해야 한다.

21. 증발기에 대한 다음 설명 중 틀린 것은 어느 것인가? [08, 13]

① 건식 증발기에서 냉매액 공급을 상·하부 어디로 하나 전열효과는 같다.
② 프레온을 사용하는 만액식 증발기에서 증발기 내 오일이 체류할 수 있으므로 유회수 장치가 필요하다.
③ 만액식 증발기에서 오일(oil)이 프레온 냉매에 용해하면 냉동능력이 떨어진다.
④ 프레온을 사용하는 건식 증발기에서는 냉매액을 상부로 공급하는 것이 보통이다.

해설 냉매 공급을 상부에서 하부로 하면 전열작용은 불량하지만 윤활유의 회수가 쉽고 하부에서 상부로 하면 전열작용은 양호하지만 프레온의 경우 윤활유가 체류할 우려가 있다.

22. 만액식 증발기에 사용되는 팽창밸브는 어느 것인가? [02, 12]

① 저압식 플로트 밸브
② 온도식 자동 팽창밸브
③ 정압식 자동 팽창밸브
④ 모세관 팽창밸브

해설 저압식 플로트 밸브는 만액식과 액순환식 증발기에서 저압 수액기를 사용하는 곳에 설치하여 감압시키는 팽창밸브로 주로 저온 냉각장치에 사용한다.

23. 만액식 증발기의 전열을 좋게 하기 위한 것이 아닌 것은? [02, 05, 10, 13]

① 냉각관이 냉매액에 잠겨 있거나 접촉해 있을 것
② 증발기 관에 핀(fin)을 부착할 것
③ 평균 온도차가 작고 유속이 빠를 것
④ 유막이 없을 것

해설 평균 온도차가 크고 오일 회수를 위하여 유속은 일정 속도 이상일 것

24. 만액식 증발기에서 전열을 좋게 하는 조건 중 틀린 것은? [06, 08, 16]

① 냉각관이 냉매에 잠겨있거나 접촉해 있을 것
② 관 간격이 넓을 것
③ 유막이 존재하지 않을 것
④ 평균 온도차가 클 것

해설 관의 간격이 넓으면 비접촉 효율이 증가하여 전열이 불량해진다.

정답 20. ③　21. ①　22. ①　23. ③　24. ②

25. 제빙용으로 브라인(brine)의 냉각에 적당한 증발기는? [03, 06]

① 관코일 증발기 ② 헤링본 증발기
③ 원통형 증발기 ④ 평판상 증발기

해설 제빙용은 탱크형 증발기로 헤링본식을 사용한다.

26. 일반적으로 벽코일 동결실의 선반으로 많이 사용되는 증발기 형식은? [03, 06]

① 헤링본식(herring-bone) 증발기
② 핀 튜브식(finned tube type) 증발기
③ 평판식(plate type) 증발기
④ 캐스케이드식(cascade type) 증발기

해설 캐스케이드식 증발기는 선반용으로 만액식 증발기이다.

27. 냉동기의 냉동능력이 24000 kcal/h, 압축일 5 kcal/kg, 응축열량이 35 kcal/kg일 경우 냉매순환량은 얼마인가? [13]

① 600kg/h ② 800kg/h
③ 700kg/h ④ 4000kg/h

해설 냉매순환량 $= \dfrac{24000}{35-5} = 800\ \text{kg/h}$

28. 다음 증발기 중 공기 냉각용 증발기는? [07, 11]

① 셸 앤드 코일형 증발기
② 캐스케이드 증발기
③ 보데로 증발기
④ 탱크형 증발기

해설 ① 셸 앤드 코일형 증발기 : 액체 냉각용
② 캐스케이드 증발기 : 공기 냉각용(선반용)
③ 보데로 증발기 : 액체(음료수) 냉각용
④ 탱크형 증발기 : 제빙용

29. 저압 수액기와 액펌프의 설치 위치로 가장 적당한 것은? [07, 13]

① 저압 수액기 위치를 액펌프보다 약 1.2 m 정도 높게 한다.
② 응축기 높이와 일정하게 한다.
③ 액펌프와 저압 수액기 위치를 같게 한다.
④ 저압 수액기를 액펌프보다 최소한 5 m 낮게 한다.

해설 저압 수액기와 액펌프의 낙차거리는 1~2 m 정도이고, 실제 1.2~1.6 m 정도이다.

30. 직접 팽창의 냉동 방식에 비해 브라인식은 어떤 장점이 있는가? [11]

① 냉매 누설에 의한 냉장품의 오염 우려가 없다.
② 설비가 간단하다.
③ 냉동기 정지에 따른 냉장실 온도의 상승이 빠르다.
④ 운전비가 적게 들어간다.

해설 간접장치인 브라인식은 냉동·냉장품의 온도를 유지하므로 냉매 누설에 의한 상품의 손상 및 오염의 우려가 없다.

31. 다음 중 증발기에 대한 설명으로 옳은 것은? [07, 14]

① 증발기 입구 냉매 온도는 출구 냉매 온도보다 높다.
② 탱크형 냉각기는 주로 제빙용으로 쓰인다.
③ 1차 냉매는 감열로 열을 운반한다.
④ 브라인은 무기질이 유기질보다 부식성이 작다.

해설 ① 증발기 입출구의 냉매 온도는 같다.
② 제빙용 증발기는 헤링본식 탱크형

정답 25. ② 26. ④ 27. ② 28. ② 29. ① 30. ① 31. ②

이다.
③ 1차 냉매는 잠열, 2차 냉매는 현열로 이동한다.
④ 브라인은 유기질이 무기질보다 부식성이 작다.

32. **아래 그림 A, 그림 B와 같은 증발기에 관한 설명 중 옳은 것은?** [06, 11]

그림 A

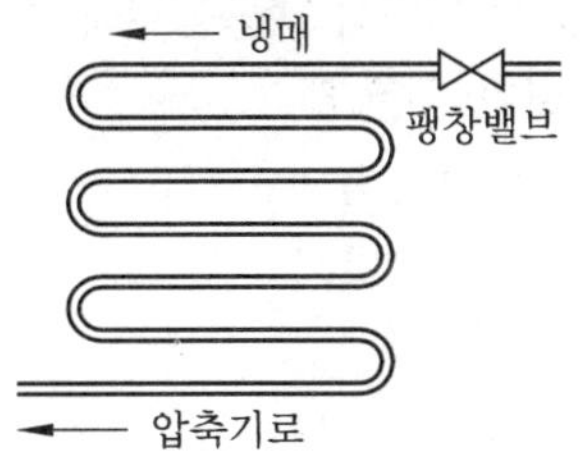

그림 B

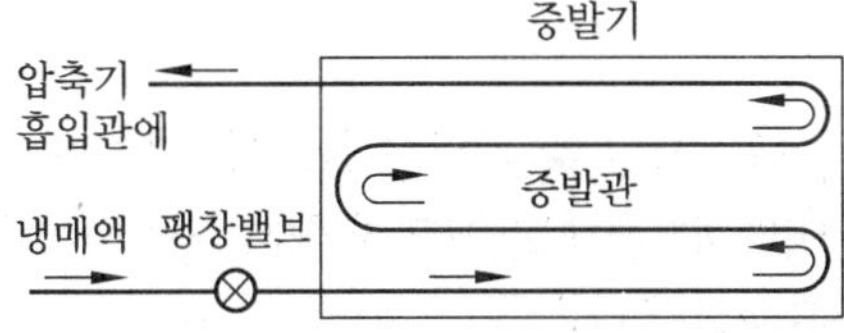

① A와 B는 건식 증발기이며 전열은 A가 더 양호하다.
② A는 건식, B는 만액식 증발기이며 전열은 B가 더 양호하다.
③ A는 건식, B는 반만액식이며 전열은 B가 양호하다.
④ A와 B는 반만액식 증발기이며 전열은 A와 B가 동등하다.

해설 A는 다운 피드 타입의 건식 프레온용이고, B는 업 피드 타입의 습식(반만액식) NH_3용이다.

33. **액펌프 냉각 방식의 이점으로 옳은 것은 어느 것인가?** [04, 16]

① 리퀴드 백(liquid back)을 방지할 수 있다.
② 자동제상이 용이하지 않다.
③ 증발기의 열통과율은 타증발기보다 양호하지 못하다.
④ 펌프의 캐비테이션 현상 방지를 위한 낙차는 고려하지 않는다.

해설 액펌프 냉각기의 특성
ⓐ 다른 증발기보다 5~7배 많은 냉매를 순환시킨다.
ⓑ 다른 증발기(건식)보다 20% 이상 전열작용이 우수하다.
ⓒ 리퀴드 백(액압축)의 우려가 없다.
ⓓ 제상의 자동화가 용이하다.
ⓔ 한 개의 팽창밸브로 여러 대의 증발기를 사용할 수 있다.
ⓕ 캐비테이션(베이퍼 로크) 현상을 방지하기 위하여 액면과의 낙차를 1~2 m(실제 1.2~1.6 m) 둔다.
ⓖ 시설이 복잡하고 설치비가 고가이므로 소형장치는 경제적·기술적 측면에서 설치가 불가능하다.

34. **−10℃ 얼음 5 kg을 20℃ 물로 만드는 데 필요한 열량은? (단, 물의 융해잠열은 80 kcal/kg으로 한다.)** [15]

① 25 kcal ② 125 kcal
③ 325 kcal ④ 525 kcal

해설 $Q = 5 \times \{(0.5 \times 10) + 80 + (1 \times 20)\}$
$= 525\ \text{kcal}$

35. **간접식과 비교한 직접 팽창식 냉동기의 특징이 아닌 것은?** [09]

① 냉매순환량이 적다.
② 냉매의 증발온도가 높다.
③ 구조가 간단하다.

정답 32. ③ 33. ① 34. ④ 35. ④

④ 냉매소비량(충전량)이 적다.

해설 직접 팽창식은 냉매 배관이 길어지므로 냉매충전량은 간접식에 비해 많고 단위능력당 냉매순환량은 적다.

36. **액순환식 증발기에 대한 설명 중 맞는 것은?** [05, 08, 12, 16]

① 오일이 체류할 우려가 크고 제상 자동화가 어렵다.
② 냉매량이 적게 소요되며 액펌프, 저압 수액기 등 설비가 간단하다.
③ 증발기 출구에서 액은 80 % 정도이고 기체는 20 % 정도 차지한다.
④ 증발기가 하나라도 여러 개의 팽창밸브가 필요하다.

해설 액순환식 증발기
ⓐ 다른 증발기보다 5~7배 많은 냉매를 순환시킨다.
ⓑ 건식 증발기보다 20 % 이상 전열작용이 양호하다.
ⓒ 고압가스 제상의 자동화가 용이하다.
ⓓ 냉각코일에 오일이 체류할 우려가 없다.
ⓔ 한 개의 팽창밸브로 여러 대의 증발기를 사용할 수 있다.
ⓕ 증발기 출구에 80 % 액냉매와 20 % 기체냉매가 유출된다.
ⓖ 캐비테이션(베이퍼 로크) 현상을 방지하기 위하여 액면과 1~2 m의 낙차를 둔다.
ⓗ 운전에 숙련된 기능공이 필요하다.
ⓘ 시설이 복잡하고 시설비가 고가이다.
ⓙ 소형장치는 경제적·기술적 측면에서 시공이 불가능하다.

37. **직접 팽창의 냉동방식에 비해 브라인식은 어떤 장점이 있는가?** [07]

① RT당 냉동능력이 크다.
② 설비가 간단하다.
③ 같은 냉장온도에 비해 증발온도가 높게 된다.
④ 운전비가 적게 들어간다.

해설 브라인식(간접 냉각법)은 시설이 복잡하고 운전비가 많이 들며 냉매충전량은 작으나 증발온도가 낮으므로 냉동능력이 크다.

38. **다음 중 제빙용 냉동장치의 증발기로서 가장 적합한 것은?** [03, 04]

① 탱크형 냉각기
② 반만액식 냉각기
③ 건식 냉각기
④ 관 코일식 냉각기

해설 제빙용 증발기는 탱크형 증발기로 헤링본형과 슈퍼플라디드형 증발기가 있다.

39. **제빙장치 중 결빙한 얼음을 제빙관에서 떼어낼 때 관내의 얼음 표면을 녹이기 위해 사용하는 기기는?** [09, 12, 15]

① 주수조　　② 양빙기
③ 저빙고　　④ 용빙조

해설 −9℃의 투명빙의 캔을 양빙기로 이동하고 20℃ 정도의 용빙조에 표면을 용해하여 얼음을 탈락시켜 저빙고에서 저장한다.

40. **탱크형 증발기에 관한 설명으로 옳지 않은 것은?** [11, 14]

① 만액식에 속한다.
② 주로 암모니아용으로 하부에는 액헤드가 존재한다.
③ 상부에는 가스헤드, 하부에는 액헤드가 존재한다.

정답 36. ③　37. ①　38. ①　39. ④　40. ④

④ 브라인의 유동속도가 늦어도 능력에는 변화가 없다.

해설 탱크형(제빙용) 증발기에서 브라인의 유동속도는 0.8~1 m/s로 일정하다.

41. **다음 중 증발기에 대한 제상 방식이 아닌 것은?** [13]

① 전열 제상 ② 핫 가스 제상
③ 살수 제상 ④ 피냉 제거 제상

해설 제상 방식에는 전열 제상, 핫 가스 제상, 살수 제상, 냉동기 정지 제상 등이 있다.

42. **고온 가스를 이용하는 제상장치 중 고온 가스를 증발기에 유입시키기 위한 적합한 인출 위치는?** [09]

① 액분리기와 압축기 사이
② 증발기와 압축기 사이
③ 유분리기와 응축기 사이
④ 수액기와 팽창밸브 사이

해설 고온 가스 제상에서 고온 가스는 유분리기와 응축기 사이 배관 상부로 인출한다.

43. **어느 제빙공장의 냉동능력은 6 RT이다. 응축기 방열량은 얼마인가? (단, 방열계수는 1.3이다.)** [13]

① 10948 kcal/h ② 11248 kcal/h
③ 15952 kcal/h ④ 25896 kcal/h

해설 $Q_c = 6 \times 3320 \times 1.3$
$= 25896\ \text{kcal/h}$

44. **증발기의 성에 부착을 제거하기 위한 제상 방법이 아닌 것은?** [12]

① 전열 제상 ② 핫가스 제상
③ 산 살포 제상 ④ 부동액 살포 제상

해설 제상 방법에는 전열 제상, 물 또는 브라인(부동액) 분무 제상, 고압 가스(핫가스) 제상, 냉동기 정지 제상 등이 있다.

45. **냉동장치의 냉각기에 적상이 심할 때 미치는 영향이 아닌 것은?** [10, 14]

① 냉동능력 감소
② 냉장고내 온도 저하
③ 냉동능력당 소요동력 증대
④ 리퀴드 백 발생

해설 적상이 생기면 전열작용이 불량하므로 냉각능력이 떨어져서 냉장고 온도는 상승한다.

46. **0℃의 물 1 kg을 0℃의 얼음으로 만드는 데 필요한 응고잠열은 대략 얼마 정도인가?** [13]

① 80 kcal/kg ② 540 kcal/kg
③ 100 kcal/kg ④ 50 kcal/kg

해설 물의 응고잠열은 $79.68 \fallingdotseq 80\ \text{kcal/kg}$이다.

47. **고체 냉각식 동결장치의 종류에 속하지 않는 것은?** [12, 15]

① 스파이럴식 동결장치
② 배치식 콘택트 프리저 동결장치
③ 연속식 싱글 스틸 벨트 프리저 동결장치
④ 드럼 프리저 동결장치

해설 스파이럴식 동결장치는 기체 냉각식 동결장치이다.

48. **제빙공장에서 냉동기를 가동하여 30℃**

정답 41. ④ 42. ③ 43. ④ 44. ③ 45. ② 46. ① 47. ① 48. ②

의 물 1 t을 24시간 동안에 −9℃의 얼음으로 만들고자 한다. 이때 필요한 열량은 얼마인가? (단, 외부로부터 열침입은 전혀 없는 것으로 하고, 물의 응고잠열은 80 kcal/kg으로 한다.) [05, 08]

① 420 kcal/h ② 4770 kcal/h
③ 9540 kcal/h ④ 110000 kcal/h

해설 $Q = \dfrac{1000 \times \{(1 \times 30) + 80 + (0.5 \times 9)\}}{24}$

$= 4770.8 \text{ kcal/h}$

49. 제빙장치에서 브라인의 온도가 −10℃이고, 결빙 소요 시간이 48시간일 때 얼음의 두께는 약 몇 mm인가? (단, 결빙계수는 0.56이다.) [06, 09, 12]

① 253 mm ② 273 mm
③ 293 mm ④ 313 mm

해설 $t = \sqrt{\dfrac{48 \times 10}{0.56}} = 29.277 \text{ cm}$

$= 292.77 \text{ mm}$

50. 어떤 증발기의 열통과율이 500 kcal/m²·h·℃이고 대수 평균 온도차가 7.5℃, 냉각능력이 15 RT일 때, 이 증발기의 전열면적은 약 얼마인가? [12]

① 13.3 m² ② 16.6 m²
③ 18.2 m² ④ 24.4 m²

해설 $F = \dfrac{15 \times 3320}{500 \times 7.5} = 13.28 \text{m}^2$

51. 얼음두께 280 mm, 브라인 온도 −9℃일 때 결빙에 소요된 시간은? [06, 10]

① 약 25시간 ② 약 49시간
③ 약 60시간 ④ 약 75시간

해설 $H = \dfrac{0.56 \times 28^2}{-(-9)} = 48.78$시간

52. 다음 중 제상 방법이 아닌 것은 어느 것인가? [04]

① 압축기 정지 제상
② 핫 가스 제상
③ 살수식 제상
④ 증발 압력 조정 제상

해설 증발 압력 조정 밸브는 증발 압력이 일정 값 이하가 되는 것을 방지하는 것으로 냉각기 동파 방지장치이다.

53. 흡수식 냉동장치에서 냉매인 물이 5℃ 전후의 온도로 증발하고 있다. 이때 증발기 내부의 압력은? [11]

① 약 7 mmHg (933 Pa)·a 정도
② 약 32 mmHg (4266 Pa)·a 정도
③ 약 75 mmHg (9999 Pa)·a 정도
④ 약 108 mmHg (14398 Pa)·a 정도

해설 물이 5℃에서 증발할 때 압력은 6~7 mmHg 정도이다.

54. 어떤 냉동기를 사용하여 25℃의 순수한 물 100 L를 −10℃의 얼음으로 만드는 데 10분이 걸렸다고 한다면, 이 냉동기는 약 몇 냉동톤이겠는가? (단, 냉동기의 모든 효율은 100 %이다.) [03, 08]

① 3냉동톤 ② 16냉동톤
③ 20냉동톤 ④ 25냉동톤

해설 냉동톤 (RT)

$= \dfrac{100 \times \{(1 \times 25) + 79.68 + (0.5 \times 10)\} \times 60}{3320 \times 10}$

$= 19.82 ≒ 20$

정답 49. ③ 50. ① 51. ② 52. ④ 53. ① 54. ③

55. 암모니아 냉동장치에서 실린더 지름 150 mm, 행정 90 mm, 회전수 1170 rpm, 6기통일 때 냉동능력(RT)은?(단, 냉매상수는 8.4이다.) [14]

① 약 98.2 ② 약 79.7
③ 약 59.2 ④ 약 38.9

해설 $V = \frac{\pi}{4} \times 0.15^2 \times 0.09 \times 6 \times 1170 \times 60 = 669.55 \text{ m}^3/\text{h}$

$\text{RT} = \frac{669.55}{8.4} = 79.7$

56. 비중 0.8, 비열 0.7인 30℃의 어떤 액체 3 m³를 10℃로 냉각하고자 할 때 제거열량은 몇 kcal인가? [04]

① 33.6 kcal ② 3360 kcal
③ 33600 kcal ④ 336000 kcal

해설 $q = (3 \times 800) \times 0.7 \times (30 - 10) = 33600 \text{ kcal}$

57. 15℃의 1ton의 물을 0℃의 얼음으로 만드는 데 제거해야 할 열량은 얼마인가?(단, 물의 비열 4.2 kJ/kg·K, 응고잠열 334 kJ/kg이다.) [14]

① 63000 kJ ② 271600 kJ
③ 334000 kJ ④ 397000 kJ

해설 $q = 1000 \times \{(4.2 \times 15) + 334\} = 397000 \text{ kJ}$

58. 다음 중 흡수식 냉동장치의 적용 대상이 아닌 것은? [06]

① 백화점 공조용 ② 산업공조용
③ 제빙공장용 ④ 냉난방 장치용

해설 흡수식 냉동장치는 고온용 냉동장치로 주로 공기조화, 냉난방용에 사용되고 저온장치 및 제빙용으로 사용하기 어렵다.

정답 55. ② 56. ③ 57. ④ 58. ③

ⒸⒷⓉ 문제은행

8장 부속장치와 자동제어기기 및 운전

1. **다음 중 증발압력 조정밸브를 부착하는 주요 목적은?** [11, 15]

① 흡입압력을 저하시켜 전동기의 기동 전류를 적게 한다.
② 증발기 내의 압력이 일정 압력 이하가 되는 것을 방지한다.
③ 냉매의 증발온도를 일정치 이하로 내리게 한다.
④ 응축압력을 항상 일정하게 유지한다.

해설 ①은 흡입압력 조정밸브에 대한 설명이다. 증발압력 조정밸브는 흡입배관 증발기 출구에 설치하여 밸브 입구 압력에 의해 작동되고 증발압력이 일정 압력 이하가 되는 것을 방지한다.

2. **냉동장치에서 디스트리뷰터(distributor)의 역할로 가장 적합한 것은?** [12]

① 냉매의 분배　② 토출가스 과열
③ 증발온도 저하　④ 플래시가스 발생

해설 디스트리뷰터는 증발기 코일에 냉매를 분배하는 장치이다.

3. **냉동장치의 기기 중 직접 압축기의 보호 역할을 하는 것과 관계없는 것은 다음 중 어느 것인가?** [05, 09, 11]

① 안전밸브
② 유압 보호 스위치
③ 고압 차단 스위치
④ 증발압력 조정밸브

해설 증발압력 조정밸브는 증발기 압력을 일정 압력 이하가 되는 것을 방지하는 장치로 냉각기 동파를 방지한다.

4. **냉동장치에 이용되는 부속기기 중 직접 압축기의 보호 역할을 하는 것이 아닌 것은?** [06]

① 온도 자동 팽창밸브
② 안전밸브
③ 유압 보호 스위치
④ 액분리기

해설 온도 자동 팽창밸브는 증발기 출구 냉매의 과열도를 일정하게 유지시킨다.

5. **고압측 액관에 설치한 여과기의 메시(mesh)는 어느 정도인가?** [04, 10, 13]

① 40~60 mesh　② 80~100 mesh
③ 120~140 mesh　④ 160~180 mesh

해설 액관 여과기는 80~100 mesh이고, 흡입관 여과기는 40 mesh 정도이다.

6. **다음 냉동장치의 제어장치 중 온도 제어장치에 해당되는 것은?** [05]

① E.P.R.　② T.C.
③ L.P.S.　④ O.P.S.

해설 ① E.P.R. : 증발압력 조정밸브
② T.C. : 온도조절기
③ L.P.S. : 저압압력 스위치(저압 차단기)
④ O.P.S. : 오일압력 스위치(유압 차단기)

정답 1. ②　2. ①　3. ④　4. ①　5. ②　6. ②

7. 흡입압력 조정밸브(SPR)에 대한 설명 중 틀린 것은? [07, 16]

① 흡입압력이 일정 압력 이하가 되는 것을 방지한다.
② 저전압에서 높은 압력으로 운전될 때 사용한다.
③ 종류에는 직동식, 내부 파일럿 작동식, 외부 파일럿 작동식 등이 있다.
④ 흡입압력의 변동이 많은 경우에 사용한다.

해설 흡입압력 조정밸브는 흡입압력이 일정 압력 이상이 되는 것을 방지하여 압축기용 전동기의 과부하를 방지한다.

8. 다음은 흡입압력 조정밸브를 설치하는 경우에 대한 설명이다. 틀린 것은? [03]

① 높은 흡입압력으로 장시간 운전할 경우
② 흡입압력이 낮아 압축비가 커질 경우
③ 저전압에서 높은 흡입압력으로 운전해야 할 경우
④ 흡입압력의 변화가 많은 장치일 경우

해설 흡입압력 조정밸브(SPR)는 흡입압력이 높을 때 일정 압력 이상이 되는 것을 방지하는 밸브이다.

9. 냉동기 운전 중 증발기로부터 리퀴드 백으로 인하여 압축기의 흡입밸브 및 토출밸브 등의 파손을 방지하기 위해 설치하는 것은?

① 증발압력 조정밸브 [08, 16]
② 흡입압력 조정밸브
③ 고압 차단 스위치
④ 저압 차단 스위치

해설 액 압축 시에 작동되는 것은 안전두이고 흡입압력 조정밸브(SPR)는 흡입압력을 일정 압력보다 낮게 유지시키는 장치이다.

10. 브라인 동결 방지의 목적으로 사용되는 기기가 아닌 것은? [12]

① 서모스탯
② 단수 릴레이
③ 흡입압력 조정밸브
④ 증발압력 조정밸브

해설 흡입압력 조정밸브(SPR)는 압축기용 전동기의 과부하 방지용으로 사용된다.

11. 다음 중 브라인 동파 방지 대책이 아닌 것은? [09]

① 동결방지용 온도조절기를 사용한다.
② 브라인 부동액을 첨가한다.
③ 응축압력 조정밸브를 설치한다.
④ 단수 릴레이를 설치한다.

해설 동파 방지법으로 ①, ②, ④ 외에 증발압력 조정밸브를 설치한다.

12. 냉동기 계통 내에 스트레이너가 필요 없는 곳은? [05, 12]

① 압축기의 토출구
② 압축기의 흡입구
③ 팽창변 입구
④ 크랭크 케이스 내의 저유통

해설 여과기는 압축기 토출측에는 설치하지 않으며 액관, 흡입관 등에 설치하고 저유통에는 오일 여과기를 설치한다.

13. 전자변(solenoid valve)의 용도 중 맞지 않는 것은? [05, 16]

① 온도 조절
② 용량 조절
③ 액백 방지 및 액면 조절
④ 프레온 만액식 유회수장치

해설 오일 회수장치에는 전자밸브(SV)가 없다.

정답 7. ① 8. ② 9. ② 10. ③ 11. ③ 12. ① 13. ④

14. **냉동기 운전 중 수랭식 응축기의 파열을 방지하기 위한 부속기기에 해당되지 않는 것은?** [05]

① 냉각수 플로 스위치(온도)
② 냉각수 플로 스위치(압력)
③ 차압 스위치
④ 유압 보호장치

해설 유압 보호장치는 오일 압력을 일정 압력으로 유지하는 장치이다.

15. **단수 릴레이의 종류로 가장 거리가 먼 것은?** [09, 12, 15]

① 단압식 릴레이 ② 차압식 릴레이
③ 수류식 릴레이 ④ 비례식 릴레이

해설 단수 릴레이는 압력식(단압식, 차압식), 유류(수류)식 등이 있다.

16. **다음 중 고압 수액기에 부착되지 않는 것은?** [09, 12]

① 액면계
② 안전밸브
③ 전자밸브
④ 오일 드레인 밸브

해설 전자밸브는 배관에 설치하는 부품이다.

17. **냉동장치의 고압측에 안전장치로 사용되는 것 중 부적당한 것은?** [02, 06, 07, 11]

① 스프링식 안전밸브
② 플로트 스위치
③ 고압 차단 스위치
④ 가용전

해설 플로트 스위치는 부착된 전자밸브를 개폐하여 액면 조정용 또는 유체 단속용으로 사용한다.

18. **냉동장치에서 자동 제어를 위해 사용되는 전자밸브(solenoide valve)의 역할로 가장 거리가 먼 것은?** [02, 08, 11, 14]

① 액압축 방지
② 냉매 및 브라인 흐름 제어
③ 용량 및 액면 제어
④ 고수위 경보

해설 전자밸브는 유체의 흐름을 개폐하는 것이고 고수위 측정은 플로트 스위치(FS)에 의해서 검출된다.

19. **냉동장치에서 전자변을 사용하는데 그 사용 목적 중 가장 거리가 먼 것은 어느 것인가?** [03, 07, 09, 14]

① 리퀴드 백(liquid back) 방지
② 냉매, 브라인의 흐름 제어
③ 습도 제어
④ 온도 제어

해설 전자밸브는 유체의 흐름을 단속하는 밸브로 액순환식 증발기에서 온도 제어에 사용된다. 습도 제어는 습도조절기에 의해서 이루어진다.

20. **다음 중 냉동장치 설치 후 먼저 하는 시험은?** [02]

① 진공시험 ② 내압시험
③ 누설시험 ④ 냉각시험

해설 냉동장치의 각종 시험 순서 : 내압시험 → 기밀시험 → 누설시험 → 진공시험 → 냉매충전 → 냉각시험 → 보랭시험 → 단열시공 → 시운전 → 해방시험 → 운전 순서 중에서 내압시험과 기밀시험은 각종 기기를 생산하는 회사에서 하는 것이고, 냉동장치 설치 후 제일 먼저 하는 시험은 장치의 연결부의 누설 유무를 확인하는 누설시험(기체인 공기, N_2, CO_2

정답 14. ④ 15. ④ 16. ③ 17. ② 18. ④ 19. ③ 20. ③

등의 압력으로 시험)이다.

21. **다음 중 수액기 취급 시 주의 사항으로 옳은 것은?** [07, 14]

① 직사광선을 받아도 무방하다.
② 안전밸브를 설치할 필요가 없다.
③ 균압관은 지름이 작은 것을 사용한다.
④ 저장 냉매액을 3/4 이상 채우지 말아야 한다.

해설 수액기 냉매액은 운전 시 1/2 정도, 운전 정지 시 2/3 정도이고 휴지 시에는 9/10 (90 %) 이하이면 된다.

22. **수액기를 설치할 때 2개의 수액기 지름이 서로 다른 경우 어떻게 설치해야 안전성이 있는가?** [04]

① 상단을 일치시킨다.
② 하단을 일치시킨다.
③ 중단을 일치시킨다.
④ 어느 쪽이든 관계없다.

해설 지름이 다른 수액기 2개를 병렬로 설치할 때는 상단을 일치시킨다.

23. **암모니아 냉동장치 중 냉매를 모을 수 있는 수액기의 보편적 크기는?** [02]

① 순환냉매량의 1/5
② 순환냉매량의 1/2
③ 순환냉매량의 1/3
④ 순환냉매량의 1/4

해설 NH_3 냉동장치(대형 장치)의 수액기 크기는 최저 순환냉매량의 1/2을 저장할 수 있는 용량이어야 한다.

24. **액을 수액기로 유입시키는 냉매 회수장치의 구성요소가 아닌 것은?** [12]

① 3방 밸브 ② 고압압력 스위치
③ 체크밸브 ④ 플로트 스위치

해설 고압압력 스위치는 이상 고압일 때 작동하여 냉동기를 정지시킨다.

25. **응축기에서 응축 액화된 냉매가 수액기로 원활히 흐르지 못하는 가장 큰 원인은?** [12]

① 액 유입관지름이 크다.
② 액 유출관지름이 크다.
③ 안전밸브의 지름이 작다.
④ 균압관의 지름이 작다.

해설 균압관 지름이 작은 경우와 밸브 조작이 불량일 때 균압이 불량하다.

26. **냉동 부속장치 중 응축기와 팽창밸브 사이의 고압관에 설치하며 증발기의 부하 변동에 대응하여 냉매 공급을 원활하게 하는 것은?** [11, 14]

① 유분리기 ② 수액기
③ 액분리기 ④ 중간 냉각기

해설 응축기와 팽창밸브 사이 액관에 수액기를 설치하여 냉매를 일시 저장한다.

27. **저압 차단 스위치의 작동에 의해 장치가 정지되었을 때 행하는 점검사항 중 가장 거리가 먼 것은?** [06, 14]

① 응축기의 냉각수 단수 여부 확인
② 압축기의 용량 제어장치의 고장 여부 확인
③ 저압측 적상 유무 확인
④ 팽창밸브의 개도 점검

해설 응축기는 저압측이 아니고 고압측이므로 점검 대상에서 제외된다.

정답 21. ④ 22. ① 23. ② 24. ② 25. ④ 26. ② 27. ①

28. 다음 [보기]의 설명에 해당되는 것은 어느 것인가? [07, 12]

[보기]

- 실린더에 상이 붙는다.
- 토출가스 온도가 낮아진다.
- 냉동능력이 감소한다.
- 압축기가 타격음을 발생한다.

① 액 해머
② 코퍼 플레이팅
③ 냉매 과소 충전
④ 플래시 가스 발생

해설 액 해머(액압축) 현상이 일어나면 실린더 헤드에 성에가 생기며 이상음이 발생되고 그 정도가 심하면 압축기가 파손될 우려가 있다.

29. 냉동장치 운전 중 액 해머 현상이 일어나는 경우 정상 운전으로 회복시키기 위한 조치로 제일 먼저 해야 할 것은? [04]

① 토출밸브를 닫는다.
② 흡입밸브를 연다.
③ 안전밸브를 연다.
④ 압축기를 정지시킨다.

해설 팽창밸브를 닫거나 압축기를 정지시킨다.

30. 액백(liquid back)의 원인으로 가장 거리가 먼 것은? [15]

① 팽창밸브의 개도가 너무 클 때
② 냉매가 과충전되었을 때
③ 액분리기가 불량일 때
④ 증발기 용량이 너무 클 때

해설 액백은 ①, ②, ③ 외에 부하변동이 심하거나 증발기의 전열이 불량할 때 발생한다.

31. 다음 중 압축기가 시동되지 않는 이유로 가장 거리가 먼 것은? [15]

① 전압이 너무 낮다.
② 오버로드가 작동하였다.
③ 유압 보호 스위치가 리셋되어 있지 않다.
④ 온도조절기 감온통의 가스가 빠져있다.

해설 온도조절기(TC)의 감온통에 가스가 빠져있으면 압축기가 시동은 되나 정지는 되지 않는다.

32. 냉동설비의 설치공사 완료 후 시운전 또는 기밀시험을 실시할 때 사용할 수 없는 것은 어느 것인가? [12, 14]

① 헬륨 ② 산소
③ 질소 ④ 탄산가스

해설 산소는 지연성(조연성) 가스이므로 윤활유를 사용하는 장치에서 압축하면 폭발 위험이 있다.

33. 진공시험의 목적을 설명한 것으로 옳지 않은 것은? [13]

① 장치의 누설 여부를 확인
② 장치 내 이물질이나 수분 제거
③ 냉매를 충전하기 전에 불응축 가스 배출
④ 장치 내 냉매의 온도 변화 측정

해설 ④는 운전 중 점검사항이다.

34. 냉동장치 내압시험의 설명으로 적당한 것은 어느 것인가? [06]

① 물을 사용한다.
② 공기를 사용한다.
③ 질소를 사용한다.
④ 산소를 사용한다.

해설 내압시험은 물 또는 오일과 같은 액체 압력으로 주기기 및 부속 또는 보조기기의 강도를 시험한다.

정답 28. ① 29. ④ 30. ④ 31. ④ 32. ② 33. ④ 34. ①

35. **냉동장치의 누출시험에 사용하는 것으로 적합한 것은?** [02]

① 물 ② 질소
③ 오일 ④ 산소

해설 냉동장치의 시험용 가스는 N_2, CO_2, Air 등이 있다.

36. **다음 설명 중 틀린 것은?** [06, 12]

① 유압 보호 스위치의 종류는 바이메탈식과 가스통식이 있다.
② 단수 릴레이는 수랭응축기 및 브라인 냉각기의 단수 및 감수 시, 압축기를 차단시키는 스위치다.
③ 왕복동식 압축기 기동 시 유압 보호 스위치의 차압접점은 붙어 있다.
④ 파열판은 일단 동작된 후 내부 압력이 낮아지면 가스의 방출이 정지되며, 다시 사용할 수 있다.

해설 파열판은 격막이 파열되면서 압력을 낮추는 안전장치이므로 재사용이 불가능하다.

37. **다음 중 주로 원심식 냉동기의 안전장치로 사용하며, 용기의 과열 등에 의한 이상 고압으로부터의 위해를 방지하기 위한 장치는 어느 것인가?** [11]

① 가용전 ② 릴리프 밸브
③ 차압 스위치 ④ 파열판

해설 파열판은 원심식(터보) 냉동기에 설치하는 안전장치이다.

38. **다음 사항 중 옳은 것은?** [02]

① 고압 차단 스위치 작동압력은 안전밸브 작동압력보다 조금 높게 한다.
② 온도식 자동 팽창밸브의 감온통은 증발기의 입구측에 붙인다.
③ 가용전은 응축기의 보호를 위하여 사용된다.
④ 가용전, 파열판은 암모니아 냉동장치에만 사용된다.

해설 ① 고압 차단 스위치의 작동압력은 정상 고압+3~4 kg/cm²이고 안전밸브의 작동압력은 정상고압+4~5 kg/cm²이다.
② 온도식 자동 팽창밸브 감온통(감온구)은 증발기 출구 흡입관에 부착한다.
④ 가용전과 파열판은 freon 냉동장치에 부착하며 가용전은 고압액관에 부착하여 압력 상승 시 장치를 보호하고, 파열판은 터보 냉동장치의 저압측에 설치한다.

39. **가용전(fusible plug)에 대한 설명으로 틀린 것은?** [05, 09, 10, 14]

① 프레온 장치의 수액기, 응축기 등에 사용한다.
② 용융점은 냉동기에서 75℃ 이하로 한다.
③ 구성 성분은 주석, 구리, 납으로 되어 있다.
④ 토출 가스의 영향을 직접 받지 않는 곳에 설치해야 한다.

해설 가용전의 성분은 Pb, Sn, Cd, Sb, Bi 등의 합금으로 되어 있고 용융온도는 68~78℃이다.

40. **다음 중 압축기 보호를 위한 장치가 아닌 것은?** [05, 16]

① 가용전 ② 안전헤드
③ 안전밸브 ④ 유압 보호 스위치

해설 가용전은 프레온 장치의 고압액관에 부착한다.

정답 35. ② 36. ④ 37. ④ 38. ③ 39. ③ 40. ①

41. **가용전에 대한 설명 중 틀린 것은 어느 것인가?** [02]

① 용전 구경은 안전밸브 구경의 약 1/2 정도이다.
② 주로 프레온 냉동장치에서 고압측에 설치한다.
③ 주성분은 비스무스, 주석, 납 등이다.
④ 토출밸브 직후, 토출밸브 직전에 설치한다.

해설 가용전은 프레온 냉동장치의 고압측 액배관에 설치하고, 설치 시에 토출가스 온도의 영향을 받는 곳은 피하며, 분출 지름은 안전밸브의 1/2 정도이다.

42. **냉동장치에 대한 설명 중 옳은 것은 어느 것인가?** [08, 10, 15]

① 고압 차단 스위치 작동압력은 안전밸브 작동압력보다 조금 높게 한다.
② 온도식 자동 팽창밸브의 감온통은 증발기 입구측에 붙인다.
③ 가용전은 프레온 냉동장치의 응축기나 수액기 보호를 위하여 사용된다.
④ 파열판은 암모니아 왕복동 냉동장치에만 사용된다.

해설 가용전은 토출가스 온도의 영향을 받는 곳을 제외한 고압측에는 설치가 가능하다.

43. **냉동장치를 설비할 때 [보기]의 작업 순서가 올바르게 나열된 것은?** [10]

[보기]
(가) 냉각운전 (나) 냉매충전 (다) 누설시험
(라) 진공시험 (마) 배관의 방열공사

① (다) → (라) → (나) → (마) → (가)
② (라) → (마) → (다) → (나) → (가)
③ (다) → (마) → (라) → (나) → (가)
④ (라) → (나) → (다) → (마) → (가)

해설 냉동장치 완공 후 시험 순서는 누설시험 → 진공시험 → 냉매충전 → 냉각시험 → 보랭시험 → 단열(방열)시공 → 시운전 → 해방시험 → 냉각운전이다.

44. **압축기가 1대일 경우 고압 차단 스위치(HPS)의 압력 인출 위치는?** [04, 05]

① 흡입 스톱밸브 직전
② 토출 스톱밸브 직전
③ 팽창밸브 직전
④ 수액기 직전

해설 HPS는 토출 밸브 다음, 토출 스톱밸브 직전에 설치한다.

45. **압축기 보호장치 중 고압 차단 스위치(HPS)의 작동압력은 정상적인 고압에 몇 kgf/cm^2 정도 높게 설정하는가?** [10, 13]

① 1 ② 4
③ 10 ④ 25

해설 HPS의 작동압력
= 정상 고압 + 3~4 kgf/cm^2

46. **압축기에서 보통 안전밸브의 작동압력으로 옳은 것은?** [08, 13]

① 저압 차단 스위치 작동압력과 같게 한다.
② 고압 차단 스위치 작동압력보다 다소 높게 한다.
③ 유압 보호 스위치 작동압력과 같게 한다.
④ 고·저압 차단 스위치 작동압력보다 낮게 한다.

해설 안전밸브는 고압 차단 스위치 작동압력보다 1 kgf/cm^2 정도 높게 한다.

정답 41. ④ 42. ③ 43. ① 44. ② 45. ② 46. ②

47. **압축기에서 보통 안전밸브의 분출압력은 고압 차단 스위치(HPS) 작동압력에 비하여 어떻게 조정하면 좋은가?** [06]

㉮ 고압 차단 스위치 작동압력보다 다소 낮게 한다.
㉯ 고압 차단 스위치 작동압력보다 다소 높게 한다.
㉰ 고압 차단 스위치 작동압력과 같게 한다.
㉱ 고압 차단 스위치 작동압력보다 낮거나 높아도 관계없다.

해설 HPS의 작동압력 = 정상 고압 + 3~4 kg/cm^2이고, 안전밸브 작동압력 = 정상 고압 + 4~5 kg/cm^2이다.

48. **다음 중 유분리기의 종류에 해당되지 않는 것은?** [14]

① 배플형 ② 어큐뮬레이터형
③ 원심분리형 ④ 철망형

해설 ⓐ 유분리기는 토출 배관 중에 설치하여 냉매가스 중의 오일(윤활유)을 분리시키는 것으로 종류에는 배플형, 원심분리형, 철망형이 있다.
ⓑ 액분리기(accumulator)는 흡입 배관에 설치하여 냉매액을 분리시켜서 액압축으로부터 위험을 방지하는 것으로 종류는 유분리기와 같다.

49. **프레온 냉동장치에서 유분리기를 설치하는 경우로 틀린 것은?** [05, 10]

① 만액식 증발기를 사용하는 장치의 경우
② 증발온도가 높은 저온장치의 경우
③ 토출가스 배관이 길어진다고 생각되는 경우
④ 토출가스에 다량의 오일이 섞여 나간다고 생각되는 경우

해설 ①, ③, ④ 외에 증발온도가 낮은 저온장치의 경우 유분리기를 설치한다.

50. **다음 중 유분리기의 설치 위치로서 알맞은 것은?** [02, 03, 04, 06, 11]

① 압축기와 응축기 사이
② 응축기와 수액기 사이
③ 수액기와 증발기 사이
④ 증발기와 압축기 사이

해설 유분리기는 토출 배관(압축기와 응축기 사이)에 설치하여 가스 중의 오일을 분리시킴으로써 응축기 전열작용을 양호하게 한다.

51. **다음 중 냉동장치의 부속기기에 대한 설명으로 잘못된 것은?** [07, 10]

① 여과기는 팽창 밸브 직전에 부착하고 가스 중의 먼지를 제거하기 위해 사용한다.
② 암모니아 냉동장치의 유분리기에서 분리된 유(油)는 유류(遺留)로 보내 냉매와 분리 후 회수한다.
③ 액순환식 냉동장치에 있어 유분리기는 압축기의 흡입부에 부착한다.
④ 프레온 냉동장치에 있어서는 유와 잘 용해되므로 특별한 유회수 장치가 필요하다.

해설 유분리기는 토출 배관, 즉 압축기와 응축기 사이에 부착한다.

52. **냉동 사이클에서 응축온도를 일정하게 하고, 압축기 흡입가스의 상태를 건포화 증기로 할 때 증발온도를 상승시키면 어떤 결과가 나타나는가?** [13]

① 압축비 증가 ② 냉동효과 감소
③ 성적계수 상승 ④ 압축일량 증가

해설 증발온도가 높아지면 압축비 감소로 체적효율이 증가하므로 냉동효과, 성적계수 등이 상승하고 압축일량, 토출가스 온도가 감소한다.

정답 47. ② 48. ② 49. ② 50. ① 51. ③ 52. ③

53. 드라이어(dryer)에 관한 사항 중 맞는 것은? [03, 06]

① 암모니아 가스관에 설치하여 수분을 제거한다.
② 냉동장치 내에 수분이 존재하는 것은 좋지 않으므로 냉매 종류에 관계없이 반드시 설치하여야 한다.
③ 프레온은 수분과 잘 용해하지 않으므로 팽창밸브에서의 동결을 방지하기 위하여 설치한다.
④ 건조제로는 황산, 염화칼슘 등의 물질을 사용한다.

해설 드라이어(건조기)는 프레온 장치에서 수분을 흡착 제거하여 안정된 운전을 도모한다.

54. 다음 냉매 건조기(dryer)에 관한 설명 중 맞는 것은? [08, 11, 16]

① 암모니아 가스관에 설치하여 수분을 제거한다.
② 압축기와 응축기 사이에 설치한다.
③ 프레온은 수분과 잘 용해하지 않으므로 팽창밸브에서의 동결을 방지하기 위하여 설치한다.
④ 건조제로는 황산, 염화칼슘 등의 물질을 사용한다.

해설 건조기는 프레온 냉동장치에서 수분을 제거하기 위하여 팽창밸브 직전에 설치한다.

55. 냉동장치 운전 중 유압이 이상 저하되었다. 원인으로 옳은 것은? [09]

① 유온이 너무 낮을 때
② 오일 배관계통이 막혀 있을 때
③ 유압조정밸브 개도가 과소할 때
④ 크랭크케이스 내의 유 여과기가 막혀 있을 때

해설 유압의 이상 저하 원인
ⓐ 여과기가 막혔을 때
ⓑ 오일펌프 고장
ⓒ 오일 안전밸브 열림

56. 냉동장치의 냉각기에 적상이 심할 때 미치는 영향이 아닌 것은? [05]

① 냉동능력 감소
② 냉장고 내 온도 저하
③ 냉동능력당 소요동력 증대
④ 리퀴드 백 발생

해설 적상이 심하면 전열이 방해되고 냉동능력이 감소하므로 냉장고 내 온도는 높아질 수 있다.

57. 다음 중 저속 왕복동 냉동장치의 운전 순서로 옳은 것은? [15]

(가) 압축기를 시동한다.
(나) 흡입측 스톱밸브를 천천히 연다.
(다) 냉각수 펌프를 운전한다.
(라) 응축기의 액면계 등으로 냉매량을 확인한다.
(마) 압축기의 유면을 확인한다.

① (가) – (나) – (다) – (라) – (마)
② (마) – (라) – (다) – (나) – (가)
③ (마) – (라) – (다) – (가) – (나)
④ (가) – (나) – (마) – (다) – (라)

해설 저속 왕복동 냉동장치의 운전 순서
ⓐ 압축기 유면 확인
ⓑ 응축기 수액기 액면 확인
ⓒ 전기배선 연결상태와 전압 확인
ⓓ 벨트의 이완상태 등 확인
ⓔ 냉각수 펌프 기동
ⓕ 토출 밸브 열기
ⓖ 압축기 기동
ⓗ 흡입 스톱밸브 열기
ⓘ 팽창밸브 조정

정답 53. ③ 54. ③ 55. ④ 56. ② 57. ③

58. 냉동 사이클에서 응축온도는 일정하게 하고 증발온도를 저하시키면 일어나는 현상으로 틀린 것은? [15]

① 냉동능력이 감소한다.
② 성능계수가 저하한다.
③ 압축기의 토출온도가 감소한다.
④ 압축비가 증가한다.

해설 ⓐ 압축비 상승
ⓑ 체적효율 감소
ⓒ 냉동능력 감소
ⓓ 냉매순환량 감소
ⓔ 토출가스 온도 상승
ⓕ 단위능력당 소비동력 증가
ⓖ 실린더 과열
ⓗ 성적계수 감소

59. 냉동 사이클의 변화에서 증발온도가 일정할 때 응축온도가 상승할 경우의 영향으로 맞는 것은? [04, 13]

① 성적계수 증대
② 압축일량 감소
③ 토출가스 온도 저하
④ 플래시 가스 발생량 증가

해설 증발온도가 일정할 때 응축온도가 상승하면 다음과 같은 현상이 발생한다.
ⓐ 성적계수 감소
ⓑ 압축일량 증가
ⓒ 토출가스 온도 상승
ⓓ 플래시 가스량 증가
ⓔ 냉동효과 감소
ⓕ 압축비 증대

60. 냉동기를 운전하기 전에 준비해야 할 사항 중 틀린 것은? [02, 08, 15]

① 압축기 유면 및 냉매량을 확인한다.
② 응축기, 유냉각기의 냉각수 입, 출구변을 연다.
③ 냉각수 펌프를 운전하여 응축기 및 실린더 재킷의 통수를 확인한다.
④ 암모니아 냉동기의 경우는 오일 히터를 기동 30~60분 전에 통전한다.

해설 프레온 냉동기는 기동하기 30~60분 전에 오일 히터를 통전한다.

61. 냉동장치 안전운전을 위한 주의사항 중 틀린 것은? [08, 15]

① 압축기와 응축기 간에 스톱밸브가 닫혀 있는 것을 확인한 후가 아니면 압축기를 가동시키지 말 것
② 주기적으로 유압을 체크할 것
③ 운전휴지 중 실내온도가 빙점 이하로 내려갈 가능성이 있을 때는 응축기 및 수배관에서 물을 완전히 뽑아 동파를 방지할 것
④ 압축기를 처음 가동 시에는 정상으로 가동되는가를 확인할 것

해설 압축기와 응축기 간의 밸브는 전부 열려 있어야 한다.

62. 냉동장치 운전 중 안전상 별로 위험이 없는 경우에 해당되는 것은? [08]

① 액면계 파손 시 볼밸브가 작동불량인 경우
② 고압 측에 안전밸브가 설치되지 않는 경우
③ 수액기와 응축기를 연락하는 균압관의 스톱밸브를 닫지 않았을 경우
④ 팽창밸브 직전에 전자밸브가 있는 경우 압축기 출구밸브를 닫고 장시간 운전했을 경우

해설 수액기와 응축기를 연락하는 균압관의 밸브는 정상 운전 중에 열려 있다.

정답 58. ③ 59. ④ 60. ④ 61. ① 62. ③

63. **다음 [보기] 중 암모니아 냉동장치 운전을 정지하는 순서로 올바른 것은?** [10]

[보기]

(가) 응축기 액출구 밸브를 닫는다.
(나) 전동기 스위치를 끈다.
(다) 압축기 토출밸브를 닫는다.
(라) 압축기 흡입밸브를 닫는다.

① (가) → (나) → (라) → (다)
② (가) → (라) → (나) → (다)
③ (다) → (라) → (가) → (나)
④ (다) → (가) → (나) → (라)

해설 운전 정지 순서
ⓐ 팽창밸브 또는 직전 밸브를 닫는다.
ⓑ 증발 압력이 규정 압력(NH_3 : 0 kg/cm^2·g, freon : 0.1 kg/cm^2·g) 가까이 되면 흡입밸브를 닫는다.
ⓒ 냉동기를 정지시킨다.
ⓓ 토출밸브를 닫는다.
ⓔ 응축기 냉각수 펌프를 정지시킨다.
ⓕ 장기 정지 시에는 냉각수를 배출시킨다.
ⓖ 각종 부분을 점검 정비한다.

64. **냉동장치의 장기간 정지 시 운전자의 조치사항으로 틀린 것은?** [10, 14]

① 냉각수는 그 다음 사용 시 필요하므로 누설되지 않게 밸브 및 플러그의 잠김 상태를 확인하여 잘 잠가 둔다.
② 저압측 냉매를 전부 수액기에 회수하고, 수액기에 전부 회수할 수 없을 때에는 냉매통에 회수한다.
③ 냉매 계통 전체의 누설을 검사하여 누설 가스를 발견했을 때에는 수리해 둔다.
④ 압축기의 축봉장치에서 냉매가 누설될 수 있으므로 압력을 걸어 둔 상태로 방치해서는 안 된다.

해설 장기간 정지 시에는 냉각수를 배출하여 배관 부식을 방지한다.

65. **다음 중 단수 릴레이의 종류에 속하지 않는 것은?** [08]

① 단압식 릴레이 ② 차압식 릴레이
③ 수류식 릴레이 ④ 온도식 릴레이

해설 압력식과 온도식은 절수밸브의 종류이다.

66. **다음 NH_3 냉동기 운전에 관한 설명 중 가장 위험한 것은?** [06]

① 액 해머 현상이 일어나고 있다.
② 압축기 냉각수온이 높아지고 있다.
③ 냉동장치에 수분이 들어 있다.
④ 증발기에 적상이 과도하게 끼어 있다.

해설 액 해머는 압축기 헤드 파손을 초래한다.

67. **냉동장치의 운전상태에 관한 사항이다. 옳은 것은?** [06]

① 증발기 내의 냉매는 피냉각물체로부터 열을 흡수함으로써 증발기 내로 흘러감에 따라 온도가 상승한다.
② 응축온도는 냉각수 입구온도보다 약간 높다.
③ 크랭크 케이스 내의 유온은 흡입가스에 의하여 냉각되므로 흡입가스 온도보다 낮아지는 경우도 있다.
④ 압축기 토출 직후의 증기온도는 응축과정 중의 냉매온도보다 낮다.

해설 응축온도는 냉각수 입구온도보다 5℃ 이상 높다.

정답 63. ② 64. ① 65. ④ 66. ① 67. ②

68. **냉동기의 정상적인 운전 상태를 파악하기 위하여 운전 관리상 검토해야 할 사항으로 틀린 것은?** [08, 13]

① 윤활유의 압력, 온도 및 청정도
② 냉각수 온도 또는 냉각공기 온도
③ 정지 중의 소음 및 진동
④ 압축기용 전동기의 전압 및 전류

해설 소음 및 진동은 운전 중에 점검한다.

69. **다음 중 냉동기 운전 전 점검사항으로 잘못된 것은?** [12]

① 냉매량 확인
② 압축기 유면 점검
③ 전자밸브 작동 확인
④ 모든 밸브의 닫힘을 확인

해설 모든 밸브의 개폐를 확인할 것

70. **냉동장치의 운전 관리에서 운전 준비사항으로 잘못된 것은?** [13]

① 압축기의 유면을 점검한다.
② 응축기의 냉매량을 확인한다.
③ 응축기, 압축기의 흡입측 밸브를 닫는다.
④ 전기결선, 조작회로를 점검하고, 절연저항을 측정한다.

해설 운전 정지 시에는 압축기 흡입밸브를 닫고, 운전 시 압축기, 응축기 밸브는 개방 상태이다.

71. **다음 중 냉동장치 운전에 관한 설명으로 옳은 것은?** [09, 14]

① 흡입압력이 저하되면 토출가스 온도가 저하된다.
② 냉각수온이 높으면 응축압력이 저하된다.
③ 냉매가 부족하면 증발압력이 상승한다.
④ 응축압력이 상승되면 소요동력이 증가한다.

해설 ① 흡입압력이 저하되면 토출가스 온도는 상승한다.
② 냉각수온이 높으면 응축압력이 상승한다.
③ 냉매가 부족하면 저압(증발압력)과 고압(응축압력)이 낮아진다.
④ 응축압력이 높으면 압축비 증가로 소비동력이 증가한다.

72. **냉동장치에서 가스 퍼저(purger)를 설치할 경우, 가스의 인입선은 어디에 설치해야 하는가?** [12]

① 응축기와 수액기의 균압관에 한다.
② 수액기와 팽창 밸브 사이에 한다.
③ 압축기의 토출관으로부터 응축기의 $\frac{3}{4}$ 되는 곳에 한다.
④ 응축기와 증발기 사이에 한다.

해설 불응축 가스는 응축기 상부와 수액기 상부에 체류하므로 균압관에서 인출시킨다.

73. **다음 중 냉동장치에 대한 설명으로 옳은 것은?** [06]

① R-12의 경우는 드라이어를 사용하나 R-22의 경우는 필요하지 않다.
② 암모니아의 경우에는 유분리기를 쓰지 않는다.
③ R-12의 경우는 압축기의 물재킷이 반드시 필요하다.
④ R-22의 자동팽창밸브는 암모니아에 사용될 수 없다.

해설 프레온용 기기는 냉매의 성질이 다르기 때문에 NH_3 장치에 사용되기 어렵다.

정답 68. ③ 69. ④ 70. ③ 71. ④ 72. ① 73. ④

74. 증발온도가 다른 2개의 증발기에서 발생하는 냉매가스를 압축하는 다효 압축 시 저압 흡입구는 어디에 연결되어 있는가? [06, 10]

① 피스톤 상부
② 피스톤 행정 최하단 실린더 벽
③ 피스톤 하부
④ 피스톤 행정 중간 실린더 벽

해설 다효 압축 시 증발온도(압력)가 낮은 것은 피스톤 상부로, 높은 것은 피스톤 중간부로 흡입한다.

75. 다음 중 냉동기의 기동 전 유의사항으로 틀린 것은? [13]

① 토출밸브는 완전히 닫고 기동한다.
② 압축기의 유면을 확인한다.
③ 액관 중에 있는 전자밸브의 작동을 확인한다.
④ 냉각수 펌프의 작동 유·무를 확인한다.

해설 토출밸브는 열고 기동한다.

76. 정전 시 조치사항 중 틀린 것은? [07]

① 냉각수 공급을 중단한다.
② 수액기 출구 밸브를 닫는다.
③ 흡입밸브를 닫고 모터가 정지한 후 토출밸브를 닫는다.
④ 냉동기의 주전원 스위치는 계속 통전시킨다.

해설 정전 시에는 주전원 스위치를 차단한다.

77. 냉동기 운전 중 액 압축이 일어난 경우에 나타나는 현상으로 옳은 것은? [09]

① 토출 배관이 따뜻해진다.
② 실린더에 서리가 낀다.
③ 실린더가 과열된다.
④ 축수하중이 감소된다.

해설 액 압축은 액 냉매가 증발기에서 압축기로 흡입되는 현상으로 헤드에 서리가 끼고 이상음이 발생한다.

78. 냉동 시스템에서 액 해머링의 원인이 아닌 것은? [14]

① 부하가 감소했을 때
② 팽창밸브의 열림이 너무 작을 때
③ 만액식 증발기의 경우 부하 변동이 심할 때
④ 증발기 코일에 유막이나 서리(霜)가 끼었을 때

해설 팽창밸브가 작게 열리면 냉매순환량이 적으므로 흡입가스가 과열된다.

79. 냉동장치에서 냉매가 적정량보다 부족할 경우 제일 먼저 해야 할 일은 다음 중 어느 것인가? [02, 03, 04, 05]

① 냉매의 배출
② 누설부위 수리 및 보충
③ 냉매의 종류를 확인
④ 펌프다운

해설 냉매가 부족하다는 것은 냉매 충전이 부족하거나 냉매가 누설되었다는 뜻이므로 수리하여 보충한다.

80. 흡입 배관에서 압력손실이 발생하면 나타나는 현상이 아닌 것은? [12]

① 흡입압력의 저하
② 토출가스 온도의 상승
③ 비체적 감소
④ 체적효율 저하

해설 압력과 체적은 반비례하므로 압력손실이 발생하면 비체적이 증가한다.

정답 74. ① 75. ① 76. ④ 77. ② 78. ② 79. ② 80. ③

81. **냉동장치에 설치하는 압력계에 관한 다음 설명 중 올바른 항이 모두 조합된 것은?** [06]

(가) 진공부의 눈금은 불필요하다.
(나) 압력계의 장착부는 검사수리 등을 위하여 떼어내기 좋도록 장착한다.
(다) 압력계의 장착부는 냉매가스가 누설되지 않도록 용접한다.
(라) 압력계는 냉매가스의 작용에 견디는 것일 것

① (가), (나) ② (나), (다)
③ (다), (라) ④ (나), (라)

해설 ⓐ 진공 운전에 대비하여 진공 눈금이 필요하다.
ⓑ 압력계는 교체할 수 있도록 나사 이음을 한다.

82. **냉동장치 내에 냉매가 부족할 때 일어나는 현상이 아닌 것은?** [04, 08, 14]

① 냉동능력이 감소한다.
② 고압이 상승한다.
③ 흡입관에 상이 붙지 않는다.
④ 흡입가스가 과열된다.

해설 ⓐ 체적효율 감소
ⓑ 냉동능력 감소
ⓒ 고압 감소
ⓓ 흡입가스 과열
ⓔ 토출가스 온도 상승

83. **냉동장치 내에 냉매가 부족할 때 일어나는 현상으로 옳은 것은?** [10, 13]

① 흡입관에 서리가 보다 많이 붙는다.
② 토출압력이 높아진다.
③ 냉동압력이 증가한다.
④ 흡입압력이 낮아진다.

해설 냉매가 부족하면 흡입압력이 낮아지고 흡입가스가 과열된다.

84. **암모니아 냉동장치에 대한 설명 중 틀린 것은?** [14]

① 윤활유에는 잘 용해되나, 수분과의 용해성이 극히 작다.
② 연소성, 폭발성, 독성 및 악취가 있다.
③ 전열 성능이 양호하다.
④ 프레온 냉동장치에 비해 비열비가 크다.

해설 NH_3는 수분에 800~900배 용해되고 윤활유와 분리된다.

85. **냉동기 운전 중 토출압력이 높아져 안전장치가 작동할 때 점검하지 않아도 되는 것은 어느 것인가?** [09]

① 계통 내에 공기 혼입 유무
② 응축기의 냉각수량, 풍량의 감소 여부
③ 토출 배관 중의 밸브 잠김 이상 여부
④ 냉매액이 넘어오는 유무

해설 액 압축 시에는 팽창밸브를 점검하고 적상 유무를 확인한다.

86. **프레온 냉동장치에서 열교환기 설치 목적으로 적합하지 않는 것은?** [07]

① 냉매액을 과냉각시켜 플래시 가스 발생 방지
② 만액식 증발기의 유회수 장치에서는 오일과 냉매를 분리
③ 흡입가스를 약간 과열시킴으로써 리퀴드 백 방지
④ 팽창 밸브 통과 시 발생되는 플래시 가스 발생량을 증가시켜 냉동효과를 증대

해설 프레온 냉동장치에 열교환기를 설치하면 냉매액을 과냉각시켜 플래시 가스 발생량을 적게 하여 냉동효과를

정답 81. ④ 82. ② 83. ④ 84. ① 85. ④ 86. ④

증가시킨다.

87. 냉동기 운전 중 토출압력이 높아져 안전장치가 작동하거나 냉매가 유출되는 사고 시 점검하지 않아도 되는 것은? [03]

① 계통 내에 공기 혼입 유무
② 응축기의 냉각수량, 풍량의 감소 여부
③ 응축기와 수액기간, 균압관의 이상 여부
④ 유분리기의 이상 여부

해설 유분리기의 이상 여부는 증발기와 응축기의 전열작용 방해 요인으로 냉매 유출 원인이 될 수 없다.

88. 냉동기의 토출가스 압력이 높아지는 원인에 해당되지 않는 것은? [04]

① 냉각수 부족
② 불응축 가스 혼입
③ 냉매의 과소 충전
④ 응축기의 물때 부착

해설 냉매충전량이 부족하면 고압과 저압이 낮아지고 흡입가스가 과열되어 토출가스 온도가 상승한다.

89. 다음 중 냉동기 운전 중 토출압력이 높아져 안전장치가 작동할 때 점검하지 않아도 되는 것은? [11]

① 냉매 계통에 공기 혼입 유무
② 응축기의 냉각수량, 풍량의 감소 여부
③ 토출배관 중의 밸브 잠김의 이상 여부
④ 토출밸브에서의 누설 여부

해설 토출밸브가 누설되면 압력이 낮아진다.

90. 냉동기 운전 중 토출압력이 높아져 안전장치가 작동하거나 냉매가 유출되는 사고 시 점검하지 않아도 되는 것은? [05]

① 계통 내에 공기 혼입 유무
② 응축기의 냉각수량, 풍량의 감소 여부
③ 응축기와 수액기간, 균압관의 이상 여부
④ 흡입관의 여과기 막힘 유무

해설 ①, ②, ③은 냉동장치의 고압측(토출압력측) 원인이고 흡입관은 저압장치이므로 점검할 필요가 없다.

91. 암모니아와 프레온 냉동장치를 비교 설명한 다음 사항 중 옳은 것은? [04]

① 압축기의 실린더 과열은 프레온보다 암모니아가 심하다.
② 냉동장치 내에 수분이 있을 경우, 그 정도는 프레온보다 암모니아가 심하다.
③ 냉동장치 내에 윤활유가 많은 경우, 프레온보다 암모니아가 문제성이 적다.
④ 위 사항에 관계 없이 동일 조건에서는 성능, 효율 및 모든 제원이 같다.

해설 암모니아는 비열비가 크므로 압축 시에 실린더가 과열되고 토출가스 온도가 높다.

92. 다음 중 프레온 냉동장치에서 필요 없는 것은? [12]

① 워터 재킷　② 드라이어
③ 액분리기　④ 유분리기

해설 NH_3 장치는 비열비가 커서 실린더가 과열되므로 냉각장치인 워터 재킷이 필요하다.

93. 다음 중 압축기의 과열 원인이 아닌 것은 어느 것인가? [05]

정답 87. ④ 88. ③ 89. ④ 90. ④ 91. ① 92. ① 93. ④

① 냉매 부족 ② 밸브 누설
③ 공기의 혼입 ④ 부하 감소

해설 부하가 감소하면 압축기는 습압축의 우려가 있다.

94. **압축기 및 응축기에서 심한 온도 상승을 방지하기 위한 대책이 아닌 것은?** [12]

① 불응축 가스를 제거한다.
② 규정된 냉매량보다 적은 냉매를 충전한다.
③ 충분한 냉각수를 보낸다.
④ 냉각수 배관을 청소한다.

해설 냉매가 적으면 과열되어 토출가스 온도는 더욱더 상승한다.

95. **NH_3 냉매를 사용하는 냉동장치에서는 열교환기를 설치하지 않는다. 그 이유는 무엇인가?** [03, 04, 06, 08]

① 응축압력이 낮기 때문에
② 증발압력이 낮기 때문에
③ 비열비 값이 크기 때문에
④ 임계점이 높기 때문에

해설 NH_3는 비열비가 커서 열교환기를 설치하면 흡입가스가 과열되어 토출가스 온도가 상승하고 실린더가 과열되어 위험하다.

96. **냉동장치의 온도 관계에 대한 사항 중 올바르게 표현한 것은? (단, 표준 냉동 사이클을 기준으로 할 것)** [10]

① 응축 온도는 냉각수 온도보다 낮다.
② 응축 온도는 압축기 토출가스 온도와 같다.
③ 팽창밸브 직후의 냉매 온도는 증발 온도보다 낮다.
④ 압축기 흡입가스 온도는 증발 온도와 같다.

해설 기준(표준) 냉동장치에서 증발기 출구와 압축기 흡입가스는 같은 위치이므로 온도는 같다.

97. **냉동장치에서 응축기나 수액기 등 고압부에 이상이 생겨 점검 및 수리를 위해 고압측 냉매를 저압측으로 회수하는 작업은 무엇인가?** [14]

① 펌프아웃 (pump out)
② 펌프다운 (pump down)
③ 바이패스아웃 (bypass out)
④ 바이패스다운 (bypass down)

해설 ⓐ 펌프아웃 : 고압측 냉매를 저압측으로 회수하는 작업
ⓑ 펌프다운 : 저압측 냉매를 고압측으로 회수하는 작업

98. **다음 중 응축기의 냉각관 청소 시기로 옳은 것은?** [07]

① 매월 1회
② 매년 1회
③ 3개월에 1회
④ 6개월에 1회

정답 94. ② 95. ③ 96. ④ 97. ① 98. ②

ⒸⒷⓉ 문제은행

9장 전기회로

1. 전류를 I, 시간을 t, 전기량을 Q라고 할 때 전기량은? [09]

① $Q = I \cdot t$　　② $Q = \frac{I}{t}$

③ $Q = \frac{t}{I}$　　④ $Q = \frac{1}{I \cdot t}$

해설 전류는 단위시간에 이동한 전기량이다.

$I = \frac{Q}{t}$ [A]

2. 단면적이 5 cm^2인 도체가 있다. 이 단면을 3초 동안 30 C의 전하가 이동하면 전류는 몇 암페어(A)인가? [11]

① 2　　② 10

③ 20　　④ 90

해설 $I = \frac{30}{3} = 10\,A$

3. 그림에서 전류 I 값은 몇 A인가? [12, 14]

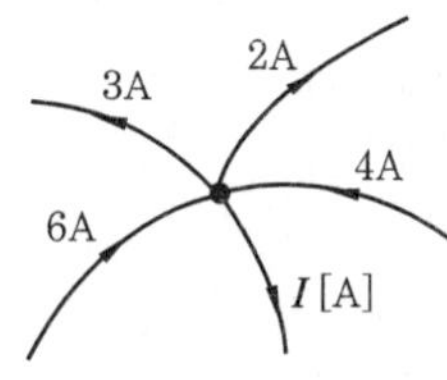

① 5　　② 10

③ 15　　④ 20

해설 $I = (6+4)-(2+3) = 5A$

4. 도선에 전류가 흐를 때 발생하는 열량으로 옳은 것은? [09, 11, 15]

① 전류의 세기에 비례한다.
② 전류의 세기에 반비례한다.
③ 전류의 세기의 제곱에 비례한다.
④ 전류의 세기의 제곱에 반비례한다.

해설 $H = I^2Rt$ [J]

5. "회로 내의 임의의 점에서 들어오는 전류와 나가는 전류의 총합은 0이다." 이것은 무슨 법칙에 해당하는가? [08, 09, 13, 15]

① 키르히호프의 제 1 법칙
② 키르히호프의 제 2 법칙
③ 줄의 법칙
④ 앙페르의 오른나사법칙

해설 ① 키르히호프의 제 1법칙(전류의 법칙) : 한 점으로 유입·유출하는 전류의 대수합은 0이다.
② 키르히호프의 제 2법칙(전압의 법칙) : 폐회로에서 전압강하는 새로운 기전력의 합과 같다.

6. 전장의 세기와 같은 것은? [05, 07, 10]

① 유전속 밀도　　② 전하 밀도

③ 정전력　　④ 전기력선 밀도

해설 전기력선의 밀도는 전계(전장)의 세기이며 전기력의 접선 방향은 전계의 방향이다(1개/m^2 = 1 N/C).

정답 1. ①　2. ②　3. ①　4. ③　5. ①　6. ④

7. 다음 설명 중 틀린 것은? [10]

① 전위차가 높을수록 전류는 잘 흐르지 않는다.

② 물체의 마찰 등에 의하여 대전된 전기를 전하라 한다.

③ 1초 동안에 1 C의 전기량이 이동하면 전류는 1 A이다.

④ 전기의 흐름을 방해하는 정도를 나타내는 것을 전기저항이라 한다.

해설 전위차가 크면 전기의 이동이 쉽다.

8. 전기량이 일정할 때 석출되는 물질의 양은 화학당량에 비례한다는 법칙은 어느 것인가? [03]

① 줄의 법칙

② 패러데이의 법칙

③ 키르히호프의 법칙

④ 비오사바르의 법칙

해설 패러데이의 법칙 : 석출량$(W) = KIt$

여기서, K : 화학당량

I : 전류 (A)

t : 시간 (s)

9. 전류계의 측정범위를 넓히는 데 사용되는 것은? [07, 09]

① 배율기 ② 분류기

③ 역률기 ④ 용량분압기

해설 ⓐ 배율기 : 전압계 측정범위 확대

ⓑ 분류기 : 전류계 측정범위 확대

10. 전기기계 기구에서 절연상태를 측정하는 계기로 맞는 것은? [07, 12]

① 검류계 ② 전류계

③ 절연 저항계 ④ 접지 저항계

해설 ① 검류계 : 매우 미약한 전류·전압을 측정하는 계기

② 전류계 : 전류의 세기를 측정하는 계기

③ 절연 저항계 : 주어진 온도, 전압에서 절연물의 저항을 측정하는 계기

④ 접지 저항계 : 동봉이나 동판 같은 접지 전극과 대지 간의 접촉 저항을 측정하는 계기

11. 전류계로 회로에서 전류를 측정하고자 한다. 전류계의 설명으로 틀린 것은? [08]

① 전류계는 회로와 직렬로 연결하여 측정한다.

② 큰 전류를 측정하기 위해 분류기를 가동코일 계기와 병렬로 접속한다.

③ 전류계의 내부 저항은 전류를 못 흐르게 할 만큼 커야 한다.

④ 전류계 단자 사이의 전압강하는 40~100 mV 정도이다.

해설 전류계의 내부 저항은 가능한 작아야 한다.

12. 교류 전압계의 일반적인 지시값은 어느 것인가? [04, 13]

① 실효값 ② 최댓값

③ 평균값 ④ 순시값

해설 전류계와 전압계의 지시값은 실효값(호칭값)이다.

13. 다음 중 전압계의 측정범위를 넓히기 위해서 사용되는 것은? [08, 10]

① 분류기 ② 휘트스톤브리지

③ 배율기 ④ 변압기

해설 전류계의 측정범위를 넓히는 것은 분류기이고, 전압계의 측정범위를 넓히는 것은 배율기이다.

정답 7. ① 8. ② 9. ② 10. ③ 11. ③ 12. ① 13. ③

14. 다음 중 자기유지(self holding)란 무엇인가? [11]

① 계전기 코일에 전류를 흘려서 여자시키는 것
② 계전기 코일에 전류를 차단하여 자화 성질을 잃게 되는 것
③ 기기의 미소 시간 동작을 위해 동작되는 것
④ 계전기가 여자된 후에도 동작 기능이 계속해서 유지되는 것

해설 자기유지 : 계전기가 여자된 후에 스위치가 off 되어도 계속 여자된 상태로 유지하는 것

15. 두 전하 사이에 작용하는 힘의 크기는 두 전하 세기의 곱에 비례하고, 두 전하 사이의 거리의 제곱에 반비례하는 법칙은?

① 옴의 법칙 [07, 15]
② 쿨롱의 법칙
③ 패러데이의 법칙
④ 키르히호프의 법칙

해설 쿨롱의 법칙

$$F = k \cdot \frac{Q_1 Q_2}{r^2} \text{ [N]}$$

여기서, k : 상수 (9×10^9)
r : 거리(m)
Q : 전하 (전기)량 (C)

16. 20℃에서 4Ω의 동선이 온도 80℃로 상승하였을 때 저항은 몇 Ω이 되는가? (단, 동선의 저항온도계수 = 0.00393이다.) [09]

① 3.94 ② 4.94
③ 5.94 ④ 6.94

해설 $R_2 = 4 \times \{1 + 0.00393 \times (80 - 20)\}$
$= 4.943\ \Omega$

17. 고유저항에 대한 설명 중 맞는 것은 어느 것인가? [02, 04]

① 저항 (R)은 길이(l)에 비례하고 단면적(A)에 반비례한다.
② 저항 (R)은 단면적(A)에 비례하고 길이(l)에 반비례한다.
③ 저항 (R)은 길이(l)에 비례하고 단면적(A)에 비례한다.
④ 저항 (R)은 단면적(A)에 반비례하고 길이(l)에 반비례한다.

해설 저항 $R = \rho \cdot \frac{l}{A}$ [Ω]

18. 다음 중 도체의 저항에 대한 설명으로 틀린 것은? [05, 11]

① 도체의 종류에 따라 다르다.
② 길이에 비례한다.
③ 도체의 단면적에 반비례한다.
④ 항상 일정하다.

해설 $R = \rho \cdot \frac{l}{S}$ [Ω]

여기서, ρ : 고유저항(Ω)
S : 단면적(m^2)
l : 도체의 길이(m)

19. 다음 회로 내에 흐르는 전류는 몇 A인가? [10]

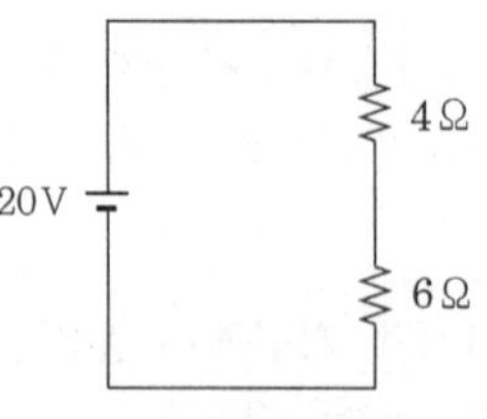

① 1 A ② 2 A
③ 3 A ④ 4 A

해설 $I = \frac{20}{4+6} = 2\text{A}$

정답 14. ④ 15. ② 16. ② 17. ① 18. ④ 19. ②

20. 다음 회로에서 2 Ω의 양단에 걸리는 전압강하 V는? [04, 08]

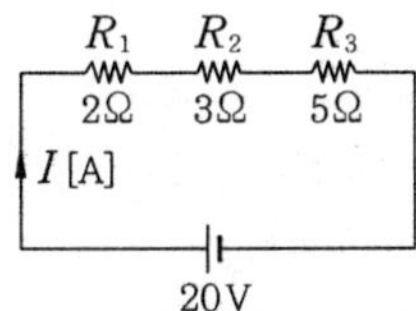

① 2 ② 4 ③ 6 ④ 10

해설 합성저항 $R=2+3+5=10\,\Omega$

전류 $I=\dfrac{20}{10}=2\,\text{A}$

전압 $V_1=2\times2=4\,\text{V}$

전압 $V_2=2\times3=6\,\text{V}$

전압 $V_3=2\times5=10\,\text{V}$

21. 시퀀스 제어장치의 구성으로 가장 거리가 먼 것은? [15]

① 검출부 ② 조절부
③ 피드백부 ④ 조작부

해설 피드백부는 폐회로 제어에서 출력을 검출하는 것으로 이것을 입력과 비교하여 제어하는 회로를 피드백 제어라 한다.

22. 다음 그림과 같은 회로의 합성저항은 얼마인가? [13]

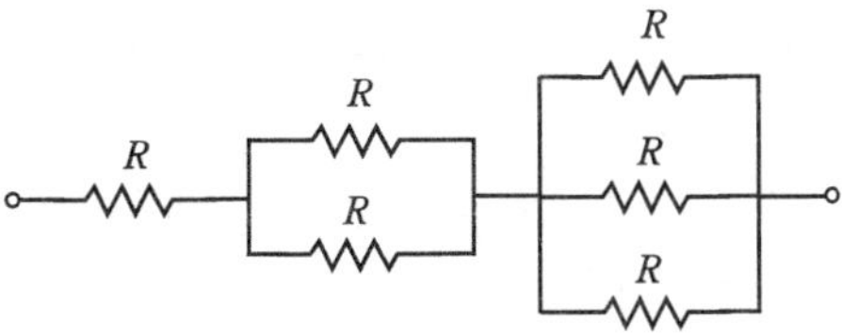

㉮ $6R$ ㉯ $\dfrac{2}{3}R$
㉰ $\dfrac{8}{5}R$ ㉱ $\dfrac{11}{6}R$

해설 합성저항 $=R+\dfrac{R}{2}+\dfrac{R}{3}$

$=\dfrac{6R}{6}+\dfrac{3R}{6}+\dfrac{2R}{6}=\dfrac{11}{6}R$

23. 그림과 같은 회로에서 6 Ω에 흐르는 전류(A)는 얼마인가? [12]

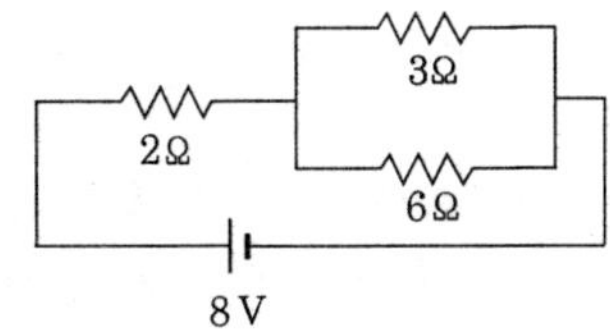

① $\dfrac{1}{3}$A ② $\dfrac{2}{3}$A ③ $\dfrac{1}{2}$A ④ $\dfrac{3}{2}$A

해설 ⓐ 합성저항 $R=2+\dfrac{3\times6}{3+6}=4\,\Omega$

ⓑ 전전류 $I=\dfrac{8}{4}=2\,\text{A}$

ⓒ 6 Ω에 흐르는 전류

$I_2=2\times\dfrac{3}{3+6}=\dfrac{2}{3}\,\text{A}$

24. 일정 전압의 직류 전원에 저항을 접속하고 전류를 흘릴 때 이 전류의 값을 50 % 증가시키면 저항 값은 약 몇 배로 되는가? [09, 11]

① 0.12 ② 0.36
③ 0.67 ④ 1.53

해설 전압$(E)=I_1R_1=I_2R_2$에서

$R_2=\dfrac{I_1}{I_2}R_1=\dfrac{I_1}{1.5I_1}\cdot R_1=0.667R_1$

25. 열전도저항에 대한 설명 중 맞는 것은? [02]

① 길이에 반비례한다.
② 전도율에 비례한다.
③ 전도면적에 반비례한다.
④ 온도차에 비례한다.

해설 저항 $R=\dfrac{l}{\lambda\cdot F\cdot \Delta t}$ [m²h℃/kcal]

여기서, λ : 전도율(kcal/mh℃)
F : 면적(m²)
l : 길이(m)
Δt : 온도차(℃)

정답 20. ② 21. ③ 22. ④ 23. ② 24. ③ 25. ③

26. 전기저항에 관한 설명 중 틀린 것은 어느 것인가? [02, 03, 07, 08]

① 전류가 흐르기 힘든 정도를 저항이라 한다.
② 도체의 길이가 길수록 저항이 커진다.
③ 저항은 도체의 단면적에 반비례한다.
④ 금속의 저항은 온도가 상승하면 감소한다.

해설 금속의 저항은 온도에 비례하고 반도체의 저항값은 온도에 반비례한다.

27. 저항이 5 Ω인 도체에 2 A의 전류가 1분간 흘렀을 때 발생하는 열량은 몇 J인가?

① 50 ② 100 [05, 08]
③ 600 ④ 1200

해설 $q=2^2\times5\times60=1200\text{ J}$

28. 저항이 50 Ω인 도체에 100 V의 전압을 가할 때, 그 도체에 흐르는 전류는 몇 A인가? [06, 15]

① 0.5 A ② 2 A
③ 500 A ④ 5 A

해설 $I=\dfrac{100}{50}=2\text{ A}$

29. 10 A의 전류를 5분간 도체에 흘렸을 때 도선 단면을 지나는 전기량은? [15]

① 3 C ② 50 C
③ 3000 C ④ 5000 C

해설 $Q=I\cdot t=10\times(5\times60)=3000\text{ C}$

30. 다음 전기에 대한 설명 중 틀린 것은 어느 것인가? [12]

① 전기가 흐르기 어려운 정도를 컨덕턴스라 한다.
② 일정 시간 동안 전기에너지가 한 일의 양을 전력량이라 한다.
③ 일정한 도체에 가한 전압을 증가시키면 전류도 커진다.
④ 기전력은 전위차를 유지시켜 전류를 흘리는 원동력이 된다.

해설 전기가 흐르기 어려운 정도를 저항이라 한다.

31. 컨덕턴스는 무엇을 뜻하는가? [15]

① 전류의 흐름을 방해하는 정도를 나타낸 것이다.
② 전류가 잘 흐르는 정도를 나타낸 것이다.
③ 전위차를 얼마나 적게 나타내느냐의 정도를 나타낸 것이다.
④ 전위차를 얼마나 크게 나타내느냐의 정도를 나타낸 것이다.

해설 컨덕턴스는 저항의 역수로 전기(전류)가 잘 통하게 한다.

32. 다음 중 옴의 법칙에 대한 설명으로 적절한 것은? [13]

① 도체에 흐르는 전류(I)는 전압(V)에 비례한다.
② 도체에 흐르는 전류(I)는 저항(R)에 비례한다.
③ 도체에 흐르는 전압(V)은 저항(R)의 값과는 상관없다.
④ 도체에 흐르는 전류 $I=\dfrac{R}{V}$ [A]이다.

해설 옴의 법칙

$I=\dfrac{V}{R}$ [A]

여기서, I : 전류, V : 전압, R : 저항

정답 26. ④ 27. ④ 28. ② 29. ③ 30. ① 31. ② 32. ①

33. 옴의 법칙에 대한 설명 중 옳은 것은 어느 것인가? [03, 04, 09, 12]

① 전류는 전압에 비례한다.
② 전류는 저항에 비례한다.
③ 전류는 전압의 2승에 비례한다.
④ 전류는 저항의 2승에 비례한다.

해설 전류는 전압에 비례하고 저항에 반비례한다($V=IR$).

34. 저항이 250 Ω이고, 40 W인 전구가 있다. 점등 시 전구에 흐르는 전류는 몇 A인가? [02, 04, 16]

① 0.16 ② 0.4
③ 2.5 ④ 6.25

해설 $I=\sqrt{\frac{40}{250}}=0.4\text{ A}$

35. 다음 중 전자밸브를 작동시키는 주 원리는 어느 것인가? [05, 07, 10]

① 냉매의 압력
② 영구자석 철심의 힘
③ 전류에 의한 자기작용
④ 전자밸브 내의 소형 전동기

해설 전자밸브는 전류에 의해서 발생되는 자속으로 작동시킨다.

36. 다음 그림의 회로에서 a, b 양단의 합성 정전용량은 얼마인가? [11]

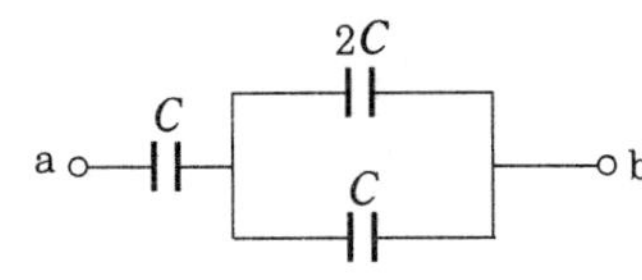

① $\frac{C}{4}$ ② $\frac{2C}{4}$
③ $\frac{3C}{4}$ ④ C

해설 $C_m=\frac{C\times(2C+C)}{C+(2C+C)}=\frac{3C}{4}[\text{F}]$

37. 정전용량 4μF의 콘덴서에서 2000 V의 전압을 가할 때 축적되는 전하는? [05]

① 8×10^{-1} C ② 8×10^{-2} C
③ 8×10^{-3} C ④ 8×10^{-4} C

해설 $Q=CV=4\times10^{-6}\times2000$
$=8\times10^{-3}$ C

38. 정현파 교류에서 최댓값은 실효값의 몇 배인가? [11]

① 2 ② $\sqrt{3}$
③ $\sqrt{2}$ ④ $\frac{1}{\sqrt{2}}$

해설 $V_m=\sqrt{2}\,V$

39. 다음 중 교류회로의 주기 T[s]를 옳게 표현한 것은? (단, 주파수 f [Hz], 각도 θ [rad]로 한다.) [10]

① $T=\frac{1}{f}$ ② $T=\frac{f}{1}$
③ $T=\frac{\theta}{f}$ ④ $T=\frac{f}{\theta}$

해설 $T=\frac{1}{f}=\frac{2\pi}{\omega}[\text{s}]$
각속도 $\omega=2\pi f[\text{rad/s}]$

40. 다음 주기가 0.002 s일 때 주파수는 몇 Hz인가? [12, 14]

① 400 ② 450
③ 500 ④ 550

해설 $f=\frac{1}{T}=\frac{1}{0.002}=500\text{ Hz}$

정답 33. ① 34. ② 35. ③ 36. ③ 37. ③ 38. ③ 39. ① 40. ③

41. 상용주파수 (60 Hz)에서 전류의 흐름을 느낄 수 있는 최소 전류값으로 옳은 것은? [14]

① 1 mA ② 5 mA
③ 10 mA ④ 20 mA

해설 ⓐ 10 mA : 견디기 어렵다.
ⓑ 20 mA : 근육 수축
ⓒ 1 mA : 전류 흐름을 느낀다.
ⓓ 5 mA : 충격이 있다.

42. 주파수가 60 Hz인 상용교류에서 각속도는 몇 rad/s인가? [06]

① 141.4 ② 171.1
③ 377 ④ 623

해설 $\omega = 2\pi f = 2 \times 3.14 \times 60$
$= 376.99 \text{ rad/s}$

43. 정현파 교류 전류에서 크기를 나타내는 실효치를 바르게 나타낸 것은?(단, I_m은 전류의 최대치이다.) [13]

① $I_m \sin \omega t$ ② $0.636 I_m$
③ $\sqrt{2}$ ④ $0.707 I_m$

해설 $I = \dfrac{I_m}{\sqrt{2}} = 0.707 I_m$

44. 다음 중 전력의 단위로 맞는 것은 어느 것인가? [14]

① C ② A
③ V ④ W

해설 ① 전기량 (C)
② 전류 (A)
③ 전압 (V)
④ 전력(W)

45. 순저항 (R)만으로 구성된 회로에 흐르는 전류와 전압과의 위상 관계는? [10, 12]

① 90° 앞선다. ② 90° 뒤진다.
③ 180° 앞선다. ④ 동위상이다.

해설 순저항 회로는 전압과 전류가 동위상이다. 즉, 위상각이 같다.

46. 최대값이 I_m인 사인파 교류 전류가 있다. 이 전류의 파고율은? [14]

① 1.11 ② 1.414
③ 1.71 ④ 3.14

해설 $\text{파고율} = \dfrac{\text{최댓값}}{\text{실효값}} = \dfrac{\sqrt{2}\, V}{V}$
$= 1.414$

47. 100 V, 200 W인 가정용 백열전구가 있다. 전압의 평균값은 몇 V인가? [03]

① 약 60 ② 약 70
③ 약 90 ④ 약 100

해설 $V_a = \dfrac{2\, V_m}{\pi} = \dfrac{2\sqrt{2} \cdot V}{\pi}$
$= \dfrac{2 \times \sqrt{2} \times 100}{\pi} = 90.07 \text{ V}$

48. $i = 50\sqrt{2}\sin\left(\omega t + \dfrac{\pi}{6}\right)$의 값을 벡터로 표시한 것은 어느 것인가? [04]

① $\dot{I} = 50 \angle \dfrac{\pi}{6}$

② $\dot{I} = 50 \angle -\dfrac{\pi}{6}$

③ $\dot{I} = 50\sqrt{2} \angle \dfrac{\pi}{6}$

④ $\dot{I} = 50\sqrt{2} \angle -\dfrac{\pi}{6}$

해설 50은 전류의 실효값이고 $\dfrac{\pi}{6}$는 위상차의 값이다.

정답 41. ① 42. ③ 43. ④ 44. ④ 45. ④ 46. ② 47. ③ 48. ①

49. 저항 3 Ω과 유도 리액턴스 4 Ω이 직렬로 접속된 회로의 역률은? [12]

① 0.4 ② 0.5
③ 0.6 ④ 0.8

해설 $\cos\theta = \frac{R}{Z} = \frac{3}{\sqrt{3^2+4^2}} = 0.6$

50. 출력이 5 kW인 직류 전동기 효율이 80 %이다. 이 직류 전동기의 손실은 몇 W인가?

① 1250 ② 1350 [09]
③ 1450 ④ 1550

해설 $0.8 = \frac{5}{5+P_r}$ 에서

$$P_r = \frac{5-5\times 0.8}{0.8} = 1.25\text{kW} = 1250\text{W}$$

51. 200 V, 300 kW의 전열기를 100 V 전압에서 사용할 경우 소비전력은? [15]

① 약 50 kW ② 약 75 kW
③ 약 100 kW ④ 약 150 kW

해설 $R = \frac{200^2}{300} = \frac{100^2}{P_2}$

$$\therefore\ P_2 = \frac{100^2}{200^2}\times 300 = 75\text{ kW}$$

52. 교류회로의 역률은? [02]

① (전류×전압) / 유효전력
② 유효전력 / (전압×전류)
③ 피상전력 / (전압×전류)
④ 무효전력 / (전류×전압)

해설 $\cos\theta = \frac{\text{유효전력}}{\text{피상전력}} = \frac{\text{유효전력}}{\text{전압}\times\text{전류}}$

53. 역률에 대한 설명 중 잘못된 것은 어느 것인가? [06, 13]

① 유효전력과 피상전력과의 비이다.
② 저항만이 있는 교류 회로에서는 1이다.
③ 유효전류와 전전류의 비이다.
④ 값이 0인 경우는 없다.

해설 무효전력만 있는 경우에 역률 값이 0이 된다.

54. 100 V 교류 전원에 1 kW 배연용 송풍기를 접속하였더니 15 A의 전류가 흘렀다. 이 송풍기의 역률은 약 얼마인가? [13]

① 0.57 ② 0.67
③ 0.77 ④ 0.87

해설 $\eta = \frac{1000}{100\times 15} = 0.667$

55. 다음 중 전동기의 회전방향과 관계 있는 것은? [03]

① 플레밍의 왼손 법칙
② 플레밍의 오른손 법칙
③ 렌츠의 법칙
④ 패러데이의 법칙

56. 압축기 구동 전동기로 흐르는 전류가 5 A이고 전압이 100 V일 때 전동기의 소비전력은 몇 W인가? [06]

① 4 ② 20
③ 250 ④ 500

해설 $p = 5\times 100 = 500\text{ W}$

57. 2000 W의 전기가 1시간 일한 양을 열량으로 표현하면 얼마인가? [15]

① 172 kcal/h ② 860 kcal/h
③ 17200 kcal/h ④ 1720 kcal/h

해설 $q = 2\times 860 = 1720\text{ kcal/h}$

정답 49. ③ 50. ① 51. ② 52. ② 53. ④ 54. ② 55. ① 56. ④ 57. ④

58. 다음 단상 유도 전동기 중 기동전류가 가장 큰 것은? [08]

① 콘덴서 기동형
② 분상 기동형
③ 반발 기동형
④ 콘덴서·모터 기동형

해설 분상 기동형은 콘덴서가 없으므로 기동전류는 정격전류의 5~7배 소요된다.

59. 단상 유도 전동기 중 기동토크가 가장 큰 것은? [12]

① 콘덴서 기동형 ② 분상 기동형
③ 반발 기동형 ④ 셰이딩 코일형

해설 ① 콘덴서 기동형 : 200~350 %
② 분상 기동형 : 150 %
③ 반발 기동형 : 300~500 %
④ 셰이딩 코일형 : 20 W 이하의 낮은 기동력

60. 냉동기용 전동기의 시동 릴레이는 전동기 정격속도의 얼마에 달할 때까지 시동권선에 전류를 흐르게 하는가? [14]

① $\frac{1}{2}$ ② $\frac{2}{3}$ ③ $\frac{1}{4}$ ④ $\frac{1}{5}$

해설 단상용 전동기는 정격 회전속도의 65~80 % $\left(\frac{2}{3}\sim\frac{3}{4}\right)$, 평균 75 %일 때 기동(시동)권선의 전압을 차단한다. 즉 정격속도의 $\frac{2}{3}$ 정도까지 전류를 흐르게 한다.

61. 다음 중 불연속 제어에 속하는 것은 어느 것인가? [06, 08, 10]

① on-off 제어 ② 서보 제어
③ 폐회로 제어 ④ 시퀀스 제어

해설 on-off 제어는 2위치 제어로 불연속이다.

62. 가정용 백열전등의 점등 스위치는 어떤 스위치인가? [06]

① 복귀형 스위치 ② 검출 스위치
③ 리밋 스위치 ④ 유지형 스위치

해설 2위치 on, off 스위치로 유지형이다.

63. 자동제어장치의 구성에서 동작신호를 만드는 부분으로 맞는 것은? [13]

① 조절부 ② 조작부
③ 검출부 ④ 제어부

해설 조절부 : 제어계가 작용을 하는 데 필요한 신호(동작신호)를 만들어 조작부에 보내는 부분

64. 다음 논리 기호의 논리식으로 적절한 것은? [02, 09]

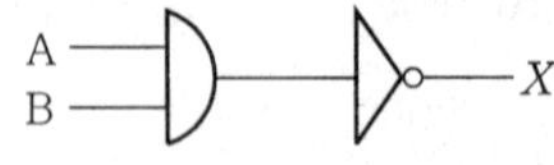

① A · B ② A + B
③ $\overline{A \cdot B}$ ④ $\overline{A + B}$

해설 $X = \overline{A \cdot B} = \overline{A} + \overline{B}$

65. 다음 중 OR 회로를 나타내는 논리기호로 맞는 것은? [13]

① 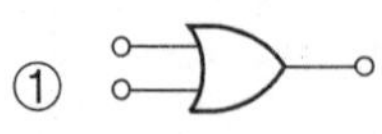 ② 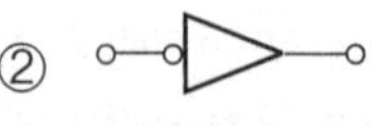
③ 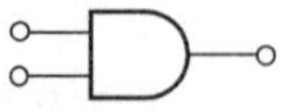 ④

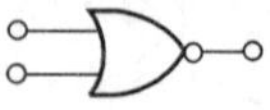

해설 ① : OR
② : NOT
③ : AND
④ : NOR

정답 58. ② 59. ③ 60. ② 61. ① 62. ④ 63. ① 64. ③ 65. ①

66. **반가산기의 더한 합 S와 자리올림 C에 대한 논리식이 적절하게 설명된 것은?** [09]

① $S = \overline{A} \cdot B + A \cdot \overline{B}$
$C = A + B$

② $S = \overline{A} \cdot B + A \cdot \overline{B}$
$C = A \cdot B$

③ $S = A \cdot B + \overline{A \cdot B}$
$C = A + B$

④ $S = A \cdot B + \overline{A \cdot B}$
$C = A \cdot B$

해설 반가산기(half adder)는 1비트 (bit)의 2진수를 2개 더하는 논리 회로로서 그 진리표 및 논리 회로는 다음과 같다 (S = 합 (sum), C = 자리올림(carry)).

반가산기의 진리표

A	B	S	C
0	0	0	0
0	1	1	0
1	0	1	0
1	1	0	1

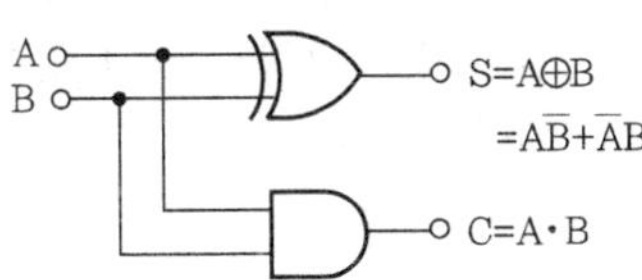

67. **다음 그림과 같은 회로는 무슨 회로인가?** [07, 13]

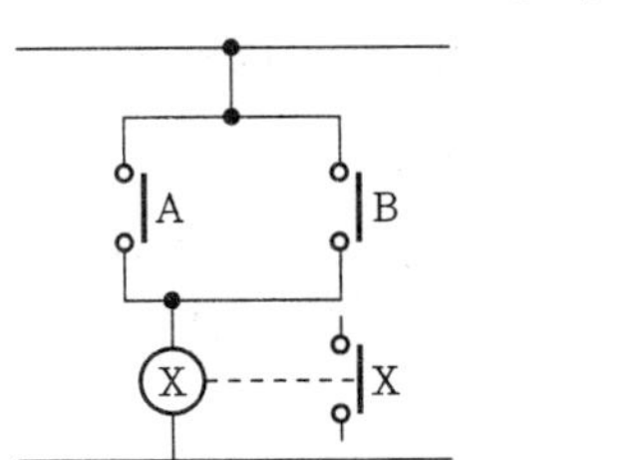

① AND 회로　② OR 회로
③ NOT 회로　④ NAND 회로

해설 신호 A 또는 B가 들어올 때 출력이 나오는 OR 회로이다.

68. **그림은 8핀 타이머의 내부 회로도이다. ⑤, ⑧ 접점을 표시한 것은 무엇인가?** [04, 06, 08, 09, 13]

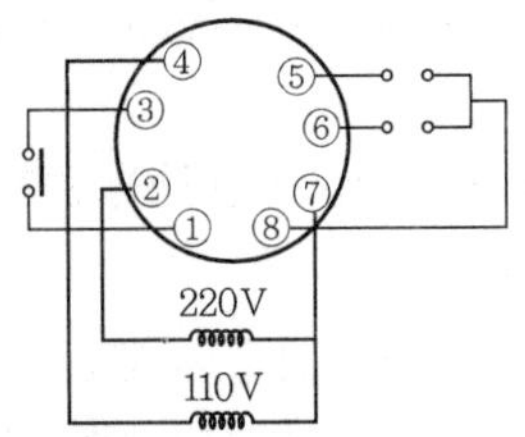

① ⑤ —o∆o— ⑧
② ⑤ —o∆o— ⑧
③ ⑤ —o o— ⑧
④ ⑤ —o o— ⑧

해설 그림의 8핀 타이머에서 ⑤와 ⑧은 b 접점이고, ⑥과 ⑧은 a 접점이다.

69. **다음 그림과 같은 논리회로는?** [06]

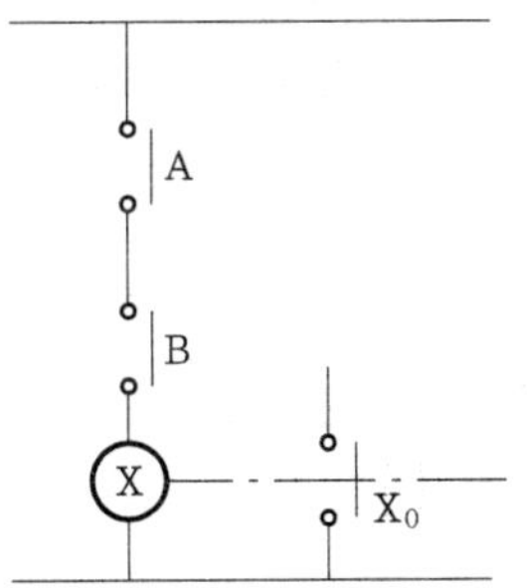

① OR 회로　② NOR 회로
③ NOT 회로　④ AND 회로

해설 AND 회로 : 주어진 입력 신호가 동시에 가해질 때만 출력이 나오는 회로

70. **주어진 입력신호가 동시에 가해질 때만 출력이 나오는 회로를 무슨 회로라 하는가?**

① AND　② OR
③ NOT　④ NAND

정답 66. ②　67. ②　68. ①　69. ④　70. ①

71. 다음 중 아래의 기호에 대한 설명으로 적절한 것은? [14]

① 누르고 있는 동안만 접점이 열린다.
② 누르고 있는 동안만 접점이 닫힌다.
③ 누름/안 누름 상관없이 언제나 접점이 열린다.
④ 누름/안 누름 상관없이 언제나 접점이 닫힌다.

해설 그림은 b접점으로 통전이 되는 상태이며, 누르고 있으면 a접점이 되어(개방되어) 통전이 안 된다.

72. 다음 중 복귀형 수동 스위치의 a 접점 기호는? [06]

①　　②
③　　④

해설 ① : 복귀형 수동 b 접점
② : 릴레이 b 접점
③ : 복귀형 수동 a 접점
④ : 한시동작 a 접점

73. 다음 중 계전기 b 접점을 나타낸 것은 어느 것인가? [12]

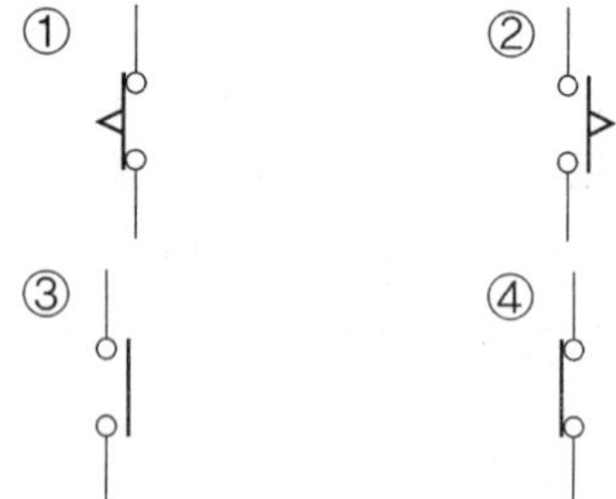

해설 ① : 한시복귀 b 접점
② : 한시동작 a 접점
③ : 계전기(relay) a 접점
④ : 계전기(relay) b 접점

74. 가정용 세탁기나 커피 자동 판매기처럼 미리 정해진 순서에 따라 조작부가 동작하여 제어 목표를 달성하는 제어는? [11]

① on－off 제어　② 시퀀스 제어
③ 공정 제어　④ 서보 제어

해설 시퀀스 제어는 입력 신호에서 출력 신호까지 정해진 순서에 따라 일방적으로 제어 명령이 정해진다.

75. 다음 중 시퀀스도의 설명으로 가장 적합한 것은? [03, 10]

① 부품의 배치 배선 상태를 구성에 맞게 그린 것이다.
② 동작 순서대로 알기 쉽게 그린 접속도를 말한다.
③ 기기 상호간 및 외부와의 전기적인 접속관계를 나타낸 접속도를 말한다.
④ 전기 전반에 관한 계통과 전기적인 접속관계를 단선으로 나타낸 접속도이다.

해설 시퀀스도는 앞단계 동작이 끝나고 다음 단계로 넘어가는 과정을 알기 쉽게 그린 회로도이다.

76. 다음 중 시퀀스 제어에 속하지 않는 것은? [03, 05, 07, 08, 11, 15]

① 자동 전기 밥솥
② 전기 세탁기
③ 가정용 전기 냉장고
④ 네온사인

해설 가정용 전기 냉장고는 2위치 제어인 on, off 제어장치이다.

77. 전자 밸브는 다음 어느 동작에 해당되는가? [07, 10]

① 비례 동작　② 적분 동작

정답 71. ①　72. ③　73. ④　74. ②　75. ②　76. ③　77. ④

③ 미분 동작 ④ 2위치 동작

해설 전자 밸브는 전류의 자기작용에 의해서 개폐되는 2위치 동작 밸브이다.

78. 시퀀스 제어에 사용되는 무접점 릴레이의 특징으로 틀린 것은? [05, 10]

① 작동 속도가 빠르다.
② 온도 특성이 양호하다.
③ 장치의 소형화가 가능하다.
④ 진동에 의한 오작동이 적다.

해설 무접점장치는 반도체이고 40℃ 이하로 유지하며 고온에 부(-)저항 특성을 갖는다.

79. 정해진 순서에 따라 작동하는 제어를 무엇이라 하는가? [04]

① 피드백 제어 ② 무접점 제어
③ 변환 제어 ④ 시퀀스 제어

해설 시퀀스 제어는 앞단계 동작이 끝나면 다음 단계로 넘어가는 논리 순서 조합 회로이다.

80. 다음 중 유접점 시퀀스의 특징으로 틀린 것은? [08]

① 수명이 길다.
② 소비전력이 많다.
③ 작동 속도가 늦다
④ 장치 외형이 크다.

해설 무접점이 수명이 길고 유접점은 무접점보다 수명이 단축된다.

81. 무접점 제어회로의 특징과 관계가 적은 것은? [02]

① 동작 속도가 빠르다.
② 별도의 전원이 필요하다.
③ 고빈도 사용이 가능하다.
④ 소형화에 불리하다.

해설 무접점은 전자식이므로 소형화에 유리하다.

82. 네온사인, 세탁기 등 미리 정해 놓은 순서에 따라 제어의 각 단계를 순차적으로 행하는 제어를 무엇이라 하는가? [05]

① 공정 제어 ② 비공정 제어
③ 시퀀스 제어 ④ 되먹임 제어

해설 조합, 논리 순서에 따라서 순차적으로 제어하는 것은 시퀀스 제어이다.

83. 시간적으로 변화하지 않는 일정한 입력신호를 단속신호로 변환하는 회로는 어느 것인가? [02, 09, 14]

① 선택회로 ② 플리커회로
③ 인터로크회로 ④ 자기유지회로

해설 플리커회로는 한시 동작 한시 복귀하는 장치이다.

84. 다음 중 입력 신호가 0이면 출력이 1이 되고 반대로 입력이 1이면 출력이 0이 되는 회로는? [11, 14]

① NAND 회로 ② OR 회로
③ NOR 회로 ④ NOT 회로

해설 NOT(부정) 회로는 입력이 있으면 출력이 없고 입력이 없으면 출력이 있는 회로이다.

85. 다음 중 입력 신호가 모두 1일 때만 출력 신호가 0인 논리 게이트는? [13]

① AND 게이트 ② OR 게이트

정답 78. ② 79. ④ 80. ① 81. ④ 82. ③ 83. ② 84. ④ 85. ④

③ NOR 게이트　　④ NAND 게이트

해설 ① AND : 입력 신호가 모두 1일 때 출력 신호 1
② OR : 입력 신호가 하나만 1일 때 출력 신호 1
③ NOR : 입력 신호가 모두 1이면 출력 신호 0

86. 작동 전에는 열려 있고, 조작할 때 닫히는 접점은 무엇이라고 하는가? [12]

① 브레이크 접점
② 메이크 접점
③ 보조 접점
④ b 접점

해설 ① 브레이크 접점 : 동작하지 않을 때 닫혀 있고, 동작하면 열리는 접점의 조합
② 메이크 접점 : 동작하지 않을 때 열려 있고, 동작하면 닫히는 접점의 조합
③ 보조 접점 : 주개폐기와 함께 운동하는 보조회로용 접점
④ b 접점 : 평상시에 닫혀 있는 접점

87. 냉동기의 메인 스위치를 차단하고 전기 시설을 점검하던 중 감전사고가 있었다면 어떤 전기부품 때문인가? [12]

① 콘덴서　　② 마그네트
③ 릴레이　　④ 타이머

해설 콘덴서는 전원이 충전되어 있다가 방전되기 때문에 감전이 발생한다.

88. 다음 전자밸브에 대한 설명 중 틀린 것은? [14]

① 전자코일에 전류가 흐르면 밸브는 닫힌다.
② 밸브의 전자코일을 상부로 하고 수직으로 설치한다.
③ 일반적으로 소용량에는 직동식, 대용량에는 파일럿 전자밸브를 사용한다.
④ 전압과 용량에 맞게 설치한다.

해설 전자밸브는 전류의 자기작용에 의해서 개폐하므로 전류가 흐르면 밸브는 열린다.

정답 86. ②　87. ①　88. ①

Craftsman Air-Conditioning and Refrigerating Machinery

제 2 편

공기조화

ⒸⒷⓉ 문제은행

1장 공기조화 이론

1. 지구상에 존재하는 공기의 주된 성분이 아닌 것은? [11]

① 산소 ② 질소
③ 아르곤 ④ 염소

해설 공기는 O_2 21 %, N_2 78 %, 기타 가스(Ar) 1 % 등으로 구성된다.

2. 공기조화의 기본 요소에 해당되지 않는 것은? [03]

① 감습 ② 가습
③ 순환 ④ 형태

해설 공기조화란 온도, 습도, 청정도, 기류분포도를 조절하는 것이다.

3. 쾌감용 공기조화에 해당하는 것은? [08]

① 제품창고 ② 전자계산실
③ 전화국 기계실 ④ 학교

해설 쾌감용 공조는 사람의 기분을 조정하는 것이고 ①, ②, ③은 공업용(산업용) 공기조화에 해당한다.

4. 불쾌지수가 커지는 경우의 공기 변화 중 직접적인 관계가 없는 것은? [03]

① 건구온도의 상승 ② 습구온도의 상승
③ 절대습도의 상승 ④ 비체적의 상승

해설 불쾌지수
= 0.72×(건구온도+습구온도)+40.6

5. 공기조화의 개념을 가장 올바르게 설명한 것은? [12, 16]

① 실내 공기의 청정도를 적합하도록 조절하는 것
② 실내 공기의 온도를 적합하도록 조절하는 것
③ 실내 공기의 습도를 적합하도록 조절하는 것
④ 실내 또는 특정한 장소의 공기의 기류속도, 습도, 청정도 등을 사용 목적에 적합하도록 조절하는 것

해설 공기조화의 4요소 : 온도, 습도, 기류분포도, 청결도

6. 공업공정 공조의 목적에 대한 설명으로 적당하지 않은 것은? [02, 07]

① 제품의 품질 향상
② 공정속도의 증가
③ 불량률의 감소
④ 신속한 사무환경 유지

해설 신속한 사무환경 유지는 위생(보건) 공조의 목적에 해당된다.

7. 다음 중 공기조화를 행하는 주목적과 거리가 먼 것은? [03, 11, 12]

① 온도 조절 ② 습도 조절
③ 청정도 조절 ④ 소음 조절

해설 공기조화의 목적은 온도, 습도, 청정도, 기류속도(유속)를 조절하는 것이다.

정답 1. ④ 2. ④ 3. ④ 4. ④ 5. ④ 6. ④ 7. ④

8. **공기조화의 목적에 대한 기술로서 옳은 것은?** [05]

① 공기의 정화와 온도만을 조절하는 설비이다.
② 공기의 정화와 기류 및 음향을 조절한다.
③ 공기의 온도와 습도만을 조절하는 설비이다.
④ 공기의 정화와 온도, 습도 및 기류를 조절한다.

해설 공기조화는 온도, 습도, 기류 및 청정도를 제어하는 것이다.

9. **인체의 신진대사량과 방열량과의 관계에 대한 다음 설명 중 옳지 않은 것은?** [10]

① 신진대사량 = 전체 방열량인 경우 체온은 일정하다.
② 신진대사량 > 전체 방열량일 경우 더위를 느낀다.
③ 신진대사량 < 전체 방열량일 경우 추위를 느낀다.
④ 신진대사량과 전체 방열량은 어떠한 관계도 없다.

해설 노동에 따른 신진대사량의 증가에 의해 방열량은 증가한다.

10. **다음 중 상대습도에 대한 설명으로 맞는 것은?** [02, 16]

① 습공기에 포함되는 수증기의 양과 건조공기 양과의 중량비
② 습공기의 수증기압과 동일 온도에 있어서 포화공기의 수증기압과의 비
③ 포화상태의 수증기의 분량과의 비
④ 습공기의 절대습도와 그와 동일 온도의 포화 습공기

해설 상대습도(ϕ)

$$= \frac{P_w}{P_s} = \frac{\text{수증기분압}}{\text{포화수증기분압}}$$

11. **다음 설명 중 옳지 않은 것은?** [02]

① 건공기는 수증기가 전혀 포함되어 있지 않는 공기이다.
② 습공기는 건공기와 수증기의 혼합물이다.
③ 포화공기는 습공기 중의 절대습도가 점점 증가하여 최후에 수증기로 포화된 상태이다.
④ 지구상의 공기는 건공기로 되어 있다.

해설 지구상의 공기는 건조공기 + 수증기인 습공기이다.

12. **다음 설명 중 옳지 않은 것은?** [08]

① 공기조화장치에서 취급하는 공기는 모두 건공기이다.
② 건공기는 수증기를 포함하지 않는 공기이다.
③ 습공기의 전압은 건공기분압과 수증기분압의 합과 같다.
④ 포화공기란 최대한도의 수증기를 포함한 공기를 말한다.

해설 공기조화장치의 공기는 건조공기 + 수증기인 습공기이다.

13. **비체적이란 어떤 것인가?** [05, 07]

① 어느 물체의 부피이다.
② 단위부피당 무게이다.
③ 단위부피당 엔탈피이다.
④ 단위무게당 부피이다.

해설 ②는 비중량에 대한 설명이고 비체적은 단위무게당 부피로 비중량의 역수이다.

정답 8. ④ 9. ④ 10. ② 11. ④ 12. ① 13. ④

14. 다음 설명 중 틀린 것은? [06, 15]

① 지구상에 존재하는 모든 공기는 건조공기로 취급된다.
② 공기 중에 수증기가 많이 함유될수록 상대습도는 높아진다.
③ 지구상의 공기는 질소, 산소, 아르곤, 이산화탄소 등으로 이루어졌다.
④ 공기 중에 함유될 수 있는 수증기의 한계는 온도에 따라 달라진다.

해설 대기권 내의 공기는 습공기(건조공기+수증기)이다.

15. 다음 설명 중 틀린 것은? [02, 03, 16]

① 불포화 상태에서의 건구온도는 습구온도보다 높게 나타난다.
② 공기에 가습, 감습이 없어도 온도가 변하면 상대습도는 변한다.
③ 습공기 절대습도와 포화습공기 절대습도와의 비를 포화도라 한다.
④ 습공기 중에 함유되어 있는 건조공기의 중량을 절대습도라 한다.

해설 건조 공기 1 kg 중에 포함된 수분의 질량을 절대습도라 한다.

16. 다음 중 공기조화의 개념을 가장 바르게 설명한 것은? [05]

① 실내의 온도를 20℃로 유지하는 것
② 실내의 습도를 항상 일정하게 유지하는 것
③ 실내의 공기를 청정하게 유지하는 것
④ 실내 또는 특정 장소의 공기를 사용 목적에 적합한 상태로 조정하는 것

해설 공기조화란 사용 목적에 맞는 온도, 습도, 기류분포도, 청결도로 조정하는 것이다.

17. 다음 중 공기조화에 관한 설명으로 틀린 것은? [06, 08, 11]

① 공기조화는 일반적으로 보건용 공기조화와 산업용 공기조화로 대별된다.
② 공장, 연구소, 전산실 등과 같은 곳은 보건용 공기조화이다.
③ 보건용 공조는 실내인원에 대한 쾌적 환경을 만드는 것을 목적으로 한다.
④ 산업용 공조는 생산공정이나 물품의 환경 조성을 목적으로 한다.

해설 공장, 연구소, 전산실 등은 산업용 공기조화 시설이다.

18. 다음 중 공기조화에 관한 설명으로 틀린 것은? [11]

① 공기조화는 쾌감공조와 산업공조로 분류할 수 있다.
② 산업공조는 노동 능률을 향상시키는 데 그 목적이 있다.
③ 쾌감공조는 인간의 보건, 위생을 그 목적으로 한다.
④ 산업공조는 물품의 환경 조성을 그 목적으로 한다.

해설 산업공조의 우선적 목적은 물품의 환경 조성과 인간의 쾌적 환경 조성이다.

19. 난방 시의 상대습도와 실내 기류의 값으로 적당한 것은? [06]

① 60~70 %, 0.13~0.18 m/s
② 40~50 %, 0.13~0.18 m/s
③ 20~30 %, 0.10~0.25 m/s
④ 60~70 %, 0.10~0.25 m/s

해설 ⓐ 냉방 : 20~25℃, 60~70 %, 0.12~0.18 m/s
ⓑ 난방 : 17~22℃, 50~60 %, 0.18~0.25 m/s

정답 14. ① 15. ④ 16. ④ 17. ② 18. ② 19. ②

20. **다음 중 공기조화의 정의를 바르게 설명한 것은?** [06]

① 일정한 공간의 요구에 알맞은 온도를 적절히 조정하는 것
② 일정한 공간의 습도를 조정하는 것
③ 일정한 공간의 청결도를 조정하는 것
④ 일정한 공간의 요구에 알맞은 온도, 습도, 청정도, 기류속도 등을 조절하는 것

해설 공기조화는 일정한 공간의 요구에 알맞은 온도, 습도, 청결도, 기류분포 등을 동시에 조절하기 위한 공기취급과정이다.

21. **다음 중 공기조화에서 "ET"는 무엇을 의미하는가?** [02]

① 인체가 느끼는 쾌적온도의 지표
② 유효습도
③ 적정 공기 속도
④ 적정 냉난방 부하

해설 신유효온도(NET : new effective tem-perature)는 착의량 0.6 Clo, 작업량 1.0 Met의 조건에서 4가지 열 환경 요소를 고려한 단일 지표로서 인체가 느끼는 쾌적 범위를 나타낸다.

22. **어떤 상태의 공기가 노점온도보다 낮은 냉각코일을 통과하였을 때의 상태를 설명한 것 중 틀린 것은?** [03, 09, 10, 11, 14]

① 절대습도 저하 ② 비체적 저하
③ 건구온도 저하 ④ 상대습도 저하

해설 냉각코일을 통과하면 절대습도, 건구온도, 비체적은 감소하지만 상대습도는 상승한다.

23. **비체적의 단위로 맞는 것은?** [08]

① m^3/kgf ② $m^3/kgf \cdot s$
③ $kgf/m^3 \cdot ℃$ ④ $m^3/kgf \cdot h$

해설 비체적의 단위는 m^3/kgf, 비중량의 단위는 kgf/m^3이다.

24. **클린룸(병원 수술실 등)의 공기조화 시 가장 중요시해야 할 사항은?** [12]

① 공기의 청정도 ② 공기 소음
③ 기류 속도 ④ 공기 압력

해설 클린룸은 공기 중에 떠다니는 먼지의 작은 입자까지 걸러내어 청정도를 높은 상태로 유지시켜 주는 방으로 정밀기계 공장, 제약 공장, 병원 등에 설치한다.

25. **다음 중 보건용 공기조화에 해당되지 않는 것은?** [07, 13, 16]

① 전자계산기실의 공기조화
② 일반사무실의 공기조화
③ 백화점의 공기조화
④ 주택의 공기조화

해설 전자계산기실의 공기조화는 산업용 공기조화 방식이다.

26. **다음 중 공기조화기의 구성요소가 아닌 것은?** [03, 07, 14]

① 공기 여과기 ② 공기 가열기
③ 송풍기 ④ 공기 압축기

해설 공기조화기는 여과기, 냉각기, 가열기, 세정기, 재열기, 송풍기 등으로 구성된다.

27. **공업공정공조의 목적에 대한 설명으로 적당하지 않은 것은?** [04, 16]

① 제품의 품질 향상

정답 20. ④ 21. ① 22. ④ 23. ① 24. ① 25. ① 26. ④ 27. ④

② 공정속도의 증가
③ 불량률의 감소
④ 신속한 사무환경 유지

해설 ④는 쾌감공조의 목적이다.

28. 다음 중 공기를 냉각하였을 때 증가되는 것은? [13]

① 습구온도 ② 상대습도
③ 건구온도 ④ 엔탈피

해설 상대 습도는 공기 온도가 낮으면 증가하고 높으면 감소한다.

29. 다음 중 유효온도와 관계가 없는 것은 어느 것인가? [03, 04, 07]

① 온도 ② 습도
③ 기류 ④ 압력

해설 유효온도는 건구온도와 습구온도 간의 사선에서 유속과 만나는 점의 온도로서 쾌감도의 지표이다.

30. 사무실의 난방에 있어서 가장 적합하다고 보는 상대습도와 실내 기류의 값은 얼마인가? [02, 04]

① 30 %, 0.05 m/s ② 50 %, 0.25 m/s
③ 30 %, 0.25 m/s ④ 50 %, 0.05 m/s

해설 난방조건은 건구온도 17~22℃, 상대습도 50~60 %, 유속 0.18~0.25 m/s이다.

31. 난방을 하고 있는 사무실 내의 거주 환경에서 가장 적합한 건구온도는 몇 ℃인가? [05, 08]

① 22 ② 28
③ 30 ④ 33

해설 ⓐ 주택 유지온도 : 18℃ (표준치)
ⓑ 사무실 유지온도 : 20℃ (표준치)
ⓒ 난방설계 온도 : 22℃ (사무실 설계기준)

32. 다음 공기의 상태를 표시하는 용어들 중에서 단위 표시가 틀린 것은? [05]

① 상대습도 : %
② 엔탈피 : $kcal/m^3 \cdot ℃$
③ 절대습도 : kg/kg′
④ 수증기분압 : mmHg

해설 엔탈피의 단위는 kcal/kg이다.

33. 인체로부터의 발생 열량에 대한 설명 중 틀린 것은? [04, 16]

① 인체 발열량은 사람의 활동 상태에 따라 달라진다.
② 식당에서 식사하는 인원에 대해서는 음식물의 발열량도 포함시킨다.
③ 인체 발생열에는 감열과 잠열이 있다.
④ 인체 발생열은 인체 내의 기초 대사에 의한 것이므로 실내온도에 관계없이 일정하다.

해설 인체 발생열은 복사열이 많으므로 실내조건에 따라서 쾌적상태가 달라진다.

34. 냉방을 하는 경우 일반적으로 거실의 실내온도는 몇 ℃로 하는가? [06, 16]

① 29~32 ② 25~28
③ 18~23 ④ 16~18

해설 에너지 절약 차원에서 실내온도는 20~25℃이고, 외기온도보다 7.5℃ 정도 낮은 것이 좋다.

35. 온도가 일정할 때 가스 압력과 체적은 어떤 관계가 있는가? [05, 13]

① 체적은 압력에 반비례한다.

정답 28. ② 29. ④ 30. ② 31. ① 32. ② 33. ④ 34. ② 35. ①

② 체적은 압력에 비례한다.
③ 체적은 압력과 무관하다.
④ 체적은 압력과 제곱 비례한다.

해설 보일의 법칙에 따라 온도가 일정할 때 압력과 체적은 반비례한다.

36. **다음은 공기조화 과정 중 30℃인 습공기를 80℃ 온수로 가습한 경우에 대한 설명이다. 부적합한 것은?** [05, 14]

① 절대습도가 증가한다.
② 건구온도가 증가한다.
③ 엔탈피가 증가한다.
④ 상대습도가 증가한다.

해설 온수를 가습하는 경우는 단열가습선보다 약간 위쪽으로 가습되며, 건구온도는 낮아지고 절대습도, 엔탈피, 상대습도는 증가한다.

37. **실내에 있는 사람이 느끼는 더위, 추위의 체감에 영향을 미치는 수정유효온도의 주요 요소는?** [08, 11, 13, 16]

① 기온, 습도, 기류, 복사열
② 기온, 기류, 불쾌지수, 복사열
③ 기온, 사람의 체온, 기류, 복사열
④ 기온, 주위의 벽면온도, 기류, 복사열

해설 ⓐ 유효온도 : 기온, 습도, 기류분포도
ⓑ 수정유효온도 : 유효온도에 복사열을 포함한 것

38. **온수난방의 구분에서 저온수식의 온수 온도는 몇 ℃ 미만인가?** [11]

① 100 ② 150
③ 200 ④ 250

해설 100℃ 미만은 저온수난방, 100℃ 이상은 고온수난방이다.

39. **수정유효온도는 유효온도에 무엇의 영향을 고려한 것인가?** [02, 10]

① 온도 ② 습도
③ 기류 ④ 복사

해설 수정유효온도 (CET : corrected effective temperature)는 유효온도에 복사열의 영향을 고려한 것으로, 건구온도 대신에 글로브 온도를 이용하고, 습구온도 대신에 상당 습구온도를 이용한다.

40. **온도, 습도, 기류를 1개의 지수로 나타낸 것으로 상대습도 100 %, 풍속 0 m/s인 경우의 온도는?** [06, 09, 14, 15]

① 복사온도 ② 유효온도
③ 불쾌온도 ④ 효과온도

해설 ⓐ 유효온도 : 온도, 습도, 기류 (유속)
ⓑ 신유효온도 : 유효온도에 복사열을 포함한 것

41. **일상생활에서 적당한 실온과 상대습도는 얼마인가?** [03]

실온 상대습도
① 20~26℃, 70~30 %
② 25~30℃, 30~10 %
③ 20~26℃, 30~10 %
④ 29~32℃, 70~30 %

해설 온·습도 규정치
① 동절기 : 온도 18~22℃, 습도 50~60 %
② 하절기 : 온도 20~25℃, 습도 60~70 %

42. **체감을 나타내는 척도로 사용되는 유효온도와 관계있는 것은?** [15]

① 습도와 복사열 ② 온도와 습도

정답 36. ② 37. ① 38. ① 39. ④ 40. ② 41. ① 42. ②

③ 온도와 기압 ④ 온도와 복사열

해설 체감 (쾌감)온도는 야글로가 정한 유효온도로 온도, 습도, 기류분포도(유속)에 의해서 결정된다.

43. 다음 중 인간의 냉·난방에 관계가 없는 것은 어느 것인가? [05]

① 실내공기의 온도
② 공기의 흐름
③ 공기가 함유하는 탄산가스의 양
④ 공기 중의 수증기의 양

해설 실내 CO_2의 서한도는 1000 ppm 이하이며 주거 환경에 해당되고, 냉·난방과는 관계가 없다.

44. 상대습도(RH)가 100 %일 때 동일하지 않은 온도는? [06]

① 건구온도 ② 습구온도
③ 효과온도 ④ 노점온도

해설 상대습도가 100 %인 포화상태에서는 건구온도, 습구온도, 노점온도가 같다.

45. 습공기의 정압비열은 식 $C_p = 0.24 + 0.441x$ 로 나타낸다. 여기서 x는 무엇을 가리키는가? [04]

① 상대습도 ② 습구온도
③ 건구온도 ④ 절대습도

46. 콜드 드래프트(cold draft) 현상의 원인에 해당되지 않는 것은? [14]

① 주위 벽면의 온도가 낮을 때
② 동절기 창문의 극간풍이 없을 때
③ 기류의 속도가 클 때
④ 주위 공기의 습도가 낮을 때

해설 콜드 드래프트는 겨울철 창문의 창면을 따라서 존재하는 냉기가 토출기류에 의해 밀려 내려와서 바닥을 따라 거주구역으로 흘러 들어와 인체의 과도한 차가움을 느끼는 현상이다.

47. 겨울철 창문의 창면을 따라서 존재하는 냉기가 토출기류에 의하여 밀려 내려와서 바닥을 따라 거주구역으로 흘러 들어와 인체의 과도한 차가움을 느끼는 현상을 무엇이라 하는가? [09, 14]

① 쇼크 현상 ② 콜드 드래프트
③ 도달거리 ④ 확산 반경

해설 찬 외기 온도의 영향으로 냉기류가 거주구역으로 흘러오는 것을 콜드 드래프트라 한다.

48. 다음 중 건조공기의 구성요소가 아닌 것은 어느 것인가? [08]

① 산소 ② 질소
③ 수증기 ④ 이산화탄소

해설 건조공기란 수증기를 포함하지 않는 공기를 뜻하며, 실제 존재하지 않는다.

49. 습공기의 상태를 나타내는 단위 중 비체적이란? [02]

① 단위 중량당의 습공기 체적
② 습공기의 보유 열량
③ 포화 공기의 절대습도와의 비
④ 건공기 중의 수증기 중량

해설 비체적 $v = \frac{V}{G}$ [m^3/kg]으로 단위 중량당의 체적이다.

50. 다음 중 공기를 가열했을 때 감소하는 것은? [05, 07]

정답 43. ③ 44. ③ 45. ④ 46. ② 47. ② 48. ③ 49. ① 50. ③

① 엔탈피　　　　② 절대습도
③ 상대습도　　　④ 비체적

해설 공기를 가열하면 절대습도는 일정하고 엔탈피, 비체적, 건구온도는 증가하며 상대습도는 감소한다.

51. 다음 중 SI 단위에서 비체적의 설명으로 맞는 것은? [09, 12]

① 단위 엔트로피당 체적이다.
② 단위 체적당 중량이다.
③ 단위 체적당 엔탈피이다.
④ 단위 질량당 체적이다.

해설 ⓐ 비체적은 단위 질량당 체적으로, $v = \frac{V}{G}[\mathrm{m^3/kg}]$으로 나타내며, 비중량의 역수이다.
ⓑ 비중량은 단위 체적당 질량으로 $\gamma = \frac{G}{V}[\mathrm{kg/m^3}]$으로 나타내며, 비체적의 역수이다.

52. 다음 습포화증기에 관한 사항 중 올바른 것은? [04]

① 가열하면 과열증기, 포화증기 순으로 된다.
② 냉각하면 건조포화증기가 된다.
③ 습포화증기 중 액체가 차지하는 질량비를 습도라 한다.
④ 대기압하에서 습포화증기의 온도는 98℃ 정도이다.

해설 습포화증기 중 액체 비율은 습도이고, 기체 비율은 건조도이다.

53. 다음 공기의 성질에 대한 설명 중 틀린 것은? [08, 13]

① 최대한도의 수증기를 포함한 공기를 포화공기라 한다.
② 습공기의 온도를 낮추면 물방울이 맺히기 시작하는 온도를 그 공기의 노점온도라고 한다.
③ 건공기 1 kg에 혼합된 수증기의 질량비를 절대습도라 한다.
④ 우리 주변에 있는 공기는 대부분의 경우 건공기이다.

해설 대기 상태의 공기는 습공기로 수분+건조 공기이다.

54. 공기조화에는 크게 보건용 공기조화와 산업용(공업용) 공기조화로 구분될 수 있다. 아래의 설명 중 보건용 공기조화로만 취급하기 어려운 것은? [06]

① A라는 사람이 근무하는 전자계산기실의 공기조화
② B라는 사람이 근무하는 일반사무실의 공기조화
③ C라는 사람이 쇼핑하는 백화점의 공기조화
④ D라는 사람이 살고 있는 주택의 공기조화

해설 전자계산기실의 공기조화는 산업용 공기조화에 속한다.

55. 다음 용어 중에서 습공기 선도와 관계가 없는 것은? [04, 06, 16]

① 엔탈피　　　　② 열용량
③ 비체적　　　　④ 노점온도

해설 습공기 선도에는 건구온도, 습구온도, 노점온도, 상대습도, 수증기 분압, 절대습도, 비체적, 엔탈피 등이 있다.

56. 다음 중 불쾌지수를 구하는 공식으로 옳은 것은? (단, t : 건구온도, t' : 습구온

정답 51. ④　52. ③　53. ④　54. ①　55. ②　56. ①

도) [07]

① $0.72(t+t')+40.6$
② $0.85(t+t')+40.6$
③ $0.72(t-t')+50.6$
④ $0.85(t-t')+50.6$

57. **공기에서 수분을 제거하여 습도를 조정하기 위해서는 다음 중 어떻게 하는 것이 옳은가?** [07, 08]

① 공기의 유로 중에 가열 코일을 설치한다.
② 공기의 유로 중에 공기의 노점온도보다 높은 온도의 코일을 설치한다.
③ 공기의 유로 중에 공기의 노점온도와 같은 온도의 코일을 설치한다.
④ 공기의 유로 중에 공기의 노점온도보다 낮은 온도의 코일을 설치한다.

해설 습도를 제거하는 제일 좋은 방법은 냉각시켜서 노점온도보다 낮게 하여 감습(제습)시키는 것이다.

58. **그림과 같이 공기가 상태 변화를 하였을 때 바르게 설명한 것은?** [12]

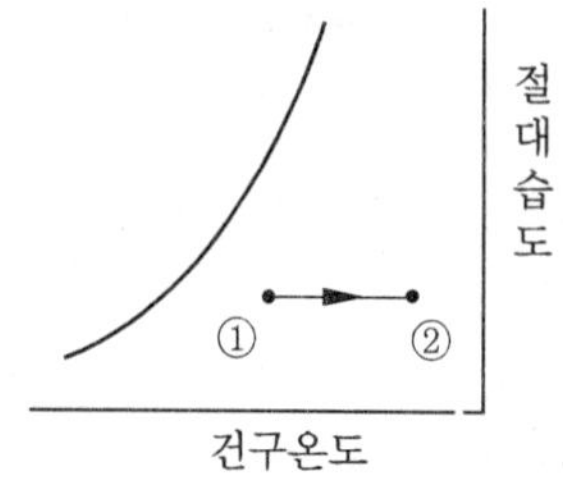

① 절대습도 증가　② 상대습도 감소
③ 수증기분압 감소　④ 현열량 감소

해설 상대습도는 온도가 높아지면 감소하고 낮아지면 증가한다.

59. **다음 중 유효 온도에 관한 설명으로 옳지 않은 것은?** [02]

① 감각 온도라고 한다.
② 온도, 습도, 기류의 3가지 요소를 1개의 지수로 나타낸 것이다.
③ 습도 100 %, 기류 0 m/s인 경우의 기온값을 말한다.
④ 온습도, 오염도가 적당한 조합을 이룬 상태의 기온값을 말한다.

해설 유효 온도(ET : effective temperature)는 기온·습도·풍속의 3요소가 체감에 미치는 총합 효과를 단일 지표로 나타낸 것이다.

60. **다음 중 습공기 선도의 종류에 속하지 않는 것은? (단, h는 엔탈피, x는 절대습도, t는 건구온도, P는 압력을 각각 나타낸다.)** [06, 09]

① $h-x$ 선도　② $t-x$ 선도
③ $t-h$ 선도　④ $P-h$ 선도

해설 $P-h$ 선도는 냉매 선도이다.

61. **다음 내용 중 잘못 설명된 것은?** [02]

① 벽이나 유리창을 통해 실내로 들어오는 열은 잠열과 감열이 있다.
② 창문의 틈새로 들어오는 공기가 가지고 들어오는 열은 잠열과 감열이 있다.
③ 여름철에 실내에서 인체에 발생하는 열은 잠열과 감열이 있다.
④ 실내의 발열기구(형광등, 조리기구 등)에서 발생하는 열은 잠열과 감열이다.

해설 벽이나 유리창을 통해 침입하는 열은 감열이다.

62. **실내 상태점을 통과하는 현열비선과 포화곡선과의 교점이 나타내는 온도로 취출 공**

정답 57. ④　58. ②　59. ④　60. ④　61. ①　62. ③

기가 실내 잠열부하에 상당하는 수분을 제거하는 데 필요한 코일 표면온도는? [08]

① 코일 장치 노점온도
② 바이패스온도
③ 실내 장치 노점온도
④ 설계온도

63. 공기의 설명 중 틀린 것은? [12]

① 공기 중의 수분이 불포화 상태에서는 건구온도가 습구온도보다 높게 나타난다.
② 공기에 가습, 감습이 없어도 온도가 변하면 상대습도는 변한다.
③ 건공기는 수분을 전혀 함유하지 않은 공기이며, 습공기란 건조공기 중에 수분을 함유한 공기이다.
④ 공기 중의 수증기 일부가 응축하여 물방울이 맺히기 시작하는 점을 비등점이라 한다.

해설 수증기가 응축하기 시작하는 온도를 노점온도라 한다.

64. 습공기의 절대습도와 그와 동일 온도의 포화습공기의 절대습도의 비로 나타낸 것은 어느 것인가? [04]

① 상대습도 ② 절대습도
③ 노점온도 ④ 포화도

해설 포화도(ψ)

$$= \frac{\text{습공기 절대습도}(x)}{\text{포화습공기 절대습도}(x_s)}$$

65. 다음 중 용어의 설명이 틀린 것은 어느 것인가? [10, 16]

① 대기 중에는 습공기가 존재하지 않으므로 공기조화에서 취급되는 공기는 모두 건공기이다.
② 절대습도는 습공기에서 수증기의 중량을 건조공기의 중량으로 나눈 값이다.
③ 습구온도는 온도계의 감열부를 물에 젖은 헝겊으로 싼 상태에서 가리키는 온도를 말한다.
④ 노점온도는 공기 중의 수증기가 응축하기 시작할 때의 온도, 즉 공기가 수증기 포화상태로 될 때의 온도를 말한다.

해설 대기 중에 존재하는 공기는 습공기이다.

66. 다음 중 습공기 선도에서 표시되어 있지 않은 값은? [14]

① 건구온도 ② 습구온도
③ 엔탈피 ④ 엔트로피

해설 습공기 선도에는 건구온도, 습구온도, 노점온도, 상대습도, 절대습도, 엔탈피, 비체적, 수증기분압 등이 있다.

67. 실내의 사람이 쾌적하게 생활할 수 있도록 조절해 주어야 할 사항으로 거리가 먼 것은 어느 것인가? [12]

① 공기의 온도 ② 공기의 습도
③ 공기의 압력 ④ 공기의 속도

해설 실내의 쾌적한 환경을 위해 온도·습도·청정도·속도의 4요소를 조절해 주어야 한다.

68. 다음 중 인체 활동 시의 대사를 표시하는 단위는? [09]

① RMR ② BMR
③ MET ④ CET

해설 ① RMR (relative metabolic rate) : 에너지 대사율은 작업으로 인하여 증가한 열량, 즉 노동 대사의 기초 대사에 대한 비율이다.
② BMR (basal metabolic rate) : 기초

정답 63. ④ 64. ④ 65. ① 66. ④ 67. ③ 68. ③

대사는 공복 시 대체로 쾌적한 환경에서 편안히 누운 자세로 있을 때의 인체의 단위시간당의 생산 열량이다.

③ MET : 인간이 열적으로 쾌적한 상태에서 안정을 취하고 있을 때의 방열량(활동량) (인체의 열발생량의 단위로 50 kcal/m^2·h를 1 MET로 한다.)

④ CET (corrected effective tempera-ture) : 수정유효온도는 유효온도 (온도, 습도, 유속)에 복사열을 고려한 지표이다.

69. 다음 중 공기 상태에 관한 내용으로 틀린 것은? [13]

① 포화습공기의 상대습도는 100 %이며 건조공기의 상대습도는 0 %가 된다.
② 공기를 가습, 감습하지 않으면 노점온도 이하가 되어도 절대습도는 변함이 없다.
③ 습공기 중의 수분 중량과 포화습공기 중의 수분의 비를 상대습도라 한다.
④ 공기 중의 수증기가 분리되어 물방울이 되기 시작하는 온도를 노점온도라 한다.

해설 노점온도 이하가 되면 감습되므로 절대습도는 낮아진다.

70. 가습기 중 응답성이 빠르고 제어성이 좋아 많이 사용하며 물의 정체성이 없어 미생물의 번식이 없는 것은? [10]

① 원심형 가습기 ② 팬형 가습기
③ 증기 가습기 ④ 모세관형 가습기

해설 증기 가습기의 효율은 100 %에 가깝다.

71. 다음 설명 중 중앙식 공기조화 방식에 대한 공통적인 특징으로 적당한 것은 어느 것인가? [05]

① 실내에는 취출구와 흡입구를 설치하면 되고, 팬코일 유닛과 같은 기구가 노출되지 않는다.
② 큰 부하를 가진 방에 대해서도 덕트가 적게 되고 덕트 스페이스가 적다.
③ 취급이 간단하고 대형의 것도 누구든지 운전할 수 있다.
④ 대규모 건물에 채용하면 설비비가 절감되고, 보수 관리가 편하다.

해설 중앙식 공기조화 방식은 기기가 한곳에 집중하여 시설되므로 유지 보수 관리가 편리하고 개별식에 비하여 시설비가 절감된다.

72. 다음 습포화증기에 관한 사항 중 올바른 것은? [07, 16]

① 가열하면 과열증기, 포화증기 순으로 된다.
② 습포화증기를 냉각하면 건조포화증기가 된다.
③ 습포화증기 중 액체가 차지하는 질량비를 습도라 한다.
④ 대기압하에서 습포화증기의 온도는 98℃ 정도이다.

해설 습포화증기 중 기체가 차지하는 비율은 건조도라 하고 액체가 차지하는 비율은 습기도(습도)라 한다.

73. 다음 중 환기의 목적이 아닌 것은? [11]

① 이산화탄소의 공급
② 신선한 공기의 공급
③ 재실자의 건강, 안전, 쾌적, 작업 능률 등의 유지
④ 공기환경의 악화로부터 제품과 주변기기의 손상 방지

해설 환기는 이산화탄소의 제거를 목적으로 한다.

정답 69. ② 70. ③ 71. ④ 72. ③ 73. ①

74. **인체가 느끼는 온열 감각에 대한 온도, 습도, 기류의 영향을 하나로 모아서 만든 쾌감지표는?** [10]

① 실내건구온도 ② 실내습구온도
③ 상대습도 ④ 유효온도

해설 ⓐ 유효온도 : 온도, 습도, 기류
ⓑ 수정유효온도 : 온도, 습도, 기류, 복사열

75. **겨울철 창면을 따라서 존재하는 냉기에 의해 외기와 접한 창면에 존재하는 사람은 더욱 추위를 느끼게 되는 현상을 콜드 드래프트라 한다. 다음 중 콜드 드래프트의 원인으로 볼 수 없는 것은?** [09]

① 인체 주위의 온도가 너무 낮을 때
② 주위 벽면의 온도가 너무 낮을 때
③ 창문의 틈새가 많을 때
④ 인체 주위 기류속도가 너무 느릴 때

해설 콜드 드래프트는 외기 온도의 영향으로 실내 기류가 냉각되어 거주구역으로 흘러오는 것을 말한다.

76. **최근 공기조화 방식을 설계하는 데 있어서 중점적으로 고려되고 있는 사항과 거리가 먼 것은?** [09]

① 건물의 모양
② 에너지 절약 대책
③ 잔업시간에 대한 경제적인 운전 대책
④ 설비의 수명과 지출비용의 경제성 비교

해설 건물의 방향을 고려하여 설계한다.

77. **공기조화에서 냉방부하를 결정할 때 태양열은?** [02]

① 커튼을 친 실내면 무시한다.
② 영향이 없으므로 무시한다.
③ 유리 건물에만 고려한다.
④ 반드시 고려한다.

해설 태양열은 유리와 벽체 전분야에서 냉방부하에 고려된다.

78. **습공기의 상태 변화에 관한 설명으로 옳은 것은?** [10]

① 습공기를 가열하면 절대습도는 상승한다.
② 습공기를 가습하면 상대습도는 저하한다.
③ 습공기를 냉각시키면 건구온도는 저하하고, 상대습도는 상승한다.
④ 습공기를 가열하여 그 온도를 상승시키면 상대습도는 상승한다.

해설 상대습도는 낮에는 감소하고 밤에는 상승한다. 즉 온도에 반비례한다.

79. **실내의 바닥, 천장 또는 벽면 등에 파이프코일(혹은 패널)을 설치하고 그 면을 복사면으로 하여 냉·난방의 목적을 달성할 수 있는 방식은 무엇인가?** [11]

① 각층 유닛 방식
② 유인 유닛 방식
③ 복사 냉난방 방식
④ 팬코일 유닛 방식

80. **공조방식 중 패키지 유닛 방식의 특징으로 틀린 것은?** [13, 16]

① 공조기로의 외기 도입이 용이하다.
② 각 층을 독립적으로 운전할 수 있으므로 에너지 절감 효과가 크다.
③ 실내에 설치하는 경우 급기를 위한 덕트 샤프트가 없다.
④ 송풍기 정압이 낮으므로 제진 효율이 떨

정답 74. ④ 75. ④ 76. ① 77. ④ 78. ③ 79. ③ 80. ①

어진다.

해설 패키지 유닛 방식은 실내에 설치하는 개별 방식이므로 외기 도입이 어렵다.

81. 다음 중 패키지형 공조방식의 특징으로 틀린 것은? [10]

① 자동운전이며 개별 제어 및 유지 관리가 쉽다.

② 대량 생산이 가능하며 품질도 안정되어 있다.

③ 특별한 기계실이 필요 없고 설치면적도 작다.

④ 실내 설치는 가능하지만 덕트 접속은 불가능하다.

해설 패키지형 공조방식은 실온 제어가 2위치이므로 습도 제어가 곤란하고 개별식이므로 기기가 분산 설치되어 있어 유지 관리가 불편하다.

82. 상대습도(ϕ)를 옳게 표시한 것은 어느 것인가? [06]

① $\phi = \dfrac{\text{수증기압}}{\text{포화수증기압}} \times 100$

② $\phi = \dfrac{\text{포화수증기압}}{\text{수증기압}} \times 100$

③ $\phi = \dfrac{\text{수증기중량}}{\text{포화수증기압}} \times 100$

④ $\phi = \dfrac{\text{포화수증기중량}}{\text{수증기중량}} \times 100$

해설 수증기압을 P_w, 포화수증기압을 P_s라 할 때 상대습도(ϕ)는 다음과 같다.

$$\phi = \frac{P_w}{P_s} \times 100(\%)$$

83. 공기선도에 관한 아래 도표를 보고 바르게 설명한 것은? [06, 09, 10, 15]

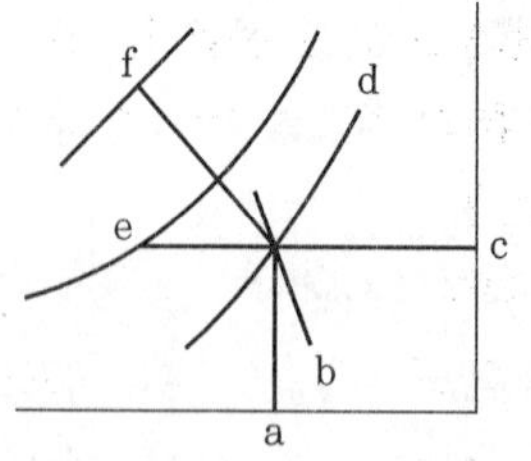

① 도표 중 f점은 습공기의 습구온도를 표시한다.

② 도표 중 c점은 습공기의 노점온도를 읽는 점이다.

③ 도표 중 곡선 a는 습공기의 절대습도를 읽는 점이다.

④ 도표 중 직선 b는 습공기의 비체적을 읽는 선이다.

해설 공기선도
a : 건구온도선, b : 비체적선
c : 절대습도선, d : 상대습도선
e : 노점온도, f : 엔탈피선

84. 다음 계통도와 같은 공조장치에서 5점의 공기는 습공기선도의 어느 위치에 해당하는가? [04]

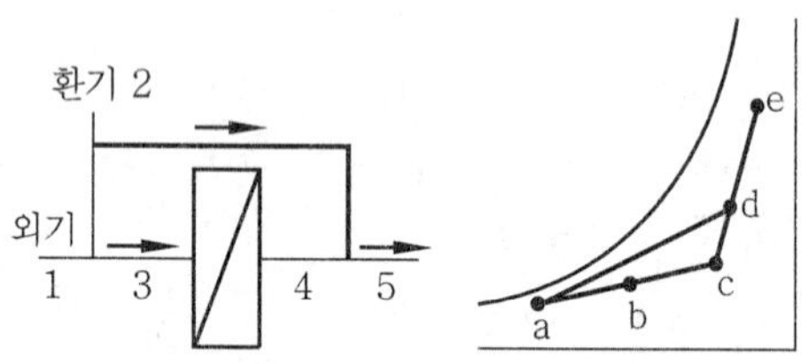

① a ② b ③ c ④ d

해설 외기 1→e, 환기 2→c, 외기와 환기의 혼합상태 3→d, 냉각코일 출구상태 4→a, 환기와 냉각코일 출구의 혼합상태 5→b

85. 상대습도 60 %, 건구온도 25℃인 습공기의 수증기분압은 다음 중 어느 것인가? (단, 25℃ 포화수증기 압력은 23.8 mmHg

정답 81. ① 82. ① 83. ④ 84. ② 85. ①

이다.) [03, 05, 16]

① 14.28 mmHg ② 9.52 mmHg
③ 0.02 kg/cm² ④ 0.013 kg/cm²

해설 $p_w = 0.6 \times 23.8 = 14.28$ mmHg

86. 다음 그림에서 설명하고 있는 냉방부하의 변화 요인은? [06, 15]

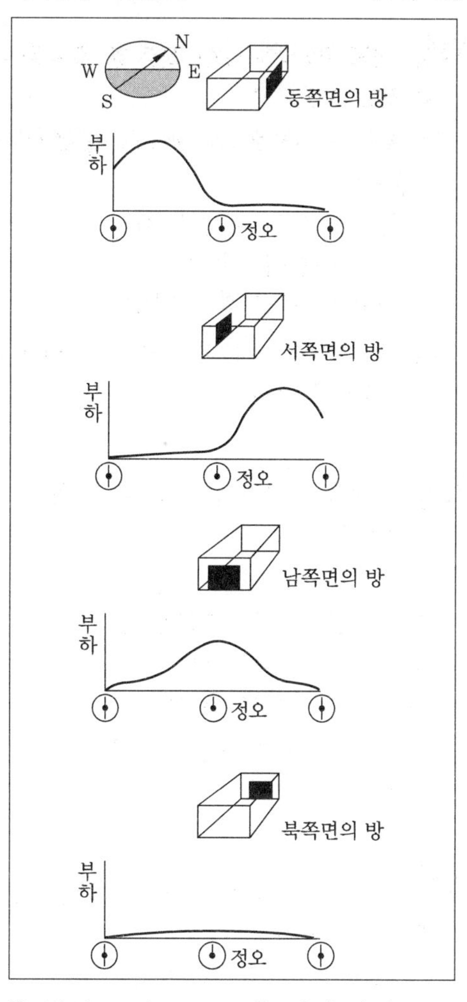

① 방의 크기 ② 방의 방위
③ 단열재의 두께 ④ 단열재의 종류

87. 습공기를 절대습도의 변화 없이 가열하거나 냉각하면 실내 현열비(SHF)의 변화는 어떻게 되는가? [09]

① SHF= 0 선상을 이동한다.
② SHF= 0.5 선상을 이동한다.
③ SHF= 1 선상을 이동한다.
④ SHF는 나타나지 않는다.

해설 $SHF = \dfrac{q_s}{q_s + q_l}$ 식에서 절대습도의 변화가 없으면 $q_l = 0$이 된다.

88. 다음 그림에서 점 A에서의 상대습도는 몇 %인가? [04]

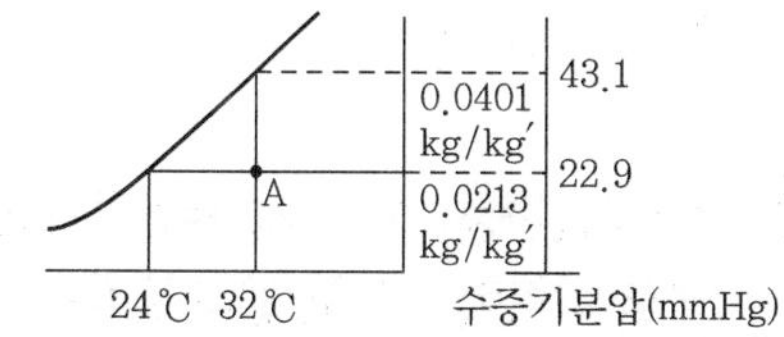

① 53 ② 58 ③ 63 ④ 68

해설 $\phi = \dfrac{P_w}{P_s} = \dfrac{22.9}{43.1} \times 100 = 53.13\ \%$

89. 다음의 습공기 선도에 나타낸 공기의 상태점에서 노점온도는? [09]

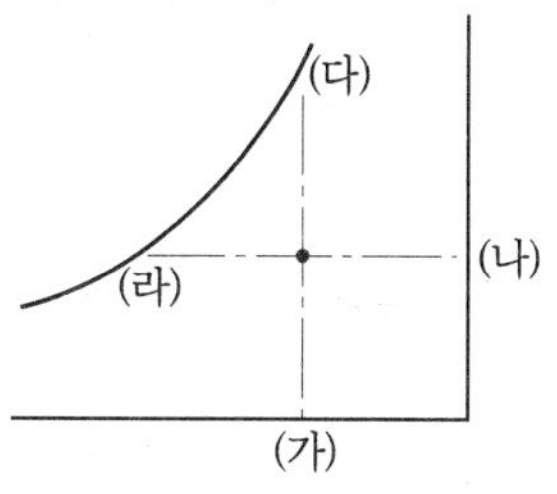

① (가) ② (나) ③ (다) ④ (라)

해설 (가) : 건구온도, (나) : 절대습도
(다) : 건구온도, (라) : 노점온도

90. 습공기 절대습도와 그와 동일 온도의 포화습공기 절대습도와의 비로 나타내며 단위는 %로 나타내는 것은? [05, 07]

정답 86. ② 87. ③ 88. ① 89. ④ 90. ③

① 절대습도 ② 상대습도
③ 비교습도 ④ 관계습도

해설 비교습도 (포화도)

$$= \frac{\text{습공기 절대습도}}{\text{포화습공기 절대습도}}$$

91. 상대습도 (RH)가 100 %일 때 동일하지 않은 온도는? [10]

① 건구온도 ② 습구온도
③ 작용온도 ④ 노점온도

해설 상대습도가 100 %일 때 건구온도, 습구온도, 노점온도는 동일하다 (선도에 작용온도는 없음).

92. 다음 그림에서 ①의 상태의 공기를 ②의 상태로 변화하였을 때 상태 변화를 바르게 설명한 것은? [11]

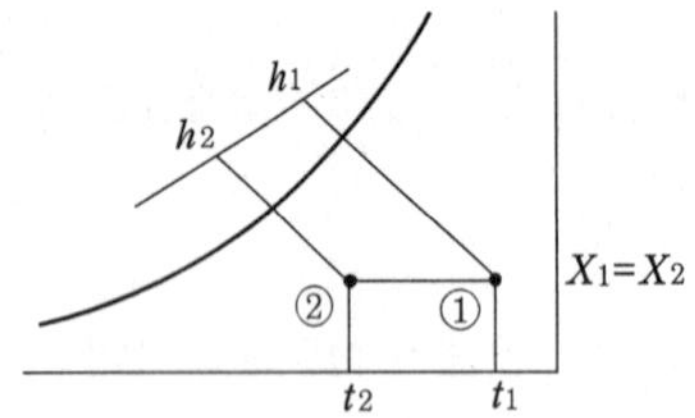

① 냉각 ② 가열 ③ 가습 ④ 감습

해설 ①→② : 냉각, ②→① : 가열

93. 공기조화설비의 구성 요소 중에서 열원장치에 속하는 것은? [12]

① 송풍기 ② 덕트
③ 자동제어장치 ④ 흡수식 냉온수기

해설 열원장치 : 보일러 장치와 냉동장치(흡수식 냉온수기 포함)

94. 다음 중 대규모 건축물에서 중앙공조방식이 개별공조방식보다 우수한 점은 어느 것인가? [05]

① 유지관리가 편리하다.
② 개별제어가 쉽다.
③ 국소운전이 편리하다.
④ 조닝이 쉽다.

해설 중앙식은 기계가 한곳에 밀집되므로 유지관리가 쉽고 개별식은 공조기가 분산되므로 유지관리가 어렵다.

95. 전공기방식에 대한 설명 중 잘못된 것은 어느 것인가? [05]

① 공기·수방식에 비해 에너지 절약면에서 유리하다.
② 실내 공기의 오염이 적다.
③ 외기 냉방이 가능하다.
④ 대형의 공조기실이 필요하다.

해설 수공기방식은 전공기방식에 비해 반송동력이 작다.

96. 다음 중 결로를 방지하기 위한 방법이 아닌 것은? [12]

① 벽면의 온도를 올려준다.
② 다습한 외기를 도입한다.
③ 벽면을 단열시킨다.
④ 강제로 온풍을 해 준다.

해설 결로를 방지하기 위해 건조한 외기를 도입한다.

97. 공기조화설비의 구성을 나타낸 것 중 관계가 없는 것은? [10]

① 열원장치 : 가열기, 펌프
② 공기처리장치 : 냉각기, 에어필터
③ 열운반장치 : 송풍기, 덕트
④ 자동제어장치 : 온도조절장치, 습도조절장치

해설 펌프는 유체 수송장치이다.

정답 91. ③ 92. ① 93. ④ 94. ① 95. ① 96. ② 97. ①

98. **공기조화 방식을 공기방식, 수방식, 냉매방식, 공기·수방식으로 분류할 때 그 기준은 어느 것인가?** [07]

① 열의 분배방법에 의한 분류
② 제어방식에 의한 분류
③ 열을 운반하는 열매체에 의한 분류
④ 공기조화기의 설치방법에 의한 분류

해설 열매체는 물, 공기, 물과 공기로 구분한다.

99. **공기조화 설비의 구성은 열원장치, 공기조화기, 열운반장치 등으로 구분하는데, 이 중 공기조화기에 해당되지 않는 것은?** [14]

① 여과기 ② 제습기
③ 가열기 ④ 송풍기

해설 송풍기는 유체 수송용의 열운반장치이다.

100. **다음 중 개별공조방식의 특징 설명으로 틀린 것은?** [07, 10, 15]

① 설치 및 철거가 간편하다.
② 개별 제어가 어렵다.
③ 히트펌프식은 냉난방을 겸할 수 있다.
④ 실내 유닛이 분리되어 있지 않은 경우는 소음과 진동이 있다.

해설 개별공조방식은 개별 제어가 쉽다.

101. **다음 중 전공기 공조방식의 장점이 아닌 것은?** [06]

① 외기 냉방이 가능하다.
② 청정도 제어가 용이하다.
③ 동절기 가습이 용이하다.
④ 개별 제어가 가능하다.

해설 전공기 공조방식은 개별 제어가 불가능하다.

102. **중앙식 공기조화장치의 장점이 아닌 것은 어느 것인가?** [09]

① 중앙기계실에 집중되어 있으므로 보수관리가 용이하다.
② 설치 이동이 용이하므로 이미 건축된 건물에 적합하다.
③ 대규모 건물에서 공기조화를 할 때 설비비, 경상비가 저렴하다.
④ 공기조화용 기계가 별실에서 멀리 떨어져 있으므로 소음이 적다.

해설 중앙식은 설치 이동에 어려움이 많다.

103. **중앙식 공조기에서 외기 측에 설치되는 기기는?** [07, 13]

① 공기예열기 ② 일리미네이터
③ 가습기 ④ 송풍기

해설 ②, ③, ④는 공기조화기(AHU) 내부에 설치되고 공기예열기(공대공 열교환기)는 공조기 입구, 즉 외기 측에 설치된다.

104. **다음 중 공기조화설비를 하는 이유가 아닌 것은?** [06]

① 사용자에게 쾌감 제공
② 작업능률의 증진
③ 화재를 미연에 방지
④ 건강 유지의 도모

해설 공기조화는 쾌감공조와 산업공조로 구분하며, 그 효용은 다음과 같다.
ⓐ 집무능력을 향상시킨다.
ⓑ 결근자의 수가 줄어든다.
ⓒ 작업상의 과오가 줄어든다.
ⓓ 세탁비, 세발비, 화장비 등 사원의 개인비용이 적게 든다.
ⓔ 일상생활(근무 또는 퇴근 후)에 피로가 적다.

정답 98. ③ 99. ④ 100. ② 101. ④ 102. ② 103. ① 104. ③

105. 열원이 분산된 개별공조방식에 대한 설명으로 틀린 것은? [14]

① 서모스탯이 내장되어 개별 제어가 가능하다.
② 외기 냉방이 가능하여 중간기에는 에너지 절약형이다.
③ 유닛에 냉동기를 내장하고 있어 부분 운전이 가능하다.
④ 장래의 부하 증가, 증축 등에 대해 쉽게 대응할 수 있다.

해설 개별공조방식은 열원이 실내에 설치되므로 외기 냉방이 어렵다.

106. 다음 중 개별공조방식의 특징이 아닌 것은? [07, 11, 12]

① 국소적인 운전이 자유롭다.
② 중앙방식에 비해 소음과 진동이 크다.
③ 외기 냉방을 할 수 있다.
④ 취급이 간단하다.

해설 중앙방식인 전공기식만 외기 냉방이 가능하다.

107. 다음 중 개별식 공조방식의 장점이 아닌 것은? [02]

① 소규모의 공기조화에서는 설비비가 적게 든다.
② 덕트 스페이스를 요하지 않는다.
③ 대부분 공조기가 소형이므로 소음이 작다.
④ 설치 이동이 용이하여 이미 건축된 건물에 적합하다.

해설 개별식은 각실에 공조기가 설치되므로 소음이 크다.

108. 열의 운반을 위한 방법 중 공기방식이 아닌 것은? [14]

① 단일 덕트 방식
② 이중 덕트 방식
③ 멀티존 유닛 방식
④ 패키지 유닛 방식

해설 패키지 유닛 방식은 냉매방식이다.

109. 폐회로식 수열원 히트 유닛 방식의 장점으로 알맞은 것은? [06]

① 소음이 크다.
② 열회수가 용이하다.
③ 고장률이 높고 수명이 짧다.
④ 운전전문 기술자가 필요 없다.

해설 폐회로식은 물을 재사용하므로 열회수가 용이하고 개방회로방식은 사용한 물이 폐수화되어 열회수가 불가능하다.

110. 공조방식의 설치 위치에 따른 분류 중 중앙식(전공기) 공조방식의 설명이 아닌 것은 어느 것인가? [07]

① 이동 보관이 용이하다.
② 많은 배기량에도 적응성이 있다
③ 공조기가 기계실에 집중되어 있어 관리가 용이하다.
④ 계절 변화에 따른 냉난방 전환이 용이하다.

해설 ①은 이동식 개별 장치에 대한 설명이며, 그 예로 난로, 전열기, 이동식 냉각기 등이 있다.

111. 다음 중 공기조화설비의 구성 요소가 아닌 것은? [04]

① 공기조화기 ② 연료가열기
③ 열원장치 ④ 자동제어장치

정답 105. ② 106. ③ 107. ③ 108. ④ 109. ② 110. ① 111. ②

해설 연료가열기는 보일러 장치의 보조 기기이다.

112. **파이프 코일을 바닥이나 천장 등에 설치하고 냉수 또는 온수를 보내어 냉난방을 하는 방식을 무엇이라고 하는가?** [10]

① 전공기 방식
② 패키지 유닛 방식
③ 유인 유닛 방식
④ 복사 냉난방 방식

해설 복사 냉난방은 패널(파이프 코일)을 천장, 벽, 바닥 등에 설치하여 냉난방을 하는 방식이며, 바닥 냉방은 잘 사용하지 않는다.

113. **기류 속에 혼입된 물방울을 제거하기 위하여 냉각 코일이나 에어와셔 출구 쪽에 설치하는 기기는?** [06]

① 일리미네이터 ② 루버
③ 플러딩 노즐 ④ 바이패스 댐퍼

해설 일리미네이터는 공기 중에 수분이 비산되는 것을 방지한다.

114. **공기 세정기에서 물방울이 취출공기에 섞여 나가는 것을 방지하는 비산방지 장치는?** [02, 09]

① 루버 ② 분무 노즐
③ 플러딩 노즐 ④ 일리미네이터

해설 문제 113번 해설 참조

115. **실내에서 폐기되는 공기 중의 열을 이용하여 외기 공기를 예열하는 열 회수 방식은?** [09]

① 열펌프 방식
② 열파이프 방식
③ 런 어라운드 방식
④ 팬코일 방식

해설 런 어라운드 방식은 공대공 전열 교환기로서 폐열을 회수할 수 있다.

116. **다음 중 개별공조방식의 특징으로 틀린 것은?** [09, 13]

① 개별 제어가 가능하다.
② 실내 유닛이 분리되어 있지 않는 경우는 소음과 진동이 크다.
③ 취급이 용이하며, 국소 운전이 가능하다.
④ 외기 냉방이 용이하다.

해설 외기 냉방은 전공기 덕트 방식에서 유리하다.

117. **다음 공기조화방식 중 중앙공기조화 방식이 아닌 것은?** [04]

① 전공기방식 ② 공기·물방식
③ 전수방식 ④ 냉매방식

해설 냉매방식은 개별식이다.

118. **패키지 개별공조방식은 열매체에 의한 분류 중 어느 방식에 해당되는가?** [09]

① 냉매방식 ② 공기방식
③ 수방식 ④ 수-공기방식

해설 패키지는 냉매를 실내 냉각기에 공급하여 공기조화(냉난방)하는 방식으로 개별 냉매방식이다.

119. **최근 공기조화방식을 설계하는 데 있어서 중점적으로 고려되고 있는 사항이 아닌 것은?** [03]

① 건물의 규모
② 에너지 절약 대책

정답 112. ④ 113. ① 114. ④ 115. ③ 116. ④ 117. ④ 118. ① 119. ①

③ 잔업시간에 대한 경제적인 운전 대책
④ 설비의 수명과 지출비용의 경제성 비교

해설 ②, ③, ④는 중점 고려 대상이고 건물의 방향도 여기에 포함된다.

120. **외기온도 30℃와 환기온도 25℃를 1 : 3의 비율로 혼합하여 바이패스 팩터(BF)가 0.2인 코일에 냉각, 감습하는 경우의 코일 출구온도는 몇 ℃인가? (단, 코일 표면 온도는 12℃이다.)** [03]

① 18.85　　② 16.85
③ 14.85　　④ 12.85

해설 ⓐ 혼합 공기 온도

$$t_m = \frac{(1\times 30)+(3\times 25)}{1+3} = 26.25\,℃$$

ⓑ 냉각 코일 출구 온도

$$t_D = (0.2\times 26.25)+(1-0.2)\times 12 = 14.85\,℃$$

121. **일정 풍량을 이용한 전공기 방식으로 부하변동의 대응이 어려워 정밀한 온습도를 요구하지 않는 극장, 공장 등의 대규모 공간에 적합한 공기조화 방식은?** [15]

① 정풍량 단일 덕트 방식
② 정풍량 2중 덕트 방식
③ 변풍량 단일 덕트 방식
④ 변풍량 2중 덕트 방식

해설 정풍량 방식은 각 실의 부하 변동에 대한 대응력이 약하다(개별실 제어가 어렵다).

122. **다음 중 공조방식 중 개별식 공기조화 방식은?** [02, 03, 10, 12, 14]

① 팬코일 유닛 방식
② 2중 덕트 방식
③ 복사 냉난방 방식
④ 패키지 유닛 방식

해설 ①, ②, ③은 중앙 공조방식이고 패키지 유닛은 개별 냉매방식이다.

123. **다음 중 가변 풍량 단일 덕트 방식의 특징이 아닌 것은?** [13]

① 송풍기의 동력을 절약할 수 있다.
② 실내 공기의 청정도가 떨어진다.
③ 일사량 변화가 심한 존에 적합하다.
④ 각 실이나 존(zone)의 온도를 개별 제어하기 어렵다.

해설 가변 풍량 단일 덕트 방식은 개별실 제어를 할 수 있다.

124. **건물 내 장소에 따라 부하변동의 상황이 달라질 경우, 구역구분을 통해 구역마다 공조기를 설치하여 부하처리를 하는 방식은 무엇인가?** [11, 14]

① 단일 덕트 재열 방식
② 단일 덕트 변풍량 방식
③ 단일 덕트 정풍량 방식
④ 단일 덕트 각층 유닛 방식

해설 부하변동이 일정한 곳 및 부하변동의 상황이 달라질 경우 1실 1계통의 구역별로 공조를 할 수 있는 것은 단일 덕트 정풍량 방식이다.

125. **각실의 부하변동에 따라 풍량을 제어하여 실내온도를 유지하는 공조방식은?** [11]

① 2중 덕트 방식
② 유인 유닛 방식
③ 변풍량 단일 덕트 방식
④ 단일 덕트 재열 방식

해설 변풍량 방식(variable air volume sys-

정답 120. ③　121. ①　122. ④　123. ④　124. ③　125. ③

tem) : 실내 부하의 증감에 따라 송풍량을 조절하는 방식

126. **다음 중 사무실, 호텔, 병원 등의 고층 건물에 적합한 공기조화방식은?** [02]

① 단일 덕트 방식 ② 유인 유닛 방식
③ 이중 덕트 방식 ④ 재열 방식

해설 유인 유닛 방식은 비교적 낮은 운전비로 개별실 제어가 가능하고 실내부하의 대부분은 2차 코일에 의해서 처리되므로 열반송동력이 작다. 계절에 구분없이 쾌감도가 높으므로 사무실, 호텔, 병원 등의 고층 건물에 적합하다.

127. **단일 덕트 정풍량 방식에 대한 설명으로 틀린 것은?** [07, 15]

① 실내부하가 감소될 경우에 송풍량을 줄여도 실내공기가 오염되지 않는다.
② 고성능 필터의 사용이 가능하다.
③ 기계실에 기기류가 집중 설치되므로 운전보수관리가 용이하다.
④ 각 실이나 존의 부하변동이 서로 다른 건물에서는 온습도에 불균형이 생기기 쉽다.

해설 정풍량 방식은 송풍량이 항상 일정하고 부하에 따른 개별실 조정이 어렵다.

128. **1차 공조기로부터 보내온 고속 공기가 노즐 속을 통과할 때의 유인력에 의하여 2차 공기를 유인하여 냉각 또는 가열하는 방식을 무엇이라고 하는가?** [05, 07, 10, 15]

① 패키지 유닛 방식 ② 유인 유닛 방식
③ FCU 방식 ④ 바이패스 방식

해설 유인 유닛 방식은 팬이 없고 1차 공기의 유인력에 의해서 3~4배의 공기를 송출한다.

129. **단일 덕트 정풍량 방식의 특징이 아닌 것은?** [04]

① 공조기가 기계실에 있으므로 운전·보수가 용이하고 진동 소음의 전달 염려가 적다.
② 송풍량이 크므로 환기량도 충분하다.
③ 존(zone)수가 적을 때는 설비비가 다른 방식에 비해서 적게 든다.
④ 변풍량 방식에 비하여 연간의 송풍동력이 적고 정 에너지로 된다.

해설 정풍량 방식은 변풍량 방식보다 송풍동력이 크고 개별실 제어가 어렵다.

130. **다음과 같은 특징을 갖고 있는 공조방식은 어느 것인가?** [08]

- 각 유닛마다 제어가 가능하므로 개별실 제어가 가능하다.
- 고속 덕트를 사용하므로 덕트 스페이스를 작게 할 수 있다.
- 1차 공기와 2차 냉온수를 공급하므로 실내환경 변화에 대응이 용이하다.

① 유인 유닛 방식
② 패키지 유닛 방식
③ 단일 덕트 정풍량 방식
④ 덕트 병용 패키지 방식

해설 유인 유닛(induction uint) 방식의 특징
ⓐ 비교적 낮은 운전비로 개별실 제어가 가능하다.
ⓑ 1차 공기와 2차 냉온수를 별도로 공급하므로 재실자의 기호에 맞는 실온을 설정할 수 있다.
ⓒ 1차 공기를 고속 덕트로 공급하고, 2차측에 냉온수를 공급하므로 열반송에 필요한 덕트 공간을 최소화한다.
ⓓ 중앙공조기는 처리 풍량이 적어서 소형화되고 제습, 가습, 공기 여과 등을

정답 126. ② 127. ① 128. ② 129. ④ 130. ①

할 수 있다.

ⓔ 냉난방 전환 시 운전 방법이 복잡하다.

ⓕ 가열, 냉각을 동시에 제어하므로 혼합 손실에 따른 에너지 소비가 발생한다.

ⓖ 직접 난방 이외에는 사용이 곤란하고 중간기에 냉방 운전이 필요하다.

ⓗ 1차 공기를 고속으로 공급하여 2차 공기를 유인하므로 소음이 크다.

131. 중앙 계기실에서 온수 또는 냉수를 파이프로 보내어 겨울에는 복사난방, 여름에는 복사냉방을 행하는 공기조화방식은? [03]

① 단일 덕트식 ② 이중 덕트식
③ 패널식 ④ 이차 송풍식

해설 ①, ②는 전공기 방식이고, ④는 실용화되지 않았다.

132. 공기조화방식 중에서 중앙식의 전공기 방식에 속하는 것은? [12]

① 패키지 유닛 방식 ② 복사 냉난방식
③ 팬코일 유닛 방식 ④ 2중 덕트 방식

해설 ① 냉매 방식
② 물 방식
③ 물 방식
④ 전공기 방식

133. 공기조화방식을 분류하면 중앙방식과 개별방식으로 분류할 수 있다. 또한 중앙방식은 전공기방식, 공기-수방식 및 수방식으로 분류할 수 있는데 공기-수방식이 아닌 것은? [03]

① 각층 유닛 방식
② 팬코일 유닛 방식(덕트 병용)
③ 유인 유닛 방식
④ 복사 냉난방 방식

해설 각층 유닛 방식은 전공기 단일 덕트 방식의 변종이다.

134. 다음 그림에서 설명하는 공기조화방식은 어느 것인가? [06]

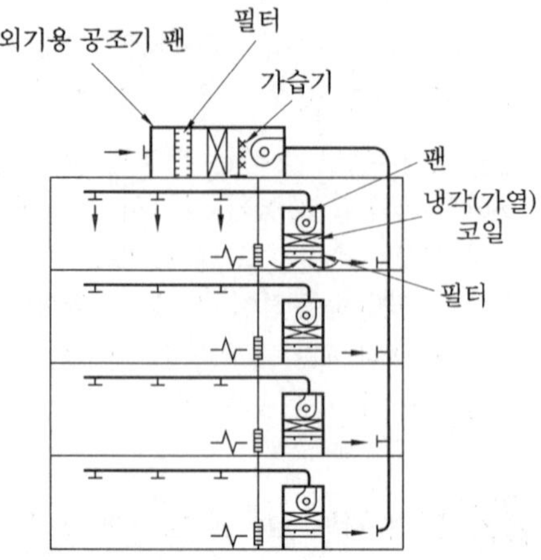

① 단일 덕트 방식 ② 이중 덕트 방식
③ 가변 풍량 방식 ④ 각층 유닛 방식

해설 각층 유닛 방식 : 전공기방식의 변형 종으로 임대 건물에 유리하고 방재 효과가 크며 덕트 길이가 짧고 각층에 유닛(unit)이 설치되어 있다.

135. 다음과 같은 공기조화방식의 분류 중 공기·물방식이 아닌 것은? [04]

① 인덕션 유닛 방식
② 팬코일 유닛 방식
③ 복사 냉난방 방식
④ 멀티존 유닛 방식

해설 멀티존 유닛 방식은 이중 덕트 방식의 전공기식이다.

136. 1대의 응축기(실외기)로 여러 대의 냉각코일(실내기)을 운영하는 방식으로 실외기의 설치면적을 줄일 수 있어 많이 사용되는 형식을 무엇이라 하는가? [09]

정답 131. ③ 132. ④ 133. ① 134. ④ 135. ④ 136. ③

① 룸쿨러 방식
② 패키지 유닛 방식
③ 멀티 유닛 방식
④ 히트펌프 방식

해설 멀티 유닛 방식은 여러 대를 조합하여 사용한다.

137. 소규모의 건물에 가장 적합한 공조방식은 어느 것인가? [08, 11]

① 패키지 유닛 방식
② 변풍량 단일 덕트 방식
③ 이중 덕트 방식
④ 복사 냉난방 방식

해설 패키지는 개별식 공조기로 압축기, 응축기, 팽창밸브, 증발기, 송풍기, 필터, 제거장치 등이 조립된 것이다.

138. 다음 중 에너지 손실이 가장 큰 공조 방식은? [02, 06, 08]

① 2중 덕트 방식 ② 각층 유닛 방식
③ F.C 유닛 방식 ④ 유인 유닛 방식

해설 2중 덕트 방식은 혼합 상자에서 에너지 손실이 발생한다.

139. 공조방식 중 각층 유닛 방식의 장점으로 틀린 것은? [12, 16]

① 각 층의 공조기 설치로 소음과 진동의 발생이 없다.
② 각 층별로 부분 부하 운전이 가능하다.
③ 중앙기계실의 면적을 적게 차지하고 송풍기 동력도 적게 든다.
④ 각 층 슬래브의 관통 덕트가 없게 되므로 방재상 유리하다.

해설 각 층의 소음, 진동이 크다.

140. 전공기방식에 비해 반송 동력이 작고, 유닛 1대로서 존을 구성하므로 조닝이 용이하며, 개별실 제어가 가능한 장점이 있어 사무실, 호텔, 병원 등의 고층 건물에 적합한 공기조화방식은? [12]

① 단일 덕트 방식 ② 유인 유닛 방식
③ 이중 덕트 방식 ④ 재열 방식

해설 유인 유닛 방식은 1차 공기와 2차 냉온수를 별도로 공급함으로써 재실자의 기호에 맞는 실온을 제어할 수 있다.

141. 공조방식을 분류한 것 중 전공기방식이 아닌 것은? [03]

① 단일 덕트 방식 ② 유인 유닛 방식
③ 이중 덕트 방식 ④ 각층 유닛 방식

해설 유인 유닛 방식은 물공기방식이다.

142. 공조방식의 분류에서 2중 덕트 방식은 어느 방식에 속하는가? [14]

① 물-공기방식 ② 전수방식
③ 전공기방식 ④ 냉매방식

해설 2중 덕트 방식은 냉·온풍을 공급하는 전공기방식이다.

143. 공기조화방식 중 혼합 체임버(chamber)를 설치해서 냉풍과 온풍을 자동으로 혼합하여 공급하는 방식은? [03, 05, 06]

① 멀티존 덕트 방식
② 재열방식
③ 팬코일 유닛 방식
④ 이중 덕트 방식

해설 이중 덕트 방식은 냉풍과 온풍을 혼합 체임버에서 혼합하는 방식으로 개별실 제어가 가능하다.

정답 137. ① 138. ① 139. ① 140. ② 141. ② 142. ③ 143. ④

144. 공기조화방식의 중앙식 공조방식에서 수-공기방식에 해당되지 않는 것은 다음 중 어느 것인가? [13]

① 이중 덕트 방식
② 팬코일 유닛 방식(덕트 병용)
③ 유인 유닛 방식
④ 복사 냉난방 방식(덕트 병용)

해설 이중 덕트 방식은 전공기방식이고 ②, ③, ④는 수공기방식이다.

145. 이중 덕트 공기조화방식의 특징이라고 할 수 없는 것은? [13]

① 열매체가 공기이므로 실온의 응답이 빠르다.
② 혼합으로 인한 에너지 손실이 없으므로 운전비가 적게 든다.
③ 실내습도의 제어가 어렵다.
④ 실내부하에 따라 개별 제어가 가능하다.

해설 이중 덕트 공기조화방식은 혼합으로 인한 에너지 손실이 크다.

146. 개별공조방식이 아닌 것은? [04, 15]

① 패키지 방식
② 룸쿨러 방식
③ 멀티 유닛 방식
④ 팬코일 유닛 방식

해설 팬코일 유닛 방식은 중앙공조방식이다.

147. 다음은 이중 덕트 방식에 대한 설명이다. 옳지 않은 것은? [03, 04, 07, 09]

① 중앙식 공조방식으로 운전 보수관리가 용이하다.
② 실내부하에 따라 각실 제어나 존(zone)별 제어가 가능하다.
③ 열매가 공기이므로 실온의 응답이 아주 빠르다.
④ 단일 덕트 방식에 비해 에너지 소비량이 적다.

해설 이중 덕트 방식은 단일 덕트 방식에 비해 에너지 소비량이 크다.

148. 이중 덕트 변풍량 방식의 특징으로 틀린 것은? [11, 15]

① 각 실내의 온도 제어가 용이하다.
② 설비비가 높고 에너지 손실이 크다.
③ 냉풍과 온풍을 혼합하여 공급한다.
④ 단일 덕트 방식에 비해 덕트 스페이스가 작다.

해설 이중 덕트이므로 단일 덕트 방식보다 스페이스가 크다.

149. 2중 덕트 방식에 대한 설명 중 잘못된 것은 어느 것인가? [08, 10]

① 실의 냉·난방 부하가 감소되어도 취출 공기의 부족 현상이 없다.
② 실내 습도의 완전한 조절이 가능하다.
③ 동시에 냉·난방을 행하기가 용이하다.
④ 설비비 및 운전비가 많이 든다.

해설 공기조화 과정에서 실내 습도를 완벽하게 조절하기는 어렵다.

150. 팬코일 유닛과 관계없는 것은? [08]

① 송풍기 ② 여과기
③ 냉온수코일 ④ 가습기

해설 팬코일 유닛에는 가습기를 설치할 수 없다.

151. 코일, 팬, 필터를 내장하는 유닛으로써, 여름에는 코일에 냉수를 통과시켜 공기를 냉각감습하고 겨울에는 온수를 통과시켜 공기

정답 144. ① 145. ② 146. ④ 147. ④ 148. ④ 149. ② 150. ④ 151. ④

를 가열하는 공기조화방식은? [02, 07]

① 덕트 병용의 패키지 공조기 방식
② 각층 유닛 방식
③ 유인 유닛 방식
④ 팬코일 유닛 방식

해설 팬코일 유닛은 코일과 팬으로 구성된 것으로 냉·온수를 공급하여 기호에 맞게 냉·난방할 수 있다.

152. 다음 공조방식 중 전공기방식이 아닌 것은? [06]

① 팬코일 유닛 방식 ② 이중 덕트 방식
③ 단일 덕트 방식 ④ 각층 유닛 방식

해설 팬코일 유닛 방식은 물방식이다.

153. 다음 중 팬코일 유닛 방식(fan coil unit system)의 특징을 설명한 것으로 틀린 것은? [06, 11]

① 고도의 실내 청정도를 높일 수 있다.
② 부하 증가 시 유닛 증설만으로 대처할 수 있다.
③ 다수 유닛이 분산 설치되어 관리 보수가 어렵다.
④ 각 유닛마다 조절할 수 있어 개별 제어에 적합하다.

해설 팬코일 유닛 방식은 실내 바닥의 먼지를 흡입할 수 있고 외기 도입이 어려우므로 청정도를 확보하기가 어렵다.

154. 패키지형 에어컨에서 냉방운전은 되나, 풍량이 부족하여 냉각속도가 늦어질 때 조치방법으로 잘못된 것은? [08, 16]

① 덕트 댐퍼를 닫는다.
② 공기 통로의 불량 이물질을 제거한다.
③ 팬벨트의 장력을 조정한다.
④ 취출 그릴을 열어준다.

해설 덕트 댐퍼를 연다.

155. 다음 중 중앙 공기조화방식으로 각 실내의 온도 조절이 가장 잘 되는 방식은 어느 것인가? [06]

① 멀티존 유닛 방식
② 패키지 방식
③ 팬코일 유닛 방식
④ 단일 덕트 방식

해설 팬코일 유닛은 실내에 열원기기가 설치된다.

156. 다음 중 팬코일 유닛 방식의 특징으로 옳지 않은 것은? [14]

① 외기 송풍량을 크게 할 수 없다.
② 수 배관으로 인한 누수의 염려가 있다.
③ 유닛별로 단독운전이 불가능하므로 개별 제어도 불가능하다.
④ 부분적인 팬코일 유닛만의 운전으로 에너지 소비가 적은 운전이 가능하다.

해설 팬코일 유닛 방식은 유닛별 개별 제어가 가능하다.

157. 다음 중 패키지 유닛 공조방식의 특징이 아닌 것은? [08]

① 취급이 간단해서 단독운전을 할 수 있고 대규모 건물의 부분 공조가 용이하다.
② 실내에 설치하는 경우 급기를 위한 덕트 샤프트가 필요 없다.
③ 압축기를 실외기에 설치함으로써 소음을 적게 할 수 있다.
④ 기계실이 필요하고 실내부하 및 운전시간이 다른 방에는 부적당하다.

해설 패키지 유닛은 냉매방식의 개별 공조

정답 152. ① 153. ① 154. ① 155. ③ 156. ③ 157. ④

장치이므로 기계실이 필요 없고 실내부하 변동에 적절히 대응할 수 있다.

158. 덕트 시설이 필요 없고 각 실에 수 배관이 필요하며 실내에 유닛을 설치하여 개별 제어를 하는 공조방식은? [07]

① 각층 유닛식 ② 유인 유닛식
③ 복사 냉·난방식 ④ 팬코일 유닛식

해설 팬코일 유닛식은 냉온수 공급관으로부터 열원을 제공받고 팬에 의해 강제 대류시키는 냉난방식으로 개별 제어가 유리하다.

159. 다음 공조방식에서 전공기방식이 아닌 것은? [03]

① 단일 덕트 방식 ② 2중 덕트 방식
③ 멀티존 유닛 방식 ④ 팬코일 유닛 방식

해설 팬코일 유닛 방식은 수(물)방식이다.

160. 다음 중 수-공기 방식인 팬코일 유닛(fan coil unit) 방식의 장점으로 옳지 않은 것은? [14]

① 개별 제어가 가능하다.
② 부하 변경에 따른 증설이 비교적 간단하다.
③ 전공기방식에 비해 이송동력이 적다.
④ 부분 부하 시 도입 외기량이 많아 실내 공기의 오염이 적다.

해설 팬코일 유닛은 외기 도입이 어렵다.

161. 다음 중 팬코일 유닛 방식을 채용하는 이유로 부적당한 것은? [03, 05, 10, 16]

① 개별 제어가 쉽다.
② 환기량 확보가 쉽다.
③ 운송 동력이 적게 소요된다.
④ 중앙 기계실의 면적을 줄일 수 있다.

해설 팬코일은 청정구역에 부적합하고 환기 확보가 어렵다.

162. 다음 중 외기 냉방이 불가능한 공기조화방식은? [05, 15]

① 정풍량 단일 덕트 방식
② 변풍량 단일 덕트 방식
③ 팬코일 유닛 방식
④ 각층 유닛 방식

해설 팬코일 유닛 방식은 외기 도입이 불가능하므로 외기 냉방을 할 수 없지만 자연 환기는 가능하다.

163. 다음 공기조화방식 중에서 덕트 방식이 아닌 것은? [12]

① 팬코일 유닛 방식 ② 유인 유닛 방식
③ 각층 유닛 방식 ④ 전공기 방식

해설 팬코일 유닛 방식은 수방식이다.

164. 일반적으로 냉동기를 내장하고 있는 공기조화기를 실내에 직접 설치하는 공기조화 방식은 어느 것인가? [02]

① 단일 덕트 방식 ② 2중 덕트 방식
③ 유인 유닛 방식 ④ 패키지 방식

해설 패키지는 냉동기, 응축기, 팽창밸브, 증발기가 단일구조체로 된 장치이다.

165. 다음 중 패키지 유닛 방식의 특징이 아닌 것은? [06]

① 중앙 기계실의 면적을 적게 차지한다.
② 취급이 간단해서 단독운전을 할 수 있고 대규모 건물의 부분 공조가 용이하다.
③ 송풍기 정압이 높으므로 제진 효율이 높아진다.

정답 158. ④ 159. ④ 160. ④ 161. ② 162. ③ 163. ① 164. ④ 165. ③

④ 시공이 용이하고 공기가 단축된다.

해설 패키지는 고성능 필터를 설치할 수 없으므로 제진 효율이 나쁘다.

166. 공기조화기의 열운반 방법에 따른 분류에서 공기와 물에 의한 방식이 아닌 것은? [05]

① 단일 덕트 재열방식
② 각층 유닛 방식
③ 복사 냉난방 방식
④ 패키지 방식

해설 패키지 방식은 냉매에 의한 방식이다.

167. 다음 설명 중 개별식 공기조화방식으로 볼 수 있는 것은? [08, 13]

① 사무실 내에 패키지형 공조기를 설치하고, 여기에서 조화된 공기는 패키지 상부에 있는 취출구로 실내에 송풍한다.
② 사무실 내에 유인 유닛형 공조기를 설치하고, 외부의 공기조화기로부터 유인 유닛에 공기를 공급한다.
③ 사무실 내에 팬코일 유닛형 공조기를 설치하고, 외부의 열원기기로부터 팬코일 유닛에 냉·온수를 공급한다.
④ 사무실 내에는 덕트만 설치하고, 외부의 공기조화기로부터 덕트 내에 공기를 공급한다.

해설 ②, ③, ④는 중앙공조방식이고 ①은 냉매방식인 개별식이다.

168. 독립계통으로 운전이 자유롭고 냉수 배관이나 복잡한 덕트 등이 없기 때문에 소규모 상점이나 사무실 등에서 사용되는 경제적인 공조방식은? [08, 10, 14]

① 중앙식 공조방식
② 복사 냉난방 공조방식
③ 유인 유닛 공조방식
④ 패키지 유닛 공조방식

해설 패키지 유닛 공조방식은 소형 냉매방식으로 독립된 계통의 사무실, 상점 등에 많이 사용된다.

169. 보일러로부터의 증기 또는 온수나, 냉동기로부터의 냉수를 객실에 있는 유닛으로 공급시켜 냉·난방을 하는 것으로 덕트 스페이스가 필요 없고, 각 실의 제어가 쉬워서 주택, 여관 등과 같이 재실인원이 적은 방에 적절한 방식은 어느 것인가? [12]

① 전공기방식 ② 전수방식
③ 공기-수방식 ④ 냉매방식

해설 전수(물)방식인 팬코일 유닛(fan coil unit)은 개별 제어가 쉬워 주택, 객실 등에 사용한다.

170. 다음의 공기선도에서 (2)에서 (1)로 냉각, 감습을 할 때 현열비(SHF)의 값을 식으로 나타낸 것 중 옳은 것은? [08, 15]

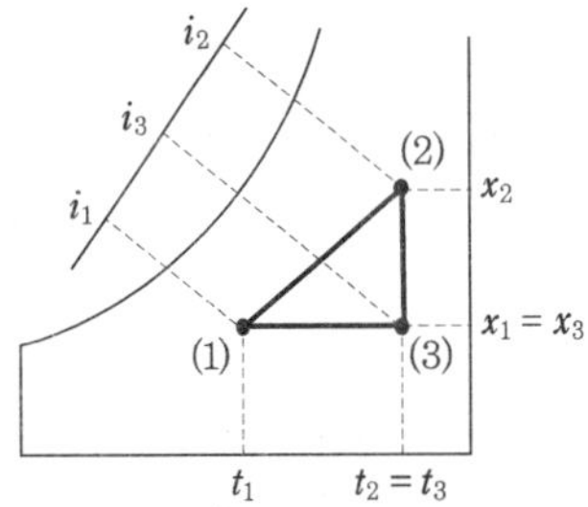

① $\dfrac{i_2 - i_3}{i_2 - i_1}$ ② $\dfrac{i_3 - i_1}{i_2 - i_1}$

③ $\dfrac{i_2 - i_1}{i_3 - i_1}$ ④ $\dfrac{i_3 + i_2}{i_2 + i_1}$

해설 $SHF = \dfrac{\text{현열량}}{\text{전열량}} = \dfrac{i_3 - i_1}{i_2 - i_1}$

잠열량 $= i_2 - i_3$

정답 166. ④ 167. ① 168. ④ 169. ② 170. ②

2장 공조부하

1. 벽체로부터의 취득열량 (q)을 산출하는 식으로 옳은 것은? (단, K : 열통과율, Δt_e : 상당외기 온도차, A : 벽면적) [07]

① $q=\Delta t_e \cdot A \cdot \left(\frac{1}{K}\right)$

② $q=K \cdot \Delta t_e \cdot A$

③ $q=K \cdot A \cdot \left(\frac{1}{\Delta t_e}\right)$

④ $q=K \cdot \Delta t_e \cdot \left(\frac{1}{A}\right)$

2. 공조되는 인접실과 5℃의 온도차가 나는 경우에 벽체를 통한 관류열량은? (단, 벽체의 열관류율은 0.5 kcal/m²·h·℃이며, 인접실과 접한 벽체의 면적은 300 m²이다.) [12]

① 215 kcal/h　② 325 kcal/h

③ 750 kcal/h　④ 1500 kcal/h

해설 $q=0.5\times300\times5=750$ kcal/h

3. 난방공조에서 실내온도(코일의 입구온도)가 23℃, 현열량 4000 kcal/h, 풍량이 2400 kg/h이면 코일의 출구온도는 약 얼마인가? [07, 10]

① 26.95℃　② 29.94℃

③ 33.42℃　④ 36.52℃

해설 $t_2=23+\frac{4000}{2400\times0.24}=29.94$ ℃

4. 건구온도 20℃, 절대습도 0.008 kg/kg (DA)인 공기의 비엔탈피는 약 얼마인가? (단, 공기의 정압 비열(C_P)은 0.24 kcal/kg·℃, 수증기의 정압 비열(C_P)은 0.441 kcal/kg·℃이다.) [13]

① 7 kcal/kg(DA)

② 8.3 kcal/kg(DA)

③ 9.6 kcal/kg(DA)

④ 11 kcal/kg(DA)

해설 비엔탈피(h)

$$h=0.24\times20+0.008\times(597.3+0.441\times20)=9.64 \text{ kcal/kg}$$

5. 열교환기에서 냉수코일 출구측의 공기와 물의 온도차를 6℃, 냉수코일 입구측의 공기와 물의 온도차를 16℃라고 하면 대수평균 온도차(℃)는 약 얼마인가? [09]

① 2.67　② 8.37

③ 10.0　④ 10.2

해설 $\text{MTD}=\frac{16-6}{\ln\frac{16}{6}}=10.19$ ℃

6. 습구온도 30℃의 공기 20 kg과 습구온도 15℃의 공기 40 kg을 단열 혼합하면 습구온도는 어떻게 되겠는가? [07]

① 27℃　② 25℃

③ 23℃　④ 20℃

해설 $t_m=\frac{(20\times30)+(40\times15)}{20+40}=20$ ℃

정답 1. ② 2. ③ 3. ② 4. ③ 5. ④ 6. ④

7. 15℃의 공기 15 kg과 30℃의 공기 5 kg을 혼합할 때 혼합 후의 공기온도는? [15]

① 약 22.5℃ ② 약 20℃
③ 약 19.2℃ ④ 약 18.7℃

해설 $t = \dfrac{15 \times 15 + 5 \times 30}{15 + 5} = 18.75℃$

8. 현열비를 구하는 식은 어느 것인가? [08, 10]

① $현열비 = \dfrac{현열부하}{잠열부하}$
② $현열비 = \dfrac{잠열부하}{잠열부하 + 현열부하}$
③ $현열비 = \dfrac{현열부하}{잠열부하 + 현열부하}$
④ $현열비 = \dfrac{잠열부하}{현열부하}$

해설 $현열비 = \dfrac{q_s}{q_t} = \dfrac{q_s}{q_l + q_s}$

9. 실내 냉방 시 현열부하가 8000 kcal/h인 실내를 26℃로 냉방하는 경우 20℃의 냉풍으로 송풍하면 필요한 송풍량은 약 몇 m³/h인가? (단, 공기의 비열은 0.24 kcal/kg·℃이며, 비중량은 1.2 kg/m³이다.) [13]

① 2893 ② 4630
③ 5787 ④ 9260

해설 $Q = \dfrac{8000}{1.2 \times 0.24 \times (26 - 20)}$
$= 4629.6 \text{ m}^3/\text{h}$

10. 실내 취득 감열량이 30000 kcal/h이고 실내로 유입되는 송풍량이 9470 m³/h일 때 실내의 온도를 25℃로 유지하려면 실내로 유입되는 공기의 온도를 약 몇 ℃로 해야 되는가? (단, 공기의 비중량은 1.2 kg/m³, 비열은 0.24 kcal/kg·℃로 한다.) [11]

① 8 ② 10
③ 12 ④ 14

해설 $t_i = 25 - \dfrac{30000}{9470 \times 1.2 \times 0.24} = 14℃$

11. 송풍공기량을 Q [m³/h], 외기 및 실내 온도를 각각 t_o, t_r[℃]라 할 때 침입 외기에 의한 취득열량 중 현열부하를 구하는 공식은? [04, 16]

① $q = 600\,Q(t_o - t_r)$
② $q = 715\,Q(t_o - t_r)$
③ $q = 0.28\,Q(t_o - t_r)$
④ $q = 0.24\,Q(t_o - t_r)$

해설 $q_s = GC(t_o - t_r)$
$= Q \times 1.2 \times 0.24 \times (t_o - t_r)$
$= (0.28 \sim 0.3)Q(t_o - t_r)[\text{kcal/h}]$

12. 다음 실내의 현열부하가 52000 kcal/h이고, 잠열부하가 20000 kcal/h일 때 현열비(SHF)는 약 얼마인가? [11, 15]

① 0.72 ② 0.67
③ 0.38 ④ 0.25

해설 $SHF = \dfrac{52000}{52000 + 20000} = 0.72$

13. 실내의 취득열량을 구했더니 현열이 28000 kcal/h, 잠열이 12000 kcal/h였다. 실내를 21℃, 60 %(RH)로 유지하기 위해 취출온도차 10℃로 송풍할 때 이때의 현열비를 구하면? [02, 10, 13]

① 0.7 ② 1.8
③ 1.4 ④ 0.4

해설 $SHF = \dfrac{28000}{28000 + 12000} = 0.7$

정답 7. ④ 8. ③ 9. ② 10. ④ 11. ③ 12. ① 13. ①

14. 실내 냉방부하 중에서 현열부하가 2500 kcal/h, 잠열부하가 500 kcal/h일 때 현열비는 약 얼마인가? [08, 09, 14]

① 0.2　② 0.83
③ 1　④ 1.2

해설 $SHF = \frac{2500}{2500+500} = 0.83$

15. 다음 설명 중 옳은 것은? [15]

① 1 kW는 760 kcal/h이다.
② 증발열, 응축열, 승화열은 잠열이다.
③ 1 kg의 얼음의 용해열은 860 kcal이다.
④ 상대습도란 포화증기압을 증기압으로 나눈 것이다.

해설 ① 1 kWh = 860 kcal
③ 1 kg의 얼음의 용해잠열은 79.68 kcal이다.
④ $상대습도 = \frac{수증기분압}{포화수증기분압}$

16. 냉방부하 계산 시 형광등 용량 1 kWh당 계산하여야 할 열량은 몇 kcal인가? [02]

① 860　② 1500
③ 1000　④ 1920

해설 형광등은 점등관과 안전기 발열량으로 20 %를 가산한다.
∴ $860 \times 1.2 = 1032 \fallingdotseq 1000$ kcal/h

17. 어떠한 열기관이 45 PS를 발생할 때 1시간마다의 일을 열량으로 환산하면 얼마인가? [05]

① 20000 kcal　② 23650 kcal
③ 25000 kcal　④ 28440 kcal

해설 $q = 45 \times 632 = 28440$ kcal/h

18. 1 kW를 열량으로 환산하면 몇 kcal/h인가? [02, 09]

① 860　② 750
③ 632　④ 427

해설 ⓐ $1 \times \frac{1}{4.187} \times 3600 = 860$ kcal/h
ⓑ $102 \times \frac{1}{427} \times 3600 = 860$ kcal/h

19. 표준 대기압 상태에서 100℃의 포화수 1 kg을 100℃의 건포화증기로 만드는 데 필요한 열량은 몇 kcal/kg인가? [11]

① 620　② 539
③ 427　④ 273

해설 100℃의 물의 증발잠열은 538.8≒539 kcal/kg이다.

20. 공조부하 계산에 있어서 백열등의 1 kW당 발생열량은 얼마인가? [07]

① 641 kcal/h　② 680 kcal/h
③ 860 kcal/h　④ 1000 kcal/h

해설 ⓐ 백열등 1 kW : 860 kcal/h
ⓑ 형광등 1 kW : 860×1.2 ≒1000 kcal/h

21. 건구온도 33℃, 상대습도 50 %인 습공기 500 m^3/h를 냉각 코일에 의하여 냉각한다. 코일의 장치노점온도는 9℃이고 바이패스 팩터가 0.1이라면, 냉각된 공기의 온도는? [07, 09, 11, 15]

① 9.5℃　② 10.2℃
③ 11.4℃　④ 12.6℃

해설 $0.1 = \frac{t_c - 9}{33-9}$
$t_c = 9 + 0.1 \times (33-9) = 11.4$℃

정답 14. ② 15. ② 16. ③ 17. ④ 18. ① 19. ② 20. ③ 21. ③

22. 외기온도 0℃, 실내온도 20℃, 벽면적 20 m^2인 벽체를 통한 손실열량은 몇 kcal/h인가? (단, 벽체의 열통과율은 2.35 kcal/m^2·h·℃이다.) [05, 11, 16]

① 470 ② 940
③ 1410 ④ 1880

해설 $q = 2.35 \times 20 \times (20-0)$
$= 940 \text{ kcal/h}$

23. 어떤 실내의 취득현열량을 구하였더니 30000 kcal/h, 잠열이 10000 kcal/h이었다. 실내를 25℃, 50 %로 유지하기 위해 취출온도차 10℃로 송풍하고자 한다. 이때 현열비는? [06]

① 0.7 ② 0.75
③ 0.8 ④ 0.85

해설 $SHF = \dfrac{30000}{30000+10000} = 0.75$

24. 틈새바람량 Q [m^3/h], 실내온도 t_r, 외기온도 t_o라 할 때 틈새바람에 의한 현열부하를 구하는 식은? [08]

① $0.24Q(t_r - t_o)$ ② $597Q(t_r - t_o)$
③ $717Q(t_r - t_o)$ ④ $0.29Q(t_r - t_o)$

해설 $q = Q \times 1.2 \times 0.24 \times (t_r - t_o)$
$= (0.28 \sim 0.3)Q(t_r - t_o)$ [kcal/h]

25. 건구온도 20℃, 절대습도 0.008 kg/kg(DA)인 공기의 비엔탈피는 약 얼마인가? (단, 공기의 정압비열(C_P) = 0.24 kcal/kg·℃, 수증기의 정압비열(C_P) = 0.441 kcal/kg·℃이다.) [06]

① 7.0 kcal/kg(DA)
② 8.3 kcal/kg(DA)
③ 9.6 kcal/kg(DA)
④ 11.0 kcal/kg(DA)

해설 비엔탈피
$= 0.24 \times 20 + 0.008 \times (597.3 + 0.441 \times 20)$
$= 9.648 \text{ kcal/kg}$

26. 외기온도 −5℃일 때 공급공기를 18℃로 유지하는 히트펌프로 난방을 한다. 방의 총 열손실이 50000 kcal/h일 때의 외기로부터 얻는 열량은 몇 kal/h인가? [03, 06, 11]

① 43500 ② 46048
③ 50000 ④ 53255

해설 얻는 열량 $Q_2 = Q_1 - \dfrac{T_1 - T_2}{T_1} Q_1$
$= 50000 - \dfrac{(273+18)-(273-5)}{273+18} \times 50000$
$= 46048 \text{ kcal/h}$

27. 소요동력 2 kW의 송풍기를 사용하는 공조장치에서의 송풍기 취득 열량은 몇 kcal/h인가? [04]

① 2000 ② 1720
③ 1680 ④ 1500

해설 $q = 2 \times 860 = 1720 \text{ kcal/h}$

28. 5℃인 450 kg/h의 공기를 65℃가 될 때까지 가열기로 가열하는 경우 필요한 열량은 몇 kcal/h인가? (단, 공기의 비열은 0.24 kcal/ kg·℃이다.) [05, 08, 13]

① 6480 ② 6490
③ 6580 ④ 6590

해설 $q = 450 \times 0.24 \times (65-5)$
$= 6480 \text{ kcal/h}$

정답 22. ② 23. ② 24. ④ 25. ③ 26. ② 27. ② 28. ①

29. **어떤 사무실 동쪽 유리면이 50 m^2이고 안쪽은 베니션 블라인드가 설치되어 있을 때, 동쪽 유리면에서 실내에 침입하는 냉방부하는? (단, 유리 통과율은 6.2 kcal/m^2·h·℃, 복사량은 512 kcal/m^2·h, 차폐계수는 0.56, 실내외 온도차는 10℃이다.)** [15]

① 3100 kcal/h ② 14336 kcal/h
③ 17436 kcal/h ④ 15886 kcal/h

해설 ⓐ 일사량 $= 512 \times 50 \times 0.56$
$= 14336$ kcal/h
ⓑ 전도열량
$= 6.2 \times 50 \times 10 = 3100$ kcal/h
ⓒ 침입열량
$= 14336 + 3100 = 17436$ kcal/h

30. **다음 중 송풍량을 결정하는 것은?** [10]

① 실내 취득열량 + 기기내 취득열량
② 실내 취득열량 + 재열량
③ 기기내 취득열량 + 외기부하
④ 재열량 + 외기부하

해설 송풍량의 결정 시 실내 취득 또는 손실 현열부하에서 구하고 경우에 따라 기기(송풍기와 덕트 등) 취득열량에서 구할 수도 있다.

31. **냉난방 부하 계산 시 잠열을 계산하지 않아도 되는 것은?** [03]

① 인체 발생열 ② 커피포트 발생열
③ 태양 일사열 ④ 틈새바람

해설 태양열은 수분이 없으므로 현열뿐이다.

32. **냉방부하를 줄이기 위한 방법으로 적당하지 않은 것은?** [13]

① 외벽 부분의 단열화
② 유리창 면적의 증대
③ 틈새바람의 차단
④ 조명기구 설치 축소

해설 냉방부하를 줄이기 위해서는 유리창 면적을 작게 한다.

33. **난방부하를 줄일 수 있는 요인으로 가장 거리가 먼 것은?** [14]

① 천장을 통한 전도열
② 태양열에 의한 복사열
③ 사람에서의 발생열
④ 기계의 발생열

해설 천장, 벽체, 유리창의 전도열은 손실열량이므로 난방부하를 증가시킨다.

34. **공기조화기의 송풍기의 축동력을 산출할 때 필요한 값과 거리가 먼 것은?** [08]

① 송풍량 ② 현열비
③ 송풍기 전압효율 ④ 송풍기 전압

해설 ⓐ 현열비선은 실내 취득 또는 손실 열량선과 평행이다.
ⓑ 축동력 $= \dfrac{PQ}{102\eta}$ [kW]

35. **냉방부하 계산 시 인체로부터의 취득열량에 대한 설명으로 틀린 것은?** [14]

① 인체 발열부하는 작업 상태와는 관계없다.
② 땀의 증발, 호흡 등은 잠열이라 할 수 있다.
③ 인체의 발열량은 재실 인원수와 현열량과 잠열량으로 구한다.
④ 인체 표면에서 대류 및 복사에 의해 방사되는 열은 현열이다.

해설 운동 또는 작업을 하면 인체의 발열량은 증가한다.

정답 29. ③ 30. ① 31. ③ 32. ② 33. ① 34. ② 35. ①

36. **공기조화기의 냉각 코일 용량을 구할 때 관계가 없는 것은?** [07]

① 송풍량　② 재열부하
③ 외기부하　④ 배관부하

해설 배관부하는 증발기 부하이다.

37. **냉방부하 계산 시 실내에서 취득하는 열량이 아닌 것은?** [04, 07]

① 기구, 조명 등의 발생열량
② 유리에서의 침입열량
③ 인체 발생열량
④ 송풍기로부터 발생한 열량

해설 송풍기로부터 발생한 열량은 공조기기에서 취득하는 열량이다.

38. **냉방부하 계산 시 현열부하에만 속하는 것은?** [14, 16]

① 인체에서의 발생열
② 실내 기구에서의 발생열
③ 송풍기의 동력열
④ 틈새바람에 의한 열

해설 전기기구인 송풍기는 현열만 있다.

39. **냉방부하에서 틈새바람으로 손실되는 열량을 보호하기 위하여 극간풍을 방지하는 방법으로 틀린 것은?** [15]

① 회전문을 설치한다.
② 충분한 간격을 두고 이중문을 설치한다.
③ 실내의 압력을 외부 압력보다 낮게 유지한다.
④ 에어 커튼(air curtain)을 사용한다.

해설 실내를 가압하여 외기 압력보다 높게 한다.

40. **건축물의 벽이나 지붕을 통하여 실내로 침입하는 열량을 계산할 때 필요한 요소로 가장 거리가 먼 것은?** [03, 10, 15]

① 구조체의 면적
② 구조체의 열관류율
③ 상당외기 온도차
④ 차폐계수

해설 차폐계수는 유리창의 일사량을 구할 때 사용되는 요소이다.
즉, 복사열량(일사량)=면적(m^2)×최대 일사량($kcal/m^2 \cdot h$)×차폐계수

41. **냉방부하의 취득열량에는 현열부하와 잠열부하가 있다. 다음 중 잠열부하를 포함하는 것은?** [08]

① 덕트로부터의 취득열량
② 인체로부터의 취득열량
③ 벽체의 전도에 의해 침입하는 열량
④ 일사에 의한 취득열량

해설 인체는 수분이 있으므로 잠열부하가 있다.

42. **사무실의 공기조화를 행할 경우 다음 중 전체 열부하에서 가장 큰 비중을 차지하는 항목은?** [14]

① 바닥에서 침입하는 열과 재실자로부터의 발생열
② 문을 열 때 들어오는 열과 문 틈으로 들어오는 열
③ 재실자로부터의 발생열과 조명기구로부터의 발생열
④ 벽, 창, 천장 등에서 침입하는 열과 일사에 의해 유리창을 투과하여 침입하는 열

해설 공기조화의 실내부하는 재실 인원, 틈새바람, 조명기구 등이 있지만 구조체(벽, 창, 천장)로 침입하는 열량이 제일 크다.

정답 36. ④　37. ④　38. ③　39. ③　40. ④　41. ②　42. ④

43. 다음 내용의 ( ) 안에 들어갈 용어로서 모두 옳은 것은? [15]

> 송풍기 송풍량은 (㉠)이나 기기취득 부하에 의해 구해지며 (㉡)는(은) 이들 열부하 외에 외기부하나 재열부하를 합해서 얻어진다.

① ㉠ 실내취득열량, ㉡ 냉동기용량
② ㉠ 냉각탑방출열량, ㉡ 배관부하
③ ㉠ 실내취득열량, ㉡ 냉각코일용량
④ ㉠ 냉각탑방출열량, ㉡ 송풍기부하

44. 건축물의 내벽, 내창, 천장 등을 통하여 손실되는 열량을 계산할 때 관계 없는 것은 어느 것인가? [09, 15]

① 열통과율 ② 면적
③ 인접실과 온도차 ④ 방위계수

해설 방위계수는 외기의 영향을 받는 곳에만 적용한다.

45. 어떤 실의 난방부하가 5000 kcal/h일 때 저압증기 방열기의 방열면적은 몇 m^2인가? [07]

① 4.5 ② 6.6 ③ 7.7 ④ 8.8

해설 $EDR = \frac{5000}{650} = 7.69 \text{ m}^2$

46. 다음 중 부하의 양이 가장 큰 것은? [12]

① 실내 부하 ② 냉각코일 부하
③ 냉동기 부하 ④ 외기 부하

해설 ⓐ 냉각코일 부하 = 실내 부하 + 외기 부하 + 재열 부하 + 공조기기 부하
ⓑ 냉동기 부하는 냉각코일 부하보다 약 5~10 % 크다.

47. 다음 중 저장품을 동결하기 위한 동결 부하 계산에 속하지 않는 것은? [08]

① 동결 전 부하 ② 동결 후 부하
③ 동결 잠열 ④ 환기 부하

해설 환기 부하 : 실외 공기와 실내 공기를 교체하는 과정에서 받는 열 부하

48. 다음 중 최대 열부하에 대한 설명으로 옳은 것은? [06]

① 실내에서 발생하는 부하를 1년간에 걸쳐 합계한 부하
② 환기를 위해 외기를 공조기로 도입하여 실내의 온습도 상태까지 냉각 감습하거나, 가열 가습하는 데 필요한 부하
③ 실내에서 발생되는 부하가 일주일 중에서 가장 큰 값으로 되는 시각의 부하
④ 공조설비의 용량을 결정하기 위하여 연중 가장 추운 날 또는 가장 더운 날로 가정된 설계용 외기조건을 이용하여 계산된 부하

해설 최대 열부하는 방위별 열침입 또는 손실이 연중 최대가 되는 것을 기준으로 계산한 부하이다.

49. 다음 냉방부하 중 실내 취득열량이 아닌 것은? [11]

① 송풍기에 의한 취득열량
② 벽으로부터의 취득열량
③ 유리로부터의 취득열량
④ 인체로부터의 취득열량

해설 송풍기에 의한 취득열량은 공조기기 취득열량이다.

50. 난방 시 손실열량의 요인이 아닌 것은?

① 조명기구 ② 벽 및 천장 [02]
③ 틈새바람 ④ 급기덕트

해설 조명은 냉방부하의 취득열량이다.

정답 43. ③ 44. ④ 45. ③ 46. ③ 47. ④ 48. ④ 49. ① 50. ①

51. 공조부하 계산 시 잠열과 현열을 동시에 발생시키는 요소는? [13]

① 벽체로부터의 취득 열량
② 송풍기에 의한 취득 열량
③ 극간풍에 의한 취득 열량
④ 유리로부터의 취득 열량

해설 ①, ②, ④는 현열뿐이고 극간풍은 공기에 수분이 있으므로 현열과 잠열이 있다.

52. 습공기의 엔탈피에 대한 설명으로 틀린 것은? [14]

① 습공기가 가열되면 엔탈피가 증가된다.
② 습공기 중에 수증기가 많아지면 엔탈피는 증가한다.
③ 습공기의 엔탈피는 온도, 압력, 풍속의 함수로 결정된다.
④ 습공기 중의 건공기 엔탈피와 수증기 엔탈피의 합과 같다.

해설 습공기의 엔탈피는 온도만의 함수이다.

53. 다음 중 현열만 함유한 부하는? [11]

① 인체의 발생부하
② 환기용 외기부하
③ 극간풍에 의한 부하
④ 조명(형광등)에 의한 부하

해설 조명부하는 현열만 있고 잠열은 없다.

54. 다음 중 잠열부하를 제거하는 경우 변화하지 않는 상태량은? [05]

① 상대습도 ② 비체적
③ 절대습도 ④ 건구온도

해설 잠열변화는 온도가 일정할 때 상태가 변화하는 것이다.

55. 다음 중 조명부하를 쉽게 처리할 수 있는 취출구는? [06, 09]

① 아네모스탯 ② 축류형 취출구
③ 웨이형 취출구 ④ 라이트 트로퍼

해설 라이트 트로퍼는 천장형 취출구로서 조명부하를 쉽게 처리할 수 있다.

56. 다음은 어느 실의 열발생에 따른 부하를 처리하기 위한 급기풍량(m^3/h)의 계산식이다. 계산식에서 Δt는 무엇을 나타내는가? [08]

$$Q(\text{풍량}) = \frac{q_s}{\rho \times C_p \times \Delta t}$$

① 상당외기 온도차
② 실내·외 온도차
③ 실내 설정 온도와 실내 취출 온도차
④ 유효 온도차

해설 q_s : 실내 취득열량(kcal/h)
ρ : 비중량(공기=1.2 kg/m^3)
C_p : 정압 비열(공기=0.24 kcal/kg·℃)

57. 냉방부하 중 현열부하만 생기는 것은? [08]

① 인체 ② 틈새바람
③ 외기 ④ 유리창

해설 인체, 외기, 틈새바람은 수분이 있으므로 잠열이 있고 유리창이나 벽체는 고체이므로 현열밖에 없다.

58. 면적이 100 m^2이고, 열통과율이 3.0 kcal/m^2·h·℃인 서쪽 외벽을 통한 손실열량은 얼마인가? (단, 실내공기와 외기의 온도차는 20℃이고, 방위계수는 동쪽 1.05, 서쪽 1.05, 남쪽 1.00, 북쪽 1.10이다.) [06]

① 3714 kcal/h ② 5000 kcal/h
③ 6300 kcal/h ④ 7600 kcal/h

정답 51. ③ 52. ③ 53. ④ 54. ④ 55. ④ 56. ③ 57. ④ 58. ③

해설 $q = 3 \times 100 \times 20 \times 1.05$
$= 6300\,\text{kcal/h}$

59. 틈새바람에 의한 부하를 계산하는 방법에 속하지 않는 것은? [12]

① 창 면적법 ② 크랙(crack)법
③ 환기횟수법 ④ 바닥 면적법

해설 바닥 면적법 : 외기 도입 계산 방법

60. 냉방부하의 종류 중 실내부하에 해당하는 것은? [10, 16]

① 문틈에서의 틈새바람
② 환기덕트, 배관에서의 손실
③ 펌프의 동력열
④ 외기부하

해설 환기덕트, 배관에서의 손실은 기기부하, 펌프의 동력열은 냉동기 용량(증발기 부하)에 해당한다.

61. 다음 공조부하 중 현열, 잠열로 이루어진 것은? [04]

① 외벽부하
② 내벽부하
③ 조명기기의 발생열량
④ 틈새바람에 의한 부하

해설 ①, ②, ③은 현열뿐이고 틈새바람은 수분이 있으므로 현열과 잠열이 있다.

62. 설비공사 비용 중 차지하는 비율(%)이 가장 큰 것은? [10]

① 급배수 설비
② 공기조화기 및 덕트
③ 전기 설비
④ 승강기 설비

해설 설비공사 비용 비율(%) : 공기조화기 및 덕트 > 급배수 설비 > 전기 설비 > 승강기 설비

63. 다음의 냉방부하 중에서 현열부하만 발생하는 것은? [10]

① 극간풍에 의한 열량
② 인체의 발생 열량
③ 벽체로부터의 열량
④ 실내기구의 발생 열량

해설 ①, ②, ④는 현열과 잠열이 있다.

64. 공기조화 과정 중에서 80℃의 온수를 분무시켜 가습하고자 한다. 이때의 열수분비는 몇 kcal/kg인가? [11]

① 30 ② 80 ③ 539 ④ 640

해설 $u = \dfrac{di}{dx} = \dfrac{1 \times 1 \times 80}{1} = 80\,\text{kcal/kg}$

65. 외기 온도 −5℃, 실내 온도 18℃, 벽면적 15 m^2인 벽체를 통한 손실열량은 몇 kcal/h인가?(단, 벽체의 열통과율은 1.30 kcal/m^2·h·℃이며, 방위계수는 무시한다.) [12]

① 448.5 ② 529
③ 645 ④ 756.5

해설 $q = 1.3 \times 15 \times \{18 - (-5)\}$
$= 448.5\,\text{kcal/h}$

66. 난방 부하가 3000 kcal/h인 온수난방 시설에서 방열기의 입구온도가 85℃, 출구온도가 25℃, 외기온도가 −5℃일 때, 온수의 순환량은 얼마인가?(단, 물의 비열은 1 kcal/kg ℃ 이다.) [02, 03, 07, 10]

① 50 kg/h ② 75 kg/h
③ 150 kg/h ④ 450 kg/h

해설 $G_w = \dfrac{3000}{1 \times (85 - 25)} = 50\,\text{kg/h}$

정답 59. ④ 60. ① 61. ④ 62. ② 63. ③ 64. ② 65. ① 66. ①

67. 공기조화기의 가열 코일에서 30℃ DB의 공기 3000 kg/h를 40℃ DB까지 가열하였을 때의 가열열량(kcal/h)은?(단, 공기의 비열은 0.24 kcal/kg℃이다.) [03, 11, 14]

① 7200 ② 8700
③ 6200 ④ 5040

해설 $q = 3000 \times 0.24 \times (40 - 30)$
$= 7200 \text{ kcal/h}$

68. 어느 실내온도가 25℃이고, 온수방열기의 방열면적이 10 m^2 EDR인 실내의 방열량은 얼마인가? [12]

① 1250 kcal/h ② 2500 kcal/h
③ 4500 kcal/h ④ 6000 kcal/h

해설 $q = 10 \times 450 = 4500 \text{ kcal/h}$

69. 온수난방 방식에서 방열량이 2500 kcal/h인 방열기에 공급되어야 할 온수량은 약 얼마인가?(단, 방열기 입구 온도는 80℃, 출구 온도는 70℃, 물의 비열은 1.0 kcal/kg·℃, 평균온도에 있어서 물의 밀도는 977.5 kg/m^3이다.) [12]

① 0.135 m^3/h ② 0.255 m^3/h
③ 0.345 m^3/h ④ 0.465 m^3/h

해설 $W = \dfrac{2500}{1 \times (80 - 70) \times 977.5}$
$= 0.2557 \text{ m}^3/\text{h}$

70. 실내온도 20℃, 외기온도 5℃, 열관류율 4 kcal/m^2·h·℃, 벽체의 두께가 150 mm인 사무실의 벽면적이 20 m^2일 때 벽면의 열손실량은? [06]

① 1000 kcal/h ② 1100 kcal/h
③ 1200 kcal/h ④ 1300 kcal/h

해설 $q = 4 \times 20 \times (20 - 5)$
$= 1200 \text{ kcal/h}$

71. 표준대기압 상태의 환수량 및 환수온도가 각각 1000 kg/h, 60℃이고 발생증기량 및 압력이 각각 1000 kg/h, 4 kg/cm^2인 증기 보일러가 있다. 이 증기 보일러의 환산증발량을 구하면 몇 kg/h인가?(단, 압력 4 kg/cm^2인 포화증기의 엔탈피는 656 kcal/kg이다.) [04]

① 1000 ② 1106
③ 200 ④ 2212

해설 환산증발량

$G_e = \dfrac{1000 \times (656 - 60)}{539}$
$= 1105.7 \text{ kg/h}$

72. 어떤 방의 체적이 2×3×2.5 m이고 실내온도를 21℃로 유지하기 위하여 실외온도 5℃의 공기를 3회/h로 도입할 때 환기에 의한 손실열량은 약 몇 kcal/h인가?

① 207 ② 284 [03]
③ 720 ④ 460

해설 $q = 3 \times (2 \times 3 \times 2.5)$
$\times 1.2 \times 0.24 \times (21 - 5)$
$= 207.36 \text{ kcal/h}$

73. 강제 순환식 난방에서 실내 손실열량이 3000 kcal/h이고, 방열기 입구 수온이 50℃, 출구 수온이 42℃일 때 온수 순환량은 몇 kg/h인가?(단, 평균 온수온도의 비열은 1 kcal/ kg·℃이다.) [09]

① 254 ② 313
③ 342 ④ 375

해설 $G_w = \dfrac{3000}{1 \times (50 - 42)} = 375 \text{ kg/h}$

정답 67. ① 68. ③ 69. ② 70. ③ 71. ② 72. ① 73. ④

ⒸⒷⓉ 문제은행

3장 공조기기

1. 공기조화기의 자동 제어 시 제어 요소가 바르게 나열된 것은? [14]

① 온도 제어 – 습도 제어 – 환기 제어
② 온도 제어 – 습도 제어 – 압력 제어
③ 온도 제어 – 차압 제어 – 환기 제어
④ 온도 제어 – 수위 제어 – 환기 제어

해설 공기조화기(AHU)는 실내 온도, 실내 습도, 실내 청정도, 실내 기류 분포도(환기 = 재순환 공기+외기 도입) 제어를 한다.

2. 공기조화기에서 외면을 단열시공하는 이유가 아닌 것은? [05]

① 외부로부터의 열침입 방지
② 외부로부터의 소음 차단
③ 외부로부터의 습기 차단
④ 외부로부터의 충격 차단

해설 단열시공은 열침입을 방지하고 수분을 차단하여 부식을 방지하며, 내부에서 발생하는 소음을 차단한다.

3. 개별 공조방식에서 성적계수에 관한 설명으로 옳은 것은? [15]

① 히트펌프의 경우 축열조를 사용하면 성적계수가 낮다.
② 히트펌프 시스템의 경우 성적계수는 1보다 작다.
③ 냉방 시스템은 냉동효과가 동일한 경우에는 압축일이 클수록 성적계수는 낮아진다.
④ 히트펌프의 난방운전 시 성적계수가 냉방운전 시 성적계수보다 낮다.

해설 성적계수 $= \dfrac{\text{냉동효과}}{\text{압축일의 열당량}}$

4. 공기조화기에 있어 바이패스 팩터(bypass factor)가 작아지는 경우에 해당되는 것이 아닌 것은? [12]

① 전열면적이 클 때
② 코일의 열수가 많을 때
③ 송풍량이 클 경우
④ 핀 간격이 좁을 때

해설 송풍량이 클 경우 바이패스 팩터가 커진다.

5. 다음 중 공기조화기의 구성 요소가 아닌 것은 어느 것인가? [11, 16]

① 공기여과기 ② 공기가열기
③ 공기세정기 ④ 공기압축기

해설 공기조화기는 여과기, 세정기, 가열기, 냉각기, 팬 등으로 구성된다.

6. 공기조화설비 중에서 열원장치의 구성요소가 아닌 것은? [03, 05, 09, 12]

① 냉각탑 ② 냉동기
③ 보일러 ④ 덕트

해설 덕트는 수송장치이다.

정답 1. ① 2. ④ 3. ③ 4. ③ 5. ④ 6. ④

7. 바이패스 팩터란? [07]

① 냉각 코일 또는 가열 코일과 접촉하지 않고 그대로 통과하는 공기 비율
② 송풍되는 공기 중에 있는 습공기와 건공기의 비율
③ 신선한 공기와 순환공기와의 중량비율
④ 흡입되는 공기 중의 냉방, 난방의 공기 비율

해설 ⓐ 바이패스 팩터 : 코일에 접촉되지 않고 통과하는 공기 비율
ⓑ 콘택트 팩터 : 코일에 접촉되어 통과하는 공기 비율

8. 환기에 대한 설명으로 틀린 것은? [14]

① 환기는 배기에 의해서만 이루어진다.
② 환기는 급기, 배기의 양자를 모두 사용하기도 한다.
③ 공기를 교환해서 실내 공기 중의 오염물 농도를 희석하는 방식은 전체환기라고 한다.
④ 오염물이 발생하는 곳과 주변의 국부적인 공간에 대해서 처리하는 방식을 국소환기라고 한다.

해설 환기는 외기 도입과 배출에 의한 흡·배기를 이용한다.

9. 공조방식을 개별식과 중앙식으로 구분하였을 때 중앙식에 해당되는 것은? [13]

① 패키지 유닛 방식
② 멀티 유닛형 룸쿨러 방식
③ 팬코일 유닛 방식(덕트 병용)
④ 룸쿨러 방식

해설 팬코일 유닛 방식은 냉온수를 한곳에서 만들어 공급하는 중앙 공급 방식이고, ①, ②, ④는 개별 냉매 방식이다.

10. 냉동기의 용량 결정에 있어서 실내 취득열량이 아닌 것은? [02, 08]

① 벽체로부터의 열량
② 인체 발생 열량
③ 기구 발생 열량
④ 덕트로부터의 열량

해설 덕트 및 송풍기로부터 취득하는 열량은 공조기기 취득열량이다.

11. 공기조화 장치 중에서 온도와 습도를 조절하는 것은? [05]

① 공기여과기 ② 열교환기
③ 냉각 코일 ④ 공기가열기

해설 냉각 코일에서 냉각 제습(감습)한다.

12. 다음 중 감습장치에 대한 설명으로 옳은 것은? [13, 16]

① 냉각식 감습장치는 감습만을 목적으로 사용하는 경우 경제적이다.
② 압축식 감습장치는 감습만을 목적으로 하면 소요동력이 커서 비경제적이다.
③ 흡착식 감습법은 액체에 의한 감습법보다 효율이 좋으나 낮은 노점까지 감습이 어려워 주로 큰 용량의 것에 적합하다.
④ 흡수식 감습장치는 흡착식에 비해 감습 효율이 떨어져 소규모 용량에만 적합하다.

해설 ⓐ 냉각식 감습장치 : 온도를 낮추고 수분을 제습(감습)하는 장치로서 가장 경제적이고 효율이 높다.
ⓑ 화학 감습 : 흡수식과 흡착식이 있으며 저온과 저습일 때 감습 효율이 좋다.
ⓒ 압축식 감습 : 제습을 주목적으로 하며, 소비동력에 비해 효율이 낮으므로 비경제적이다.

정답 7. ① 8. ① 9. ③ 10. ④ 11. ③ 12. ②

13. 공기조화기 구성 요소가 아닌 것은? [12]

① 댐퍼 ② 필터
③ 펌프 ④ 가습기

해설 펌프는 액체 수송장치이다.

14. 공조설비비 중 차지하는 비율(%)이 가장 큰 것은? [07]

① 냉동기 설비
② 공기조화기 및 덕트
③ 보일러 설비
④ 냉각탑 설비

해설 공조설비비 비율(%) : 공기조화기 및 덕트 > 냉동기 설비 > 보일러 설비 > 냉각탑 설비

15. 다음 감습장치에 대한 내용 중 옳지 않은 것은? [02, 05, 10, 12]

① 압축 감습장치는 동력 소비가 작은 편이다.
② 냉각 감습장치는 노점온도 제어로 감습한다.
③ 흡수식 감습장치는 흡수성이 큰 용액을 이용한다.
④ 흡착식 감습장치는 고체 흡수제를 이용한다.

해설 압축 감습장치는 동력 소비가 크고 잘 사용하지 않으며 일반적으로는 냉각 감습장치를 사용한다.

16. 흡수식 감습장치에서 주로 사용하는 흡수제는? [10, 14]

① 실리카겔 ② 염화리튬
③ 아드 소울 ④ 활성 알루미나

해설 흡수식 감습장치에서 흡수제로 LiCl(염화리튬), LiBr(리튬 브로마인) 등이 사용되며, 실리카겔, 활성 알루미나 등은 흡착제 원료이다.

17. 다음 중 공기의 감습 방법에 해당되지 않는 것은? [09, 10, 15]

① 흡수식 ② 흡착식
③ 냉각식 ④ 가열식

해설 공기를 가열하면 절대습도는 변화하지 않는다.

18. 실리카겔, 활성알루미나 등의 고체 흡착제를 사용하여 공기의 수분을 제거하는 감습 방법은? [07, 09]

① 냉각감습 ② 압축감습
③ 흡수감습 ④ 흡착감습

해설 ① 냉각감습 : 공조장치(냉방장치) 이용
② 압축감습 : 압축기 이용(동력 소비 크다.)
③ 흡수감습 : 액체에 흡수
④ 흡착감습 : 고체에 흡착

19. 공기 냉각코일의 설치에 대한 내용으로 틀린 것은? [10]

① 공기의 풍속은 2~3 m/s가 되도록 한다.
② 물의 속도는 일반적으로 1 m/s 전후가 되도록 한다.
③ 코일의 설치는 관이 수직으로 놓이게 한다.
④ 공기류와 수류의 방향은 역류가 되도록 한다.

해설 냉각코일관이 수직이 되면 수막 현상의 우려가 있다.

20. 공기 가열 코일의 종류에 해당되지 않는

정답 13. ③ 14. ② 15. ① 16. ② 17. ④ 18. ④ 19. ③ 20. ②

것은? [13]

① 전열 코일 ② 습 코일
③ 증기 코일 ④ 온수 코일

해설 습 코일은 냉각용 증발기 코일이다.

21. **공기에서 수분을 제거하여 습도를 낮추기 위해서는 어떻게 하여야 하는가?** [15]

① 공기의 유로 중에 가열코일을 설치한다.
② 공기의 유로 중에 공기의 노점온도보다 높은 온도의 코일을 설치한다.
③ 공기의 유로 중에 공기의 노점온도와 같은 온도의 코일을 설치한다.
④ 공기의 유로 중에 공기의 노점온도보다 낮은 온도의 코일을 설치한다.

해설 습도를 낮추는 방법(감습)
ⓐ 압축감습
ⓑ 화공약품감습
ⓒ 냉각감습 (④는 여기에 속함)

22. **공기조화기용 코일의 배열방식에 따른 분류에 해당되지 않는 것은?** [14]

① 풀 서킷 코일
② 더블 서킷 코일
③ 슬릿 핀 서킷 코일
④ 하프 서킷 코일

해설 슬릿 핀은 개구부 등에 간격이 일정하게 평행으로 배열 및 고정한 목재, 금속, 플라스틱 판이다.

23. **냉동기의 증발기에서 공조기의 코일로 공급되는 것은?** [08]

① 냉매 ② 냉수
③ 냉각수 ④ 냉풍

해설 공조기의 냉각코일로 공급되는 것은 브라인 (냉수)이다.

24. **코일의 열수 계산 시 계산항목에 해당되지 않는 것은?** [14]

① 코일의 열관류율
② 코일의 정면면적
③ 대수평균온도차
④ 코일 내를 흐르는 유체의 유속

해설 코일 내를 흐르는 유체의 유속은 풍량과 코일의 단면적에 관여된다.

25. **공기 가열 및 냉각코일에 관한 설명으로 옳지 않은 것은?** [11]

① 관 재료는 동관과 강관, 핀 재료로는 알루미늄판, 동판 등을 사용한다.
② 설치목적에 따라 예열·예냉코일, 가열·냉각코일로 분류할 수 있다.
③ 고압증기를 사용하는 가열코일은 신축을 고려할 필요 없이 직관으로 사용한다.
④ 직접팽창코일을 사용하는 경우는 균일 분배를 위한 분배기를 사용한다.

해설 가열코일 및 냉각코일 시공은 온도 변화에 의한 신축을 고려한다.

26. **공기의 냉각, 가열코일의 선정 시 유의사항에 대한 내용 중 가장 거리가 먼 것은 어느 것인가?** [15]

① 냉각코일 내에 흐르는 물의 속도는 통상 약 1 m/s 정도로 하는 것이 좋다.
② 증기코일을 통과하는 풍속은 통상 약 3~5 m/s 정도로 하는 것이 좋다.
③ 냉각코일의 입·출구 온도차는 통상 약 5℃ 정도로 하는 것이 좋다.
④ 공기 흐름과 물의 흐름은 평행류로 하여 전열을 증대시킨다.

해설 공기 흐름과 물의 흐름은 대향류로 한다.

정답 21. ④ 22. ③ 23. ② 24. ④ 25. ③ 26. ④

27. 가열코일에 사용되는 핀의 형태 중에서 공기측 열전달률이 가장 높은 것은 어느 것인가? [09]

① 평판 핀 ② 파형 핀
③ 슬릿 핀 ④ 슈퍼 슬릿 핀

해설 열전달률 순서 : 슈퍼 슬릿 핀 > 슬릿 핀 > 파형 핀 > 평판 핀

28. 냉수 코일에 대한 설명 중 옳지 않은 것은 어느 것인가? [06]

① 물의 속도는 일반적으로 1 m/s 전후이다.
② 코일을 통과하는 공기의 풍속은 7~8 m/s 정도이다.
③ 입구수온과 출구수온의 차이는 일반적으로 5℃ 전후이다.
④ 코일의 설치는 관이 수평으로 놓아야 한다.

해설 코일을 통과하는 공기의 속도는 2~3 m/s 정도이다.

29. 공기조화기에 사용되는 공기 가열코일이 아닌 것은? [12]

① 직접 팽창코일 ② 온수코일
③ 증기코일 ④ 전열코일

해설 ①은 증발기 냉각코일이고, ②, ③, ④는 가열(난방)코일이다.

30. 증기 가열코일의 설계 시 증기코일의 열수가 적은 점을 고려하여 코일의 전면풍속은 어느 정도가 가장 적당한가? [13]

① 0.1 m/s ② 1~2 m/s
③ 3~5 m/s ④ 7~9 m/s

해설 코일의 풍속은 2~3 m/s가 적합하나 열수가 적은 경우 3 m/s 이상으로 한다.

31. 가습 효율이 100 %에 가까우며 무균이면서 응답성이 좋아 정밀한 습도 제어가 가능한 가습기는? [09, 12]

① 물분무식 가습기
② 증발팬 가습기
③ 증기 가습기
④ 소형 초음파 가습기

해설 증기분무 가습기는 온도가 높은 수증기로 가습하며 효율은 100 %에 가깝다.

32. 다음 가습기 중 부하에 대한 응답이 빠르고 가습 효율이 100 %에 가까우며 대용량의 중앙식 공조방식에 적합한 가습기는 어느 것인가? [07]

① 물분무식 가습기
② 증발팬 가습기
③ 증기 가습기
④ 소형 초음파 가습기

33. 팬형 가습기(증발식)에 대한 설명으로 틀린 것은? [09, 11, 13]

① 팬 속의 물을 강제적으로 증발시켜 가습한다.
② 가습장치 중 효율이 가장 우수하며, 가습량을 자유로이 변화시킬 수 있다.
③ 가습의 응답속도가 느리다.
④ 패키지형의 소형 공조기에 많이 사용한다.

해설 가습장치 중 효율이 가장 우수한 것은 증기분무 가습기이다.

34. 에어 필터의 선정 및 설치에 관해 설명한 것이다. 잘못된 것은? [08]

① 공조기 내의 에어필터는 송풍기의 흡입측, 코일의 앞쪽에 설치한다.

정답 27. ④ 28. ② 29. ① 30. ③ 31. ③ 32. ③ 33. ② 34. ④

② 고성능의 HEPA 필터나 전기식 필터는 송풍기의 출구측에 설치한다.
③ 고성능의 HEPA 필터를 사용하는 경우는 프리필터를 설치하는 것이 좋다.
④ 성능 표시로서 포집 효율은 측정 방법에 따라 계수법 > 비색법 > 중량법 순으로 나타난다.

해설 포집 효율 : 비색법 > 계수법 > 중량법

35. **다음 중 공기를 가습하는 방법으로 부적당한 것은?** [06, 12]

① 직접 팽창코일의 이용
② 공기세정기의 이용
③ 증기의 직접 분무
④ 온수의 직접 분무

해설 직접 팽창코일은 증발기로서 냉각 감습장치에 해당된다.

36. **공기 세정기에서 유입되는 공기를 정화시키기 위한 것은?** [08, 11]

① 루버　② 댐퍼
③ 분무노즐　④ 일리미네이터

해설 루버(louver) : 통풍이나 환기를 목적으로 평판을 개구부 앞면에 수평수직으로 설치한 것

37. **수조 내의 물이 진동자의 진동에 의해 수면에서 작은 물방울이 발생되어 가습되는 가습기의 종류는?** [07, 13]

① 초음파식　② 원심식
③ 전극식　④ 증발식

해설 가습기의 종류
① 초음파식 : 진동자의 진동에 의해 가습하는 방식
② 원심식 : 고속의 원심분리력을 이용하여 가습하는 방식
③ 전극식 : 전자 전극판의 자속에 의해 가습하는 방식
④ 증발식 : 증발포를 사용하여 수분을 자연스럽게 가습하는 방식

38. **다음 중 가습 효율이 가장 좋은 방법은 어느 것인가?** [05]

① 온수분무　② 증기분무
③ 가습 팬(pan)　④ 초음파 분무

해설 증기분무 가습의 효율은 100 %에 가깝다.

39. **물과 공기의 접촉면적을 크게 하기 위해 증발포를 사용하여 수분을 자연스럽게 증발시키는 가습 방법은?** [08, 12, 15]

① 초음파식　② 가열식
③ 원심분리식　④ 기화식

해설 기화식은 액체(물)를 기체(수증기)로 증발시켜서 공기를 가습하는 방법이다.

40. **물 탱크에 증기코일 또는 전열히터를 사용해 물을 가열 증발시켜 가습하는 것으로 패키지 등의 소형 공조기에 사용되는 가습 방법은?** [07, 11]

① 수분무에 의한 방법
② 증기분사에 의한 방법
③ 고압수 분무에 의한 방법
④ 가습 팬에 의한 방법

해설 소형장치의 가습에는 주로 가습 팬(단열 가습)을 이용한다.

41. **다음 중 수분무식 가습장치의 종류가 아닌 것은?** [15]

① 모세관식　② 초음파식

정답 35. ①　36. ①　37. ①　38. ②　39. ④　40. ④　41. ①

③ 분무식 ④ 원심식

해설 ⓐ 초음파식 : 진동판에 의해서 가습하는 방식
ⓑ 원심분리식 : 선회력을 주어 가습하는 방식
ⓒ 기화식 : 수증기로 가습하는 방식
ⓓ 분무식 : 순환수를 살수하는 방식

42. 일정한 크기의 시험 입자를 사용하여 먼지의 수를 계측하는 에어 필터의 효율 측정법으로 옳은 것은? [11]

① 중량법 ② 비색법
③ 계수법 ④ 변색도법

해설 계수법(DOP법) : 고성능 필터로 일정한 크기(0.3 μm)의 시험 입자를 사용하여 먼지의 수를 계측한다.

43. 다음 중 공기 여과기의 효율 측정법에 들지 않는 것은? [11]

① 중량법 ② 집진법
③ 비색법 ④ 계수법

해설 공기여과기의 효율 측정법에는 중량법, 비색법, 계수법(DOP법)이 있다.

44. 다음 중 공기조화용 에어 필터의 여과효율을 측정하는 방법으로 가장 거리가 먼 것은? [04, 14]

① 중량법 ② 비색법
③ 계수법 ④ 용적법

해설 ① 중량법 : 비교적 큰 입자를 대상으로 측정하는 방법으로 필터에 제거되는 먼지의 중량으로 효율을 측정한다.
② 비색법(변색도법) : 비교적 작은 입자를 대상으로 하며, 필터의 상류와 하류에서 포집한 공기를 각각 여과지에 통과시켜 그 오염도를 광전관으로 측정한다.
③ 계수법(DOP법) : 고성능의 필터를 측정하는 방법으로 일정한 크기의 시험입자를 사용하여 먼지의 수를 계측한다.

45. 에어 필터(air filter)의 제진효율에 관한 식으로 올바른 것은? (단, 입구측 공기중의 먼지농도 : C_1, 출구측 먼지농도 : C_2이다.) [08]

① 제진효율 $= \dfrac{C_2}{C_1} \times 100$

② 제진효율 $= \dfrac{C_1}{C_2} \times 100$

③ 제진효율 $= \left(1 - \dfrac{C_2}{C_1}\right) \times 100$

④ 제진효율 $= \left(1 - \dfrac{C_1}{C_2}\right) \times 100$

해설 제진효율 (중량법)

$$= \frac{C_1 - C_2}{C_1} \times 100\ \%$$

46. 공기정화장치인 에어 필터에 대한 설명으로 틀린 것은? [11]

① 유닛형 필터는 유닛형의 틀 안에 여재를 고정시킨 것으로 건식과 점착식이 있다.
② 고성능의 HEPA 필터는 포집률이 좋아 클린룸이나 방사성 물질을 취급하는 시설 등에서 사용된다.
③ 롤형 필터는 포집률은 높지 않으나 보수관리가 용이하므로 일반공조용으로 많이 사용된다.
④ 포집률의 측정법에는 계수법, 비색법,

정답 42. ③ 43. ② 44. ④ 45. ③ 46. ④

농도법, 중량법으로 4가지 방법이 있다.

해설 포집률의 측정법에는 계수법, 비색법, 중량법이 있다.

47. HEPA 필터의 성능시험 방법으로 적당한 것은? [09, 10]

① 중량법 ② 변색도법
③ DOP법 ④ 여과법

해설 문제 44번 해설 참조

48. 공기조화기에서 사용하는 에어 필터 중에서 병원의 수술실이나 클린룸 시설에 가장 적합한 필터는? [09]

① 롤 필터 ② 프리 필터
③ HEPA 필터 ④ 활성탄 필터

해설 병원에는 성능이 좋은 고성능 필터(HEPA)를 사용한다.

49. 공기 조화 설비의 구성 요소 중에서 열원장치에 속하지 않는 것은? [14]

① 보일러 ② 냉동기
③ 공기 여과기 ④ 열펌프

해설 열원장치는 냉온열을 만드는 장치로 보일러, 냉동기, 열펌프와 이에 사용되는 부속기기가 해당되며, 공기 여과기는 수송장치의 이물질을 제거한다.

50. 연도나 굴뚝으로 배출되는 배기가스에 선회력을 부여함으로써 원심력에 의해 연소가스 중에 있던 입자를 제거하는 집진기는 어느 것인가? [04, 10]

① 세정식 집진기
② 사이클론 집진기
③ 전기 집진기
④ 원통다관형 집진기

해설 원심력을 이용한 집진기에는 사이클론 집진기, 멀티클론 집진기가 있다.

51. 다음 중 공기 여과기의 분류에 해당하지 않는 것은? [11]

① 건식 공기 여과기
② 습식 공기 여과기
③ 점착식 공기 여과기
④ 가스 중력 집진기

해설 집진기는 공기 중의 먼지를 회수하는 것으로 사이클론이나 전기 집진기 등이 있다.

52. 공기 중의 냄새나 유해가스의 제거에 유효하게 사용되는 필터는? [03]

① 초고성능 필터 ② 자동식 롤 필터
③ 전기 집진기 ④ 활성탄 필터

해설 ①, ②, ③은 공기 중의 먼지와 이물질을 제거한다.

53. 다음 기기 중 공기의 온도와 습도를 변화시킬 수 없는 것은? [08]

① 공기 재열기 ② 공기 필터
③ 공기 가습기 ④ 공기 예냉기

해설 공기 필터는 이물질을 제거하는 장치이다.

54. 공기 중의 미세먼지 제거 및 클린룸에 사용되는 필터는? [14]

① 여과식 필터
② 활성탄 필터
③ 초고성능 필터
④ 자동감기용 필터

정답 47. ③ 48. ③ 49. ③ 50. ② 51. ④ 52. ④ 53. ② 54. ③

55. 팬의 효율을 표시하는 데 사용되는 정압 효율에 대한 올바른 정의는? [04, 15]

① 팬의 축동력에 대한 공기의 저항력
② 팬의 축동력에 대한 공기의 정압동력
③ 공기의 저항력에 대한 팬의 축동력
④ 공기의 정압동력에 대한 팬의 축동력

해설 $정압효율 = \frac{정압(지시)동력}{축동력}$

56. 팬의 효율을 표시하는 데 있어서 사용되는 전압효율에 대한 올바른 정의는 어느 것인가? [10, 16]

① $\frac{축동력}{공기동력}$ ② $\frac{공기동력}{축동력}$
③ $\frac{회전속도}{송풍기\ 크기}$ ④ $\frac{송풍기\ 크기}{회전속도}$

57. 공기조화기기에서 송풍기를 배출압력에 따라 분류할 때 블로어(blower)의 일반적인 압력 범위는? [12]

① 0.1 kgf/cm^2 미만 ② 0.1~1 kgf/cm^2
③ 1~2 kgf/cm^2 ④ 2 kgf/cm^2 이상

해설 ⓐ 선풍기 : 0 kg/cm^2g
ⓑ 배풍기 : 0.1 kg/cm^2g 이하
ⓒ 블로어 : 0.1~1 kg/cm^2g

58. 핀(fin)이 붙은 튜브형 코일을 강판형 박스에 넣은 것으로 대류를 이용한 방열기는? [15]

① 콘벡터(convector)
② 팬코일 유닛(fan coil unit)
③ 유닛 히터(unit heater)
④ 라디에이터(radiator)

59. 다음 중 원심식 송풍기의 종류에 속하지 않는 것은? [14]

① 터보형 송풍기
② 다익형 송풍기
③ 플레이트형 송풍기
④ 프로펠러형 송풍기

해설 프로펠러는 축류형 송풍기에 해당된다.

60. 다음 중 송풍기의 정압에 대한 내용으로 옳은 것은? [14]

① 정압 = 동압×전압
② 정압 = 동압÷전압
③ 정압 = 전압−동압
④ 정압 = 전압+동압

해설 정압은 유체의 한 위치 에너지를 압력으로 표현한 것으로 전압−동압으로 계산되며 대기 상태의 정압은 0 kg/cm^2이다.

61. 송풍기의 풍량을 증가시키기 위해 회전속도를 변화시킬 때 송풍기의 법칙에 대한 설명 중 옳은 것은? [14]

① 축동력은 회전수의 제곱에 반비례하여 변화한다.
② 축동력은 회전수의 3제곱에 비례하여 변화한다.
③ 압력은 회전수의 3제곱에 비례하여 변화한다.
④ 압력은 회전수의 제곱에 반비례하여 변화한다.

해설 ⓐ 송풍량은 회전수에 비례하여 변화한다.
ⓑ 압력은 회전수의 제곱에 비례하여 변화한다.
ⓒ 축동력은 회전수의 3제곱에 비례하여 변화한다.

정답 55. ② 56. ② 57. ② 58. ① 59. ④ 60. ③ 61. ②

62. **공조용 송풍량 결정 등의 원인이 되는 열부하는?** [07]

① 실내열부하 ② 장치열부하
③ 열원부하 ④ 배관부하

해설 공기조화용 송풍량은 실내 취득 또는 손실 현열량에 의해서 구한다.

63. **다음 중 송풍기의 법칙에 대한 내용으로 잘못된 것은?** [13]

① 동력은 회전속도비의 2제곱에 비례하여 변화한다.
② 풍량은 회전속도비에 비례하여 변화한다.
③ 압력은 회전속도비의 2제곱에 비례하여 변화한다.
④ 풍량은 송풍기 크기비의 3제곱에 비례하여 변화한다.

해설 동력은 회전속도비의 3제곱에 비례한다.

64. **송풍기 상사법칙에 대한 내용으로 옳은 것은?** [03]

① 압력은 회전수 변화의 3승에 비례한다.
② 동력은 회전수 변화의 5승에 비례한다.
③ 동력은 날개 지름 변화의 2승에 비례한다.
④ 풍량은 날개 지름 변화의 3승에 비례한다.

해설 $Q_2 = \left(\frac{d_2}{d_1}\right)^3 Q_1$

65. **송풍기의 상사법칙으로 틀린 것은?** [15]

① 송풍기의 날개 지름이 일정할 때 송풍압력은 회전수 변화의 2승에 비례한다.
② 송풍기의 날개 지름이 일정할 때 송풍동력은 회전수 변화의 3승에 비례한다.
③ 송풍기의 회전수가 일정할 때 송풍압력은 날개 지름 변화의 2승에 비례한다.
④ 송풍기의 회전수가 일정할 때 송풍동력은 날개 지름 변화의 3승에 비례한다.

해설 송풍기 상사법칙

ⓐ 송풍량 $\frac{Q_2}{Q_1} = \left(\frac{d_2}{d_1}\right)^3$

ⓑ 전압력 $\frac{P_2}{P_1} = \left(\frac{d_2}{d_1}\right)^2$

ⓒ 축동력 $\frac{L_2}{L_1} = \left(\frac{d_2}{d_1}\right)^5$

여기서, d는 날개 지름이다.

66. **공기조화기의 송풍기 축동력을 산출할 때 필요한 값과 거리가 먼 것은?** [10]

① 송풍량 ② 현열비
③ 송풍기 전압효율 ④ 송풍기 전압

해설 $N = \frac{PQ}{102\eta}$ [kW]

여기서, P : 전압 (kg/m^2)
Q : 송풍량 (m^3/s)
η : 전압효율

67. **송풍기의 축동력 산출 시 필요한 값이 아닌 것은?** [07, 09, 13]

① 송풍량 ② 덕트의 길이
③ 전압효율 ④ 전압

해설 문제 66번 해설 참조

68. **원심 송풍기의 번호가 NO 2일 때 깃의 지름은 얼마인가?** [02, 05, 08]

① 150 ② 200
③ 250 ④ 300

정답 62. ① 63. ① 64. ④ 65. ④ 66. ② 67. ② 68. ④

해설 원심 송풍기 지름은 송풍기 NO에 150을 곱한 값이므로 2×150 = 300 mm이다.

※ 축류형 송풍기 지름은 송풍기 NO에 100을 곱한 값이다.

69. 송풍기의 크기가 정수일 때 풍량은 회전속도비에 비례하며, 압력은 회전속도비의 2제곱에 비례하고, 동력은 회전속도비의 3제곱에 비례한다는 법칙으로 맞는 것은? [12]

① 상압의 법칙 ② 상승의 법칙
③ 상사의 법칙 ④ 상동의 법칙

해설 상사의 법칙

ⓐ $\frac{Q_2}{Q_1} = \frac{N_2}{N_1}$

ⓑ $\frac{P_2}{P_1} = \left(\frac{N_2}{N_1}\right)^2$

ⓒ $\frac{L_2}{L_1} = \left(\frac{N_2}{N_1}\right)^3$

여기서, Q : 풍량 (m^3/h)
P : 압력(mmAq)
L : 축동력(kW)
N : 회전수(rpm)

70. 13500 m^3/h의 풍량을 나타낸 것으로 맞는 것은? [09]

① 225 CMM ② 225 CMS
③ 13500 CMM ④ 13500 CMS

해설 $Q = \frac{13500}{60} = 225\ m^3/min$ (CMM)

71. 다음 송풍기의 종류 중 축류형 송풍기는 어느 것인가? [06]

① 다익형 ② 터보형
③ 프로펠러형 ④ 리밋로드형

해설 ①, ②, ④는 원심형 송풍기이다.

72. 다익형 송풍기의 임펠러 지름이 600 mm일 때 이 송풍기의 번호는 몇 번인가? [13, 14]

① NO 2 ② NO 3
③ NO 4 ④ NO 6

해설 송풍기 NO는 축류형은 100의 배수이고 다익형은 150의 배수이다.

$NO = \frac{600}{150} = 4$

73. 200 rpm으로 운전되는 송풍기가 4 kW의 성능을 나타내고 있다. 회전수를 250 rpm으로 상승시키면 동력은 몇 kW가 소요되는가? [09]

① 5.5 ② 7.8
③ 8.3 ④ 8.8

해설 $L_2 = \left(\frac{250}{200}\right)^3 \times 4 = 7.81\text{kW}$

74. 송풍기의 종류 중 전곡형과 후곡형 날개 형태가 있으며 다익 송풍기, 터보 송풍기 등으로 분류되는 송풍기는? [12, 15]

① 원심 송풍기 ② 축류 송풍기
③ 사류 송풍기 ④ 관류 송풍기

해설 ⓐ 원심 송풍기
- 전곡형 : 다익 송풍기
- 후곡형 : 리밋로드, 익형, 터보 송풍기

ⓑ 축류 송풍기 : 프로펠러 팬, 튜브형 팬

75. 송풍기의 특성 곡선에 나타나 있지 않는 것은? [13]

정답 69. ③ 70. ① 71. ③ 72. ③ 73. ② 74. ① 75. ④

① 효율 ② 축동력
③ 전압 ④ 풍속

해설 송풍기의 특성 곡선으로 압력(전압력), 동력, 양정, 효율을 알 수 있다.

76. 100 V 교류전원에 1 kW 배연용 송풍기를 접속하였더니 15 A의 전류가 흘렀다. 이 송풍기의 역률은? [04]

① 0.57 ② 0.67
③ 0.77 ④ 0.87

해설 $\cos\theta = \frac{1000}{15 \times 100} = 0.67$

77. 송풍량이 360 m^3/min인 팬을 540 m^3/min로 송풍하려면 회전수와 동력은 각각 약 몇 배로 증가되는가? [10]

① 회전수 : 1.5배, 동력 : 3.4배
② 회전수 : 1.0배, 동력 : 1.5배
③ 회전수 : 1.0배, 동력 : 3.4배
④ 회전수 : 1.5배, 동력 : 1.5배

해설 $N_2 = \frac{540}{360} N_1 = 1.5 N_1$

$$L_2 = \left(\frac{540}{360}\right)^3 L_1 = 3.38 L_1$$

78. 환기공조용 저속 덕트 송풍기로서 저항 변화에 대해 풍량, 동력 변화가 크고 정숙 운전에 사용하기 알맞은 것은 다음 중 어느 것인가? [07, 11, 16]

① 시로코 팬
② 축류 송풍기
③ 에어 포일팬
④ 프로펠러형 송풍기

해설 시로코 팬(sirocco fan)은 터보팬이라고 하며 저속, 고속에서 비교적 정숙한 운전을 한다.

79. 냉방 시 공조기의 송풍량 계산과 관계 있는 것은? [05]

① 송풍기와 덕트로부터 취득열량
② 외기부하
③ 펌프 및 배관부하
④ 재열부하

해설 송풍량은 원칙적으로 실내취득 또는 손실 현열부하에서 구하고 공조기의 송풍기와 덕트에서 취득열량으로 구할 수 있다.

80. 원심 송풍기의 풍량 제어 방법으로 적당하지 않은 것은? [03, 12]

① 온·오프 제어
② 회전수 제어
③ 흡입 베인 제어
④ 댐퍼 제어

해설 원심 송풍기 풍량 제어법
ⓐ 흡입 베인 제어
ⓑ 댐퍼 제어
ⓒ 회전수 가감법 제어

81. 다음 중 송풍기의 풍량 제어 방법이 아닌 것은? [11]

① 댐퍼 제어 ② 회전수 제어
③ 베인 제어 ④ 자기 제어

82. 송풍기에서 오버로드(over load)가 일어나는 경우로 옳은 것은? [08]

① 풍량이 과잉인 경우
② 풍량이 과소인 경우
③ 풍량이 적정인 경우
④ 장치저항이 적은 경우

해설 풍량이 과잉이면 송풍기의 과부하로 인하여 전류값이 상승한다.

정답 76. ② 77. ① 78. ① 79. ① 80. ① 81. ④ 82. ①

83. 다음 중 고속에서도 비교적 정숙한 운전을 할 수 있는 것은? [07]

① 다익 송풍기
② 리밋 로드 송풍기
③ 터보 송풍기
④ 관류 송풍기

해설 ① 다익 송풍기 : 시로코 팬(sirocco fan)이라 하며 임펠러에 다수의 짧은 앞쪽으로 굽은 날개를 갖는 것
② 리밋 로드 송풍기 : 터보 송풍기의 일종으로 풍량을 증가시켜도 축동력이 그 이상 크지 않으며 최댓값이 최대 효율점 부근에 오도록 설계된 송풍기이다.
③ 터보 송풍기 : 비교적 긴 뒤쪽으로 굽은 날개를 갖고, 날개의 매수도 다익 송풍기보다 적으며, 한 개의 철판으로 만들어진 것과 익형으로 성형된 것이 있다. 다익 송풍기보다 견고하고 높은 압력에 사용되며 흡입구에 가이드베인을 갖고 있다. 각도를 조정하여 풍량을 조절할 수 있다.
④ 관류 송풍기 : 크로스 플로 팬(cross flow fan)이라 하며 다익 송풍기와 비슷하나 날개폭이 지름에 비하여 크고 기류는 축의 직각방향에서 흡입된다. 주로 에어커튼(air curtain) 등에 사용된다.

84. 다음 중 터보형 펌프의 종류에 해당되지 않는 것은? [14]

① 벌류트 펌프
② 터빈 펌프
③ 축류 펌프
④ 수격 펌프

해설 수격작용은 관 속에서 액체의 속도를 급변시키면 압력의 변화가 일어나는 현상이며, 수격 펌프라는 기기는 없다.

85. 송풍기의 풍량을 증가하기 위해 회전속도를 변경시킬 때 다음 상사법칙에 대한 설명 중 옳은 것은? [07]

① 소요동력은 회전수의 제곱에 반비례한다.
② 소요동력은 회전수의 3제곱에 비례한다.
③ 정압은 회전수의 3제곱에 비례한다.
④ 정압은 회전수의 제곱에 반비례한다.

해설 $\frac{L_2}{L_1} = \left(\frac{N_2}{N_1}\right)^3$

86. 펌프에 관한 설명 중 부적당한 것은 어느 것인가? [12]

① 양수량은 회전수에 비례한다.
② 양정은 회전수의 제곱에 비례한다.
③ 축동력은 회전수의 3승에 비례한다.
④ 토출속도는 회전수의 4승에 비례한다.

해설 토출속도는 회전수에 비례한다.

87. 다음 펌프 중에서 비속도가 가장 작은 펌프는? [08]

① 축류 펌프 ② 사류 펌프
③ 벌류트 펌프 ④ 터빈 펌프

해설 ⓐ 축류 펌프 : 1200~2000 rpm
ⓑ 사류 펌프 : 500~1200 rpm
ⓒ 원심 펌프(벌류트 펌프, 터빈 펌프) : 100~600 rpm
※ 터빈 펌프는 가이드 베인이 있고, 벌류트 펌프는 가이드 베인이 없으므로 가이드 베인의 마찰저항에 의해 터빈 펌프의 비속도가 작다.

정답 83. ③ 84. ④ 85. ② 86. ④ 87. ④

88. 다음 설명 중 ( ) 안에 적당한 용어는 어느 것인가? [09]

> "강제순환식 온수난방에서는 순환 펌프의 양정이 그대로 온수의 ( ) 가(이) 된다."

① 비중량 ② 순환량
③ 순환수두 ④ 마찰계수

89. 다음 중 냉각코일을 결정하는 부하가 아닌 것은? [05]

① 실내 취득열량
② 외기부하
③ 펌프 배관부하
④ 기기 내 취득열량

해설 펌프 배관부하는 증발코일 부하이다.

90. 다음 중 펌프의 종류에서 작동부분이 왕복운동을 하는 왕복식 펌프는? [08]

① 벌류트 펌프
② 기어 펌프
③ 플런저 펌프
④ 베인 펌프

해설 왕복식 펌프에는 워싱턴 펌프, 위어 펌프, 플런저 펌프 등이 있다.

91. 펌프의 보수 관리 시 점검사항 중 맞지 않은 것은? [03, 07, 10, 15]

① 윤활유 작동 확인
② 축수 온도 확인
③ 스터핑 박스의 누설 확인
④ 다단 펌프에 있어서 프라이밍 누설 확인

해설 프라이밍은 펌프에 물을 채우는 것으로 보수 관리 시 점검사항이 아니다.

92. 난방 방식의 분류에서 간접 난방에 해당하는 것은? [15]

① 온수난방 ② 증기난방
③ 복사난방 ④ 히트펌프난방

해설 히트펌프는 공기를 가열하여 방출하므로 간접 난방 방식이다.

93. 펌프에서 흡입양정이 크거나 회전수가 고속일 경우 흡입관의 마찰저항 증가에 따른 압력 강하로 수중에 다수의 기포가 발생되고 소음 및 진동이 일어나는 현상은? [13]

① 플라이밍 현상
② 캐비테이션 현상
③ 수격 현상
④ 포밍 현상

해설 캐비테이션(고진공) 현상을 방지하려면 흡입양정을 작게 하고 회전수를 낮춘다.

94. 수량이 2000 L/min, 양정이 50 m, 펌프 효율이 65 %인 펌프의 소요 축동력은 몇 kW인가? [02, 07]

① 2 kW ② 14 kW
③ 25 kW ④ 36 kW

해설 $N_{kw} = \dfrac{1000 \times 2 \times 50}{102 \times 0.65 \times 60}$
$= 25.14 \text{ kW}$

95. 강제순환식 난방에서 실내손실열량이 3000 kcal/h이고, 방열기 입구수온이 50℃, 출구온도가 42℃일 때 펌프 용량은 몇 kg/h인가? [06]

① 254 kg/h ② 313 kg/h
③ 342 kg/h ④ 375 kg/h

정답 88. ③ 89. ③ 90. ③ 91. ④ 92. ④ 93. ② 94. ③ 95. ④

해설 $G_w = \dfrac{3000}{1 \times (50-42)} = 375 \text{ kg/h}$

96. 다음 중 펌프의 캐비테이션 방지책으로 잘못된 것은? [03, 05, 07, 10, 12]

① 양흡입 펌프를 사용한다.
② 펌프의 회전차를 수중에 완전히 잠기게 한다.
③ 펌프의 설치 위치를 낮춘다.
④ 펌프 회전수를 빠르게 한다.

해설 캐비테이션 방지책으로 ①, ②, ③ 외에 펌프 회전수를 감소시키고 흡입관 지름을 크게 한다.

97. 판형 열교환기에 관한 설명 중 틀린 것은? [15]

① 열전달 효율이 높아 온도차가 적은 유체 간의 열교환에 매우 효과적이다.
② 전열판에 요철 형태를 성형시켜 사용하므로 유체의 압력손실이 크다.
③ 셸튜브형에 비해 열관류율이 매우 높으므로 전열면적을 줄일 수 있다.
④ 다수의 전열판을 겹쳐 놓고 볼트로 고정시키므로 전열면의 점검 및 청소가 불편하다.

해설 판형은 단일구조체의 형틀이므로 점검 및 청소가 유리하다.

98. 캐비테이션(공동현상)의 방지대책이 아닌 것은? [12, 14]

① 펌프의 흡입양정을 짧게 한다.
② 펌프의 회전수를 적게 한다.
③ 양흡입 펌프를 단흡입 펌프로 바꾼다.
④ 흡입관경은 크게 하며 굽힘을 적게 한다.

해설 캐비테이션을 방지하려면 단흡입 펌프를 양흡입 펌프로 바꾼다.

99. 밀폐식 수열원 히트 펌프 유닛 방식의 설명으로 옳지 않은 것은? [09, 13]

① 유닛마다 제어기구가 있어 개별운전이 가능하다.
② 냉·난방부하를 동시에 발생하는 건물에서 열 회수가 용이하다.
③ 외기 냉방이 가능하다.
④ 사무소, 백화점 등에 적합하다.

해설 외기 냉방은 전공기 방식만 가능하다.

100. 열펌프(heat pump)의 구성요소가 아닌 것은? [10, 15]

① 압축기 ② 열교환기
③ 4방 밸브 ④ 보조 냉방기

해설 열펌프는 압축기, 응축기, 팽창밸브, 증발기, 4방 밸브, 열교환기 등으로 구성된다.

101. 다음 중 열펌프(heat pump)의 열원이 아닌 것은? [09, 12]

① 대기 ② 지열
③ 태양열 ④ 빙축열

해설 열펌프의 열원에는 공기(대기), 태양열, 지열, 지하수, 가스엔진의 폐열 등이 있다.

102. 지열을 이용하는 열펌프(heat pump)의 종류가 아닌 것은? [09, 10, 12, 15]

① 엔진구동 열펌프(GHP)
② 지하수 이용 열펌프(GWHP)
③ 지표수 이용 열펌프(SWHP)
④ 지중열 이용 열펌프(GCHP)

정답 96. ④ 97. ④ 98. ③ 99. ③ 100. ④ 101. ④ 102. ①

해설 엔진구동 열펌프는 가스엔진의 폐열을 열원으로 한다.

103. 다음 열펌프에 대한 설명 중 옳은 것은? [08, 11, 13]

① 저온부에서 열을 흡수하여 고온부에서 열을 방출한다.
② 성적계수는 냉동기 성적계수보다 압축 소요동력만큼 낮다.
③ 제빙용으로 사용이 가능하다.
④ 성적계수는 증발온도가 높고, 응축온도가 낮을수록 작다.

해설 열펌프의 특징
① 저온부에서 열을 흡수하고 고온부측 응축기 방열량을 이용하여 난방한다.
② 성적계수는 냉동기 성적계수보다 1이 크다.
③ 공기조화용이다.
④ 성적계수는 압축일량이 작고 응축열량이 클수록 크다.

104. 4방 밸브를 이용하여 겨울에는 고온부 방출열로 난방을 행하고 여름에는 저온부로 열을 흡수하여 냉방을 행하는 장치는 어느 것인가? [14]

① 열펌프
② 열전 냉동기
③ 증기분사 냉동기
④ 공기사이클 냉동기

해설 냉동장치의 냉매를 역순환시켜서 냉·난방을 하는 장치를 열펌프 (heat pump)라 한다.

105. 공조용 전열교환기에 관한 설명으로 옳은 것은? [09, 15]

① 배열회수에 이용하는 배기는 탕비실, 주방 등을 포함한 모든 공간의 배기를 포함한다.
② 회전형 전열교환기의 로터 구동 모터와 급배기 팬은 반드시 연동 운전할 필요가 없다.
③ 중간기 외기 냉방을 행하는 공조시스템의 경우에도 별도의 덕트 없이 이용할 수 있다.
④ 외기량과 배기량의 밸런스를 조정할 때 배기량은 외기량의 40 % 이상을 확보해야 한다.

해설 ① 배열회수는 탕비실만 포함한다.
② 구동모터와 급배기 팬은 연동시킨다.
③ 중간기 외기 냉방은 별도의 덕트를 이용한다.

106. 가스엔진 구동형 열펌프(GHP)의 특징이 아닌 것은? [09, 11]

① 폐열의 유효 이용으로 외기온도 저하에 따른 난방능력의 저하를 보충한다.
② 소음 및 진동이 없다.
③ 제상운전이 필요 없다.
④ 난방 시 기동 특성이 빨라 쾌적난방이 가능하다.

해설 가스엔진 구동형 열펌프는 엔진의 소음과 진동이 발생하는 것이 단점이다.

107. 석면으로 만든 박판 등의 소재에 흡수재로 염화리튬을 침투시킨 판을 사용하여 현열과 잠열을 동시에 열교환하는 공기 대 공기 열교환기는? [10]

① 판형 열교환기
② 셸 앤드 튜브형 열교환기
③ 히트 파이프형 열교환기
④ 전열교환기

정답 103. ① 104. ① 105. ④ 106. ② 107. ④

108. 벌집 모양의 로터를 회전시키면서 윗부분으로 외기를, 아래쪽으로 실내 배기를 통과하면서 외기와 배기의 온도 및 습도를 교환하는 열교환기는? [11, 14]

① 고정식 전열교환기
② 현열교환기
③ 히트 파이프
④ 회전식 전열교환기

해설 ⓐ 고정식 전열교환기 : 핀 플레이트 내에서 배기와 외기를 혼합하지 않고 전열판의 열전도에 의한 전열교환으로 에너지를 회수하는 방식
ⓑ 히트 파이프, 현열교환기 : 한쪽에서 다른 쪽으로 별도의 동력 없이 스스로 열을 전달하는 간단한 장치

109. 축열 장치 중 수축열 장치의 특징으로 틀린 것은? [09, 11]

① 냉수 및 온수 축열이 가능하다.
② 축열조의 설계 및 시공이 용이하다.
③ 열용량이 큰 물을 축열재로 이용한다.
④ 빙축열에 비하여 축열 공간이 작아진다.

해설 수축열 장치는 같은 능력이라면 빙축열 장치보다 축열 공간이 크다.

110. 다음 중 현열교환기에 대한 설명으로 잘못된 것은? [10, 11]

① 보건 공조용으로 사용한다.
② 연도배기 가스의 열회수용으로 사용한다.
③ 회전형과 히트파이프가 있다.
④ 산업용 공조에 주로 사용한다.

해설 보건 공조용으로 전열교환기(total enthalpy heat exchanger)를 사용한다.

111. 다음은 셸튜브형 열교환기에 관한 설명이다. 옳은 것은? [08, 11, 12, 16]

① 전열관 내 유속은 내식성이나 내마모성을 고려하여 1.8 m/s 이하가 되도록 하는 것이 바람직하다.
② 동관을 전열관으로 사용할 경우 유체 온도가 150℃ 이상이 좋다.
③ 증기와 온수의 흐름은 열교환 측면에서 병행류가 바람직하다.
④ 열관류율은 재료와 유체의 종류에 따라 거의 일정하다.

해설 적정 유속은 0.5~1.5 m/s이고 부식을 고려한 유속은 2.3 m/s 이하가 좋다.

112. 회전식 전열교환기의 특징 설명으로 옳지 않은 것은? [13]

① 로터의 상부에 외기 공기를 통과하고 하부에 실내 공기가 통과한다.
② 배기 공기는 오염 물질이 포함되지 않으므로 필터를 설치할 필요가 없다.
③ 일반적으로 효율은 로터 회전수가 5 rpm 이상에서는 대체로 일정하고 10 rpm 전후 회전수가 사용된다.
④ 로터를 회전시키면서 실내 공기의 배기 공기와 외기 공기를 열교환한다.

해설 배기 공기에 오염 물질이 포함되므로 여과기(필터)를 사용한다.

정답 108. ④ 109. ④ 110. ① 111. ① 112. ②

4장 난방설비

ⒸⒷⓉ 문제은행

1. 보일러를 구성하는 3대 요소가 아닌 것은 어느 것인가? [06]

① 세정장치 ② 보일러 본체
③ 부속설비 ④ 연소장치

2. 보일러 파열사고 원인 중 가장 빈번히 일어나는 것은? [02, 04, 05]

① 강도 부족 ② 압력 초과
③ 부식 ④ 그루빙

해설 운전 부주의에 의한 저수위의 과열로 인한 압력 초과로 파열사고가 자주 발생한다.

3. 주철제 보일러의 특징이 아닌 것은? [10]

① 내식성 및 내열성이 좋다.
② 내압강도 및 열 충격에 강하다.
③ 복잡한 구조도 제작이 용이하다.
④ 조립식으로 반입 또는 해체가 용이하다.

해설 내압강도 및 열 충격에 약하다.

4. 일반적으로 겨울철에 실내에서 손실되는 열만을 계산하여 난방부하로 하는 경우가 많다. 그러면 다음 중 난방부하 계산 시에 계산하여야 할 부하는 어느 것인가? [04]

① 유리창을 통한 일사열
② 실내 인원의 운동에 의한 열
③ 송풍기 가동에 의한 열
④ 외벽체를 통한 온도 차에 의한 열

해설 난방부하는 손실부하만 계산하면 되고 ①, ②, ③은 취득부하이므로 냉방부하이다.

5. 다음 중 원통 보일러의 장점에 속하지 않는 것은? [12]

① 부하변동에 따른 압력변동이 적다.
② 구조가 간단하다.
③ 고장이 적으며 수명이 길다.
④ 보유수량이 적어 파열사고 발생 시 위험성이 적다.

해설 보유수량이 많기 때문에 파열사고 발생 시 위험성이 크다.

6. 공조설비에 사용되는 보일러에 대한 설명으로 틀린 것은? [06]

① 증기 보일러의 보급수는 가능한 연수장치로 처리할 필요가 있다.
② 보일러 효율은 연료가 보유하는 고위 발열량을 기준으로 하고, 보일러에서 발생한 열량과의 비를 나타낸 것이다.
③ 관류 보일러는 소요압력의 증기를 짧은 시간에 발생시킬 수 있다.
④ 보일러의 증기압력이 이상으로 높아지면 보일러가 파괴될 위험성이 있으므로 안전장치로서 본체에 안전밸브를 설치할 필요가 있다.

해설 보일러 효율은 연료가 보유하는 저위 발열량을 기준으로 한다.

정답 1. ① 2. ② 3. ② 4. ④ 5. ④ 6. ②

7. 보일러의 종류에 따른 전열면적당 증발량으로 틀린 것은? [13]

① 노통 보일러 : 45~65 kgf/m²·h 정도
② 연관 보일러 : 30~65 kgf/m²·h 정도
③ 입형 보일러 : 15~20 kgf/m²·h 정도
④ 노통 연관 보일러 : 30~60 kgf/m²·h 정도

해설 ⓐ 전열면적당 증발량 (kgf/m²·h)

$$= \frac{\text{매시증발량(kg/h)}}{\text{전열면적(m}^2\text{)}}$$

ⓑ 노통 보일러 : 20~35 kgf/m²·h
ⓒ 수관 보일러(대형) : 50~100 kgf/m²·h

8. 보일러의 종류에 따른 전열면적당 증발률이 옳은 것은? [04]

① 노통 보일러 : 35~50 kgf/m²·h
② 연관 보일러 : 30~65 kgf/m²·h
③ 직립 보일러 : 15~20 kgf/m²·h
④ 노통 연관 보일러 : 30~60 kgf/m²·h

해설 ① 노통 보일러 : 20~35 kgf/m²·h
② 연관 보일러 : 30~65 kgf/m²·h
③ 직립 보일러 : 15~20 kgf/m²·h
④ 노통 연관 보일러 : 30~60 kgf/m²·h

9. 드럼이 없이 수관만으로 되어 있으며 가동시간이 짧으며 과열되어 파손되어도 비교적 안전한 보일러는? [09, 15]

① 주철제 보일러
② 관류 보일러
③ 원통형 보일러
④ 노통 연관식 보일러

10. 난방을 하기 위한 공조시스템의 열원설비에 속하지 않는 것은? [10]

① 보일러 ② 급수펌프
③ 환수탱크 ④ 냉각수펌프

해설 냉각수펌프는 냉방장치의 열원설비이다.

11. 다음 중 난방 설비에 대한 설명으로 옳은 것은? [15]

① 상향 공급식이란 송수주관보다 방열기가 낮을 때 상향 분기한 배관이다.
② 배관방법 중 복관식은 증기관과 응축수관이 동일관으로 사용되는 것이다.
③ 리프트 이음은 진공펌프에 의해 응축수를 원활히 끌어올리기 위해 펌프 입구 쪽에 설치한다.
④ 하트포트 접속은 고압증기난방의 증기관과 환수관 사이에 저수위 사고를 방지하기 위한 균형관을 포함한 배관방법이다.

해설 ① 상향 공급식이란 송수주관보다 방열기가 높을 때 상향 분기한 배관이다.
② 증기관과 응축수관이 동일관으로 사용되는 것은 단관식이다.
④ 하트포트 접속은 증기관과 환수관 사이에 보일러 수의 역류를 방지하기 위한 균형관을 포함한 배관이다.

12. 온수 난방장치의 부피가 700 L이다. 이 경우 개방식 팽창 탱크의 필요 부피는 약 몇 L인가? (단, 급수밀도는 0.9999 kg/L이고, 온수온도의 밀도는 0.97183 kg/L이다.) [05]

① 40.5 ② 41.2
③ 43.5 ④ 45.7

해설 $V = 700 \times \left(\frac{1}{0.97183} - \frac{1}{0.99999}\right) \times 2$

$= 40.57$ L

정답 7. ① 8. ③ 9. ② 10. ④ 11. ③ 12. ①

13. 공기조화기의 열원장치에 사용되는 온수 보일러의 개방형 팽창탱크에 설치되지 않는 부속설비는? [13]

① 통기관 ② 수위계
③ 팽창관 ④ 배수관

해설 개방형 팽창탱크에는 통기관, 팽창관, 안전관, 배수관 등이 설치된다.

14. 다음 중 보일러의 3대 구성 요소가 아닌 것은? [05]

① 보일러 본체
② 연소장치
③ 부속품과 부속장치
④ 분출장치

해설 보일러의 3대 구성 요소는 보일러 본체, 연소장치, 부속장치이다.

15. 다음 중 난방부하에 포함되지 않는 것은? [02, 05, 16]

① 벽체를 통한 부하 ② 외기부하
③ 틈새부하 ④ 인체 발생 부하

해설 인체 발열 부하는 냉방부하이다.

16. 중앙식 난방법이 아닌 것은? [05]

① 개별 난방법 ② 직접 난방법
③ 간접 난방법 ④ 복사 난방법

해설 개별 난방법은 열원기기가 각 실에 설치되는 것이다.

17. 보일러의 증발량이 20 ton/h이고 본체 전열면적이 400 m²일 때, 이 보일러의 증발률은 얼마인가? [14, 16]

① 30 kg/m²h ② 40 kg/m²h
③ 50 kg/m²h ④ 60 kg/m²h

해설 $\frac{20000}{400} = 50\ \text{kg/m}^2\text{h}$

18. 1보일러 마력은 약 몇 kcal/h의 증발량에 상당하는가? [11, 14]

① 7205 kcal/h ② 8435 kcal/h
③ 9600 kcal/h ④ 10800 kcal/h

해설 $1\text{BHP} = 15.65 \times 539$
$= 8435.35\ \text{kcal/h}$

19. 상당증발량이 3000 kg/h이고 급수온도가 30℃, 발생증기 엔탈피가 635.2 kcal/kg일 때 실제 증발량은 약 얼마인가? [12]

① 2048 kg/h ② 2200 kg/h
③ 2472 kg/h ④ 2672 kg/h

해설 $G_a = \frac{3000 \times 539}{635.2 - 30} = 2671.8\ \text{kg/h}$

20. 보일러의 열 출력이 150000 kcal/h, 연료소비율이 20 kg/h이며, 연료의 저위 발열량이 10000 kcal/kg이라면 보일러의 효율은 얼마인가? [02, 12]

① 0.65 ② 0.70
③ 0.75 ④ 0.80

해설 $\eta = \frac{150000}{20 \times 10000} = 0.75$

21. 다음 중 난방 효율이 가장 높은 난방 방식은? [05]

① 온수난방 ② 열펌프 난방
③ 온풍난방 ④ 복사난방

해설 열펌프는 응축기 방열을 이용하므로 전력 1 kW의 2~3배의 난방 효과를 얻는다.

정답 13. ② 14. ④ 15. ④ 16. ① 17. ③ 18. ② 19. ④ 20. ③ 21. ②

22. 온풍난방을 사용할 수 있는 가장 알맞은 건물은? [02]

① 학교 ② 아파트
③ 공장 ④ 병원

해설 온풍은 예열부하가 작으므로 순간 난방 또는 일시적으로 사용하는 곳에 적합하다.

23. 다음 중 난방부하에 대한 설명으로 틀린 것은? [15]

① 건물의 난방 시에 재실자 또는 기구의 발생 열량은 난방 개시 시간을 고려하여 일반적으로 무시해도 좋다.
② 외기부하 계산은 냉방부하 계산과 마찬가지로 현열부하와 잠열부하로 나누어 계산해야 한다.
③ 덕트면의 열통과에 의한 손실 열량은 작으므로 일반적으로 무시해도 좋다.
④ 건물의 벽체는 바람을 통하지 못하게 하므로 건물 벽체에 의한 손실 열량은 무시해도 좋다.

해설 벽체의 손실 열량이 난방부하에서 가장 크다.

24. 난방부하에서 손실 열량의 요인으로 볼 수 없는 것은? [14]

① 조명기구의 발열
② 벽 및 천장의 전도열
③ 문틈의 틈새바람
④ 환기용 도입외기

해설 실내에서의 발열은 냉방부하에 해당된다.

25. 동일한 용량의 다른 보일러에 비해 전열면적이 크고 기동시간이 짧으며, 고압증기를 만들기 쉬워서 대용량에 적합한 것은? [10]

① 주철제 보일러 ② 입형 보일러
③ 노통 보일러 ④ 수관 보일러

해설 수관 보일러는 동의 지름이 작은 드럼과 수관 그리고 수랭벽 등으로 구성된 보일러로 구조상 고압 및 대용량에 적합하다.

26. 난방부하 계산 시 여유율을 고려하여 계산에 포함하지 않는 부하는? [06]

① 유리를 통한 전도열
② 도입 외기부하
③ 조명부하
④ 벽체의 축열부하

해설 조명부하는 냉방부하이다.

27. 동절기의 가열코일의 동결방지 방법으로 틀린 것은? [15]

① 온수코일은 야간 운전정지 중 순환펌프를 운전한다.
② 운전 중에는 전열교환기를 사용하여 외기를 예열하여 도입한다.
③ 외기와 환기가 혼합되지 않도록 별도의 통로를 만든다.
④ 증기코일의 경우 0.5 kg/cm^2 이상의 증기를 사용하고 코일 내에 응축수가 고이지 않도록 한다.

해설 실내 공기온도·습도 조정을 위하여 외기를 도입하여 환기와 혼합시킨다.

28. 보일러의 종류 중 원통형 보일러에 해당하지 않는 것은? [12]

① 입형 보일러 ② 노통 보일러
③ 관류 보일러 ④ 연관 보일러

해설 관류 보일러는 일종의 강제 순환식 수관 보일러이다.

정답 22. ③ 23. ④ 24. ① 25. ④ 26. ③ 27. ③ 28. ③

29. 난방 손실부하만으로 나열된 것은? [11]

① 전도, 틈새바람, 덕트, 복사에 의한 열손실
② 전도, 조명, 틈새바람, 환기에 의한 열손실
③ 전도, 틈새바람, 덕트, 환기에 의한 열손실
④ 전도, 인체, 조리기구, 환기에 의한 열손실

해설 복사열, 조명, 인체열은 냉방 취득부하이다.

30. 보일러에서의 상용출력이란? [13]

① 난방부하
② 난방부하+급탕부하
③ 난방부하+급탕부하+배관부하
④ 난방부하+급탕부하+배관부하+예열부하

해설 ⓐ 필요출력=난방부하+급탕부하
ⓑ 상용출력=난방부하+급탕부하+배관부하
ⓒ 정격출력=난방부하+급탕부하+배관부하+예열부하

31. 온풍난방을 하고 있는 사무실 내의 거주환경에서 적합한 건구온도는 몇 ℃인가?

① 22　② 28 [06]
③ 30　④ 33

해설 사무실의 난방온도는 18~22℃이다.

32. 설치가 쉽고 설치면적도 적으며 소규모 난방에 많이 사용되는 보일러는? [07, 13]

① 입형 보일러　② 노통 보일러
③ 연관 보일러　④ 수관 보일러

해설 ②, ③, ④는 중·대형 보일러이다.

33. 수관 보일러로부터 드럼을 제거하고 수관으로만 연소실을 둘러쌓은 것으로 보유수량이 적어 증기 발생이 빠른 보일러로 옳은 것은? [11]

① 노통 보일러　② 연관 보일러
③ 노통 연관 보일러　④ 관류 보일러

해설 드럼이 없고 수관만으로 구성된 관류 보일러는 초고압 대용량이며, 종류에는 벤슨 보일러, 슐처 보일러가 있다.

34. 수관식 보일러의 장점이 아닌 것은 어느 것인가? [04]

① 구조상 고압, 대용량에 적합하다.
② 전열면적이 크고 효율이 높다.
③ 관수 순환이 빠르고 증기 발생속도가 빠르다.
④ 구조가 단순하여 청소, 검사, 수리가 쉽다.

해설 수관식 보일러는 구조가 복잡하여 청소, 보수가 곤란하다.

35. 설치면적이 작으며 구조가 간단하고, 취급이 용이하나 비교적 효율이 낮은 보일러는 어느 것인가? [07]

① 연관 보일러
② 입형 보일러
③ 수관 보일러
④ 노통 연관 보일러

해설 보일러 효율
ⓐ 노통 보일러 : 20~35 $kg/m^2 \cdot h$
ⓑ 연관 보일러 : 30~65 $kg/m^2 \cdot h$
ⓒ 직립(입형) 보일러 : 15~20 $kg/m^2 \cdot h$
ⓓ 노통 연관 보일러 : 30~60 $kg/m^2 \cdot h$
ⓔ 수관(소형) 보일러 : 35~75 $kg/m^2 \cdot h$
ⓕ 수관(대형) 보일러 : 50~100 $kg/m^2 \cdot h$

정답 29. ③ 30. ③ 31. ① 32. ① 33. ④ 34. ④ 35. ②

36. 다음 중 수관식 보일러에 대한 설명으로 틀린 것은? [10]

① 부하변동에 따른 압력 변화가 크다.
② 급수의 순도가 낮아도 스케일 발생이 잘 안 된다.
③ 보유수량이 적어 파열 시 피해가 적다.
④ 고온 고압의 증기 발생으로 열의 이용도를 높였다.

해설 급수의 순도가 낮으면 스케일이 생성될 우려가 크다.

37. 다음은 노통 연관식 보일러의 특징을 열거한 것이다. 옳지 않은 것은? [09]

① 부하변동에 따른 압력변동이 적다.
② 크기에 비하여 전열면적이 작다.
③ 보유수량이 크므로 기동시간이 약간 길다.
④ 분할반입이 불가능하다.

해설 노통 연관식 보일러는 용량에 비해서 전열면적이 크다.

38. 대기압하에서 100℃의 포화수를 100℃의 건포화증기로 만들 수 있는 보일러의 증발량은? [10]

① 상당 증발량 ② 실제 증발량
③ 정미 증발량 ④ 보일러 증발량

해설 대기압하에서 100℃의 포화수를 100℃의 건포화증기로 만들 수 있는 보일러의 증발량을 환산(해당) 증발량 또는 상당 증발량이라 한다.

39. 보일러에서 절탄기(economizer)를 사용하였을 때 얻을 수 있는 이점이 아닌 것은 어느 것인가? [02, 06]

① 보일러의 열 효율이 향상된다.
② 보일러의 증발능력이 증가된다.
③ 보일러 판의 열응력을 감소시킨다.
④ 저온부식 방지 및 통풍력이 증대된다.

해설 절탄기는 예열장치이다.

40. 다음 중 노통 연관 보일러에 대한 설명으로 옳지 않은 것은? [02, 07]

① 노통 보일러와 연관 보일러의 장점을 혼합한 보일러이다.
② 보일러 효율이 80~85 %로 매우 높다.
③ 형체에 비해 전열면적이 크다.
④ 수관식 보일러보다는 가격이 비싸다.

해설 수관식 보일러는 노통 연관 보일러보다 구조가 복잡하고 가격이 비싸다.

41. 노통 연관 보일러에 대한 설명으로 틀린 것은? [15]

① 노통 보일러와 연관 보일러의 장점을 혼합한 보일러이다.
② 보유수량에 비해 보일러 열효율이 80~85 % 정도로 좋다.
③ 형체에 비해 전열면적이 크다.
④ 구조상 고압, 대용량에 적합하다.

해설 노통 연관 보일러는 저압 보일러이다.

42. 난방부하가 3600 kcal/h인 실에 온수를 열매로 하는 방열기를 설치하는 경우 소요방열면적은 몇 m^2인가? (단, 방열기의 방열량은 표준방열량($kcal/m^2 \cdot h$)을 기준으로 한다.) [08, 12]

① 2.0 ② 4.0
③ 6.0 ④ 8.0

해설 $EDR = \frac{3600}{450} = 8\ m^2$

정답 36. ② 37. ② 38. ① 39. ④ 40. ④ 41. ④ 42. ④

43. **다음의 특징을 갖는 보일러는?** [06]

> 구조가 간단하고 내부 청소가 쉬우며, 전열면적이 적은데다 수부가 크므로 증기 발생은 느리나 취급이 용이하다.

① 노통 보일러 ② 연관식 보일러
③ 주철제 보일러 ④ 기관차형 보일러

44. **디그리 데이(degree day)에 관한 설명이다. 옳은 것은?** [07]

① 최대 열부하를 계산하는 방법이다.
② 연료의 소비량을 예측할 수 있다.
③ 냉난방이 필요한 개월수와 온도와의 합으로 나타낸다.
④ 온도 대신 압력을 사용하여 나타낸다.

해설 도일(디그리 데이)은 냉난방 기간 중 실내 기준이 되는 온도와 하루 외기 온도의 평균치와의 차이를 말하는 것으로 월을 단위로 합산하거나 1번의 냉방 또는 난방 기간을 단위로 합산하여 연료 소비량을 예측할 수 있다.

45. **보일러의 능력을 나타내는 것으로 실제로 급수로부터 소요증기를 발생시키는 데 필요한 열량을 기준상태로 환산하여 나타내는 환산증발량이라는 것이 있다. 다음 중 환산증발량에 관한 설명으로 옳은 것은 어느 것인가?** [06]

① 100℃의 포화수를 100℃의 건포화증기로 증발시키기 위하여 필요한 열량을 기준으로 하여 실제 증발량을 환산한 것
② 37.8℃의 포화수를 100℃의 건포화증기로 증발시키기 위하여 필요한 열량을 기준으로 하여 실제 증발량을 환산한 것
③ 100℃의 포화수를 소요증기로 증발시키기 위하여 필요한 열량을 기준으로 하여 실제 증발량을 환산한 것
④ 37.8℃의 포화수를 소요증기로 증발시키기 위하여 필요한 열량을 기준으로 하여 실제 증발량을 환산한 것

해설 환산증발량은 정격출력을 100℃의 포화증기 증발량으로 환산한 것으로 다음과 같다.

$$환산증발량 = \frac{정격출력}{539}$$

46. **다음 난방 방식 중 열매체의 열용량이 가장 작으며 실내 온도 분포도가 나쁜 방식은?** [02, 11]

① 복사난방 ② 온수난방
③ 증기난방 ④ 온풍난방

해설 온풍난방은 실내 상하의 온도차가 크다.

47. **방열기의 표준방열량은 표준상태에 있어서 실내온도 및 열매온도에 의해 결정되는데, 증기방열기의 표준방열량으로 옳은 것은 어느 것인가?** [04, 06, 10]

① 450 $kcal/m^2 \cdot h$ ② 550 $kcal/m^2 \cdot h$
③ 650 $kcal/m^2 \cdot h$ ④ 750 $kcal/m^2 \cdot h$

해설 온수방열기의 표준방열량은 450 $kcal/m^2 \cdot h$이고, 증기방열기의 표준방열량은 650 $kcal/m^2 \cdot h$이다.

48. **저온수 난방방식의 방열기 표준방열량으로 옳은 것은?** [06]

① 450 $kcal/m^2 \cdot h$ ② 550 $kcal/m^2 \cdot h$
③ 650 $kcal/m^2 \cdot h$ ④ 750 $kcal/m^2 \cdot h$

해설 문제 47번 해설 참조

정답 43. ① 44. ② 45. ① 46. ④ 47. ③ 48. ①

49. 다음 난방설비에 관한 설명 중 옳지 않은 것은? [04]

① 증기난방의 방열기는 주로 열의 복사 작용을 이용하는 것이다.
② 온수난방은 주택, 병원, 호텔 등의 거실에 적합한 난방방식이다.
③ 증기난방은 학교, 사무소와 같은 건축물에 사용할 수 있는 난방방식이다.
④ 전기열에 의한 난방은 편리하지만, 경제적이지 못하다.

해설 방열기의 열 이동은 전도와 대류작용에 의해 실내를 난방한다.

50. $EDR = \frac{\text{방열기의 전방열량}}{\text{표준방열량}}$ 에서 EDR은 무엇인가? [09]

① 증발량 ② 상당방열면적
③ 응축수량 ④ 실제방열량

51. 다음 중 방열기의 EDR이란 무엇을 뜻하는가? [11, 14]

① 최대방열면적 ② 표준방열면적
③ 상당방열면적 ④ 최소방열면적

해설 상당방열면적은 방열기의 기준이 되는 방열면적의 크기를 표시하는 것으로, 기호로는 EDR (equivalent direct radiation)을 사용하며 단위는 m^2이다. 표준방열량 q를 정하여 이것을 기준 단위로 하고 있다. 증기의 $q = 650$ kcal/h·m^2, 온수의 $q = 450$ kcal/h·m^2이며 전방열량을 Q[kcal/h]로 하면 다음 식이 성립된다.

$$EDR = \frac{Q}{q}[m^2]$$

52. 어떤 보일러에서 발생되는 실제 증발량을 1000 kg/h, 발생 증기의 엔탈피를 614 kcal/kg, 급수의 온도를 20℃라 할 때, 상당증발량은 얼마인가? (단, 증발잠열은 540 kcal/kg으로 한다.) [13]

① 847 kg/h ② 1100 kg/h
③ 1250 kg/h ④ 1450 kg/h

해설 $\text{상당증발량} = \frac{1000 \times (614 - 20)}{540} = 1100 \text{ kg/h}$

53. 거실의 창문 밑에 설치할 주철제 방열기의 상당방열면적은 6 m^2로 산출되었다. 표준상태에서 이 방열기가 가지는 방열량은 몇 kcal/h인가? (단, 증기난방인 경우) [09]

① 2700 ② 3300
③ 3900 ④ 4500

해설 $q_H = 650 \times 6 = 3900$ kcal/h

54. 방열기는 주로 개구부 근처에 설치하는데 이는 실내공기의 어떠한 작용을 이용한 것인가? [07]

① 전도 ② 대류
③ 복사 ④ 전달

해설 방열기는 실내공기의 대류 작용을 이용한다.

55. 세주형 주철방열기 호칭법에서 원을 3등분하여 상단에 표시하는 것은? [08]

① 유입관의 크기
② 유출관의 크기
③ 절(섹션)수
④ 방열기의 종류와 높이

해설 ⓐ 상단 : 절수 (섹션수)
ⓑ 중단 : 방열기 형식과 높이
ⓒ 하단 : 급·배수 배관 지름

정답 49. ① 50. ② 51. ③ 52. ② 53. ③ 54. ② 55. ③

56. **다음 중 주철제 방열기의 종류가 아닌 것은?** [10, 12]

① 2주형 ② 3주형
③ 4세주형 ④ 5세주형

해설 주철제 방열기에는 2주형, 3주형, 3세주형, 5세주형이 있다.

57. **다음 방열기 중 고압 증기 사용에 가장 적합한 것은?** [11]

① 대류 방열기 ② 복사 방열기
③ 길드 방열기 ④ 관 방열기

해설 ①, ②, ③은 저압 증기용이고, ④는 고압 증기용이다.

58. **공기조화기의 열원장치에 사용되는 온수보일러의 밀폐형 팽창탱크에 설치되지 않은 부속설비는?** [11]

① 배기관 ② 압력계
③ 수면계 ④ 안전밸브

해설 밀폐형 팽창탱크는 내부가 기밀이 보장되므로 배기관이 없다.

59. **온수난방에 설치되는 팽창탱크에 대한 설명이다. 올바르지 않은 것은?** [05, 08]

① 팽창된 물을 밖으로 배출하여 장치를 안전하게 유지한다.
② 운전 중 장치 내 압력을 소정의 압력으로 유지하고, 온수 온도를 유지한다.
③ 운전 중 장치 내의 온도 상승에 의한 물의 체적 팽창과 압력을 흡수한다.
④ 개방식은 장치 내의 주된 공기배출구로 이용되고, 온수 보일러의 도피관으로도 이용된다.

해설 팽창되는 물의 체적을 흡수하여 안전운전을 한다.

60. **온수난방에 이용되는 밀폐형 팽창탱크에 관한 설명으로 옳지 않은 것은?** [08, 15]

① 공기층의 용적을 작게 할수록 압력의 변동은 감소한다.
② 개방형에 비해 용적은 크다.
③ 통상 보일러 근처에 설치되므로 동결의 염려가 없다.
④ 개방형에 비해 보수점검이 유리하고 가압실이 필요하다.

해설 공기층의 용적을 크게 할수록 압력의 변동은 작다.

61. **온수난방의 장점이 아닌 것은?** [15]

① 관 부식은 증기난방보다 적고 수명이 길다.
② 증기난방에 비해 배관지름이 작으므로 설비비가 적게 든다.
③ 보일러 취급이 용이하고 안전하며 배관 열손실이 적다.
④ 온수 때문에 보일러의 연소를 정지해도 여열이 있어 실온이 급변하지 않는다.

해설 온수난방은 열용량이 크므로 증기난방에 비해 배관지름이 크고, 설비비가 20 % 많이 든다.

62. **온수난방의 장점을 열거한 것 중 잘못된 것은?** [04]

① 난방부하의 변동에 따른 온도 조절이 용이하다.
② 열용량이 크므로 실내온도가 급변하지 않는다.
③ 설비비가 증기난방의 경우보다 적게 든다.
④ 증기난방보다 쾌감도가 좋다.

해설 온수난방은 설비비가 증기난방보다 많이 든다.

정답 56. ③ 57. ④ 58. ① 59. ① 60. ① 61. ② 62. ③

63. 다음 온수난방에 대한 설명 중 틀린 것은 어느 것인가? [15]

① 일반적으로 고온수식과 저온수식의 기준온도는 100℃이다.
② 개방형은 방열기보다 1 m 이상 높게 설치하고, 밀폐형은 가능한 한 보일러로부터 멀리 설치한다.
③ 중력 순환식 온수난방 방법은 소규모 주택에 사용된다.
④ 온수난방 배관의 주재료는 내열성을 고려해서 선택해야 한다.

해설 ⓐ 개방식 팽창탱크는 장치 중 제일 높은 곳보다 1 m 이상 높게 설치한다.
ⓑ 밀폐형 팽창탱크는 높이에 관계없이 온수가 증발하지 못하도록 가압시킨다.

64. 다음 중 온수난방에 대한 설명으로 잘못된 것은? [12]

① 예열부하가 증기난방에 비해 작다.
② 한랭지에서는 동결의 위험성이 있다.
③ 온수 온도에 의해 보통온수식과 고온수식으로 구분한다.
④ 난방부하에 따라 온도 조절이 용이하다.

해설 온수는 증기보다 비열이 크므로 예열부하가 크다.

65. 다음 중 온수난방 방식의 분류로 적당하지 않은 것은? [13]

① 강제순환식 ② 복관식
③ 상향공급식 ④ 진공환수식

해설 진공환수식은 증기난방 방식의 분류에 해당된다.

66. 다음 중 고온수난방의 특징으로 적당하지 않은 것은? [07, 10]

① 고온수난방은 증기난방에 비하여 연료절약이 된다.
② 고온수난방 방식의 설계는 일반적인 온수난방 방식보다 쉽다.
③ 공급과 환수의 온도차를 크게 할 수 있으므로 열수송량이 크다.
④ 장거리 열수송에 고온수일수록 배관경이 작아진다.

해설 고온수난방은 증기난방과 온수난방의 중간 방식으로 온수난방보다 설비가 복잡하고 고가이다.

67. 온수난방 장치의 체적이 700 L이다. 이 경우 개방식 팽창탱크의 필요 체적은 약 몇 L인가? (단, 초기 수온은 5℃, 보일러 운전 시 수온을 80℃로 하고 각각의 온도에 대한 물의 밀도는 0.99999 kg/L 및 0.97183 kg/L로 하며, 개방식 팽창탱크의 용량은 온수 팽창탱크의 2배로 한다.) [07]

① 40.5 ② 41.2
③ 43.5 ④ 45.7

해설 $\Delta v = 700 \times \left(\frac{1}{0.97183} - \frac{1}{0.99999}\right)$

$= 20.28\text{ L}$

$V = 2 \times 20.28 = 40.56\text{ L}$

68. 다음 중 온수난방의 특징 설명으로 틀린 것은? [10]

① 장치의 열용량이 크므로 예열시간이 길다.
② 배관 열손실이 적고 연료의 소비량이 적다.
③ 온수용 주철 보일러는 수두 제한 때문에 고층에서는 사용할 수 없다.
④ 트랩이나 기구장치 등이 필요하다.

해설 트랩은 증기난방용 장치이다.

정답 63. ② 64. ① 65. ④ 66. ② 67. ① 68. ④

69. 온수 보일러의 출력 표시 단위로 가장 적합한 것은? [05]

① kg/kcal ② kcal/h
③ kg/kg′ ④ kcal/kg

해설 출력은 시간당 발생 열량으로 단위 kcal/h 또는 kJ/h로 표시된다.

70. 건물의 바닥, 벽, 천장 등에 온수코일을 매설하고 열원에 의해 패널을 직접 가열하여 실내를 난방하는 방식은? [14]

① 온수난방 ② 열펌프 난방
③ 온풍난방 ④ 복사난방

71. 보일러의 부속품 중 온수 보일러에 사용하지 않는 것은? [08]

① 순환펌프 ② 수면계
③ 릴리프관 ④ 릴리프 밸브

해설 수면계는 증기 보일러 장치에 사용한다.

72. 온수 베이스 보드 난방(hot water base board heating)에서 가열면의 공기 유동을 조절하기 위한 장치는? [08, 10]

① 라디에이터 ② 드레인 밸브
③ 그릴 ④ 서모스탯

해설 베이스 보드 입구에서 공기의 유동량을 조절하는 것은 그릴이다.

73. 온수난방설비에서 고온수식과 저온수식의 기준온도는 몇 ℃인가? [04]

① 50 ② 80
③ 100 ④ 150

해설 고온수와 저온수의 구분 온도는 100℃이고, 평균적으로 저온수는 80℃, 고온수는 150℃ 기준으로 한다.

74. 다음 중 온수난방에만 사용하는 기기는 어느 것인가? [05, 07]

① 응축수 펌프 ② 열저장 탱크
③ 방열기 ④ 팽창탱크

해설 팽창탱크는 온수난방장치의 체적 팽창을 흡수하여 안전 운전을 도모한다.

75. 증기압력에 따라 분류한 증기난방 방식에 속하는 것은? [06]

① 고압식 ② 중력식
③ 기계식 ④ 습식

해설 증기난방 방식을 증기압력에 따라 분류하면 저압식과 고압식이 있다.

76. 증기배관의 말단이나 방열기 환수구에 설치하여 증기관이나 방열기에서 발생한 응축수 및 공기를 배출시키는 장치는? [12]

① 공기빼기 밸브 ② 신축 이음
③ 증기트랩 ④ 팽창탱크

해설 증기트랩은 증기와 응축수(공기 포함)를 분리하여 응축수는 배출시키고 증기는 재사용한다.

77. 다음은 증기난방의 특징을 설명한 것이다. 옳지 않은 것은? [02, 03]

① 온수에 비하여 열의 운반능력이 크다.
② 온수에 비하여 관경을 작게 해도 된다.
③ 온수에 비하여 환수 관의 부식이 적다.
④ 온수에 비하여 설비 및 유지비가 싸다.

해설 증기는 고온이므로 온수보다 부식이 크다.

정답 69. ② 70. ④ 71. ② 72. ③ 73. ③ 74. ④ 75. ① 76. ③ 77. ③

78. **다음 중 증기의 압력 제어에 적합한 밸브는?** [02]

① 팽창밸브 ② 3방 밸브
③ 2방 밸브 ④ 감압밸브

해설 증기의 압력 제어에 적합한 밸브는 글로브 밸브 계열의 감압밸브이다.

79. **다음 중 진공환수식 증기난방에 관한 설명으로 틀린 것은?** [08]

① 보통 큰 건물에 적용된다.
② 구배를 경감시킬 수 있다.
③ 환수를 원활하게 유통시킬 수 있다.
④ 파이프 치수가 커진다.

해설 진공환수식은 압력의 편차로 환수하기 때문에 속도가 빠르며 지름은 일반 규격치이지만 다른 방식에 비해 작다.

80. **증기보일러의 실제 증발량을 계산하는 식으로 맞는 것은? (단, G_e는 환산 증발량(kg/h), h_2는 발생증기의 엔탈피(kcal/kg), h_1는 급수의 엔탈피(kcal/kg)이다.)** [11]

① $G_e \times (h_2 - h_1)$

② $\dfrac{G_e \times 539}{(h_2 - h_1)}$

③ $\dfrac{G_e \times (h_2 - h_1)}{539}$

④ $\dfrac{539 \times (h_2 - h_1)}{G_e}$

해설 실제 증발량$(G_a) = \dfrac{G_e \times 539}{h_2 - h_1}$ [kg/h]

81. **난방 열원으로서의 증기와 고온수를 비교 설명한 것 중 올바른 것은?** [06]

① 고저가 심하고 넓은 지역에 산재해 있는 낮은 건물의 난방에는 증기가 유리하다.
② 고온수 난방방식은 간헐 운전에 적당하다.
③ 증기난방 방식은 부하에 대한 응답속도가 빠르다.
④ 배관거리가 비교적 짧은 경우에는 증기를 사용하면 배관지름이 커진다.

해설 증기난방은 온수난방에 비하여 예열부하가 적으므로 부하에 대한 응답이 빠르다.

82. **수분이 많이 함유된 증기가 보일러에서 발생될 때의 해(害)에 대한 설명 중 틀린 것은 어느 것인가?** [08]

① 건조도를 증가시킨다.
② 기관의 열효율을 저하시킨다.
③ 배관에 부식이 발생하기 쉽다.
④ 열손실이 증가한다.

해설 수분은 습도를 증가시킨다.

83. **다음 중 복사난방에 대한 설명으로 틀린 것은?** [14]

① 설비비가 적게 든다.
② 매립코일이 고장나면 수리가 어렵다.
③ 외기 침입이 있는 곳에도 난방감을 얻을 수 있다.
④ 실내의 벽, 바닥 등을 가열하여 평균복사온도를 상승시키는 방법이다.

해설 ⓐ 가열코일(패널)을 매설하므로 시공, 수리 및 설비비가 비싸다.
ⓑ 실내 개방상태(외기 침입)에서도 난방효과가 좋다.
ⓒ 벽에 균열이 생기기 쉽고 매설 배관이므로 고장 발견과 수리(정비)가 어렵다.
ⓓ 실내의 벽, 바닥 등을 가열하여 평균복사온도를 상승시킬 수 있다.

정답 78. ④ 79. ④ 80. ② 81. ③ 82. ① 83. ①

84. 증기 속에 수분이 많을 경우에 대한 설명 중 틀린 것은? [03]

① 건조도가 작다.
② 증기 엔탈피가 증가한다.
③ 배관에 부식이 발생하기 쉽다.
④ 증기 손실이 크다.

해설 증기에 수분이 많으면 같은 열량을 공급할 때 수분은 비열이 크므로 온도 상승이 작아서 엔탈피가 감소한다.

85. 증기난방에서 사용되는 부속기기인 감압밸브를 설치하는 데 있어서 주의사항이 아닌 것은? [04, 16]

① 감압밸브는 가능한 사용개소에 가까운 곳에 설치한다.
② 감압밸브로 응축수를 제거한 증기가 들어오지 않도록 한다.
③ 감압밸브 앞에는 반드시 스트레이너(strainer)를 설치하도록 한다.
④ 바이패스는 수평 또는 위로 설치하고 감압밸브의 구경과 동일 구경으로 한다.

해설 감압밸브는 유량 제어용으로 유체의 흐름을 단속하고 압력을 감소시킨다. 응축수를 제거하는 것은 트랩이다.

86. 공기예열기 사용 시 이점을 열거한 것 중 아닌 것은? [03, 04]

① 열효율 증가　② 연소효율 증대
③ 저질탄 연소 가능　④ 노내 온도 저하

해설 공기를 예열하면 노내 온도가 상승한다.

87. 증기난방의 부속기기인 감압밸브의 사용 목적에 해당하지 않는 것은? [09]

① 증기의 질을 향상시킨다.
② 방열기기나 증기 사용기기에 적합한 온도로 조절하기 위한 수단으로 사용된다.
③ 고압증기는 저압증기에 비하여 비체적이 크므로 배관지름을 크게 설치해야 한다.
④ 증기 사용 설비에서 사용 압력 조건, 즉 온도 조건으로 운전하기 위해서 사용된다.

해설 고압증기는 저압증기에 비하여 비체적이 작으므로 배관지름이 작아도 된다.

88. 증기난방의 장점으로 옳은 것은? [04]

① 스팀 해머링 등 소음이 적다.
② 증기순환이 빠르며 실내 방열량 조정이 쉽다.
③ 환수관에서 부식이 적고 보일러 취급이 용이하다.
④ 열의 운반능력이 크고 유지비가 싸다.

해설 ① 스팀 해머링이 있고 소음이 크다.
② 실내 방열량 조정이 어렵다.
③ 환수관이 부식되기 쉽고 운전에 유자격자가 필요하다.

89. 다음 중 난방 방식에 대한 설명으로 틀린 것은? [13]

① 온풍난방은 습도를 가습 또는 감습할 수 있는 장치를 설치할 수 있다.
② 증기난방의 응축수 환수관 연결 방식은 습식과 건식이 있다.
③ 온수난방의 배관에는 팽창탱크를 설치하여야 하며 밀폐식과 개방식이 있다.
④ 복사난방은 천장이 높은 실(室)에는 부적합하다.

해설 복사난방은 온기류가 바닥에 있으므로 천장이 높은 방에 적합하다.

정답 84. ② 85. ② 86. ④ 87. ③ 88. ④ 89. ④

90. 증기난방의 장점이 아닌 것은? [02]

① 열매체 온도가 높아 실내온도의 변화가 작다.
② 온수난방에 비하여 배관지름이 작아 설비비가 적다.
③ 가열시간이 빠르고 난방 개시 시간이 짧다.
④ 증기가 필요한 건물은 난방과 급기가 병용되어 장치를 단순화시킬 수 있다.

해설 증기난방은 실내 천장과 바닥의 온도차가 크다.

91. 복사난방의 설계에 사용하는 온도로서, 방을 구성하는 각 벽체의 표면온도를 평균하여 복사난방에서의 쾌감 기준으로 삼는 온도가 있다. 이를 무엇이라 하는가? [03]

① 실내공기온도 ② 복사난방온도
③ 평균복사온도 ④ 평균바닥온도

해설 평균복사온도 (MRT)

$$= \frac{\text{면적당 온도의 합}}{\text{전면적}}$$

92. 패널난방에서 실내 주벽 온도 $t_w = 25$℃, 실내 공기의 온도 $t_a = 15$℃라고 하면 실내에 있는 사람이 받는 감각온도 t_e는 몇 ℃인가? [02, 04]

① 10 ② 15
③ 20 ④ 25

해설 $t_e = \frac{25+15}{2} = 20$℃

93. 다음 중 복사난방에 대한 설명으로 틀린 것은? [14]

① 실내의 쾌감도가 높다.
② 실내온도 분포가 균등하다.
③ 외기 온도의 급변에 대한 방열량 조절이 용이하다.
④ 시공, 수리, 개조가 불편하다.

해설 복사난방은 온기류가 아랫부분에 있으므로 외기의 영향이 적은 편이고 방열량 조절이 어렵다.

94. 다음 복사난방에 관한 설명 중 맞지 않는 것은? [06, 10]

① 복사난방은 주야를 계속 난방해야 하는 곳에 유리하다.
② 단열층 공사비가 많이 들고 배관의 고장 발견이 어렵다.
③ 대류난방에 비하여 설비비가 많이 든다.
④ 방열체의 열용량이 적으므로 외기온도에 따라 방열량의 조절이 쉽다.

해설 복사난방은 방열체의 열용량이 크고 방열량 조절이 어렵다.

95. 온풍난방기에서 사용되는 배기통 공사 시의 주의사항으로 틀린 것은? [09]

① 배기통이 가연성 벽이나 천장을 통과하는 부분에는 슬리브를 사용한다.
② 배기통의 지름은 온풍난방기의 배기통 접속구 치수와 같은 규격을 사용하도록 한다.
③ 배기통의 가로 길이는 되도록 길게 하고, 구부리는 곳은 4개소 이내로 하여 통풍저항을 줄인다.
④ 배기통 선단은 옥외로 내고, 우수 침입 및 역풍을 방지하는 배기통 톱을 고정시키고 모든 방향으로 통풍이 되는 위치에서 풍압대가 아닌 것으로 한다.

해설 배기통 수평 길이는 짧게 하고 통풍저항을 줄이기 위하여 굴곡 부분의 개수는 적어야 한다.

정답 90. ① 91. ③ 92. ③ 93. ③ 94. ④ 95. ③

96. **다음 중 복사난방의 특징이 아닌 것은 어느 것인가?** [13]

① 외기온도의 급변화에 따른 온도 조절이 곤란하다.
② 배관 시공이나 수리가 비교적 곤란하고 설비 비용이 비싸다.
③ 공기의 대류가 많아 쾌감도가 나쁘다.
④ 방열기가 불필요하다.

해설 복사난방은 온기류가 바닥에 있으므로 공기의 대류작용이 적어서 쾌감도가 높다.

97. **다음 복사난방에 대한 설명 중 옳은 것은 어느 것인가?** [07, 16]

① 복사난방의 공간 이용도는 낮다.
② 복사난방은 방열기가 필요하다.
③ 복사난방은 쾌감도가 좋다.
④ 복사난방은 환기에 의한 손실열량이 크다.

해설 복사난방은 온기류가 바닥에 있으므로 쾌감도가 높고 천장이 높은 곳에 유리하며 일시적으로 사용하는 곳에는 부적합하다.

98. **복사난방의 특징으로 옳은 것은 어느 것인가?** [05]

① 외기온도 변화에 따른 방열량 조절이 쉽다.
② 천장이 높은 곳에는 부적합하며 시공이 쉽다.
③ 방열기가 필요 없으며 바닥 이용면적이 커진다.
④ 대류난방에 비해 바닥면의 먼지가 상승하기 쉽다.

해설 복사난방은 온기류가 바닥에 체류하므로 실내청정도가 높고 천장이 높은 곳에 유리하다.

99. **건물의 바닥, 천장, 벽 등에 온수를 통하는 관을 매설하여 방열면으로 사용하며 아파트, 주택 등에 적당한 난방 방법은?** [11]

① 복사난방 ② 증기난방
③ 온풍난방 ④ 전기히터난방

해설 패널을 바닥에 매설한 난방법은 바닥 복사난방이다.

100. **다음 중 복사난방에 대한 설명이 아닌 것은?** [05]

① 설비비가 적게 든다.
② 매설관 때문에 준공 후의 수리나 보존이 매우 번잡하다.
③ 바닥면에서 예열이 이용되므로 연료 소비량이 적다.
④ 실내의 벽, 바닥 등을 가열하여 평균복사온도를 상승시키는 방법이다.

해설 복사난방은 패널 시공으로 초기 설비비가 고가이다.

101. **다음은 증기난방과 온수난방을 비교한 것이다. 틀린 것은?** [02, 08]

① 증기난방보다 온수난방의 쾌적도가 더 좋다.
② 증기난방보다 온수난방의 취급이 더 용이하다.
③ 온수난방보다 증기난방의 가열시간이 더 빠르다.
④ 온수난방보다 증기난방의 설비비가 더 많이 든다.

해설 온수난방이 증기난방보다 용량이 20 % 정도 크고 설비비도 많이 든다.

정답 96. ③ 97. ③ 98. ③ 99. ① 100. ① 101. ④

102. 복사난방의 장점이 아닌 것은? [06]

① 복사열에 의해 쾌감도가 높다.
② 실내온도의 고른 분포가 가능하다.
③ 실온이 낮아도 난방효과를 얻을 수 있다.
④ 외기에 따른 방열량 조절이 쉽다.

해설 복사난방은 온기류가 바닥에 있어 쾌적감이 높고 천장이 높은 방에 유리하지만 방열량 조절이 어렵고 예열시간이 길어서 일시적으로 사용하는 곳에는 부적합하다.

103. 다음 복사난방에 관한 설명 중 틀린 것은? [15]

① 바닥면의 이용도가 높고 열손실이 적다.
② 단열층 공사비가 많이 들고 배관의 고장 발견이 어렵다.
③ 대류난방에 비하여 설비비가 많이 든다.
④ 방열체의 열용량이 적으므로 외기온도에 따라 방열량의 조절이 쉽다.

해설 복사난방은 열용량은 크고 방열량 조정이 어렵다.

104. 다음 온풍난방에 대한 설명 중 맞는 것은? [08, 11]

① 설비비는 다른 난방에 비해 고가이다.
② 열용량이 크고 예열 시간이 길다.
③ 토출 공기 온도가 높으므로 쾌적도가 떨어진다.
④ 실내 층고가 높을 경우에는 상하의 온도차가 작다.

해설 비열이 작아서 예열 시간이 짧으며 열용량이 크고 토출 가스 온도가 높아서 상하의 온도차가 크다.

105. 증기난방과 온수난방을 비교한 것 중 맞는 것은? [08]

① 쾌적도에서는 온수난방이 좋다.
② 온수난방이 증기난방보다 부식이 크다.
③ 증기난방은 현열을 이용하고, 온수난방은 잠열을 이용한다.
④ 증기난방은 예열 및 냉각이 늦으며 동결 위험이 적다.

해설 ① 쾌적도는 증기난방보다 온수난방이 양호하다.
② 증기난방은 고온이므로 부식이 크다.
③ 증기난방은 잠열을 이용하고, 온수난방은 현열을 이용한다.
④ 증기난방은 예열 시간이 짧고 환수관에서 동결의 위험성이 있다.

106. 증기 보일러 및 온수온도가 120℃를 넘는 온수 보일러에서 최대 연속 증발량보다 많은 취출량을 갖는 경우에 설치해야 할 부속기기는? [07]

① 안전밸브　② 체크밸브
③ 릴리프관　④ 압력계

해설 압력이 높으면 파열할 우려 때문에 증기를 분출하여 안전한 값으로 유지하는 안전밸브를 설치한다.

107. 온풍난방기 설치 시 유의사항으로 틀린 것은? [15]

① 기기점검, 수리에 필요한 공간을 확보한다.
② 인화성 물질을 취급하는 실내에는 설치하지 않는다.
③ 실내의 공기온도 분포를 좋게 하기 위하여 창의 위치 등을 고려하여 설치한다.
④ 배기통식 온풍난방기를 설치하는 실내에는 바닥 가까이에 환기구, 천장 가까이에는 연소공기 흡입구를 설치한다.

해설 환기구는 천장 가까이, 흡입구는 바닥 가까이에 설치한다.

정답 102. ④　103. ④　104. ③　105. ①　106. ①　107. ④

108. **온수 및 증기코일의 설계에 대한 설명 중 틀린 것은?** [09]

① 온수코일의 헤더 상부에는 공기배출 밸브를 설치한다.
② 증기코일의 전면풍속은 6~9 m/s 정도로 선정한다.
③ 온수코일의 유량 제어는 2방 또는 3방 밸브를 쓴다.
④ 증기코일은 온수에 비하여 열 회수를 작게 할 수 있다.

해설 증기코일의 전면풍속은 2~3 m/s이다.

109. **온수난방과 비교한 증기난방의 장점 중 맞는 것은?** [03, 16]

① 방열량의 제어가 쉽다.
② 방열기의 배관의 치수가 작다.
③ 증기보일러의 취급이 용이하다.
④ 스팀 해머링의 문제가 없다.

해설 증기난방은 온수난방보다 방열면적을 작게 할 수 있으며 방열기의 배관 지름이 가늘어도 된다.

110. **다음 중 온풍난방의 특징을 바르게 설명한 것은?** [02, 03, 13]

① 예열 시간이 짧다.
② 조작이 복잡하다.
③ 설비비가 많이 든다.
④ 소음이 생기지 않는다.

해설 온풍은 비열이 0.24 kcal/kg·℃로 작아서 예열 시간이 다른 난방 방식보다 짧다.

111. **온풍난방에 대한 설명으로 옳지 않은 것은 어느 것인가?** [08]

① 예열 시간이 짧고 간헐 운전이 가능하다.
② 가스 연소로 덕트나 연도의 과열에 따른 화재 우려가 없다.
③ 설치가 간단하여 전문 기술자를 필요로 하지 않는다.
④ 송풍온도가 고온이 되므로 덕트를 소형으로 할 수 있다.

해설 가스 연소에 의한 화재의 위험성이 있다.

112. **다음 중 온풍난방에 대한 설명으로 틀린 것은?** [14]

① 예열 시간이 짧다.
② 송풍온도가 고온이므로 덕트가 대형이다.
③ 설치가 간단하며 설비비가 싸다.
④ 별도의 가습기를 부착하여 습도 조절이 가능하다.

해설 온풍난방은 저온 난방방식이며 덕트는 송풍량에 의해서 결정된다.

113. **온풍난방의 특징에 대한 설명으로 옳은 것은?** [14]

① 예열 시간이 짧아 간헐 운전이 가능하다.
② 온·습도 조정을 할 수 없다.
③ 실내 상하 온도차가 작아 쾌적성이 좋다.
④ 공기를 공급하므로 소음 발생이 적다.

해설 온풍은 비열이 작아서 예열시간이 짧아 일시적인 난방에 적합하다.

114. **다음 중 난방방식 중 방열체가 필요 없는 것은?** [09, 13, 15, 16]

① 온수난방　② 증기난방
③ 복사난방　④ 온풍난방

해설 온풍난방은 온풍로에서 공기를 가열하여 실내에 취출하는 것으로 방열체가 없다.

정답 108. ②　109. ②　110. ①　111. ②　112. ②　113. ①　114. ④

115. 온풍난방법에서의 특징에 대한 설명 중 맞는 것은? [09, 12]

① 예열부하가 작아 예열 시간이 짧다.
② 송풍기의 전력소비가 작다.
③ 송풍덕트의 스페이스가 필요 없다.
④ 실온과 동시에 실내의 습도와 기류의 조정이 어렵다.

해설 비열이 낮을수록 예열부하가 작으므로 예열부하의 크기를 비교하면 공기(0.24 kcal /kg·℃)<증기(0.44 kcal/kg·℃)<물(1 kcal/kg·℃)이다.

116. 다음 중 온풍난방에 대한 설명으로 옳지 않은 것은? [13]

① 예열 시간이 짧고 간헐 운전이 가능하다.
② 실내 온도 분포가 균일하여 쾌적성이 좋다.
③ 방열기나 배관 등의 시설이 필요 없어 설비비가 비교적 싸다.
④ 송풍기로 인한 소음이 발생할 수 있다.

해설 온풍난방은 상하의 온도차가 커서 쾌적성이 나쁘며 소음 발생의 우려가 있다.

117. 다음 온풍난방에 대한 설명 중 옳은 것은? [15]

① 설비비는 다른 난방에 비하여 고가이다.
② 예열부하가 크므로 예열시간이 길다.
③ 습도 조절이 불가능하다.
④ 신선한 외기 도입이 가능하여 환기가 가능하다.

해설 온풍로난방 (온풍난방)
ⓐ 열효율이 높고 연소비가 절약된다.
ⓑ 직접 난방에 비하여 설비비가 싸다.
ⓒ 예열부하가 적으므로 장치는 소형이 된다.
ⓓ 환기가 병용으로 되며(신선 외기 도입) 공기 중의 먼지가 제거되고 가습도 할 수 있다.

118. 간접난방 (온풍난방)에 관한 설명으로 옳지 않은 것은? [07]

① 연소장치, 송풍장치 등이 일체로 되어 있어 설치가 간단하다.
② 예열부하가 거의 없으므로 기동시간이 아주 짧다.
③ 방열기기나 배관 등의 시설이 필요 없으므로 설비비가 싸다.
④ 실내 층고가 높을 경우에도 상하의 온도차가 작다.

해설 온풍난방은 실내 상하의 온도차가 크며 하부는 온도가 낮고 상부는 높다.

119. 다음 중 온풍난방의 장점이 아닌 것은 무엇인가? [10, 12]

① 예열 시간이 짧아 비교적 연료소비량이 적다.
② 온도의 자동제어가 용이하다.
③ 필터를 채택하므로 깨끗한 공기를 유지할 수 있다.
④ 실내 온도 분포가 균등하다.

해설 온풍난방은 실내 상하의 온도차가 크다.

정답 115. ① 116. ② 117. ④ 118. ④ 119. ④

ⓒⓑⓣ 문제은행

5장 덕트설비

1. 실내공기의 흡입구 중 펀칭메탈형 흡입구의 자유면적비는 펀칭메탈의 관통된 구멍의 총면적과 무엇의 비율인가? [12]

① 전체면적 ② 디퓨저의 수
③ 격자의 수 ④ 자유면적

2. 공조용 급기 덕트에서 취출된 공기가 어느 일정 거리만큼 진행했을 때의 기류 중심선과 취출구 중심과의 거리를 무엇이라고 하는가? [13]

① 도달거리 ② 1차 공기거리
③ 2차 공기거리 ④ 강하거리

3. 송풍기 선정 시 고려해야 할 사항 중 옳은 것은? [13]

① 소요 송풍량과 풍량 조절 댐퍼 유무
② 필요 유효 정압과 전동기 모양
③ 송풍기 크기와 공기 분출 방향
④ 소요 송풍량과 필요 정압

해설 송풍기 동력 $= \dfrac{P_s Q}{102\eta_s}$ [kW]

여기서, P_s : 정압 (mmAq)
Q : 송풍량 (m^3/s)
η_s : 정압 효율 (%)

4. 다음은 덕트 내의 공기압력을 측정하는 방법이다. 그림 중 정압을 측정하는 방법은? [15]

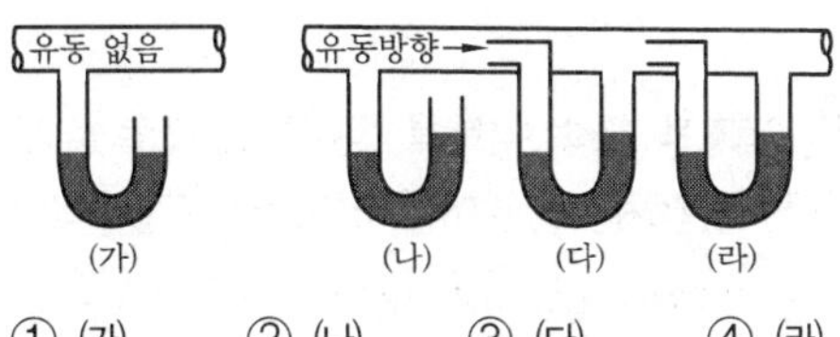

① (가) ② (나) ③ (다) ④ (라)

해설 (나) : 정압, (다) : 전압, (라) : 동압

5. 다음 중 환기에 대한 설명으로 틀린 것은 어느 것인가? [08]

① 실내의 오염공기를 신선공기로 희석하거나 확산시키지 않고 배출한다.
② 실내에서 발생하는 열이나 수증기를 제거한다.
③ 실내압력을 +압력 상태로 유지시키면서 환기하는 방식이 제 3 종 환기법이다.
④ 재실자의 건강, 안전, 쾌적성, 작업능률을 향상시킨다.

해설 제3종 환기법은 흡축법으로 배풍기를 이용하여 실내압력을 －압력(부압) 상태로 유지시킨다.

6. 다음 중 환기의 목적이 아닌 것은? [12]

① 연소 가스의 도입
② 신선한 외기 도입
③ 실내의 사람에 대한 건강과 작업 능률을 유지
④ 공기 환경의 악화로부터 제품과 주변기기의 손상 방지

해설 연소 가스는 폐가스이므로 대기 중에 방출한다.

정답 1. ① 2. ④ 3. ④ 4. ② 5. ③ 6. ①

7. 다음 공기조화용 흡입구 중 바닥 밑에 설치되어 사용되는 것은? [06]

① 머시룸형 ② 그릴형
③ 레지스터 ④ 아네모스탯형

해설 버섯 모양의 머시룸형 흡입구는 의자 밑에 설치한다.

8. 공조용 저속 덕트를 등마찰법으로 설계할 때 사용하는 단위마찰저항으로 맞는 것은? [12]

① 0.08~0.15 mmAq/m
② 0.8~1.5 mmAq/m
③ 8~15 mmAq/m
④ 80~150 mmAq/m

해설 ⓐ 저속 덕트에서 급기 덕트의 경우 0.1~0.12 mmAq/m, 환기인 경우 0.08~0.1 mmAq/m, 공장은 0.15 mmAq/m
ⓑ 고속덕트는 1 mmAq/m 정도

9. 장방형 저속덕트의 장변의 길이가 850 mm일 때 시공하여야 할 아연도강판의 두께로 가장 적당한 것은? [09]

① 0.3 mm ② 0.5 mm
③ 0.8 mm ④ 1.2 mm

10. 공조기의 필터 저항을 10 mmAq, 냉각코일 저항을 20 mmAq, 가열코일 저항을 7 mmAq라 하고, 취출구와 토출 덕트의 전 저항을 각각 5 mmAq라 할 때 팬의 전압(mmAq)은? [08]

① 10 ② 25
③ 34 ④ 47

해설 전압 $= 10 + 20 + 7 + 5 + 5 = 47\,\text{mmAq}$

11. 유체의 속도가 20 m/s일 때 이 유체의 속도수두는 얼마인가? [13, 14]

① 5.1 m ② 10.2 m
③ 15.5 m ④ 20.4 m

해설 속도수두 $(H) = \dfrac{20^2}{2 \times 9.8} = 20.41\text{ m}$

12. 덕트 속에 흐르는 공기의 평균 유속 10 m/s, 공기의 비중량 1.2 kgf/m³, 중력 가속도가 9.8 m/s²일 때 동압은? [15]

① 약 3 mmAq ② 약 4 mmAq
③ 약 5 mmAq ④ 약 6 mmAq

해설 $P_v = \dfrac{10^2}{2 \times 9.8} \times 1.2 = 6.12\text{ mmAq}$

13. 시간당 5000 m³의 공기가 지름 80 cm의 원형 덕트 내를 흐를 때 풍속은 약 몇 m/s인가? [12]

① 1.81 ② 2.32
③ 2.76 ④ 3.25

해설 $Q = \dfrac{4 \times 5000}{\pi \times 0.8^2 \times 3600} = 2.764\text{ m/s}$

14. 원형 덕트의 지름을 사각 덕트로 변형시킬 때, 원형 덕트 지름 d와 사각 덕트의 긴 변 길이 a, 짧은 변 길이 b의 관계식을 옳게 나타낸 것은? [07, 09]

① $d = \left[\dfrac{a \times b^5}{(a \times b)^2}\right]^{\frac{1}{8}}$

② $d = 1.3 \times \left[\dfrac{a^5 \times b}{(a+b)^2}\right]^{\frac{1}{8}}$

③ $d = 1.3 \times \left[\dfrac{(a \times b)^5}{(a+b)^2}\right]^{\frac{1}{8}}$

④ $d = \left[\dfrac{a^5 \times b}{(a+b)^2}\right]^{\frac{1}{8}}$

정답 7. ① 8. ① 9. ③ 10. ④ 11. ④ 12. ④ 13. ③ 14. ③

15. 지름 50 cm인 덕트 내의 풍속이 7.5 m/s일 때 풍량은 약 몇 m^3/h인가? [10]

① 3750 ② 5300
③ 8960 ④ 9650

해설 $Q=\frac{\pi}{4}\times 0.5^2\times 7.5\times 3600$
$=5299\ m^3/h$

16. 일반적으로 덕트의 종횡비(aspect ratio)는 얼마를 표준으로 하는가? [13]

① 2 : 1 ② 6 : 1
③ 8 : 1 ④ 10 : 1

해설 덕트 종횡비의 일반적인 표준은 3 : 2이므로 이 문제에서는 2 : 1이 가장 가깝다.

17. 실내의 오염된 공기를 신선한 공기로 희석 또는 교환하는 것을 무엇이라고 하는가? [14]

① 환기 ② 배기
③ 취기 ④ 송기

해설 환기 = 재순환 공기+외기 도입

18. 공연장의 건물에서 관람객이 500명이고, 1인당 CO_2 발생량이 0.05 m^3/h일 때 환기량(m^3/h)은 얼마인가? (단, 실내 허용 CO_2 농도는 600 ppm, 외기 CO_2 농도는 100 ppm이다.) [13]

① 30000 ② 35000
③ 40000 ④ 50000

해설 $Q=\frac{500\times 0.05}{6\times 10^{-4}-1\times 10^{-4}}$
$=50000\ m^3/h$

19. 조화된 공기를 덕트에서 실내에 공급하기 위한 개구부는? [12]

① 취출구 ② 흡입구
③ 펀칭메탈 ④ 그릴

해설 ⓐ 취출구 : 공조기에서 실내로 공기를 공급하는 개구부
ⓑ 흡입구 : 실내에서 공조기로 공기를 공급하는 개구부
ⓒ 펀칭메탈과 그릴은 흡입구와 취출구의 종류에 해당된다.

20. [보기] 설명에 알맞은 취출구의 종류는 무엇인가? [14]

[보기]
- 취출 기류의 방향 조정이 가능하다.
- 댐퍼가 있어 풍량 조절이 가능하다.
- 공기저항이 크다.
- 공장, 주방 등의 국소 냉방에 사용된다.

① 다공판형 ② 베인격자형
③ 펑커루버형 ④ 아네모스탯형

해설 ① 다공판형 : 천장에 설치하여 작은 구멍을 개공률 10% 정도 뚫어서 토출구로 만든 것
② 베인격자형 : 각형의 몸체(frame)에 폭 20~25 mm 정도의 얇은 날개(vane)를 토출면에 수평 또는 수직으로 설치하여 날개 방향 조절로 풍향을 바꿀 수 있다.
③ 펑커루버형 : 선박 환기용으로 제작된 것으로 목을 움직여서 토출 기류의 방향을 바꿀 수 있으며, 토출구에 달려 있는 댐퍼로 풍량 조절도 쉽게 할 수 있다.
④ 아네모스탯형 : 팬형의 결점을 보강한 것으로 천장 디퓨저라 한다.

21. 고속 덕트와 저속 덕트를 구분하는 풍속기준은 주덕트에서 몇 m/s인가? [04]

정답 15. ② 16. ① 17. ① 18. ④ 19. ① 20. ③ 21. ②

① 20 ② 15
③ 7 ④ 30

22. **공조덕트의 취출구에 대한 설명이다. 옳지 않은 것은?** [09]

① 천장 취출구의 경우 온풍 취출이면 도달거리가 짧아진다.
② 취출구의 배치는 최소 확산 반경이 겹치지 않도록 해야 한다.
③ 베인형 취출구에서 베인 각도를 확대하면 소음을 줄일 수 있다.
④ 베인형 취출구의 천장 설치의 경우 냉방 시는 베인 각도를 작게 한다.

해설 베인형 취출구는 베인의 각도를 바꾸어서 풍향을 바꿀 수 있다.

23. **덕트의 용도별 허용 소음치인 NC (noise criterion)의 평균치(dB)가 은행 및 우체국에 가장 적당한 것은?** [03]

① 10 ② 20 ③ 40 ④ 80

24. **다음 취출에 관한 용어 설명 중 틀린 것은 어느 것인가?** [07]

① 1차 공기 : 취출구로부터 취출된 공기
② 2차 공기 : 1차 공기로부터 유도되어 운동하는 실내의 공기
③ 내부유인 : 취출구의 내부에 실내공기를 흡입해서 이것과 취출 1차 공기를 혼합해서 취출하는 작용
④ 유인비 : 덕트 단면의 장변을 단변으로 나눈 값

해설 ⓐ 유인비 $= \dfrac{\text{합계 공기}}{\text{1차 공기}}$로 일반적으로 1 : 3~4이다.
ⓑ 덕트의 장변과 단변의 비는 아스펙트비(종횡비)이다.

25. **덕트 치수를 결정하는 데 있어서 유의해야 할 사항으로 잘못된 것은?** [05, 07]

① 덕트 굽힘부 곡률반지름 (반지름/장변)은 일반적으로 1.5~2.0으로 한다.
② 덕트의 확대부 각도는 30° 이하, 축소부는 60° 이하가 되도록 한다.
③ 동일 풍량의 경우, 가장 표면적이 작은 것은 원형 덕트이고, 다음이 정방형 덕트이다.
④ 건축적인 사정으로 장방형 덕트를 사용하는 경우에도 종횡비는 4 이내로 하는 것이 좋다.

해설 덕트 확대부는 20° 이하 (최대 30°), 축소부는 45° 이하이다.

26. **공기조화용 덕트 부속기기 덕트 내의 풍속, 풍량, 온도, 압력, 먼지 등을 측정하기 위하여 측정구를 설치한다. 이와 같은 측정구는 엘보와 같은 곡관부에서 덕트폭의 몇 배 이상 떨어진 장소에서 실시하는가?** [05]

① 7.5배 이상 ② 8.5배 이상
③ 9.5배 이상 ④ 6.5배 이상

27. **(a), (b), (c)와 같은 관로의 국부저항계수(전압기준)가 큰 것부터 작은 것 순서로 나열하였을 때 가장 적당한 것은?** [03, 09]

(a) $v \rightarrow$ (b) $v \rightarrow$ (c) $v \rightarrow$

① (a)>(b)>(c) ② (a)>(c)>(b)
③ (b)>(c)>(a) ④ (c)>(b)>(a)

해설 유체가 흘러갈 때 저항이 작아 유입이 잘 되는 순서는 (a)>(b)>(c)이고 반대로 저항이 큰 순서는 (c)>(b)>(a)이다.

정답 22. ③ 23. ② 24. ④ 25. ② 26. ① 27. ④

28. 공기조화용 흡입구의 일반 공장 내에서는 허용풍속은 얼마인가? [05]

① 2 m/s 이상 ② 3 m/s 이상
③ 4 m/s 이상 ④ 5 m/s 이상

해설 공장에서 거주구역보다 윗부분에 있는 흡입유닛의 풍속은 4 m/s 이상이다.

29. 다음 중 저속 덕트 방식의 풍속에 해당되는 것은? [07]

① 35~43 m/s ② 26~30 m/s
③ 16~23 m/s ④ 8~12 m/s

해설 저속은 8~12 m/s이고, 고속은 20~25 m/s 정도이다.

30. 덕트 취출의 최소 도달거리라는 것은 취출구에서 취출한 공기가 진행해서 취출기류의 중심선 상의 풍속이 몇 m/s 된 위치까지의 거리인가? [03]

① 0.1 ② 0.25
③ 1.0 ④ 2.0

31. 다음 취출구 중 내부유인성능을 가지고 있으며 취출온도차를 크게 반영할 수 있는 것은? [09]

① 아네모스탯형 취출구
② 라인형 취출구
③ 노즐형 취출구
④ 유니버설형 취출구

해설 아네모스탯(anemostat)형은 팬형의 결점을 보강한 것으로 천장 디퓨저라고 한다(확산 반경이 크고 도달거리가 짧다).

32. 덕트 재료 중에서 고온의 공기 및 가스가 통과하는 덕트 및 방화 댐퍼, 보일러의 연도 등에 가장 많이 사용되는 재료는? [10]

① 열간 압연 박강판 ② 동판
③ 아연도금 강판 ④ 염화비닐판

33. 대형 덕트에서 덕트의 강도를 높이기 위해 덕트의 옆면 철판에 주름을 잡아주는 것을 무엇이라 하는가? [08]

① 보강 바
② 다이아몬드 브레이크
③ 보강 앵글
④ 슬립

34. 덕트 보온 시공 시 주의사항으로 틀린 것은? [14]

① 보온재를 붙이는 면은 깨끗하게 한 후 붙인다.
② 보온재의 두께가 50 mm 이상인 경우는 두 층으로 나누어 시공한다.
③ 보의 관통부 등은 반드시 보온 공사를 실시한다.
④ 보온재를 다층으로 시공할 때는 종횡의 이음이 한곳에 합쳐지도록 한다.

해설 보온재의 종횡 이음부는 분산되게 한다.

35. 겨울철 환기를 위해 실내를 지나는 덕트 내의 공기 온도가 노점온도 이하의 상태로 통과되면 덕트에 이슬이 발생하는데 이를 방지하기 위한 조치로서 가장 적당한 것은? [11]

① 방식 피복 ② 배기 보온
③ 방로 피복 ④ 덕트 은폐

해설 이슬이 맺히는 것을 방지하는 단열재로 피복한다.

정답 28. ③ 29. ④ 30. ② 31. ① 32. ① 33. ② 34. ④ 35. ③

36. 공기조화에서 덕트 외면을 단열시공하는 이유가 아닌 것은? [09]

① 외부로부터의 열침입 방지
② 외부로부터의 소음 차단
③ 외부로부터의 습기 차단
④ 외부로부터의 충격 차단

해설 단열시공의 목적은 열침입 및 손실 방지, 소음 차단, 습기 흡입 방지 등이다.

37. 다음 중 점검구(access door)가 필요치 않은 곳은? [04]

① 주덕트 중간
② 방화 댐퍼의 퓨즈를 교체할 수 있는 곳
③ 풍량 조절 댐퍼의 점검 및 조정이 필요한 곳
④ 덕트 내 코일이나 송풍기가 내장되어 있는 곳

38. 덕트 각부에 있어서의 풍속이 일정하게 될 수 있도록 치수를 정하는 덕트의 설계법은 어느 것인가? [08]

① 등온법
② 등속도법
③ 등마찰손실법
④ 정압재취득법

해설 등속도법은 특수 용도(분말, 자갈, 모래 등의 이송)에 사용된다.

39. 다음 중 덕트 내의 소음 방지법이 아닌 것은? [02]

① 송풍기 출구 부근에 플리넘 체임버를 장치한다.
② 덕트의 접속에 심 대신 다이아몬드 브레이크를 만든다.
③ 댐퍼와 분출구에 코르크판을 부착한다.
④ 덕트의 도중에 흡음재를 내장한다.

해설 다이아몬드 브레이크는 덕트 보강장치이다.

40. 저속 덕트의 이점이 아닌 것은? [04]

① 덕트 소음이 적다.
② 덕트 스페이스가 적게 된다.
③ 설비비가 싸다.
④ 덕트에서의 저항이 적다.

해설 저속 덕트는 풍속이 느리므로 덕트의 공간이 커야 한다.

41. 덕트의 부속품에 대한 설명이다. 잘못된 것은 어느 것인가? [06, 08, 10]

① 소형의 풍량조절용으로는 버터플라이 댐퍼를 사용한다.
② 공조 덕트의 분기부에서는 베인형 댐퍼를 사용한다.
③ 화재 시 화염이 덕트 내에 침입하였을 때 자동적으로 폐쇄하도록 방화 댐퍼를 사용한다.
④ 화재 초기 시 연기감지로 다른 방화구역에 연기가 침입하는 것을 방지하는 방연 댐퍼를 사용한다.

해설 분기부에서 풍량 조절용으로 스플릿 댐퍼를 사용한다.

42. 공기조화설비에서 단면의 형상은 주로 장방형과 원형의 것이 있으며 공기를 수송하는 데 사용되는 것은? [11]

① 댐퍼 ② 밸브
③ 배관 ④ 덕트

해설 공기, 가스, 연기를 수송하는 장치를 덕트(고래)라 한다.

정답 36. ④ 37. ① 38. ② 39. ② 40. ② 41. ② 42. ④

43. **냉·난방에 필요한 전 송풍량을 하나의 주덕트만으로 분배하는 방식은?** [03, 06]

① 단일 덕트 방식
② 이중 덕트 방식
③ 멀티존 유닛 방식
④ 팬코일 유닛 방식

해설 단일 덕트 방식은 전공기 방식으로 덕트 하나로 공급하기 때문에 개별 제어가 어렵지만 실내 청정도는 양호하게 할 수 있다.

44. **덕트 상당장이란 무엇인가?** [06]

① 덕트의 실제길이를 말한다.
② 덕트의 길이를 원형 덕트로 환산한 것이다.
③ 덕트 계통에서 국부저항 손실을 같은 저항값을 갖는 직선 덕트의 길이로 환산한 것이다.
④ 덕트의 지름을 20 cm로 환산한 덕트 길이다.

해설 상당장이란 곡선 덕트의 손실을 직선 덕트 길이로 환산한 것이다.

45. **다음 중 공기조화기에 속하지 않는 것은 어느 것인가?** [09]

① 공기가열기
② 공기냉각기
③ 덕트
④ 공기여과기(에어 필터)

해설 덕트는 공기를 수송하는 장치이다.

46. **다음 중 덕트 설계 시 고려하지 않아도 되는 것은?** [02, 04]

① 덕트로부터의 소음
② 덕트로부터의 열손실
③ 덕트 내를 흐르는 공기의 엔탈피
④ 공기의 흐름에 따른 마찰저항

해설 덕트 공기 엔탈피는 공조 부하 계산 시에 필요하다.

47. **환기에 대한 설명으로 틀린 것은?** [15]

① 기계환기법에는 풍압과 온도차를 이용하는 방식이 있다.
② 제품이나 기기 등의 성능을 보전하는 것도 환기의 목적이다.
③ 자연환기는 공기의 온도에 따른 비중차를 이용한 환기이다.
④ 실내에서 발생하는 열이나 수증기도 제거한다.

해설 기계환기법은 강제급기와 강제배기로 이루어진다.

48. **환기횟수를 시간당 0.6회로 할 경우에 체적이 2000 m³인 실의 환기량은 얼마인가?** [13]

① 800 m^3/h　② 1000 m^3/h
③ 1200 m^3/h　④ 1440 m^3/h

해설 $Q = 0.6 \times 2000 = 1200\ m^3/h$

49. **덕트의 열손실 방지를 위해 반드시 보온을 필요로 하는 부분은?** [10]

① 환기 덕트　② 외기 덕트
③ 배기 덕트　④ 급기 덕트

해설 급기 덕트의 전체 열손실 온도는 1℃ 이하이므로 외기 침입 열량을 차단하는 보온이 필요하다.

50. **취출구에 설치하여 취출풍량을 조절하는 기기의 명칭은?** [02]

① 덕트　② 송풍기
③ 밸브　④ 댐퍼

정답 43. ① 44. ③ 45. ③ 46. ③ 47. ① 48. ③ 49. ④ 50. ④

해설 댐퍼는 기체의 유량을 조정하는 장치이다.

51. 덕트의 아스펙트(aspect)비는 보통 얼마로 하는가? [11]

① 2 : 1 이하가 바람직하나 4 : 1을 넘지 않는 범위로 한다.
② 4 : 1 이하가 바람직하나 8 : 1을 넘지 않는 범위로 한다.
③ 6 : 1 이하가 바람직하나 12 : 1을 넘지 않는 범위로 한다.
④ 8 : 1 이하가 바람직하나 16 : 1을 넘지 않는 범위로 한다.

해설 아스펙트비(종횡비)는 가장 좋은 것은 3 : 2이고 일반적으로 4 : 1로 하지만 최대 8 : 1을 넘지 않는 범위가 좋다. 최근에는 12 : 1로도 제작한다.

52. 공기조화용 취출구 종류에서 원형 또는 원추형 팬을 달아 여기에 토출기류를 부딪히게 하여 천장면에 따라서 수평판 사이로 공기를 내보내는 구조로 되어 있고 유인비 및 소음 발생이 적은 취출구는? [03, 15]

① 팬형 취출구
② 웨이형 취출구
③ 아네모스탯형 취출구
④ 라인형 취출구

53. 공기조화용 취출구 종류 중 판에 일정한 크기의 구멍을 뚫어 토출구를 만들었으며 천장 설치용으로 적당하며, 확산 효과가 크기 때문에 도달거리가 짧은 것은? [11]

① 아네모스탯(annemostat)형
② 라인(line)형
③ 팬(pan)형
④ 다공판(multi vent)형

해설 다공판(multi vent) : 천장에 설치하여 작은 구멍을 개공률 10 % 정도 뚫어서 토출구로 만든 것

54. 공기조화용 취출구 종류 중 1차 공기에 의한 2차 공기의 유인 성능이 좋고, 확산반경이 크고 도달거리가 짧기 때문에 천장 취출구로 많이 사용하는 것은? [12]

① 팬형 ② 라인형
③ 아네모스탯형 ④ 그릴형

해설 아네모스탯형은 팬형의 결점을 보강한 것으로 천장 디퓨저라 하며, 확산반경이 크고 도달거리가 짧다.

55. 공기조화용 베인격자형 취출구에서 냉방 및 난방의 경우에 편리하며 세로 방향과 가로 방향의 베인을 모두 갖추고 있는 것은? [11]

① V형 ② H형
③ S형 ④ V.H형

해설 베인(vane) 격자형 : 각형의 몸체에 얇은 날개를 토출면에 수평 또는 수직으로 설치하여 풍향을 바꿀 수 있는 것으로 V형(세로), H형(가로)이 있다.

56. 다음 중 라인형 취출구에 해당되지 않는 것은? [06]

① 캄 라인형 ② 슬롯 라인형
③ T-바형 ④ 노즐형

해설 라인(line)형 취출구에는 브리즈 라인, 캄 라인형, T-line형, 슬롯형, 다공판형 등이 있다.

57. 다음 중 풍량 조절용 댐퍼가 아닌 것은 어느 것인가? [09]

정답 51. ② 52. ① 53. ④ 54. ③ 55. ④ 56. ④ 57. ④

① 버터플라이 댐퍼 ② 베인 댐퍼
③ 루버 댐퍼 ④ 릴리프 댐퍼

해설 릴리프 댐퍼는 과잉공기를 배출하는 안전 댐퍼이다.

58. 취출기류의 방향 조정이 가능하고 댐퍼가 있어 풍량 조절이 가능하나 공기저항이 크며 공장, 주방 등의 국소 냉방에 적합한 것은? [05]

① 다공판형 ② 베인격자형
③ 펑커루버형 ④ 아네모스탯형

해설 펑커루버형은 축류형 취출구로 선박 환기용으로 제작된 것으로 목을 움직여서 토출기류의 방향을 바꿀 수 있으며 풍량 조절도 쉽게 할 수 있다.

59. 공기조화에서 시설 내 일산화탄소의 허용되는 오염 기준은 시간당 평균 얼마인가?

① 50 ppm 이하 ② 40 ppm 이하
③ 35 ppm 이하 ④ 30 ppm 이하

해설 허용농도
- NH_3 : 25 ppm
- CO (일산화탄소) : 50 ppm

60. 다음 댐퍼 중 기본적인 기능이 다른 하나는? [06]

① 버터플라이 댐퍼
② 루버 댐퍼
③ 대향익형 루버 댐퍼
④ 피벗 댐퍼(pivot damper)

해설 ①, ②, ③은 풍향과 풍량 조절용 댐퍼이고 ④는 방화 댐퍼이다.

61. 덕트설비에 사용되는 댐퍼의 용도를 나타낸 것이다. 옳지 않은 것은? [10]

① 버터플라이 댐퍼 – 대형 덕트의 개폐용
② 볼륨 댐퍼 – 덕트의 풍량 조절용
③ 스플릿 댐퍼 – 분기부의 풍량 배분용
④ 방화 댐퍼 – 화재 시 화염의 침입방지용

해설 버터플라이 댐퍼는 소형 덕트의 개폐용 또는 풍량 조절용으로 사용된다.

62. 분기부분에 설치하여 분기 덕트 내에 풍량 조정용으로 적당한 것은? [03, 04]

① 버터플라이 댐퍼 ② 다익 댐퍼
③ 스플릿 댐퍼 ④ 방화 댐퍼

해설 문제 61번 해설 참조

63. 댐퍼 중 대형 덕트에 사용하는 것은 어느 것인가? [04]

① 방화 댐퍼 ② 다익 댐퍼
③ 스플릿 댐퍼 ④ 볼륨 댐퍼

해설 ① 방화 댐퍼 : 화재 방지용 댐퍼
② 다익 댐퍼 : 대형 덕트의 풍량 조절용 댐퍼
③ 스플릿 댐퍼 : 분기부 댐퍼
④ 볼륨 댐퍼 : 풍량 조절용 댐퍼

64. 공기조화용 덕트 부속기기의 댐퍼 종류에서 주로 소형 덕트의 개폐용으로 사용되며 구조가 간단하고 완전히 닫았을 때 공기의 누설이 적으나 운전 중 개폐조작에 큰 힘을 필요로 하며 날개가 중간 정도 열렸을 때 와류가 생겨 유량 조절용으로 부적당한 댐퍼는? [05, 15]

① 버터플라이 댐퍼 ② 평행익형 댐퍼
③ 대향익형 댐퍼 ④ 스플릿 댐퍼

해설 문제 61번 해설 참조

정답 58. ③ 59. ① 60. ④ 61. ① 62. ③ 63. ② 64. ①

65. **루버 댐퍼에 관한 설명 중 옳은 것은?** [06]

① 취출구에 설치하여 풍량 조절
② 덕트 도중에서의 풍량 조절
③ 분기점에서의 풍량 조절
④ 다른 구역으로 연기의 침투를 방지

해설 루버 댐퍼는 목을 움직여 토출기류 방향과 풍량을 조절한다.

66. **덕트 내의 통과 풍량의 조절 또는 폐쇄에 쓰이는 기구는?** [04]

① 댐퍼 ② 그릴
③ 에어와셔 ④ 일리미네이터

해설 ⓐ 댐퍼 : 기체 수송의 제어
ⓑ 밸브 : 액체 수송의 제어

67. **다음 덕트의 부속품 중에서 풍량 조절용 댐퍼가 아닌 것은?** [03, 04, 07, 13]

① 버터플라이 댐퍼 ② 루버 댐퍼
③ 베인 댐퍼 ④ 방화 댐퍼

해설 방화 댐퍼는 화재 발생 시 70℃에서 작동하여 화염이 덕트를 통하여 이동하는 것을 방지한다.

68. **공연장의 건물에서 관람객이 500명이고 1인당 CO_2 발생량이 0.05 m^3/h일 때 환기량(m^3/h)은? (단, 실내 허용 CO_2 농도는 600 ppm, 외기 CO_2 농도는 100 ppm이다.)** [09]

① 30000 ② 35000
③ 40000 ④ 50000

해설 $Q = \frac{500 \times 0.05}{0.0006 - 0.0001} = 50000 \text{ m}^3/\text{h}$

69. **다음 중 2중 덕트 방식의 특징이 아닌 것은?** [15]

① 설비비가 저렴하다.
② 각실 각존의 개별 온습도의 제어가 가능하다.
③ 용도가 다른 존 수가 많은 대규모 건물에 적합하다.
④ 다른 방식에 비해 덕트 공간이 크다.

해설 2중 덕트는 시설이 복잡하고 설비비가 고가이다.

70. **다음 중 단일 덕트 방식의 특징으로 틀린 것은?** [15]

① 단일 덕트 스페이스가 비교적 크게 된다.
② 외기 냉방운전이 가능하다.
③ 고성능 공기정화장치의 설치가 불가능하다.
④ 공조기가 집중되어 있으므로 보수관리가 용이하다.

해설 단일 덕트 방식은 공조기에 고성능 여과기와 공기 세정기의 부착이 가능하다.

71. **덕트 설계 시 주의사항으로 올바르지 않은 것은?** [14]

① 고속 덕트를 이용하여 소음을 줄인다.
② 덕트 재료는 가능하면 압력 손실이 적은 것을 사용한다.
③ 덕트 단면은 장방형이 좋으나 그것이 어려울 경우 공기 이동이 원활하고 덕트 재료도 적게 들도록 한다.
④ 각 덕트가 분기되는 지점에 댐퍼를 설치하여 압력이 평형을 유지할 수 있도록 한다.

해설 고속 덕트는 저속 덕트보다 소음이 크다.

72. **단일 덕트 공기조화방식에 대한 설명으로 옳지 않은 것은?** [02]

정답 65. ① 66. ① 67. ④ 68. ④ 69. ① 70. ③ 71. ① 72. ①

① 각실 각존의 개별 온습도의 제어가 가능하다.
② 공기조화기가 중앙 기계실에 설치되어 있으므로 보수 관리가 용이하다.
③ 단일 덕트 방식에는 큰 덕트, 스페이스를 필요로 한다.
④ 극장, 백화점, 공장 등 큰 방에 널리 이용된다.

해설 단일 덕트 방식은 개별 제어가 불가능하다.

73. 다음 중 환기의 필요성으로 볼 수가 없는 것은? [02]

① 체취 ② 습도 증가
③ 탄산가스 증가 ④ 외기온도 증가

해설 외기온도 증가는 냉방부하와 관계 있다.

74. 다음 중 공기조화설비에서 단일 덕트 방식의 장점에 들지 않는 것은? [04]

① 덕트가 1계통이므로 시설비가 적게 들고 덕트 스페이스도 적게 차지한다.
② 냉동과 온풍을 혼합하는 혼합상자가 필요 없으므로 소음과 진동도 적다.
③ 냉·온풍의 혼합손실이 없으므로 에너지가 절약된다.
④ 덕트 스페이스를 크게 차지한다.

해설 이중 덕트 방식은 덕트가 2개이므로 단일 덕트 방식보다 스페이스를 크게 차지한다.

75. 다음 덕트 시공에 대한 내용 중 잘못된 것은? [13]

① 덕트의 단면적비가 75 % 이하의 축소 부분은 압력 손실을 적게 하기 위해 30° 이하(고속 덕트에서는 15° 이하)로 한다.
② 덕트의 단면 변화 시 정해진 각도를 넘을 경우에는 가이드 베인을 설치한다.
③ 덕트의 단면적비가 75 % 이하의 확대 부분은 압력 손실을 적게 하기 위해 15° 이하(고속 덕트에서는 8° 이하)로 한다.
④ 덕트의 경로는 될 수 있는 한 최장거리로 한다.

해설 덕트의 경로는 최단거리로 한다.

76. 다음 중 덕트 설계 시 고려사항으로 거리가 먼 것은? [13]

① 송풍량
② 덕트 방식과 경로
③ 덕트 내 공기의 엔탈피
④ 취출구 및 흡입구 수량

해설 덕트 내 공기의 엔탈피는 공조 부하 계산 시 고려해야 하는 사항이다.

77. 다음 자연환기에 관한 설명 중 틀린 것은? [07, 10]

① 자연환기는 실내외의 온도차에 의한 부력과 외기의 풍압에 의한 실내외의 압력차에 의해 이루어진다.
② 자연환기에 의한 방의 환기량은 그 방의 바닥 부근과 천장 부근의 공기온도차에 의해 결정되는데, 급기구 및 배기구의 위치에는 무관하다.
③ 자연환기는 자연력을 이용하므로 동력은 필요하지 않지만 항상 일정한 환기량을 얻을 수 없다.
④ 자연환기로 공장 등에서 다량의 환기량을 얻고자 할 경우는 벤틸레이터를 지붕면에 설치한다.

해설 자연환기에 의한 방의 환기량은 급배기구의 방향과 외기의 유속에 관계된다.

정답 73. ④ 74. ④ 75. ④ 76. ③ 77. ②

78. 다음 중 기계적인 힘을 에너지원으로 사용하는 방식으로 송풍기 등을 이용하여 강제로 급기 배기하는 방식은? [11]

① 자연적인 환기
② 기계적인 환기
③ 대류에 의한 환기
④ 온도차에 의한 환기

해설 제1종 환기법으로 송풍기와 배풍기를 이용한 기계 급배기 방식이다.

79. 다음 기계환기 중 1종 환기(병용식)로 맞는 것은? [07, 09, 12]

① 강제급기와 강제배기
② 강제급기와 자연배기
③ 자연급기와 강제배기
④ 자연급기와 자연배기

해설 ⓐ 제1종 환기(병용식) : 강제급기(송풍기), 강제배기(배풍기)
ⓑ 제2종 환기(압입식) : 강제급기(송풍기), 자연배기
ⓒ 제3종 환기(흡출식) : 자연급기, 강제배기(배풍기)
ⓓ 제4종 환기(자연식) : 자연급 · 배기

80. 적당한 위치에 배기구를 설치하고 송풍기에 의하여 외기를 강제적으로 도입하여 배기는 배기구에서 자연적으로 환기되도록 하는 환기법은? [14, 15]

① 제1종 환기 ② 제2종 환기
③ 제3종 환기 ④ 제4종 환기

해설 문제 79번 해설 참조

81. 다음 중 환기를 계획할 때 실내 허용 오염도의 한계를 의미하는 것은? [08, 13]

① 불쾌지수 ② 유효온도
③ 쾌감온도 ④ 서한도

해설 실내 서한도는 CO_2 함유량을 1000 ppm 이하로 한다.

82. 환기방식 중 환기의 효과가 가장 낮은 환기법은? [13]

① 제1종 환기 ② 제2종 환기
③ 제3종 환기 ④ 제4종 환기

해설 환기 효과 순서 : 제1종 환기 > 제2종 환기 > 제3종 환기 > 제4종 환기

83. 실내 필요 환기량을 결정하는 조건과 거리가 먼 것은? [13]

① 실의 종류
② 실의 위치
③ 재실자의 수
④ 실내에서 발생하는 오염물질 정도

해설 자연 환기량은 실의 종류(형태), 방향에 의해서 결정되고 외기 도입량은 재실자와 오염물질에 의해서 결정된다.

84. 다음 중 배연 방식이 아닌 것은? [12]

① 자연 배연 방식 ② 국소 배연 방식
③ 스모크타워 방식 ④ 기계 배연 방식

해설 배연은 실내에서 발생되는 연기를 배출하는 것으로 일부분(국소) 배연하는 방식은 없다.

정답 78. ② 79. ① 80. ② 81. ④ 82. ④ 83. ② 84. ②

6장 공조배관

1. 사용 압력이 30 kgf/cm², 관의 허용응력이 10 kgf/cm²일 때의 스케줄 번호는? [11]

① 30 ② 40
③ 100 ④ 80

해설 $SCH = 10 \times \frac{30}{10} = 30$

2. 다음 중 무기질 단열재에 해당되지 않는 것은? [06, 13]

① 코르크 ② 유리섬유
③ 암면 ④ 규조토

해설 펠트, 코르크, 기포성수지, 택스 등은 유기질 단열재에 속한다.

3. 다음 중 강관의 보온 재료로 가장 거리가 먼 것은? [06, 14]

① 규조토 ② 유리면
③ 기포성 수지 ④ 광명단

해설 광명단은 연단에 아마인유를 섞은 것으로 강관 밑칠용으로 쓰여 녹이 생기는 것을 방지한다.

4. 다음 중 배관의 부식 방지용 도료가 아닌 것은? [12]

① 광명단 ② 산화철
③ 규조토 ④ 타르 및 아스팔트

해설 규조토는 단열재이다.

5. 광명단 도료에 대한 설명 중 틀린 것은 어느 것인가? [14]

① 밀착력이 강하고 도막도 단단하여 풍화에 강하다.
② 연단에 아마인유를 배합한 것이다.
③ 기계류의 도장 밑칠에 널리 사용된다.
④ 은분이라고도 하며, 방청효과가 매우 좋다.

해설 은분은 알루미늄페인트 (도료)를 칭하는 것이다.

6. 무기질 보온재로서 원통상으로 가공하며 400℃ 이하의 파이프, 덕트, 탱크 등의 보온 보랭용으로 사용하는 것은? [05, 06]

① 규조토
② 글라스울
③ 암면
④ 경질 폴리우레탄 폼

해설 안전사용온도
ⓐ 규조토 : 석면 사용 시 500℃, 삼여물 사용 시 250℃
ⓑ 글라스울 : 300℃
ⓒ 암면 : 400℃
ⓓ 경질 폴리우레탄 : 80℃

7. 금속 패킹의 재료로 적당하지 않은 것은 어느 것인가? [08, 12]

① 납 ② 구리
③ 연강 ④ 탄산마그네슘

해설 탄산마그네슘은 무기질 보온재이다.

정답 1. ① 2. ① 3. ④ 4. ③ 5. ④ 6. ③ 7. ④

8. 탄성이 부족하여 석면, 고무, 금속 등과 조합하여 사용되며 내열 범위는 −260~260℃ 정도로 기름에 침식되지 않는 패킹은 어느 것인가? [13, 15]

① 고무 패킹
② 석면 조인트 시트
③ 합성수지 패킹
④ 오일 시트 패킹

해설 합성수지 중 테플론의 사용온도는 −260~260℃ 정도이다.

9. 배관의 부식 방지를 위해 사용하는 도료가 아닌 것은? [09, 12]

① 광명단 ② 연산칼슘
③ 크롬산아연 ④ 탄산마그네슘

해설 탄산마그네슘은 단열재로 사용한다.

10. 간접가열식 급탕설비의 가열관으로 가장 적당한 것은? [07]

① 알루미늄관 ② 강관
③ 주철관 ④ 동관

해설 동관은 전열작용이 우수하다.

11. 양털, 쇠털 등의 동물섬유로 만든 유기질 보온재는? [03, 06, 08]

① 석면 ② 펠트
③ 암면 ④ 규조토

해설 펠트는 동물성, 식물성, 광물성의 혼합으로 안전사용온도는 100℃ 이하이다.

12. 곡면 부분의 단열에 편리하며, 양털, 쇠털을 가공하여 만든 단열재는? [02]

① 석면 ② 규조토
③ 코르크 ④ 펠트

해설 11번 해설 참조

13. 탄산마그네슘 보온재에 대한 설명 중 옳지 않은 것은? [14]

① 열전도율이 적고 300~320℃ 정도에서 열분해한다.
② 방습 가공한 것은 습기가 많은 옥외 배관에 적합하다.
③ 250℃ 이하의 파이프, 탱크의 보랭용으로 사용된다.
④ 유기질 보온재의 일종이다.

해설 탄산마그네슘($MgCO_3$)은 무기질 보온재이다.

14. 점토 또는 탄산마그네슘을 가하여 형틀에 압축 성형한 것으로 다른 보온재에 비해 단열효과가 떨어져 두껍게 시공하며, 500℃ 이하의 파이프, 탱크노벽 등의 보온에 사용하는 것은? [15]

① 규조토 ② 합성수지 패킹
③ 석면 ④ 오일실 패킹

해설 규조토는 점토 또는 탄산마그네슘을 사용하여 압축 성형한 것으로, 안전사용온도는 석면 사용 시 500℃, 삼여물 사용 시 250℃이다.

15. 보온재 중 사용온도 범위가 가장 낮은 것은? [10]

① 폴리에틸렌 폼 ② 암면
③ 세라믹 파이버 ④ 규산칼슘

해설 사용온도 범위
① 폴리에틸렌 폼 : 70℃
② 암면 : 400℃

정답 8. ③ 9. ④ 10. ④ 11. ② 12. ④ 13. ④ 14. ① 15. ①

③ 세라믹 파이버 : 1300℃
④ 규산칼슘 : 700℃

16. **다음 중 불에 잘 타지 않으며 보온성, 보랭성이 좋고 흡수성은 좋지 않으나 굽힘성이 풍부한 유기질 보온재는?** [09]

① 기포성수지 ② 코르크
③ 우모펠트 ④ 유리섬유

17. **일반적으로 보온재와 보랭재를 구분하는 기준으로 맞는 것은?** [04, 10, 16]

① 사용압력 ② 내화도
③ 열전도율 ④ 안전사용온도

해설 안전사용온도가 낮은 유기질 단열재는 주로 저온용 보랭재이고, 안전사용온도가 높은 무기질 단열재는 주로 고온용 보온재이다.

18. **다음 중 나사용 패킹이 아닌 것은?** [06]

① 네오프렌 ② 일산화연
③ 액상 합성수지 ④ 페인트

해설 네오프렌은 내열범위가 −46~120℃인 합성고무로 플랜지용 패킹 재료이다.

19. **다음 중 보온재의 구비 조건으로 틀린 것은?** [08, 11]

① 열전도성이 적을 것
② 수분 흡수가 좋을 것
③ 내구성이 있을 것
④ 설치공사가 쉬울 것

해설 보온재는 흡습성이 없을 것

20. **다음 보온재 중 안전사용온도가 가장 높은 것은?** [07]

① 세라믹 파이버 ② 규산칼슘
③ 규조토 ④ 탄산마그네슘

해설 안전사용온도
① 세라믹 파이버 : 1300℃
② 규산칼슘 : 700℃
③ 규조토 : 500℃ (석면 사용), 250℃ (삼여물 사용)
④ 탄산마그네슘 : 250℃

21. **다음 중 배관 및 덕트에 사용되는 보온 단열재가 갖추어야 할 조건이 아닌 것은?**

① 열전도율이 클 것 [08, 11]
② 불연성 재료로서 흡수성이 작을 것
③ 안전사용온도 범위에 적합할 것
④ 물리·화학적 강도가 크고 시공이 용이할 것

해설 보온 단열재는 열전도율이 작아야 한다.

22. **다음 중 보온재 선정 시 고려사항으로 거리가 먼 것은?** [09, 11]

① 열전도율
② 물리적·화학적 성질
③ 전기 전도율
④ 사용온도 범위

해설 보온재 선정 시 사용온도 범위, 열전도율, 물리적·화학적 성질, 흡수성, 내식성 등을 고려한다.

23. **다음 중 사용 중에 부서지거나 갈라지지 않아서 진동이 있는 장치의 보온재로서 적합한 것은?** [03]

① 석면 ② 암면
③ 규조토 ④ 탄산마그네슘

해설 암면과 탄산마그네슘은 거칠고 잘 부서져 금이 가며 규조토는 약간의 충격에도 파괴된다.

정답 16. ① 17. ④ 18. ① 19. ② 20. ① 21. ① 22. ③ 23. ①

24. 유기질 보온재인 코르크에 대한 설명으로 틀린 것은? [08, 15]

① 액체, 기체의 침투를 방지하는 작용을 한다.
② 입상(粒狀), 판상(版狀) 및 원통 등으로 가공되어 있다.
③ 굽힘성이 좋아 곡면 시공에 사용해도 균열이 생기지 않는다.
④ 냉수·냉매배관, 냉각기, 펌프 등의 보랭용에 사용된다.

해설 코르크는 측면 또는 진동이 심한 곳에는 균열이 생기기 쉽다.

25. 증기난방의 환수관 배관 방식에서 환수주관을 보일러의 수면보다 높은 위치에 배관하는 것은? [13]

① 진공 환수식 ② 강제 환수식
③ 습식 환수식 ④ 건식 환수식

해설 환수주관이 보일러 수면보다 높으면 건식이고 낮으면 습식이다.

26. 다음 보온재 중 최고 사용온도가 가장 큰 것은? [08]

① 탄산마그네슘 ② 규조토
③ 암면 ④ 페라이트

해설 최고 사용온도
① 탄산마그네슘 : 250℃
② 규조토 : 500℃ (석면 사용), 250℃ (삼여물 사용)
③ 암면 : 400℃
④ 페라이트 : 650℃

27. 안전 사용 최고온도가 가장 높은 배관 보온재는? [12]

① 우모펠트 ② 폼 폴리스티렌
③ 규산칼슘 ④ 탄산마그네슘

해설 안전 사용 최고온도
① 우모펠트 : 100℃
② 폼 폴리스티렌 : 70℃
③ 규산칼슘 : 650℃
④ 탄산마그네슘 : 250℃

28. 다음 보온재의 설명 중 규산칼슘계 보온재의 조건으로 맞는 것은? [05]

① 가연성이며 유해한 연기를 발생하지 않아야 한다.
② 내한성, 내약품성, 내흡성이 있어야 하고 변질되지 않아야 한다.
③ 중량이며 강도가 있어야 한다.
④ 작업성, 가공성이 좋지 않아도 된다.

해설 규산칼슘 보온재는 규산과 석회를 수중에서 처리할 때 생기는 규산칼슘 수화물을 의미하는 것으로 고온용 보온재로 우수하고 안전사용온도는 700℃이다.

29. 다음 나사 패킹제 중 냉매 배관에 많이 사용하며 빨리 굳어 페인트에 조금씩 섞어서 사용하는 것은? [05, 07, 10]

① 명단(super heat) ② 액상 합성수지
③ 페인트 ④ 일산화연

해설 일산화연은 빨리 굳어서 배관 접합부의 기밀을 보장하기 때문에 주로 가스 배관, 냉매 배관 등에 사용한다.

30. 배관의 부식 방지를 위해 사용되는 도료가 아닌 것은? [05, 07]

① 광명단 ② 알루미늄
③ 산화철 ④ 석면

해설 석면은 안전사용온도가 450℃인 단열재이다.

정답 24. ③ 25. ④ 26. ④ 27. ③ 28. ② 29. ④ 30. ④

31. 다음 중 내열도가 450℃이며, 강인한 특징이 있어 고온, 고압 증기용으로 사용되는 것은? [07]

① 석면 조인트 시트 ② 합성수지 패킹
③ 고무 패킹 ④ 오일실 패킹

해설 석면 조인트 시트는 내열도가 450℃이며, 고온, 고압 및 진동에 적합하다.

32. 다음 보온재 중 사용온도가 가장 낮은 것은? [02, 07]

① 스티로폼 ② 암면
③ 글라스울 ④ 규조토

해설 사용온도
① 스티로폼 : 70℃
② 암면 : 400℃
③ 글라스울 : 300℃
④ 규조토 : 500℃ (석면 함유), 250℃ (삼여물 함유)

33. 25 A 배관용 탄소강 강관의 관용 나사 산수는 길이 25.4 mm에 대하여 몇 산이 표준인가? [02, 03, 07, 09]

① 19산 ② 14산 ③ 11산 ④ 8산

34. 난방 방식의 분류에서 간접난방에 해당하는 것은? [10]

① 온수난방 ② 증기난방
③ 복사난방 ④ 히트펌프난방

해설 히트펌프는 기기에서 공기를 가열하여 실내 공급하는 간접식이다.

35. 다음 덕트 재료 중에서 고온의 공기 및 가스가 통과하는 덕트 및 방화 댐퍼, 보일러의 연도 등에 가장 많이 사용되는 재료는 어느 것인가? [06]

① 열간 압연 박강판 ② 동판
③ 알루미늄판 ④ 염화비닐

해설 덕트 재료로 아연 도금 철판이 많이 사용되는데 고온부에는 열간 압연 철판을 사용한다.

36. 글랜드 패킹의 종류가 아닌 것은? [15]

① 오일실 패킹 ② 석면 얀 패킹
③ 아마존 패킹 ④ 몰드 패킹

해설 오일실 패킹은 한지를 일정한 두께로 겹쳐서 내유가공한 것으로 펌프, 기어박스 등의 플랜지용 패킹이다.

37. 다음 중 개스킷 재료가 갖추어야 할 조건이 아닌 것은? [11]

① 유체에 의해 변질되지 않을 것
② 열변형이 용이할 것
③ 충분한 강도를 가질 것
④ 유연성을 유지할 수 있을 것

해설 개스킷은 열변형이 적어야 한다.

38. 다음 중 글랜드 패킹의 종류가 아닌 것은 어느 것인가? [13]

① 바운드 패킹 ② 석면 각형 패킹
③ 아마존 패킹 ④ 몰드 패킹

해설 글랜드 패킹에는 석면 각형, 석면얀, 아마존, 몰드 패킹 등이 있다.

39. 동관을 용접 이음하려고 한다. 다음 용접법 중 가장 적당한 것은? [08]

① 가스 용접 ② 플라스마 용접
③ 테르밋 용접 ④ 스폿 용접

해설 동관은 가스 용접기로 납땜을 한다.

정답 31. ① 32. ① 33. ③ 34. ④ 35. ① 36. ① 37. ② 38. ① 39. ①

40. **관로를 흐르는 유체의 유속 및 유량에 대한 설명으로 틀린 것은?** [11, 16]

① 동일 유량이 흐르는 관로에서는 연속의 법칙에 의해 관의 단면 크기에 따라 유속은 다르게 나타난다.
② 단위시간에 흐르는 물의 양을 유속이라 한다.
③ 유량의 측정은 용기에 의한 방법, 오리피스에 의한 방법 등이 사용된다.
④ 유속은 베르누이 정리에 의해 중력가속도, 에너지수두에 의해 결정된다.

해설 단위시간에 흐르는 유체의 양은 유량이다.

41. **배관의 중량을 천장이나 기타 위에서 매다는 방법으로 배관을 지지하는 장치는 무엇인가?** [05, 11]

① 서포트(support) ② 앵커(anchor)
③ 행어(hanger) ④ 브레이스(brace)

해설 ⓐ 서포트 : 배관을 아래에서 떠받쳐 지지하는 기구
ⓑ 행어 : 배관 하중을 위로 걸어 당겨 지지하는 기구

42. **용접 접합을 나사 접합에 비교한 것 중 옳지 않은 것은?** [07, 09, 12]

① 누수가 적고, 보수에 비용이 절약된다.
② 유체의 마찰손실이 많다.
③ 배관상으로 공간효율이 좋다.
④ 접합부의 강도가 크다.

해설 용접 접합은 단면 변화가 없으므로 유체의 마찰손실이 적다.

43. **가스관의 맞대기 용접을 할 때 유의사항 중 틀린 것은?** [02]

① 관 단면을 30~90° V형으로 가공한다.
② 관을 지지대에 올려놓고 편심이 되지 않게 고정한다.
③ 관, 축을 맞춘 후 3~4개소에 가접을 한다.
④ 가접 후 본용접은 하향 용접보다 상향 용접을 하는 것이 좋다.

해설 본용접은 하향 용접이 유리하다.

44. **강관의 용접 접합에 전기 용접을 많이 이용하는 이유는?** [09]

① 응용 범위가 넓다.
② 용접속도가 빠르고 변형이 적다.
③ 박판 용접에 적당하다.
④ 가열 조절이 자유롭다.

해설 ①, ③, ④는 가스 용접 작업에 대한 설명이다.

45. **용접 강관을 벤딩할 때 구부리고자 하는 관을 바이스에 어떻게 물려야 되는가?** [04, 07]

① 용접선을 안쪽으로 향하게 한다.
② 용접선을 바깥쪽으로 향하게 한다.
③ 용접선을 중간에 놓는다.
④ 용접선은 방향에 관계없이 물린다.

46. **배관용 아크 용접 탄소강 강관(SPW)에 대한 설명 중 틀린 것은?** [07]

① 비교적 사용압력이 낮은 배관에 사용한다.
② 자동 서브머지드 용접으로 제조한다.
③ 가스, 물 등의 유체 수송용이다.
④ 관호칭은 안지름×두께이다.

해설 배관용 아크 용접 탄소강 강관(SPW)의 호칭은 호칭지름×두께이다.

정답 40. ② 41. ③ 42. ② 43. ④ 44. ② 45. ③ 46. ④

47. 관접합부의 수밀·기밀 유지와 기계적 성질 향상, 작업공정 감소의 효과를 얻을 수 있는 접합법은? [05]

① 용접 접합 ② 플랜지 접합
③ 리벳 접합 ④ 소켓 접합

해설 용접은 작업공정이 간단하고 기밀 유지의 효과를 얻을 수 있으며 접합부 강도가 높다.

48. 유로를 급속히 여닫이 할 때 쓰이는 밸브는 어느 것인가? [02]

① 글로브 밸브 ② 콕
③ 슬루스 밸브 ④ 체크 밸브

해설 $\frac{1}{4}$ 회전하면 작동하는 콕은 유로의 급속 개폐에 사용한다.

49. 다음 중 관 또는 용기 안의 압력을 항상 일정한 수준으로 유지하여 주는 밸브는 어느 것인가? [13]

① 릴리프 밸브 ② 체크 밸브
③ 온도 조정 밸브 ④ 감압 밸브

해설 안전 밸브(릴리프 밸브)는 장치 내부 압력을 규정값 이하로 유지시킨다.

50. 유량이 적거나 고압일 때에 유량 조절을 한 층 더 엄밀하게 행할 목적으로 사용되는 것은 어느 것인가? [15]

① 콕 ② 안전 밸브
③ 글로브 밸브 ④ 앵글 밸브

해설 감압 또는 유량 조절용으로 글로브 밸브 계열의 니들(구형) 밸브를 주로 사용한다.

51. 비교적 점도(粘度)가 큰 유체 또는 약간의 저항에도 정출(晶出)하는 유체의 흐름에 사용되는 것은? [04]

① 콕 ② 안전 밸브
③ 글로브 밸브 ④ 앵글 밸브

해설 글로브 밸브는 유량 제어용으로 유체의 양을 조절한다.

52. 각종 밸브의 종류와 용도와의 관계를 설명한 것이다. 잘못된 것은? [12]

① 글로브 밸브 : 유량 조절용
② 체크 밸브 : 역류 방지용
③ 안전 밸브 : 이상 압력 조정용
④ 콕 : 0~180° 사이의 회전으로 유로의 느린 개폐용

해설 콕은 $\frac{1}{4}$ (90°) 회전으로 유로의 급속한 개폐용으로 사용된다.

53. 유체의 입구와 출구의 각이 직각이며, 주로 방열기의 입구 연결밸브나 보일러 주증기 밸브로 사용되는 밸브는? [15]

① 슬루스 밸브(sluice valve)
② 체크 밸브(check valve)
③ 앵글 밸브(angle valve)
④ 게이트 밸브(gate valve)

해설 유체가 직각(90°)으로 유출되는 것은 글로브 밸브 계열의 앵글 밸브이다.

54. 다음 중 동관 작업에 필요하지 않는 공구는? [13, 15]

① 튜브 벤더 ② 사이징 툴
③ 플레어링 툴 ④ 클립

해설 클립은 주철관의 턱걸이 이음에서 납물을 삽입하여 가락지를 만드는 장치이다.

정답 47. ① 48. ② 49. ① 50. ③ 51. ③ 52. ④ 53. ③ 54. ④

55. 동관 공작용 작업 공구이다. 해당사항이 적은 것은? [03, 10, 15]

① 익스팬더 ② 사이징 툴
③ 튜브 벤더 ④ 봄볼

해설 봄볼은 연관용 공구이다.

56. 유체의 역류 방지용으로 가장 적당한 밸브는 무엇인가? [03, 10, 13]

① 게이트 밸브(gate valve)
② 글로브 밸브(globe valve)
③ 앵글 밸브(angle valve)
④ 체크 밸브(check valve)

해설 체크 밸브는 유체를 한쪽 방향으로만 흐르게 하여 역류를 방지한다.

57. 스윙(swing)형 체크 밸브에 관한 설명으로 틀린 것은? [09, 13]

① 호칭치수가 큰 관에 사용된다.
② 유체의 저항이 리프트(lift)형보다 적다.
③ 수평 배관에만 사용할 수 있다.
④ 핀을 축으로 하여 회전시켜 개폐한다.

해설 스윙형은 수직·수평 배관에 사용한다.

58. 동관 굽힘 가공에 대한 설명으로 옳지 않은 것은? [13]

① 열간 굽힘 시 큰 지름으로 관 두께가 두꺼운 경우에는 관내에 모래를 넣어 굽힘한다.
② 열간 굽힘 시 가열온도는 100℃ 정도로 한다.
③ 굽힘 가공성이 강관에 비해 좋다.
④ 연질관은 핸드 벤더(hand bender)를 사용하여 쉽게 굽힐 수 있다.

해설 열간 굽힘 시 가열온도는 700~800℃ 정도로 한다.

59. 관 절단 후 절단부에 생기는 비트(거스러미)를 제거하는 공구는? [02]

① 클립 ② 사이징 툴
③ 파이프 리머 ④ 쇠톱

해설 ① 클립 : 주철관 이음의 납을 링 모양으로 만드는 장치
② 사이징 툴 : 동관 확관용 공구
③ 리머 : 거스러미 제거
④ 쇠톱 : 절단용 공구

60. 동관 작업 시 사용되는 공구와 용도에 관한 다음 설명 중 틀린 것은? [05]

① 플레어링 툴 세트 : 관을 압축접합할 때 사용
② 튜브 벤더 : 관을 구부릴 때 사용
③ 익스팬더 : 관끝을 오므릴 때 사용
④ 사이징 툴 : 관을 원형으로 정형할 때 사용

해설 익스팬더 : 관끝을 넓히는 데 사용

61. 열전도가 좋아 급유관이나 냉각, 가열관으로 사용되나 고온에서 강도가 떨어지는 파이프는? [05, 12]

① 강관 ② 플라스틱관
③ 주철관 ④ 동관

해설 열전도율은 금, 은, 동, 알루미늄, 강 순이고 플라스틱은 전열 작용이 불량하다.

62. 동관 접합 중 동관의 끝을 넓혀 압축이음쇠로 접합하는 접합 방법을 무엇이라고 표현하는가? [04, 15]

① 플랜지 접합 ② 플레어 접합
③ 플라스턴 접합 ④ 빅토릭 접합

정답 55. ④ 56. ④ 57. ③ 58. ② 59. ③ 60. ③ 61. ④ 62. ②

63. **내식성이 우수하고 열전도율이 비교적 크며 굽힘성 등이 좋아 냉난방관, 급수관 등에 널리 이용되는 관은?** [12]

① 구리관　② 납관
③ 합성수지관　④ 합금강 강관

해설 구리관은 열전도율이 좋아 냉난방용, 급수배관용으로 사용된다.

64. **동관을 구부릴 때 사용되는 동관 전용 벤더의 최소 곡률 반지름은 관지름의 약 몇 배인가?** [14]

① 약 1~2배　② 약 4~5배
③ 약 7~8배　④ 약 10~11배

해설 동관의 곡률 반지름은 유체의 저항을 작게 하기 위하여 관지름의 6배 정도이지만 일반적으로 4~6배 정도로 시공한다.

65. **다음 동파이프에 대한 설명으로 틀린 것은 어느 것인가?** [05]

① 가공이 쉽고 얼어도 다른 금속보다 파열이 쉽게 되지 않는다.
② 내식성이 좋으며 수명이 길다.
③ 연관이나 철관보다 운반이 쉽다.
④ 마찰저항이 크다.

해설 동관은 내·외면이 매끈하기 때문에 마찰저항이 다른 관에 비해서 적은 편이다.

66. **다음 동관에 관한 설명 중 틀린 것은 어느 것인가?** [06, 15]

① 전기 및 열전도율이 좋다.
② 가볍고 가공이 용이하며 일반적으로 동파에 강하다.
③ 산성에는 내식성이 강하고 알칼리성에는 심하게 침식된다.
④ 전연성이 풍부하고 마찰저항이 적다.

해설 ⓐ 동관은 산성에 심하게 부식되고, 알칼리성에 내식성이 강하다.
ⓑ 연(납)관은 알칼리성에 심하게 부식되고, 산성에 내식성이 강하다.

67. **끝부분을 암, 수 형태로 만든 후 동관을 이을 때에 삽입부의 길이는 관경의 몇 배가 적당한가?** [02]

① 1배　② 1.5배
③ 2배　④ 2.5배

해설 삽입부는 약 1.5배 정도이고 최하가 10 mm 이상이다.

68. **동관의 가공에 플레어(flare) 공구를 사용할 수 있는 것은 관지름이 얼마 이하일 때인가?** [04]

① 15 mm　② 20 mm
③ 25 mm　④ 32 mm

해설 냉동장치 배관용 동관의 지름은 20 mm 이하이므로 공구도 지름에 맞추어 사용한다.

69. **동관의 분기이음 시 주관에는 지관보다 얼마 정도의 큰 구멍을 뚫고 이음하는가?** [03, 13]

① 8~9 mm　② 6~7 mm
③ 3~5 mm　④ 1~2 mm

해설 구멍은 호칭 지름보다 1~2 mm 크게 뚫고 주관 구멍과 지관 바깥지름의 틈 사이는 0.1~0.2 mm 정도이다.

70. **냉동장치의 흡입관 시공 시 흡입관의 입상이 매우 길 때에는 약 몇 m 마다 중간에 트랩을 설치하는가?** [13]

① 5 m　② 10 m
③ 15 m　④ 20 m

정답 63. ①　64. ②　65. ④　66. ③　67. ②　68. ②　69. ④　70. ②

71. 동관의 납땜 이음 시 이음쇠와 동관의 틈새는 다음 중 몇 mm 정도가 가장 적당한가? [08, 10]

① 0.04~0.2 ② 0.5~1.0
③ 1.2~1.8 ④ 2.0~3.5

해설 구멍은 동관 호칭 지름보다 1~2 mm 크게 하고 틈새는 0.1~0.2 mm이다.

72. 배관재료 부식 방지를 위하여 사용하는 도료가 아닌 것은? [06, 08]

① 래커 ② 아스팔트
③ 페인트 ④ 아교

해설 아교는 나무제품의 접착제이다.

73. 주로 저압증기나 온수배관에서 호칭 지름이 작은 분기관에 이용되며, 굴곡부에서 압력강하가 생기는 이음쇠는? [07, 15]

① 슬리브형 ② 스위블형
③ 루프형 ④ 벨로스형

해설 난방배관의 분기부에 사용되는 이음쇠는 스위블형 이음이다.

74. 2개 이상의 엘보를 사용하여 배관의 신축을 흡수하는 신축 이음은? [04, 09, 15]

① 루프형 이음 ② 벨로스형 이음
③ 슬리브형 이음 ④ 스위블형 이음

해설 스위블형 이음은 2개 이상의 엘보를 사용한 신축 이음으로 주로 난방배관에 많이 사용되며, 회전관 길이는 1.5 m 정도이다.

75. 신축곡관이라고도 하며 관의 구부림을 이용하여 신축을 흡수하는 신축 이음 장치는 어느 것인가? [12]

① 슬리브형 신축 이음
② 벨로스형 신축 이음
③ 루프형 신축 이음
④ 스위블형 신축 이음

해설 신축곡관 = 루프형 또는 오프셋 이음

76. 루프형 신축 이음의 곡률 반지름은 관지름의 몇 배 이상이 좋은가? [09]

① 1배 ② 2배 ③ 4배 ④ 6배

해설 루프형 신축 이음의 곡률 반지름은 관지름의 3~6배 이상이고 6배 이상이면 유체 저항이 적어 가장 많이 사용한다.

77. 배관 시공 시 진동 및 충격을 완화시키기 위하여 설치하는 기기는? [12]

① 행어 ② 서포트
③ 브레이스 ④ 레스트레인트

해설 브레이스는 기기 진동이 배관 또는 받침대에 전달되는 것을 완화시킨다.

78. 다음 중 온도가 높은 공기의 수송에 가장 부적합한 덕트용 재료는? [02]

① 냉간압연 강판 ② 경질 염화비닐판
③ 알루미늄판 ④ 글라스울판

해설 경질 염화비닐의 안전사용온도는 70 ℃이므로 고온에 사용할 수 없다.

79. 다음 장치 중 신축 이음 장치의 종류로 가장 거리가 먼 것은? [15]

① 스위블 조인트 ② 볼 조인트
③ 루프형 ④ 버킷형

해설 신축 이음 장치에는 스위블형, 벨로스형, 루프형, 슬리브형, 볼 조인트 등이 있다.

정답 71. ① 72. ④ 73. ② 74. ④ 75. ③ 76. ④ 77. ③ 78. ② 79. ④

80. 강관의 특징을 설명한 것이다. 맞지 않는 것은? [11]

① 내충격성, 굴요성이 크다.
② 관의 접합 작업이 용이하다.
③ 연관, 주철관에 비해 가볍고 인장강도가 크다.
④ 합성수지관보다 가격이 저렴하다.

해설 강관은 합성수지관보다 가격이 비싸다.

81. 소구경 강관을 조립할 때 또는 막혔을 때 쉽게 수리하기 위하여 사용하는 연결 부속은 어느 것인가? [05]

① 니플 ② 유니언
③ 캡 ④ 엘보

해설 유니언 또는 플랜지 이음은 배관의 정비 보수를 위한 시공에 사용한다.

82. 수평배관을 서로 연결할 때 사용되는 이음쇠는? [06]

① 엘보(elbow) ② 티(tee)
③ 유니언(union) ④ 캡(cap)

해설 ① 엘보 : 방향 전환
② 티 : 분기관
③ 유니언 : 수평배관 동경이음
④ 캡 : 끝을 막을 때

83. 강관용 이음쇠를 이음 방법에 따라 분류한 것이 아닌 것은? [12]

① 용접식 ② 압축식
③ 플랜지식 ④ 나사식

해설 압축식은 동관 이음법이다.

84. 강관용 공구 중 파이프 커터날의 종류는 어느 것인가? [05]

① 1매날, 2매날 ② 1매날, 3매날
③ 2매날, 4매날 ④ 2매날, 3매날

85. 나사식 강관 이음쇠에 대한 설명 중 옳은 것은? [03, 06, 09]

① 소구경(小口經)이고 저압의 배관에 사용한다.
② 충격, 진동, 부식 등이 생길 우려가 있는 곳에 사용한다.
③ 저압 대구경의 파이프에 사용한다.
④ 고압용 일반 배관에 사용한다.

해설 일반(나사)이음은 지름이 작은 관 또는 기기 및 계측기 연결부 등에 실시한다.

86. 다음은 관의 종류와 접합법이다. 틀린 것은? [02]

① 강관 – 나사 이음
② 구리관 – 플랜지 이음
③ 납관 – 플라스턴 이음
④ 주철관 – 플레어 이음

해설 주철관은 소켓 이음을 하고 플레어 이음은 동관 이음법이다.

87. 강관의 나사 이음용 이음쇠 중 벤드의 종류에 해당하지 않는 것은? [06, 08, 14]

① 암수 롱 벤드 ② 45° 롱 벤드
③ 리턴 벤드 ④ 크로스 벤드

해설 크로스 벤드는 "十"로 연결되는 배관부품이다.

88. 강관의 나사 이음쇠가 아닌 것은? [10]

① 크로스 ② 엘보
③ 부스터 ④ 니플

해설 부스터는 증폭기라는 뜻이다.

정답 80. ④ 81. ② 82. ③ 83. ② 84. ③ 85. ① 86. ④ 87. ④ 88. ③

89. 서로 다른 지름의 관을 이을 때 사용되는 것은? [10, 15]

① 소켓 ② 유니언
③ 플러그 ④ 부싱

해설 ⓐ 소켓 : 주철관 이음
ⓑ 유니언 : 직선관 이음
ⓒ 캡, 플러그 : 관 끝을 막을 때
ⓓ 부싱 : 이경관 이음 (관지름 다를 때)

90. 다음 중 강관용 연결 부속 재료로서 한쪽이 암나사, 다른 한쪽이 수나사로 되어 있으며 직경이 다른 소켓과 같이 관경을 달리할 때 쓰이는 것은? [02]

① 캡 ② 니플
③ 플러그 ④ 부싱

해설 캡과 플러그는 관 끝을 막을 때 사용하고 니플은 수평관 연결에 사용된다.

91. 관끝을 막을 때 사용하는 부속은 어느 것인가? [02, 03]

① 플러그 (plug) ② 니플 (nipple)
③ 유니언 (union) ④ 벤드 (bend)

해설 ⓐ 관끝을 막는 장치 : 플러그, 캡
ⓑ 수배관 연결 : 니플, 유니언
ⓒ 곡관부 : 벤드

92. 시트 모양에 따라 삽입형, 홈꼴형, 유합형 등이 있으며, 냉매 배관용으로 사용되는 이음법은? [08, 10, 13]

① 플레어 이음 ② 나사 이음
③ 납땜 이음 ④ 플랜지 이음

해설 플랜지 이음을 시트 모양에 따라 분류하면 전면, 대평면, 소평면, 삽입형, 홈꼴형 등이 있다.

93. 다음 중 분해 조립이 가능한 배관 연결 부속은? [06, 10, 13]

① 부싱, 티 ② 플러그, 캡
③ 소켓, 엘보 ④ 플랜지, 유니언

해설 ⓐ 부싱, 티 : 이경관 연결
ⓑ 플러그, 캡 : 관끝을 막을 때
ⓒ 소켓 : 동경관 연결
ⓓ 엘보 : 방향 전환
ⓔ 플랜지, 유니언 : 분해 수리 교체

94. 관의 지름이 크거나 기계적 강도가 문제될 때 유니언 대용으로 결합하여 쓸 수 있는 것은? [04, 16]

① 이경소켓 ② 플랜지
③ 니플 ④ 부싱

해설 배관의 분해 조립을 위하여 유니언 또는 플랜지 이음한다.

95. 나사식 이음쇠 중 배관을 분기할 때 사용되지 않는 것은? [04]

① 티 ② 크로스
③ 플랜지 ④ 와이

해설 플랜지는 수평배관에서 분해 정비를 위하여 사용한다.

96. 매설 주철관 파이프를 절단할 때 가장 많이 사용하는 것은? [08]

① 원판 그라인더
② 링크형 파이프 커터
③ 오스터
④ 체인 블록

해설 ⓐ 원판 그라인더 : 절삭 또는 가공
ⓑ 링크형 파이프 커터 : 절단 공구
ⓒ 오스터 : 수나사 공구
ⓓ 체인 블록 : 물건을 올리는 공구

정답 89. ④ 90. ④ 91. ① 92. ④ 93. ④ 94. ② 95. ③ 96. ②

97. 배관에서 지름이 다른 관을 연결하는 데 사용되는 것은? [06, 14]

① 캡 ② 유니언
③ 리듀서 ④ 플러그

해설 ① 캡 : 배관 끝을 막을 때
② 유니언 : 동경 이음
③ 리듀서 : 이경 이음
④ 플러그 : 배관 끝을 막을 때

98. 다음 중 주철관을 직선으로 연결하는 접속법은? [10]

① 티(tee) 이음
② 소켓(socket) 이음
③ 크로스(cross) 이음
④ 벤드(bend) 이음

해설 ①, ③, ④는 강관을 연결하는 접속법이다.

99. 관의 지름이 다를 때 사용하는 이음쇠가 아닌 것은? [05, 07, 11]

① 리듀서 ② 부싱
③ 리턴 벤드 ④ 편심 이경 소켓

해설 리턴 벤드는 같은 지름의 관을 180° 구부리는 작업에 사용한다.

100. 강관 이음법 중 용접 이음의 이점을 설명한 것으로 옳지 않은 것은? [11]

① 유체의 마찰손실이 적다.
② 관의 해체와 교환이 쉽다.
③ 접합부 강도가 강하며, 누수의 염려가 적다.
④ 중량이 가볍고 시설의 보수 유지비가 절감된다.

해설 용접 이음은 분해(해체)와 교환이 어렵다.

101. 배관에서 3방향으로 유체를 분기하여 나누어 보낼 때 쓰는 부속품은? [06]

① 리듀서(reducer) ② 소켓(socket)
③ 크로스(cross) ④ 엘보(elbow)

해설 ⓐ 관의 방향을 바꿀 때 : 엘보, 밴드 등
ⓑ 배관을 분리할 때 : 티, 와이, 크로스 등
ⓒ 같은 지름 관을 직선 연결할 때 : 소켓, 유니언, 플랜지, 니플 등
ⓓ 다른 지름을 연결할 때 : 이경 엘보, 이경 소켓, 이경 티, 부싱 등
ⓔ 관 끝을 막을 때 : 캡, 플러그 등

102. 가스 배관 재료의 구비조건에 들지 않는 것은? [03]

① 관내의 유통이 원활할 것
② 토양이나 지하수에 대하여 충분히 부식성이 있을 것
③ 접합이 쉽고, 유체의 누설이 충분히 방지될 것
④ 절단 가공이 용이하고 가벼울 것

해설 토양이나 지하수에 대하여 내식성이 클 것

103. 다음 중 나사이음에 사용되는 장비가 아닌 것은? [04, 15]

① 파이프 바이스
② 파이프 커터
③ 드레서
④ 리드형 나사절삭기

해설 드레서 : 숫돌차의 날을 세우는 공구

104. 15 A 강관을 45°로 구부릴 때 곡관부의 길이(mm)는? (단, 굽힘 반지름은 100 mm이다.) [14]

① 78.5 ② 90.5
③ 157 ④ 209

정답 97. ③ 98. ② 99. ③ 100. ② 101. ③ 102. ② 103. ③ 104. ①

해설 $l = 2 \times 3.14 \times 100 \times \frac{45}{360} = 78.5\,\text{mm}$

105. 파이프 내의 압력이 높아지면 고무링은 더욱 파이프 벽에 밀착되어 누설을 방지하는 접합 방법은? [03, 10, 15]

① 기계적 접합 ② 플랜지 접합
③ 빅토릭 접합 ④ 소켓 접합

해설 영국에서 고안한 빅토릭 접합은 압력이 높아지면 고무링이 밀착되어 누수가 방지되고 압력이 낮아지면 누수의 원인이 된다.

106. 동관의 이음 방식이 아닌 것은? [14]

① 플레어 이음 ② 빅토릭 이음
③ 납땜 이음 ④ 플랜지 이음

해설 빅토릭 이음은 영국에서 개발한 주철관 이음 방법이다.

107. 다음 중 구리관의 이음 방식이 아닌 것은? [02]

① 플레어 이음 ② 소켓 이음
③ 납땜 이음 ④ 플랜지 이음

해설 소켓 이음은 주철관 이음 방법이다.

108. 관 절단 후 절단부에 생기는 비트(거스러미)를 제거하는 공구는? [06, 08, 11]

① 클립 ② 사이징 툴
③ 파이프 리머 ④ 쇠톱

해설 ① 클립 : 주철관 이음의 납을 링 모양으로 만드는 장치
② 사이징 툴 : 동관 확관용 공구
③ 파이프 리머 : 거스러미 제거
④ 쇠톱 : 절단용 공구

109. 다음 강관용 이음쇠 중 관을 도중에서 분기할 때 사용하는 이음쇠는? [04]

① 벤드 ② 엘보
③ 소켓 ④ 와이

해설 배관 분기구는 Y 또는 T를 이용한다.

110. 300 A 강관을 B(inch) 호칭으로 지름을 표시하면? [06]

① 2 B ② 4 B
③ 10 B ④ 12 B

해설 $\frac{300}{25} = 12\,\text{B}$

111. 역환수(reverse return) 방식을 채택하는 이유로 가장 적합한 것은? [13]

① 환수량을 늘리기 위하여
② 배관으로 인한 마찰저항이 균등해지도록 하기 위하여
③ 온수 귀환관을 가장 짧은 거리로 배관하기 위하여
④ 열손실을 줄이기 위하여

해설 역환수 방식은 배관의 마찰저항을 균일하게 하여 발열량을 같게 한다.

112. 다음 중 일반 접합의 티(tee)를 나타낸 것은? [05, 07, 10]

① 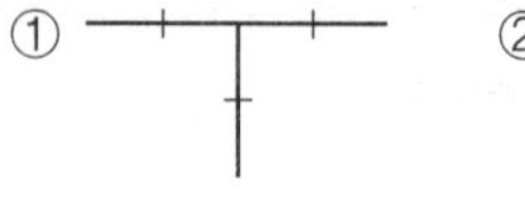
② 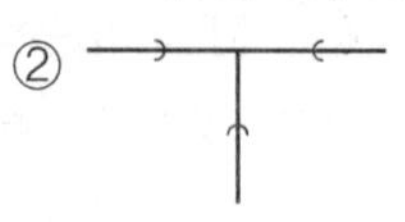
③ 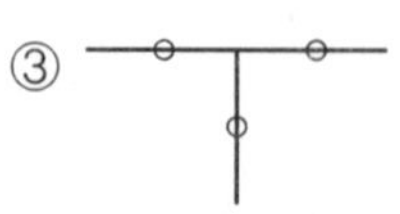
④ 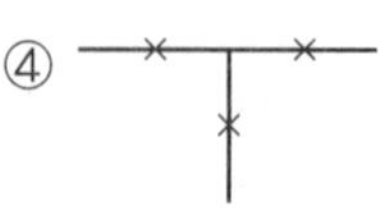

해설 ① : 일반 나사 이음
② : 소켓 용접
③ : 납땜
④ : 용접

정답 105. ③ 106. ② 107. ② 108. ③ 109. ④ 110. ④ 111. ② 112. ①

113. 다음의 기호는 어떤 밸브인가? [04, 07, 14]

① 볼 밸브 ② 글로브 밸브
③ 수동 밸브 ④ 앵글 밸브

해설 ① 볼 밸브 :
② 글로브 밸브 :
③ 수동 밸브 :

114. 다음 KS 배관 도시 기호 중 신축관 이음을 표시하는 기호는? [09]

①
② 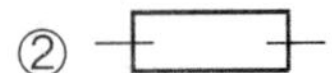
③ 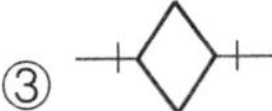
④ 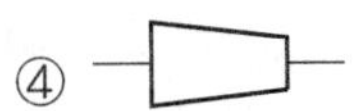

해설 ① 막힘 플랜지
② 슬리브 신축 이음
③ 콕
④ 동심 리듀서

115. 관 속을 흐르는 유체가 가스일 경우 도시기호는? [06, 08, 10, 11]

① O ② G
③ S ④ A

해설 ① 기름, ② 가스, ③ 수증기, ④ 공기

116. 관이음 (KS B 0063) 도시 기호 중 틀린 것은? [09]

① 플랜지 이음 :
② 소켓 이음 :
③ 유니언 이음 :
④ 용접 이음 :

해설 체크 밸브 :
용접 이음 :

117. 관이음의 도시 기호에서 용접 이음 기호는 어느 것인가? [05]

① ②
③ ④

해설 ① : 맞대기 용접
② : 일반 (나사) 이음
③ : 플랜지 이음
④ : 납땜

118. 다음 기호 중 콕의 도시 기호는? [13]

① ②
③ ④

해설 ① 체크 밸브
② 게이트 (슬루스) 밸브
③ 체크 밸브 (풋 밸브)

119. 관의 결합방식 표시방법에서 결합방식의 종류와 그림 기호가 틀린 것은? [13]

① 일반 :
② 플랜지식 :
③ 용접식 :
④ 소켓식 :

해설 소켓 이음 :

120. 다음 그림 기호의 밸브 종류는? [12]

① 볼 밸브 ② 게이트 밸브
③ 풋 밸브 ④ 안전 밸브

정답 113. ④ 114. ② 115. ② 116. ④ 117. ① 118. ④ 119. ④ 120. ②

121. 관의 끝부분의 표시방법에서 종류별 그림 기호를 나타낸 것으로 틀린 것은? [12]

① 용접식 캡 ——D
② 체크포인트 ——×
③ 블라인더 플랜지 ——⊣|
④ 나사박음식 캡 ——ㄷ

해설 ② 체크포인트 ——□

122. 관 끝부분 표시방법 중 용접식 캡을 나타낸 것은? [11]

① ——⊣| ② ——ㄷ
③ ——○ ④ ——D

해설 ① 막힘 플랜지
② 캡
③ 가는 엘보
④ 용접 캡

123. 다음 그림은 냉동용 그림 기호(KS B 0063)에서 무엇을 표시하는가? [08, 13]

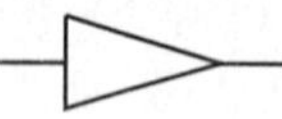

① 리듀서 ② 디스트리뷰터
③ 줄임플랜지 ④ 플러그

해설 그림은 동심리듀서이다.

124. 다음 그림의 기호가 나타내는 밸브로 맞는 것은? [13]

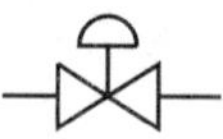

① 슬루스 밸브 ② 글로브 밸브
③ 다이어프램 밸브 ④ 감압 밸브

125. 관의 입체적 표시방법 중 관 A가 화면에 직각으로 앞쪽에 서 있으며, 관 B에 접속되어 있는 경우의 도면은? [09]

① A○B ② A⊖B
③ A○B ④ A⊙B

해설 ④는 오는 T 이음이다.

126. 다음 중 온도계의 표시방법으로 옳은 것은? [05]

① Ⓢ ② Ⓧ
③ Ⓟ ④ Ⓣ

해설 P : 압력계, S : 전자밸브, T : 온도계

127. 냉매배관에 사용되는 저온용 단열재에 요구되는 성질로 틀린 것은?

① 열전도율이 낮을 것
② 투습 저항이 크고 흡습성이 작을 것
③ 팽창계수가 클 것
④ 불연성 또는 난연성일 것

해설 단열재는 가볍고 팽창계수(신축량)가 작아야 한다.

128. 다음 배관도시 기호는 무엇을 나타내는가? [02]

① 글로브 밸브 ② 콕
③ 체크 밸브 ④ 안전밸브

해설 ① ⋈, ② –◇–
③ –N–, ④ (안전밸브 기호)

129. 다음 유체의 문자기호의 의미가 다른 것은 어느 것인가? [06, 10]

① 공기−A ② 가스−G
③ 유류−O ④ 물−S

해설 물의 기호는 W이고, S는 수증기이다.

정답 121. ② 122. ④ 123. ① 124. ③ 125. ③ 126. ④ 127. ③ 128. ① 129. ④

130. 다음 중 유량 조절용으로 가장 적합한 밸브의 도시기호는? [07]

① ②

③ ④

해설 ① 체크 밸브
② 글로브 밸브
③ 슬루스 밸브
④ 전자 밸브

131. 다음 중 체크 밸브의 도시기호는 어느 것인가? [11]

① 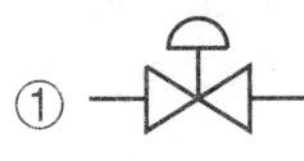 ② 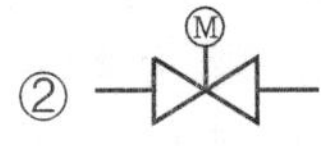

③ 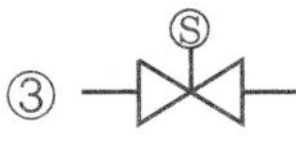 ④

해설 문제 130번 해설 참조

132. 다음 중 전자 밸브를 나타낸 것은 어느 것인가? [07]

① ②

③ ④

해설 ① 정압식 밸브
② 전동 밸브
③ 전자 밸브
④ 일반 밸브

133. 다음 중 게이트 밸브의 도시기호는 어느 것인가? [08]

①  ② 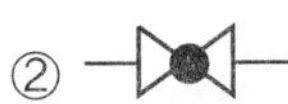

③ ④ 

해설 문제 130번 해설 참조

134. 유체를 일정 방향으로만 흐르게 하고 역류하는 것을 방지하는 데 사용하는 밸브는 어느 것인가? [02]

① 슬루스 밸브 ② 체크 밸브
③ 콕 ④ 글로브 밸브

135. 유체의 저항이 적어서 대형 배관용으로 사용되는 밸브는? [05]

① 글로브 밸브 ② 슬루스 밸브
③ 체크 밸브 ④ 안전 밸브

해설 슬루스(게이트) 밸브 : 유체의 흐름을 단속하며 단면적 변화가 없어서 마찰저항이 작다.

136. 사용 압력 120 kg/cm², 허용 응력 30 kg/mm²인 압력 배관용 탄소강 강관의 스케줄(schedule) 번호는? [03]

① 30 ② 40
③ 100 ④ 140

해설 $SCH = 10 \times \dfrac{P}{S} = 10 \times \dfrac{120}{30} = 40$

137. 다음 중 플랜지 패킹류가 아닌 것은? [15]

① 석면 조인트 시트
② 고무 패킹
③ 글랜드 패킹
④ 합성수지 패킹

해설 글랜드 패킹은 회전부의 개스킷 종류이다.

138. 사용압력이 10 kg/cm²의 비교적 낮은 증기, 물, 기름, 가스 및 공기배관용에 사용하며, 아크 용접에 의해 제조된 관은? [06]

① 배관용 아크 용접 탄소 강관

정답 130. ② 131. ① 132. ③ 133. ③ 134. ② 135. ② 136. ② 137. ③ 138. ①

② 고압 배관용 탄소 강관
③ 아크 스테인리스 강관
④ 배관용 합금 강관

139. 350℃ 정도 이하에서 사용하는 압력 배관에 쓰이는 압력 배관용 탄소 강관의 기호는 무엇인가? [04]

① SPP ② SPPS
③ SPHT ④ SPLT

해설 ① SPP : 배관용 탄소 강관 (350℃ 이하)
② SPPS : 압력 배관용 탄소 강관 (350℃ 이하)
③ SPHT : 고온 배관용 탄소 강관 (350~450℃)
④ SPLT : 저온 배관용 탄소 강관

140. 고압 배관용 탄소강 강관의 기호는 어느 것인가? [04]

① SPLT ② SPP
③ SGP ④ SPPH

해설 ① SPLT : 저온 배관용 탄소 강관
② SPP: 배관용 탄소 강관
③ SGP : SPP의 일본 규격
④ SPPH : 고압 배관용 탄소 강관

141. 다음 중 350~450℃의 배관에 사용하는 탄소 강관으로서 과열증기관 등의 배관에 가장 적합한 관은? [11]

① SPPH ② SPHT
③ SPW ④ SPPW

해설 ① SPPH : 고압 배관용 탄소 강관
② SPHT : 고온 배관용 탄소 강관
③ SPW : 배관용 아크 용접 탄소 강관
④ SPPW : 수도용 아연 도금 강관

142. SPW에 대한 설명 중 틀린 것은 어느 것인가? [02]

① 비교적 사용압력이 낮은 배관에 사용한다.
② 자동 서브머지드 용접으로 제조한다.
③ 가스, 물 등의 유체 수송용이다.
④ 관호칭은 안지름×두께이다.

해설 배관용 아크 용접 탄소강 강관 (SPW)의 호칭은 호칭지름×두께이다.

143. 다음 중 강관의 명칭과 KS 규격기호가 잘못된 것은? [12]

① 배관용 합금 강관 : SPA
② 고압 배관용 탄소 강관 : SPW
③ 고온 배관용 탄소 강관 : SPHT
④ 압력 배관용 탄소 강관 : SPPS

해설 고압 배관용 탄소 강관 : SPPH

144. 사용압력이 비교적 낮은 (10 kgf/cm^2 이하) 증기, 물, 기름, 가스 및 공기 등의 각종 유체를 수송하는 관으로, 일명 가스관이라고도 하는 관은? [13]

① 배관용 탄소 강관
② 압력 배관 탄소 강관
③ 고압 배관용 탄소 강관
④ 고온 배관용 탄소 강관

해설 배관용 탄소 강관 (SPP)
ⓐ 사용압력 10 kgf/cm^2 이하
ⓑ 사용온도 350℃ 이하
ⓒ 일명 가스관이라 한다.

145. 다음 그림이 나타내는 관의 결합방식으로 맞는 것은? [05, 14]

정답 139. ② 140. ④ 141. ② 142. ④ 143. ② 144. ① 145. ③

① 용접식　　② 플랜지식
③ 소켓식　　④ 유니언식

해설 ① 용접식 : ─×─
② 플랜지식 : ─||─
④ 유니언식 : ─|||─

146. 다음 중 유니언 나사 이음의 도시기호로 맞는 것은? [12, 14]

① ─||─　　② ─|─
③ ─|||─　　④ ─×─

해설 ① 플랜지 이음
② 일반 이음
③ 유니언 이음
④ 용접 이음

147. 다음 그림은 KS 배관 도시기호에서 무엇을 표시하는가? [03]

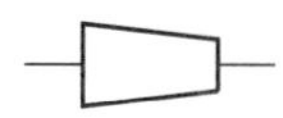

① 부싱　　② 줄이개
③ 줄임 플랜지　　④ 플러그

148. 다음 그림과 같은 강관 이음부(A)에 적합하게 사용될 이음쇠로 맞는 것은? [13]

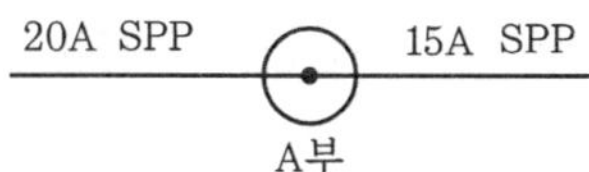

① 동경 소켓　　② 이경 소켓
③ 니플　　④ 유니언

149. 다음과 같은 배관의 도시기호는 어느 이음인가? [12]

─||─

① 나사식 이음　　② 플랜지식 이음
③ 용접식 이음　　④ 턱걸이식 이음

150. 그림과 같이 25 A×25 A×25 A의 티에 20 A관을 직접 A부에 연결하고자 할 때 필요한 이음쇠는? [03, 04, 09, 12]

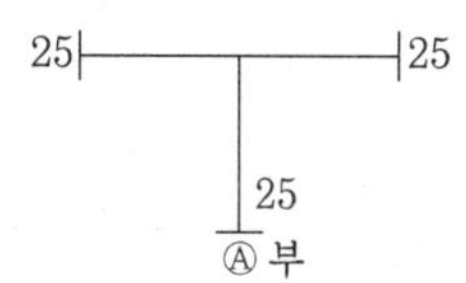

① 유니언　　② 캡
③ 부싱　　④ 플러그

해설 A부는 이경관 이음이므로 부싱 이음쇠를 사용한다.

151. 다음은 용접 이음용 크로스(cross)를 나타낸 것이다. 호칭 표시가 맞는 것은 어느 것인가? [10]

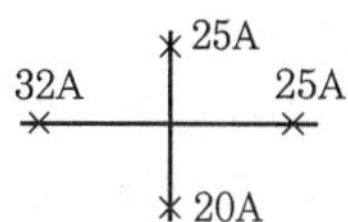

① 크로스 : 25 A×25 A×20 A×32 A
② 크로스 : 32 A×25 A×25 A×20 A
③ 크로스 : 20 A×25 A×25 A×32 A
④ 크로스 : 32 A×20 A×25 A×25 A

해설 4개 중 제일 큰 수치를 첫 번째, 같은 선상을 두 번째, 다른 선상의 큰 것을 세 번째, 나머지를 네 번째로 쓴다.

152. 지름 20 mm 이하의 동관을 구부릴 때 사용하는 동관 전용 벤더의 최소 곡률 반지름은 관지름의 몇 배인가? [04]

① 1~2배　　② 2~3배
③ 4~5배　　④ 6~7배

153. 다음 그림과 같이 15A 강관을 45°엘보에 나사 연결할 때 연결 부분의 실제 소요길이는 약 얼마인가? (단, 엘보 중심 길이 21 mm, 나사물림 길이 13 mm이다.) [11, 12, 15]

정답 146. ③　147. ①　148. ②　149. ②　150. ③　151. ②　152. ③　153. ②

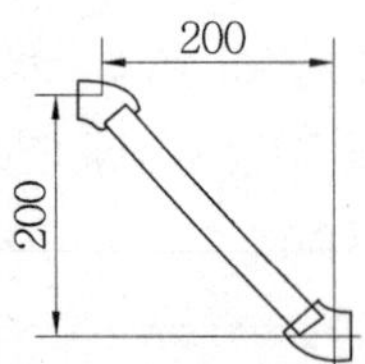

① 255.8 mm ② 266.8 mm
③ 274.8 mm ④ 282.8 mm

해설 $l = \sqrt{200^2 + 200^2} - 2 \times (21 - 13)$
$= 266.84 \text{ mm}$

154. 전자 밸브(솔레노이드 밸브)에 대한 설명 중 옳은 것은? [07]

① 전자 코일에 전류가 흐르면 밸브는 닫힌다.
② 밸브를 수직으로 설치하여야 정상적인 작동을 한다.
③ 입력 스위치와 결합시켜 사용할 수 없다.
④ 직동 전자 밸브에는 밸브 시트 구지름의 제한이 없다.

해설 전자 밸브는 가급적 배관에 수직으로 설치한다.

155. 파이프의 표시법 중 틀린 것은? [08]

① 가스관은 G자로 표시한다.
② 파이프는 하나의 실선으로 표시한다.
③ 수증기 관은 S자로 표시한다.
④ 관을 파단하여 표시하는 경우에는 화살표 방향으로 표시한다.

해설 관의 파단 표시는 물결선으로 긋는다.

156. 공기조화시스템의 열원장치 중 보일러에 부착되는 안전장치가 아닌 것은? [11]

① 감압밸브 ② 안전밸브
③ 저수위 경보장치 ④ 화염검출기

해설 감압밸브는 배관에 설치하여 유체의 압력을 제어하는 장치이다.

157. 증기배관의 말단이나 방열기 환수구에 설치하여 증기관이나 방열기에서 발생한 응축수 및 공기를 배출하여 수격작용 및 배관의 부식을 방지하는 장치는? [10]

① 공기빼기밸브(AAV)
② 신축 이음(EXP)
③ 증기트랩(ST)
④ 팽창탱크(ET)

해설 증기트랩 : 증기는 통과시키지 않고 응축수만 분리하여 배출시키는 장치

158. 배관에 설치되어 관 속의 유체에 혼입된 불순물을 제거하는 기기는? [07]

① 트랩 ② 체크 밸브
③ 스트레이너 ④ 안전 밸브

해설 스트레이너는 유체의 불순물을 제거하는 기기로 y, v, u형이 있다.

159. 냉매 배관의 시공에 대한 설명 중 맞지 않는 것은? [09, 11]

① 기기 상호간의 길이는 가능한 길게 한다.
② 관의 가공에 의한 재질의 변질을 최소화한다.
③ 압력손실은 지나치게 크지 않도록 한다.
④ 냉매의 온도와 압력에 충분히 견딜 수 있어야 한다.

해설 기기 상호간의 배관길이는 압력손실을 최소화하기 위해 가능한 짧게 한다.

160. 빙점 이하의 온도에 사용하며 냉동기 배관, LPG 탱크용 배관 등에 많이 사용하는 강관은 어느 것인가? [15]

① 고압 배관용 탄소 강관
② 저온 배관용 강관

정답 154. ② 155. ④ 156. ① 157. ③ 158. ③ 159. ① 160. ②

③ 라이닝 강관
④ 압력 배관용 탄소 강관

161. 냉동장치의 배관에 있어서 유의할 사항이 아닌 것은? [07, 12]

① 관의 강도가 적합한 규격이어야 한다.
② 냉매의 종류에 따라 관의 재질을 선택해야 한다.
③ 관 내부의 유체압력 손실이 커야 한다.
④ 관의 온도 변화에 의한 신축을 고려해야 한다.

해설 배관은 마찰저항 손실이 작아야 한다.

162. 다음 중 냉동장치 배관 설치 시 주의사항으로 틀린 것은? [08]

① 관통부 외에는 매설하지 않는다.
② 배관 내 응력발생이 있는 곳에 루프형 배관을 한다.
③ 기기 조작, 보수, 점검에 지장이 없도록 한다.
④ 전체 길이는 짧게 하며 곡률 반지름을 작게 한다.

해설 냉동장치 배관의 전체 길이는 짧게, 곡률 반지름은 지름의 6배 이상 크게 하여 유체저항을 감소시킨다.

163. 냉동장치의 냉매배관에서 흡입관의 시공상 주의점으로 틀린 것은? [15]

① 두 개의 흐름이 합류하는 곳은 T이음으로 연결한다.
② 압축기가 증발기보다 밑에 있는 경우, 흡입관은 증발기 상부보다 높은 위치까지 올린 후 압축기로 가게 한다.
③ 흡입관의 입상이 매우 길 때는 약 10 m마다 중간에 트랩을 설치한다.
④ 각각의 증발기에서 흡입 주관으로 들어가는 관은 주관 위에서 접속한다.

해설 두 개의 흐름이 합류하는 곳은 합류 또는 분기관 Y형 모양으로 이음하고, 신축장치를 한다.

164. 냉동장치의 배관공사에서 옳지 않은 것은 어느 것인가? [08]

① 두 계통의 토출관이 합류하는 곳은 Y형 접속으로 한다.
② 압축기 토출관의 수평부분은 응축기를 향해 상향구배를 한다.
③ 응축기와 수액기의 균압관은 압력을 같게 하기 위한 것이다.
④ 압력 손실은 되도록 작게 하기 위해 굴곡부의 개수를 적게 한다.

해설 냉동장치의 배관은 냉매가 흘러가는 방향으로 내림구배를 한다.

165. 냉동장치 배관 설치 시 주의사항으로 틀린 것은? [10, 11, 14]

① 냉매의 종류, 온도 등에 따라 배관 재료를 선택한다.
② 온도 변화에 의한 배관의 신축을 고려한다.
③ 기기 조작, 보수, 점검에 지장이 없도록 한다.
④ 굴곡부는 가능한 적게 하고 곡률 반지름을 작게 한다.

해설 굴곡부는 가능한 적게 하고 곡률 반지름을 크게 한다.

166. 암모니아 냉매 배관을 설치할 때 시공방법으로 틀린 것은? [09, 10, 15]

① 관이음 패킹 재료는 천연고무를 사용

한다.

② 흡입관에는 U트랩을 설치한다.

③ 토출관의 합류는 Y 접속으로 한다.

④ 액관의 트랩부에는 오일 드레인 밸브를 설치한다.

해설 프레온 장치에서 흡입관 높이가 2.5 m 이상일 때 오일 회수를 위하여 트랩을 설치한다.

167. **다음 중 증기배관 설계 시 고려사항으로 잘못된 것은?** [14]

① 증기의 압력은 기기에서 요구되는 온도 조건에 따라 결정하도록 한다.

② 배관 관경, 부속 기기는 부분부하나 예열부하 시의 과열부하도 고려해야 한다.

③ 배관에는 적당한 구배를 주어 응축수가 고이지 않도록 해야 한다.

④ 증기배관은 가동 시나 정지 시 온도 차이가 없으므로 온도 변화에 따른 열응력을 고려할 필요가 없다.

해설 모든 배관은 온도 차이에 따른 신축을 고려할 필요가 있다.

168. **온수난방의 배관 시공 시 적당한 구배로 맞는 것은?** [14]

① $\frac{1}{100}$ 이상 ② $\frac{1}{150}$ 이상

③ $\frac{1}{200}$ 이상 ④ $\frac{1}{250}$ 이상

해설 온수난방의 배관 시 공기빼기 밸브나 팽창탱크를 향해 $\frac{1}{250}$ 이상 올림구배를 한다.

정답 167. ④ 168. ④

제 3 편

안전관리

ⒸⒷⓉ 문제은행

1장 산업안전

1. 사고의 본질적인 특성에 대한 설명으로 올바르지 못한 것은? [03, 07]

① 사고의 시간성
② 사고의 우연성
③ 사고의 정기성
④ 사고의 재현 불가능성

해설 정기적인 사고는 일어나서는 안 된다.

2. 안전관리에 대한 가장 중요한 목적이라 할 수 있는 것은? [07]

① 신뢰성 향상 ② 재산보호
③ 생산성 향상 ④ 인간존중

해설 안전관리는 생산성의 증대와 재해로부터 생명과 재산을 보호하는 것으로 가장 중요한 목적은 인간의 생명 보호이다.

3. 사고의 원인으로 불안전한 행위에 해당하는 것은? [05]

① 작업상태 불량
② 기계의 결함
③ 물적 위험상태
④ 고용자의 능력부족

해설 작업상태 불량은 불안전한 행위로서 안전사고의 연쇄성이다.

4. 산업안전기준에 관한 규칙에 의거 사업주는 안전을 위해 작업조건에 적합한 보호구를 지급하여야 한다. 이때 사업주가 보호구를 지급하는 기준으로 옳은 것은? [10]

① 동시에 작업하는 근로자의 수 이하
② 동시에 작업하는 근로자의 수 이상
③ 월 평균 작업근로자의 수 이상
④ 연 평균 작업근로자의 수 이상

5. 다음 산업안전대책 중 기술적인 대책이 아닌 것은? [07, 14]

① 안전설계
② 근로의욕의 향상
③ 작업행정의 개선
④ 점검보전의 확립

해설 근로의욕은 작업환경에 따른 교육적인 대책이다.

6. 산업안전보건법의 제정 목적과 가장 관계가 적은 것은? [02, 07, 09, 11, 15]

① 산업재해 예방
② 쾌적한 작업환경 조성
③ 근로자의 안전과 보건을 유지·증진
④ 산업안전에 관한 정책 수립

해설 제정 목적은 인간의 존중과 사회적인 책임·생산성 향상 증진 등이다.

7. 다음 중 유해한 광선과 가장 거리가 먼 것은 어느 것인가? [06]

① 적외선 ② 자외선
③ 레이저 광선 ④ 가시광선

정답 1. ③ 2. ④ 3. ① 4. ② 5. ② 6. ④ 7. ④

8. **산업안전보건기준에 관한 규칙에 의거 사다리식 통로 등을 설치하는 경우에 대한 내용으로 잘못된 것은?** [13]

① 견고한 구조로 할 것
② 발판과 벽과의 사이는 15 cm 이상의 간격을 유지할 것
③ 폭은 55 cm 이상으로 할 것
④ 발판의 간격은 일정하게 할 것

해설 사다리식 통로 폭은 1 m 이상으로 한다.

9. **다음 중 산업안전보건법에 의한 작업환경 측정대상에 포함되지 않는 작업장은?** [04]

① 산소 결핍 위험이 있는 작업장
② 유기용제 업무를 행하는 작업장
③ 강렬한 소음과 분진이 발생되는 옥내 작업장
④ 냉동·냉장 업무를 하는 작업장

해설 냉동·냉장은 상품을 저장하는 것으로 공조장치(작업환경)가 아니다.

10. **산업안전보건기준에 관한 규칙에서 정한 가스 장치실을 설치하는 경우 설치 구조에 대한 내용에 해당되지 않는 것은?** [13]

① 벽에는 불연성 재료를 사용할 것
② 지붕과 천장에는 가벼운 불연성 재료를 사용할 것
③ 가스가 누출된 경우에는 그 가스가 정체되지 않도록 할 것
④ 방음장치를 설치할 것

해설 ④ 가연성 가스 저장실은 방호벽 구조로 한다.

11. **다음 중 안전대책의 3원칙에 속하지 않는 것은?** [08, 11]

① 기술 ② 자본
③ 교육 ④ 관리

해설 안전대책의 3원칙은 교육, 기술, 관리이고 자본은 경영의 원칙에 해당된다.

12. **다음 중 안전관리의 목적을 올바르게 나타낸 것은?** [08, 10, 12]

① 기능 향상을 도모한다.
② 경영의 혁신을 도모한다.
③ 기업의 시설투자를 확대한다.
④ 근로자의 안전과 능률을 향상시킨다.

해설 안전관리의 목적은 근로 의욕 진작과 생산능력 향상에 따른 인도주의의 구현에 있다.

13. **산업안전 보건 개선계획에 포함되어야 할 중요한 사항이 아닌 것은?** [07]

① 안전보건 관리체제
② 안전보건 교육
③ 근로자 배치
④ 시설

해설 근로자 배치계획은 작업능률을 향상시키는 계획이다.

14. **안전사고 발생의 심리적 요인에 해당되는 것은?** [14]

① 감정
② 극도의 피로감
③ 육체적 능력의 초과
④ 신경계통의 이상

해설 심리적 요인
ⓐ 무지
ⓑ 미숙련
ⓒ 과실
ⓓ 난폭·흥분 (감정)
ⓔ 고의성

정답 8. ③ 9. ④ 10. ④ 11. ② 12. ④ 13. ③ 14. ①

15. 다음 중 안전관리의 주된 목적을 바르게 설명한 것은? [12]

① 사고 후 처리 ② 사상자의 치료
③ 생산가의 절감 ④ 사고의 미연 방지

해설 안전관리의 목적은 인도주의의 실현과 생산 향상 및 사고 예방이다.

16. 다음 중 정신적인 재해의 원인에 해당되는 것은? [11]

① 불안과 초조
② 수면 부족 및 피로
③ 이해 부족 및 훈련 미숙
④ 난청 및 시각장애

해설 정신적인 재해의 원인에는 무지, 포악한 품성, 격렬한 기질, 신경질, 흥분성, 무분별, 나쁜 태도, 부족한 지식, 근심, 정신적·육체적 결함으로 불안과 초조에 의한 불안전한 행동 등이 있다.

17. 다음 중 산업안전의 관심과 이해증진으로 얻을 수 있는 이점이라 볼 수 없는 것은? [02, 09]

① 기업의 신뢰도를 높여준다.
② 기업의 투자경비를 증대시킬 수 있다.
③ 이직률이 감소된다.
④ 고유기술이 축적되어 품질이 향상된다.

해설 투자경비는 기업 경영에 관여되는 것으로 산업안전과는 무관하다.

18. 근로자가 안전하게 통행할 수 있도록 통로에는 몇 럭스 이상의 조명시설을 해야 하는가? [09, 15]

① 10 ② 30
③ 45 ④ 75

해설 산업안전보건법상 조명 기준

ⓐ 초정밀 작업 : 750 lx 이상
ⓑ 정밀 작업 : 300 lx 이상
ⓒ 보통 작업 : 150 lx 이상
ⓓ 기타 작업 : 75 lx 이상

19. 차량계 하역 운반 기계의 종류로 가장 거리가 먼 것은? [15]

① 지게차 ② 화물 자동차
③ 구내 운반차 ④ 크레인

해설 크레인은 운반용 기계가 아니고 물건을 상하로 이동하는 기구이다.

20. 안전사고의 발생 요인 중 가장 비율이 높다고 볼 수 있는 것은? [07]

① 불안전한 상태 ② 개인적인 결함
③ 불안전한 행동 ④ 사회적 결함

해설 안전사고는 불안전한 행동과 상태가 원인이 되어 발생하며, 인적 또는 물적 손실을 가져온다 (직접적인 원인은 행동이다).

21. 다음 중 안전관리 관리 감독자의 업무가 아닌 것은? [14, 16]

① 안전작업에 관한 교육훈련
② 작업 전·후 안전점검 실시
③ 작업의 감독 및 지시
④ 재해 보고서 작성

해설 작업 전·후의 안전점검은 작업자가 시행한다.

22. 일반적으로 볼 때 안전대책은 무슨 방법으로 수립해야 좋은가? [10]

① 사무적 ② 계획적
③ 경험적 ④ 통계적

해설 안전사고의 통계를 내어 안전대책을 수립한다.

정답 15. ④ 16. ① 17. ② 18. ④ 19. ④ 20. ③ 21. ② 22. ④

23. **다음 중 불안전한 상태라 볼 수 없는 것은 어느 것인가?** [12]

① 환기 불량
② 위험물의 방치
③ 안전교육의 미참여
④ 기계기구의 정비 불량

해설 불안전한 상태(물적 원인) : 직접적 원인
ⓐ 불충분한 지지 또는 방호
ⓑ 결함 있는 공구, 장치 또는 자재
ⓒ 작업 장소의 밀집
ⓓ 불충분한 경보 시스템
ⓔ 화재 또는 폭발의 위험성
ⓕ 빈약한 정비
ⓖ 위험성이 있는 대기 상태(가스, 먼지, 증기 등)
ⓗ 지나친 소음
ⓘ 빈약한 조명, 환기, 노출
③은 재해 원인 중 간접적 원인에 해당된다.

24. **안전관리의 제반 활동사항에 관한 내용 중 거리가 먼 것은?** [05]

① 산업체에서 일어날 수 있는 재해의 원인을 찾아내고 그 원인을 제거한다.
② 재해로부터 인명과 재산을 보호하기 위한 제반 안전활동을 한다.
③ 재해로부터 오는 손실을 제거하여 기업의 이윤을 증대시킨다.
④ 안전사고의 범위에는 천재지변으로 인하여 발생한 것도 포함된다.

해설 안전사고는 인위적으로 예방이 가능한 사고를 말한다.

25. **피로의 원인 중 외부 인자로 볼 수 있는 것은?** [14]

① 경험 ② 책임감
③ 생활조건 ④ 신체적 특성

해설 피로는 정신적 피로와 육체적 피로로 나누어지며 ①, ②, ④는 내부적인 원인이고, 생활조건은 외부적인 원인이다.

26. **일정 기간마다 정기적으로 점검하는 것을 말하며, 일반적으로 매주 또는 매월 1회씩 담당 분야별로 당해 분야의 작업 책임자가 점검하는 것은?** [09]

① 계획점검 ② 수시점검
③ 임시점검 ④ 특별점검

27. **다음 중 안전 표시를 하는 목적이 아닌 것은?** [10, 14]

① 작업환경을 통제하여 예상되는 재해를 사전에 예방함
② 시각적 자극으로 주의력을 키움
③ 불안전한 행동을 배제하고 재해를 예방함
④ 사업장의 경계를 구분하기 위해 실시함

해설 ④는 경계 표시에 관한 기준이다.

28. **다음 안전점검 중 구분이 다른 것은 무엇인가?** [02]

① 일상점검 ② 수시점검
③ 정기점검 ④ 환경점검

해설 환경점검은 사용기기의 주변 위험 요소를 점검하는 것이다.

29. **정신적 또는 육체적 활동의 부산물로 체내에 누적되어 활동능력을 둔화시킴으로써 사고원인이 되기 쉬운 것은?** [05]

① 근심걱정 ② 주의집중
③ 피로 ④ 공상

정답 23. ③ 24. ④ 25. ③ 26. ① 27. ④ 28. ④ 29. ③

30. 안전보건관리책임자의 직무에 가장 거리가 먼 것은? [07, 09, 15]

① 산업재해의 원인 조사 및 재발 방지대책 수립에 관한 사항
② 안전에 관한 조직편성 및 예산책정에 관한 사항
③ 안전 보건과 관련된 안전장치 및 보호구 구입 시의 적격품 여부 확인에 관한 사항
④ 근로자의 안전 보건교육에 관한 사항

해설 ②는 안전관리 총괄자의 직무이다.

31. 다음 중 안전관리에 대한 설명으로 적절하지 못한 것은? [08]

① 인간의 생명과 재산 보호
② 비계획적인 제반 활동
③ 체계적인 제반 활동
④ 인간생활의 복지 향상

해설 안전관리는 인간의 생명과 재산 보호 및 복리향상을 고려하여 계획적으로 확립하는 체계적인 제반 활동을 의미한다.

32. 안전관리자가 수행하여야 할 직무에 해당되는 내용이 아닌 것은? [13]

① 사업장 생산 활동을 위한 노무 배치 및 관리
② 사업장 순회점검·지도 및 조치의 건의
③ 산업재해 발생의 원인 조사
④ 해당 사업장의 안전교육계획의 수립 및 실시

해설 ①은 경영관리자가 하는 직무이고 안전관리자는 산업안전에 관한 모든 업무를 수행한다.

33. 산업안전 표시 중 다음 그림이 나타내는 의미는? [10, 11]

① 방사성 물질 경고
② 낙하물 경고
③ 부식성 물질 경고
④ 몸균형 상실 경고

34. 다음의 안전·보건표지가 의미하는 것은 무엇인가? [14]

① 사용금지 ② 보행금지
③ 탑승금지 ④ 출입금지

35. 다음 중 기계 설비의 안전 조건에 들지 않는 것은? [09]

① 구조의 안전화
② 설치상의 안전화
③ 기능의 안전화
④ 외형의 안전화

해설 ②는 시공상의 안전 조건이다.

36. 안전사고의 발생 중 가장 큰 원인이라고 할 수 있는 것은? [07, 11, 16]

① 설비의 미비
② 정돈상태의 불량
③ 계측공구의 미비
④ 작업자의 실수

해설 안전사고의 주원인은 작업자의 불안정한 상태와 행동으로 인한 실수이다.

정답 30. ② 31. ② 32. ① 33. ③ 34. ① 35. ② 36. ④

37. **안전관리에 대한 제반활동을 설명한 것이다. 이 중 옳지 않은 것은?** [09]

① 재해로부터 인명과 재산을 보호하기 위한 계획적인 안전활동이다.
② 재해의 원인을 찾아내고 그 원인을 사전에 제거하는 안전활동이다.
③ 근로자에게 쾌적한 작업환경을 조성해 주고 경영자에게는 재해손실을 줄여준다.
④ 안전활동을 수행하기 위해서는 경영자를 제외한 모든 종업원이 참여해야 한다.

해설 안전활동 방침 및 계획을 수립하고 전문적 기술을 가진 자를 통한 안전활동을 전개한다.

38. **사람이 평면상으로 넘어졌을 때의 재해를 무엇이라고 하는가?** [08]

① 추락　　② 전도
③ 비래　　④ 도괴

해설 ① 추락 : 사람이 높은 데서 떨어지는 것
② 전도 : 사람이 평면상으로 넘어지는 것 (과속, 미끄럼 포함)
③ 비래(낙하) : 물체가 주체가 되어 사람이 맞는 것
④ 도괴(붕괴) : 적재물, 비계, 접촉물이 무너지는 경우

39. **다음 중 산업안전 표지의 색과 표시하는 의미가 서로 맞게 되어 있는 것은?** [08]

① 적색 : 진행 표시
② 황색 : 금지 표시
③ 청색 : 지시 표시
④ 녹색 : 권고 표시

해설 ① 적색 : 화재 방지, 정지 표시
② 황색 : 충돌, 추락 주의 표시
③ 청색 : 함부로 조작하면 안 되는 지시 표시
④ 녹색 : 안전, 구호, 구급, 진행 표시

40. **다음 중 안전장치의 취급에 관한 사항 중 틀린 것은?** [07, 15]

① 안전장치는 반드시 작업 전에 점검한다.
② 안전장치는 구조상의 결함 유무를 항상 점검한다.
③ 안전장치가 불량할 때에는 즉시 수정한 다음 작업한다.
④ 안전장치는 작업 형편상 부득이한 경우엔 일시 제거해도 좋다.

해설 안전장치는 반드시 부착된 상태에서 작업을 한다.

41. **사업장에서 안전사고 발생 시 안전사고를 조사하는 목적은?** [06]

① 안전사고의 분석자료로 물적 증거를 수집하기 위함이다.
② 사고의 원인을 파악하여 책임을 규명하기 위함이다.
③ 불안전한 행동과 상태의 사실을 알고 시정책을 강구하기 위함이다.
④ 관계자들의 활동을 조사하여 상, 벌을 주기 위함이다.

해설 안전사고의 사실을 알고 시정책을 강구하기 위하여 안전사고를 조사하며, 지속적인 교육으로 사고 재발을 방지한다.

42. **다음 중 재해의 직접적인 원인에 해당되는 것은?** [06]

① 불안전한 상태　　② 기술적인 원인
③ 관리적인 원인　　④ 교육적인 원인

해설 불안전한 상태는 심리적 원인이다.

정답 37. ④ 38. ② 39. ③ 40. ④ 41. ③ 42. ①

43. **안전에 관한 정보를 제공하기 위한 안내 표지의 구성색으로 맞는 것은?** [11]

① 녹색과 흰색　② 적색과 흑색
③ 노란색과 흑색　④ 청색과 흑색

해설 ⓐ 금지 표지 : 흰색 바탕에 적색
ⓑ 경고 표지 : 노란색 바탕에 흑색
ⓒ 지시 표지 : 흰색 바탕에 청색
ⓓ 안내 표지 : 흰색 바탕에 녹색

44. **수리 중 표시를 나타내는 색깔은 어느 것인가?** [07]

① 녹색　② 백색
③ 보라색　④ 청색

해설 ① 녹색 : 위험, 구급장소, 대피장소, 방향 표시 표지, 비상구, 안전위상지도 표지, 진행 등
② 백색 : 통로의 표지, 방향 지시, 통로의 구획선, 물품 두는 장소 등
③ 보라색 : 방사능 등의 표시에 사용
④ 청색 : 함부로 조작하면 안 되는 곳, 수리 중의 운휴정지 장소 표시하는 표지, 전기스위치의 외부 표시 등

45. **다음 중 안전을 위한 동기 부여로 적당하지 않은 것은?** [07]

① 상·벌 제도를 합리적으로 시행한다.
② 경쟁과 협동을 유도한다.
③ 안전목표를 명확히 설정하여 주지시킨다.
④ 기능을 숙달시킨다.

해설 기능 숙달은 제품의 완성도를 높인다.

46. **안전사고 방지의 기본 원리 5단계를 바르게 표현한 것은?** [06]

① 사실의 발견 → 분석 → 시정방법의 선정 → 안전조직 → 시정책의 적용
② 안전조직 → 사실의 발견 → 분석 → 시정방법의 선정 → 시정책의 적용
③ 사실의 발견 → 시정방법의 선정 → 분석 → 시정책의 적용 →안전조직
④ 안전조직 → 사실의 발견 → 시정방법의 선정 → 시정책의 적용 →분석

47. **안전사고의 원인 중 물적 원인(불안전한 상태)이라고 볼 수 없는 것은?** [11]

① 불충분한 방호
② 빈약한 조명 및 환기
③ 개인 보호구 미착용
④ 지나친 소음

해설 개인 보호구는 일반 보호구에 해당되므로 물적 원인이 아니다.

48. **사업주의 안전에 대한 책임에 해당되지 않는 것은?** [06]

① 안전기구의 조직
② 안전활동 참여 및 감독
③ 사고 기록 조사 및 분석
④ 안전방침 수립 및 시달

해설 안전 관리자가 사실 확인을 위하여 사고 기록 조사 및 분석을 한다.

49. **안전점검의 주목적은?** [06]

① 위험을 사전에 발견하여 시정하는 데 있다.
② 법 및 기준에의 적합 여부를 점검하는 데 있다.
③ 안전작업 표준의 적절성을 점검하는 데 있다.
④ 시설, 장비의 설계를 점검하는 데 있다.

정답 43. ①　44. ④　45. ④　46. ②　47. ③　48. ③　49. ①

50. **와이어 로프를 양중기에 사용해서는 아니 되는 기준으로 잘못된 것은?** [14]

① 열과 전기 충격에 의해 손상된 것
② 지름의 감소가 공칭지름의 7%를 초과하는 것
③ 심하게 변형 또는 부식된 것
④ 이음매가 없는 것

해설 ⓐ 열과 전기 충격에 손상되지 말 것
ⓑ 로프는 10% 끊어질 때까지 사용할 수 있다.
ⓒ 이음매가 없는 것을 사용하고 변형되거나 부식되지 말 것

51. **안전사고 예방의 사고 예방 원리 5단계를 단계별로 바르게 나타낸 것은?** [12]

① 사실의 발견 → 평가분석 → 시정책의 선정 → 조직 → 시정책의 적용
② 조직 → 사실의 발견 → 평가분석 → 시정책의 선정 → 시정책의 적용
③ 사실의 발견 → 시정책의 선정 → 평가분석 → 시정책의 적용 → 조직
④ 조직 → 사실의 발견 → 시정책의 선정 → 시정책의 적용 → 평가분석

해설 사고 예방 원리 5단계
ⓐ 1단계 : 조직(organization)
ⓑ 2단계 : 사실의 발견(fact finding)
ⓒ 3단계 : 평가분석(analysis)
ⓓ 4단계 : 시정책의 선정(selection of remedy)
ⓔ 5단계 : 시정책의 적용(adaption of remedy)

52. **안전점검의 종류에 대한 설명이 바르지 않은 것은?** [10]

① 정기점검은 작업 전에 실시하는 점검이다.
② 수시점검은 작업 전, 작업 중, 작업 후에 수시로 실시하는 점검이다.
③ 임시점검은 일상 발견 시 또는 재해 발생 시 실시하는 점검이다.
④ 특별점검은 기계기구의 신설, 변경, 수리 등에 의해 부정기적으로 실시하는 점검이다.

해설 정기점검은 일정 기간마다 점검하는 것이다.

53. **다음 중 안전장치에 관한 사항으로 옳지 않은 것은?** [12]

① 해당설비에 적합한 안전장치를 사용한다.
② 안전장치는 수시로 점검한다.
③ 안전장치는 결함이 있을 때에는 즉시 조치한 후 작업한다.
④ 안전장치는 작업 형편상 부득이한 경우에는 일시적으로 제거해도 좋다.

해설 안전장치는 어떤 경우라도 제거해서는 안 된다.

54. **경고신호의 구비조건이 아닌 것은?** [08]

① 주의를 끌 수 있어야 한다.
② 신호의 뜻과 동작의 절차를 제시해야 한다.
③ 심리적 불안감을 제거할 수 있어야 한다.
④ 경고를 받고 행동하기까지의 시간적 여유가 있어야 한다.

해설 신호의 지시를 숙지하고 안정된 작업을 할 수 있게 한다.

55. **다음 중 차광 안경의 렌즈 색으로 적당한 것은?** [03]

① 적색 ② 자색
③ 갈색 ④ 회색

정답 50. ④ 51. ② 52. ① 53. ④ 54. ③ 55. ②

56. 안전사고 예방을 위한 기술적 대책이 될 수 없는 것은? [13]

① 안전기준의 설정
② 정신교육의 강화
③ 작업공정의 개선
④ 환경설비의 개선

해설 안전사고 예방을 위한 기술적 대책은 안전교육의 강화이다.

57. 사업주는 그 작업 조건에 적합한 보호구를 동시에 작업하는 근로자의 수 이상으로 지급하고 이를 착용하도록 하여야 한다. 이때 적합한 보호구 지급에 해당되지 않는 것은? [11, 12]

① 보안경 : 물체가 날아 흩어질 위험이 있는 작업
② 보안면 : 용접 시 불꽃 또는 물체가 날아 흩어질 위험이 있는 작업
③ 안전대 : 감전의 위험이 있는 작업
④ 방열복 : 고열에 의한 화상 등의 위험이 있는 작업

해설 감전의 위험이 있는 작업에는 절연성이 있는 장갑, 안전화를 착용한다.

58. 어떤 위험을 예방하기 위하여 사업주가 취해야 할 안전상의 조치로 적당하지 못한 것은 어느 것인가? [07, 11]

① 시설에 의한 위험
② 기계에 의한 위험
③ 근로수당에 의한 위험
④ 작업방법에 의한 위험

해설 ①, ②, ④는 안전사항에 해당되지만 근로수당은 작업에 대한 임금에 해당된다.

59. 사고 발생의 원인 중 정신적 요인에 해당되는 항목으로 맞는 것은? [13]

① 불안과 초조
② 수면 부족 및 피로
③ 이해 부족 및 훈련 미숙
④ 안전수칙의 미제정

해설 ①은 산업재해의 간접 원인인 정신적 원인에 해당된다.

60. 안전교육 중 양성교육의 교육대상자가 아닌 것은? [04]

① 운반차량 운전자
② 냉동시설 안전관리자가 되고자 하는 자
③ 일반시설 안전관리자가 되고자 하는 자
④ 사용시설 안전관리자가 되고자 하는 자

61. 재해예방의 4가지 기본 원칙에 해당되지 않는 것은? [13, 16]

① 대책선정의 원칙
② 손실우연의 원칙
③ 예방가능의 원칙
④ 재해통계의 원칙

해설 재해예방의 4가지 기본 원칙은 대책선정의 원칙, 손실우연의 원칙, 예방가능의 원칙, 원인연계의 원칙이다.

62. 다음 중 불안전한 상태라 볼 수 없는 것은 어느 것인가? [10]

① 환기 불량
② 위험물의 방치
③ 안전교육의 미숙
④ 기계기구의 정비 불량

해설 ①, ②, ④는 안전사고의 연쇄성인 불안전한 상태이고 ③은 기능 미숙련자의 사고 원인이다.

정답 56. ② 57. ③ 58. ③ 59. ① 60. ① 61. ④ 62. ③

63. 재해 발생 중 사람이 건축물, 비계, 기계, 사다리, 계단 등에서 떨어지는 것을 무엇이라고 하는가? [08, 11, 12]

① 도괴 ② 낙하
③ 비래 ④ 추락

해설 ⓐ 도괴(붕괴) : 적재물, 비계, 접축물이 무너지는 것
ⓑ 낙하(비래) : 물건이 주체가 되어 사람이 맞는 경우
ⓒ 추락 : 사람이 건축물, 비계, 기계, 사다리, 계단, 경사면, 나무 등에서 떨어지는 것

64. 안전·보건표지의 색채에서 바탕은 파란색, 관련 그림은 흰색으로 된 표지로 맞는 것은 어느 것인가? [12]

① 금지 표지 ② 경고 표지
③ 지시 표지 ④ 안내 표지

해설 ① 금지 표지 : 백색 바탕에 적색
② 경고 표지 : 노란색 바탕에 흑색
③ 지시 표지 : 파란색 바탕에 백색
④ 안내 표지 : 녹색 바탕에 백색

65. 다음 중 산업재해의 발생 원인별 순서로 맞는 것은? [11, 13]

① 불안전한 상태 > 불안전한 행동 > 불가항력
② 불안전한 행동 > 불가항력 > 불안전한 상태
③ 불안전한 상태 > 불가항력 > 불안전한 행동
④ 불안전한 행동 > 불안전한 상태 > 불가항력

해설 산업재해의 발생 원인별 순서 : 불안전한 행동(인적 원인 = 본인 실수) > 불안전한 상태(물적 원인 = 주변 환경) > 불가항력(천재지변)

66. 재해 형태에서 물건에 끼워지거나 말려든 상태를 무엇이라고 하는가? [08]

① 추락 ② 충돌
③ 협착 ④ 전도

해설 ① 추락 : 사람이 높은 데에서 떨어지는 것
② 충돌 : 사람이 정지물에 부딪친 경우
③ 협착 : 물건에 끼워지거나 말려든 상태
④ 전도 : 사람이 평면상으로 넘어졌을 때 (과속, 미끄러짐 포함)

67. 산업재해의 직접적인 원인에 해당되지 않는 것은? [11, 14]

① 안전장치의 기능 상실
② 불안전한 자세와 동작
③ 위험물의 취급 부주의
④ 기계장치 등의 설계 불량

해설 ④는 시공상의 문제로 간접적 원인에 해당된다.

68. 산업 현장에서 위험이 잠재한 곳이나 현존하는 곳에 안전표지를 부착하는 목적으로 적당한 것은? [13]

① 작업자의 생산 능률을 저하시키기 위함
② 예상되는 재해를 방지하기 위함
③ 작업장의 환경 미화를 위함
④ 작업자의 피로를 경감시키기 위함

해설 안전표지는 산업 현장, 공장, 광산, 건설 현장, 차량, 선박 등의 안전을 유지하기 위하여 사용한다. 안전표지의 종류에는 금지, 경고, 지시, 안내표지가 있다.

정답 63. ④ 64. ③ 65. ④ 66. ③ 67. ④ 68. ②

69. 재해를 일으키는 원인 중 물적 원인(불안전한 상태)이라 볼 수 없는 것은? [12]

① 불충분한 경보 시스템
② 작업장소의 조명 및 환기불량
③ 안전수칙 및 지시의 불이행
④ 결함이 있는 기계나 기구의 배치

해설 ③은 심리적 원인 중 고의성에 해당된다.

70. 재해의 원인 중 불안전한 상태에 해당되는 것은? [07]

① 보호구 미착용
② 유해한 작업환경
③ 안전조치의 불이행
④ 운전의 실패

해설 불안전한 상태는 본인의 정신력과 유해한 작업환경에 의해서 발생한다.

71. 다음 중 재해 조사 시 유의할 사항이 아닌 것은? [13]

① 조사자는 주관적이고 공정한 입장을 취한다.
② 조사 목적에 무관한 조사는 피한다.
③ 목격자나 현장 책임자의 진술을 듣는다.
④ 조사는 현장이 변경되기 전에 실시한다.

해설 조사자는 객관적이고 통계에 의한 공정한 입장을 취한다.

72. 재해 발생의 원인 중 간접 원인으로서 안전관리 조직 결함, 안전수칙 미제정, 작업준비 불충분 등은 다음 중 어느 요인에 해당하는가? [08]

① 신체적 원인　② 정신적 원인
③ 교육적 원인　④ 관리적 원인

73. 산업재해 원인 분류 중 직접 원인에 해당되지 않는 것은? [13]

① 불안전한 행동
② 안전보호장치 결함
③ 작업자의 사기 의욕 저하
④ 불안전한 환경

해설 ⓐ 직접 원인
- 인적 원인(불안전한 행동)
- 물적 원인(불안전한 상태)

ⓑ 간접 원인
- 기술적 원인
- 교육적 원인
- 신체적 원인
- 정신적 원인
- 관리적 원인

ⓒ ②는 불안전한 행동에 해당된다.
ⓓ ③은 간접 원인 중 정신적 원인에 해당된다.
ⓔ ④는 불안전한 상태에 해당된다.

74. 전체 산업 재해의 원인 중 가장 큰 비중을 차지하는 것은? [15]

① 설비의 미비
② 정돈상태의 불량
③ 계측공구의 미비
④ 작업자의 실수

해설 작업자의 실수인 불안전한 행동과 불안전한 상태 등의 심리적 원인이 가장 큰 비중을 차지한다.

75. 안전화가 갖추어야 할 조건으로 틀린 것은 어느 것인가? [05]

① 내유성　② 내열성
③ 누전성　④ 내마모성

해설 안전화 성능 조건은 내유성, 내열성, 내마모성, 내약품성이다.

정답 69. ③ 70. ② 71. ① 72. ④ 73. ③ 74. ④ 75. ③

76. 다음 중 재해조사 시에 유의하지 않아도 좋은 것은? [04]

① 주관적인 입장에서 정확하게 조사한다.
② 재해발생 현장이 변형되지 않은 상태에서 조사한다.
③ 재해현상을 사진이나 도면으로 작성, 기록해 둔다.
④ 과거의 사고경향을 참고하여 조사한다.

해설 재해는 통계를 근거로 객관적인 입장에서 조사한다.

77. 공기압축기를 가동하는 때의 시작 전 점검사항에 해당되지 않는 것은? [10, 15]

① 공기저장 압력용기의 외관상태
② 드레인밸브의 조작 및 배수
③ 압력방출장치의 기능
④ 비상정지장치 및 비상하강방지장치 기능의 이상 유무

해설 ④는 압축기 가동 후의 점검사항이다.

78. 다음 중 재해의 직접적 원인이 아닌 것은 어느 것인가? [13]

① 보호구의 잘못 사용
② 불안전한 조작
③ 안전지식 부족
④ 안전장치의 기능 제거

해설 ③은 재해의 간접적인 원인이다.

79. 다음 중 재해 발생의 3요소가 아닌 것은 어느 것인가? [08]

① 교육 ② 인간
③ 환경 ④ 기계

해설 안전교육은 산업에 종사하는 사람의 사고나 재해를 없애고 생명을 보호할 수 있는 안전한 방법을 강구한다.

80. 다음 중 재해 발생 빈도율을 구하는 공식은? [03]

① $\frac{\text{재해 발생 건수}}{\text{연평균 근로자수}} \times 100$
② $\frac{\text{재해 발생 건수}}{\text{연평균 근로자수}} \times 1000$
③ $\frac{\text{재해 발생 건수}}{\text{연평균 근로자수}} \times 1000000$
④ $\frac{\text{근로 손실일수}}{\text{근로총시간수}} \times 1000$

해설 도수율(빈도율)

$$= \frac{\text{재해 발생 건수}}{\text{연평균 근로자수}} \times 1000000$$

81. 도수율(빈도율)이 30인 사업장의 연천인율은 얼마인가? [12]

① 24 ② 36
③ 72 ④ 96

해설 연천인율 = 도수율 × 2.4
= 30 × 2.4 = 72

82. 다음 중 재해의 직접적인 원인에 해당되는 것은? [10]

① 불안전한 상태 ② 기술적인 원인
③ 관리적인 원인 ④ 교육적인 원인

해설 ⓐ 재해의 직접적 원인
- 실내의 불량한 환경 : 물적 원인
- 근로자의 불안전한 행위 : 인적 원인

ⓑ 재해의 간접적 원인
- 기술적 결함 : 설계, 보전, 검사
- 인간적 결함 : 지식, 경험, 질병, 착각
- 관리적 결함 : 이념, 조직, 제도, 기준

정답 76. ① 77. ④ 78. ③ 79. ① 80. ③ 81. ③ 82. ①

83. 재해율 중 연천인율을 구하는 식으로 옳은 것은? [12]

① 연천인율 = $\frac{\text{연간재해자수}}{\text{연평균근로자수}} \times 1000$

② 연천인율 = $\frac{\text{연평균근로자수}}{\text{재해발생건수}} \times 1000$

③ 연천인율 = $\frac{\text{재해발생건수}}{\text{근로총시간수}} \times 1000$

④ 연천인율 = $\frac{\text{근로총시간수}}{\text{재해발생건수}} \times 1000$

해설 ① 연천인율

$= \frac{\text{재해자수}}{\text{평균근로자수}} \times 1000$

≒ 도수율 × 2.4

② 도수율

$= \frac{\text{재해건수}}{\text{연근로시간수}} \times 1000000$

$≒ \frac{\text{연천인율}}{2.4}$

③ 강도율 = $\frac{\text{근로손실일수}}{\text{연근로시간수}} \times 1000$

84. 재해의 직접적 원인이 아닌 것은? [10]

① 복장, 보호구의 잘못 사용
② 불안전한 조작
③ 구조, 재료의 부적합
④ 안전장치의 기능 제거

해설 ③은 시공상의 원인으로 간접적 원인에 해당된다.

85. 재해 방지의 기본 원리인 도미노(domino) 이론의 5단계 중 재해 제거를 위해 가장 중요하다고 할 수 있는 요인은? [10]

① 가정 및 사회적 환경의 결함
② 개인적 결함
③ 불안전한 행동 및 상태
④ 사고

해설 도미노 이론의 기본 사고 원인은 본인 실수에 의한 불안전한 행동과 상태이다.

86. 작업복에 대한 설명 중 옳지 않은 것은 어느 것인가? [12, 15]

① 작업복의 스타일은 착용자의 연령, 성별 등을 고려할 필요가 없다.
② 화기 사용 작업자는 방염성, 불연성의 작업복을 착용한다.
③ 작업복은 항상 깨끗이 하여야 한다.
④ 작업복은 몸에 맞고 동작이 편하며, 상의 끝이나 바지자락 등이 기계에 말려 들어갈 위험이 없도록 한다.

해설 작업복(인체 보호구)

① 착용자의 연령, 성별 등을 감안하여 선정한다.
② 방염성, 불연성을 사용하여 화기로부터 위험을 방지한다.
③ 항상 깨끗이 세탁하여 유기질 등의 이물질이 없을 것
④ 몸에 맞고 동작이 편하며 기계에 말려 들어갈 위험이 없을 것

87. 보호구 사용 시 유의사항으로 옳지 않은 것은? [07, 10, 14]

① 작업에 적절한 보호구를 설정한다.
② 작업장에는 필요한 수량의 보호구를 비치한다.
③ 보호구는 사용하는 데 불편이 없도록 관리를 철저히 한다.
④ 작업을 할 때 개인에 따라 보호구를 사용하지 않아도 된다.

해설 보호구는 사용 목적에 알맞아야 하며, 성능이 보장되고 작업 행동에 방해되지 않아야 한다. 또한 사용자에게 편리한 것을 선택하고 작업환경에 따라서 개인별로 착용해야 한다.

정답 83. ① 84. ③ 85. ③ 86. ① 87. ④

88. **작업 시에 입는 작업복으로서 부적당한 것은?** [04, 06]

① 주머니는 가급적 수가 적은 것이 좋다.
② 정전기가 발생하기 쉬운 섬유질 옷의 착용을 금한다.
③ 옷에 끈이 있는 것은 기계 작업을 할 때는 입지 않는다.
④ 화학약품 작업 시는 화학약품에 내성이 약한 것을 착용한다.

해설 화학약품에 내성이 강한 것을 착용한다.

89. **다음 중 작업장 내에 안전표지를 부착하는 이유는?** [06]

① 능률적인 작업을 유도하기 위해
② 인간심리의 활성화 촉진
③ 인간행동의 변화 통제
④ 작업장 내의 환경정비 목적

해설 안전표지는 산업현장에서 재해를 예방하기 위하여 근로자가 스스로 인식하여 행동을 안전하게 취하도록 주의를 나타낸다.

90. **안전한 작업을 하기 위한 작업복에 관한 설명으로 옳지 않은 것은?** [09]

① 직종에 따라 여러 색채로 나누는 것도 효과적이다.
② 작업 기간에는 세탁을 하지 않는다.
③ 주머니는 가급적 수가 적어야 한다.
④ 화학약품에 대한 내성이 강해야 한다.

해설 작업복은 청결을 유지해야 한다.

91. **작업자의 안전태도를 형성하기 위한 가장 유효한 방법은?** [04, 09, 11]

① 안전에 관한 훈시
② 안전한 환경의 조성
③ 안전 표지판의 부착
④ 안전에 관한 교육 실시

해설 사고를 미연에 방지하기 위한 가장 유효한 방법은 안전 교육 실시이다.

92. **구내 운반차를 사용하여 운반작업을 하고자 한다. 사전 점검사항에 해당되지 않는 것은?** [09]

① 제동장치 및 조종장치 기능의 이상 유무
② 바퀴의 이상 유무
③ 와이어 로프 등의 이상 유무
④ 충전장치를 포함한 홀더 등의 결합상태의 이상 유무

해설 와이어 로프는 물건을 달아 올릴 때 사용하는 것으로 10% 끊어질 때까지 사용할 수 있다.

93. **작업자의 신체를 보호하기 위한 보호구의 구비 조건으로 가장 거리가 먼 것은 어느 것인가?** [10, 12]

① 착용이 간편할 것
② 방호성능이 충분한 것일 것
③ 정비가 간단하고 점검, 검사가 용이할 것
④ 견고하고 값비싼 고급 품질일 것

해설 보호구는 견고하고 사용 목적에 맞는 품질이어야 한다.

94. **작업장에서 가장 높은 비율을 차지하는 사고 원인이라 할 수 있는 것은?** [09]

① 작업 방법
② 시설 장비의 결함
③ 작업 환경
④ 근로자의 불안전한 행동

해설 가장 높은 비율의 사고 원인은 근로자의 불안전한 행동과 불안전한 상태이다.

정답 88. ④ 89. ③ 90. ② 91. ④ 92. ③ 93. ④ 94. ④

95. 다음 중 작업복에 대한 설명으로 적절하지 못한 것은? [02]

① 옷에 끈이 있는 것이 좋다.
② 자주 세탁하여 입도록 한다.
③ 주머니는 가급적 수가 적은 것이 좋다.
④ 직종에 따라 여러 색채로 나누는 것이 효과적이다.

해설 작업복은 간편하고 끈이 없는 것을 사용한다.

96. 작업조건에 따라 착용하여야 하는 보호구의 연결로 틀린 것은? [14]

① 고열에 의한 화상 등의 위험이 있는 작업 – 안전대
② 근로자가 추락할 위험이 있는 작업 – 안전모
③ 물체가 흩날릴 위험이 있는 작업 – 보안경
④ 감전의 위험이 있는 작업 – 절연용 보호구

해설 ⓐ 안전대 : 추락에 의한 재해 예방
ⓑ 방열복 : 고열에 의한 화상 등의 위험이 있는 작업으로부터 인체 보호

97. 각 작업조건에 맞는 보호구의 연결로 틀린 것은? [15]

① 물체가 떨어지거나 날아올 위험이 있는 작업 : 안전모
② 고열에 의한 화상 등의 위험이 있는 작업 : 방열복
③ 선창 등에서 분진이 심하게 발생하는 하역 작업 : 방한복
④ 높이 또는 깊이 2미터 이상의 추락할 위험이 있는 장소에서 하는 작업 : 안전대

해설 분진이 많은 곳에서는 마스크를 착용한다.

98. 안전 보호구 사용 시 주의할 점으로 잘못된 것은? [12]

① 규정된 장갑, 앞치마, 발 덮개를 사용한다.
② 보호구나 장갑 등은 사용하기 전에 결함이 있는지 확인한다.
③ 독극물을 취급하는 작업 시 입었던 보호구는 다음 작업 시에도 계속 입고 작업한다.
④ 보안경은 차광도에 맞게 사용하고 작업에 임한다.

해설 보호구는 세척 및 정비한 후 다음 작업에 사용한다.

99. 다음 중 근로자가 보호구를 선택 및 사용하기 위해 알아 두어야 할 사항으로 거리가 먼 것은? [13]

① 올바른 관리 및 보관 방법
② 보호구의 가격과 구입 방법
③ 보호구의 종류와 성능
④ 올바른 사용(착용) 방법

해설 보호구 사용 시 유의사항
ⓐ 작업에 적절한 보호구를 설정한다(종류와 성능 고려).
ⓑ 작업장에 필요한 보호구를 비치한다.
ⓒ 작업자에게 올바른 사용 방법을 가르친다.
ⓓ 사용에 불편이 없도록 보관 관리를 철저히 한다.

100. 다음 중 보호구를 사용하지 않고 할 수 있는 작업은? [07]

① 산소가 결핍된 장소에서 작업 시
② 전기용접 작업 시
③ 유해가스 취급장소에서 작업 시
④ 물품보관 및 수송작업 시

정답 95. ① 96. ① 97. ③ 98. ③ 99. ② 100. ④

101. **보호구를 사용하지 않아도 무방한 작업은 어느 것인가?** [06]

① 유해 방사선을 쬐는 작업
② 유해물을 취급하는 작업
③ 공작기계를 판매하는 작업
④ 유해가스를 발산하는 장소에서 행하는 작업

해설 보호구는 유해물질로부터 인체의 전부나 일부를 보호하기 위하여 착용하는 보조기구이다.

102. **보호장구는 필요할 때 언제라도 착용할 수 있도록 청결하고 성능이 유지된 상태에서 보관되어야 한다. 보관 방법으로 틀린 것은?** [07, 12]

① 광선을 피하고 통풍이 잘되는 장소에 보관할 것
② 부식성, 유해성, 인화성 액체 등과 혼합하여 보관하지 말 것
③ 모래, 진흙 등이 묻은 경우는 깨끗이 씻고 햇빛에서 말릴 것
④ 발열성 물질을 보관하는 주변에 가까이 두지 말 것

해설 모래, 진흙 등이 묻은 경우는 깨끗이 씻고 그늘에서 말린다.

103. **작업 조건의 적합한 내용과 보호구와의 연계가 올바르지 못한 것은?** [10]

① 높이 또는 깊이 1 m 이상의 추락할 위험이 있는 장소에서의 작업 : 안전대
② 물체의 낙하·충격, 물체에의 끼임, 감전 또는 정전기의 대전에 의한 위험이 있는 작업 : 안전화
③ 물체가 떨어지거나 날아올 위험 또는 근로자가 감전되거나 추락할 위험이 있는 작업 : 안전모
④ 용접 시 불꽃 또는 물체가 날아 흩어질 위험이 있는 작업 : 보안면

해설 안전대는 2 m 이상 높은 곳에서 작업할 때 추락을 방지한다.

104. **보호구의 적절한 선정 및 사용 방법에 대한 설명 중 틀린 것은?** [15]

① 작업에 적절한 보호구를 선정한다.
② 작업장에는 필요한 수량의 보호구를 비치한다.
③ 보호구는 방호 성능이 없어도 품질이 양호해야 한다.
④ 보호구는 착용이 간편해야 한다.

해설 보호구는 양호한 품질과 방호 성능을 갖춰야 한다.

105. **근로자의 안전을 위해 지급되는 보호구를 설명한 것이다. 이 중 작업 조건에 맞는 보호구로 올바른 것은?** [13]

① 용접 시 불꽃 또는 물체가 날아 흩어질 위험이 있는 작업 : 보안면
② 물체가 떨어지거나 날아올 위험 또는 근로자가 감전되거나 추락할 위험이 있는 작업 : 안전대
③ 감전의 위험이 있는 작업 : 보안경
④ 고열에 의한 화상 등의 위험이 있는 작업 : 방한복

해설 ②는 안전모, ③은 전기안전모, 전기장갑, ④는 방열복을 착용해야 하는 작업 조건이다.

106. **수공구 작업에서 재해를 가장 많이 입는 신체 부위는?** [06]

① 손　　② 머리
③ 눈　　④ 다리

정답 101. ③ 102. ③ 103. ① 104. ③ 105. ① 106. ①

107. **보호구의 착용작업과 착용보호구가 서로 잘못 연결된 것은?** [05]

① 전락 등 위험 방지 - 안전화
② 용접 등의 작업 - 보안경
③ 전기공사 시 감전 방지 - 활선작업용 보호구
④ 추락, 벌목, 하역작업 - 안전모

해설 ⓐ 안전모 : 추락, 충돌 물체의 비래 또는 낙하로부터 머리 보호
ⓑ 안전화 : 발을 보호하는 신발

108. **보호구 선정 조건에 해당되지 않는 것은 어느 것인가?** [04, 05]

① 종류 ② 형상
③ 성능 ④ 미(美)

해설 보호구 선정 조건
ⓐ 사용 목적에 알맞을 것
ⓑ 보호 성능이 보장될 것
ⓒ 작업 행동에 방해되지 않을 것
ⓓ 착용이 용이하고 사용자에게 편리할 것

109. **다음 중 보호구로서 갖추어야 할 조건이 아닌 것은?** [03, 08]

① 착용 시 작업에 지장이 없을 것
② 대상물에 대하여 방호가 충분할 것
③ 보호구 재료의 품질이 우수할 것
④ 성능보다는 외관이 좋을 것

해설 보호구는 외관보다 성능이 사용 목적에 맞아야 한다.

110. **보호구 선정 시 유의사항에 해당되지 않는 것은?** [07]

① 사용 목적에 적합할 것
② 작업에 방해되지 않을 것
③ 규정에 합격하고 보호성능이 보장될 것
④ 외형이 화려할 것

해설 보호구는 작업환경에 적합하고, 사용 목적에 맞아야 하며 규정에 합격한 제품이어야 한다.

111. **작업장에서 계단을 설치할 때 계단의 폭은 최소 얼마 이상으로 하여야 하는가? (단, 급유용·보수용·비상용 계단 및 나선형 계단이 아닌 경우)** [08, 10, 14]

① 0.5 m ② 1 m
③ 2 m ④ 5 m

해설 작업장 계단 폭은 1 m 이상, 난간은 75 cm 이상 높이로 설치한다.

112. **안전사고 예방을 위하여 신는 작업용 안전화의 설명으로 틀린 것은?** [14]

① 중량물을 취급하는 작업장에서는 앞 발가락 부분이 고무로 된 신발을 착용한다.
② 용접공은 구두창에 쇠붙이가 없는 부도체의 안전화를 신어야 한다.
③ 부식성 약품 사용 시에는 고무제품 장화를 착용한다.
④ 작거나 헐거운 안전화는 신지 말아야 한다.

해설 안전화는 발등을 보호하기 위하여 경강(탄소 함량 0.6 % 정도로 망간 함량이 다소 많은 것)으로 된 선심을 넣는다.

113. **다음 중 안전모와 안전벨트의 용도는 어느 것인가?** [04]

① 감독자 용품의 일종이다.
② 추락재해 방지용이다.
③ 전도 방지용이다.
④ 작업능률 가속용이다.

정답 107. ① 108. ④ 109. ④ 110. ④ 111. ② 112. ① 113. ②

114. **다음 중 안전대의 보관 장소로 부적당한 곳은?** [03]

① 햇빛이 잘 비추는 곳
② 부식성 물질이 없는 곳
③ 화기 등이 근처에 없는 곳
④ 통풍이 잘되고 습기가 없는 곳

해설 안전기구는 햇빛이 없고 통풍이 잘되는 음지에 보관해야 한다.

115. **다음 중 안전화의 구비 조건에 대한 설명으로 틀린 것은?** [12]

① 정전화는 인체에 대전된 정전기를 구두 바닥을 통하여 땅으로 누전시킬 수 있는 재료를 사용할 것
② 가죽제 안전화는 가능한 한 무거울 것
③ 착용감이 좋고 작업에 편리할 것
④ 앞발가락 끝부분에 선심을 넣어 압박 및 충격에 대하여 착용자의 발가락을 보호할 수 있을 것

해설 안전화는 작업 조건에 맞고 재질이 단단하며 가벼워야 한다.

116. **안전대용 로프의 구비 조건과 관련이 없는 것은?** [08]

① 완충성이 높을 것
② 질기고 되도록 매끄러울 것
③ 내마모성이 높을 것
④ 내열성이 높을 것

해설 로프는 질기고 단단하며 매끄러움이 없고 완충성이 있어야 한다.

117. **독성 가스의 제독작업에 필요한 보호구가 아닌 것은?** [07]

① 안전화 및 귀마개
② 공기호흡기 또는 송기식 마스크
③ 보호 장화 및 보호 장갑
④ 보호복 및 격리식 방독 마스크

해설 ⓐ 안전화 : 발에 무거운 물건을 떨어뜨리거나 못을 밟을 때 재해로부터 발을 보호하는 것
ⓑ 귀마개 : 소음이 심한 작업장

118. **안전모가 내전압성을 가졌다는 말은 최대 몇 볼트의 전압에 견디는 것을 말하는가?** [10, 13]

① 600 V ② 720 V
③ 1000 V ④ 7000 V

해설 안전모, 안전장갑 등은 저압(7000 V 이하) 전기작업에 사용한다.

119. **기계설비를 안전하게 사용하고자 한다. 다음 [보기]와 같은 작업을 하고자 할 때 필요한 보호구인 것은?** [09]

[보기]
물체가 떨어지거나 날아올 위험 또는 근로자가 감전되거나 추락할 위험이 있는 작업

① 안전모 ② 안전벨트
③ 방열복 ④ 보안면

해설 안전모는 추락, 충돌, 물체의 비래 또는 낙하에 의한 위험을 방지한다.

120. **산업안전보건법에 의하여 고용노동부장관이 실시하는 검정을 받아야 할 보호구에 속하지 않는 것은?** [11]

① 안전대 ② 보호의
③ 보안경 ④ 방독마스크

해설 보호 의복은 위생기구이다.

정답 114. ① 115. ② 116. ② 117. ① 118. ④ 119. ① 120. ②

121. 안전모의 취급 안전관리 사항 중 적합하지 않은 것은? [06]

① 산이나 알칼리를 취급하는 곳에서는 펠트나 파이버 모자를 사용해야 한다.
② 화기를 취급하는 곳에서는 몸체와 차양이 셀룰로이드로 된 것을 사용하여서는 안 된다.
③ 월 1회 정도로 세척한다.
④ 모체와 착장제의 땀방지대의 간격은 5 mm 이하로 한다.

해설 모체와 정부의 접촉으로 인한 충격 전달을 예방하기 위하여 안전공극이 25 mm 이상 되도록 조절한다.

122. 안전모의 무게는 얼마 이상을 초과하면 안되는가? [02, 11]

① 200 g ② 300 g
③ 400 g ④ 450 g

해설 안전모의 무게는 가능하면 440 g을 초과하지 말고 최대 450 g까지 사용할 수 있다.

123. 다음은 안전모에 대한 설명이다. 틀린 것은 어느 것인가? [06]

① 통풍이 잘 되어야 한다.
② 낡았거나 손상된 것은 교체한다.
③ 턱끈은 반드시 조여매지 않아도 된다.
④ 각 개인별 전용으로 사용하도록 한다.

해설 안전모 사용 시 벗겨지는 일이 없도록 턱끈을 확실히 조여야 한다.

124. 물체가 떨어지거나 날아올 위험 또는 근로자가 추락할 위험이 있는 작업 시에 착용할 보호구로 적당한 것은? [14]

① 안전모 ② 안전벨트
③ 방열복 ④ 보안면

해설 ① 안전모 : 머리를 보호하기 위하여 전선작업, 보수작업 등에서 물체가 떨어질 위험이 있는 곳에 착용한다.
② 안전벨트(안전대) : 추락에 의한 재해를 방지하는 것이다.
③ 방열복 : 고열 작업 시 인체를 보호하는 의복이다.
④ 보안면 : 유해 광선으로부터 눈을 보호하고 파편에 의한 화상의 위험으로부터 안면부를 보호하기 위하여 착용한다.

125. 다음 중 보안경을 사용하는 이유로 적합하지 않은 것은? [13]

① 중량물의 낙하 시 얼굴을 보호하기 위해서
② 유해약물로부터 눈을 보호하기 위해서
③ 칩의 비산으로부터 눈을 보호하기 위해서
④ 유해 광선으로부터 눈을 보호하기 위해서

해설 ①은 안전모를 사용하는 이유이다.

126. 운반기계에 의한 운반작업 시 안전수칙에 어긋나는 것은? [08, 10]

① 운반대 위에는 여러 사람이 타지 말 것
② 미는 운반차에 화물을 실을 때에는 앞을 볼 수 있는 시야를 확보할 것
③ 운반차의 출입구는 운반차의 출입에 지장이 없는 크기로 할 것
④ 운반차에 물건을 쌓을 때 될 수 있는 대로 전체의 중심이 위가 되도록 쌓을 것

해설 운반차에서 물건의 전체 중심은 하부에 위치해야 한다.

정답 121. ④ 122. ④ 123. ③ 124. ① 125. ① 126. ④

127. 방진 차광안경에 관한 사항으로 옳은 것은? [07]

① 착용자가 움직일 때 쉽게 탈락 또는 움직여야 한다.
② 연기나 수증기가 있는 곳에서 작업 시 환기구멍을 뚫은 것을 사용하여 렌즈가 흐려지는 것을 막는다.
③ 연마작업 시 착용하는 안경은 강화 렌즈와 측면 실드가 있는 것을 사용한다.
④ 반사광이나 섬광이 있는 곳에서는 가벼운 차광 렌즈가 붙은 보통 안경을 사용한다.

해설 ⓐ 방진 안경 : 절단을 하거나 절삭할 때 칩가루가 눈에 들어오는 것을 차단하기 위해 사용
ⓑ 차광용 안경 : 자외선(아크 용접 등), 가시광선, 적외선(가스 용접, 용광로 작업)으로부터 눈의 장해를 방지하기 위해 사용

128. 고온 액체, 산, 알칼리 화학약품 등의 취급 작업을 할 때 필요 없는 개인 보호구는 어느 것인가? [13]

① 모자 ② 토시
③ 장갑 ④ 귀마개

해설 귀마개는 소음이 심한 작업장에서 사용한다.

129. 다음 중 위생 보호구에 해당되는 것은 어느 것인가? [15]

① 안전모 ② 귀마개
③ 안전화 ④ 안전대

해설 보안경, 귀마개, 마스크 등은 위생 보호구이다.

130. 용접작업 중 귀마개를 착용하고 작업을 해야 하는 용접작업은? [03]

① 가스 용접작업
② 이산화탄소 용접작업
③ 플럭스 코드 용접작업
④ 플래시 버트 용접작업

해설 플래시 버트 용접은 소음이 큰 작업이다.

131. 다음 중 안전모를 착용하는 목적과 관계가 없는 것은? [05, 13]

① 감전의 위험 방지
② 추락에 의한 위험 경감
③ 물체의 낙하에 의한 위험 방지
④ 분진에 의한 재해 방지

해설 분진에 의한 재해를 방지하기 위해서는 호흡용 보호구를 사용한다.

132. 방진 마스크가 갖추어야 할 조건으로 적당한 것은? [02, 13]

① 안면에 밀착성이 좋아야 한다.
② 여과 효율은 불량해야 한다.
③ 흡기, 배기 저항이 커야 한다.
④ 시야는 가능한 한 좁아야 한다.

해설 방진 마스크 구비 조건
ⓐ 여과 효율이 좋을 것
ⓑ 흡·배기 저항이 낮을 것
ⓒ 사용적이 적을 것
ⓓ 중량 120 g 이하로 가벼울 것
ⓔ 시야가 하방 50° 이상으로 넓을 것
ⓕ 안면 밀착성이 좋을 것
ⓖ 피부 접촉 부위의 고무질이 좋을 것

133. 다음 중 정전기 방전의 종류가 아닌 것은? [08, 15]

① 불꽃 방전 ② 연면 방전
③ 분기 방전 ④ 코로나 방전

정답 127. ④ 128. ④ 129. ② 130. ④ 131. ④ 132. ① 133. ③

134. 제독작업에 필요한 보호구의 종류와 수량을 바르게 설명한 것은? [04]

① 보호복은 독성가스를 취급하는 전 종업원 수의 수량을 구비할 것
② 보호장갑 및 보호장화는 긴급 작업에 종사하는 작업원 수의 수량만큼 구비할 것
③ 소화기는 긴급 작업에 종사하는 작업원 수의 수량을 구비할 것
④ 격리식 방독 마스크는 독성가스를 취급하는 전 종업원의 수량만큼 구비할 것

135. 다음 중 방독 마스크를 사용해서는 안 되는 때는? [02]

① 암모니아 가스가 존재 시
② 페인트 제조 작업을 할 때
③ 공기 중의 산소가 결핍되었을 때
④ 소방 작업을 할 때

해설 산소가 결핍되면 호흡기를 착용한다.

136. 다음 중 호흡용 보호구에 해당되지 않는 것은? [11]

① 방진 마스크 ② 방수 마스크
③ 방독 마스크 ④ 송기 마스크

해설 호흡용 보호구에는 방진, 방독, 송기(산소호흡기) 마스크 등이 있다.

137. 다음 마스크 중 공기 중에 부유하는 유해한 미립자 물질을 흡입함으로써 건강 장해의 우려성이 있는 경우 사용하는 것은? [08]

① 방진 마스크 ② 방독 마스크
③ 방수 마스크 ④ 송기 마스크

해설 광물성 먼지를 흡입함으로써 인체에 해로울 우려가 있을 때에는 방진 마스크를 사용한다.

138. 다음은 방진 마스크의 구비 조건이다. 틀린 것은? [05]

① 중량이 가벼울 것
② 흡입배기 저항이 클 것
③ 시야가 넓을 것
④ 여과효율이 좋을 것

해설 방진 마스크는 흡입배기 저항이 작아야 한다.

139. 산소가 결핍되어 있는 장소에서 사용되는 마스크는? [06, 10, 11, 14]

① 송풍 마스크
② 방진 마스크
③ 방독 마스크
④ 특급 방진 마스크

해설 산소가 16 % 이하일 때는 송기(송풍) 마스크를 사용한다.

140. 낙하나 추락으로 인한 부상 방지용 보호구가 아닌 것은? [03]

① 안전대 ② 안전모
③ 안전화 ④ 장갑

해설 용접작업 시 감전으로부터 안전하기 위하여 반드시 장갑을 착용한다.

141. 공구취급 안전관리 일반사항으로 옳지 않은 것은? [09, 10]

① 결함이 없는 완전한 공구를 사용한다.
② 공구는 사용 전에 반드시 점검한다.
③ 불량 공구는 일단 수리하여 사용하고 반납한다.
④ 공구는 항상 일정한 장소에 비치하여 놓는다.

해설 불량 공구는 안전사고의 위험이 따르므로 사용하지 않는다.

정답 134. ④ 135. ③ 136. ② 137. ① 138. ② 139. ① 140. ④ 141. ③

142. **그라인더 작업의 안전수칙에 위배되는 것은 어느 것인가?** [06]

① 숫돌차의 옆면에 붙어 있는 종이는 떼어 내어 측면을 사용하도록 한다.
② 그라인더 커버가 없는 것은 사용을 금한다.
③ 연마할 때는 너무 강하게 누르지 말고 가볍게 접촉시킨다.
④ 숫돌은 작업시작 전에 결함 유무를 확인한다.

해설 숫돌의 옆면은 압력에 약하므로 절대 측면을 사용하지 말아야 한다.

143. **다음 중 공구별 역할을 바르게 나타낸 것은 어느 것인가?** [05, 07]

① 펀치 : 목재나 금속을 자르거나 다듬는다.
② 니퍼 : 금속편을 물려서 구부리고 당긴다.
③ 스패너 : 볼트나 너트를 조이고 푸는 데 사용한다.
④ 소켓렌치 : 금속이나 개스킷류 등에 구멍을 뚫는다.

해설 ⓐ 펀치 : 구멍을 가공하는 공구
ⓑ 니퍼 : 금속(전선)을 자르는 공구
ⓒ 스패너, 소켓렌치 : 볼트·너트를 조이고 푸는 공구

144. **공구를 취급할 때 지켜야 될 사항에 해당되지 않는 것은?** [12]

① 공구는 떨어지기 쉬운 곳에는 놓지 않는다.
② 공구는 손으로 넘겨주거나 때에 따라서 던져서 주어도 무방하다.
③ 공구는 항상 일정한 장소에 놓고 사용한다.
④ 불량 공구는 함부로 수리하지 않는다.

해설 공구는 던져 주어서는 안 되며, 안전하게 이동시켜야 한다.

145. **다음 중 공구의 안전한 취급방법이 아닌 것은?** [05, 06]

① 손잡이에 묻은 기름, 그리스 등을 닦아낸다.
② 측정공구는 부드러운 헝겊 위에 올려놓는다.
③ 날카로운 공구는 공구함에 넣어서 운반한다.
④ 높은 곳에서 작업 시 간단한 공구는 던져서 신속하게 전달한다.

해설 공구는 던져서 전달하는 것을 피하며, 안전한 방법으로 전달한다.

146. **다음 중 강관용 공구가 아닌 것은 어느 것인가?** [06]

① 파이프 바이스
② 파이프 커터
③ 드레서
④ 동력 나사절삭기

해설 드레서는 연삭 숫돌의 날을 세우는 공구이다.

147. **다음 중 공구와 그 사용법을 바르게 연결한 것은?** [08]

① 바이스 – 암나사 내기
② 그라인더 – 공작물 연마
③ 리머 – 공작물을 고정
④ 핸드 탭 – 구멍 내면 다듬기

해설 그라인더는 칩으로부터 위해를 방지하기 위해 정면을 피해서 공작물 연마 작업을 할 때 사용된다.

정답 142. ① 143. ③ 144. ② 145. ④ 146. ③ 147. ②

148. 일반 공구 사용 시 안전관리상 적합하지 않은 것은? [02, 07]

① 손이나 공구에 기름이 묻었을 때에는 완전히 닦은 후 사용할 것
② 공구는 작업에 적당한 것을 사용할 것
③ 공구는 사용하기 전에 점검하되 불완전한 공구는 사용하지 말 것
④ 공구를 옆 사람에게 넘겨줄 때는 일의 능률을 위하여 던져 주도록 할 것

해설 공구를 넘겨줄 때는 안전한 방법으로 한다.

149. 전동 공구 사용상의 안전수칙이 아닌 것은 어느 것인가? [08, 15]

① 전기 드릴로 아주 작은 물건이나 긴 물건에 작업할 때에는 지그를 사용한다.
② 전기 그라인더나 샌더가 회전하고 있을 때 작업대 위에 공구를 놓아서는 안 된다.
③ 수직 휴대용 연삭기의 숫돌의 노출각도는 90°까지 허용된다.
④ 이동식 전기 드릴 작업 시 장갑을 끼지 말아야 한다.

해설 수직 휴대용 연삭기의 숫돌은 180°까지 노출이 허용된다.

150. 수공구에 의한 재해를 방지하기 위한 내용 중 적당하지 않은 것은? [13]

① 결함이 없는 공구를 사용할 것
② 작업에 꼭 알맞은 공구가 없을 시에는 유사한 것을 대용할 것
③ 사용 전에 충분한 사용법을 숙지하고 익히도록 할 것
④ 공구는 사용 후 일정한 장소에 정비·보관할 것

해설 공구는 다른 목적으로 사용하지 말고 규격에 맞는 것을 사용할 것

151. 전동공구 작업 시 감전의 위험성을 방지하기 위해 해야 하는 조치는? [13]

① 단전 ② 감지
③ 단락 ④ 접지

해설 접지는 감전 방지, 기기 손상 방지, 화재 예방을 위하여 실시한다.

152. 다음 중 공구와 그 사용법을 바르게 연결한 것은? [10]

① 바이스 – 암나사 내기
② 그라인더 – 공작물 연마
③ 리머 – 공작물을 고정
④ 핸드 탭 – 구멍 내면의 다듬질

해설 ① 바이스 : 공작물 고정
② 그라인더 : 공작물 연마
③ 리머 : 가공물의 거스러미 제거
④ 핸드 탭 : 나사 내는 공구

153. 수공구에 의한 재해를 막는 내용 중 틀린 것은? [02, 05]

① 결함이 없는 공구를 사용할 것
② 외관이 좋은 공구만 사용할 것
③ 작업에 올바른 공구만 취급할 것
④ 공구는 안전한 장소에 둘 것

해설 수공구는 외관이 좋은 것보다는 사용 목적에 맞고 결함이 없는 것을 사용한다.

154. 드릴링 작업 후 관통 여부를 조사하는 방법 중 틀린 것은? [03]

① 손가락을 넣어 본다.
② 빛에 비추어 본다.
③ 철사를 넣어 본다.
④ 전등으로 비추어 본다.

해설 손가락을 넣으면 안전사고의 원인이 된다.

정답 148. ④ 149. ③ 150. ② 151. ④ 152. ② 153. ② 154. ①

155. **일반 공구 사용 시 주의사항으로 적합하지 않은 것은?** [13]

① 공구는 사용 전보다 사용 후에 점검해야 한다.
② 본래의 용도 이외에는 절대로 사용하지 않는다.
③ 항상 작업 주위 환경에 주의를 기울이면서 작업한다.
④ 공구는 항상 일정한 장소에 비치하여 놓는다.

해설 공구는 정기적으로 사용 전에 결함 유무를 점검해야 하고 사용 후 정리정돈을 잘 해야 한다.

156. **다음 수공구에 관한 안전사항으로서 옳지 않은 것은?** [06]

① 주위 환경에 주의해서 작업을 시작한다.
② 수공구 상자 내의 수공구는 잘 정리정돈하여 놓는다.
③ 수공구는 항상 작업에 맞도록 점검과 보수를 한다.
④ 수공구는 기계나 재료 등의 위에 올려놓고 사용한다.

해설 사용한 공구는 정리정돈을 잘 해두고 기계나 재료 등의 위에 놓지 말아야 한다.

157. **위험물 취급 및 저장 시의 안전조치 사항 중 틀린 것은?** [12, 15]

① 위험물은 작업장과 별도의 장소에 보관하여야 한다.
② 위험물을 취급하는 작업장에는 너비 0.3 m 이상, 높이 2 m 이상의 비상구를 설치하여야 한다.
③ 작업장 내부에는 위험물을 작업에 필요한 양만큼만 두어야 한다.
④ 위험물을 취급하는 작업장의 비상구문은 피난 방향으로 열리도록 한다.

해설 위험물 취급장소의 비상구는 갑종 또는 을종 방화문을 설치하고 너비 0.9 m 이상 2.5 m 이하, 높이 2 m 이상 2.5 m 이하로 한다.

158. **수공구 사용방법 중 옳은 것은 어느 것인가?** [03, 04, 08, 15]

① 스패너에 너트를 깊이 물리고 바깥쪽으로 밀면서 풀고 죈다.
② 정 작업 시 끝날 무렵에는 힘을 빼고 천천히 타격한다.
③ 쇠톱 작업 시 톱날을 고정한 후에는 재조정을 하지 않는다.
④ 장갑을 낀 손이나 기름 묻은 손으로 해머를 잡고 작업해도 된다.

해설 ⓐ 스패너는 고정된 자루에 힘이 걸리도록 하여 앞으로 당길 것
ⓑ 톱날은 고정 후 작업 중에 재조정하여 사용한다.
ⓒ 해머 작업 중 미끄러지지 않도록 하기 위하여 장갑을 벗고 작업한다.

159. **수공구 사용 시 주의사항으로 적당하지 않은 것은?** [12]

① 작업대 위의 공구는 작업 중에도 정리한다.
② 스패너 자루에 파이프를 끼워 사용해서는 안 된다.
③ 서피스 게이지의 바늘 끝은 위쪽으로 향하게 둔다.
④ 사용 전에 이상 유무를 반드시 점검한다.

해설 서피스 게이지 바늘 끝은 안전을 위하여 아래쪽으로 향하게 한다.

정답 155. ① 156. ④ 157. ② 158. ② 159. ③

160. 다음 중 정 작업 시 안전수칙으로 옳지 않은 것은? [13]

① 작업 시 보호구를 착용한다.
② 열처리 한 것은 정 작업을 하지 않는다.
③ 공구의 사용 전 이상 유무를 반드시 확인한다.
④ 정의 머리 부분에는 기름을 칠해 사용한다.

해설 정의 머리 부분에는 미끄러질 우려가 있는 물질 사용을 금지한다.

161. 정(chisel)의 사용 시 안전관리에 적합하지 않은 것은? [10]

① 비산 방지판을 세운다.
② 올바른 치수와 형태의 것을 사용한다.
③ 칩이 끊어져 나갈 무렵에는 힘주어서 때린다.
④ 담금질 한 재료는 정으로 작업하지 않는다.

해설 자르기 할 때 처음과 끝날 무렵에 세게 치지 말아야 한다.

162. 수공구 중 정 작업 시 안전 작업수칙으로 옳지 않은 것은? [09, 12]

① 정의 머리가 둥글게 된 것은 사용하지 말 것
② 처음에는 가볍게 때리고 점차 타격을 가할 것
③ 철재를 절단할 때에는 철편이 날아 튀는 것에 주의할 것
④ 표면이 단단한 열처리 부분은 정으로 가공할 것

해설 수공구는 본래 사용 목적 이외의 용도로 사용해서는 안 되며, 열처리된 재질은 가공하지 말아야 한다.

163. 정의 머리가 버섯 모양으로 되면 어떤 현상이 일어나는가? [03]

① 타격면이 넓어져 조준이 쉬워진다.
② 타격면이 커져서 때리기가 좋아진다.
③ 타격 순간 미끄러져 손을 다치기 쉽다.
④ 타격과 조준이 편리해 정확한 작업이 된다.

164. 렌치 사용 시 유의사항이다. 적절하지 못한 것은? [02, 12]

① 항상 자기 몸 바깥쪽으로 밀면서 작업한다.
② 렌치에 파이프 등을 끼워서 사용해서는 안 된다.
③ 볼트를 죌 때에는 나사가 일그러질 정도로 과도하게 조이지 않아야 한다.
④ 사용한 렌치는 깨끗하게 닦아서 건조한 곳에 보관한다.

해설 렌치는 몸 안쪽으로 당겨서 작업한다.

165. 해머 작업 시 보안경을 꼭 써야 할 경우에 해당되는 작업방향은? [05]

① 위쪽 방향 ② 아래쪽 방향
③ 왼쪽 방향 ④ 오른쪽 방향

해설 위보기 작업은 반드시 보안경을 착용한다.

166. 연삭(grinding) 작업 시 숫돌차의 주면과 받침대와의 간격은 몇 mm 이내로 유지해야 되는가? [03]

① 3 ② 5
③ 7 ④ 9

해설 연삭기의 받침대와 숫돌 간격은 3 mm 이하이다.

정답 160. ④ 161. ③ 162. ④ 163. ③ 164. ① 165. ① 166. ①

167. **스패너를 힘주어 돌릴 때 지켜야 할 안전사항이 아닌 것은 ?** [06, 08, 15]

① 스패너를 밀지 말고 당기는 식으로 사용한다.
② 주위를 살펴보고 나서 조심성 있게 사용한다.
③ 스패너 자루에 파이프 등을 끼워 사용한다.
④ 스패너는 조금씩 돌려가며 사용한다.

해설 스패너의 손잡이에 파이프를 끼우거나 해머로 두들겨서 사용하지 말 것

168. **해머 작업 시 지켜야할 사항 중 적절하지 못한 것은?** [02, 11, 14]

① 녹슨 것을 때릴 때 주의하도록 한다.
② 해머는 처음부터 힘을 주어 때리도록 한다.
③ 작업 시에는 타격하려는 곳에 눈을 집중시킨다.
④ 열처리 된 것은 해머로 때리지 않도록 한다.

해설 해머와 정 작업 시 처음과 맨 마지막은 약하게 타격한다.

169. **수공구인 망치(hammer)의 안전 작업 수칙으로 올바르지 못한 것은?** [06, 14]

① 작업 중 해머 상태를 확인할 것
② 담금질한 것은 처음부터 힘을 주어 두들길 것
③ 장갑이나 기름 묻은 손으로 자루를 잡지 않는다.
④ 해머의 공동 작업 시에는 서로 호흡을 맞출 것

해설 망치는 처음과 마지막에 힘을 빼고 약하게 두들긴다.

170. **수공구인 망치(hammer)의 안전 작업 수칙으로 올바르지 못한 것은?** [10]

① 작업 중 해머 상태를 확인할 것
② 해머는 처음부터 힘을 주어 치지 말 것
③ 불꽃이 생기거나 파편이 발생할 수 있는 작업 시에는 반드시 차광안경을 착용할 것
④ 해머의 공동 작업 시에는 서로 호흡을 맞출 것

해설 불꽃이 생기거나 파편이 발생할 수 있는 작업 시 보안경을 사용한다.

171. **해머는 다음 중 어느 것을 사용해야 안전한가?** [07, 15]

① 쐐기가 없는 것
② 타격면에 홈이 있는 것
③ 타격면이 평탄한 것
④ 머리가 깨어진 것

해설 쐐기가 없거나 타격면에 홈이 있는 해머, 머리가 깨어진 해머를 사용하면 안전사고의 위험이 있다.

172. **드릴링 작업을 할 때의 안전수칙을 설명한 것으로 바른 것은?** [12]

① 옷소매가 긴 작업복이나 장갑을 착용한다.
② 드릴의 착탈은 회전이 완전히 멈춘 다음 행한다.
③ 드릴 작업을 하면서 칩을 가끔 손으로 제거한다.
④ 드릴 작업 시에는 보안경을 착용해서는 안 된다.

해설 ① 옷소매가 긴 작업복이나 장갑의 착용은 금지한다.
③ 드릴 작업 후 칩은 솔로 제거한다.
④ 드릴 작업 시에는 보안경을 착용한다.

정답 167. ③ 168. ② 169. ② 170. ③ 171. ③ 172. ②

173. **다음은 드릴 작업 시 주의사항이다. 틀린 것은?** [11, 14]

① 드릴 회전 중에는 칩을 입으로 불어서는 안 된다.
② 작업에 임할 때는 복장을 단정히 한다.
③ 가공 중 드릴 끝이 마모되어 이상한 소리가 나면 즉시 바꾸어 사용한다.
④ 이송레버에 파이프를 끼워 걸고 재빨리 돌린다.

해설 작업용 공구에 다른 물건을 끼워서 사용하지 말아야 한다.

174. **드릴 작업 중 유의할 사항으로 틀린 것은?** [06, 15]

① 작은 공작물이라도 바이스나 크랩을 사용하여 장착한다.
② 드릴이나 소켓을 척에서 해체시킬 때에는 해머를 사용한다.
③ 가공 중 드릴 절삭 부분에 이상음이 들리면 작업을 중지하고 드릴 날을 바꾼다.
④ 드릴의 탈착은 회전이 완전히 멈춘 후에 한다.

해설 드릴이나 소켓을 척에서 해체시킬 때는 해머를 사용하지 말고 드릴뽑개를 사용한다.

175. **드릴링 머신의 작업 시 일감의 고정 방법에 관한 설명으로 틀린 것은?** [14]

① 일감이 작을 때 – 바이스로 고정
② 일감이 클 때 – 볼트와 고정구(클램프) 사용
③ 일감이 복잡할 때 – 볼트와 고정구(클램프)
④ 대량 생산과 정밀도를 요구할 때 – 이동식 바이스 사용

해설 대량 생산과 정밀도를 요구할 때는 볼트와 고정구(클램프)를 사용한다.

176. **드릴 작업 중 칩의 제거 방법으로써 가장 안전한 방법은?** [06]

① 회전시키면서 막대로 제거한다.
② 회전시키면서 솔로 제거한다.
③ 회전을 중지시킨 후 손으로 제거한다.
④ 회전을 중지시킨 후 솔로 제거한다.

해설 칩은 작업을 중지하고 솔로 제거한다.

177. **드릴로 뚫어진 구멍의 내벽이나 절단한 관의 내벽을 다듬어서 구멍의 치수를 정확하게 하고, 구멍 내면을 다듬는 구멍 수정용 공구는?** [14, 15]

① 평줄 ② 리머
③ 드릴 ④ 렌치

해설 관을 절단할 때 발생하는 내부의 거스러미를 리머로 제거하여 구멍을 다듬는다.

178. **다음 중 연삭숫돌을 고속 회전시켜 공작물의 표면을 깎아내는 연삭작업 시 안전수칙으로 옳지 않은 것은?** [11]

① 작업 시작 전에 1분 이상 시운전한다.
② 연삭숫돌을 교체한 후에는 2분 이상 시운전한다.
③ 측면을 사용하는 것을 목적으로 하는 연삭숫돌 이외의 연삭숫돌은 측면을 사용하도록 하여서는 안 된다.
④ 연삭숫돌의 최고 사용회전속도를 초과하여 사용하도록 하여서는 안 된다.

해설 연삭숫돌을 교체한 후 3분 이상 시운전한다.

정답 173. ④ 174. ② 175. ④ 176. ④ 177. ② 178. ②

179. 다음은 드릴 작업에 대한 내용이다. 틀린 것은? [09]

① 드릴 회전 시에는 테이블을 조정하지 않는다.
② 드릴을 끼운 후에 척 렌치를 반드시 뺀다.
③ 전기드릴을 사용할 때에는 반드시 접지(earth)시킨다.
④ 공작물을 손으로 고정 시는 반드시 장갑을 낀다.

해설 드릴 작업은 장갑 착용을 금한다.

180. 연삭기 숫돌의 파괴 원인에 해당되지 않는 것은? [13]

① 숫돌의 회전속도가 너무 느릴 때
② 숫돌의 측면을 사용하여 작업할 때
③ 숫돌의 치수가 부적당할 때
④ 숫돌 자체에 균열이 있을 때

해설 숫돌의 회전속도가 빠를 때 연삭기 숫돌이 파괴된다.

181. 연삭숫돌을 갈아 끼운 후 시운전 시 몇 분 동안 공회전을 시켜야 하는가? [08, 14]

① 1분 이상 ② 3분 이상
③ 5분 이상 ④ 10분 이상

해설 작업 시작 전 1분 이상 시운전하며, 연삭숫돌을 갈아 끼운 후 3분 이상 공회전을 시켜야 한다.

182. 연삭 작업 시 유의사항으로 옳지 않은 것은 어느 것인가? [07]

① 숫돌바퀴에 균열이 있는가 확인한다.
② 보호안경을 써야 한다.
③ 연삭숫돌 작업 시는 작업 시작 전에 15분 이상 시운전을 한 후 이상이 없을 때 작업한다.
④ 회전하는 숫돌에 손을 대지 않는다.

해설 숫돌은 작업 개시 전 1분 이상, 숫돌 교환 후 3분 이상 시운전한다.

183. 연삭(grinding) 작업 시 안전 사항으로 틀린 것은? [02]

① 안전 커버는 반드시 부착하고 작업한다.
② 받침대는 숫돌 차의 중심선보다 낮게 한다.
③ 스위치를 넣은 후 약 1분 동안 공회전 시킨다.
④ 숫돌 차는 가능한 한 측면보다 전면을 사용한다.

해설 받침대와 숫돌 간격은 3 mm 이하로 유지한다.

184. 다음 중 연삭 작업 시의 주의사항으로 옳지 않은 것은? [13]

① 숫돌은 장착하기 전에 균열이 없는가를 확인한다.
② 작업 시에는 반드시 보호안경을 착용한다.
③ 숫돌은 작업 개시 전 1분 이상, 숫돌 교환 후 3분 이상 시운전한다.
④ 소형 숫돌은 측압에 강하므로 측면을 사용하여 연삭한다.

해설 연삭 작업 시 숫돌의 측면 사용을 금지해야 한다.

185. 기계의 운전 중에도 할 수 있는 것은 어느 것인가? [06]

① 치수 측정 ② 주유
③ 분해 조립 ④ 기계 주변 변경

정답 179. ④ 180. ① 181. ② 182. ③ 183. ② 184. ④ 185. ②

186. 다음 중 연삭 작업의 안전수칙으로 틀린 것은? [05, 15]

① 작업 도중 진동이나 마찰면에서의 파열이 심하면 곧 작업을 중지한다.
② 숫돌차에 편심이 생기거나 원주면의 메짐이 심하면 드레싱을 한다.
③ 작업 시 반드시 숫돌의 정면에 서서 작업한다.
④ 축과 구멍에는 틈새가 없어야 한다.

해설 연삭 작업 시 방진 마스크와 보안경을 사용하고 측면에 서서 작업한다.

187. 안전보건표지에서 비상구 및 피난소, 사람 또는 차량의 통행표지의 색채는? [09]

① 빨강　② 녹색
③ 파랑　④ 노랑

해설 ① 빨강 : 화재방지, 긴급사항, 출입금지
② 녹색 : 구급장소, 대피장소, 방향, 비상구, 안전 지도 표시
③ 파랑 : 조작 불가, 수리 중, 전기스위치
④ 노랑 : 충돌, 추락, 주의

188. 연삭기 숫돌의 파괴 원인에 해당되지 않는 것은? [08]

① 숫돌의 속도가 너무 빠를 때
② 숫돌에 균열이 있을 때
③ 플랜지가 현저히 클 때
④ 숫돌에 과대한 충격을 줄 때

해설 플랜지는 좌우 동(원형)으로 숫돌차의 바깥지름 1/3 이상의 것을 사용한다.

189. 다음 중 장갑을 끼고서 할 수 없는 작업은 어느 것인가? [04]

① 줄 작업　② 해머 작업
③ 용접 작업　④ 전기 작업

해설 해머 작업 시에 장갑을 끼면 미끄러져서 사고의 위험이 있다.

190. 다음 중 장갑을 끼고 하여도 좋은 작업은 무엇인가? [03, 04]

① 용접 작업　② 줄 작업
③ 선반 작업　④ 셰이퍼 작업

해설 용접 작업은 감전 또는 화상에 대비하여 장갑을 착용하며, ②, ③, ④는 장갑을 끼면 안전사고의 위험이 있다.

191. 장갑을 끼고 할 수 있는 작업은? [07]

① 연삭 작업　② 드릴 작업
③ 판금 작업　④ 밀링 작업

해설 연삭 및 드릴, 밀링 작업은 회전력을 이용하므로 장갑을 착용하면 말려 들어가서 안전사고의 위험이 있다.

192. 다음 중 드라이버 작업 시 유의사항으로 올바른 것은? [13]

① 드라이버를 정이나 지렛대 대용으로 사용한다.
② 작은 공작물은 바이스에 물리지 말고 손으로 잡고 사용한다.
③ 드라이버의 날 끝이 홈의 폭과 길이가 같은 것을 사용한다.
④ 전기 작업 시 금속 부분이 자루 밖으로 나와 있어 전기가 잘 통하는 드라이버를 사용한다.

해설 드라이버는 다른 용도로 사용하지 말고 규격에 맞는 것을 사용한다.

정답 186. ③　187. ②　188. ③　189. ②　190. ①　191. ③　192. ③

193. **드라이버 끝이 나사홈에 맞지 않으면 뜻밖의 상처를 입을 수가 있다. 드라이버 선정 시 주의사항이 아닌 것은?** [04]

① 날 끝이 홈의 폭과 길이에 맞는 것을 사용한다.
② 날끝이 수직이어야 하며 둥근 것을 사용한다.
③ 작은 공작물이라도 한 손으로 잡지 않고 바이스 등으로 고정시킨다.
④ 전기 작업 시 자루는 절연된 것을 사용한다.

해설 날 끝은 규격에 맞는 것을 사용한다.

194. **다음 중 동력나사 절삭기의 종류가 아닌 것은?** [11, 14]

① 오스터식 ② 다이 헤드식
③ 로터리식 ④ 호브(hob)식

해설 동력나사 절삭기는 자동이고 로터리식은 수동 벤딩기이다.

195. **다음 수동나사 절삭 방법 중 잘못된 것은?** [12]

① 관을 파이프 바이스에서 약 150 mm 정도 나오게 하고 관이 찌그러지지 않게 주의하면서 단단히 물린다.
② 관 끝은 절삭날이 쉽게 들어갈 수 있도록 약간의 모따기를 한다.
③ 나사 절삭기를 관에 끼우고 래칫을 조정한 다음 약 30°씩 회전시킨다.
④ 나사가 완성되면 편심 핸들을 급히 풀고 절삭기를 뺀다.

해설 나사가 완성되면 편심 핸들을 천천히 풀고 절삭기를 뺀다.

196. **다음 중 구리관 이음용 공구와 관계없는 것은?** [07]

① 사이징 툴(sizing tool)
② 익스팬더(expander)
③ 오스터(oster)
④ 플레어 공구(flaring tool)

해설 오스터 : 강관 수나사를 내는 공구

197. **다이 헤드형 동력나사 절삭기로 할 수 없는 작업은?** [07, 10]

① 파이프 벤딩 ② 파이프 절단
③ 나사 절삭 ④ 리머 작업

해설 동력나사 절삭기는 파이프 절단, 나사 절삭, 리머 작업 등에 사용되고 파이프 벤딩은 벤딩 기기로 작업한다.

198. **관을 절단하는 데 사용하는 공구는 어느 것인가?** [13]

① 파이프 리머 ② 파이프 커터
③ 오스터 ④ 드레서

해설 ① 파이프 리머 : 거스러미 제거
② 파이프 커터 : 배관 절단
③ 오스터 : 배관 수나사를 내는 공구
④ 드레서 : 연삭숫돌을 뾰족하게 하는 공구

199. **다음 중 주철관을 절단할 때 사용하는 공구는?** [12]

① 원판 그라인더
② 링크형 파이프 커터
③ 오스터
④ 체인블록

해설 ① 원판 그라인더 : 절삭 공구
② 링크형 파이프 커터 : 절단 공구
③ 오스터 : 수나사를 내는 공구
④ 체인블록 : 물건을 들어올리는 기구

정답 193. ② 194. ③ 195. ④ 196. ③ 197. ① 198. ② 199. ②

200. 정전 작업 시의 안전관리 사항 중 적합하지 못한 것은? [03, 06, 11]

① 무전압 상태의 유지
② 잔류전하의 방전
③ 단락접지
④ 과열, 습기, 부식의 방지

해설 정전이 되면 주전원 스위치를 차단하여 무전압 상태로 유지하며 충전지의 방전과 접지상태를 확인한다.

201. 다음 중 줄 작업 시 안전사항으로 옳지 않은 것은? [09]

① 줄의 균열 유무를 확인한다.
② 줄은 손잡이가 정상인 것만을 사용한다.
③ 땜질한 줄은 사용하지 않는다.
④ 줄 작업에서 생긴 가루는 입으로 불어 제거한다.

해설 줄 작업 후에 생긴 쇳가루는 입으로 불지 말고 솔 등의 청소 공구를 이용하여 제거한다.

202. 쇠톱의 사용법에서 안전관리에 적합하지 않은 것은? [02, 05]

① 초보자는 잘 부러지지 않는 탄력성이 없는 톱날을 쓰는 것이 좋다.
② 날은 가운데 부분만 사용하지 말고 전체를 고루 사용한다.
③ 톱날을 틀에 끼운 후, 두 세번 시험하고 다시 한번 조정한 다음에 사용한다.
④ 톱 작업이 끝날 때에는 힘을 알맞게 줄인다.

해설 톱날은 잘 부러지지 않는 탄력성 있는 것을 선택한다.

203. 다음은 쇠톱 작업 시의 유의사항이다. 틀린 것은? [04]

① 모가 난 재료를 절단할 때는 모서리보다는 평면부터 자른다.
② 톱날을 사용할 때는 2~3회 사용한 다음 재조정하고 작업을 한다.
③ 절단이 완료될 무렵에는 힘을 적절히 줄이고 작업을 한다.
④ 얇은 판을 절단할 때는 목재 사이에 끼운 다음 작업을 한다.

해설 모가 난 재료는 모서리 부분부터 작업한다.

204. 줄을 사용할 때의 주의점 중 틀린 것은 어느 것인가? [06]

① 반드시 자루를 끼워서 사용할 것
② 해머 대용으로 사용하지 말 것
③ 땜질한 줄은 부러지기 쉬우므로 사용하지 말 것
④ 줄의 눈이 막힌 것은 손으로 털어 사용할 것

해설 줄의 눈이 막혔을 경우에는 솔로 턴다.

205. 고압선과 저압 가공선이 병가된 경우 접촉으로 인해 발생하는 것과 변압기의 1, 2차 코일의 절연파괴로 인하여 발생하는 현상과 관계있는 것은? [02, 08, 12, 15]

① 단락 ② 지락
③ 혼촉 ④ 누전

해설 ① 단락 : 전선이 끊겨진 것
② 지락 : 전선이 단락되어 지표면으로 떨어지는 것
③ 혼촉(합선) : 두 개 이상의 전선이 단락되거나 절연 피복이 벗겨져서 붙은 것
④ 누전 : 전기 기기 또는 전선이 절연이 파괴되는 다른 물체에 접촉되어 전기가 흘러가는 것

정답 200. ④ 201. ④ 202. ① 203. ① 204. ④ 205. ③

206. 줄 작업 시 유의해야 할 내용으로 적절하지 못한 것은? [02, 03, 04, 11]

① 미끄러지면 손을 다칠 위험이 있으므로 유의하도록 한다.
② 손잡이가 줄에 튼튼하게 고정되어 있는지 확인한다.
③ 줄의 균열 유무를 확인할 필요는 없다.
④ 줄 작업은 몸의 안정을 유지하며 전신을 이용하도록 한다.

해설 줄은 사용하기 전에 안전성 확보를 위해 균열 유무를 확인할 필요가 있다.

207. 다음 중 줄을 사용할 때 주의점이 아닌 것은? [05]

① 오일에 담근 후 사용한다.
② 연한 재료부터 사용한다.
③ 무리한 힘을 가하지 않는다.
④ 경도가 작은 재료에 사용한다.

해설 줄에 오일이 있으면 작업 시에 미끄러워서 안전사고가 발생되고 절삭이 안 된다.

208. 다음 중 줄 작업 시 주의사항으로 잘못된 것은? [11]

① 줄 작업은 되도록 빠른 속도로 한다.
② 줄 작업의 높이는 작업자의 팔꿈치 높이로 하는 것이 좋다.
③ 줄의 손잡이는 작업 전에 잘 고정되어 있는지 확인한다.
④ 칩(chip)은 브러시로 제거한다.

해설 줄 작업은 팔꿈치 높이에서 찔러총 자세로 하며, 일정한 속도로 서서히 작업한다.

209. 다음 중 줄 작업 시 안전관리 사항으로 틀린 것은? [10, 13, 15]

① 칩은 브러시로 제거한다.
② 줄의 균열 유무를 확인한다.
③ 손잡이가 줄에 튼튼하게 고정되어 있는가 확인한 다음에 사용한다.
④ 줄 작업의 높이는 작업자의 어깨 높이로 하는 것이 좋다.

해설 줄 작업은 작업자의 팔꿈치 높이로 하는 것이 적당하다.

210. 연삭기의 받침대와 숫돌차의 중심 높이에 대한 내용으로 적합한 것은? [14]

① 서로 같게 한다.
② 받침대를 높게 한다.
③ 받침대를 낮게 한다.
④ 받침대가 높든 낮든 관계없다.

해설 숫돌과 받침대 간격은 3 mm 이하로 유지하고 숫돌차의 중심과 받침대의 높이는 같게 한다.

211. 볼트 조임 작업 시 안전사항이다. 맞게 기술한 것은? [10]

① 공기 또는 물 등의 유체가 누설되는 것을 방지하기 위하여 스패너에 파이프를 끼워 단단히 조인다.
② 단단히 조이기 위해서는 스패너를 망치로 두들겨 조인다.
③ 스패너가 규격보다 클 때는 얇은 철판을 끼워 너트 머리에 꼭 맞도록 한 후 조인다.
④ 볼트 조임 작업 시 스패너가 벗겨지더라도 넘어지지 않도록 몸가짐에 주의한다.

해설 스패너는 무리한 힘을 가하지 말고 만약 벗겨져도 안전하도록 주의를 살피며, 넘어지지 않도록 몸을 가누어야 한다.

정답 206. ③ 207. ① 208. ① 209. ④ 210. ① 211. ④

212. 줄 작업할 때의 안전수칙에 어긋나는 것은 어느 것인가? [04]

① 줄을 해머 대신 사용해서는 안 된다.
② 넓은 면은 톱 작업하기 전에 삼각줄로 안내홈을 만든다.
③ 마주보고 줄 작업을 한다.
④ 줄눈에 낀 쇠밥은 와이어 브러시로 제거한다.

해설 마주보고 작업하면 칩의 비산에 의한 위험이 따른다.

213. 기계 작업 시 일반적인 안전에 대한 설명 중 틀린 것은? [15]

① 취급자나 보조자 이외에는 사용하지 않도록 한다.
② 칩이나 절삭된 물품에 손대지 않는다.
③ 사용법을 확실히 모르면 손으로 움직여 본다.
④ 기계는 사용 전에 점검한다.

해설 사용법을 숙지한 후에 작업한다.

214. 기계설비의 안전한 사용을 위하여 지급되는 보호구를 설명한 것이다. 이 중 작업 조건에 따른 적합한 보호구로 올바른 것은? [10]

① 용접 시 불꽃 또는 물체가 날아 흩어질 위험이 있는 작업 : 보안면
② 물체가 떨어지거나 날아올 위험 또는 근로자가 감전되거나 추락할 위험이 있는 작업 : 안전대
③ 감전의 위험이 있는 작업 : 보안경
④ 고열에 의한 화상 등의 위험이 있는 작업 : 방화복

해설 ⓐ 보안면 : 유해 광선으로부터 눈을 보호하고 파편에 의한 화상으로부터 안면부를 보호하는 것
ⓑ 안전대 : 높은 곳 또는 경사면에서 작업 시 추락을 방지하는 것
ⓒ 보안경 : 절단, 절삭, 자외선(아크 용접 등), 적외선(가스 용접, 용광로 작업) 등으로부터 눈을 보호하는 것
ⓓ 방화복 : 화재, 용광로 작업 등에서 신체의 전부 또는 일부를 보호하는 것

215. 기계설비에서 일어나는 사고의 위험점이 아닌 것은? [09, 11, 16]

① 협착점　② 끼임점
③ 고정점　④ 절단점

해설 기계설비의 위험점
ⓐ 협착점
ⓑ 끼임점
ⓒ 절단점
ⓓ 물림점
ⓔ 접선 물림점
ⓕ 회전 말림점

216. 작업 전 기계 및 설비에 대하여 점검하지 않아도 되는 것은? [04]

① 방호장치의 이상 유무
② 동력전달장치의 이상 유무
③ 보호구의 이상 유무
④ 공구함의 이상 유무

해설 공구함은 기계 설비가 아니므로 점검 대상이 아니다.

217. 다음 중 전기 화재의 원인으로 거리가 먼 것은? [02, 12]

① 누전　② 지락
③ 접지　④ 과전류

해설 접지는 감전 예방, 화재 예방, 기기 보호의 역할을 한다.

정답 212. ③　213. ③　214. ①　215. ③　216. ④　217. ③

218. **다음 중 C급 화재에 적합한 소화기는 어느 것인가?** [11, 14]

① 건조사
② 포말 소화기
③ 물 소화기
④ 분말 소화기와 CO_2 소화기

해설 C급은 전기 화재이므로 분말 또는 CO_2 소화기를 사용한다.

219. **유류 화재 시 사용하는 소화기로 가장 적합한 것은?** [02, 08, 14]

① 무상수 소화기 ② 봉상수 소화기
③ 분말 소화기 ④ 방화수

해설 유류 화재는 B급 화재로 포말, 분말, CO_2 소화기 등이 사용되며, CO_2 소화기가 가장 양호하다.

220. **소화기 보관상의 주의사항으로 잘못된 것은?** [10, 15]

① 겨울철에는 얼지 않도록 보온에 유의한다.
② 소화기 뚜껑은 조금 열어놓고 봉인하지 않고 보관한다.
③ 습기가 적고 서늘한 곳에 둔다.
④ 가스를 채워 넣는 소화기는 가스를 채울 때 반드시 제조업자에게 의뢰하도록 한다.

해설 소화기 뚜껑은 닫고 봉인하여 보관한다.

221. **다음 중 소화기는 어느 곳에 두어야 가장 적당한가?** [06]

① 밀폐된 곳에 둔다.
② 방화 물질이 있는 곳에 둔다.
③ 눈에 잘 띄는 곳에 둔다.
④ 적당한 구석에 둔다.

해설 소화기는 눈에 잘 보이고 쉽게 접근할 수 있는 곳에 보관한다.

222. **다음 중 소화 효과의 원리가 아닌 것은 어느 것인가?** [08, 12, 14]

① 질식 효과 ② 제거 효과
③ 냉각 효과 ④ 단열 효과

해설 단열은 열의 이동을 차단하는 것으로 소화와 관계없다.

223. **소화 작업에 대한 설명 중 틀린 것은 어느 것인가?** [05]

① 화재 시에는 가스밸브를 닫고 전기스위치를 끈다.
② 화재가 발생하면 화재경보를 한다.
③ 전기배선 시설 수리 시는 전기가 통하는지 여부를 확인한다.
④ 유류 및 카바이드에 붙은 불은 물로 끄는 것이 좋다.

해설 유류 및 카바이드에 붙은 불은 B급 화재로 물로는 소화가 불가능하다.

224. **고압 전선이 단선된 것을 발견하였을 때 조치로 가장 적절한 것은?** [11, 13, 14]

① 위험하다는 표시를 하고 돌아온다.
② 사고사항을 기록하고 다음 장소의 순찰을 계속한다.
③ 발견 즉시 회사로 돌아와 보고한다.
④ 일반인의 접근 및 통행을 막고 주변을 감시한다.

해설 전선이 단선되면 감전으로 인한 안전사고가 발생하므로 접근과 통행을 막고 감시하면서 담당자 또는 관계부서에 연락을 취한다.

정답 218. ④ 219. ③ 220. ② 221. ③ 222. ④ 223. ④ 224. ④

225. 다음 중 전기로 인한 화재 발생 시의 소화물로서 가장 알맞은 것은? [07]

① 모래 ② 포말
③ 물 ④ 탄산가스

해설 액체 소화물은 감전의 위험이 있으므로 불연성가스(CO_2)로 질식 소화시킨다.

226. 다음 중 소화 효과에 대한 설명으로 잘못된 것은? [07]

① 산소 공급 차단은 제거 효과이다.
② 물을 사용하는 소화는 냉각 효과이다.
③ 불연성 가스를 사용하는 것은 질식 효과이다.
④ 할로겐 및 알칼리 금속을 첨가하여 불활성화시키는 것은 억제 효과이다.

해설 산소 공급 차단은 질식 효과이다.

227. 화재 시 소화제로 물을 사용하는 이유로 가장 적당한 것은? [08, 10, 11, 15]

① 산소를 잘 흡수하기 때문에
② 증발잠열이 크기 때문에
③ 연소하지 않기 때문에
④ 산소와 가연성 물질을 분리시키기 때문에

해설 물은 증발잠열에 의한 냉각 효과 때문에 소화제로 사용된다.

228. 다음 중 물을 소화제로 사용하는 가장 큰 이유는? [08, 13]

① 연소하지 않는다.
② 산소를 잘 흡수한다.
③ 기화잠열이 크다.
④ 취급하기가 편리하다.

해설 물은 기화잠열에 의한 냉각 효과를 이용하여 소화한다.

229. 목재 화재 시에는 물을 소화제로 이용하는데, 주된 소화 효과는? [07, 11, 14]

① 제거 효과 ② 질식 효과
③ 냉각 효과 ④ 억제 효과

해설 물은 증발잠열에 의한 냉각 효과를 이용하여 소화한다.

230. 다음 중 전기 화재 발생 시 가장 좋은 소화기는? [12]

① 산·알칼리 소화기 ② 포말 소화기
③ 모래 ④ 분말 소화기

해설 전기 화재는 C급 화재로 분말 소화기(양호), CO_2 소화기(적합)가 사용된다.

231. 누전 및 지락의 방지대책으로 적절하지 못한 것은? [12]

① 절연 열화의 방지
② 퓨즈, 누전차단기 설치
③ 고열, 습기, 부식의 방지
④ 대전체 사용

해설 대전체는 전기를 이동시키는 물체이다.

232. 다음 중 감전 시 조치사항 설명으로 잘못된 것은? [06, 07]

① 병원에 연락한다.
② 감전된 사람의 발을 잡아 도전체에서 떼어낸다.
③ 부근에 스위치가 있으면 즉시 끈다.
④ 전원의 식별이 어려울 때는 즉시 전기 부서에 연락한다.

해설 감전된 사람이 발견되면 스위치를 차단하고 안전조치를 취한다. 감전된 사람의 인체에 접촉하면 위험하다.

정답 225. ④ 226. ① 227. ② 228. ③ 229. ③ 230. ④ 231. ④ 232. ②

233. 2개 이상의 전선이 서로 접촉되어 폭음과 함께 녹아 버리는 현상은? [04]

① 혼촉 ② 단락
③ 누전 ④ 지락

해설 전선이 녹아서 절단되는 것을 단락이라 한다.

234. 전기스위치 조작 시 오른손으로 하기를 권장하는 이유로 가장 적당한 것은? [15]

① 심장에 전류가 직접 흐르지 않도록 하기 위하여
② 작업을 손쉽게 하기 위하여
③ 스위치 개폐를 신속히 하기 위하여
④ 스위치 조작 시 많은 힘이 필요하므로

해설 심장이 왼쪽 가슴에 있으므로 전기 조작은 가급적 오른손으로 한다.

235. 전류의 흐름을 느낄 수 있는 최소전류 값으로 옳은 것은? [02]

① 1 mA ② 5 mA
③ 10 mA ④ 20 mA

해설 ⓐ 1 mA : 전류의 흐름을 느낀다.
ⓑ 10 mA 이하 : 견디기 어려운 고통
ⓒ 20 mA 이하 : 근육 수축
ⓓ 50 mA 이하 : 위험하고 사망의 우려가 있다.
ⓔ 100 mA : 치명적이다.

236. 전기용 고무장갑은 몇 V 이하의 전기회로 작업에서의 감전방지를 위해 사용하는 보호구인가? [02, 08]

① 600 V ② 3500 V
③ 7000 V ④ 10000 V

해설 전기용 고무장갑은 7000 V 이하의 저압 전기에만 사용할 수 있다.

237. 전기 사고 중 감전의 위험 인자에 대한 설명으로 옳지 않은 것은? [08, 14]

① 전류량이 클수록 위험하다.
② 통전시간이 길수록 위험하다.
③ 심장에 가까운 곳에서 통전되면 위험하다.
④ 인체에 습기가 없으면 저항이 감소하여 위험하다.

해설 인체는 수분이 많으므로 표면에 습기가 없어도 감전에 대한 위험 요소는 여전하다.

238. 다음 중 감전의 위험성에 대한 내용으로 틀린 것은? [10]

① 통전의 위험도에서 전기 기구는 오른손으로 사용하는 것보다는 왼손으로 사용하는 것이 안전하다.
② 저압 전기라도 인체에 흐르는 전류의 양이 크면 위험하므로 조심해야 된다.
③ 전압이 동일한 경우 교류는 직류보다 위험하며 교류인 경우 주파수에 따라 위험성이 다르다.
④ 감전은 전류의 크기, 통전시간, 통전경로, 전원의 종류에 따라 그 위험성이 결정된다.

해설 심장에 가까운 왼손이 오른손보다 감전으로부터 더 위험하다.

239. 감전되었을 경우 위험도가 가장 큰 것은 어느 것인가? [09]

① 통전 전류의 크기
② 통전 경로
③ 전원의 종류
④ 통전 시간과 전격의 인가 위상

해설 전류가 클수록 위험도가 높다.

정답 233. ② 234. ① 235. ① 236. ③ 237. ④ 238. ① 239. ①

240. 감전되거나 전기화상을 입을 위험이 있는 작업에 있어서는 무엇을 사용하여야 하는가? [03, 05, 09]

① 보호구 ② 구급용구
③ 신호기 ④ 구명구

해설 보호구 : 유해물질로부터 인체의 전부나 일부를 보호하기 위하여 착용하는 보호 기구

241. 전기기계·기구의 퓨즈 사용 목적으로 가장 적합한 것은? [14]

① 기동전류 차단 ② 과전류 차단
③ 과전압 차단 ④ 누설전류 차단

해설 퓨즈는 과전류가 흐를 때 녹아서 전기선로를 차단한다.

242. 전기 기구에 사용하는 퓨즈(fuse)의 재료로 부적당한것은? [09, 11, 15]

① 납 ② 주석
③ 아연 ④ 구리

해설 퓨즈 재료로 적당한 것은 용융 온도가 낮은 납, 주석, 아연이다.

243. 전동공구 작업 시 감전의 위험성 때문에 해야 하는 것은? [07]

① 단전 ② 감지
③ 단락 ④ 접지

해설 접지는 기기 보호, 화재 예방의 역할을 한다.

244. 정전기 사고의 예방 대책과 거리가 먼 것은 어느 것인가? [02]

① 보호구 착용 ② 가습
③ 접지 ④ 온도 조절

해설 정전기는 습도가 낮은 건조한 상태에서 많이 발생한다.

245. 정전기의 제거방법으로 적당하지 않은 것은 어느 것인가? [05, 11]

① 설비 주변에 적외선을 쪼인다.
② 설비 주변의 공기를 가습한다.
③ 설비의 금속 부분을 접지한다.
④ 설비에 정전기 발생 방지 도장을 한다.

해설 정전기를 제거하려면 설비 주변에 햇빛(적외선)을 차단한다.

246. 감전사고를 예방하기 위한 조치로서 적합하지 못한 것은? [05]

① 전기설비의 점검 철저
② 전기기기에 위험 표시
③ 설비의 필요 부분에 보호 접지는 생략
④ 유자격자 이외에는 전기기계 조작 금지

해설 감전사고의 예방대책으로 설비의 필요 부분에 접지를 한다.

247. 접지공사의 목적으로 가장 올바른 것은 어느 것인가? [03, 10]

① 전류 변동 방지, 전압 변동 방지, 절연저하 방지
② 절연 저하 방지, 화재 방지, 전압 변동 방지
③ 화재 방지, 감전 방지, 기기 손상 방지
④ 감전 방지, 전압 변동 방지, 화재 방지

해설 접지는 인체에 가해지는 전압을 감소시켜 감전을 방지하고 지락전류를 원활히 흐르게 하여 차단기를 동작시켜 화재, 폭발 위험을 방지한다.

정답 240. ① 241. ② 242. ④ 243. ④ 244. ④ 245. ① 246. ③ 247. ③

248. 화물을 벨트, 롤러 등을 이용하여 연속적으로 운반하는 컨베이어의 방호장치에 해당되지 않는 것은? [09, 11, 14]

① 이탈 및 역주행 방지장치
② 비상정지장치
③ 덮개 또는 울
④ 권과방지장치

해설 권과방지장치는 크레인에서 하중 초과 시에 리밋 스위치로 권상을 정지시키는 장치이다.

249. 다음 중 전기의 접지 목적에 해당되지 않는 것은? [09, 10, 13]

① 화재 방지 ② 설비 증설 방지
③ 감전 방지 ④ 기기 손상 방지

해설 접지의 목적은 감전, 화재, 기기 손상 방지이다.

250. 다음 중 감전사고 예방을 위한 방법이 아닌 것은? [09, 14]

① 전기설비의 점검을 철저히 한다.
② 전기기기에 위험 표시를 해 둔다.
③ 설비의 필요 부분에는 보호 접지를 한다.
④ 전기기계 기구의 조작은 필요시 아무나 할 수 있게 한다.

해설 전기설비는 관계자 외 출입 및 조작을 금한다.

251. 작업 중에 갑자기 정전이 발생되었을 때의 조치 중 틀린 것은? [03]

① 즉시 전기 스위치를 차단한다.
② 비상 발전기가 있으면 가동 준비를 한다.
③ 퓨즈를 검사한다.
④ 공작물과 공구는 원상태로 놓아 둔다.

해설 정전이 발생되면 전기 계열을 먼저 점검한다.

252. 추락을 방지하기 위해 작업발판을 설치해야 하는 높이는 다음 중 몇 m 이상인가? [09, 11, 12]

① 2 ② 3
③ 4 ④ 5

253. 감전사고 발생 시 위험도에 영향을 주는 것과 관계없는 것은? [12]

① 통전전류의 크기
② 통전시간과 전격의 위상
③ 사용기기의 크기와 모양
④ 전원(직류 또는 교류)의 종류

해설 감전사고 발생 시 사용기기 전원의 종류 및 전압과 전류의 크기가 위험도에 영향을 준다.

254. 크레인의 방호장치로서 와이어로프가 후크에서 이탈하는 것을 방지하는 장치는? [10, 15]

① 과부하방지장치 ② 권과방지장치
③ 비상정지장치 ④ 해지장치

해설 ① : 크레인 전동기 과부하 방지
② : 하중 초과 시 리밋 스위치에 의해 권상 정지
③ : 위험 초래 시 정지
④ : 로프 이탈 방지

255. 카바이드와 물의 작용방식에 의한 가스 발생기의 종류가 아닌 것은? [03]

① 주수식 ② 침지식
③ 투입식 ④ 주입식

정답 248. ④ 249. ② 250. ④ 251. ④ 252. ① 253. ③ 254. ④ 255. ④

256. 작업장에서 계단을 설치할 때 옳지 않은 것은? [05]

① 계단 하나 하나의 넓이를 동일하게 하지 않아도 된다.
② 경사가 완만하여야 한다.
③ 손잡이를 설치하여야 한다.
④ 견고하고 튼튼한 구조라야 한다.

해설 계단의 넓이는 동일해야 한다.

257. 다음 중 정전 작업이 끝난 후 필요한 조치사항은? [06]

① 감전 위험 요인 제거
② 개로 개폐기의 시건 또는 표시
③ 단락접지
④ 감독자 선임

해설 정전 작업이 끝나면 기기를 점검하고 접지하여 감전의 위험을 방지한다.

258. 다음 중 전기 화재의 소화에 사용하기에 부적당한 것은? [13]

① 분말 소화기 ② 포말 소화기
③ CO_2 소화기 ④ 할로겐 소화기

해설 전기 화재 소화기로 분말, CO_2, 할로겐은 적합, 포말은 부적합하다.

259. 전기로 인한 화재 발생 시의 소화제로서 가장 알맞은 것은? [13]

① 모래 ② 포말
③ 물 ④ 탄산가스

해설 전기 화재는 C급 화재로 분말 소화기와 CO_2 소화기를 사용한다.

260. 다음 중 B급 화재(유류)에 가장 적합한 소화기는? [06]

① 산알칼리 소화기 ② 강화액 소화기
③ 포말 소화기 ④ 방화수

해설 B급 화재(유류)용 소화기에는 포말, 분말, CO_2 소화기 등이 있는데, CO_2 소화기가 가장 양호하다.

261. 산업안전기준상 작업장의 계단의 폭은 얼마 이상으로 해야 하는가? [08, 10, 16]

① 50 cm ② 100 cm
③ 150 cm ④ 200 cm

해설 높이 5 m마다 계단실을 설치하고 한쪽은 손잡이를 설치하며 계단 폭은 100 cm 이상으로 한다.

262. 연료 계통의 화재 발생 시 가장 적합한 소화 작업에 해당되는 것은? [10]

① 물을 붓는다.
② 산소를 공급해 준다.
③ 점화원을 차단한다.
④ 가연성 물질을 차단한다.

해설 보일러 화재 발생 시 우선적으로 연료를 차단하고 산소 공급을 중지시킨다.

263. 방폭성능을 가진 전기기기의 구조 분류에 해당되지 않는 것은? [02, 04, 08, 11]

① 내압 방폭구조 ② 유입 방폭구조
③ 압력 방폭구조 ④ 자체 방폭구조

해설 방폭성능구조
ⓐ 내압 방폭구조
ⓑ 유입 방폭구조
ⓒ 압력 방폭구조
ⓓ 안전증 방폭구조
ⓔ 본질안전 방폭구조
ⓕ 특수 방폭구조

정답 256. ① 257. ① 258. ② 259. ④ 260. ③ 261. ② 262. ④ 263. ④

264. 화재 발생 시 연기를 방연구획 등의 건축물의 일정한 구획 내에 가둬넣고 이것을 건물에서 배출하는 설비는? [10]

① 환기설비 ② 급기설비
③ 통풍설비 ④ 배연설비

해설 배연설비 : 실내에서 발생되는 기체 등을 일정한 통로로 배출하는 설비

265. 가연성가스(암모니아, 브롬화메탄 및 공기 중에서 자기 발화하는 가스 제외) 설비의 전기설비는 어떤 기능을 갖는 구조이어야 하는가? [09]

① 방수기능 ② 내화기능
③ 방폭기능 ④ 일반기능

해설 NH_3, CH_3Br과 같은 제 2 종 가연성가스를 제외한 가연성가스는 방폭설비를 갖춘다.

266. 다음 중 방호장치의 기본 목적이 아닌 것은? [05]

① 작업자의 보호
② 인적, 물적 손실의 방지
③ 기계 기능의 향상
④ 기계 위험 부위의 접촉 방지

해설 ③은 사고를 방지하는 것이 아니라 점검·정비 보수에 해당된다.

267. 액체 연료 사용 시 화재가 발생되었다. 조치사항으로 옳지 않은 것은? [04]

① 모든 전기의 전원 스위치를 끈다.
② 연료밸브를 닫는다.
③ 모래를 사용하여 불을 끈다.
④ 물을 사용하여 불을 끈다.

해설 액체 화재 시 분말 또는 CO_2를 사용하고 액체의 사용을 금지한다.

268. 피뢰기가 구비해야 할 성능조건으로 옳지 않은 것은? [07, 09, 11]

① 반복동작이 가능할 것
② 견고하고 특성 변화가 없을 것
③ 충격방전 개시전압이 높을 것
④ 뇌전류의 방전능력이 클 것

해설 충격방전 개시전압이 낮을 것

269. 다음 중 정전기의 예방 대책으로 적합하지 않은 것은? [13]

① 설비 주변에 적외선을 쪼인다.
② 적정 습도를 유지해 준다.
③ 설비의 금속 부분을 접지한다.
④ 대전 방지제를 사용한다.

해설 정전기 방지책으로 햇빛을 차단한다.

270. 전기기기의 방폭구조의 형태가 아닌 것은 어느 것인가? [04, 07, 15]

① 내압 방폭구조
② 안전증 방폭구조
③ 특수 방폭구조
④ 차동 방폭구조

해설 전기기기의 방폭구조에는 내압, 유입, 압력, 안전증, 본질안전, 특수 방폭구조가 있다.

271. 방폭 전기설비를 선정할 경우 중요하지 않은 것은? [08, 10, 13]

① 대상가스의 종류
② 방호벽의 종류
③ 폭발성 가스의 폭발 등급
④ 발화도

해설 방호벽(방류둑)은 액체의 유출을 방지하는 장치이다.

정답 264. ④ 265. ③ 266. ③ 267. ④ 268. ③ 269. ① 270. ④ 271. ②

272. 컨베이어 등을 사용하여 작업할 때 작업 시작 전 점검사항이다. 해당되지 않는 것은 어느 것인가? [10, 16]

① 원동기 및 풀리 기능의 이상 유무
② 이탈 등의 방지장치 기능의 이상 유무
③ 비상정지장치 기능의 이상 유무
④ 작업면의 기울기 또는 요철 유무

해설 수직 경사 운전의 기울기는 설치 시에 결정되므로 작업 전에 확인할 점검사항이 아니다.

273. 전기설비의 방폭성능 기준 중 용기 내부에 보호구조를 압입하여 내부압력을 유지함으로써 가연성 가스가 용기 내부로 유입되지 아니하도록 한 구조를 말하는 것은? [10, 13]

① 내압 방폭구조 ② 유입 방폭구조
③ 압력 방폭구조 ④ 안전증 방폭구조

해설 압력 방폭구조 : 용기 내부에 보호가스(신성공기 또는 불활성가스)를 압입하여 내부압력을 유지함으로써 가연성 가스가 용기 내부로 유입되지 아니하도록 한 구조

274. 휘발유, 벤젠 등 액상 또는 기체상의 연료성 화재는 무슨 화재로 분류되는가? [09]

① A급 ② B급
③ C급 ④ D급

해설 ⓐ A급 : 보통 화재(종이, 목재)
ⓑ B급 : 오일 화재
ⓒ C급 : 전기 화재

275. 다음 중 휘발성 유류의 취급 시 지켜야 할 안전사항으로 옳지 않은 것은 어느 것인가? [03, 06, 10]

① 실내의 공기가 외부와 차단되도록 한다.
② 수시로 인화물질의 누설 여부를 점검한다.
③ 소화기를 규정에 맞게 준비하고, 평상시에 조작방법을 익혀둔다.
④ 정전기가 발생하는 화학섬유 작업복의 착용을 금한다.

해설 휘발성 유류의 사용 중 또는 사용 후에 통풍 및 환기가 양호해야 한다.

276. 폭발 인화성 위험물 취급에서 주의할 사항 중 틀린 것은? [03, 08]

① 위험물 부근에는 화기를 사용하지 않는다.
② 위험물은 습기가 없고 양지바르고 온도가 높은 곳에 둔다.
③ 위험물은 취급자 외에 취급해서는 안 된다.
④ 위험물이 든 용기에 충격을 주든지 난폭하게 취급해서는 안 된다.

해설 위험물은 통풍이 양호한 40℃ 이하의 음지에서 보존한다.

277. 연료 계통에 화재 발생 시 가장 적합한 소화 작업에 해당되는 것은? [09]

① 찬물을 붓는다.
② 산소를 공급해 준다.
③ 점화원을 차단한다.
④ 가연성 물질을 차단한다.

해설 화재 발생 시 제일 먼저 연료 공급을 차단한다.

278. 용접팁의 청소는 다음 중 무엇으로 해야 하는가? [04]

① 철선이나 동선 ② 동선이나 놋쇠선
③ 팁 클리너 ④ 시멘트 바닥

정답 272. ④ 273. ③ 274. ② 275. ① 276. ② 277. ④ 278. ③

279. 관 용접 작업 시 지켜야 할 안전에 대한 사항으로 옳지 않은 것은? [12]

① 실내나 지하실 등에서는 통기가 잘 되도록 조치한다.
② 인화성 물질이나 전기 배선으로부터 충분히 떨어지도록 한다.
③ 관내에 남아 있는 잔류 기름이나 약품 따위를 가스 토치로 태운 후 작업한다.
④ 자신뿐만 아니라 옆 사람의 안전에도 최대한 주의한다.

해설 용접 작업 전에 관 내부의 이물질을 제거하고 용접한다.

280. 동관을 용접 이음하려고 한다. 다음 용접법 중 가장 적당한 것은? [03, 14]

① 가스 용접 ② 플라스마 용접
③ 테르밋 용접 ④ 스폿 용접

해설 동관은 가스를 이용한 납땜 이음을 한다.

281. 다음 중 용접용 가스용기 운반 시 안전한 방법은? [03]

① 높은 곳에서 낮은 곳으로 떨어뜨린다.
② 전자석을 이용한다.
③ 로프로 묶어 이동한다.
④ 용기를 트럭에서 내릴 때에는 레일을 이용하여 조용히 내린다.

해설 가스용기는 안전한 방법으로 이동하여야 한다.

282. 산소 압력조정기의 취급에 대한 설명으로 틀린 것은? [05, 07]

① 작업 중 저압계의 지시가 자연 증가 시 조정기를 바꾸도록 한다.
② 조정기는 정밀하므로 충격이 가해지지 않도록 한다.
③ 조정기의 수리는 전문가에 의뢰하여야 한다.
④ 조정기의 각부에 작동이 원활하도록 기름을 친다.

해설 산소는 지연성(조연성) 가스이므로 유류에 의한 자연발화의 위험성이 따른다.

283. 아세틸렌 용접기에서 가스가 새어나오는 경우에 검사하는 적당한 방법은 어느 것인가? [06, 10]

① 냄새를 맡아본다.
② 모래를 뿌려본다.
③ 비눗물을 칠해 검사해 본다.
④ 성냥불을 가져다가 검사한다.

해설 비눗물을 이용하여 기포 발생 유무로 누설 검사를 한다.

284. 아세틸렌 가스 용기의 보관장소로 적당한 것은? [04]

① 습기가 있는 장소
② 발화성 물질이 없는 장소
③ 전류가 흐르는 전선 근처
④ 직사광선이 잘 드는 창고

해설 발화성 및 인화성 물질이 없고 통풍이 양호하며 햇빛이 없는 곳에 보관한다.

285. 아세틸렌 용접장치를 사용하여 금속의 용접·용단 또는 가열작업을 하는 때 게이지 압력이 얼마를 초과하는 압력의 아세틸렌을 발생시켜 사용해서는 안 되는가? [09]

① 1.0 kg/cm^2 ② 1.3 kg/cm^2
③ 2.0 kg/cm^2 ④ 15.5 kg/cm^2

해설 아세틸렌의 용접 작업 시 적정압력은 0.5 kg/cm^2이고 최대 1.3 kg/cm^2 이하일 것

정답 279. ③ 280. ① 281. ④ 282. ④ 283. ③ 284. ② 285. ②

286. 아세틸렌 용접장치 사용 시 역화의 원인으로 틀린 것은? [09]

① 과열되었을 때
② 산소 공급 압력이 과소할 때
③ 압력조정기가 불량할 때
④ 토치 팁에 이물질이 묻었을 때

해설 산소 공급 압력이 과대할 때 역화가 일어난다.

287. 아세틸렌 용접기에서 가스가 새어 나올 경우 적당한 검사방법은? [14]

① 촛불로 검사한다.
② 기름을 칠해본다.
③ 성냥불로 검사한다.
④ 비눗물을 칠해 검사한다.

해설 아세틸렌은 가연성 가스이므로 비눗물을 이용하여 기포 발생 유무로 누설 검사를 한다.

288. 다음 [보기] 내용의 ( )에 알맞은 것은 어느 것인가? [13]

[보기]

사업주는 아세틸렌 용접장치를 사용하여 금속의 용접·용단 또는 가열작업을 하는 경우에는 게이지 압력이 ( ) 킬로파스칼을 초과하는 압력의 아세틸렌을 발생시켜 사용해서는 아니 된다.

① 12.7 ② 20.5
③ 127 ④ 205

해설 압력 1.3 $\mathrm{kg/cm^2 \cdot g}$ (127 kPa·g)를 초과하는 아세틸렌 발생설비는 사용하지 말 것

289. 가스 집합 용접장치를 사용하여 금속의 용접·용단 및 가열작업을 하는 때에 가스 집합 용접장치의 관리상 준수하여야 하는 사항이 아닌 것은? [09]

① 사용하는 가스의 명칭 및 최대가스저장량을 가스장치실의 보기 쉬운 장소에 게시할 것
② 밸브·콕 등의 조작 및 점검요령을 가스장치실의 보기 쉬운 장소에 게시할 것
③ 가스 집합장치로부터 5 m 이내의 장소에서는 흡연, 화기의 사용 또는 불꽃을 발생시킬 우려가 있는 행위를 금지시킬 것
④ 이동식 가스 집합 용접장치는 고온의 장소, 통풍이나 환기가 불충분한 장소 또는 진동이 많은 장소에 설치하여 사용할 것

해설 이동식 가스 집합 용접장치는 통풍이 양호하고 진동이 없고 환기가 잘 되는 곳에 설치한다.

290. 가스 용접 작업 시의 주의사항이 아닌 것은 어느 것인가? [09, 11, 15]

① 용기 밸브는 서서히 열고 닫는다.
② 용접 전에 소화기 및 방화사를 준비한다.
③ 용접 전에 전격방지기 설치 유무를 확인한다.
④ 역화 방지를 위하여 안전기를 사용한다.

해설 전격방지기는 전기 용접 작업 시 감전 방지 장치이다.

291. 가스 용접 작업에서 일어나는 재해가 아닌 것은? [04, 06, 07]

① 화재 ② 전격
③ 폭발 ④ 중독

해설 전격은 전기 용접 시 일어나는 재해이다.

정답 286. ② 287. ④ 288. ③ 289. ④ 290. ③ 291. ②

292. **다음 중 가스 용접법의 장점으로 틀린 것은 어느 것인가?** [04]

① 응용 범위가 넓다.
② 설비 비용이 싸다.
③ 유해광선의 발생이 적다.
④ 가열 범위가 넓다.

해설 가스 용접법의 장점
ⓐ 응용 범위가 넓다.
ⓑ 운반이 편리하다.
ⓒ 유해광선의 발생이 적다.
ⓓ 가열 조절이 비교적 자유롭다.
ⓔ 박판 용접에 적당하다.
ⓕ 설비비가 싸다.

293. **가스 용접 작업 시 안전관리 조치사항으로 틀린 것은?** [07, 08, 11]

① 역화되었을 때는 산소 밸브를 열도록 한다.
② 작업하기 전에 안전기와 산소 조정기의 상태를 점검한다.
③ 가스의 누설 검사는 비눗물을 사용하도록 한다.
④ 작업장은 환기가 잘되게 한다.

해설 가스 용접 작업 시 역화가 일어나면 연료용 가스 (C_2H_2)의 밸브를 먼저 닫는다.

294. **가스 용접 작업 시 아세틸렌가스와 접촉하는 부분에 사용해서는 안 되는 것은 어느 것인가?** [09]

① 알루미늄 ② 납
③ 구리 ④ 탄소강

해설 구리(Cu)는 아세틸렌 (C_2H_2)과 접촉하면 구리아세틸리드가 생성되어 작은 충격에도 폭발한다.

295. **가스 용접 작업의 안전사항에 해당되지 않는 것은?** [03, 14]

① 기름 묻은 옷은 인화의 위험이 있으므로 입지 않도록 한다.
② 역화하였을 때에는 산소 밸브를 좀 더 연다.
③ 역화의 위험을 방지하기 위하여 역화 방지기를 사용하도록 한다.
④ 밸브를 열 때는 용기 앞에서 몸을 피하도록 한다.

해설 역화가 발생하면 공급용 가스인 산소와 아세틸렌 밸브를 닫는다.

296. **가스 용접 또는 가스 절단 시 토치 관리의 잘못으로 인한 가스 누출 부위로 타당하지 않는 것은?** [14]

① 산소 밸브, 아세틸렌 밸브의 접속 부분
② 팁과 본체의 접속 부분
③ 절단기의 산소관과 본체의 접속 부분
④ 용접기와 안전홀더 및 어스선 연결 부분

해설 용접기의 안전홀더 및 어스선은 전기 용접장치의 부품이다.

297. **가스 용접 토치가 과열되었을 때 가장 적절한 조치 사항은?** [12]

① 아세틸렌 가스를 멈추고 산소 가스만을 분출시킨 상태로 물속에서 냉각시킨다.
② 산소 가스를 멈추고 아세틸렌 가스만을 분출시킨 상태로 물속에서 냉각시킨다.
③ 아세틸렌과 산소 가스를 분출시킨 상태로 물속에서 냉각시킨다.
④ 아세틸렌 가스만을 분출시킨 상태로 팁 클리너를 사용하여 팁을 소제하고 공기 중에서 냉각시킨다.

해설 가스 용접 토치가 과열되면 가연성 가스 (C_2H_2)를 차단하고 팁이 막힐 우려가

정답 292. ④ 293. ① 294. ③ 295. ② 296. ④ 297. ①

있으므로 산소를 분출하면서 물속에 담그어 냉각시킨다.

298. **가스 용접 작업 시 유의사항이다. 적절하지 못한 것은?** [12]

① 산소병은 60℃ 이하 온도에서 보관하고 직사광선을 피해야 한다.
② 작업자의 눈을 보호하기 위해 차광안경을 착용해야 한다.
③ 가스 누설의 점검을 수시로 해야 하며 점검은 비눗물로 한다.
④ 가스용접장치는 화기로부터 5 m 이상 떨어진 곳에 설치해야 한다.

해설 가스 용기는 40℃ 이하에서 보관하고 직사일광을 피한다.

299. **가스 용접 시 역화를 방지하기 위하여 사용하는 수봉식 안전기에 대한 내용 중 틀린 것은?** [15]

① 하루에 1회 이상 수봉식 안전기의 수위를 점검할 것
② 안전기는 확실한 점검을 위하여 수직으로 부착할 것
③ 1개의 안전기에는 3개 이하의 토치만 사용할 것
④ 동결 시 화기를 사용하지 말고 온수를 사용할 것

해설 1개의 안전기에는 1개의 토치를 사용한다.

300. **가스용접기를 이용하여 동관을 용접하였다. 용접을 마친 후 조치로서 올바른 것은 어느 것인가? (단, 용기의 메인 밸브는 추후 닫는 것으로 한다.)** [09, 11]

① 산소 밸브를 먼저 닫고 아세틸렌 밸브를 닫을 것
② 아세틸렌 밸브를 먼저 닫고 산소 밸브를 닫을 것
③ 산소 및 아세틸렌 밸브를 동시에 닫을 것
④ 가스 압력조정기를 닫은 후 호스 내 가스를 유지시킬 것

301. **가스 집합 용접장치의 배관을 하는 경우 주관, 분기관에 안전기를 설치하는데, 하나의 취관에 몇 개 이상의 안전기를 설치해야 하는가?** [15]

① 1개 ② 2개
③ 3개 ④ 4개

302. **다음 중 가스 용접법의 특징으로 틀린 것은?** [15]

① 응용 범위가 넓다.
② 아크 용접에 비해 불꽃의 온도가 높다.
③ 아크 용접에 비해 유해 광선의 발생이 적다.
④ 열량 조절이 비교적 자유로워 박판 용접에 적당하다.

해설 아크 용접은 6000℃ 정도이고 실제 이용 시에는 3500~5000℃ 정도이며, 가스 용접에서 산소 아세틸렌 불꽃은 약 3000℃이다.

303. **가스 용접에서 용제를 사용하는 이유는 무엇인가?** [12, 16]

① 모재의 용융 온도를 낮게 하기 위하여
② 용접 중 산화물 등의 유해물을 제거하기 위하여
③ 침탄이나 질화작용을 돕기 위하여
④ 용접봉의 용융 속도를 느리게 하기 위하여

정답 298. ① 299. ③ 300. ① 301. ② 302. ② 303. ②

해설 용제는 용접부의 이물질(산화물 및 유해물)을 제거하기 위해 사용한다.

304. 가스 용접 작업 중 일어나기 쉬운 재해로 가장 거리가 먼 것은? [15]

① 화재 ② 누전
③ 가스중독 ④ 가스폭발

해설 누전은 전기 용접 작업에서 일어나기 쉬운 재해이다.

305. 가스 용접에서 토치의 취급상 주의사항으로서 적합하지 않은 것은? [13]

① 토치나 팁은 작업장 바닥이나 흙 속에 방치하지 않는다.
② 팁을 바꿀 때에는 반드시 가스 밸브를 잠그고 한다.
③ 토치를 망치 등 다른 용도로 사용해서는 안 된다.
④ 토치에 기름이나 그리스를 주입하여 관리한다.

해설 토치에서 유지류 등을 제거하고 사용한다.

306. 가스 용접 작업을 할 때 주의해야 할 사항들이다. 다음 중 사고 방지를 위해 옳은 것은? [02]

① 산소 용기는 넘어지지 않도록 눕혀서 사용한다.
② 점화할 때는 반드시 점화용 라이터를 사용해야 한다.
③ 산소나 아세틸렌 용기는 햇빛이 잘 드는 곳에 보관해야 좋다.
④ 산소 용기와 아세틸렌 용기는 같은 장소에 함께 보관하면 관리하기가 편리하다.

해설 ① 모든 용기는 세워서 사용한다.
③ 용기는 40℃ 이하의 음지에 보관한다.
④ 산소와 아세틸렌은 격리된 장소에 보관한다.

307. 가스 용접 작업 시 유의해야 할 사항으로 옳지 않은 것은? [08]

① 용접 전 반드시 소화기, 방화사 등을 준비할 것
② 아세틸렌의 사용압력은 5 kg/cm^2 이상으로 할 것
③ 작업하기 전에 안전기와 산소조정기의 상태를 점검할 것
④ 과열되었을 때 재점화 시 역화에 주의할 것

해설 가스 용접 조정기는 산소 5 $kg/cm^2 \cdot g$, 아세틸렌 0.5 $kg/cm^2 \cdot g$로 하면 유량이 1 : 1의 비율이 된다.

308. 가스 용접장치에 대한 안전수칙으로 틀린 것은? [09, 11]

① 가스 용기의 밸브는 빨리 열고 빨리 닫는다.
② 가스의 누설 검사는 비눗물로 한다.
③ 용접 작업 전에 소화기 및 방화사 등을 준비한다.
④ 역화의 위험을 방지하기 위하여 역화방지기를 설치하여 역화를 방지한다.

해설 가스 용기 밸브는 서서히 조작한다.

309. 가스 용접 중 고무 호스에 역화가 일어났을 때 제일 먼저 해야 할 일은? [08]

① 토치에서 고무관을 뗀다.
② 즉시 용기를 눕힌다.
③ 즉시 아세틸렌 용기의 밸브를 닫는다.
④ 안전기에 규정의 물을 넣어 다시 사용하도록 한다.

정답 304. ② 305. ④ 306. ② 307. ② 308. ① 309. ③

해설 역화가 발생하면 가연성 가스인 아세틸렌 밸브를 먼저 닫은 후 산소 밸브를 닫는다.

310. **다음 중 가스 용접 작업 시 가장 많이 발생되는 사고는?** [08, 09]

① 가스 누설에 의한 폭발
② 자외선에 의한 망막 손상
③ 누전에 의한 감전사고
④ 유해가스에 의한 중독

해설 가스 용접 전에 조정기, 호스, 토치의 가스 누설 유무를 확인한다.

311. **가스 용접 시 사용하는 아세틸렌 호스의 색은 어느 것인가?** [04, 05, 06]

① 청색 ② 적색
③ 녹색 ④ 백색

해설 산소 호스는 청색, 아세틸렌 호스는 적색이다.

312. **산소 용접 토치 취급법에 대한 설명 중 잘못된 것은?** [06, 13]

① 용접 팁을 흙바닥에 놓아서는 안 된다.
② 작업 목적에 따라서 팁을 선정한다.
③ 토치는 기름으로 닦아 보관해 두어야 한다.
④ 점화 전에 토치의 이상 유무를 검사한다.

해설 토치와 팁은 항상 깨끗하게 청소한다(기름 사용 금지).

313. **산소 용접 중 역화되었을 때 조치방법으로 옳은 것은?** [07, 12, 15]

① 아세틸렌 밸브를 즉시 닫는다.
② 토치 속의 공기를 배출한다.
③ 팁을 청소한다.
④ 산소압력을 용접조건에 맞춘다.

해설 역화가 일어나면 가스 공급을 차단한다.

314. **동력에 의해 운전되는 컨베이어 등에 근로자의 신체의 일부가 말려드는 등 근로자에게 위험을 미칠 우려가 있을 때 설치해야 할 장치는 무엇인가?** [09, 14]

① 권과방지장치
② 비상정지장치
③ 해지장치
④ 이탈 및 역주행 방지장치

해설 비상정지장치 : 장치에 위험한 요소가 있으면 긴급히 정지시키는 장치

315. **아세틸렌 용기의 사용 설명에 대한 내용으로 적절치 못한 것은?** [10]

① 화기나 열기를 멀리한다.
② 충돌이나 충격을 주면 안 된다.
③ 용기 저장소는 옥외의 환기가 안 되는 곳이어야 한다.
④ 가스 조정기나 용기의 밸브에 호스를 연결시킬 때는 바르게 한다.

해설 용기 저장소는 환기가 양호하고 그늘진 곳에 설치하며, 40℃ 이하로 유지한다.

316. **산소 아세틸렌 용접에 사용하는 호스에 대한 설명으로 잘못된 것은?** [02]

① 아세틸렌 호스의 색깔은 적색인 것을 사용한다.
② 절단용 산소 호스는 주름이 있는 것을 사용해야 한다.

정답 310. ① 311. ② 312. ③ 313. ① 314. ② 315. ③ 316. ④

③ 호스를 밟지 않도록 한다.
④ 호스의 청소는 압축산소를 사용한다.

해설 호스의 청소는 불연성 가스인 사염화탄소를 사용한다.

317. **아세틸렌-산소를 사용하는 가스 용접장치를 사용할 때 조정기로 압력 조정 후 점화순서로 옳은 것은?** [14]

① 아세틸렌과 산소 밸브를 동시에 열어 조연성 가스를 많이 혼합 후 점화시킨다.
② 아세틸렌 밸브를 열어 점화시킨 후 불꽃 상태를 보면서 산소 밸브를 열어 조정한다.
③ 먼저 산소 밸브를 연 다음 아세틸렌 밸브를 열어 점화시킨다.
④ 먼저 아세틸렌 밸브를 연 다음 산소 밸브를 열어 적정하게 혼합한 후 점화시킨다.

318. **산소-아세틸렌 용접 시 역화의 원인으로 틀린 것은?** [11]

① 토치 팁이 과열되었을 때
② 토치에 절연장치가 없을 때
③ 사용 가스의 압력이 부적당할 때
④ 토치 팁 끝이 이물질로 막혔을 때

해설 전기 용접기에는 절연장치가 있고 산소-아세틸렌 용접기에는 근본적으로 절연장치가 없다.

319. **다음 중 산소-아세틸렌 가스 용접 시 역화현상이 발생하였을 때 조치사항으로 적절하지 못한 것은?** [12]

① 산소의 공급압력을 최대로 높인다.
② 팁 구멍의 이물질 제거 등 토치의 기능을 점검한다.
③ 팁을 물로 냉각한다.
④ 아세틸렌을 차단한다.

해설 산소와 아세틸렌 공급을 차단한다.

320. **아크 용접 작업 기구 중 보호구와 관계없는 것은?** [10]

① 용접용 보안면　② 용접용 앞치마
③ 용접용 홀더　④ 용접용 장갑

해설 용접용 홀더는 용접봉을 물고 용접 전류를 용접 케이블에서 용접봉에 전달하는 기구이다.

321. **가스관의 맞대기 용접을 할 때 유의사항 중 틀린 것은?** [08]

① 관 단면을 V형으로 가공한다.
② 관을 지지대에 올려놓고 편심이 되지 않게 고정한다.
③ 관의 중심축을 맞춘 후 3~4개소에 가접을 한다.
④ 가접 후 본용접은 하향 용접보다 상향 용접을 하는 것이 좋다.

해설 가접 후 본용접은 하향 용접으로 하는 것이 좋다.

322. **아크 용접 작업 시 인적 피해로 볼 수 없는 것은?** [07]

① 감전으로 인한 사고
② 과대전류에 의한 용접기의 소손
③ 스패터 및 슬래그에 의한 화상
④ 유해 가스에 의한 중독

해설 ②는 물적 피해이다.

323. **다음 중 [보기]의 작업에 알맞은 보호구는?** [02]

정답 317. ④　318. ②　319. ①　320. ③　321. ④　322. ②　323. ①

[보기]

- 점용접 작업
- 비산물이 발생하는 철물기계 작업
- 연마 광택 철사의 손질, 그라인딩 작업

① 보안면 ② 안전모
③ 안전대 ④ 방진 마스크

324. [보기]에 열거하는 원인 때문에 생기는 용접결함은? [02, 16]

[보기]

- 용접전류가 너무 낮을 때
- 운봉 및 봉의 유지 각도 불량
- 용접봉 선택 불량

① 기공 ② 언더 컷
③ 오버랩 ④ 스패터

해설 오버랩 : 용접전류가 낮거나 운봉이 잘못되어 있거나 용접 속도가 늦을 때 발생

325. 아크 용접 작업 중 아크 빛으로 인하여 혈안이 되고, 눈이 붓는 수가 있으며 눈병이 생긴다. 이때 우선 취해야 할 일은 어느 것인가? [06]

① 안약을 넣고, 계속 작업해도 좋다.
② 먼 산을 보고, 눈의 피로를 푼다.
③ 냉찜질을 하고, 안정을 취한다.
④ 묽은 염수를 넣고, 안정을 취한 다음 찬물로 씻는다.

해설 냉찜질을 하고 안정을 취한 후 심하면 병원으로 이송시킨다.

326. 다음 중 전기 용접 작업을 할 때 옳지 않은 것은? [12]

① 비오는 날 옥외에서 작업하지 않는다.
② 소화기를 준비한다.
③ 가스관에 접지한다.
④ 화상에 주의한다.

해설 가스관에 접지하면 화재 폭발의 위험이 있다.

327. 아크 용접 작업 시 주의사항으로 옳지 않은 것은? [05]

① 눈과 피부를 노출시키지 말 것
② 슬래그 제거 시는 보안경을 쓸것
③ 습기 있는 보호구는 착용하지 말 것
④ 가열된 홀더는 물에 넣어 냉각할 것

해설 가열된 홀더는 자연 냉각시킨다.

328. 전기 용접 작업의 안전사항으로 옳은 것은? [14]

① 홀더는 파손되어도 사용에는 관계없다.
② 물기가 있거나 땀에 젖은 손으로 작업해서는 안 된다.
③ 작업장은 환기를 시키지 않아도 무방하다.
④ 용접봉을 갈아 끼울 때는 홀더의 충전부가 몸에 닿도록 한다.

해설 손에 물기 또는 땀이 있으면 누전으로 인한 감전의 위험이 따른다.

329. 전기용접기 사용상의 준수사항으로 적합하지 않은 것은? [13]

① 용접기 설치장소는 습기나 먼지 등이 많은 곳은 피하고 환기가 잘 되는 곳을 선택한다.
② 용접기의 1차측에는 용접기 근처에 규정값보다 1.5배 큰 퓨즈(fuse)를 붙인 안전 스위치를 설치한다.

정답 324. ③ 325. ③ 326. ③ 327. ④ 328. ② 329. ②

③ 2차측 단자의 한쪽과 용접기 케이스는 접지(earth)를 확실히 해 둔다.
④ 용접 케이블 등의 파손된 부분은 즉시 절연 테이프로 감아야 한다.

해설 퓨즈는 메인 스위치에서 사용되고 용접기 근처에는 NFB (노퓨즈 브레이크)를 설치하여 정격전류의 1.5배에서 차단되게 한다.

330. 다음 중 아크 용접의 안전 사항으로 틀린 것은? [02, 07, 15]

① 홀더가 신체에 접촉되지 않도록 한다.
② 절연 부분이 균열이나 파손되었으면 교체한다.
③ 장시간 용접기를 사용하지 않을 때는 반드시 스위치를 차단시킨다.
④ 1차 코드는 벗겨진 것을 사용해도 좋다.

해설 코드가 벗겨진 것은 누전 또는 감전의 위험이 있으므로 교체하거나 절연을 시켜서 사용한다.

331. 전기 용접에서 아크 발생 시 주로 나오는 유해 광선은? [02, 16]

① 알파선 ② 엑스선
③ 자외선 ④ 적외선

해설 전기 아크 용접 작업을 할 때 발생되는 여러 광선 중에서 인체에 유해한 것은 자외선이다.

332. 교류 용접 시 표시란에 AW 200이라고 표시되어 있을 때 200은 무엇을 나타내는가? [06, 09, 14]

① 정격 1차 전류값
② 정격 2차 전류값
③ 1차 전류 최댓값
④ 2차 전류 최댓값

해설 AW 200은 아크 용접의 정격 2차 전류값이 200 A라는 뜻이다.

333. 다음 전기 용접 작업할 때에 안전관리 사항 중 적합하지 않은 것은? [02]

① 우천 시에는 옥외 작업을 하지 않는다.
② 피용접물은 코드로 완전히 접지시킨다.
③ 2차측 단자의 한쪽과 기계의 외부 상자는 가능한 접지를 하지 않도록 한다.
④ 용접봉은 홀더로부터 빠지지 않도록 정확히 끼운다.

해설 기기 외부 상자는 기기 손상과 감전 방지를 위하여 반드시 접지한다.

334. 전기 용접 작업할 때에 안전관리 사항 중 적합하지 않은 것은? [10]

① 우천 시에는 옥외 작업을 하지 않는다.
② 피용접물은 완전히 접지시킨다.
③ 옥외 용접 시에는 헬멧이나 핸드실드를 사용하지 않아도 된다.
④ 용접봉은 홀더로부터 빠지지 않도록 정확히 끼운다.

해설 용접 시 발생되는 유해가스로부터 인체를 보호하는 장비를 반드시 착용한다.

335. 전기 용접 작업 시 주의사항 중 맞지 않는 것은? [07, 13]

① 눈 및 피부를 노출시키지 말 것
② 우천 시 옥외 작업을 하지 말 것
③ 용접이 끝나고 슬래그 제거 작업 시 보안경과 장갑은 벗고 작업할 것
④ 홀더가 가열되면 자연적으로 열이 제거될 수 있도록 할 것

해설 슬래그 제거 작업 시에도 보안경과 장갑을 착용한다.

정답 330. ④ 331. ③ 332. ② 333. ③ 334. ③ 335. ③

336. 아크 용접 작업 기구 중 보호구와 관계없는 것은? [04]

① 헬멧 ② 앞치마
③ 용접용 홀더 ④ 용접용 장갑

해설 ③ : 전기 아크 용접봉을 꽂는 기구

337. 강관의 전기 용접 접합 시의 특징(가스 용접에 비해)으로 맞는 것은? [13]

① 유해 광선의 발생이 적다.
② 용접속도가 빠르고 변형이 적다.
③ 박판 용접에 적당하다.
④ 열량 조절이 비교적 자유롭다

해설 ①, ③, ④는 가스 용접의 특징이다.

338. 전기 용접 시 전격을 방지하는 방법으로 틀린 것은? [07, 11, 15]

① 용접기의 절연 및 접지상태를 확실히 점검할 것
② 가급적 개로전압이 높은 교류용접기를 사용할 것
③ 장시간 작업 중지 때는 반드시 스위치를 차단시킬 것
④ 반드시 주어진 보호구와 복장을 착용할 것

해설 전압은 15 V 이하로 자동 조정하여 위험을 적게 해야 한다.

339. 교류 아크 용접기 사용 시 안전 유의 사항으로 틀린 것은? [08, 15]

① 용접변압기의 1차측 전로는 하나의 용접기에 대해서 2개의 개폐기로 할 것
② 2차측 전로는 용접봉 케이블 또는 캡타이어 케이블을 사용할 것
③ 용접기의 외함은 접지하고 누전차단기를 설치할 것
④ 일정 조건하에서 용접기를 사용할 때는 자동 전격방지장치를 사용할 것

해설 1개의 용접기에 1개의 개폐기를 사용할 것

340. 전기 용접기에 의한 감전 사망의 위험성은 체내를 통과한 다음 어느 것에 의해서 결정되는가? [08]

① 속도치 ② 전류치
③ 수용치 ④ 주행치

해설 전류가 일정 수준 이상이면 감전 사망의 위험성이 있다.

341. 전기 용접 작업을 할 때 안전관리 사항 중 적합하지 않은 것은? [14]

① 피용접물은 완전히 접지시킨다.
② 우천 시에는 옥외 작업을 하지 않는다.
③ 용접봉은 홀더로부터 빠지지 않도록 정확히 끼운다.
④ 옥외 용접 시에는 헬멧이나 핸드실드를 사용하지 않는다.

해설 전기 용접 시 반드시 헬멧과 핸드실드를 사용한다.

342. 전기 용접 작업의 안전사항에 해당되지 않는 것은? [10, 12]

① 용접 작업 시 보호구를 착용토록 한다.
② 홀더나 용접봉은 맨손으로 취급하지 않는다.
③ 작업 전에 소화기 및 방화사를 준비한다.
④ 용접이 끝나면 용접봉은 홀더에서 빼지 않는다.

해설 용접이 끝나면 용접봉은 홀더에서 빼고 전원을 차단하여 안전사고를 미연에 방지한다.

정답 336. ③ 337. ② 338. ② 339. ① 340. ② 341. ④ 342. ④

343. 용접 작업 중 감전 시 심장마비를 일으킬 수 있는 전류값은 몇 mA인가? [02]

① 8 ② 15
③ 25 ④ 50

해설 50 mA 이상은 상당히 위험하고 사망의 우려가 있다.

344. 중량물을 운반하는 크레인 사용 시 하중을 초과할 경우 리밋 스위치에 의해 권상을 정지시키는 방호장치는? [10, 12]

① 과부하방지장치 ② 권과방지장치
③ 비상정지장치 ④ 해지장치

해설 ① : 크레인 전동기 과부하 방지
② : 하중 초과 시 리밋 스위치에 의해 권상 정지
③ : 위험 초래 시 정지
④ : 로프 이탈 방지

345. 피복 아크 용접 시 가장 많이 발생하는 가스는? [06]

① 수소 ② 이산화탄소
③ 일산화탄소 ④ 수증기

346. 아크 용접 작업 시 주의할 사항으로 틀린 것은? [05, 11]

① 우천 시 옥외 작업을 금한다.
② 눈 및 피부를 노출시키지 않는다.
③ 용접이 끝나면 반드시 용접봉을 빼어 놓는다.
④ 장소가 협소한 곳에서는 전격방지기를 설치하지 않는다.

해설 전기 용접 시 감전방지기인 전격방지기를 반드시 설치한다.

347. 아크 용접 작업 시 사망 재해의 주원인은 어느 것인가? [09, 12]

① 아크 광선에 의한 재해
② 전격에 의한 재해
③ 가스 중독에 의한 재해
④ 가스 폭발에 의한 재해

해설 전기(아크) 용접 시 감전(전격)에 의해서 인명 피해를 입을 수 있으므로 반드시 전격방지장치를 설치한다.

348. 아크 용접기의 2차 무부하전압을 일정하게 유지시켜 감전사고를 예방하기 위해 부착하는 것은? [05]

① 2차 권선장치
② 자동 전격방지장치
③ 접지 케이블 장치
④ 리밋 스위치

해설 전격방지기는 용접을 하지 않을 때의 2차 무부하전압이 항상 25 V 이하로 유지되므로 감전을 방지할 수 있다.

349. 감전사고를 예방하기 위한 조치로서 적당하지 못한 것은? [06]

① 전기기기에 위험 표시
② 전기설비의 점검 철저
③ 가급적 보호접지는 생략
④ 노출된 충전부분에는 절연용 보호구를 설치

해설 전기기기는 접지를 반드시 할 것

350. 전기 용접 작업 시 전격에 의한 사고를 예방할 수 있는 사항으로 틀린 것은? [15]

① 절연 홀더의 절연부분이 파손되면 바로 보수하거나 교체한다.

정답 343. ④ 344. ② 345. ③ 346. ④ 347. ② 348. ② 349. ③ 350. ③

② 용접봉의 심선은 손에 접촉되지 않게 한다.
③ 용접용 케이블은 2차 접속단자에 접촉한다.
④ 용접기는 무부하 전압이 필요 이상 높지 않은 것을 사용한다.

해설 케이블 접속은 커넥터로 한다. 1차 케이블은 일반적인 전기선을, 2차 케이블은 유연성 있는 것을 사용한다.

351. 아크 용접 작업에서 전격의 방지대책으로 올바르지 못한 것은? [08]

① 용접기의 내부에 함부로 손을 대지 않는다.
② 절연 홀더의 절연부분이 노출·파손되면 곧 보수하거나 교체한다.
③ TIG 용접이나 MIG 용접기가 수랭식 토치에서 냉각수가 새어나오면 사용을 시작한다.
④ 맨홀 등과 같이 밀폐된 구조물 안이나 앞쪽에 막혀 잘 보이지 않는 장소에서 작업을 할 때에는 자동 전격방지기를 부착하여 사용한다.

해설 용접기에서 냉각수가 누설되면 사용을 정지하고 수리한다.

352. 용접 작업 중 감전사고가 발생했을 때 응급조치 방법이 아닌 것은? [06]

① 즉시 냉수를 먹인다.
② 인공호흡을 시킨다.
③ 전원을 차단한다.
④ 119에 전화한다.

해설 감전 시에는 전원을 차단하고 위급조치를 취한 후 병원으로 수송한다.

353. 교류 아크 용접기에서 감전을 방지하기 위해 전격방지기를 사용하는데 전격방지기는 무엇을 조정하는가? [04, 08]

① 1차측 전류 ② 2차측 전류
③ 1차측 전압 ④ 2차측 전압

해설 전격방지기는 용접을 하지 않을 때 용접봉에 가해지는 무부하 전압을 25 V 이하로 유지하여 감전을 방지한다.

354. 공장 설비 계획에 관하여 기계 설비의 배치와 안전의 유의사항으로 틀린 것은? [14]

① 기계 설비의 주위에는 충분한 공간을 둔다.
② 공장 내외에는 안전 통로를 설정한다.
③ 원료나 제품의 보관 장소는 충분히 설정한다.
④ 기계 배치는 안전과 운반에 관계없이 가능한 한 가깝게 설치한다.

해설 기계 배치는 안전공간이 확보되어야 하고 운반할 때와 정차할 때는 앞차와의 간격이 5 m 이상일 것

355. 크레인을 사용하여 작업을 하고자 한다. 작업 시작 전의 점검사항으로 틀린 것은? [15]

① 권과방지장치·브레이크·클러치 및 운전장치의 기능
② 주행로의 상측 및 트롤리가 횡행(橫行)하는 레일의 상태
③ 와이어로프가 통하고 있는 곳의 상태
④ 압력방출장치의 기능

해설 압력방출장치(안전밸브)는 압력용기 등의 안전장치이다.

356. 크레인(crane)의 방호장치에 해당되지 않는 것은? [14]

정답 351. ③ 352. ① 353. ④ 354. ④ 355. ④ 356. ④

① 권과방지장치
② 과부하방지장치
③ 비상정지장치
④ 과속방지장치

해설 크레인은 정해진 속도 이하로 이동하고 속도 제어는 수작업으로 한다.

357. 일반적인 컨베이어의 안전장치로 가장 거리가 먼 것은? [15]

① 역회전방지장치 ② 비상정지장치
③ 과속방지장치 ④ 이탈방지장치

해설 컨베이어는 정해진 속도 이하로 이동하고 속도 제어는 수작업으로 한다.

358. 작업장의 출입구 설치기준으로 옳지 않은 것은? [08, 15]

① 출입구의 위치·수 및 크기가 작업장의 용도와 특성에 적합하도록 할 것
② 출입구에 문을 설치하는 경우에는 근로자가 쉽게 열고 닫을 수 있도록 할 것
③ 주목적이 하역운반기계용인 출입구에는 보행자용 출입구를 따로 설치하지 말 것
④ 계단이 출입구와 바로 연결된 경우에는 작업자의 안전한 통행을 위하여 그 사이에 충분한 거리를 둘 것

해설 하역운반기계용인 출입구에는 보행자용 출입구를 따로 설치하여 안전을 도모한다.

359. 작업장의 출입문에 대한 설명이다. 옳지 않은 것은? [11, 16]

① 담당자 외에는 쉽게 열고 닫을 수 없게 해야 한다.
② 출입문 위치 및 크기는 작업장 용도에 적합해야 한다.
③ 운반기계용인 출입구는 보행자용 문을 따로 설치해야 한다.
④ 통로의 출입구는 근로자의 안전을 위해 경보장치를 해야 한다.

해설 작업장은 위급한 상황에 대처하기 위하여 출입문의 개폐를 원활하게 한다.

정답 357. ③ 358. ③ 359. ①

2장 냉동 안전관리

1. **냉동설비에 부착하는 압력계의 기준에 대한 설명 중 압력계의 최소 눈금에 대해 타당한 것은 어느 것인가?** [02]

① 기밀시험 압력 이상이고 그 압력에 2배 이하일 것
② 최고 사용압력의 2배 이상일 것
③ 20 kg/cm^2 이상, 30 kg/cm^2 이하일 것
④ 내압시험 압력의 1.5배 이상 3배 이하일 것

해설 최소 눈금은 정상 압력의 1.5~2배이고 기밀시험 압력 이상이어야 한다.

2. **압축 또는 액화 그 밖의 방법으로 처리할 수 있는 가스의 체적이 1일 100 m^3 이상인 사업소는 표준압력계를 몇 개 이상 비치해야 하는가?** [02]

① 1개 ② 2개 ③ 3개 ④ 4개

해설 고압가스안전관리법에서 가스를 제조, 저장, 충전하는 장소는 표준압력계를 2개 이상 비치한다.

3. **신규 검사에 합격된 냉동용 특정설비의 각인 사항과 그 기호의 연결이 올바르게 된 것은 어느 것인가?** [10, 13, 16]

① 용기의 질량 : TM
② 내용적 : TV
③ 최고사용압력 : FT
④ 내압시험압력 : TP

해설 ⓐ 용기 질량 : W
ⓑ 내용적 : V
ⓒ 최고충전압력 : FP
ⓓ 내압시험압력 : TP

4. **냉동기 검사에 합격한 냉동기 용기에 반드시 각인해야 할 사항은?** [15]

① 제조업체의 전화번호
② 용기의 번호
③ 제조업체의 등록번호
④ 제조업체의 주소

해설 용기 각인 사항 : 용기의 제조번호, 내압시험압력, 최고충전압력, 용기내용적, 사용가스명 등

5. **냉동제조시설 기준에 대한 설명 중 틀린 것은?** [12]

① 냉매설비에는 상용압력을 초과하는 경우 즉시 그 압력을 상용압력 이하로 되돌릴 수 있는 안전장치를 설치할 것
② 암모니아 냉동설비의 전기설비는 반드시 방폭성능을 가지는 것일 것
③ 냉매설비에는 긴급사태가 발생하는 것을 방지하기 위해 자동제어장치를 설치할 것
④ 가연성가스 또는 독성가스 냉매설비의 배관에서 냉매가스가 누출될 경우 그 가스가 체류하지 않도록 필요한 조치를 할 것

해설 NH_3는 제2종 가연성가스이므로 방폭설비를 하지 않아도 된다.

정답 1. ① 2. ② 3. ④ 4. ② 5. ②

6. **용기의 재검사 기간의 설명이 바른 것은 어느 것인가?** [05]

① 용기의 경과연수가 15년 미만이며, 500 L 이상인 용접용기는 7년
② 용기의 경과연수가 15년 미만이며, 500 L 미만인 용접용기는 5년
③ 용기의 경과연수가 15년 이상에서 20년 미만이며, 500 L 이상인 용접용기는 3년
④ 용기의 경과연수가 20년 이상이며, 500 L 이상인 용접용기는 1년

해설 용기 재검사 기간

구 분		15년 미만	15년 이상 ~20년 미만	20년 이상
용접 용기	500 L 이상	5년	2년	1년
	500 L 미만	3년	2년	1년
이음매 없는 용기	500 L 이상	5년		
	500 L 미만	신규검사 후 경과 연수가 10년 이하인 것은 5년, 10년을 초과한 것은 3년마다		

7. **냉동기 검사 시 냉동기에 각인되지 않아도 되는 것은?** [09]

① 원동기 소요전력 및 전류
② 제조 번호
③ 내압시험압력(기호 : TP, 단위 : MPa)
④ 최저사용압력(기호 : DP, 단위 : MPa)

8. **냉동기 검사에 합격한 냉동기에는 다음 사항을 명확히 각인한 금속박판을 부착하여야 한다. 각인할 내용에 해당되지 않는 것은?** [07]

① 냉매가스의 종류
② 냉동능력(RT)
③ 냉동기 제조자의 명칭 또는 약호
④ 냉동기 운전조건(주위온도)

9. **냉동설비의 설치공사 완료 후 시운전 또는 기밀시험을 실시할 때 사용할 수 없는 것은 어느 것인가?** [09]

① 헬륨 ② 산소
③ 질소 ④ 탄산가스

해설 산소는 지연성 가스이므로 윤활유를 사용하는 압축기에서 압축 시에 폭발의 위험이 있다.

10. **냉동설비에 설치된 수액기의 방류둑 용량에 관한 설명으로 옳은 것은?** [08, 14]

① 방류둑 용량은 설치된 수액기 내용적의 90 % 이상으로 할 것
② 방류둑 용량은 설치된 수액기 내용적의 80 % 이상으로 할 것
③ 방류둑 용량은 설치된 수액기 내용적의 70 % 이상으로 할 것
④ 방류둑 용량은 설치된 수액기 내용적의 60 % 이상으로 할 것

해설 방류둑은 수액기 저장용량 10 m^3 (10000 L) 또는 질량 5 ton (5000 kg) 이상일 때 설치하고, 방류둑의 용량은 내용적의 90 % 이상일 것

11. **냉동제조시설의 안전관리규정 작성 요령에 대한 설명 중 잘못된 것은?** [11]

① 안전관리자의 직무, 조직에 관한 사항을 규정할 것
② 종업원의 훈련에 관한 사항을 규정할 것
③ 종업원의 후생복지에 관한 사항을 규정할 것
④ 사업소시설의 공사·유지에 관한 사항을 규정할 것

정답 6. ④ 7. ④ 8. ④ 9. ② 10. ① 11. ③

해설 ③은 종업원 복지시설에 관한 사항이다.

12. **냉동설비 사업소의 경계표지 방법으로 적당한 것은?** [05, 09]

① 사업소의 경계표지는 출입구를 제외한 울타리, 담 등에 게시할 것
② 이동식 냉동설비에는 표시를 생략할 것
③ 외부 사람이 명확하게 식별할 수 있는 크기로 할 것
④ 당해 시설에 접근할 수 있는 장소가 여러 방향일 때는 대표적인 장소에만 게시할 것

해설 경계표지
① 당해 사업소의 출입구 등 외부에서 보기 쉬운 곳에 설치한다.
② 냉동설비(이동식 포함) 등에는 그 설비 외면에서 식별하기 쉬운 곳에 설치한다.
④ 당해 시설에 접근할 수 있는 장소가 여러 방향일 때 그 장소마다 게시한다.

13. **냉동제조설비의 안전관리자의 인원에 대한 설명 중 바른 것은?** [10]

① 냉동능력 300톤 초과(냉매가 프레온일 경우는 600톤 초과)인 경우 안전관리원은 3명 이상이어야 한다.
② 냉동능력이 100톤 초과 300톤 이하(냉매가 프레온일 경우는 200톤 초과 600톤 이하)인 경우 안전관리원은 1명 이상이어야 한다.
③ 냉동능력 50톤 초과 100톤 이하(냉매가 프레온인 경우 100톤 초과 200톤 이하)인 경우 안전관리 총괄자는 없어도 상관없다.
④ 냉동능력 50톤 이하(냉매가 프레온인 경우 100톤 이하)인 경우 안전관리 책임자는 없어도 상관없다.

해설 고압가스안전관리법 시행령 별표 3
① 냉동능력 300톤 초과(프레온을 냉매로 사용하는 것은 냉동능력 600톤 초과) : 안전관리 총괄자1명, 안전관리 책임자 1명, 안전관리원 2명 이상
② 냉동능력 100톤 초과 300톤 이하(프레온을 냉매로 사용하는 것은 냉동능력 200톤 초과 600톤 이하) : 안전관리 총괄자 1명, 안전관리 책임자 1명, 안전관리원 1명 이상
③ 냉동능력 50톤 초과 100톤 이하(프레온을 냉매로 사용하는 것은 냉동능력 100톤 초과 200톤 이하) : 안전관리 총괄자 1명, 안전관리 책임자 1명, 안전관리원 1명 이상
④ 냉동능력 50톤 이하(프레온을 냉매로 사용하는 것은 냉동능력 100톤 이하) : 안전관리 총괄자 1명, 안전관리 책임자 1명

14. **냉동제조시설 및 기술 기준으로 적당하지 못한 것은?** [06, 08, 11, 13]

① 냉동제조설비 중 특정설비는 검사에 합격한 것일 것
② 냉동제조시설 중 냉매설비는 자동제어장치를 설치할 것
③ 제조설비는 진동, 충격, 부식 등으로 냉매가스가 누설되지 아니할 것
④ 압축기 최종단에 설치한 안전장치는 2년에 1회 이상 압력시험을 할 것

해설 압축기 최종단에 설치한 안전장치는 1년에 1회 이상, 그 밖의 안전장치는 2년에 1회 이상 시험해야 한다.

15. **산소 용기 취급 시 주의사항으로 옳지 않은 것은?** [14]

정답 12. ③ 13. ② 14. ④ 15. ③

① 용기를 운반 시 밸브를 닫고 캡을 씌워서 이동할 것
② 용기는 전도, 충돌, 충격을 주지 말 것
③ 용기는 통풍이 안 되고 직사광선이 드는 곳에 보관할 것
④ 용기는 기름이 묻은 손으로 취급하지 말 것

해설 용기는 40℃ 이하의 통풍이 잘되는 음지에 보관한다.

16. **고압가스 냉동제조시설에서 압축기의 최종단에 설치한 안전장치의 작동 점검기준으로 옳은 것은 어느 것인가? (단, 액체의 열팽창으로 인한 배관의 파열방지용 안전밸브는 제외한다.)** [08, 14]

① 3개월에 1회 이상
② 6개월에 1회 이상
③ 1년에 1회 이상
④ 2년에 1회 이상

해설 냉동장치에 설치한 안전밸브 (압축기와 응축기, 수액기 등에 설치한 경우)는 1년에 1회 이상 동작 (작동) 상태를 점검한다.

17. **다음 중 냉동제조시설에서 안전관리자의 직무에 해당하지 않는 것은?** [07]

① 안전관리 규정의 시행
② 냉동시설 설계 및 시공
③ 사업소의 시설 안전유지
④ 사업소 종사자 지휘 감독

해설 냉동시설 설계 및 시공은 시공자의 역할이다.

18. **냉동제조시설이 적합하게 설치 또는 유지·관리되고 있는지 확인하기 위한 검사의 종류가 아닌 것은?** [09]

① 중간 검사　② 완성 검사
③ 불시 검사　④ 정기 검사

19. **냉동제조의 시설 중 안전유지를 위한 기술기준에 관한 설명으로 틀린 것은?** [15]

① 안전밸브에 설치된 스톱밸브는 특별한 수리 등 특별한 경우 외에는 항상 열어 둔다.
② 냉동설비의 설치공사가 완공되면 시운전할 때 산소가스를 사용한다.
③ 가연성 가스의 냉동설비 부근에는 작업에 필요한 양 이상의 연소물질을 두지 않는다.
④ 냉동설비의 변경공사가 완공되어 기밀시험 시 공기를 사용할 때에는 미리 냉매 설비 중의 가연성 가스를 방출한 후 실시한다.

해설 시운전은 냉동설비에 사용되는 냉매로 하고 그 외의 압력시험에는 N_2, CO_2, 공기 등을 사용하며, 산소 (O_2)를 사용하면 폭발의 위험이 있다.

20. **냉동기 제조의 시설기준 중 갖추어야 할 설비가 아닌 것은?** [07, 16]

① 프레스 설비　② 용접 설비
③ 제관 설비　④ 누출방지 설비

해설 냉동기의 제조 등록 기준 : 냉동기 제조에 필요한 프레스 설비·제관 설비·건조 설비·용접 설비 또는 조립 설비 등을 갖추어야 한다.

21. **냉동장치에서 안전상 운전 중에 점검해야 할 중요 사항에 해당되지 않는 것은 어느 것인가?** [07, 13]

① 흡입압력과 온도
② 유압과 유온

정답 16. ③ 17. ② 18. ③ 19. ② 20. ④ 21. ④

③ 냉각수량과 수온
④ 전동기의 회전방향

해설 전동기의 회전방향은 설치 시에 점검한다.

22. **고압가스가 충전되어 있는 용기는 몇 ℃ 이하에서 보관해야 하는가?** [06, 16]

① 40℃ ② 45℃
③ 50℃ ④ 55℃

해설 고압가스 충전 용기는 40℃ 이하의 용기보관실에서 저장한다.

23. **냉동장치 취급에 있어서 안전관리를 위한 사항이 아닌 것은?** [09]

① 고압가스 안전관리에 관계되는 법규를 이해한다.
② 안전 검사를 위하여 구체적인 계획을 세우고, 실천해야 한다.
③ 냉매의 특성을 이해하는 것은 안전관리에 별다른 도움을 주지 않는다.
④ 압력계, 온도계, 전류계 등 각종 계기의 수치와 단위에 대하여 이해한다.

해설 냉매의 성질과 특성을 알고 안전하게 운전해야 한다.

24. **냉동장치의 고압측에 안전장치로 사용되는 것 중 옳지 않은 것은?** [12, 16]

① 스프링식 안전밸브
② 플로트 스위치
③ 고압차단 스위치
④ 가용전

해설 플로트 스위치는 부착된 기기의 개폐를 도와주는 전기 스위치이다.

25. **냉동기계 설치 시 각 기기의 위치를 정하기 위한 설명으로 옳지 않은 것은?** [12]

① 운전상 작업의 용이성을 고려할 것
② 실내의 기계 상태를 일부분만 볼 수 있게 하고 제어가 쉽도록 할 것
③ 실내의 조명과 환기를 고려할 것
④ 현장의 상황에 맞는가를 조사할 것

해설 실내의 기계는 전면이 반드시 노출되고 운전·정비·보수가 쉬워야 한다.

26. **다음 가스 중 냄새로 쉽게 알 수 있는 것은?** [03]

① 프레온 가스(R-12), 질소, 이산화탄소
② 일산화탄소, 아르곤, 메탄
③ 염소, 암모니아, 메탄올
④ 아세틸렌, 부탄, 프로판

해설 염소, 암모니아, 메탄올, 아세틸렌은 냄새나는 기체이고, 프레온, 질소, 이산화탄소, 프로판, 부탄은 냄새가 없다(부탄과 프로판은 취급 시 향료를 섞어서 사용한다).

27. **다음 가스시설 중에서 가스가 누설되고 있을 때 가장 적절한 조치를 순서대로 나열한 것은?** [03]

[보기]

(가) 창문을 열어 통풍시킨다.
(나) 판매점에 연락한다.
(다) 중간 밸브를 잠근다.
(라) 용기 밸브를 잠근다.

① (가)-(나)-(다)-(라) ② (라)-(다)-(가)-(나)
③ (나)-(가)-(라)-(다) ④ (다)-(나)-(가)-(라)

28. **고압가스 운반 등의 기준으로 적합하지 않은 것은?** [12]

정답 22. ① 23. ③ 24. ② 25. ② 26. ③ 27. ② 28. ③

① 충전용기를 차량에 적재하여 운반할 때에는 적재함에 세워서 운반할 것
② 독성가스 중 가연성 가스와 조연성 가스는 같은 차량의 적재함으로 운반하지 않을 것
③ 질량 500 kg 이상의 암모니아 운반 시는 운반 책임자를 동승시킨다.
④ 운반 중인 충전용기는 항상 40℃ 이하를 유지할 것

해설 독성 가연성 가스는 질량 5 ton(5000 kg) 이상인 경우 안전관리자를 동승시킨다.

29. 다음 중 고압가스 안전관리법에서 규정한 용어를 바르게 설명한 것은? [13]

① "저장소"라 함은 지식경제부령이 정하는 일정량 이상의 고압가스를 용기나 저장탱크로 저장하는 일정한 장소를 말한다.
② "용기"라 함은 고압가스를 운반하기 위한 것(부속품을 포함하지 않음)으로서 이동할 수 있는 것을 말한다.
③ "냉동기"라 함은 고압가스를 사용하여 냉동을 하기 위한 모든 기기를 말한다.
④ "특정설비"라 함은 저장탱크와 모든 고압가스 관계 설비를 말한다.

해설 ② "용기"란 고압가스를 충전하기 위한 것(부속품을 포함한다)으로서 이동할 수 있는 것을 말한다.
③ "냉동기"란 고압가스를 사용하여 냉동을 하기 위한 기기로서 지식경제부령으로 정하는 냉동능력 이상인 것을 말한다.
④ "특정설비"란 저장탱크와 지식경제부령으로 정하는 고압가스 관련 설비를 말한다.

30. 고압가스 특정제조시설 기준에서 제 2 종 보호 시설에 해당되는 곳은? [03]

① 학교 ② 병원
③ 도서관 ④ 주택

31. 액화가스의 저장탱크에는 그 저장탱크 내용적의 몇 %를 초과하여 충전하면 안 되는가? [11, 13]

① 90 % ② 80 %
③ 75 % ④ 60 %

해설 가스 충전 시 용기는 85 % 이하, 탱크는 90 % 이하로 충전할 것

32. 고압가스안전관리법 시행규칙에 의거 원심식 압축기의 냉동설비 중 그 압축기의 원동기 냉동능력 산정기준은? [10, 12]

① 정격출력 1.0 kW를 1일의 냉동능력 1톤으로 본다.
② 정격출력 1.2 kW를 1일의 냉동능력 1톤으로 본다.
③ 정격출력 1.5 kW를 1일의 냉동능력 1톤으로 본다.
④ 정격출력 2.0 kW를 1일의 냉동능력 1톤으로 본다.

해설 법정냉동능력

ⓐ 일반 냉동장치 $R = \frac{V}{C}$[RT]

V : 피스톤 토출량 (m^3/h), C : 정수

ⓑ 흡수식 냉동장치 : 발생기(재생기) 발열량 6640 kcal/h를 1 RT로 한다.

ⓒ 원심식(터보) 냉동장치 : 원동기 정격출력 1.2 kW를 1 RT로 한다.

33. 산소가 충전되어 있는 용기의 취급상 주의사항으로 틀린 것은? [13]

① 용기밸브는 녹이 생겼을 때 잘 열리지

정답 29. ① 30. ④ 31. ① 32. ② 33. ①

않으므로 그리스 등 기름을 발라둔다.
② 용기밸브의 개폐는 천천히 하며, 산소 누출 여부 검사는 비눗물을 사용한다.
③ 용기밸브가 얼어서 녹일 경우에는 약 40℃ 정도의 따뜻한 물로 녹여야 한다.
④ 산소 용기는 눕혀두거나 굴리는 등 충격을 주지 말아야 한다.

해설 산소 용기는 유지류 (기름 등) 사용을 금한다.

34. **가연성 가스의 화재, 폭발을 방지하기 위한 대책으로 틀린 것은?** [13]

① 가연성 가스를 사용하는 장치를 청소하고자 할 때는 가연성 가스로 한다.
② 가스가 발생하거나 누출될 우려가 있는 실내에서는 환기를 충분히 시킨다.
③ 가연성 가스가 존재할 우려가 있는 장소에서는 화기를 엄금한다.
④ 가스를 연료로 하는 연소 설비에서는 점화하기 전에 누출 유무를 반드시 확인한다.

해설 가연성 가스를 사용하는 장치를 청소하고자 할 때는 불연성 가스 (CCl_4 등)로 한다.

35. **공기조화용으로 사용되는 교류 3상 220 V의 전동기가 있다. 전동기의 외함 및 철대에 제 3 종 접지 공사를 하는 목적에 해당되지 않는 것은?** [13, 16]

① 감전사고의 방지
② 성능을 좋게 하기 위해서
③ 누전 화재의 방지
④ 기기, 배관 등의 파괴 방지

해설 접지는 누전 시 감전, 화재, 기기 파손을 방지할 목적으로 한다.

36. **고압가스 일반 제조 시 저장탱크를 지하에 묻는 경우 기준에 맞지 않는 것은?** [06]

① 저장탱크의 주위에 마른 모래를 채워 둘 것
② 지하에 묻는 저장탱크의 외면에는 부식 방지 코팅을 할 것
③ 저장탱크를 묻는 곳의 주위에는 지상에 경계를 표시할 것
④ 저장탱크의 정상부와 지면과의 거리는 1 m 이상으로 할 것

해설 저장탱크의 정상부와 지면과의 거리는 5 m 이상으로 할 것

37. **고압가스 안전관리법에 의하면 냉동기를 사용하여 고압가스를 제조하는 자는 안전관리자를 해임하거나, 퇴직한 때에는 지체없이 이를 허가 또는 신고 관청에 신고하고, 해임 또는 퇴직한 날로부터 며칠 이내에 다른 안전관리자를 선임하여야 하는가?** [11]

① 7일 ② 10일
③ 20일 ④ 30일

38. **가연성 가스 냉매설비에 설치하는 방출관의 방출구 위치 기준으로 옳은 것은?** [08]

① 지상으로부터 2 m 이상의 높이
② 지상으로부터 3 m 이상의 높이
③ 지상으로부터 4 m 이상의 높이
④ 지상으로부터 5 m 이상의 높이

해설 가스 방출관의 방출구 높이는 지면 5 m 이상, 정상부에서 2 m 이상 중에서 높은 것으로 한다.

39. **공조실에서 용접 작업 시 안전사항으로 적당하지 않은 것은?** [12]

정답 34. ① 35. ② 36. ④ 37. ④ 38. ④ 39. ①

① 전극 클램프 부분에는 작업 중 먼지가 많아도 그냥 두고 접속 부분의 접촉 저항만 크게 하면 된다.
② 용접기의 리드 단자와 케이블의 접속은 절연물로 보호한다.
③ 용접 작업이 끝났을 경우 전원 스위치를 내린다.
④ 홀더나 용접봉은 맨손으로 취급하지 않는다.

해설 전극 부분의 이물질을 제거한다.

40. **고압가스 저장실(가연성 가스) 주위에는 화기 또는 인화성 물질을 두어서는 안 된다. 이때 유지하여야 할 적당한 거리로 옳은 것은?** [05, 08, 10, 14]

① 1 m ② 3 m
③ 7 m ④ 8 m

해설 가연성 가스 저장소는 화기와 8 m 이상의 우회거리를 둔다.

41. **가연성 냉매가스 중 냉매설비의 전기설비를 방폭구조로 하지 않아도 되는 것은?** [10]

① 암모니아 ② 노말부탄
③ 에탄 ④ 염화메탄

해설 암모니아(NH_3)는 폭발 범위가 15~28 %에 해당하는 제2종 가연성 가스이므로 방폭구조를 설치하지 않는다.

42. **독성가스를 식별조치할 때 표지판의 가스 명칭은 무슨 색으로 하는가?** [02, 06]

① 흰색 ② 노란색
③ 적색 ④ 흑색

해설 백색 바탕에 흑색 글씨이고 가스 명칭은 적색이다.

43. **냉동설비의 설치공사 후 기밀시험 시 사용되는 가스로 적합하지 않은 것은?** [11, 14]

① 공기 ② 산소
③ 질소 ④ 아르곤

해설 산소를 압축하면 폭발의 위험성이 있다.

44. **NH_3를 충전할 때 지켜야 할 사항으로 적당하지 못한 것은?** [07]

① 화기를 취급하는 장소를 피한다.
② 충전 시 적정 규정량을 충전한다.
③ 가스가 다른 곳으로 발산되지 않도록 한다.
④ 저장능력이 10000 kg 이하인 경우 주택과의 거리는 10 m 이상의 거리를 가진다.

해설 저장능력 및 처리설비 10000 kg 이하 독성(NH_3), 가연성가스는 제1종 보호시설(학교, 유치원 등)과 17 m 이상, 제2종 보호시설(주택, 연면적 100~1000 m^2)과 12 m 이상의 안전거리를 유지해야 한다.

45. **다음 중 가스 장치실의 구조에 해당되지 않는 것은?** [06]

① 벽은 불연성으로 할 것
② 지붕, 천장의 재료는 가벼운 불연성일 것
③ 가스가 누출 시 당해 가스가 정체되지 아니하도록 할 것
④ 방음장치를 설치할 것

해설 방호벽 구조로 설치할 것

46. **가연성 가스 또는 가연성 분진 등이 체류하는 장소에 설치해야 하는 것으로 옳은 것은?** [09]

① 진동설비 ② 배수설비
③ 소음설비 ④ 환기설비

정답 40. ④ 41. ① 42. ③ 43. ② 44. ④ 45. ④ 46. ④

해설 환기능력 $2\ m^3/min$ 이상의 환기설비를 설치한다.

47. 정전 시 조치 사항 내용으로 틀린 것은 어느 것인가? [09, 11]

① 냉각수 공급을 중단한다.
② 수액기 출구 밸브를 닫는다.
③ 흡입 밸브를 닫고 모터가 정지한 후 토출 밸브를 닫는다.
④ 냉동기의 주 전원 스위치는 계속 통전시킨다.

해설 정전 시 제일 먼저 주 전원 스위치를 차단한다.

48. 다음 중 프레온 냉매가 누설되어 사고가 발생되었을 때의 응급조치 방법이 바르지 않은 것은? [11]

① 프레온이 눈에 들어갔을 경우 응급조치로 묽은 붕산용액으로 눈을 씻어준다.
② 프레온은 공기보다 가벼우므로 머리를 아래로 한다.
③ 프레온이 피부에 닿으면 동상의 위험이 있으므로 물로 씻고, 피크르산 용액을 얇게 뿌린다.
④ 프레온이 불꽃에 닿으면 유독한 포스겐가스가 발생하여 더 큰 피해가 발생하므로 주의한다.

해설 프레온은 공기보다 무거우므로 머리를 위로 하여 피난한다.

49. 독성가스를 냉매로 사용할 때 수액기 내용적이 몇 L 이상이면 방류둑을 설치하는가? [05]

① 10000 ② 8000
③ 6000 ④ 4000

해설 독성가스 방류둑은 내용적 10000 L 이상, 저장능력 5000 kg 이상일 때 설치한다.

50. 암모니아를 냉매로 하는 냉동장치의 기밀시험에 사용하면 안 되는 기체는? [11]

① 질소 ② 아르곤
③ 공기 ④ 산소

해설 NH_3는 폭발 범위가 15~28 %인 제2종 가연성 가스이며 산소를 기밀시험에 사용하면 폭발 위험성이 있다.

51. 다음 중 암모니아 가스의 제독제로 올바른 것은? [07]

① 물 ② 가성소다
③ 탄산소다 ④ 소석회

해설 암모니아는 물에 약 800~900배 용해된다.

52. 프레온계 냉매액이 피부에 묻었을 때에 대한 가장 적당한 조치는? [11]

① 진한 염산으로 중화시킨다.
② 암모니아, 황산나트륨 포화용액으로 살포한다.
③ 물로 씻고 피크린산용액을 바른다.
④ 레몬주스 또는 20 %의 식초를 바른다.

해설 프레온계 냉매가 피부에 접촉되면 동상을 입으므로 피크린산용액을 바른다.

53. 냉동장치의 냉매설비 기밀시험은? [03]

① 설계 압력 이상
② 설계 압력 미만
③ 설계 압력 1.5배 이상
④ 설계 압력 1.5배 미만

해설 ⓐ 기밀시험 : 설계 압력 이상 또는

정답 47. ④ 48. ② 49. ① 50. ④ 51. ① 52. ③ 53. ①

정상 압력 1.1배 이상
ⓑ 내압시험 : 정상 압력 1.5배 이상

54. **다음 중 냉동기의 보수 계획을 세우기 전에 실행하여야 할 사항으로 옳지 않은 것은 어느 것인가?** [14]

① 인사기록철의 완비
② 설비 운전기록의 완비
③ 보수용 부품 명세의 기록 완비
④ 설비 인·허가에 관한 서류 및 기록 등의 보존

해설 인사기록은 인사과에서 직원의 직급을 조정하는 기록으로 냉동기 보수 계획과는 무관하다.

55. **산소 용기의 가스 누설 검사에 가장 안전한 것은?** [03]

① 비눗물 ② 아세톤
③ 유황 ④ 성냥불

해설 산소는 지연성 가스이므로 비눗물을 이용하여 기포 발생 유무로 누설 검사한다.

56. **공조실 기능공이 전기에 의하여 감전이 되었다. 이때 응급조치 방법으로 적절하지 않은 것은?** [04, 16]

① 인공호흡을 시킬 것
② 전원을 차단할 것
③ 즉시 의사에게 연락할 것
④ 감전자에게 뜨거운 물을 먹일 것

57. **공조실에서 가스 용접을 하던 중 산소 조정기에서 자연발화가 되었다. 그 원인은?** [06]

① 불똥이 조정기에 튀었을 때
② 직사광선을 받을 때
③ 급격히 용기 밸브를 열었을 때
④ 산소가 새는 곳에 기름이 묻어 있을 때

해설 산소는 지연성(조연성) 가스이므로 용기 주입구(조정기 포함) 근처에 유지류가 있으면 누설 시 자연발화된다.

58. **냉동기의 운전 중 점검해야 할 사항이 아닌 것은?** [11]

① 냉매 누설 유무 확인
② 액 압축 상태 확인
③ 벨트의 장력 상태 확인
④ 윤활 상태 및 유면 확인

해설 벨트 장력 상태는 운전 준비 점검 사항이다.

59. **압축기 운전 중 이상 음이 발생하는 원인이 아닌 것은?** [09]

① 기초 볼트의 이완
② 토출 밸브, 흡입 밸브의 파손
③ 피스톤 하부에 오일이 고임
④ 크랭크 샤프트 및 피스톤 핀 등의 마모

해설 피스톤 하부, 즉 크랭크 케이스는 저유통으로 오일을 이용하여 윤활작용을 하기 때문에 소음(이상 음) 발생을 방지한다.

60. **양중기의 종류 중 동력을 사용하여 중량물을 매달아 상하 및 좌우로 운반하는 기계장치는 어느 것인가?** [12]

① 크레인 ② 리프트
③ 곤돌라 ④ 승강기

해설 크레인은 양중기의 일종으로 냉동장치에서는 양빙기(제빙실에서 상품화된 얼음을 운반하는 기기)가 여기에 속한다.

정답 54. ① 55. ① 56. ④ 57. ④ 58. ③ 59. ③ 60. ①

61. 냉동제조시설에서 가스 누설 검지 경보 장치의 검출부 설치개수는 설비군의 바닥면 둘레 몇 m마다 1개 이상의 비율로 설치하여야 하는가? [03]

① 5　　② 10
③ 15　　④ 20

62. 다음 중 방류둑에 대한 설명으로 옳은 것은? [07]

① 기화 가스가 누설된 경우 저장 탱크 주위에서 다른 곳으로의 유출을 방지한다.
② 지하 저장 탱크 내의 액화 가스가 전부 유출되어도 액면이 지면보다 낮을 경우에는 방류둑을 설치하지 않을 수도 있다.
③ 저장 탱크 주위에 충분한 안전용 공지가 확보되고 유도구가 있는 경우에 방류둑을 설치한다.
④ 비독성가스를 저장하는 저장 탱크 주위에는 방류둑을 설치하지 않아도 무방하다.

63. 가스 용기를 취급 시 주의할 사항 중 잘못 설명한 것은? [03]

① 용기를 사용하지 않을 때에는 밸브를 잠근다.
② 용기에 새겨 있는 각인을 말소하지 않는다.
③ 용기는 봉굽힘 도구로 사용할 수도 있다.
④ 용기를 떨어뜨리지 않도록 한다.

해설 용기는 다른 용도로 사용할 수 없다.

64. 산소 용기를 취급할 때의 주의사항 중 틀린 것은? [06]

① 항상 40℃ 이하로 유지할 것
② 밸브의 개폐는 급격히 할 것
③ 화기로부터 멀리할 것
④ 밸브에는 그리스나 기름 등을 묻히지 말 것

해설 밸브의 개폐는 천천히 할 것

65. 다음 중 용기의 파열사고 원인에 해당되지 않는 것은? [14]

① 용기의 용접 불량
② 용기 내부압력의 상승
③ 용기 내에서 폭발성 혼합가스에 의한 발화
④ 안전밸브의 작동

해설 안전밸브는 압력이 높을 때 작동하여 장치를 안전한 압력으로 유지시킨다.

66. 압력용기 내의 압력이 제한압력을 넘었을 때 열려서 파손을 방지하는 밸브는 어느 것인가? [05]

① 안전 밸브
② 체크 밸브
③ 스톱 밸브
④ 게이트 밸브

해설 안전 밸브 : 장치가 규정압력을 넘어서면 가스를 배출시켜서 안전한 압력으로 유지시키는 장치

67. 아세틸렌의 누설 검지법으로 가장 적당한 것은? [04]

① 비눗물　　② 촛불
③ 산소　　④ 프레온

해설 가스의 누설 검지는 비눗물을 이용하여 기포 발생 유무로 확인한다.

정답 61. ② 62. ② 63. ③ 64. ② 65. ④ 66. ① 67. ①

ⒸⒷⓉ 문제은행

3장 보일러 안전관리

1. **다음 중 보일러의 부식 원인과 가장 관계가 적은 것은?** [10, 13]

① 온수에 불순물이 포함될 때
② 부적당한 급수 처리 시
③ 더러운 물을 사용 시
④ 증기 발생량이 적을 때

해설 증기의 온도가 높고 발생량이 많을 때 부식이 발생한다.

2. **보일러의 역화(back fire)의 원인이 아닌 것은?** [15]

① 점화 시 착화를 빨리한 경우
② 점화 시 공기보다 연료를 먼저 노 내에 공급하였을 경우
③ 노 내의 미연소 가스가 충만해 있을 때 점화하였을 경우
④ 연료 밸브를 급개하여 과다한 양을 노 내에 공급하였을 경우

해설 역화 원인은 ②, ③, ④ 외에
ⓐ 점화 시 착화가 늦은 경우(착화는 신속히 5초 이내에 한다.)
ⓑ 압입통풍이 너무 강한 경우
ⓒ 실화 시 노 내의 여열로 재점화한 경우
ⓓ 흡입통풍이 부족한 경우

3. **보일러 운전상의 장애로 인한 역화(back fire)의 방지대책으로 옳지 않은 것은 어느 것인가?** [05, 07, 14]

① 점화방법이 좋아야 하므로 착화를 느리게 한다.
② 공기 노 내에 먼저 공급하고 다음에 연료를 공급한다.
③ 노 및 연도 내에 미연소 가스가 발생하지 않도록 취급에 유의한다.
④ 점화 시 댐퍼를 열고 미연소 가스를 배출시킨 뒤 점화한다.

해설 착화는 신속하게 5초 이내에 한다.

4. **보일러에서 점화 시 점화 불량의 원인이 아닌 것은?** [09]

① 공기의 조성비가 나쁠 때
② 점화용 트랜스의 전기 스파크 불량일 때
③ 주전원 전압이 맞지 않을 때
④ 기름의 온도가 적당할 때

해설 ④는 점화가 잘되는 원인이다.

5. **다음 중 보일러 설치 기준으로 옳지 않은 것은?** [11]

① 증기 보일러에는 2개 이상의 안전 밸브를 설치할 것
② 안전 밸브는 가능한 한 보일러의 동체에 직접 부착할 것
③ 안전 밸브 및 압력방출장치의 크기는 호칭지름 10A 이상으로 할 것
④ 과열기 출구에는 1개 이상의 안전 밸브를 설치할 것

해설 증기 보일러의 안전 밸브 지름은 25 A 이상이다.

정답 1. ④ 2. ① 3. ① 4. ④ 5. ③

6. 사용 중인 보일러의 점화 전 일반 준비사항으로 옳지 않은 것은? [06]

① 수면계 수위를 확인할 것
② 압력계 기능을 확인할 것
③ 연료가 석탄일 경우에는 오일 펌프와 프리히터를 작동시킬 것
④ 댐퍼, 안전 밸브, 급수장치를 조절할 것

해설 연료가 석탄일 경우 오일 펌프가 필요 없다.

7. 다음 중 보일러에서 점화 전에 운전원이 점검 확인하여야 할 사항은? [08]

① 증기압력관리
② 집진장치의 매진처리
③ 노내 여열로 인한 압력 상승
④ 연소실 내 잔류가스 측정

해설 역화 방지를 위하여 연소실의 미연소 가스를 배출한다.

8. 보일러의 점화 시에는 노 내 가스폭발과 저수위 사고가 일어나기 쉽기 때문에 점검을 완전하게 해야 한다. 점검사항 중 틀린 것은 어느 것인가? [02]

① 통풍장치 점검
② 연소장치 점검
③ 급수계통 점검
④ 보일러 통내 스케일 점검

해설 ④는 보일러의 과열 원인을 제거하기 위한 점검이다.

9. 다음 중 발화온도가 낮아지는 조건과 관계 없는 것은? [05, 09]

① 발열량이 높을수록 발화온도는 낮아진다.
② 분자 구조가 간단할수록 발화온도는 낮아진다.
③ 압력이 높을수록 발화온도는 낮아진다.
④ 산소농도가 높을수록 발화온도는 낮아진다.

해설 분자 구조가 복잡할수록 발화온도가 낮아진다.

10. 연소의 위험과 인화점, 착화점의 관계가 잘못된 것은? [03]

① 인화점이 낮을수록 연소의 위험이 크다.
② 착화점이 높을수록 연소의 위험이 크다.
③ 산소 농도가 높을수록 연소의 위험이 크다.
④ 연소 범위가 넓을수록 연소의 위험이 크다.

해설 착화점이 낮을수록 연소의 위험이 크다.

11. 보일러의 사고 원인을 열거하였다. 이 중 취급자의 부주의로 인한 것은? [13]

① 구조의 불량
② 판 두께의 부족
③ 보일러수의 부족
④ 재료의 강도 부족

해설 보일러의 저수위는 안전관리자(취급자)의 부주의로 인한 사고 원인이다.

12. 보일러 사고 원인 중 파열사고의 원인이 될 수 없는 것은? [03, 04, 09]

① 압력초과 ② 저수위
③ 고수위 ④ 과열

해설 보일러 파열사고의 원인에는 압력초과, 저수위, 과열, 부식 등의 취급상 원인과 제작 시 결함으로 생기는 제작상 원인 등이 있다.

정답 6. ③ 7. ④ 8. ④ 9. ② 10. ② 11. ③ 12. ③

13. **가스 보일러 점화 시 주의사항 중 맞지 않는 것은?** [09, 13]

① 연소실 내의 용적 4배 이상의 공기로 충분히 환기를 행할 것
② 점화는 3~4회로 착화될 수 있도록 할 것
③ 갑작스런 실화 시에는 연료 공급을 즉시 차단할 것
④ 점화버너의 스파크 상태가 정상인가 확인할 것

해설 점화는 1회에 착화될 수 있도록 해야 한다.

14. **다음 중 점화원으로 볼 수 없는 것은?** [02, 15]

① 전기 불꽃
② 기화열
③ 정전기
④ 못을 박을 때 튀는 불꽃

해설 기화열(증발열)은 액체가 기체로 될 때 필요로 하는 열량(잠열량)이다.

15. **보일러의 과열 원인으로 옳지 않은 것은어느 것인가?** [02, 10]

① 동(胴)내면에 스케일 생성 시
② 보일러수가 농축되어 있을 때
③ 전열면에 국부적인 열을 받았을 때
④ 보일러수의 순환이 양호할 때

해설 ④는 정상 운전 상태이다.

16. **보일러 운전 중 과열에 의한 사고를 방지하기 위한 사항으로 틀린 것은?** [15]

① 보일러의 수위가 안전저수면 이하가 되지 않도록 한다.
② 보일러수의 순환을 교란시키지 말아야 한다.
③ 보일러 전열면을 국부적으로 과열하여 운전한다.
④ 보일러수가 농축되지 않게 운전한다.

해설 ③은 과열 운전 원인이다.

17. **보일러의 과열 원인으로 적절하지 못한 것은 어느 것인가?** [15]

① 보일러수의 수위가 높을 때
② 보일러 내 스케일이 생성되었을 때
③ 보일러수의 순환이 불량할 때
④ 전열면에 국부적인 열을 받았을 때

해설 보일러 수위가 높으면 캐리오버 현상의 우려가 있다.

18. **보일러 스케일 방지책으로 적절하지 않은 것은?** [09, 14]

① 청정제를 사용한다.
② 보일러 판을 미끄럽게 한다.
③ 급수 중의 불순물을 제거한다.
④ 수질 분석을 통한 급수의 한계값을 유지한다.

해설 스케일(관석) 방지책
ⓐ 청정제(청관제)를 사용한다.
ⓑ 급수 처리를 철저히 한다.
ⓒ 불순물 농도를 한계값 이하로 낮춘다.
ⓓ 슬러지는 적당한 분출로 제거시킨다.
ⓔ 보일러수 농축을 방지한다(보일러 판을 깨끗하게 한다).

19. **산소 결핍 장소가 아닌 것은?** [04]

① 우물 내부　② 맨홀 내부
③ 밀폐된 공간　④ 보일러실

해설 보일러실은 일정한 공기가 유동되어야 연료를 연소시킬 수 있다.

정답 13. ②　14. ②　15. ④　16. ③　17. ①　18. ②　19. ④

20. 보일러에 스케일 부착으로 인한 영향으로 틀린 것은? [12, 16]

① 전열량 증가
② 연료소비량 증가
③ 과열로 인한 파열사고 위험 발생
④ 보일러 효율 저하

해설 스케일 부착 시에는 전열작용이 방해된다.

21. 보일러 운전 중 역화의 원인이 아닌 것은 어느 것인가? [07]

① 흡입 통풍이 부족한 경우
② 과대한 연료 공급인 경우
③ 연도 내에 미연소가 없는 경우
④ 점화할 때 착화가 늦은 경우

해설 미연소 가스가 있는 경우 역화가 발생한다.

22. 보일러에 사용하는 안전 밸브의 필요조건이 아닌 것은? [05, 14]

① 분출압력에 대한 작동이 정확할 것
② 안전 밸브의 크기는 보일러의 정격용량 이상을 분출할 것
③ 밸브의 개폐 동작이 완만할 것
④ 분출 전·후에 증기가 새지 않을 것

해설 안전 밸브는 이상 고압이 발생하여 규정 압력을 초과하면 신속하게 개폐되어야 한다.

23. 보일러의 안전한 운전을 위하여 근로자에게 보일러의 운전 방법을 교육하여 안전사고를 방지하여야 한다. 다음 중 교육 내용에 해당되지 않는 것은? [09, 11]

① 가동 중인 보일러에는 작업자가 항상 정위치를 떠나지 아니할 것
② 압력방출장치·압력제한스위치·화염검출기의 설치 및 정상 작동 여부를 점검할 것
③ 압력방출장치의 개방된 상태를 확인할 것
④ 고저수위 조절장치와 급수펌프와의 상호 기능 상태를 점검할 것

해설 ③은 정기적 점검 사항이며 교육 내용에 해당되지 않는다.

24. 보일러 파열사고 원인 중 구조물의 강도 부족에 의한 원인이 아닌 것은? [12]

① 용접 불량
② 재료 불량
③ 동체의 구조 불량
④ 용수 관리의 불량

해설 ④는 취급상의 부주의이다.

25. 화학적인 방법의 보일러 청소에서 염산을 많이 사용하는 이유가 아닌 것은? [04]

① 스케일 용해 능력이 우수하다.
② 물의 용해도가 작아서 세관 후 세척이 쉽다.
③ 가격이 저렴하여 경제적이다.
④ 부식 억제제의 종류가 많다.

해설 염산은 물의 용해도가 커서 세척이 쉽다.

26. 보일러 운전 중 가장 주시해야 할 사항으로 옳지 못한 것은? [03]

① 연소상태 ② 수면
③ 압력 ④ 온도

27. 보일러에 부착된 안전 밸브의 구비 조건 중 틀린 것은? [10]

정답 20. ① 21. ③ 22. ③ 23. ③ 24. ④ 25. ② 26. ④ 27. ①

① 밸브 개폐 동작이 서서히 이루어질 것
② 안전 밸브의 지름과 압력분출장치 크기가 적정할 것
③ 정상 압력으로 될 때 분출을 정지할 것
④ 보일러 정격용량 이상 분출할 수 있어야 할 것

해설 안전 밸브의 개폐 동작은 신속하고 확실하게 이루어져야 한다.

28. **보일러에 대한 안전도를 검사하지 않아도 되는 경우는?** [06]

① 보일러를 수리했을 때
② 보일러를 가동했을 때
③ 보일러를 신설했을 때
④ 제작자가 제품을 완성해 놓았을 때

해설 안전도 검사는 시공, 정비, 보수 후에 정지된 상태에서 한다.

29. **다음 중 연소에 미치는 영향으로 잘못 설명된 것은?** [07, 09, 11, 12]

① 온도가 높을수록 연소속도가 빨라진다.
② 입자가 작을수록 연소속도가 빨라진다.
③ 촉매가 작용하면 연소속도가 빨라진다.
④ 산화되기 어려운 물질일수록 연소속도가 빨라진다.

해설 산화되기 쉬운 물질일수록 연소속도가 빨라진다.

30. **사업주는 보일러의 안전한 운전을 위하여 근로자에게 보일러의 운전 방법을 교육하여 안전사고를 방지하여야 한다. 다음 중 교육 내용에 해당되지 않는 것은?** [12]

① 보일러의 각종 부속장치의 누설상태를 점검할 것
② 압력방출장치·압력제한스위치·화염검출기의 설치 및 정상 작동 여부를 점검할 것
③ 압력방출장치의 개방된 상태를 확인할 것
④ 고저수위조절장치와 급수펌프와의 상호 기능 상태를 점검할 것

해설 ③은 정기적 점검사항이다.

31. **보일러 안전장치의 하나인 연소안전장치는 자동보일러의 필수적인 부속기기이다. 그 사용 목적이 아닌 것은?** [03]

① 버너 점화 시의 안전성을 확보한다.
② 연료가 미연소상태로 연소실로 유입되지 않도록 한다.
③ 보일러의 압력이나 온도가 일정치를 초과할 경우에 경보를 울린다.
④ 운전 중 이상이 발생했을 경우, 보일러를 정지시킴과 동시에 경보를 발생시킨다.

해설 압력이 높으면 안전 밸브가 작동된다.

32. **보일러가 부식하는 원인으로 볼 수 없는 것은?** [04]

① 보일러수 pH값 저하
② 수중에 함유된 산소의 작용
③ 수중에 함유된 암모니아의 작용
④ 수중에 함유된 탄산가스의 작용

해설 ⓐ 수중의 NH_3는 암모니아수가 되고 부식의 직접 원인은 아니다(냉동장치에서는 부식의 원인이 될 수 있다).
ⓑ pH값 저하는 산성이 되므로 부식의 원인이다.
ⓒ 산소는 산화작용에 의한 부식의 원인이다.
ⓓ 탄산가스는 고온이 되면 재질을 부식시킨다. 특히 동(Cu)의 경우는 심하다.

정답 28. ② 29. ④ 30. ③ 31. ③ 32. ③

33. 보일러 운전 종료 시 일반적인 순서를 나열한 것 중 순서대로 나열된 것은 어느 것인가? [02]

[보기]
(가) 주증기 밸브를 닫는다.
(나) 천천히 연소율을 낮춘다.
(다) 송풍기 가동을 중단한다.
(라) 공기댐퍼를 닫아 공기를 차단시킨다.
(마) 버너로부터 연료 공급을 중지시킨다.

① (나)-(마)-(라)-(다)-(가)
② (가)-(다)-(라)-(나)-(마)
③ (라)-(나)-(다)-(가)-(마)
④ (마)-(가)-(다)-(라)-(나)

34. 다음 중 보일러 내부의 수위가 내려가 과열되었을 때 응급조치 사항 중 타당하지 않는 것은? [06]

① 보일러의 운전을 정지시킬 것
② 급수 밸브를 열어 급히 다량의 물을 공급할 것
③ 댐퍼 및 재를 받는 곳의 문을 닫을 것
④ 연료의 공급 밸브를 중지하고 댐퍼와 1차 공기의 입구를 차단할 것

해설 과열된 상태에서 급수를 시키면 보일러가 균열되어 파손된다.

35. 가스보일러의 점화 전 주의사항 중 연소실 용적의 약 몇 배 이상의 공기량을 보내어 충분히 환기를 행해야 되는가? [09, 16]

① 2 ② 4
③ 6 ④ 8

36. 보일러에서 공기예열기 사용 시 이점을 열거한 것 중 틀린 것은? [06]

① 열효율 증가
② 연소효율 증대
③ 저질탄 연소 가능
④ 노내 온도 저하

해설 보일러에서 공기예열기를 사용하면 노내 온도가 상승한다.

37. 보일러의 운전 중 주시해야 할 사항으로 옳지 못한 것은? [08]

① 연소 상태 ② 수면
③ 압력 ④ 밀도

해설 운전 중 주시해야 할 사항은 수면, 연소 상태, 압력과 온도 등이다.

38. 보일러 취급 부주의로 작업자가 화상을 입었을 때 응급처치 방법으로 틀린 것은 어느 것인가? [07, 13]

① 화상부를 냉수에 담그어 화기를 빼도록 한다.
② 물집이 생겼으면 터뜨리지 말고 그냥 둔다.
③ 기계유나 변압기유를 바른다.
④ 상처 부위를 깨끗이 소독한 다음 외용 항생제를 사용하고 상처를 보호한다.

해설 기계유나 변압기유는 기계의 윤활제일 뿐 구급 약품이 아니다.

39. 보일러의 파열사고 중 제작상의 사고로 볼 수 없는 것은? [08, 14]

① 급수처리 불량 ② 용접 불량
③ 설계 불량 ④ 재료 불량

해설 취급상 원인에 의한 파열사고에는 압력 초과, 급수처리 불량(저수위 사고), 과열, 부식 등이 있다.

정답 33. ① 34. ② 35. ② 36. ④ 37. ④ 38. ③ 39. ①

40. **보일러 파열사고의 원인으로 가장 거리 가먼 것은?** [14]

① 역화의 발생 ② 강도 부족
③ 취급 불량 ④ 계기류의 고장

해설 파열사고의 원인에는 강도 부족, 용접 불량, 설계 불량, 구조 불량, 계기류의 고장, 취급 불량(이상 감수, 압력 초과 등) 등이 있다.

41. **보일러 사용 중에 돌연히 비상사태가 발생해서 긴급하게 운전정지를 하지 않으면 안 된다고 판단했을 때의 순서로 맞는 것은?** [05]

(가) 연료의 공급을 중지한다.
(나) 연소용 공기공급을 중지한다.
(다) 댐퍼는 개방한 채로 두고 취출송풍을 가한다.
(라) 급수를 시킬 필요가 있을 때에는 급수를 보내고 수위 유지를 도모한다.
(마) 주 증기 밸브를 닫는다.

① (가)－(나)－(다)－(라)－(마)
② (가)－(나)－(라)－(다)－(마)
③ (가)－(나)－(라)－(마)－(다)
④ (가)－(마)－(나)－(다)－(라)

42. **보일러수를 탈산소할 목적으로 사용하는 약제로 묶여진 것은?** [05]

[보기]
(가) 탄닌 (나) 리그닌
(다) 히드라진 (라) 탄산소다
(마) 아황산나트륨

① (가)－(나)－(다) ② (가)－(라)－(마)
③ (가)－(다)－(마) ④ (가)－(다)－(라)

해설 청정제 약품 중 탈산소제의 종류에는 아황산나트륨(저압 보일러용), 탄닌, 히드라진(고압 보일러용)이 있다.

43. **보일러 내부의 수위가 내려가 과열되었을 때 응급조치 사항 중 타당하지 않은 것은?** [04]

① 안전 밸브를 열어 증기를 빼낼 것
② 급수 밸브를 열어 다량의 물을 공급할 것
③ 댐퍼 및 재를 받는 곳의 문을 닫을 것
④ 연료의 공급을 중지하고 댐퍼와 1차 공기의 입구를 차단할 것

해설 급수를 하면 과열된 부분이 파열된다.

44. **보일러를 계획적으로 관리하기 위해서는 보일러의 용량, 사용조건 등에 따라서 연간계획을 세워야 한다. 아닌 것은?** [03]

① 운전계획 ② 연료계획
③ 정비계획 ④ 기록계획

해설 보일러의 효율적인 운전을 위한 연간계획 시 운전계획, 정비계획, 연료사용량 계획 등을 세운다.

45. **보일러 점화 시 역화와 폭발을 방지하기 위해 제일 먼저 조치해야 할 사항은?** [02]

① 댐퍼의 개방과 미연소 가스 배출상태 점검
② 예열상태 점검
③ 과열기의 작동 점검
④ 급수밸브의 개방상태 점검

해설 역화 방지 대책
ⓐ 점화 시 착화는 신속하게 한다.
ⓑ 공기를 연료보다 먼저 공급할 것
ⓒ 노내의 미연소 가스 방출
ⓓ 실화 시 재점검할 경우 노내를 환기시킨다.
ⓔ 통풍량을 적절히 유지시킨다.

정답 40. ① 41. ③ 42. ③ 43. ② 44. ④ 45. ①

46. 보일러의 수압시험을 하는 목적으로 가장 거리가 먼 것은? [03, 07, 15]

① 균열의 유무를 조사
② 각종 덮개를 장치한 후의 기밀도 확인
③ 이음부의 누설 정도 확인
④ 각종 스테이의 효력을 조사

해설 수압시험은 보일러 장치의 강도 (균열 유무), 기밀도, 누설 유무를 검사하는 것이다.

47. 보일러 취급자의 부주의로 발생한 사고의 원인은? [03]

① 보일러 구조상의 결함
② 보일러 설계상의 결함
③ 보일러 재료 선택의 부적당
④ 증기 발생 압력의 과다와 이상 감수

해설 ①, ②, ③은 제작 시 부주의에 해당된다.

48. 보일러의 수면계가 파손될 경우 제일 먼저 취해야 할 조치는? [06, 11]

① 물 콕을 먼저 닫는다.
② 증기 콕을 먼저 닫는다.
③ 기름 밸브를 먼저 닫는다.
④ 배수 밸브를 먼저 연다.

해설 수면계 파손 시 안전상 물 콕을 먼저 닫은 다음 증기 콕을 닫는다.

49. 보일러의 휴지 보존법 중 장기 보존법에 해당되지 않는 것은? [08, 15]

① 석회밀폐건조법
② 질소가스봉입법
③ 소다만수보존법
④ 가열건조법

해설 가열건조법과 보통만수보존법은 단기 보존법에 해당된다.

50. 보일러에서 연도로 배출되는 배기열을 이용하여 보일러 급수를 예열하는 부속장치는? [14]

① 과열기 ② 연소실
③ 절탄기 ④ 공기예열기

51. 보일러에 사용되는 압력계로 가장 널리 사용되는 것은? [04, 05]

① 진공압력계 ② 부르동 압력계
③ 공기압력계 ④ 마노미터

해설 기기장치는 2차 압력계로 부르동관 압력계를 주로 사용한다.

52. 보일러 취급 시 주의사항이다. 옳지 않은 것은? [07, 16]

① 보일러의 수면계 수위는 중간 위치를 기준 수위로 한다.
② 점화 전에 미연소 가스를 방출시킨다.
③ 연료계통의 누설 여부를 수시로 확인한다.
④ 보일러 저부의 침전물 배출은 부하가 가장 클 때 하는 것이 좋다.

해설 침전물은 보일러 부하가 가장 작을 때 배출시킨다.

53. 보일러에서 발생한 증기가 증기의 공급관 속을 흐르는 것은 보일러에서 방열기까지의 무엇에 의하여 순환되는가? [05]

① 압력차 ② 온도차
③ 속도차 ④ 밀도차

정답 46. ④ 47. ④ 48. ① 49. ④ 50. ③ 51. ② 52. ④ 53. ①

54. 보일러의 증발량이 20 t/h이고 본체 전열면적이 400 m^2일 때 이 보일러의 증발률은 얼마인가? [05]

① 30 kg/m^2 · h ② 40 kg/m^2 · h
③ 50 kg/m^2 · h ④ 60 kg/m^2 · h

해설 증발률 $= \frac{20000}{400} = 50 \text{ kg/m}^2 \cdot \text{h}$

55. 보일러의 전열 면적이 10 m^2를 초과하는 경우의 급수 밸브 및 체크 밸브의 크기로 옳은 것은? [11]

① 15 A 이상 ② 20 A 이상
③ 25 A 이상 ④ 32 A 이상

해설 ⓐ 전열면적 10 m^2 초과 : 20 A 이상
ⓑ 전열면적 10 m^2 이하 : 15 A 이상

56. 보일러 수면계 수위가 보이지 않을 시 응급조치 사항은? [06]

① 연료의 공급 차단
② 냉수 공급
③ 증기 보충
④ 자연 냉각

해설 수위가 보이지 않는 것은 물이 없다는 의미이므로 연료 공급을 중단하여 보일러를 정지시킨다.

57. 보일러 수위가 낮아지는 원인에 해당되지 않는 것은? [10]

① 급수계통의 이상
② 분출계통의 누수
③ 증발량의 감소
④ 환수배관의 누수

해설 증발량 감소는 보일러 효율이 감소되는 원인이다.

58. 보일러 압력계의 최고 눈금은 보일러의 최고사용압력의 몇 배 이상 지시할 수 있는 것이어야 하는가? [13]

① 0.5배 ② 0.75배
③ 1.0배 ④ 1.5배

해설 보일러 압력계의 최고 눈금은 보일러의 최고사용압력의 1.5~2배이다.

59. 다음 중 보일러 파열로 인하여 위험을 초래하는 현상과 관계없는 것은? [07]

① 구조가 불량할 때
② 연료 선택 부주의로 증발량이 높을 때
③ 구성재료가 불량할 때
④ 제한압력을 초과해서 사용할 때

해설 연료 선택 부주의 시 보일러 운전이 불안정하여 증발량이 작아진다.

60. 보일러의 수위가 낮으면 어떤 현상이 일어나는가? [06, 08]

① 습증기 발생의 원인이 된다.
② 수면계에 물때가 붙는다.
③ 보일러가 과열되기 쉽다.
④ 습증기압이 높아 누설된다.

해설 수위가 낮으면 보일러가 과열되어 파손되기 쉽다.

61. 보일러 취급자의 부주의로 인하여 발생하는 사고 원인은? [03]

① 보일러 구조상의 결함
② 설계상의 결함
③ 재료 선택의 부적당
④ 증기발생 압력의 과다와 이상 감수

해설 ①, ②, ③은 제작 시 부주의에 해당된다.

정답 54. ③ 55. ② 56. ① 57. ③ 58. ④ 59. ② 60. ③ 61. ④

62. **보일러 휴지 시 보존 방법에 관한 내용 중 틀린 것은?** [14]

① 휴지기간이 6개월 이상인 경우에는 건조 보존법을 택한다.
② 휴지기간이 3개월 이내인 경우에는 만수 보존법을 택한다.
③ 만수 보존 시의 pH값은 4~5 정도로 유지하는 것이 좋다.
④ 건조 보존 시에는 보일러를 청소하고 완전히 건조시킨다.

해설 만수 보존 시의 pH값은 11~12 정도로 유지한다.

63. **보일러의 점화 직전 운전원이 반드시 제일 먼저 점검해야 할 사항은?** [11, 14, 16]

① 공기온도 측정
② 보일러 수위 확인
③ 연료의 발열량 측정
④ 연소실의 잔류가스 측정

해설 운전 전에 수면(수위)을 확인하고 프리 퍼지시킨 다음 점화한다.

64. **보일러의 폭발사고 예방을 위하여 그 기능이 정상적으로 작동할 수 있도록 유지 관리해야 하는 장치로 가장 거리가 먼 것은 어느 것인가?** [15]

① 압력방출장치 ② 감압밸브
③ 화염검출기 ④ 압력제한스위치

해설 감압밸브는 수송되는 유체의 압력을 감소시키는 장치로 보일러 폭발사고 예방과는 관계가 없다.

65. **온열원 발생장치인 보일러 설비의 운전 중 보일러의 과열을 방지하기 위하여 최고사용압력과 상용압력 사이에서 보일러의 버너 연소를 차단할 수 있도록 부착하여야 하는 안전장치는?** [10]

① 압력제한 스위치
② 안전 밸브
③ 저압차단 스위치
④ 고압차단 스위치

66. **보일러의 부속장치에서 댐퍼의 설치 목적으로 틀린 것은?** [14]

① 통풍력을 조절한다.
② 연료의 분무를 조절한다.
③ 주연도와 부연도가 있을 경우 가스 흐름을 전환한다.
④ 배기가스의 흐름을 조절한다.

해설 댐퍼는 덕트에서 공기의 흐름을 제어한다.

67. **보일러에서 폭발구(방폭문)를 설치하는 이유는 무엇인가?** [13]

① 연소의 촉진을 도모하기 위하여
② 연료의 절약을 하기 위하여
③ 연소실의 화염을 검출하기 위하여
④ 폭발가스의 외부 배기를 위하여

68. **보일러 사고 원인 중 취급상의 원인이 아닌 것은?** [13]

① 저수위 ② 압력 초과
③ 구조 불량 ④ 역화

해설 구조 불량은 제작상의 원인이다.

69. **보일러 파열사고의 원인으로 적절하지 못한 것은?** [12]

① 압력 초과 ② 취급 불량
③ 수위 유지 ④ 과열

해설 저수위일 때 과열로 인해 파열된다.

정답 62. ③ 63. ② 64. ② 65. ① 66. ② 67. ④ 68. ③ 69. ③

70. 보일러를 단기간 정지했을 경우에 사용하는 보존법은? [06]

① 건조보존법 ② 만수보존법
③ 밀폐보존법 ④ 석회보존법

해설 보통만수보존법은 단기 보존법이며, 소다만수보존법은 장기 보존법이다.

71. 보일러 송기장치의 종류로 가장 거리가 먼 것은? [14]

① 비수방지관 ② 주증기밸브
③ 증기헤더 ④ 화염검출기

해설 송기장치의 종류에는 비수방지관, 기수분리기, 주증기밸브, 주증기관, 증기헤더 등이 있으며 화염검출기는 안전장치의 종류이다.

72. 보일러의 부속장치에서 댐퍼의 설치목적으로 틀린 것은? [11]

① 주연도와 부연도가 있을 경우 가스 흐름을 전환한다.
② 배기가스의 흐름을 조절한다.
③ 통풍력을 조절한다.
④ 열효율을 조절한다.

해설 댐퍼는 기체의 흐름 (송풍량)을 제어한다.

73. 보일러 운전 중 미연소 가스로 인한 폭발에 관한 안전사항으로 옳은 것은? [07]

① 방폭문을 부착한다.
② 연도를 가열한다.
③ 스케일을 제거한다.
④ 배관을 굵게 한다.

해설 폭발을 방지하기 위하여 점화 전에 미연소 가스를 배출하고 방폭문을 설치한다.

74. 보일러의 운전 중 파열사고의 원인으로 가장 거리가 먼 것은? [15]

① 수위 상승 ② 강도의 부족
③ 취급의 불량 ④ 계기류의 고장

해설 수위가 상승하면 캐리오버의 원인이 된다.

75. 보일러 버너 방폭문을 설치하는 이유는 어느 것인가? [06]

① 역화로 인한 폭발의 방지
② 연소의 촉진
③ 연료 절약
④ 화염의 검출

해설 보일러 운전 중 미연소 가스의 역화로 인한 폭발 방지를 위하여 방폭문을 설치한다.

76. 보일러 취급 부주의에 의한 사고 원인이 아닌 것은? [12]

① 이상 감수 (減水) ② 압력 초과
③ 수처리 불량 ④ 용접 불량

해설 용접 불량은 제작상 부주의에 의한 사고 원인이다.

77. 보일러의 수위는 수면계의 어느 정도가 적당한가? [02]

① $\frac{1}{4}$ ② $\frac{1}{2}$
③ $\frac{1}{3}$ ④ $\frac{1}{5}$

78. 다음 중 가연물의 구비 조건에 해당되지 않는 것은? [10]

① 연소열이 많을 것
② 열전도율이 클 것

정답 70. ② 71. ④ 72. ④ 73. ① 74. ① 75. ① 76. ④ 77. ② 78. ②

③ 산화되기 쉬울 것
④ 건조도가 양호할 것

해설 가연물은 건조도가 좋고, 산화되기 쉽고(인화점이 낮고), 연소열(발열량)이 커야 한다. 열전도율은 전열계수로서 ②는 방열기의 구비 조건이다.

79. 발화온도가 낮아지는 조건을 나열한 것으로 옳은 것은? [13]

① 발열량이 높을수록
② 압력이 낮을수록
③ 산소 농도가 낮을수록
④ 열전도도가 낮을수록

해설 발열량이 클수록, 압력이 높을수록, 산소 농도가 높을수록 발화온도가 낮아진다.

80. 다음 빈칸에 알맞은 말로 연결된 것은 어느 것인가? [05]

> 외부의 점화원에 의해서 인화될 수 있는 최저의 온도를 (㉠)이라 하고, 외부의 직접적인 점화원이 없어 축열에 의하여 발화되고 연소가 일어나는 최저의 온도를 (㉡)이라 한다.

① ㉠ 누전, ㉡ 지락
② ㉠ 지락, ㉡ 누전
③ ㉠ 인화점, ㉡ 발화점
④ ㉠ 발화점, ㉡ 인화점

해설 ⓐ 인화점 : 점화원에 의해서 인화되는 최저 온도
ⓑ 발화점 : 점화원 없이 자연 또는 축열에 의해서 점화되는 최저 온도

81. 다음 중 가연물의 구비 조건이 아닌 것은? [04]

① 표면적이 적을 것
② 연소 열량이 클 것
③ 산소와 친화력이 클 것
④ 열전도도가 작을 것

해설 가연물은 표면적이 커야 한다.

82. 연소실 내를 폭발 등으로부터 보호하기 위한 안전장치는? [04, 07]

① 압력계　② 안전밸브
③ 가용마개　④ 방폭문

해설 문제 75번 해설 참조

정답 79. ①　80. ③　81. ①　82. ④

Craftsman Air-Conditioning and Refrigerating Machinery

부 록

과년도 출제문제

2014년 시행문제

■ 공조냉동기계기능사 2014. 1. 26 시행

1. **보일러의 점화 직전 운전원이 반드시 제일 먼저 점검해야 할 사항은?**

① 공기온도 측정
② 보일러 수위 확인
③ 연료의 발열량 측정
④ 연소실의 잔류가스 측정

해설 운전 전에 수면(수위)을 확인하고 프리퍼지시킨 다음 점화한다.

2. **소화 효과의 원리가 아닌 것은?**

① 질식 효과 ② 제거 효과
③ 희석 효과 ④ 단열 효과

해설 단열은 열의 이동을 차단하는 것으로 소화와 관계없다.

3. **드릴 작업 시 주의사항으로 틀린 것은?**

① 드릴 회전 중에는 칩을 입으로 불어서는 안 된다.
② 작업에 임할 때는 복장을 단정히 한다.
③ 가공 중 드릴 끝이 마모되어 이상한 소리가 나면 즉시 바꾸어 사용한다.
④ 이송레버에 파이프를 끼워 걸고 재빨리 돌린다.

해설 드릴 작업 시 다른 물질을 끼워서 작업해서는 안 된다.

4. **안전관리 관리 감독자의 업무가 아닌 것은?**

① 안전작업에 관한 교육훈련
② 작업 전·후 안전점검 실시
③ 작업의 감독 및 지시
④ 재해 보고서 작성

해설 작업 전·후의 안전점검은 작업자가 시행한다.

5. **물체가 떨어지거나 날아올 위험 또는 근로자가 추락할 위험이 있는 작업 시에 착용할 보호구로 적당한 것은?**

① 안전모 ② 안전벨트
③ 방열복 ④ 보안면

해설 ① 안전모 : 머리를 보호하기 위하여 전선작업, 보수작업 등에서 물체가 떨어질 위험이 있는 곳에 착용한다.
② 안전벨트(안전대) : 추락에 의한 재해를 방지하는 것이다.
③ 방열복 : 고열 작업 시 인체를 보호하는 의복이다.
④ 보안면 : 유해 광선으로부터 눈을 보호하고 파편에 의한 화상의 위험으로부터 안면부를 보호하기 위하여 착용한다.

6. **전기 사고 중 감전의 위험 인자에 대한 설명으로 옳지 않은 것은?**

① 전류량이 클수록 위험하다.
② 통전시간이 길수록 위험하다.
③ 심장에 가까운 곳에서 통전되면 위험하다.
④ 인체에 습기가 없으면 저항이 감소하여 위험하다.

해설 인체는 수분이 많으므로 표면에 습기가 없어도 감전에 대한 위험 요소는 여전하다.

정답 1. ② 2. ④ 3. ④ 4. ② 5. ① 6. ④

7. 산소 용기 취급 시 주의사항으로 옳지 않은 것은?

① 용기를 운반 시 밸브를 닫고 캡을 씌워서 이동할 것
② 용기는 전도, 충돌, 충격을 주지 말 것
③ 용기는 통풍이 안 되고 직사광선이 드는 곳에 보관할 것
④ 용기는 기름이 묻은 손으로 취급하지 말 것

해설 용기는 40℃ 이하의 통풍이 잘되는 음지에 보관한다.

8. 다음 중 용기의 파열사고 원인에 해당되지 않는 것은?

① 용기의 용접 불량
② 용기 내부압력의 상승
③ 용기 내에서 폭발성 혼합가스에 의한 발화
④ 안전밸브의 작동

해설 안전밸브는 압력이 높을 때 작동하여 장치를 안전한 압력으로 유지시킨다.

9. 냉동 시스템에서 액 해머링의 원인이 아닌 것은?

① 부하가 감소했을 때
② 팽창밸브의 열림이 너무 적을 때
③ 만액식 증발기의 경우 부하 변동이 심할 때
④ 증발기 코일에 유막이나 서리(霜)가 끼었을 때

해설 팽창밸브가 작게 열리면 냉매 순환량이 적으므로 흡입가스가 과열된다.

10. 냉동설비의 설치공사 후 기밀시험 시 사용되는 가스로 적합하지 않은 것은?

① 공기 ② 산소
③ 질소 ④ 아르곤

해설 산소는 지연성(조연성)이므로 압축하면 폭발의 위험성이 있다.

11. 교류 용접기의 규격란에 AW 200이라고 표시되어 있을 때 200이 나타내는 값은?

① 정격 1차 전류값 ② 정격 2차 전류값
③ 1차 전류 최댓값 ④ 2차 전류 최댓값

해설 AW 200은 교류 아크 용접기(arc welder)의 정격 2차 전류값이 200A라는 뜻이다.

12. 가스 용접 작업 중에 발생되는 재해가 아닌 것은?

① 전격 ② 화재
③ 가스 폭발 ④ 가스 중독

해설 전격은 전기 용접 시 발생되는 재해이다.

13. 크레인(crane)의 방호장치에 해당되지 않는 것은?

① 권과 방지 장치 ② 과부하 방지 장치
③ 비상 정지 장치 ④ 과속 방지 장치

해설 크레인은 정해진 속도 이하로 이동하고 속도 제어는 수작업으로 한다.

14. 해머 작업 시 지켜야 할 사항 중 적절하지 못한 것은?

① 녹슨 것을 때릴 때 주의하도록 한다.
② 해머는 처음부터 힘을 주어 때리도록 한다.
③ 작업 시에는 타격하려는 곳에 눈을 집중시킨다.
④ 열처리 된 것은 해머로 때리지 않도록 한다.

해설 해머와 정 작업 시 처음과 맨 마지막은 약하게 타격한다.

정답 7. ③ 8. ④ 9. ② 10. ② 11. ② 12. ① 13. ④ 14. ②

15. 산소가 결핍되어 있는 장소에서 사용되는 마스크는?

① 송기 마스크
② 방진 마스크
③ 방독 마스크
④ 전안면 방독 마스크

해설 산소가 결핍되는(O_2 16% 이하) 장소에서는 공기를 공급하는 송기 마스크를 사용한다.

16. 다음 그림이 나타내는 관의 결합방식으로 맞는 것은?

—)—

① 용접식 ② 플랜지식
③ 소켓식 ④ 유니언식

해설 ① 용접식 : —×—
② 플랜지식 : —||—
④ 유니언식 : —|||—

17. 다음 중 냉매와 화학 분자식이 옳게 짝지어진 것은?

① R113 : CCl_3F_3
② R114 : CCl_2F_4
③ R500 : $CCl_2F_2 + CH_2CHF_2$
④ R502 : $CHClF_2 + C_2ClF_5$

해설 ① R-113 : $C_2Cl_3F_3$
② R-114 : $C_2Cl_2F_4$
③ R-500=R-152+R-12=$C_2H_4F_2 + CCl_2F_2$
④ R-502=R-22+R-115=$CHClF_2 + C_2ClF_5$

18. 탄산마그네슘 보온재에 대한 설명 중 옳지 않은 것은?

① 열전도율이 적고 300~320℃ 정도에서 열분해한다.
② 방습 가공한 것은 습기가 많은 옥외 배관에 적합하다.
③ 250℃ 이하의 파이프, 탱크의 보랭용으로 사용된다.
④ 유기질 보온재의 일종이다.

해설 탄산마그네슘($MgCO_3$)은 무기질 보온재이다.

19. 냉매 R-22의 분자식으로 옳은 것은 어느 것인가?

① CCl_4 ② CCl_3F
③ $CHCl_2F$ ④ $CHClF_2$

해설 ① R-10 : CCl_4
② R-11 : CCl_3F
③ R-21 : $CHCl_2F$
④ R-22 : $CHClF_2$

20. 다음 중 브라인(brine)의 구비조건으로 옳지 않은 것은?

① 응고점이 낮을 것
② 전열이 좋을 것
③ 열용량이 작을 것
④ 점성이 작을 것

해설 브라인은 비열이 크고 열용량이 커야 한다.

21. 암모니아 냉매의 성질에서 압력이 상승할 때 성질 변화에 대한 것으로 맞는 것은?

① 증발잠열은 커지고 증기의 비체적은 작아진다.
② 증발잠열은 작아지고 증기의 비체적은 커진다.
③ 증발잠열은 작아지고 증기의 비체적도 작아진다.
④ 증발잠열은 커지고 증기의 비체적도 커진다.

해설 압력이 상승하면 온도와 비중량은 커지고 증발잠열과 비체적은 작아진다.

정답 15. ① 16. ③ 17. ④ 18. ④ 19. ④ 20. ③ 21. ③

22. 다음 중 동력나사 절삭기의 종류가 아닌 것은?

① 오스터식 ② 다이 헤드식
③ 로터리식 ④ 호브(hob)식

해설 로터리식은 수동 벤더기의 일종이다.

23. 저온을 얻기 위해 2단 압축을 했을 때의 장점은?

① 성적계수가 향상된다.
② 설비비가 적게 된다.
③ 체적효율이 저하한다.
④ 증발압력이 높아진다.

해설 2단 압축을 하면 냉동효과가 커지므로 성적계수는 1단 압축보다 증가한다.

24. 지수식 응축기라고도 하며 나선 모양의 관에 냉매를 통과시키고 이 나선관을 구형 또는 원형의 수조에 담그고 순환시켜 냉매를 응축시키는 응축기는?

① 셸 앤드 코일식 응축기
② 증발식 응축기
③ 공랭식 응축기
④ 대기식 응축기

25. 다음 중 유분리기의 종류에 해당되지 않는 것은?

① 배플형 ② 어큐뮬레이터형
③ 원심분리형 ④ 철망형

해설 ⓐ 유분리기는 토출 배관 중에 설치하여 냉매가스 중의 오일(윤활유)을 분리시키는 것으로 종류는 배플형, 원심분리형, 철망형이 있다.
ⓑ 액분리기(accumulator)는 흡입배관에 설치하여 냉매액을 분리시켜서 액압축으로부터 위험을 방지하는 것으로 종류는 유분리기와 같다.

26. 기체의 비열에 관한 설명 중 옳지 않은 것은?

① 비열은 보통 압력에 따라 다르다.
② 비열이 큰 물질일수록 가열이나 냉각하기가 어렵다.
③ 일반적으로 기체의 정적비열은 정압비열보다 크다.
④ 비열에 따라 물체를 가열, 냉각하는 데 필요한 열량을 계산할 수 있다.

해설 정압비열이 정적비열보다 크다.

27. 다음 냉매 중 대기압 하에서 냉동력이 가장 큰 냉매는?

① R-11 ② R-12
③ R-21 ④ R-717

해설 냉동 효과(기준 사이클)
ⓐ R-11 : 38.6 kcal/kg
ⓑ R-12 : 29.6 kcal/kg
ⓒ R-21 : 50.9 kcal/kg
ⓓ R-717 (NH_3) : 269 kcal/kg

28. 냉동장치 배관 설치 시 주의사항으로 틀린 것은?

① 냉매의 종류, 온도 등에 따라 배관 재료를 선택한다.
② 온도 변화에 의한 배관 신축을 고려한다.
③ 기기 조작, 보수, 점검에 지장이 없도록 한다.
④ 굴곡부는 가능한 적게 하고 곡률 반지름을 작게 한다.

해설 굴곡부는 가능한 적게 하고 곡률 반지름을 크게 한다.

29. 1초 동안에 76 kgf · m의 일을 할 경우 시간당 발생하는 열량은 약 몇 kcal/h인가?

① 641 kcal/h ② 658 kcal/h
③ 673 kcal/h ④ 685 kcal/h

정답 22. ③ 23. ① 24. ① 25. ② 26. ③ 27. ④ 28. ④ 29. ①

해설 $q = 76 \times \frac{1}{427} \times 3600$

$= 640.75 \fallingdotseq 641\,\text{kcal/h}$

30. 다음 중 증기를 단열 압축할 때 엔트로피의 변화는?

① 감소한다.
② 증가한다.
③ 일정하다.
④ 감소하다가 증가한다.

31. 냉동장치의 계통도에서 팽창 밸브에 대한 설명으로 옳은 것은?

① 압축 증대장치로 압력을 높이고 냉각시킨다.
② 액봉이 쉽게 일어나고 있는 곳이다.
③ 냉동부하에 따른 냉매액의 유량을 조절한다.
④ 플래시 가스가 발생하지 않는 곳이며, 일명 냉각 장치라 부른다.

해설 팽창 밸브의 역할
ⓐ 감압 작용
ⓑ 유량 조절
ⓒ 고·저압 분리

32. 브롬화리튬(LiBr) 수용액이 필요한 냉동장치는?

① 증기 압축식 냉동장치
② 흡수식 냉동장치
③ 증기 분사식 냉동장치
④ 전자 냉동장치

해설 흡수식 냉동장치에서 냉매가 H_2O일 때 흡수제는 LiBr 또는 LiCl이다.

33. 표준 사이클을 유지하고 암모니아의 순환량을 186 kg/h로 운전했을 때의 소요동력(kW)은 약 얼마인가?(단, NH_3 1 kg을 압축하는 데 필요한 열량은 몰리에르 선도상에서는 56 kcal/kg이라 한다.)

① 12.1 ② 24.2
③ 28.6 ④ 36.4

해설 동력 $= \frac{186 \times 56}{860} = 12.11\,\text{kW}$

34. 강관의 이음에서 지름이 서로 다른 관을 연결하는 데 사용하는 이음쇠는?

① 캡(cap) ② 유니언(union)
③ 리듀서(reducer) ④ 플러그(plug)

해설 ⓐ 관 끝을 막을 때 : 캡, 플러그
ⓑ 관을 분해 수리할 때 : 유니언, 플랜지
ⓒ 지름이 다른 관을 연결할 때 : 리듀서, 부싱

35. 압축기의 흡입 및 토출밸브의 구비조건으로 적당하지 않은 것은?

① 밸브의 작동이 확실하고, 개폐하는 데 큰 압력이 필요하지 않을 것
② 밸브의 관성력이 크고, 냉매의 유동에 저항을 많이 주는 구조일 것
③ 밸브가 닫혔을 때 냉매의 누설이 없을 것
④ 밸브가 마모와 파손에 강할 것

해설 밸브의 탄성력이 크고 유동 저항이 작아야 한다.

36. 전자밸브에 대한 설명 중 틀린 것은?

① 전자코일에 전류가 흐르면 밸브는 닫힌다.
② 밸브의 전자코일을 상부로 하고 수직으로 설치한다.
③ 일반적으로 소용량에는 직동식, 대용량에는 파일럿 전자밸브를 사용한다.
④ 전압과 용량에 맞게 설치한다.

해설 전자밸브는 전류의 자기작용에 의해서 개폐하므로 전류가 흐르면 밸브는 열린다.

정답 30. ③ 31. ③ 32. ② 33. ① 34. ③ 35. ② 36. ①

37. 온수난방의 배관 시공 시 적당한 구배로 맞는 것은?

① $\frac{1}{100}$ 이상 ② $\frac{1}{150}$ 이상

③ $\frac{1}{200}$ 이상 ④ $\frac{1}{250}$ 이상

해설 온수난방의 배관 시 공기빼기 밸브나 팽창 탱크를 향해 $\frac{1}{250}$ 이상 올림 구배를 한다.

38. 냉동장치에 사용하는 브라인(brine)의 산성도(pH)로 가장 적당한 것은?

① 9.2~9.5 ② 7.5~8.2

③ 6.5~7.0 ④ 5.5~6.0

해설 냉동장치의 브라인의 산성도는 7.5~8.2 정도(중성)가 좋다.

39. 가용전(fusible plug)에 대한 설명으로 틀린 것은?

① 불의의 사고(화재 등) 시 일정 온도에서 녹아 냉동장치의 파손을 방지하는 역할을 한다.

② 용융점은 냉동기에서 68~75℃ 이하로 한다.

③ 구성 성분은 주석, 구리, 납으로 되어 있다.

④ 토출가스의 영향을 직접 받지 않는 곳에 설치해야 한다.

해설 가용전은 Pb(납), Sn(주석), Cd(카드뮴), Sb(안티몬), Bi(비스무트)로 구성된다.

40. 다음 중 압축기 용량 제어의 목적이 아닌 것은?

① 경제적 운전을 하기 위하여

② 일정한 증발온도를 유지하기 위하여

③ 경부하 운전을 하기 위하여

④ 응축압력을 일정하게 유지하기 위하여

해설 용량 제어는 냉동능력을 효과적으로 제어하는 것으로 응축기와는 관계없다.

41. 다음 중 전력의 단위로 맞는 것은 어느 것인가?

① C ② A

③ V ④ W

해설 ① 전기량(C), ② 전류(A)
③ 전압(V), ④ 전력(W)

42. 증발 온도가 낮을 때 미치는 영향 중 틀린 것은?

① 냉동능력 감소

② 소요동력 증대

③ 압축비 증대로 인한 실린더 과열

④ 성적계수 증가

해설 증발 온도가 낮으면 냉동효과(q_e)가 감소하고 압축일량(AW)이 증가하므로, 성적계수$\left(=\frac{q_e}{AW}\right)$는 감소한다.

43. 1분간에 25℃의 순수한 물 100 L를 3℃로 냉각하기 위하여 필요한 냉동기의 냉동톤은 약 얼마인가?

① 0.66 RT ② 39.76 RT

③ 37.67 RT ④ 45.18 RT

해설 $\frac{100\times60\times1\times(25-3)}{3320}$=39.759RT

44. 다음 $P-h$ 선도는 NH_3를 냉매로 하는 냉동장치의 운전 상태를 냉동 사이클로 표시한 것이다. 이 냉동장치의 부하가 45000 kcal/h일 때 NH_3의 냉매 순환량은 약 얼마인가?

정답 37. ④ 38. ② 39. ③ 40. ④ 41. ④ 42. ④ 43. ② 44. ③

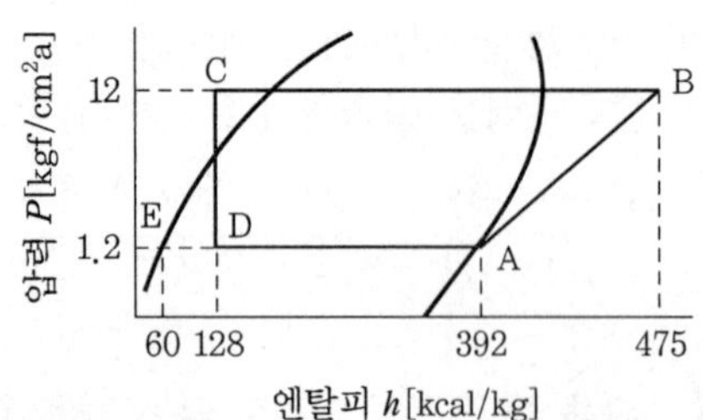

① 189.4 kg/h ② 602.4 kg/h
③ 170.5 kg/h ④ 120.5 kg/h

해설 $G = \dfrac{45000}{392-128} = 170.45\ \text{kg/h}$

45. 냉동 부속 장치 중 응축기와 팽창 밸브 사이의 고압관에 설치하며 증발기의 부하 변동에 대응하여 냉매 공급을 원활하게 하는 것은?

① 유분리기 ② 수액기
③ 액분리기 ④ 중간 냉각기

해설 수액기는 액관(응축기와 수액기 사이) 중에 설치하여 냉매를 일시 저장함으로써 부하 변동에 따른 수급량을 조절한다.

46. 다음 중 개별 제어 방식이 아닌 것은?

① 유인 유닛 방식
② 패키지 유닛 방식
③ 단일 덕트 정풍량 방식
④ 단일 덕트 변풍량 방식

해설 단일 덕트 일정 풍량 방식은 공조기 개별 제어와 개실 제어를 할 수 없다.

47. 공조방식의 분류에서 2중 덕트 방식은 어느 방식에 속하는가?

① 물-공기 방식 ② 전수 방식
③ 전공기 방식 ④ 냉매 방식

해설 2중 덕트 방식은 냉·온풍을 공급하는 전공기 방식이다.

48. 공기가 노점온도보다 낮은 냉각 코일을 통과하였을 때의 상태를 기술한 것 중 틀린 것은?

① 상대습도 감소 ② 절대습도 감소
③ 비체적 감소 ④ 건구온도 저하

해설 공기가 노점온도보다 낮은 코일을 통과하면 절대습도, 비체적, 온도, 엔탈피는 감소하고 상대습도는 증가한다.

49. 덕트 설계 시 주의사항으로 올바르지 않은 것은?

① 고속 덕트를 이용하여 소음을 줄인다.
② 덕트 재료는 가능하면 압력 손실이 적은 것을 사용한다.
③ 덕트 단면은 장방형이 좋으나 그것이 어려울 경우 공기 이동이 원활하고 덕트 재료도 적게 들도록 한다.
④ 각 덕트가 분기되는 지점에 댐퍼를 설치하여 압력이 평형을 유지할 수 있도록 한다.

해설 고속 덕트는 저속 덕트보다 소음이 크다.

50. 난방부하에서 손실 열량의 요인으로 볼 수 없는 것은?

① 조명기구의 발열
② 벽 및 천장의 전도열
③ 문틈의 틈새바람
④ 환기용 도입외기

해설 실내에서의 발열은 냉방부하에 해당된다.

51. 공기 조화 설비의 구성 요소 중에서 열원장치에 속하지 않는 것은?

① 보일러 ② 냉동기
③ 공기 여과기 ④ 열펌프

해설 열원장치는 냉온열을 만드는 장치로 보일러, 냉동기, 열펌프와 이에 사용되는

정답 45. ② 46. ③ 47. ③ 48. ① 49. ① 50. ① 51. ③

부속기기가 해당되며, 공기 여과기는 수송장치의 이물질을 제거한다.

52. 실내 냉방부하 중에서 현열부하가 2500 kcal/h, 잠열부하가 500 kcal/h일 때 현열비는 약 얼마인가?

① 0.21　② 0.83
③ 1.2　④ 1.85

해설 $SHF = \frac{2500}{2500+500} = 0.833$

53. 송풍기의 풍량을 증가시키기 위해 회전속도를 변화시킬 때 송풍기의 법칙에 대한 설명 중 옳은 것은?

① 축동력은 회전수의 제곱에 반비례하여 변화한다.
② 축동력은 회전수의 3제곱에 비례하여 변화한다.
③ 압력은 회전수의 3제곱에 비례하여 변화한다.
④ 압력은 회전수의 제곱에 반비례하여 변화한다.

해설 ⓐ 송풍량은 회전수에 비례하여 변화한다.
ⓑ 압력은 회전수의 제곱에 비례하여 변화한다.
ⓒ 축동력은 회전수의 3제곱에 비례하여 변화한다.

54. 1보일러 마력은 약 몇 kcal/h의 증발량에 상당하는가?

① 7205 kcal/h　② 8435 kcal/h
③ 9600 kcal/h　④ 10800 kcal/h

해설 $1BHP = 15.65 \times 539$
$= 8435.35\,kcal/h$

55. 겨울철 창문의 창면을 따라서 존재하는 냉기가 토출기류에 의하여 밀려 내려와서 바닥을 따라 거주구역으로 흘러 들어와 인체의 과도한 차가움을 느끼는 현상을 무엇이라 하는가?

① 쇼크 현상　② 콜드 드래프트
③ 도달 거리　④ 확산 반경

56. 다음 중 증기배관 설계 시 고려사항으로 잘못된 것은?

① 증기의 압력은 기기에서 요구되는 온도 조건에 따라 결정하도록 한다.
② 배관 관경, 부속 기기는 부분부하나 예열부하 시의 과열부하도 고려해야 한다.
③ 배관에는 적당한 구배를 주어 응축수가 고이지 않도록 해야 한다.
④ 증기배관은 가동 시나 정지 시 온도 차이가 없으므로 온도 변화에 따른 열응력을 고려할 필요가 없다.

해설 모든 배관은 온도 차이에 따른 신축을 고려할 필요가 있다.

57. 다음 중 팬코일 유닛 방식의 특징으로 옳지 않은 것은?

① 외기 송풍량을 크게 할 수 없다.
② 수 배관으로 인한 누수의 염려가 있다.
③ 유닛별로 단독운전이 불가능하므로 개별 제어도 불가능하다.
④ 부분적인 팬코일 유닛만의 운전으로 에너지 소비가 적은 운전이 가능하다.

해설 팬코일 유닛 방식은 유닛별 개별 제어가 가능하다.

58. 보일러의 부속장치에서 댐퍼의 설치 목적으로 틀린 것은?

정답 52. ②　53. ②　54. ②　55. ②　56. ④　57. ③　58. ②

① 통풍력을 조절한다.
② 연료의 분무를 조절한다.
③ 주연도와 부연도가 있을 경우 가스 흐름을 전환한다.
④ 배기가스의 흐름을 조절한다.

해설 댐퍼는 덕트에서 공기의 흐름을 제어한다.

59. 코일의 열수 계산 시 계산항목에 해당되지 않는 것은?

① 코일의 열관류율
② 코일의 정면면적
③ 대수평균온도차
④ 코일 내를 흐르는 유체의 유속

해설 코일 내를 흐르는 유체의 유속은 풍량과 코일의 단면적에 관여된다.

60. 방열기의 EDR이란 무엇을 뜻하는가?

① 최대방열면적
② 표준방열면적
③ 상당방열면적
④ 최소방열면적

해설 상당방열면적은 방열기의 기준이 되는 방열면적의 크기를 표시하는 것으로, 기호로는 EDR(equivalent direct radiation)을 사용하며 단위는 m^2이다. 표준방열량 q를 정하여 이것을 기준 단위로 하고 있다. 증기의 $q = 650kcal/h \cdot m^2$, 온수의 $q = 450kcal/h \cdot m^2$이며 전방열량을 Q [kcal/h]로 하면 다음 식이 성립된다.

$$EDR = \frac{Q}{q} [m^2]$$

정답 59. ④ 60. ③

■ 공조냉동기계기능사 2014. 4. 6 시행

1. **수공구인 망치(hammer)의 안전 작업수칙으로 올바르지 못한 것은?**

① 작업 중 해머 상태를 확인할 것
② 담금질한 것은 처음부터 힘을 주어 두들길 것
③ 장갑이나 기름 묻은 손으로 자루를 잡지 않는다.
④ 해머의 공동 작업 시에는 서로 호흡을 맞출 것

해설 망치는 처음과 마지막에 힘을 빼고 약하게 두들긴다.

2. **산소의 저장설비 주위 몇 m 이내에는 화기를 취급해서는 안 되는가?**

① 5m ② 6m
③ 7m ④ 8m

해설 산소의 저장설비는 우회 거리 8 m 이내에서 화기를 취급해서는 안 된다.

3. **안전사고 발생의 심리적 요인에 해당되는 것은?**

① 감정
② 극도의 피로감
③ 육체적 능력의 초과
④ 신경계통의 이상

해설 심리적 요인
ⓐ 무지
ⓑ 미숙련
ⓒ 과실
ⓓ 난폭·흥분(감정)
ⓔ 고의성

4. **아세틸렌 용접기에서 가스가 새어 나올 경우 적당한 검사방법은?**

① 촛불로 검사한다.
② 기름을 칠해본다.
③ 성냥불로 검사한다.
④ 비눗물을 칠해 검사한다.

해설 아세틸렌은 가연성 가스이므로 비눗물을 이용하여 기포 발생 유무로 누설 검사한다.

5. **안전사고 예방을 위하여 신는 작업용 안전화의 설명으로 틀린 것은?**

① 중량물을 취급하는 작업장에서는 앞 발가락 부분이 고무로 된 신발을 착용한다.
② 용접공은 구두창에 쇠붙이가 없는 부도체의 안전화를 신어야 한다.
③ 부식성 약품 사용 시에는 고무제품 장화를 착용한다.
④ 작거나 헐거운 안전화는 신지 말아야 한다.

해설 안전화는 발등을 보호하기 위하여 경강(탄소 함량 0.6 % 정도로 망간 함량이 다소 많은 것)으로 된 선심을 넣는다.

6. **다음 중 C급 화재에 적합한 소화기는 어느 것인가?**

① 건조사
② 포말 소화기
③ 물 소화기
④ 분말 소화기와 CO_2 소화기

해설 C급은 전기 화재이므로 분말 또는 CO_2 소화기를 사용한다.

7. **보일러 휴지 시 보존 방법에 관한 내용 중 틀린 것은?**

정답 1. ② 2. ④ 3. ① 4. ④ 5. ① 6. ④ 7. ③

① 휴지기간이 6개월 이상인 경우에는 건조 보존법을 택한다.
② 휴지기간이 3개월 이내인 경우에는 만수 보존법을 택한다.
③ 만수 보존 시의 pH값은 4~5 정도로 유지하는 것이 좋다.
④ 건조 보존 시에는 보일러를 청소하고 완전히 건조시킨다.

해설 보일러 수의 pH값은 11~12이다.

8. 연삭기의 받침대와 숫돌차의 중심 높이에 대한 내용으로 적합한 것은?

① 서로 같게 한다.
② 받침대를 높게 한다.
③ 받침대를 낮게 한다.
④ 받침대가 높든 낮든 관계없다.

해설 숫돌과 받침대 간격은 3mm 이하로 유지하고 숫돌차의 중심과 받침대의 높이는 같게 한다.

9. 와이어로프를 양중기에 사용해서는 아니 되는 기준으로 잘못된 것은?

① 열과 전기충격에 의해 손상된 것
② 지름의 감소가 공칭지름의 7%를 초과하는 것
③ 심하게 변형 또는 부식된 것
④ 이음매가 없는 것

해설 ⓐ 열과 전기 충격에 손상되지 말 것
ⓑ 로프는 10% 끊어질 때까지 사용할 수 있다.
ⓒ 이음매가 없는 것을 사용하고 변형되거나 부식되지 말 것

10. 전기기계 · 기구의 퓨즈 사용 목적으로 가장 적합한 것은?

① 기동전류 차단 ② 과전류 차단
③ 과전압 차단 ④ 누설전류 차단

해설 퓨즈는 과전류가 흐를 때 녹아서 전기선로를 차단한다.

11. 응축압력이 높을 때의 대책이라 볼 수 없는 것은?

① 가스퍼저(gas purger)를 점검하고 불응축가스를 배출시킬 것
② 설계 수량을 검토하고 막힌 곳이 없는가를 조사 후 수리할 것
③ 냉매를 과충전하여 부하를 감소시킬 것
④ 냉각면적에 대한 설계계산을 검토하여 냉각면적을 추가할 것

해설 냉매는 규정에 맞게 적절하게 충전하며 과충전하면 응축압력이 상승된다.

12. 다음 중 안전 표시를 하는 목적이 아닌 것은?

① 작업환경을 통제하여 예상되는 재해를 사전에 예방함
② 시각적 자극으로 주의력을 키움
③ 불안전한 행동을 배제하고 재해를 예방함
④ 사업장의 경계를 구분하기 위해 실시함

해설 ④는 경계 표시의 목적이다.

13. 상용주파수(60Hz)에서 전류의 흐름을 느낄 수 있는 최소 전류값으로 옳은 것은?

① 1 mA ② 5 mA
③ 10 mA ④ 20 mA

해설 ① 1 mA : 전류 흐름을 느낀다.
② 5 mA : 충격이 있다.
③ 10 mA : 견디기 어렵다.
④ 20 mA : 근육 수축

정답 8. ① 9. ④ 10. ② 11. ③ 12. ④ 13. ①

14. **동력에 의해 운전되는 컨베이어 등에 근로자의 신체의 일부가 말려드는 등 근로자에게 위험을 미칠 우려가 있을 때 설치해야 할 장치는 무엇인가?**

① 권과방지장치
② 비상정지장치
③ 해지장치
④ 이탈 및 역주행 방지장치

해설 비상정지장치 : 장치에 위험한 요소가 있으면 긴급히 정지시키는 장치

15. **보일러에 사용하는 안전밸브의 필요조건이 아닌 것은?**

① 분출압력에 대한 작동이 정확할 것
② 안전밸브의 크기는 보일러의 정격용량 이상을 분출할 것
③ 밸브의 개폐동작이 완만할 것
④ 분출 전·후에 증기가 새지 않을 것

해설 안전밸브는 이상 고압이 발생하여 규정 압력을 초과하면 신속하게 개폐되어야 한다.

16. **15℃의 1 ton의 물을 0℃의 얼음으로 만드는 데 제거해야 할 열량은 얼마인가? (단, 물의 비열 4.2 kJ/kg·K, 응고잠열 334 kJ/kg이다.)**

① 63000 kJ ② 271600 kJ
③ 334000 kJ ④ 397000 kJ

해설 $q = 1000 \times \{(4.2 \times 15) + 334\}$
$= 397000 \text{ kJ}$

17. **최대값이 I_m인 사인파 교류전류가 있다. 이 전류의 파고율은?**

① 1.11 ② 1.414 ③ 1.71 ④ 3.14

해설 파고율$= \dfrac{\text{최댓값}}{\text{실효값}} = \dfrac{\sqrt{2}\,V}{V} = 1.414$

18. **다음 중 브라인의 동파방지책으로 옳지 않은 것은?**

① 부동액을 첨가한다.
② 단수릴레이를 설치한다.
③ 흡입압력조절밸브를 설치한다.
④ 브라인 순환펌프와 압축기 모터를 인터록 한다.

해설 흡입압력조절밸브는 압축기용 전동기 과부하 방지용이다.

19. **다음 중 냉매에 관한 설명으로 옳은 것은 어느 것인가?**

① 비열비가 큰 것이 유리하다.
② 응고온도가 낮을수록 유리하다.
③ 임계온도가 낮을수록 유리하다.
④ 증발온도에서의 압력은 대기압보다 약간 낮은 것이 유리하다.

해설 냉매의 구비 조건
ⓐ 비열비가 작을 것
ⓑ 응고점이 낮을 것
ⓒ 임계온도가 높을 것
ⓓ 증발온도는 대기 압력 이상이고 응축온도는 낮을 것
ⓔ 증발잠열이 클 것
ⓕ 점성이 적을 것

20. **동관을 용접 이음하려고 한다. 다음 중 가장 적당한 것은?**

① 가스 용접 ② 스폿 용접
③ 테르밋 용접 ④ 플라스마 용접

해설 동관 이음은 가스를 이용한 땜이음과 용접이 있다.

21. **다음 중 수소, 염소, 불소, 탄소로 구성된 냉매계열은?**

① HFC계 ② HCFC계
③ CFC계 ④ 할론계

정답 14. ② 15. ③ 16. ④ 17. ② 18. ③ 19. ② 20. ① 21. ②

해설 수소(H), 염소(Cl), 불소(F), 탄소(C)를 함유한 냉매를 HCFC계 냉매라 한다.

22. 냉동기 오일에 관한 설명으로 옳지 않은 것은?

① 윤활 방식에는 비말식과 강제급유식이 있다.
② 사용 오일은 응고점이 높고 인화점이 낮아야 한다.
③ 수분의 함유량이 적고 장기간 사용하여도 변질이 적어야 한다.
④ 일반적으로 고속다기통 압축기의 경우 윤활유의 온도는 50~60℃ 정도이다.

해설 윤활유(oil)는 응고점이 낮고 인화점이 높아야 한다.

23. 다음 그림($p-h$ 선도)에서 응축부하를 구하는 식으로 맞는 것은?

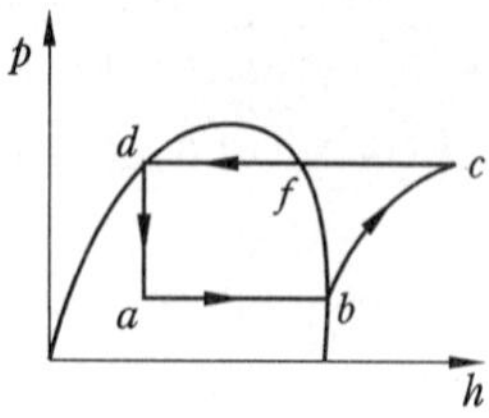

① $h_c - h_d$　② $h_c - h_b$
③ $h_b - h_a$　④ $h_d - h_a$

해설 ⓐ 냉동효과 $= h_b - h_a$
ⓑ 압축일의 열당량 $= h_c - h_b$
ⓒ 응축열량 $= h_c - h_d$

24. 절대 압력과 게이지 압력과의 관계식으로 옳은 것은?

① 절대압력 = 대기압력 + 게이지 압력
② 절대압력 = 대기압력 − 게이지 압력
③ 절대압력 = 대기압력 × 게이지 압력
④ 절대압력 = 대기압력 ÷ 게이지 압력

해설 ⓐ 절대압력 = 대기압력 + 게이지 압력
ⓑ 절대압력 = 대기압력 − 진공압력

25. 회로망 중의 한 점에서의 전류의 흐름이 그림과 같을 때 전류 I는 얼마인가?

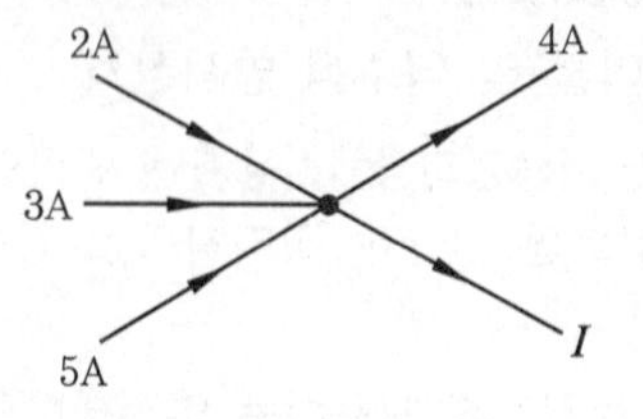

① 2A　② 4A　③ 6A　④ 8A

해설 $I = (2+3+5) - 4 = 6\text{A}$

26. 제빙 장치에서 브라인의 온도가 −10℃이고, 결빙소요 시간이 48시간일 때 얼음의 두께는 약 몇 mm인가? (단, 결빙계수는 0.56이다.)

① 253 mm　② 273 mm
③ 293 mm　④ 313 mm

해설 $t = \sqrt{\dfrac{-(-10) \times 48}{0.56}}$
$= 29.28 \text{ cm} ≒ 293 \text{ mm}$

27. 다음 중 냉동기의 보수 계획을 세우기 전에 실행하여야 할 사항으로 옳지 않은 것은 어느 것인가?

① 인사기록철의 완비
② 설비 운전기록의 완비
③ 보수용 부품 명세의 기록 완비
④ 설비 인·허가에 관한 서류 및 기록 등의 보존

해설 인사기록은 인사과에서 직원의 직급을 조정하는 기록으로 냉동기 보수 계획과는 무관하다.

정답 22. ② 23. ① 24. ① 25. ③ 26. ③ 27. ①

28. 2단 압축장치의 구성 기기에 속하지 않는 것은?

① 증발기
② 팽창 밸브
③ 고단 압축기
④ 캐스케이드 응축기

해설 캐스케이드 응축기는 2원 냉동장치에서 저온측 응축기와 고온측 증발기가 열교환하는 장치이다.

29. 2원 냉동장치에서 사용하는 저온측 냉매로서 옳은 것은?

① R-717 ② R-718
③ R-14 ④ R-22

해설 저온측 냉매 : R-13, R-14, R-503 등

30. 온도식 자동팽창 밸브에 관한 설명으로 옳은 것은?

① 냉매의 유량은 증발기 입구의 냉매가스 과열도에 의해 제어된다.
② R-12에 사용하는 팽창 밸브를 R-22 냉동기에 그대로 사용해도 된다.
③ 팽창 밸브가 지나치게 적으면 압축기 흡입가스의 과열도는 크게 된다.
④ 증발기가 너무 길어 증발기의 출구에서 압력 강하가 커지는 경우에는 내부 균압형을 사용한다.

해설 ⓐ 온도식 자동팽창 밸브는 증발기 출구 과열도에 의해서 작동한다.
ⓑ R-12에 사용하는 팽창 밸브를 R-22에 그대로 사용할 수 없다.
ⓒ 증발 압력 강하가 크면 외부 균압형을 사용한다.

31. 수증기를 열원으로 하여 냉방에 적용시킬 수 있는 냉동기는?

① 원심식 냉동기 ② 왕복식 냉동기
③ 흡수식 냉동기 ④ 터보식 냉동기

해설 흡수식 냉동기는 재생기(발생기)에 공급되는 열원이 온수 또는 수증기이고 최근에는 가스에 의한 직화식도 있다.

32. 15A 강관을 45°로 구부릴 때 곡관부의 길이(mm)는?(단, 굽힘 반지름은 100 mm이다.)

① 78.5 ② 90.5
③ 157 ④ 209

해설 $l = 2 \times 3.14 \times 100 \times \frac{45}{360}$
$= 78.5\text{mm}$

33. 다음의 역 카르노 사이클에서 냉동장치의 각 기기에 해당되는 구간이 바르게 연결된 것은?

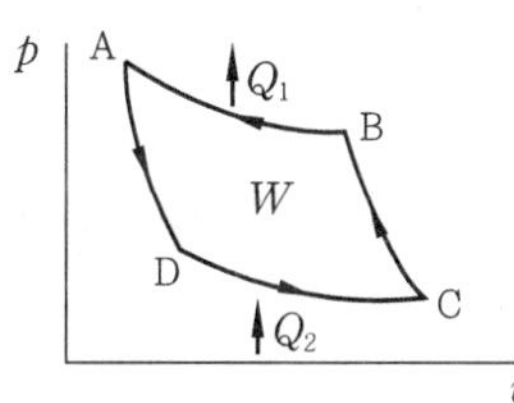

① B→A : 응축기, C→B : 팽창 밸브, D→C : 증발기, A→D : 압축기
② B→A : 증발기, C→B : 압축기, D→C : 응축기, A→D : 팽창 밸브
③ B→A : 응축기, C→B : 압축기, D→C : 증발기, A→D : 팽창 밸브
④ B→A : 압축기, C→B : 응축기, D→C : 증발기, A→D : 팽창 밸브

해설 ⓐ D→C : 등온흡열(증발기)
ⓑ C→B : 단열압축(압축기)
ⓒ B→A : 등온방열(응축기)
ⓓ A→D : 단열팽창(팽창 밸브)

34. 다음 중 냉동장치에서 전자 밸브의 사

정답 28. ④ 29. ③ 30. ③ 31. ③ 32. ① 33. ③ 34. ②

용 목적과 가장 거리가 먼 것은?
① 온도 제어
② 습도 제어
③ 냉매, 브라인의 흐름 제어
④ 리퀴드 백(liquid back) 방지

해설 전자 밸브는 유체 이동의 개폐에 사용되고 습도 제어는 가습과 감습(제습)으로 구분한다.

35. 다음 중 증발열을 이용한 냉동법이 아닌 것은?
① 증기분사식 냉동법
② 압축 기체 팽창 냉동법
③ 흡수식 냉동법
④ 증기 압축식 냉동법

해설 ①, ③, ④는 냉매의 증발잠열을 이용한 냉동법이고, ②는 냉매의 현열을 이용한 냉동법이다.

36. 수평배관을 서로 직선 연결할 때 사용되는 이음쇠는?
① 캡 ② 티
③ 유니언 ④ 엘보

해설 ① 캡 : 배관 끝을 막는 기구
② 티 : 배관을 분기키시는 기구
③ 유니언 : 수평배관 이음 기구
④ 엘보 : 배관의 90°, 45° 곡관 이음 기구

37. 다음 중 입력신호가 0이면 출력이 1이 되고 반대로 입력이 1이면 출력이 0이 되는 회로는?
① NAND 회로 ② OR 회로
③ NOR 회로 ④ NOT 회로

해설 NOT(부정) 회로는 입력이 있으면 출력이 없고 입력이 없으면 출력이 있는 회로이다.

38. 증발식 응축기 설계 시 1RT당 전열면적은 얼마인가?(단, 응축온도는 43℃로 한다.)
① 1.2 m^2/RT ② 3.5 m^2/RT
③ 6.5 m^2/RT ④ 7.5 m^2/RT

해설 응축온도가 30℃일 때 전열면적이 2.2 m^2/RT이므로 온도가 높으면 방열량이 커지므로 이보다 작다.

39. 다음 중 유니언 나사 이음의 도시기호로 옳은 것은?
① ─╫─ ② ─┼─
③ ─╫┼─ ④ ─×─

해설 ① 플랜지 이음
② 일반(나사) 이음
③ 유니언 이음
④ 용접 이음

40. 냉동 효과의 증대 및 플래시(flash) 가스 방지에 적당한 사이클은?
① 건조 압축 사이클
② 과열 압축 사이클
③ 습압축 사이클
④ 과냉각 사이클

해설 플래시 가스의 발생을 방지하려면 팽창 밸브 직전 액냉매를 5℃ 정도 과냉각시킨다.

41. 압축방식에 의한 분류 중 체적 압축식 압축기에 속하지 않는 것은?
① 왕복동식 압축기
② 회전식 압축기
③ 스크루식 압축기
④ 흡수식 압축기

해설 흡수식 압축기라는 기종은 없다.

정답 35. ② 36. ③ 37. ④ 38. ① 39. ③ 40. ④ 41. ④

42. 탱크형 증발기에 관한 설명으로 옳지 않은 것은?

① 만액식에 속한다.
② 주로 암모니아용으로 하부에는 액헤드가 존재한다.
③ 상부에는 가스헤드, 하부에는 액헤드가 존재한다.
④ 브라인의 유동속도가 늦어도 능력에는 변화가 없다.

해설 탱크형(제빙용) 증발기에서 브라인의 유동속도는 0.8~1 m/s로 일정하다.

43. 회전식과 비교한 왕복동식 압축기의 특징으로 옳지 않은 것은?

① 진동이 크다.
② 압축능력이 작다.
③ 압축이 단속적이다.
④ 크랭크 케이스 내부압력이 저압이다.

해설 같은 용량이라면 왕복동식이 회전식보다 토출량은 작지만 압축능력(압축비)은 크다.

44. 4방 밸브를 이용하여 겨울에는 고온부 방출열로 난방을 행하고 여름에는 저온부로 열을 흡수하여 냉방을 행하는 장치는?

① 열펌프
② 열전 냉동기
③ 증기분사 냉동기
④ 공기사이클 냉동기

해설 냉동장치의 냉매를 역순환시켜서 냉·난방을 하는 장치를 열펌프(heat pump)라 한다.

45. 다음 중 수액기 취급 시 주의 사항으로 옳은 것은?

① 직사광선을 받아도 무방하다.
② 안전밸브를 설치할 필요가 없다.
③ 균압관은 지름이 작은 것을 사용한다.
④ 저장 냉매액을 3/4 이상 채우지 말아야 한다.

해설 수액기 냉매액은 운전 시 1/2 정도, 운전 정지 시 2/3 정도이고 휴지 시에는 9/10(90 %) 이하이면 된다.

46. 송풍기의 정압에 대한 내용으로 옳은 것은?

① 정압 = 동압×전압
② 정압 = 동압÷전압
③ 정압 = 전압−동압
④ 정압 = 전압+동압

47. 공기조화기용 코일의 배열방식에 따른 분류에 해당되지 않는 것은?

① 풀 서킷 코일
② 더블 서킷 코일
③ 슬릿 핀 서킷 코일
④ 하프 서킷 코일

해설 슬릿 핀은 개구부 등에 간격이 일정하게 평행으로 배열 및 고정한 목재, 금속, 플라스틱 판이다.

48. 보일러의 증발량이 20 ton/h이고 본체 전열면적이 400 m^{2}일 때, 이 보일러의 증발률은 얼마인가?

① 30 kg/m^2·h ② 40 kg/m^2·h
③ 50 kg/m^2·h ④ 60 kg/m^2·h

해설 $\frac{20000}{400} = 50\ \text{kg/m}^2\cdot\text{h}$

49. 공기조화 설비의 구성은 열원장치, 공기조화기, 열운반장치 등으로 구분하는데, 이 중 공기조화기에 해당되지 않는 것은?

정답 42. ④ 43. ② 44. ① 45. ④ 46. ③ 47. ③ 48. ③ 49. ④

① 여과기 ② 제습기
③ 가열기 ④ 송풍기

해설 송풍기는 유체 수송용의 열운반장치이다.

50. 온도, 습도, 기류를 1개의 지수로 나타낸 것으로 상대습도 100%, 풍속 0m/s인 경우의 온도는?

① 복사온도 ② 유효온도
③ 불쾌온도 ④ 효과온도

해설 ⓐ 유효온도 : 온도, 습도, 기류(유속)
ⓑ 신유효온도 : 유효온도에 복사열을 포함한 것

51. 적당한 위치에 배기구를 설치하고 송풍기에 의하여 외기를 강제적으로 도입하여 배기는 배기구에서 자연적으로 환기되도록 하는 환기법은?

① 제1종 환기 ② 제2종 환기
③ 제3종 환기 ④ 제4종 환기

해설 ① 제1종 환기법(병용식) : 송풍기와 배풍기
② 제2종 환기법(압입식) : 송풍기와 자연배기
③ 제3종 환기법(흡출식) : 자연급기와 배풍기(배기구)
④ 제4종 환기법(자연식) : 자연 급·배기

52. 독립계통으로 운전이 자유롭고 냉수 배관이나 복잡한 덕트 등이 없기 때문에 소규모 상점이나 사무실 등에서 사용되는 경제적인 공조 방식은?

① 중앙식 공조 방식
② 복사 냉난방 공조 방식
③ 유인 유닛 공조 방식
④ 패키지 유닛 공조 방식

해설 패키지 유닛 공조 방식은 소형 냉매방식으로 독립된 계통의 사무실, 상점 등에 많이 사용된다.

53. 온풍난방의 특징에 대한 설명으로 옳은 것은?

① 예열시간이 짧아 간헐운전이 가능하다.
② 온·습도 조정을 할 수 없다.
③ 실내 상하 온도차가 작아 쾌적성이 좋다.
④ 공기를 공급하므로 소음 발생이 적다.

해설 온풍은 비열이 작아서 예열시간이 짧아 일시적인 난방에 적합하다.

54. 터보형 펌프의 종류에 해당되지 않는 것은?

① 벌류트 펌프 ② 터빈 펌프
③ 축류 펌프 ④ 수격 펌프

해설 수격작용은 관 속에서 액체의 속도를 급변시키면 압력의 변화가 일어나는 현상이며, 수격 펌프라는 기기는 없다.

55. 수-공기 방식인 팬 코일 유닛(fal coil unit) 방식의 장점으로 옳지 않은 것은?

① 개별 제어가 가능하다.
② 부하 변경에 따른 증설이 비교적 간단하다.
③ 전공기 방식에 비해 이송동력이 적다.
④ 부분 부하 시 도입 외기량이 많아 실내공기의 오염이 적다.

해설 팬 코일 유닛은 외기 도입이 어렵다.

56. 벌집 모양의 로터를 회전시키면서 윗부분으로 외기를 아래쪽으로 실내배기를 통과하면서 외기와 배기의 온도 및 습도를 교환하는 열교환기는?

정답 50. ② 51. ② 52. ④ 53. ① 54. ④ 55. ④ 56. ④

① 고정식 전열교환기
② 현열교환기
③ 히트 파이프
④ 회전식 전열교환기

57. 습공기 선도에서 표시되어 있지 않은 값은?

① 건구온도　　② 습구온도
③ 엔탈피　　④ 엔트로피

해설 습공기 선도에는 건구온도, 습구온도, 노점온도, 상대습도, 절대습도, 엔탈피, 비체적, 수증기분압 등이 있다.

58. 냉방부하 계산 시 현열부하에만 속하는 것은?

① 인체에서의 발생열
② 실내 기구에서의 발생열
③ 송풍기의 동력열
④ 틈새바람에 의한 열

해설 전기기구인 송풍기는 현열만 있다.

59. 콜드 드래프트(cold draft) 현상의 원인에 해당되지 않는 것은?

① 주위 벽면의 온도가 낮을 때
② 동절기 창문의 극간풍이 없을 때
③ 기류의 속도가 클 때
④ 주위 공기의 습도가 낮을 때

해설 콜드 드래프트는 겨울철 창문의 창면을 따라서 존재하는 냉기가 토출기류에 의해 밀려 내려와서 바닥을 따라 거주구역으로 흘러 들어와 인체의 과도한 차가움을 느끼는 현상이다.

60. 다익형 송풍기의 임펠러 지름이 450 mm인 경우 이 송풍기의 번호는 몇 번인가?

① NO 2　　② NO 3
③ NO 4　　④ NO 5

해설 ⓐ 다익형 송풍기 NO는 날개 150 mm 기준이므로 $\frac{450}{150}=3$

ⓑ 축류형 송풍기 NO는 날개 100 mm 기준이다.

정답 57. ④　58. ③　59. ②　60. ②

■ 공조냉동기계기능사 2014. 7. 20 시행

1. 고압가스 냉동제조 시설에서 압축기의 최종단에 설치한 안전장치의 작동 점검기준으로 옳은 것은?(단, 액체의 열팽창으로 인한 배관의 파열방지용 안전밸브는 제외한다.)

① 3개월에 1회 이상
② 6개월에 1회 이상
③ 1년에 1회 이상
④ 2년에 1회 이상

해설 냉동장치에 설치한 안전밸브(압축기와 응축기, 수액기 등에 설치한 경우)는 1년에 1회 이상 동작(작동) 상태를 점검한다.

2. 산업재해의 직접적인 원인에 해당되지 않는 것은?

① 안전장치의 기능 상실
② 불안전한 자세와 동작
③ 위험물의 취급 부주의
④ 기계장치 등의 설계 불량

해설 기계장치의 설계 불량은 간접적인 원인에 해당된다.

3. 작업조건에 따라 착용하여야 하는 보호구의 연결로 틀린 것은?

① 고열에 의한 화상 등의 위험이 있는 작업 – 안전대
② 근로자가 추락할 위험이 있는 작업 – 안전모
③ 물체가 흩날릴 위험이 있는 작업 – 보안경
④ 감전의 위험이 있는 작업 – 절연용 보호구

해설 ⓐ 안전대 : 추락에 의한 재해 예방
ⓑ 방열복 : 고열에 의한 화상 등의 위험이 있는 작업으로부터 인체 보호

4. 피로의 원인 중 외부 인자로 볼 수 있는 것은?

① 경험 ② 책임감
③ 생활조건 ④ 신체적 특성

해설 피로는 정신적 피로와 육체적 피로로 나누어지며 ①, ②, ④는 내부적인 원인이고, 생활조건은 외부적인 원인이다.

5. 전기용접 작업을 할 때 안전관리 사항 중 적합하지 않은 것은?

① 피용접물은 완전히 접지시킨다.
② 우천 시에는 옥외작업을 하지 않는다.
③ 용접봉은 홀더로부터 빠지지 않도록 정확히 끼운다.
④ 옥외용접 시에는 헬멧이나 핸드실드를 사용하지 않는다.

해설 전기용접 시 반드시 헬멧과 핸드실드를 사용한다.

6. 압축기 운전 중 이상음이 발생하는 원인으로 가장 거리가 먼 것은?

① 기초 볼트의 이완
② 피스톤 하부에 오일이 고임
③ 토출 밸브, 흡입 밸브의 파손
④ 크랭크 샤프트 및 피스톤 핀의 마모

해설 피스톤 하부는 저유통으로 항상 오일이 운전 중 1/2, 운전 정지 시에 2/3 정도 있어 윤활작용을 도우므로 이상한 음이 발생되지 않는다.

정답 1. ③ 2. ④ 3. ① 4. ③ 5. ④ 6. ②

7. 보일러 파열사고의 원인으로 가장 거리가 먼 것은?

① 역화의 발생 ② 강도 부족
③ 취급 불량 ④ 계기류의 고장

해설 파열사고의 원인에는 강도 부족, 용접 불량, 설계 불량, 구조 불량, 계기류의 고장, 취급 불량(이상 감수, 압력 초과 등) 등이 있다.

8. 작업장에서 계단을 설치할 때 계단의 폭은 최소 얼마 이상으로 하여야 하는가? (단, 급유용 · 보수용 · 비상용 계단 및 나선형 계단이 아닌 경우)

① 0.5 m ② 1 m
③ 2 m ④ 5 m

해설 작업장 계단폭은 1 m 이상, 난간은 75 cm 이상 높이로 설치한다.

9. 다음의 안전 · 보건표지가 의미하는 것은 무엇인가?

① 사용금지
② 보행금지
③ 탑승금지
④ 출입금지

10. 다음 중 가스용접 작업의 안전사항으로 틀린 것은?

① 기름 묻은 옷은 인화의 위험이 있으므로 입지 않도록 한다.
② 역화하였을 때에는 산소 밸브를 조금 더 연다.
③ 역화의 위험을 방지하기 위하여 역화 방지기를 사용하도록 한다.
④ 밸브를 열 때는 용기 앞에서 몸을 피하도록 한다.

해설 가스용접 작업에서 역화가 발생하면 공급용 가스인 산소와 아세틸렌 밸브를 닫는다.

11. 드릴로 뚫어진 구멍의 내벽이나 절단한 관의 내벽을 다듬어서 구멍의 치수를 정확하게 하고, 구멍 내면을 다듬는 구멍 수정용 공구는?

① 평줄 ② 리머
③ 드릴 ④ 렌치

해설 관을 절단할 때 발생하는 내부의 거스러미를 리머로 제거하여 구멍을 다듬는다.

12. 드릴링 머신의 작업 시 일감의 고정 방법에 관한 설명으로 틀린 것은?

① 일감이 작을 때 – 바이스로 고정
② 일감이 클 때 – 볼트와 고정구(클램프) 사용
③ 일감이 복잡할 때 – 볼트와 고정구(클램프)
④ 대량 생산과 정밀도를 요구할 때 – 이동식 바이스 사용

해설 대량 생산과 정밀도를 요구할 때는 볼트와 고정구(클램프)를 사용한다.

13. 목재 화재 시에는 물을 소화제로 이용하는데, 주된 소화효과는?

① 제거 효과 ② 질식 효과
③ 냉각 효과 ④ 억제 효과

해설 물의 증발잠열에 의한 냉각 효과를 이용하여 소화한다.

14. 다음 중 냉동장치 내에 공기가 유입되었을 경우 나타나는 현상으로 가장 거리가 먼 것은?

정답 7. ① 8. ② 9. ① 10. ② 11. ② 12. ④ 13. ③ 14. ②

① 응축압력이 높아진다.
② 압축비가 높게 되어 체적 효율이 증가 된다.
③ 냉매와 증발관과의 열전달을 방해하여 냉동능력이 감소된다.
④ 공기 침입 시 수분도 혼입되어 프레온 냉동장치에서 부식이 일어난다.

해설 공기가 유입되면 불응축가스가 생성되어 냉동장치에 다음과 같은 영향을 미친다.
ⓐ 응축온도와 응축압력이 상승한다.
ⓑ 압축비가 상승하여 체적 효율이 감소한다.
ⓒ 냉매순환량, 냉동능력이 감소한다.
ⓓ 프레온 장치에서는 팽창밸브 빙결 현상, 동 부착 현상, 배관 부식이 발생한다.
ⓔ 실린더가 과열되고 토출가스 온도가 상승하며 윤활유의 열화 및 탄화가 발생한다.

15. 다음 중 보호구 사용 시 유의사항으로 틀린 것은?
① 작업에 적절한 보호구를 선정한다.
② 작업장에는 필요한 수량의 보호구를 비치한다.
③ 보호구는 사용하는 데 불편이 없도록 관리를 철저히 한다.
④ 작업을 할 때 개인에 따라 보호구는 사용 안 해도 된다.

16. 다음 중 강관의 보온 재료로 가장 거리가 먼 것은?
① 규조토 ② 유리면
③ 기포성 수지 ④ 광명단

해설 광명단은 연단에 아마인유를 섞은 것으로 강관 밑칠용으로 쓰여 녹이 생기는 것을 방지한다.

17. 이론상의 표준 냉동사이클에서 냉매가 팽창밸브를 통과할 때 변하는 것은?
① 엔탈피와 압력 ② 온도와 엔탈피
③ 압력과 온도 ④ 엔탈피와 비체적

해설 팽창밸브에서 교축작용에 의해 압력, 온도는 감소하고 엔트로피는 증가하며 엔탈피는 불변이다.

18. 냉동장치에서 자동 제어를 위해 사용되는 전자밸브(solenoide valve)의 역할로 가장 거리가 먼 것은?
① 액압축 방지
② 냉매 및 브라인 흐름 제어
③ 용량 및 액면 제어
④ 고수위 경보

해설 전자밸브는 유체의 흐름을 개폐하는 것이고 고수위 측정은 플로트 스위치(FS)에 의해서 검출된다.

19. 강관의 나사식 이음쇠 중 벤드의 종류에 해당하지 않는 것은?
① 암수 롱 벤드 ② 45° 롱 벤드
③ 리턴 벤드 ④ 크로스 벤드

해설 크로스 벤드는 "十"로 연결되는 배관 부품이다.

20. 압축기 종류에 따른 정상적인 유압이 아닌 것은?
① 터보 = 정상저압 + 6 kg/cm^2
② 입형저속 = 정상저압 + 0.5~1.5 kg/cm^2
③ 소형 = 정상저압 + 0.5 kg/cm^2
④ 고속다기통 = 정상저압 + 6 kg/cm^2

해설 고속다기통
= 정상저압 + 1.5~3 kg/cm^2

정답 15. ④ 16. ④ 17. ③ 18. ④ 19. ④ 20. ④

21. 암모니아 냉동장치에서 실린더 지름 150 mm, 행정 90 mm, 회전수 1170 rpm, 6기통일 때 냉동능력(RT)은?(단, 냉매상수는 8.4이다.)

① 약 98.2 ② 약 79.7
③ 약 59.2 ④ 약 38.9

해설 ⓐ $V = \frac{\pi}{4} \times 0.15^2 \times 0.09 \times 6 \times 1170 \times 60$
$= 669.55 \text{ m}^3/\text{h}$

ⓑ $\text{RT} = \frac{669.55}{8.4} = 79.7$

22. 동결장치 상부에 냉각코일을 집중적으로 설치하고 공기를 유동시켜 피냉각물체를 동결시키는 장치는?

① 송풍 동결장치 ② 공기 동결장치
③ 접촉 동결장치 ④ 브라인 동결장치

해설 냉각코일에 공기를 강제로 유동시켜 물체를 동결시키는 장치를 송풍 동결장치라 한다.

23. 건포화증기를 압축기에서 압축시킬 경우 토출되는 증기의 상태는?

① 과열증기 ② 포화증기
③ 포화액 ④ 습증기

해설 증발기에서 나오는 저온 저압의 포화증기를 압축기에서 단열압축하면 토출가스 온도가 상승하여 과열증기가 된다.

24. 냉동기용 전동기의 시동 릴레이는 전동기 정격속도의 얼마에 달할 때까지 시동권선에 전류를 흐르게 하는가?

① 1/2 ② 2/3
③ 1/4 ④ 1/5

해설 단상용 전동기는 정격 회전속도의 65~80 %(2/3~3/4), 평균 75 %일 때 기동(시동) 권선의 전압을 차단한다. 즉 정격속도의 2/3 정도까지 전류를 흐르게 한다.

25. 다음 열전달률에 대한 설명 중 옳은 것은 어느 것인가?

① 열이 관벽 또는 브라인(brine) 등의 재질 내에서의 이동을 나타내며 단위는 kcal/m · h · ℃이다.
② 액체면과 기체면 사이의 열의 이동을 나타내며 단위는 kcal/m · h · ℃이다.
③ 유체와 고체 사이의 열의 이동을 나타내며 단위는 $\text{kcal/m}^2 \cdot \text{h} \cdot$ ℃이다.
④ 고체와 기체 사이의 한정된 열의 이동을 나타내며 단위는 $\text{kcal/m}^3 \cdot \text{h} \cdot$ ℃이다.

해설 열전달률은 유체와 고체 사이에서 단위시간 동안 면적 1 m^2당 온도 1℃ 변화하는 데 이동하는 열량으로 단위는 $\text{kcal/m}^2 \cdot \text{h} \cdot$ ℃이다.

26. 표준 냉동사이클의 증발 과정 동안 압력과 온도는 어떻게 변화하는가?

① 압력과 온도가 모두 상승한다.
② 압력과 온도가 모두 일정하다.
③ 압력은 상승하고 온도는 일정하다.
④ 압력은 일정하고 온도는 상승한다.

해설 증발 과정은 등온 · 등압(온도와 압력 일정) 과정으로 엔탈피, 엔트로피 등이 증가하는 잠열과정이다.

27. 흡수식 냉동장치에서 냉매로 암모니아를 사용할 때 흡수제로 가장 적당한 것은?

① LiBr ② $CaCl_2$
③ LiCl ④ H_2O

해설 흡수식 냉동장치에서 냉매가 물일 때 흡수제는 LiCl 또는 LiBr이고 냉매가 NH_3일 때 흡수제는 H_2O이다.

정답 21. ② 22. ① 23. ① 24. ② 25. ③ 26. ② 27. ④

28. 냉동장치에서 다단 압축을 하는 목적으로 옳은 것은?

① 압축비 증가와 체적 효율 감소
② 압축비와 체적 효율 증가
③ 압축비와 체적 효율 감소
④ 압축비 감소와 체적 효율 증가

해설 다단 압축의 목적
ⓐ 압축일량 분배(압축비 감소)
ⓑ 토출가스의 온도 상승 방지
ⓒ 각종 이용 효율(압축, 기계, 체적) 증가

29. 동력의 단위 중 값이 큰 순서대로 바르게 나열된 것은?

① 1 kW > 1 PS > 1 kgf · m/s > 1 kcal/h
② 1 kW > 1 kcal/h> 1 kgf · m/s > 1 PS
③ 1 PS > 1 kgf · m/s > 1 kcal/h > 1 kW
④ 1 PS > 1 kgf · m/s> 1 kW > 1 kcal/h

해설 ⓐ 1 kW = 102 kgf · m/s
ⓑ 1 PS = 75 kgf · m/s
ⓒ $1\text{ kcal/h} = \frac{427}{3600}\text{ kgf}\cdot\text{m/s}$

30. 암모니아 냉동장치에 대한 설명 중 틀린 것은?

① 윤활유에는 잘 용해되나, 수분과의 용해성이 극히 작다.
② 연소성, 폭발성, 독성 및 악취가 있다.
③ 전열 성능이 양호하다.
④ 프레온 냉동장치에 비해 비열비가 크다.

해설 NH_3는 수분에 800~900배 용해되고 윤활유와 분리된다.

31. 온도식 자동 팽창밸브에서 감온통의 부착 위치는?

① 응축기 출구 ② 증발기 입구
③ 증발기 출구 ④ 수액기 출구

해설 온도식 자동 팽창밸브의 감온통은 증발기 출구 측 배관 수평부에 부착한다.

32. 냉동장치 운전에 관한 설명으로 옳은 것은?

① 흡입압력이 저하되면 토출가스 온도가 저하된다.
② 냉각수온이 높으면 응축압력이 저하된다.
③ 냉매가 부족하면 증발압력이 상승한다.
④ 응축압력이 상승되면 소요동력이 증가한다.

해설 ① 흡입압력이 저하되면 토출가스 온도는 상승한다.
② 냉각수온이 높으면 응축압력이 상승한다.
③ 냉매가 부족하면 저압(증발압력)과 고압(응축압력)이 낮아진다.
④ 응축압력이 높으면 압축비 증가로 소비동력이 증가한다.

33. 다음 [보기] 중 브라인의 구비 조건으로 적절한 것은?

[보기]
(가) 비열과 전도율이 클 것
(나) 끓는점이 높고, 불연성일 것
(다) 동결온도가 높을 것
(라) 점성이 크고 부식성이 클 것

① (가), (나) ② (가), (다)
③ (나), (다) ④ (가), (라)

해설 브라인의 구비 조건
ⓐ 비열이 클 것
ⓑ 점성이 작을 것
ⓒ 열전도율이 클 것
ⓓ 부식성이 작을 것
ⓔ 불연성일 것
ⓕ 동결온도가 낮을 것

정답 28. ④ 29. ① 30. ① 31. ③ 32. ④ 33. ①

ⓖ 비등점이 높을 것
ⓗ 악취, 독성, 변색, 변질이 없을 것

34. **냉동능력이 5냉동톤(한국 냉동톤)이며, 압축기의 소요동력이 5마력(PS)일 때 응축기에서 제거하여야 할 열량(kcal/h)은 얼마인가?**

① 약 18790 kcal/h
② 약 19760 kcal/h
③ 약 20900 kcal/h
④ 약 21100 kcal/h

해설 $Q_c = 5 \times 3320 + 5 \times 632.3$
$= 19761.5\,\text{kcal/h}$

35. **동일한 증발온도일 경우 간접 팽창식과 비교하여 직접 팽창식 냉동장치에 대한 설명으로 틀린 것은?**

① 소요동력이 작다.
② 냉동톤(RT)당 냉매 순환량이 적다.
③ 감열에 의해 냉각시키는 방법이다.
④ 냉매의 증발온도가 높다.

해설 직접 팽창식은 냉매의 잠열에 의해 피냉각물질을 냉각시킨다.

36. **다음 중 증발기에 대한 설명으로 옳은 것은?**

① 증발기 입구 냉매 온도는 출구 냉매 온도보다 높다.
② 탱크형 냉각기는 주로 제빙용으로 쓰인다.
③ 1차 냉매는 감열로 열을 운반한다.
④ 브라인은 무기질이 유기질보다 부식성이 작다.

해설 ① 증발기 입출구의 냉매 온도는 같다.
② 제빙용 증발기는 헤링본식 탱크형이다.
③ 1차 냉매는 잠열, 2차 냉매는 현열로 이동한다.
④ 브라인은 유기질이 무기질보다 부식성이 작다.

37. **다음 중 냉동기의 스크루 압축기(screw compressor)에 대한 특징으로 틀린 것은?**

① 암·수나사 2개의 로터나사의 맞물림에 의해 냉매가스를 압축한다.
② 왕복동식 압축기와 동일하게 흡입, 압축, 토출의 3행정으로 이루어진다.
③ 액격 및 유격이 비교적 크다.
④ 흡입·토출 밸브가 없다.

해설 스크루(나사) 압축기는 펌프와 유사한 구조이므로 액압축(액격)과 오일압축(유격)이 일어나지 않는다.

38. **증발식 응축기에 대한 설명 중 옳은 것은 어느 것인가?**

① 냉각수의 사용량이 많아 증발량도 커진다.
② 응축능력은 냉각관 표면의 온도와 외기 건구온도차에 비례한다.
③ 냉각수량이 부족한 곳에 적합하다
④ 냉매의 압력강하가 작다.

해설 증발식 응축기는 다른 수랭 응축기의 필요수량의 3~4 %로서 냉각수가 부족한 곳에 적합하고 연간 냉각수 소비량이 적다.

39. **시간적으로 변화하지 않는 일정한 입력신호를 단속신호로 변환하는 회로로서 경보용 버저 신호에 많이 사용하는 것은?**

① 선택 회로 ② 플리커 회로
③ 인터로크 회로 ④ 자기유지 회로

해설 플리커 회로 : 한시 동작 한시 복귀 회로

정답 34. ② 35. ③ 36. ② 37. ③ 38. ③ 39. ②

40. 저압 차단 스위치의 작동에 의해 장치가 정지되었을 때 행하는 점검사항 중 가장 거리가 먼 것은?

① 응축기의 냉각수 단수 여부 확인
② 압축기의 용량 제어장치의 고장 여부 확인
③ 저압측 적상 유무 확인
④ 팽창밸브의 개도 점검

해설 응축기는 저압측이 아니고 고압측이므로 점검 대상에서 제외된다.

41. 왕복동 압축기와 비교하여 원심 압축기의 장점으로 틀린 것은?

① 흡입밸브, 토출밸브 등의 마찰 부분이 없으므로 고장이 적다.
② 마찰에 의한 손상이 적어서 성능 저하가 적다.
③ 저온장치에는 압축단수를 1단으로 가능하다.
④ 왕복동 압축기에 비해 구조가 간단하다.

해설 저압 압축기인 원심 압축기는 저온 냉동에 사용하려면 압축단수가 많아야 하므로 실제 운전이 불가능하여 고온 공기조화 장치에만 주로 사용되지만 왕복동식은 고온, 중온, 저온 모든 장치에 사용할 수 있다.

42. 냉동장치에서 응축기나 수액기 등 고압부에 이상이 생겨 점검 및 수리를 위해 고압측 냉매를 저압측으로 회수하는 작업은 무엇인가?

① 펌프아웃(pump out)
② 펌프다운(pump down)
③ 바이패스아웃(bypass out)
④ 바이패스다운(bypass down)

해설 ⓐ 펌프아웃 : 고압측 냉매를 저압측으로 회수하는 작업
ⓑ 펌프다운 : 저압측 냉매를 고압측으로 회수하는 작업

43. 응축온도가 13℃이고, 증발온도가 −13℃인 이론적 냉동사이클에서 냉동기의 성적 계수는 얼마인가?

① 0.5 ② 2
③ 5 ④ 10

해설 $COP = \dfrac{273-13}{(273+13)-(273-13)} = 10$

44. 입형 셸 앤 튜브식 응축기의 특징으로 가장 거리가 먼 것은?

① 옥외 설치가 가능하다.
② 액냉매의 과냉각이 쉽다.
③ 과부하에 잘 견딘다.
④ 운전 중 청소가 가능하다.

해설 입형 셸 앤 튜브식 응축기는 냉매와 냉각수가 병류(평행류)이므로 과냉각은 어렵지만 냉각수량을 많이 공급할 수 있어서 과부하를 처리하고 운전 중 청소가 가능하며 옥내외 어디든지 설치가 가능하다.

45. 동관을 구부릴 때 사용되는 동관 전용 벤더의 최소 곡률 반지름은 관지름의 약 몇 배인가?

① 약 1~2배 ② 약 4~5배
③ 약 7~8배 ④ 약 10~11배

해설 동관의 곡률 반지름은 유체의 저항을 작게 하기 위하여 관지름의 6배 정도이지만 일반적으로 4~6배 정도로 시공한다.

46. 사무실의 공기조화를 행할 경우 다음 중 전체 열부하에서 가장 큰 비중을 차지하

정답 40. ① 41. ③ 42. ① 43. ④ 44. ② 45. ② 46. ④

는 항목은?

① 바닥에서 침입하는 열과 재실자로부터의 발생열
② 문을 열 때 들어오는 열과 문 틈으로 들어오는 열
③ 재실자로부터의 발생열과 조명기구로부터의 발생열
④ 벽, 창, 천장 등에서 침입하는 열과 일사에 의해 유리창을 투과하여 침입하는 열

해설 공기조화의 실내부하는 재실 인원, 틈새바람, 조명기구 등이 있지만 구조체(벽, 창, 천장)로 침입하는 열량이 제일 크다.

47. 실내의 오염된 공기를 신선한 공기로 희석 또는 교환하는 것을 무엇이라고 하는가?

① 환기 ② 배기
③ 취기 ④ 송기

해설 환기 = 재순환 공기 + 외기 도입

48. 보일러 스케일 방지책으로 적절하지 않은 것은?

① 청정제를 사용한다.
② 보일러 판을 미끄럽게 한다.
③ 급수 중의 불순물을 제거한다.
④ 수질 분석을 통한 급수의 한계 값을 유지한다.

해설 스케일(관석) 방지책
ⓐ 청정제(청관제)를 사용한다.
ⓑ 급수 처리를 철저히 한다.
ⓒ 불순물의 한계값 이하로 낮춘다.
ⓓ 슬러지는 적당한 분출로 제거시킨다.
ⓔ 보일러수 농축을 방지한다.(보일러 판을 깨끗하게 한다.)

49. 냉방부하 계산 시 인체로부터의 취득열량에 대한 설명으로 틀린 것은?

① 인체 발열부하는 작업 상태와는 관계없다.
② 땀의 증발, 호흡 등은 잠열이라 할 수 있다.
③ 인체의 발열량은 재실 인원수와 현열량과 잠열량으로 구한다.
④ 인체 표면에서 대류 및 복사에 의해 방사되는 열은 현열이다.

해설 운동 또는 작업을 하면 인체의 발열량은 증가한다.

50. 보일러 송기장치의 종류로 가장 거리가 먼 것은?

① 비수방지관 ② 주증기밸브
③ 증기헤더 ④ 화염검출기

해설 송기장치의 종류에는 비수방지관, 기수분리기, 주증기밸브, 주증기관, 증기헤더 등이 있으며 화염검출기는 안전장치의 종류이다.

51. 건물 내 장소에 따라 부하변동의 상황이 달라질 경우, 구역구분을 통해 구역마다 공조기를 설치하여 부하처리를 하는 방식은 무엇인가?

① 단일덕트 재열방식
② 단일덕트 변풍량방식
③ 단일덕트 정풍량방식
④ 단일덕트 각층유닛방식

해설 부하변동이 일정한 곳 및 부하변동의 상황이 달라질 경우 1실 1계통의 구역별로 공조를 할 수 있는 것은 단일덕트 정풍량방식이다.

52. 다음 중 복사난방에 대한 설명으로 틀린 것은?

① 설비비가 적게 든다.

정답 47. ① 48. ② 49. ① 50. ④ 51. ③ 52. ①

② 매립 코일이 고장나면 수리가 어렵다.
③ 외기 침입이 있는 곳에도 난방감을 얻을 수 있다.
④ 실내의 벽, 바닥 등을 가열하여 평균복사온도를 상승시키는 방법이다.

해설 ⓐ 가열코일(패널)을 매설하므로 시공, 수리 및 설비비가 비싸다.
ⓑ 실내 개방상태(외기 침입)에서도 난방 효과가 좋다.
ⓒ 벽에 균열이 생기기 쉽고 매설 배관이므로 고장 발견과 수리(정비)가 어렵다.
ⓓ 실내의 벽, 바닥 등을 가열하여 평균복사온도를 상승시킬 수 있다.

53. 다음 설명에 알맞은 취출구의 종류는 무엇인가?

[보기]
- 취출 기류의 방향 조정이 가능하다.
- 댐퍼가 있어 풍량 조절이 가능하다.
- 공기저항이 크다.
- 공장, 주방 등의 국소 냉방에 사용된다.

① 다공판형 ② 베인격자형
③ 펑커루버형 ④ 아네모스탯형

해설 ① 다공판형 : 천장에 설치하여 작은 구멍을 개공률 10% 정도 뚫어서 토출구로 만든 것
② 베인격자형 : 각형의 몸체(frame)에 폭 20~25 mm 정도의 얇은 날개(vane)를 토출면에 수평 또는 수직으로 설치하여 날개 방향 조절로 풍향을 바꿀 수 있다.
③ 펑커루버형 : 선박환기용으로 제작된 것으로 목을 움직여서 토출 기류의 방향을 바꿀 수 있으며, 토출구에 달려있는 댐퍼로 풍량 조절도 쉽게 할 수 있다.
④ 아네모스탯형 : 팬형의 결점을 보강한 것으로 천장 디퓨저라 한다.

54. 다음 중 공기조화용 에어 필터의 여과 효율을 측정하는 방법으로 가장 거리가 먼 것은?

① 중량법 ② 비색법
③ 계수법 ④ 용적법

해설 ① 중량법 : 비교적 큰 입자를 대상으로 측정하는 방법으로 필터에 제거되는 먼지의 중량으로 효율을 측정한다.
② 비색법(변색도법) : 비교적 작은 입자를 대상으로 하며, 필터의 상류와 하류에서 포집한 공기를 각각 여과지에 통과시켜 그 오염도를 광전관으로 측정한다.
③ 계수법(DOP법) : 고성능의 필터를 측정하는 방법으로 일정한 크기의 시험 입자를 사용하여 먼지의 수를 계측한다.

55. 열원이 분산된 개별공조방식에 대한 설명으로 틀린 것은?

① 서모스탯이 내장되어 개별 제어가 가능하다.
② 외기 냉방이 가능하여 중간기에는 에너지 절약형이다.
③ 유닛에 냉동기를 내장하고 있어 부분 운전이 가능하다.
④ 장래의 부하 증가, 증축 등에 대해 쉽게 대응할 수 있다.

해설 개별공조방식은 열원이 실내에 설치되므로 외기 냉방이 어렵다.

56. 실내에서 폐기되는 공기 중의 열을 이용하여 외기 공기를 예열하는 열회수 방식은 무엇인가?

① 열펌프 방식

정답 53. ③ 54. ④ 55. ② 56. ④

② 팬코일 방식
③ 열파이프 방식
④ 런 어라운드 방식

해설 ① 열펌프 방식 : 냉매를 이용한 냉난방 방식
② 팬코일 방식 : 냉수와 온수를 이용한 냉난방 방식
③ 열파이프 방식 : 밀봉된 용기와 위크(wik) 구조체 및 증기공간으로 구성

57. 유체의 속도가 15 m/s일 때 이 유체의 속도수두는?

① 약 5.1 m ② 약 11.5 m
③ 약 15.5 m ④ 약 20.4 m

해설 $H=\frac{15^2}{2\times 9.8}=11.47\text{m}$

58. 흡수식 감습장치에서 주로 사용하는 흡수제는?

① 실리카겔 ② 염화리튬
③ 아드 소울 ④ 활성 알루미나

해설 흡수식 감습장치에서 흡수제로 LiCl(염화리튬), LiBr(리튬 브로마인) 등이 사용되며, 실리카겔, 활성 알루미나 등은 흡착제 원료이다.

59. 습공기의 엔탈피에 대한 설명으로 틀린 것은?

① 습공기가 가열되면 엔탈피가 증가된다.
② 습공기 중에 수증기가 많아지면 엔탈피는 증가한다.
③ 습공기의 엔탈피는 온도, 압력, 풍속의 함수로 결정된다.
④ 습공기 중의 건공기 엔탈피와 수증기 엔탈피의 합과 같다.

해설 습공기의 엔탈피는 온도만의 함수이다.

60. 공기조화기의 자동 제어 시 제어 요소가 바르게 나열된 것은?

① 온도 제어 – 습도 제어 – 환기 제어
② 온도 제어 – 습도 제어 – 압력 제어
③ 온도 제어 – 차압 제어 – 환기 제어
④ 온도 제어 – 수위 제어 – 환기 제어

해설 공기조화기(AHU)는 실내 온도, 실내 습도, 실내 청정도, 실내 기류 분포도(환기 = 재순환 공기 + 외기 도입) 제어를 한다.

정답 57. ② 58. ② 59. ③ 60. ①

2015년 시행문제

■ 공조냉동기계기능사 2015. 1. 18 시행

1. 다음 중 정전기 방전의 종류가 아닌 것은?

① 불꽃 방전 ② 연면 방전
③ 분기 방전 ④ 코로나 방전

2. 보일러 운전 중 과열에 의한 사고를 방지하기 위한 사항으로 틀린 것은?

① 보일러의 수위가 안전저수면 이하가 되지 않도록 한다.
② 보일러수의 순환을 교란시키지 말아야 한다.
③ 보일러 전열면을 국부적으로 과열하여 운전한다.
④ 보일러수가 농축되지 않게 운전한다.

해설 ③항은 과열운전 원인이다.

3. 보일러의 수압시험을 하는 목적으로 가장 거리가 먼 것은?

① 균열의 유무를 조사
② 각종 덮개를 장치한 후의 기밀도 확인
③ 이음부의 누설정도 확인
④ 각종 스테이의 효력을 조사

해설 수압시험은 보일러 장치의 강도(균열유무), 기밀, 누설 유무를 검사하는 것이다.

4. 응축압력이 지나치게 내려가는 것을 방지하기 위한 조치방법 중 틀린 것은?

① 송풍기의 풍량을 조절한다.
② 송풍기 출구에 댐퍼를 설치하여 풍량을 조절한다.
③ 수랭식일 경우 냉각수의 공급을 증가시킨다.
④ 수랭식일 경우 냉각수의 온도를 높게 유지한다.

해설 냉각수량이 증가하면 응축온도와 압력이 낮아진다.

5. 작업 시 사용하는 해머의 조건으로 적절한 것은?

① 쐐기가 없는 것
② 타격면에 흠이 있는 것
③ 타격면이 평탄한 것
④ 머리가 깨어진 것

해설 해머는 빠지지 않게 쐐기가 있고 타격면에 흠이 있거나 깨어진 것을 사용하지 말고 평탄한 것을 사용한다.

6. 팽창밸브가 냉동 용량에 비하여 너무 작을 때 일어나는 현상은?

① 증발압력 상승
② 압축기 소요동력 감소
③ 소요전류 증대
④ 압축기 흡입가스 과열

해설 팽창밸브가 작으면 냉매 순환량이 감소하므로
ⓐ 증발압력 감소
ⓑ 소요전류는 감소하고 단위능력당 동력은 증가
ⓒ 흡입가스 과열로 체적효율 감소
ⓓ 토출가스 온도 상승

정답 1. ③ 2. ③ 3. ④ 4. ③ 5. ③ 6. ④

7. 보일러의 운전 중 파열사고의 원인으로 가장 거리가 먼 것은?

① 수위 상승 ② 강도의 부족
③ 취급의 불량 ④ 계기류의 고장

해설 수위가 상승하면 캐리오버의 원인이 된다.

8. 전기화재의 원인으로 고압선과 저압선이 나란히 설치된 경우, 변압기의 1, 2차 코일의 절연파괴로 인하여 발생하는 것은?

① 단락 ② 지락
③ 혼촉 ④ 누전

해설 변압기 코일의 절연이 파괴되면 코일이 접촉(혼촉)되어 기능이 상실된다.

9. 기계 작업 시 일반적인 안전에 대한 설명 중 틀린 것은?

① 취급자나 보조자 이외에는 사용하지 않도록 한다.
② 칩이나 절삭된 물품에 손대지 않는다.
③ 사용법을 확실히 모르면 손으로 움직여 본다.
④ 기계는 사용 전에 점검한다.

해설 사용법을 숙지한 후에 작업한다.

10. 보호구의 적절한 선정 및 사용 방법에 대한 설명 중 틀린 것은?

① 작업에 적절한 보호구를 선정한다.
② 작업장에는 필요한 수량의 보호구를 비치한다.
③ 보호구는 방호 성능이 없어도 품질이 양호해야 한다.
④ 보호구는 착용이 간편해야 한다.

해설 보호구는 양호한 품질과 방호 성능을 갖춰야 한다.

11. 냉동기를 운전하기 전에 준비해야 할 사항으로 틀린 것은?

① 압축기 유면 및 냉매량을 확인한다.
② 응축기, 유냉각기의 냉각수 입·출구밸브를 연다.
③ 냉각수 펌프를 운전하여 응축기 및 실린더 재킷의 통수를 확인한다.
④ 암모니아 냉동기의 경우는 오일 히터를 기동 30~60분 전에 통전한다.

해설 ④ 항은 프레온(freon) 냉동기의 경우이다.

12. 냉동기 검사에 합격한 냉동기 용기에 반드시 각인해야 할 사항은?

① 제조업체의 전화번호
② 용기의 번호
③ 제조업체의 등록번호
④ 제조업체의 주소

해설 용기 각인 사항 : 용기의 제조 번호, 내압시험압력, 최고충전압력, 용기 내용적, 사용가스명 등이다.

13. 가스용접 작업 시 주의사항이 아닌 것은?

① 용기밸브는 서서히 열고 닫는다.
② 용접 전에 소화기 및 방화사를 준비한다.
③ 용접 전에 전격방지기 설치 유무를 확인한다.
④ 역화방지를 위하여 안전기를 사용한다.

해설 전격방지기는 전기용접기 누전방지 장치이다.

14. 전기 기기의 방폭구조 형태가 아닌 것은?

① 내압 방폭구조 ② 안전증 방폭구조
③ 유입 방폭구조 ④ 차동 방폭구조

해설 방폭구조 : 내압, 유입, 압력, 안전증, 본질안전, 특수 방폭구조 등이다.

정답 7. ① 8. ③ 9. ③ 10. ③ 11. ④ 12. ② 13. ③ 14. ④

15. 수공구 사용에 대한 안전사항 중 틀린 것은 어느 것인가?

① 공구함에 정리를 하면서 사용한다.
② 결함이 없는 완전한 공구를 사용한다.
③ 작업완료 시 공구의 수량과 훼손 유무를 확인한다.
④ 불량공구는 사용자가 임시 조치하여 사용한다.

해설 불량공구는 사용하지 말 것

16. 표준냉동사이클로 운전될 경우, 다음 왕복동 압축기용 냉매 중 토출가스 온도가 제일 높은 것은?

① 암모니아 ② R-22
③ R-12 ④ R-500

해설 비열비가 클수록 토출가스 온도가 높다.
① NH_3 : 1.31 (98℃)
② R-22 : 1.184 (55℃)
③ R-12 : 1.136 (37.8℃)
④ R-500 : 41℃

17. 증기압축식 냉동사이클의 압축 과정 동안 냉매의 상태변화로 틀린 것은?

① 압력 상승 ② 온도 상승
③ 엔탈피 증가 ④ 비체적 증가

해설 압축 과정 : 압력, 온도, 엔탈피 상승, 엔트로피 불변, 비체적 감소

18. 다음 중 동관작업용 공구가 아닌 것은?

① 익스팬더 ② 티뽑기
③ 플레어링 툴 ④ 클립

해설 클립은 주철관의 턱걸이 이음에서 연(납)을 주입하기 위하여 연결부에 기작지를 만드는 기구이다.

19. 유체의 입구와 출구의 각이 직각이며, 주로 방열기의 입구 연결밸브나 보일러 주증기 밸브로 사용되는 밸브는?

① 슬루스 밸브(sluice valve)
② 체크 밸브(check valve)
③ 앵글 밸브(angle valve)
④ 게이트 밸브(gate valve)

해설 유체가 직각(90°)으로 유출되는 것은 글로브 밸브 계열의 앵글 밸브이다.

20. 횡형 셸 앤드 튜브(horizental shell and tuve)식 응축기에 부착되지 않는 것은?

① 역지 밸브
② 공기배출구
③ 물 드레인 밸브
④ 냉각수 배관 출·입구

해설 횡형응축기에는 ②, ③, ④항 외에 압력계, 온도계, 균압관, 안전밸브 등이 부착된다.

21. 냉동장치의 냉매배관에서 흡입관의 시공상 주의점으로 틀린 것은?

① 두 개의 흐름이 합류하는 곳은 T이음으로 연결한다.
② 압축기가 증발기보다 밑에 있는 경우, 흡입관은 증발기 상부보다 높은 위치까지 올린 후 압축기로 가게 한다.
③ 흡입관의 입상이 매우 길 때는 약 10 m 마다 중간에 트랩을 설치한다.
④ 각각의 증발기에서 흡입 주관으로 들어가는 관은 주관 위에서 접속한다.

해설 합류 또는 분기관 Y형 모양으로 이음하고, 신축장치를 한다.

22. 압축기의 상부간격(top clearance)이 넓으면 냉동 장치에 어떤 영향을 주는가?

① 토출가스 온도가 낮아진다.

정답 15. ④ 16. ① 17. ④ 18. ④ 19. ③ 20. ① 21. ① 22. ③

② 체적 효율이 상승한다.
③ 윤활유가 열화되기 쉽다.
④ 냉동능력이 증가한다.

해설 압축기의 상부간격이 넓을 때 장치에 미치는 영향
ⓐ 체적 효율 감소
ⓑ 냉매 순환량 감소
ⓒ 냉동능력 감소
ⓓ 실린더 과열
ⓔ 토출가스 온도 상승
ⓕ 단위능력당 소비동력 증가
ⓖ 윤활유 열화 및 탄화
ⓗ 윤활 부품 마모 및 파손

23. 200 V, 300 kW의 전열기를 100 V 전압에서 사용할 경우 소비전력은?

① 약 50 kW ② 약 75 kW
③ 약 100 kW ④ 약 150 kW

해설 $R=\frac{200^2}{300}=\frac{100^2}{P_2}$

$\therefore P_2=\frac{100^2}{200^2}\times 300=75\text{ kW}$

24. 흡수식 냉동기에 사용되는 흡수제의 구비조건으로 틀린 것은?

① 용액의 증기압이 낮을 것
② 농도 변화에 의한 증기압의 변화가 클 것
③ 재생에 많은 열량을 필요로 하지 않을 것
④ 점도가 높지 않을 것

해설 농도 변화에 따른 압력 변화가 작을 것

25. 냉동장치의 능력을 나타내는 단위로서 냉동톤(RT)이 있다. 1냉동톤에 대한 설명으로 옳은 것은?

① 0℃의 물 1 kg을 24시간에 0℃의 얼음으로 만드는 데 필요한 열량
② 0℃의 물 1 ton을 24시간에 0℃의 얼음으로 만드는 데 필요한 열량
③ 0℃의 물 1 kg을 1시간에 0℃의 얼음으로 만드는 데 필요한 열량
④ 0℃의 물 1 ton을 1시간에 0℃의 얼음으로 만드는 데 필요한 열량

해설 $1\text{ RT}=1000\times 79.68\times\frac{1}{24}$

$=3320\text{ kcal/h}$

26. 암모니아 냉매의 특성으로 틀린 것은?

① 물에 잘 용해된다.
② 밀폐형 압축기에 적합한 냉매이다.
③ 다른 냉매보다 냉동효과가 크다.
④ 가연성으로 폭발의 위험이 있다.

해설 NH_3 냉매는 동 또는 절연물질인 에나멜을 부식시키므로 밀폐형 냉동기에 사용할 수 없다.

27. 동관에 관한 설명 중 틀린 것은?

① 전기 및 열전도율이 좋다.
② 가볍고 가공이 용이하며 일반적으로 동파에 강하다.
③ 산성에는 내식성이 강하고 알칼리성에는 심하게 침식된다.
④ 전연성이 풍부하고 마찰저항이 적다.

해설 ⓐ 동관은 산성에 심하게 부식되고, 알칼리성에 내식성이 강하다.
ⓑ 연(납)관은 알칼리성에 심하게 부식되고 산성에 내식성이 강하다.

28. 회전 날개형 압축기에서 회전 날개의 부착은?

① 스프링 힘에 의하여 실린더에 부착한다.
② 원심력에 의하여 실린더에 부착한다.

정답 23. ② 24. ② 25. ② 26. ② 27. ③ 28. ②

③ 고압에 의하여 실린더에 부착한다.
④ 무게에 의하여 실린더에 부착한다.

해설 ⓐ 밀폐식 회전 날개형은 원심력에 의해 실린더에 밀착된다.
ⓑ 고정 날개형은 스프링에 의해서 회전 피스톤에 밀착된다.

29. 회전식 압축기의 특징에 관한 설명으로 틀린 것은?

① 조립이나 조정에 있어서 고도의 정밀도가 요구된다.
② 대형 압축기와 저온용 압축기에 많이 사용한다.
③ 왕복동식보다 부품 수가 적으며 흡입밸브가 없다.
④ 압축이 연속적으로 이루어져 진공펌프로도 사용된다.

해설 회전식 압축기는 프레온 계열의 소형 밀폐형에만 사용된다.

30. 고체 냉각식 동결장치가 아닌 것은?

① 스파이럴식 동결장치
② 배치식 콘택트 프리저 동결장치
③ 연속식 싱글 스틸 벨트 프리저 동결장치
④ 드럼 프리저 동결장치

해설 스파이럴식은 일반 냉각코일의 종류이다.

31. 흡수식 냉동장치의 주요 구성요소가 아닌 것은?

① 재생기 ② 흡수기
③ 이젝터 ④ 용액펌프

해설 흡수식의 주요 구성요소는 흡수기, 발생기(재생기), 응축기, 증발기, 열교환기, 펌프 등이다.

32. 단단 증기압축식 냉동사이클에서 건조압축과 비교하여 과열압축이 일어날 경우 나타나는 현상으로 틀린 것은?

① 압축기 소비동력이 커진다.
② 비체적이 커진다.
③ 냉매 순환량이 증가한다.
④ 노출가스의 온도가 높아진다.

해설 과열압축을 하면 비용적(비체적)이 커지고, 체적효율이 감소하여 냉매 순환량이 감소한다.

33. 다음 $P-h$ 선도(Mollier diagram)에서 등온선을 나타낸 것은?

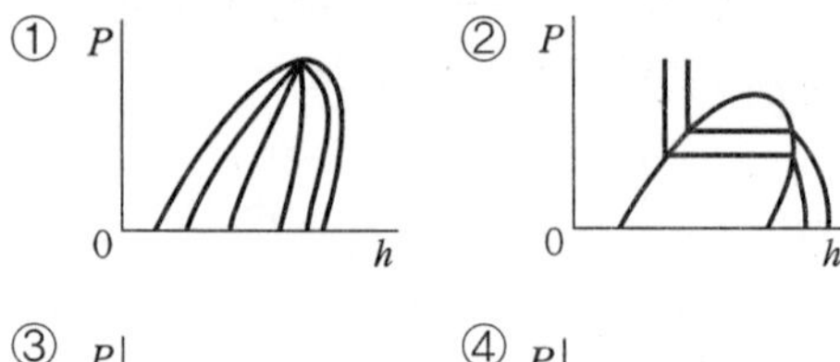

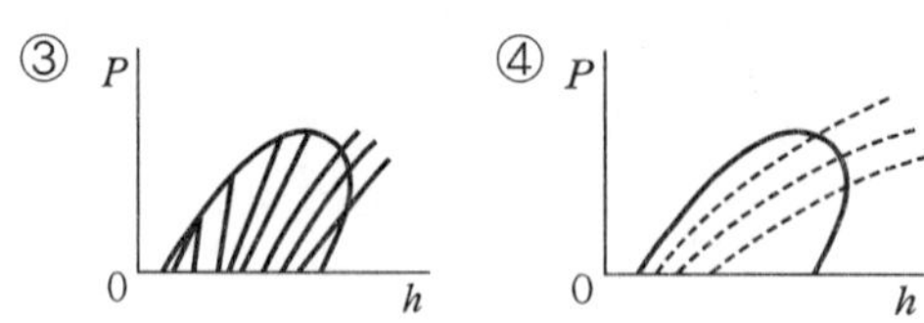

해설 ① 등건조도선
③ 등엔트로피선
④ 비용적(비체적)선

34. 냉동기의 2차 냉매인 브라인의 구비조건으로 틀린 것은?

① 낮은 응고점으로 낮은 온도에서도 동결되지 않을 것
② 비중이 적당하고 점도가 낮을 것
③ 비열이 크고 열전달 특성이 좋을 것
④ 증발이 쉽게 되고 잠열이 클 것

해설 브라인은 현열을 운반하므로 비열이 크고 응고점이 낮으며, 비등점이 높아야 한다.

정답 29. ② 30. ① 31. ③ 32. ③ 33. ② 34. ④

35. 두 전하 사이에 작용하는 힘의 크기는 두 전하 세기의 곱에 비례하고, 두 전하 사이의 거리의 제곱에 반비례하는 법칙은?

① 옴의 법칙
② 쿨롱의 법칙
③ 패러데이의 법칙
④ 키르히호프의 법칙

해설 쿨롱의 법칙

$$F = k \cdot \frac{Q_1 Q_2}{r^2} \text{ [N]}$$

k : 상수 (9×10^9)
r : 거리 (m)
Q : 전하 (전기)량 (C)

36. 2단압축 1단팽창 사이클에서 중간냉각기 주위에 연결되는 장치로 적당하지 않은 것은?

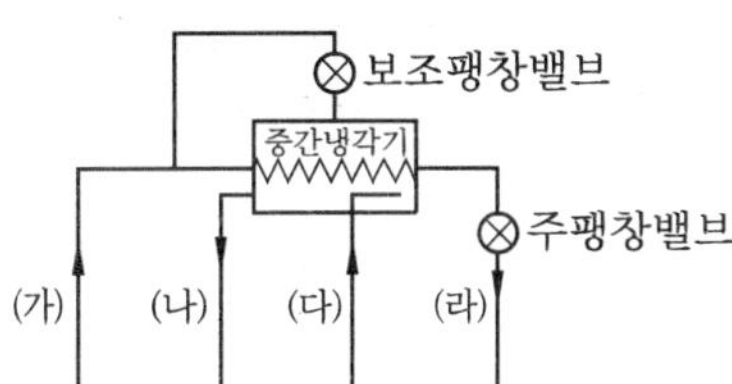

① (가) : 수액기
② (나) : 고단측 압축기
③ (다) : 응축기
④ (라) : 증발기

해설 (다) : 저단압축기 토출측

37. 지열을 이용하는 열펌프(heat pump)의 종류로 가장 거리가 먼 것은?

① 엔진 구동 열펌프
② 지하수 이용 열펌프
③ 지표수 이용 열펌프
④ 토양 이용 열펌프

해설 ① 항은 엔진의 폐열을 이용한다.

38. 냉동사이클에서 응축온도는 일정하게 하고 증발온도를 저하시키면 일어나는 현상으로 틀린 것은?

① 냉동능력이 감소한다.
② 성능계수가 저하한다.
③ 압축기의 토출온도가 감소한다.
④ 압축비가 증가한다.

해설 ⓐ 압축비 상승
ⓑ 체적효율 감소
ⓒ 냉동능력 감소
ⓓ 냉매순환량 감소
ⓔ 토출가스 온도 상승
ⓕ 단위능력당 소비동력 증가
ⓖ 실린더 과열
ⓗ 성적계수 감소

39. 점토 또는 탄산마그네슘을 가하여 형틀에 압축 성형한 것으로 다른 보온재에 비해 단열효과가 떨어져 두껍게 시공하며, 500℃ 이하의 파이프, 탱크노벽 등의 보온에 사용하는 것은?

① 규조토 ② 합성수지 패킹
③ 석면 ④ 오일시일 패킹

해설 규조토 : 점토 또는 탄산마그네슘을 사용하여 압축성형한 것으로, 석면 사용 시 500℃, 삼여물 사용 시 250℃이다.

40. 액체가 기체로 변할 때의 열은?

① 승화열 ② 응축열
③ 증발열 ④ 융해열

해설 ⓐ 승화열 : 고체 → 기체, 기체 → 고체
ⓑ 응축열 : 기체 → 액체
ⓒ 증발열 : 액체 → 기체
ⓓ 융해열 : 고체 → 액체
ⓔ 동결 (응고)열 : 액체 → 고체

정답 35. ② 36. ③ 37. ① 38. ③ 39. ① 40. ③

41. 다음 그림과 같이 15 A 강관을 45° 엘보에 동일부속 나사 연결할 때 관의 실제 소요 길이는?(단, 엘보중심 길이 21 mm, 나사물림 길이 11 mm이다.)

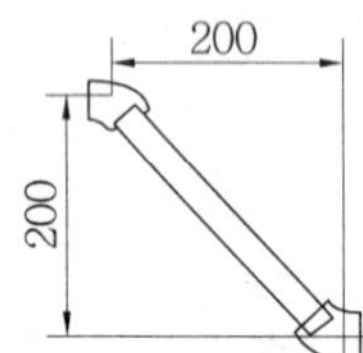

① 약 255.8 mm ② 약 258.8 mm
③ 약 274.8 mm ④ 약 262.8 mm

해설 $l = \sqrt{200^2 + 200^2} - 2 \times (21 - 11)$
$= 262.84 \text{ mm}$

42. 기준냉동사이클에 의해 작동되는 냉동장치의 운전 상태에 대한 설명 중 옳은 것은?

① 증발기 내의 액냉매는 피냉각 물체로부터 열을 흡수함으로써 증발기 내를 흘러감에 따라 온도가 상승한다.
② 응축온도는 냉각수 입구온도보다 높다.
③ 팽창과정 동안 냉매는 단열팽창하므로 엔탈피가 증가한다.
④ 압축기 토출 직후의 증기온도는 응축과정 중의 냉매 온도보다 낮다.

해설 ① : 온도는 일정하고 엔탈피는 상승한다.
③ : 팽창밸브는 교축작용이므로 엔탈피가 일정하다.
④ : 압축기 토출가스 온도는 냉동장치에서 제일 높다.

43. 표준냉동사이클의 $P-h$(압력-엔탈피) 선도에 대한 설명으로 틀린 것은?

① 응축과정에서는 압력이 일정하다.
② 압축과정에서는 엔트로피가 일정하다.
③ 증발과정에서는 온도와 압력이 일정하다.
④ 팽창과정에서는 엔탈피와 압력이 일정하다.

해설 팽창과정은 교축작용으로 엔탈피는 일정하고 온도, 압력은 감소하며 엔트로피는 상승한다.

44. 냉동장치의 압축기에서 가장 이상적인 압축과정은?

① 등온 압축
② 등엔트로피 압축
③ 등압 압축
④ 등엔탈피 압축

해설 압축기는 가역 단열 정상류 변화이므로 엔트로피가 일정하다.

45. 다음은 NH_3 표준냉동사이클의 $P-h$ 선도이다. 플래시 가스 열량(kcal/kg)은 얼마인가?

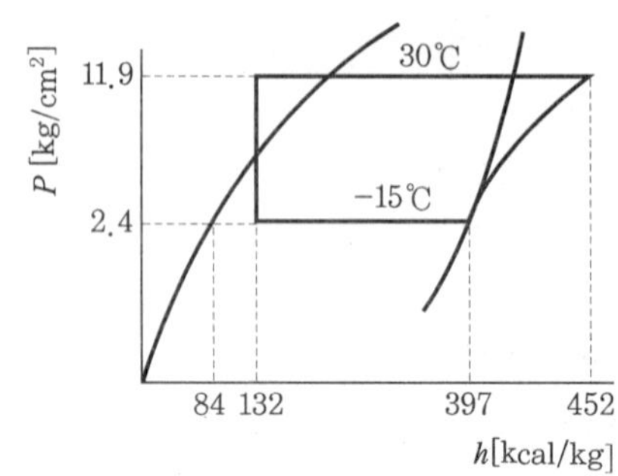

① 48 ② 55
③ 313 ④ 368

해설 $q_f = 132 - 84 = 48 \text{ kcal/kg}$

46. 15℃의 공기 15 kg과 30℃의 공기 5 kg을 혼합할 때 혼합 후의 공기온도는?

① 약 22.5℃ ② 약 20℃
③ 약 19.2℃ ④ 약 18.7℃

정답 41. ④ 42. ② 43. ④ 44. ② 45. ① 46. ④

해설 $t = \dfrac{15 \times 15 + 5 \times 30}{15 + 5} = 18.75\,℃$

47. 동절기의 가열코일의 동결방지 방법으로 틀린 것은?

① 온수코일은 야간 운전정지 중 순환펌프를 운전한다.
② 운전 중에는 전열교환기를 사용하여 외기를 예열하여 도입한다.
③ 외기와 환기가 혼합되지 않도록 별도의 통로를 만든다.
④ 증기코일의 경우 0.5 kg/cm^2 이상의 증기를 사용하고 코일 내에 응축수가 고이지 않도록 한다.

해설 실내 공기온도·습도 조정을 위하여 외기를 도입하여 환기와 혼합시킨다.

48. 송풍기의 효율을 표시하는 데 사용되는 정압효율에 대한 정의로 옳은 것은?

① 팬의 축동력에 대한 공기의 저항력
② 팬의 축동력에 대한 공기의 정압동력
③ 공기의 저항력에 대한 팬의 축동력
④ 공기의 정압동력에 대한 팬의 축동력

해설 $\text{정압효율} = \dfrac{\text{정압동력}}{\text{전동력} = \text{축동력}}$

49. 노통 연관 보일러에 대한 설명으로 틀린 것은?

① 노통 보일러와 연관 보일러의 장점을 혼합한 보일러이다.
② 보유수량에 비해 보일러 열효율이 80 ~ 85 % 정도로 좋다.
③ 형체에 비해 전열면적이 크다.
④ 구조상 고압, 대용량에 적합하다.

해설 노통 연관 보일러는 저압 보일러이다.

50. 공기조화에 사용되는 온도 중 사람이 느끼는 감각에 대한 온도, 습도, 기류의 영향을 하나로 모아 만든 쾌감의 지표는?

① 유효온도 (effective temperature : ET)
② 흑구온도 (globe temperature : GT)
③ 평균복사온도 (mean radiant temperature : MRT)
④ 작용온도 (operation temperature : OT)

해설 유효온도는 야글로(Yaglou)가 만든 온도, 습도, 기류에 의한 쾌감지표이다.

51. 핀(fin)이 붙은 튜브형 코일을 강판형 박스에 넣은 것으로 대류를 이용한 방열기는 어느 것인가?

① 콘벡터(convector)
② 팬코일 유닛 (fan coil unit)
③ 유닛 히터(unit heater)
④ 라디에이터(radiator)

52. 다음 중 단일 덕트 방식의 특징으로 틀린 것은?

① 단일 덕트 스페이스가 비교적 크게 된다.
② 외기 냉방운전이 가능하다.
③ 고성능 공기정화장치의 설치가 불가능하다.
④ 공조기가 집중되어 있으므로 보수관리가 용이하다.

해설 덕트 방식은 공조기에 고성능 여과기와 공기 세정기의 부착이 가능하다.

53. 건축물에서 외기와 접하지 않는 내벽, 내창, 천장 등에서의 손실열량을 계산할 때 관계 없는 것은?

① 열관류율　② 면적
③ 인접실과 온도차　④ 방위계수

정답 47. ③ 48. ② 49. ④ 50. ① 51. ① 52. ③ 53. ④

해설 방위계수는 외기가 접하는 벽체에만 적용된다.

54. 다음 그림에서 설명하고 있는 냉방 부하의 변화 요인은?

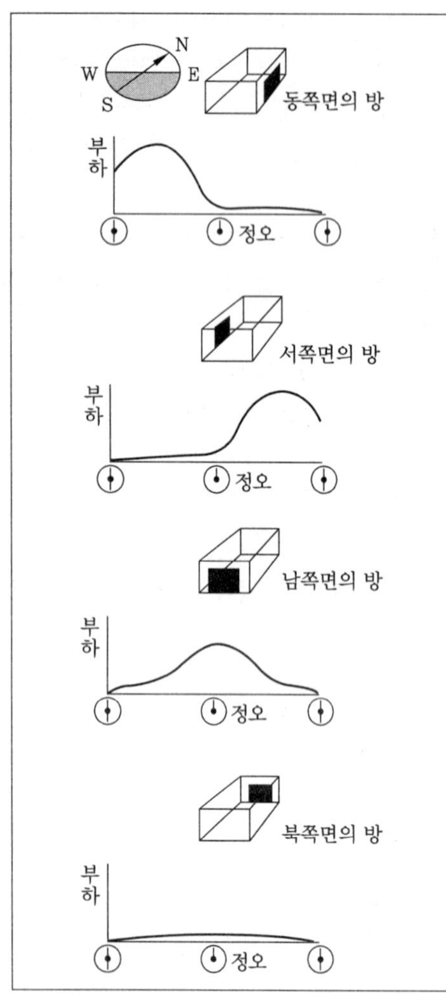

① 방의 크기 ② 방의 방위
③ 단열재의 두께 ④ 단열재의 종류

55. 공기조화방식 중에서 외기도입을 하지 않아 덕트 설비가 필요 없는 방식은?

① 팬코일 유닛 방식
② 유인 유닛 방식
③ 각층 유닛 방식
④ 멀티존 방식

해설 팬코일 유닛은 실내에 설치되어서 냉난방을 하는 것으로 외기 도입이 어렵다.

56. 개별 공조방식이 아닌 것은?

① 패키지 방식
② 룸쿨러 방식
③ 멀티 유닛 방식
④ 팬코일 유닛 방식

해설 팬코일 유닛은 중앙공급 방식이다.

57. 판형 열교환기에 관한 설명 중 틀린 것은?

① 열전달 효율이 높아 온도차가 적은 유체 간의 열교환에 매우 효과적이다.
② 전열판에 요철 형태를 성형시켜 사용하므로 유체의 압력손실이 크다.
③ 셸튜브형에 비해 열관류율이 매우 높으므로 전열면적을 줄일 수 있다.
④ 다수의 전열판을 겹쳐 놓고 볼트로 고정시키므로 전열면의 점검 및 청소가 불편하다.

해설 판형은 단일구조체의 형틀이므로 점검 및 청소가 유리하다.

58. 난방 방식의 분류에서 간접 난방에 해당하는 것은?

① 온수난방 ② 증기난방
③ 복사난방 ④ 히트펌프난방

해설 히트펌프는 공기를 가열하여 방출하므로 간접 난방 방식이다.

정답 54. ② 55. ① 56. ④ 57. ④ 58. ④

59. 다음의 공기선도에서 (2)에서 (1)로 냉각, 감습을 할 때 현열비(SHF)의 값을 식으로 나타낸 것 중 옳은 것은?

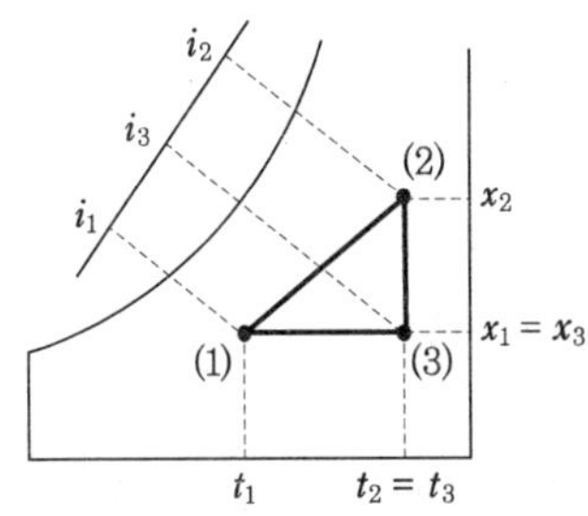

① $\dfrac{i_2 - i_3}{i_2 - i_1}$　② $\dfrac{i_3 - i_1}{i_2 - i_1}$

③ $\dfrac{i_2 - i_1}{i_3 - i_1}$　④ $\dfrac{i_3 + i_2}{i_2 + i_1}$

해설 ⓐ $SHF = \dfrac{\text{현열량}}{\text{전열량}} = \dfrac{i_3 - i_1}{i_2 - i_1}$

ⓑ 잠열량 $= i_2 - i_3$

60. 덕트 속에 흐르는 공기의 평균 유속 10 m/s, 공기의 비중량 1.2 kgf/m^3, 중력 가속도가 9.8 m/s^{2}일 때 동압은?

① 약 3 mmAq

② 약 4 mmAq

③ 약 5 mmAq

④ 약 6 mmAq

해설 $P_v = \dfrac{10^2}{2 \times 9.8} \times 1.2$
$= 6.12 \text{ mmAq}$

■ 공조냉동기계기능사 2015. 4. 4 시행

1. 다음 중 저속 왕복동 냉동장치의 운전 순서로 옳은 것은?

1. 압축기를 시동한다.
2. 흡입측 스톱밸브를 천천히 연다.
3. 냉각수 펌프를 운전한다.
4. 응축기의 액면계 등으로 냉매량을 확인한다.
5. 압축기의 유면을 확인한다.

① 1-2-3-4-5 ② 5-4-3-2-1
③ 5-4-3-1-2 ④ 1-2-5-3-4

해설 ⓐ 압축기 유면 확인
ⓑ 응축기 수액기 액면 확인
ⓒ 전기배선 연결상태와 전압 확인
ⓓ 벨트의 이완상태 등 확인
ⓔ 냉각수 펌프 기동
ⓕ 토출 밸브 열기
ⓖ 압축기 기동
ⓗ 흡입 스톱밸브 열기
ⓘ 팽창밸브 조정

2. 전기스위치 조작 시 오른손으로 하기를 권장하는 이유로 가장 적당한 것은?

① 심장에 전류가 직접 흐르지 않도록 하기 위하여
② 작업을 손쉽게 하기 위하여
③ 스위치 개폐를 신속히 하기 위하여
④ 스위치 조작 시 많은 힘이 필요하므로

해설 심장이 왼쪽 가슴에 있으므로 전기 조작은 가급적 오른손으로 한다.

3. 보일러의 과열 원인으로 적절하지 못한 것은 어느 것인가?

① 보일러수의 수위가 높을 때
② 보일러 내 스케일이 생성되었을 때
③ 보일러수의 순환이 불량할 때
④ 전열면에 국부적인 열을 받았을 때

해설 보일러 수위가 높으면 캐리오버 현상의 우려가 있다.

4. 스패너 사용 시 주의 사항으로 틀린 것은?

① 스패너가 벗겨지거나 미끄러짐에 주의한다.
② 스패너의 입이 너트 폭과 잘 맞는 것을 사용한다.
③ 스패너 길이가 짧은 경우에는 파이프를 끼워서 사용한다.
④ 무리하게 힘을 주지 말고 조심스럽게 사용한다.

해설 공구 이외의 다른 작업대를 연결하여 사용할 수 없다.

5. 다음 중 위생 보호구에 해당되는 것은?

① 안전모 ② 귀마개
③ 안전화 ④ 안전대

해설 위생 보호구 : 보안경, 귀마개, 마스크 등

6. 왕복펌프의 보수 관리 시 점검 사항으로 틀린 것은?

① 윤활유 작동 확인
② 축수 온도 확인
③ 스터핑 박스의 누설 확인
④ 다단 펌프에 있어서 프라이밍 누설 확인

해설 ④항은 원심 펌프에서 기동하기 전에 프라이밍시킨다.

정답 1. ③ 2. ① 3. ① 4. ③ 5. ② 6. ④

7. **작업복 선정 시 유의사항으로 틀린 것은?**

① 작업복의 스타일은 착용자의 연령, 성별 등은 고려할 필요가 없다.
② 화기사용 작업자는 방염성, 불연성의 작업복을 착용한다.
③ 작업복은 항상 깨끗이 하여야 한다.
④ 작업복은 몸에 맞고 동작이 편하며, 상의 끝이나 바지자락 등이 기계에 말려 들어갈 위험이 없도록 한다.

해설 작업복은 연령과 성별, 작업상태 등을 고려하여 선정한다.

8. **안전보건관리책임자의 직무에 가장 거리가 먼 것은?**

① 산업재해의 원인 조사 및 재발 방지대책 수립에 관한 사항
② 안전에 관한 조직편성 및 예산책정에 관한 사항
③ 안전 보건과 관련된 안전장치 및 보호구 구입 시의 적격품 여부 확인에 관한 사항
④ 근로자의 안전 보건교육에 관한 사항

해설 ② 항은 안전관리 총괄자의 직무이다.

9. **가스집합용접장치의 배관을 하는 경우 주관, 분기관에 안전기를 설치하는데, 하나의 취관에 몇 개 이상의 안전기를 설치해야 하는가?**

① 1개　　② 2개
③ 3개　　④ 4개

10. **전동 공구 사용상의 안전수칙이 아닌 것은 어느 것인가?**

① 전기 드릴로 아주 작은 물건이나 긴 물건에 작업할 때에는 지그를 사용한다.
② 전기 그라인더나 샌더가 회전하고 있을 때 작업대 위에 공구를 놓아서는 안 된다.
③ 수직 휴대용 연삭기의 숫돌의 노출각도는 90° 까지 허용된다.
④ 이동식 전기 드릴 작업 시 장갑을 끼지 말아야 한다.

해설 수직 휴대용 연삭기의 숫돌은 180° 까지 노출이 허용된다.

11. **전기 용접 시 전격을 방지하는 방법으로 틀린 것은?**

① 용접기의 절연 및 접지상태를 확실히 점검할 것
② 가급적 개로 전압이 높은 교류용접기를 사용할 것
③ 장시간 작업 중지 때는 반드시 스위치를 차단시킬 것
④ 반드시 주어진 보호구와 복장을 착용할 것

해설 교류 아크 용접 시는 무부하 2차측 전압 65~90 V를 아크 발생이 중단될 때 25 V 이하의 전압으로 낮춘다.

12. **다음 중 소화기 보관상의 주의사항으로 틀린 것은?**

① 겨울철에는 얼지 않도록 보온에 유의한다.
② 소화기 뚜껑은 조금 열어놓고 봉인하지 않고 보관한다.
③ 습기가 적고 서늘한 곳에 둔다.
④ 가스를 채워 넣는 소화기는 가스를 채울 때 반드시 제조업자에게 의뢰한다.

해설 소화기 뚜껑은 밀폐하여 봉인한다.

13. **다음 중 점화원으로 볼 수 없는 것은?**

① 전기 불꽃
② 기화열

정답 7. ①　8. ②　9. ②　10. ③　11. ②　12. ②　13. ②

③ 정전기
④ 못을 박을 때 튀는 불꽃

해설 기화열(증발열)은 액체가 기체로 될 때 필요로 하는 열량으로, 잠열 변화이다.

14. **교류 아크 용접기 사용 시 안전 유의사항으로 틀린 것은?**

① 용접변압기의 1차측 전로는 하나의 용접기에 대해서 2개의 개폐기로 할 것
② 2차측 전로는 용접봉 케이블 또는 캡타이어 케이블을 사용할 것
③ 용접기의 외함은 접지하고 누전차단기를 설치할 것
④ 일정 조건하에서 용접기를 사용할 때는 자동전격방지 장치를 사용할 것

해설 한 개의 용접기에 한 개의 개폐기를 사용할 것

15. **근로자가 안전하게 통행할 수 있도록 통로에는 몇 럭스 이상의 조명시설을 해야 하는가?**

① 10　　② 30
③ 45　　④ 75

해설 통행로의 조명은 75 lux 이상이다.

16. **암모니아 냉매 배관을 설치할 때 시공 방법으로 틀린 것은?**

① 관이음 패킹 재료는 천연고무를 사용한다.
② 흡입관에는 U트랩을 설치한다.
③ 토출관의 합류는 Y접속으로 한다.
④ 액관의 트랩부에는 오일 드레인 밸브를 설치한다.

해설 배관에는 냉매가 고이는 트랩 등의 설치를 피할 것

17. **2원 냉동장치에 대한 설명 중 틀린 것은?**

① 냉매는 주로 저온용과 고온용을 1 : 1로 섞어서 사용한다.
② 고온측 냉매로는 비등점이 높은 냉매를 주로 사용한다.
③ 저온측 냉매로는 비등점이 낮은 냉매를 주로 사용한다.
④ −80 ~ −70℃ 정도 이하의 초저온 냉동장치에 주로 사용된다.

해설 2원 냉동장치는 저온측에는 저온용 냉매, 고온측에는 고온용 냉매를 사용한다.

18. **팽창밸브 본체와 온도센서 및 전자제어부를 조립함으로써 과열도 제어를 하는 특징을 가지며, 바이메탈과 전열기가 조립된 부분과 니들밸브 부분으로 구성된 팽창밸브는?**

① 온도식 자동 팽창밸브
② 정압식 자동 팽창밸브
③ 열전식 팽창밸브
④ 플로트식 팽창밸브

19. **다음 중 흡수식 냉동기의 용량 제어 방법이 아닌 것은?**

① 구동열원 입구 제어
② 증기토출 제어
③ 발생기 공급 용액량 조절
④ 증발기 압력 제어

해설 흡수식 용량 제어 방법으로 ①, ②, ③항 외에 바이패스 제어가 있다.

20. **냉매의 특징에 관한 설명으로 옳은 것은?**

① NH_3는 물과 기름에 잘 녹는다.
② R−12는 기름과 잘 용해하나 물에는 잘 녹지 않는다.
③ R−12는 NH_3보다 전열이 양호하다.

정답 14. ①　15. ④　16. ②　17. ①　18. ③　19. ④　20. ②

④ NH_3의 포화증기의 비중은 R-12보다 작지만 R-22보다 크다.

해설 ⓐ NH_3는 물에 800~900배 용해되고 기름과는 분리된다.
ⓑ 전열 순서는 NH_3 > H_2O > freon > Air 순이다.
ⓒ 비중량 순서는 freon > H_2O > oil > NH_3 순이다.

21. 다음 수랭식 응축기에 관한 설명으로 옳은 것은?

① 수온이 일정한 경우 유막 물때가 두껍게 부착하여도 수량을 증가하면 응축압력에는 영향이 없다.
② 응축부하가 크게 증가하면 응축압력 상승에 영향을 준다.
③ 냉각수량이 풍부한 경우에는 불응축가스의 혼입 영향이 없다.
④ 냉각수량이 일정한 경우에는 수온에 의한 영향은 없다.

해설 ① 수량을 증가하면 응축온도와 압력이 낮아진다.
③ 냉각수량과 불응축가스는 관련성이 없다.
④ 냉각수량이 일정하면 수온에 따라서 응축 온도와 압력이 변화한다.

22. 다음 중 등온변화에 대한 설명으로 틀린 것은?

① 압력과 부피의 곱은 항상 일정하다.
② 내부에너지는 증가한다.
③ 가해진 열량과 한 일이 같다.
④ 변화 전과 후의 내부에너지의 값이 같아진다.

해설 내부에너지는 온도만의 함수이므로 등온변화 시에는 일정하다.

23. 동관 공작용 작업 공구가 아닌 것은?

① 익스팬더 ② 사이징 툴
③ 튜브 벤더 ④ 봄볼

해설 봄볼은 연관용 공구이다.

24. 주로 저압증기나 온수배관에서 호칭지름이 작은 분기관에 이용되며, 굴곡부에서 압력강하가 생기는 이음쇠는?

① 슬리브형 ② 스위블형
③ 루프형 ④ 벨로스형

해설 난방장치의 분기관에는 스위블형 신축 이음을 하며, 직관 30 m마다 둘레 1.5 m에 해당하는 스위블 신축이음을 한다.

25. 유량이 적거나 고압일 때에 유량조절을 한 층 더 엄밀하게 행할 목적으로 사용되는 것은 어느 것인가?

① 콕 ② 안전밸브
③ 글로브 밸브 ④ 앵글 밸브

해설 감압 또는 유량조절용으로 글로브 밸브 계열의 니들(구형) 밸브를 주로 사용한다.

26. 증발압력 조정밸브를 부착하는 주요 목적은?

① 흡입압력을 저하시켜 전동기의 기동전류를 적게 한다.
② 증발기 내의 압력이 일정 압력 이하가 되는 것을 방지한다.
③ 냉매의 증발온도를 일정치 이하로 내리게 한다.
④ 응축압력을 항상 일정하게 유지한다.

해설 ① 항은 흡입압력 조정밸브이다. 증발압력 조정밸브는 흡입배관 증발기 출구에 설치하여 밸브 입구 압력에 의해

정답 21. ② 22. ② 23. ④ 24. ② 25. ③ 26. ②

작동되고 증발압력이 일정 압력 이하가 되는 것을 방지한다.

27. 다음 중 압축기 효율과 가장 거리가 먼 것은?

① 체적효율 ② 기계효율
③ 압축효율 ④ 팽창효율

해설 압축기 효율에는 냉매순환량을 결정하는 체적효율과 냉매를 직접 압축하는 지시동력의 압축 효율, 그리고 냉동기를 돌리는 기계효율이 있다.

28. 냉방능력 1냉동톤인 응축기에 10 L/min의 냉각수가 사용되었다. 냉각수 입구의 온도가 32℃이면 출구 온도는?(단, 방열계수는 1.2로 한다.)

① 12.5℃ ② 22.6℃
③ 38.6℃ ④ 49.5℃

해설 $t_2 = 32 + \frac{3320 \times 1.2}{10 \times 60 \times 1} = 38.64℃$

29. 흡수식 냉동장치의 적용대상으로 가장 거리가 먼 것은?

① 백화점 공조용 ② 산업 공조용
③ 제빙공장용 ④ 냉난방장치용

해설 흡수식 냉동장치는 냉난방 전용으로, 제빙장치에는 사용이 불가능하다.

30. 2단 압축 냉동장치에서 각각 다른 2대의 압축기를 사용하지 않고 1대의 압축기가 2대의 압축기 역할을 할 수 있는 압축기는?

① 부스터 압축기
② 캐스케이드 압축기
③ 콤파운드 압축기
④ 보조 압축기

31. 냉동사이클에서 증발온도가 −15℃이고 과열도가 5℃일 경우 압축기 흡입가스온도는?

① 5℃ ② −10℃
③ −15℃ ④ −20℃

해설 흡입가스온도 $= -15 + 5 = -10℃$

32. 시퀀스 제어에 속하지 않는 것은?

① 자동 전기밥솥
② 전기세탁기
③ 가정용 전기냉장고
④ 네온사인

해설 가정용 전기냉장고는 2위치 제어인 on, off 제어 장치이다.

33. 2000 W의 전기가 1시간 일한 양을 열량으로 표현하면 얼마인가?

① 172 kcal/h ② 860 kcal/h
③ 17200 kcal/h ④ 1720 kcal/h

해설 $q = 2 \times 860 = 1720$ kcal/h

34. 엔탈피의 단위로 옳은 것은?

① kcal/kg ② kcal/h·℃
③ kcal/kg·℃ ④ kcal/m^3·h·℃

해설 ③ 항 : 비열

35. −15℃에서 건조도가 0인 암모니아 가스를 교축 팽창시켰을 때 변화가 없는 것은?

① 비체적 ② 압력
③ 엔탈피 ④ 온도

해설 팽창밸브에서는 교축작용에 의해서 감압시킬 때 엔탈피는 불변이다.

36. 글랜드 패킹의 종류가 아닌 것은?

① 오일실 패킹 ② 석면 얀 패킹

정답 27. ④ 28. ③ 29. ③ 30. ③ 31. ② 32. ③ 33. ④ 34. ① 35. ③ 36. ①

③ 아마존 패킹 ④ 몰드 패킹

해설 오일실 패킹 : 한지를 일정한 두께로 겹쳐서 내유가공한 것으로 펌프, 기어 박스 등의 플랜지용 패킹이다.

37. 팽창밸브 직후의 냉매 건조도를 0.23, 증발 잠열이 52 kcal/kg이라 할 때, 이 냉매의 냉동 효과는?

① 226 kcal/kg ② 40 kcal/kg
③ 38 kcal/kg ④ 12 kcal/kg

해설 $q_e = (1-0.23) \times 52$
$= 40.04 \text{ kcal/kg}$

38. 열역학 제1법칙을 설명한 것으로 옳은 것은?

① 밀폐계가 변화할 때 엔트로피의 증가를 나타낸다.
② 밀폐계에 가해 준 열량과 내부에너지의 변화량의 합은 일정하다.
③ 밀폐계에 전달된 열량은 내부에너지 증가와 계가 한 일의 합과 같다.
④ 밀폐계의 운동에너지와 위치에너지의 합은 일정하다.

해설 가열량 $q = u + APV =$ 내부에너지 + 외부에너지(유동일)

39. 역카르노 사이클은 어떤 상태변화 과정으로 이루어져 있는가?

① 1개의 등온과정, 1개의 등압과정
② 2개의 등압과정, 2개의 교축작용
③ 1개의 단열과정, 2개의 교축과정
④ 2개의 단열과정, 2개의 등온과정

해설 역카르노 사이클 : 등온팽창 – 단열압축 – 등온압축 – 단열팽창 순이다.

40. 회전식 압축기의 특징에 관한 설명으로 틀린 것은?

① 용량제어가 없고 분해조립 및 정비에 특수한 기술이 필요하다.
② 대형 압축기와 저온용 압축기로 사용하기 적당하다.
③ 왕복동식처럼 격간이 없어 체적효율, 성능계수가 양호하다.
④ 소형이고 설치면적이 작다.

해설 회전식 압축기는 소형 밀폐형 압축기이다.

41. 터보냉동기의 운전 중 서징(surging)현상이 발생하였다. 그 원인으로 틀린 것은?

① 흡입가이드 베인을 너무 조일 때
② 가스 유량이 감소될 때
③ 냉각수온이 너무 낮을 때
④ 너무 낮은 가스유량으로 운전할 때

해설 ③ 냉각수온이 높을 때

42. 열에 관한 설명으로 틀린 것은?

① 승화열은 고체가 기체로 되면서 주위에서 빼앗는 열량이다.
② 잠열은 물체의 상태를 바꾸는 작용을 하는 열이다.
③ 현열은 상태 변화 없이 온도 변화에 필요한 열이다.
④ 융해열은 현열의 일종이며, 고체를 액체로 바꾸는 데 필요한 열이다.

해설 융해열은 잠열의 일종으로 고체를 액체로 바꾸는 데 필요한 열이다.

43. 왕복동식 압축기와 비교하여 스크루 압축기의 특징이 아닌 것은?

① 흡입·토출밸브가 없으므로 마모 부분이 없어 고장이 적다.

정답 37. ② 38. ③ 39. ④ 40. ② 41. ③ 42. ④ 43. ②

② 냉매의 압력 손실이 크다.
③ 무단계 용량제어가 가능하며 연속적으로 행할 수 있다.
④ 체적 효율이 좋다.

해설 스크루 압축기는 ①, ③, ④ 외에
ⓐ 진동이 없어 견고한 기초가 필요 없다.
ⓑ 소형이고 가볍다.
ⓒ 액압축 및 오일 해머링이 적다.
ⓓ 부품 수가 적고 수명이 길다.

44. 컨덕턴스는 무엇을 뜻하는가?

① 전류의 흐름을 방해하는 정도를 나타낸 것이다.
② 전류가 잘 흐르는 정도를 나타낸 것이다.
③ 전위차를 얼마나 적게 나타내느냐의 정도를 나타낸 것이다.
④ 전위차를 얼마나 크게 나타내느냐의 정도를 나타낸 것이다.

해설 컨덕턴스는 저항의 역수로 전기(전류)가 잘 통하게 한다.

45. 다음 중 2단 압축, 2단 팽창 냉동 사이클에서 주로 사용되는 중간 냉각기의 형식은?

① 플래시형 ② 액냉각형
③ 직접팽창식 ④ 저압수액기식

해설 ① 2단 압축 2단 팽창 사이클
② 2단 압축 1단 팽창 사이클
③ 2단 압축 프레온 냉동장치용

46. 복사난방에 관한 설명 중 틀린 것은?

① 바닥면의 이용도가 높고 열손실이 적다.
② 단열층 공사비가 많이 들고 배관의 고장 발견이 어렵다.
③ 대류 난방에 비하여 설비비가 많이 든다.
④ 방열체의 열용량이 적으므로 외기온도에 따라 방열량의 조절이 쉽다.

해설 복사난방은 열용량은 크고 방열량 조정이 어렵다.

47. 실내의 현열부하는 3200 kcal/h, 잠열부하가 600 kcal/h일 때, 현열비는?

① 0.16 ② 6.25
③ 1.20 ④ 0.84

해설 $SHF = \frac{3200}{3200+600} = 0.842$

48. 온수난방에 대한 설명 중 틀린 것은?

① 일반적으로 고온수식과 저온수식의 기준온도는 100℃이다.
② 개방형은 방열기보다 1 m 이상 높게 설치하고, 밀폐형은 가능한 한 보일러로부터 멀리 설치한다.
③ 중력 순환식 온수난방 방법은 소규모 주택에 사용된다.
④ 온수난방 배관의 주재료는 내열성을 고려해서 선택해야 한다.

해설 ⓐ 개방식 팽창탱크는 장치 중 제일 높은 곳보다 1 m 이상 높게 설치한다.
ⓑ 밀폐형 팽창탱크는 높이에 관계없이 온수가 증발하지 못하도록 가압시킨다.

49. 체감을 나타내는 척도로 사용되는 유효온도와 관계있는 것은?

① 습도와 복사열 ② 온도와 습도
③ 온도와 기압 ④ 온도와 복사열

해설 체감 (쾌감)온도는 야글로가 정한 유효온도로 온도, 습도, 기류분포도(유속)에 의해서 결정된다.

50. 다음의 습공기선도에 대하여 바르게 설명한 것은?

정답 44. ② 45. ① 46. ④ 47. ④ 48. ② 49. ② 50. ④

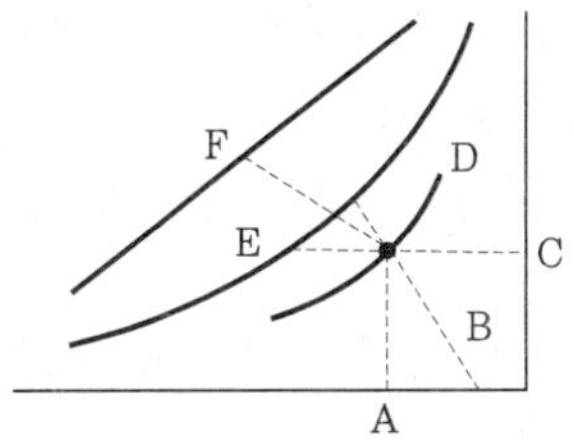

① F점은 습공기의 습구온도를 나타낸다.
② C점은 습공기의 노점온도를 나타낸다.
③ A점은 습공기의 절대습도를 나타낸다.
④ B점은 습공기의 비체적을 나타낸다.

해설 A : 건구온도, B : 비체적(비용적), C : 절대습도, D : 상대습도, E : 노점(이슬점)온도, F : 엔탈피

51. 흡수식 냉동기의 특징으로 틀린 것은?

① 전력 사용량이 적다.
② 압축식 냉동기보다 소음, 진동이 크다.
③ 용량제어 범위가 넓다.
④ 부분 부하에 대한 대응성이 좋다.

해설 흡수식은 소음 진동이 적고 소비동력이 작다.

52. 환기에 대한 설명으로 틀린 것은?

① 기계환기법에는 풍압과 온도차를 이용하는 방식이 있다.
② 제품이나 기기 등의 성능을 보전하는 것도 환기의 목적이다.
③ 자연환기는 공기의 온도에 따른 비중차를 이용한 환기이다.
④ 실내에서 발생하는 열이나 수증기도 제거한다.

해설 기계환기법은 강제급기와 강제배기로 이루어진다.

53. 냉방부하에서 틈새바람으로 손실되는 열량을 보호하기 위하여 극간풍을 방지하는 방법으로 틀린 것은?

① 회전문을 설치한다.
② 충분한 간격을 두고 이중문을 설치한다.
③ 실내의 압력을 외부압력보다 낮게 유지한다.
④ 에어 커튼(air curtain)을 사용한다.

해설 실내를 가압하여 외기압력보다 높게 한다.

54. 개별 공조방식에서 성적계수에 관한 설명으로 옳은 것은?

① 히트펌프의 경우 축열조를 사용하면 성적계수가 낮다.
② 히트펌프 시스템의 경우 성적계수는 1보다 작다.
③ 냉방 시스템은 냉동효과가 동일한 경우에는 압축일이 클수록 성적계수는 낮아진다.
④ 히트펌프의 난방운전 시 성적계수가 냉방운전 시 성적계수보다 낮다.

해설 $\text{성적계수} = \dfrac{\text{냉동효과}}{\text{압축일의 열당량}}$

55. 난방부하에 대한 설명으로 틀린 것은?

① 건물의 난방 시에 재실자 또는 기구의 발생 열량은 난방 개시 시간을 고려하여 일반적으로 무시해도 좋다.
② 외기부하 계산은 냉방부하 계산과 마찬가지로 현열부하와 잠열부하로 나누어 계산해야 한다.
③ 덕트면의 열통과에 의한 손실 열량은 작으므로 일반적으로 무시해도 좋다.
④ 건물의 벽체는 바람을 통하지 못하게 하므로 건물 벽체에 의한 손실 열량은 무시해도 좋다.

해설 벽체의 손실열량이 난방부하에서 가장 크다.

정답 51. ② 52. ① 53. ③ 54. ③ 55. ④

56. 기계배기와 적당한 자연급기에 의한 환기방식으로서, 화장실, 탕비실, 소규모 조리장의 환기 설비에 적당한 환기법은?

① 제1종 환기법 ② 제2종 환기법
③ 제3종 환기법 ④ 제4종 환기법

해설 ① 제1종 환기법 : 송풍기와 배풍기에 의한 환기법
② 제2종 환기법 : 송풍기 (급풍기)에 의한 환기법
③ 제3종 환기법 : 배풍기 (배출기)에 의한 방법
④ 제4종 환기법 : 자연적인 방법에 의한 방법

57. 다음은 덕트 내의 공기압력을 측정하는 방법이다. 그림 중 정압을 측정하는 방법은?

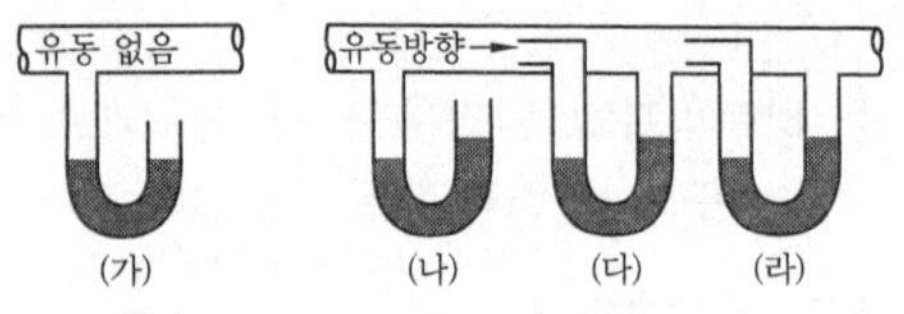

① (가) ② (나)
③ (다) ④ (라)

해설 (나) : 정압, (다) : 전압, (라) : 동압

58. 2중 덕트 방식의 특징이 아닌 것은?

① 설비비가 저렴하다.
② 각실 각존의 개별 온습도의 제어가 가능하다.
③ 용도가 다른 존 수가 많은 대규모 건물에 적합하다.
④ 다른 방식에 비해 덕트 공간이 크다.

해설 2중 덕트는 시설이 복잡하고 설비비가 고가이다.

59. 공기의 감습방법에 해당되지 않는 것은?

① 흡수식 ② 흡착식
③ 냉각식 ④ 가열식

해설 공기를 가열하면 절대습도는 변화가 없다.

60. 건구온도 33℃, 상대습도 50 %인 습공기 500 m³/h를 냉각 코일에 의하여 냉각한다. 코일의 장치노점온도는 9℃이고 바이패스 팩터가 0.1이라면, 냉각된 공기의 온도는?

① 9.5℃ ② 10.2℃
③ 11.4℃ ④ 12.6℃

해설 $0.1 = \dfrac{t_c - 9}{33 - 9}$

$t_c = 9 + 0.1 \times (33 - 9) = 11.4$ ℃

정답 56. ③ 57. ② 58. ① 59. ④ 60. ③

■ 공조냉동기계기능사 2015. 7. 19 시행

1. 아크 용접의 안전 사항으로 틀린 것은?

① 홀더가 신체에 접촉되지 않도록 한다.
② 절연 부분이 균열이나 파손되었으면 교체한다.
③ 장시간 용접기를 사용하지 않을 때는 반드시 스위치를 차단시킨다.
④ 1차 코드는 벗겨진 것을 사용해도 좋다.

해설 코드가 벗겨진 것은 누전 또는 감전의 위험이 있으므로 교체하거나 절연을 시켜서 사용한다.

2. 연삭작업의 안전수칙으로 틀린 것은?

① 작업 도중 진동이나 마찰면에서의 파열이 심하면 곧 작업을 중지한다.
② 숫돌차에 편심이 생기거나 원주면의 메짐이 심하면 드레싱을 한다.
③ 작업 시 반드시 숫돌의 정면에 서서 작업한다.
④ 축과 구멍에는 틈새가 없어야 한다.

해설 연삭작업은 숫돌의 정면을 피하여 작업한다.

3. 전체 산업 재해의 원인 중 가장 큰 비중을 차지하는 것은?

① 설비의 미비
② 정돈상태의 불량
③ 계측공구의 미비
④ 작업자의 실수

해설 작업자의 실수인 불안전한 행태와 불안전한 상태 등의 심리적 원인이 가장 큰 비중을 차지한다.

4. 가스용접 시 역화를 방지하기 위하여 사용하는 수봉식 안전기에 대한 내용 중 틀린 것은?

① 하루에 1회 이상 수봉식 안전기의 수위를 점검할 것
② 안전기는 확실한 점검을 위하여 수직으로 부착할 것
③ 1개의 안전기에는 3개 이하의 토치만 사용할 것
④ 동결 시 화기를 사용하지 말고 온수를 사용할 것

해설 1개의 안전기에는 1개의 토치를 사용한다.

5. 보일러의 역화(back fire)의 원인이 아닌 것은?

① 점화 시 착화를 빨리한 경우
② 점화 시 공기보다 연료를 먼저 노 내에 공급하였을 경우
③ 노 내의 미연소가스가 충만해 있을 때 점화하였을 경우
④ 연료 밸브를 급개하여 과다한 양을 노 내에 공급하였을 경우

해설 역화 원인은 ②, ③, ④항 외에
ⓐ 점화 시 착화가 늦을 경우(착화는 5초 이내에 신속히 한다.)
ⓑ 압입통풍이 너무 강할 경우
ⓒ 실화 시 노 내의 여열로 재점화할 경우
ⓓ 흡입통풍이 부족한 경우

6. 산업안전보건기준에 따른 작업장의 출입구 설치기준으로 틀린 것은?

① 출입구의 위치 · 수 및 크기가 작업장의 용도와 특성에 맞도록 할 것
② 출입구에 문을 설치하는 경우에는 근로자가 쉽게 열고 닫을 수 있도록 할 것
③ 주된 목적이 하역운반기계용인 출입구

정답 1. ④ 2. ③ 3. ④ 4. ③ 5. ① 6. ③

에는 보행자용 출입구를 따로 설치하지 말 것
④ 계단이 출입구와 바로 연결된 경우에는 작업자의 안전한 통행을 위하여 그 사이에 충분한 거리를 둘 것

해설 출입구가 하역운반기계용인 경우 보행자용 출입구는 따로 설치한다.

7. **크레인을 사용하여 작업을 하고자 한다. 작업 시작 전의 점검사항으로 틀린 것은?**

① 권과방지장치 · 브레이크 · 클러치 및 운전장치의 기능
② 주행로의 상측 및 트롤리가 횡행(橫行)하는 레일의 상태
③ 와이어로프가 통하고 있는 곳의 상태
④ 압력방출장치의 기능

해설 압력방출장치(안전밸브)는 압력용기 등의 안전장치이다.

8. **냉동장치 안전운전을 위한 주의사항 중 틀린 것은?**

① 압축기와 응축기 간에 스톱밸브가 닫혀있는 것을 확인한 후 압축기를 가동할 것
② 주기적으로 유압을 체크할 것
③ 동절기(휴지기)에는 응축기 및 수배관의 물을 완전히 뺄 것
④ 압축기를 처음 가동 시에는 정상으로 가동되는가를 확인할 것

해설 압축기 토출 스톱밸브(압축기와 응축기간의 밸브)를 열고 압축기를 가동한다.

9. **차량계 하역운반기계의 종류로 가장 거리가 먼 것은?**

① 지게차 ② 화물 자동차
③ 구내 운반차 ④ 크레인

해설 크레인은 운반용 기계가 아니고 물건을 상하로 이동하는 기구이다.

10. **공기압축기를 가동할 때, 시작 전 점검사항에 해당되지 않는 것은?**

① 공기저장 압력용기의 외관상태
② 드레인밸브의 조작 및 배수
③ 압력방출장치의 기능
④ 비상정지장치 및 비상하강방지장치 기능의 이상 유무

해설 ④항은 정기점검사항이다.

11. **수공구 사용방법 중 옳은 것은?**

① 스패너에 너트를 깊이 물리고 바깥쪽으로 밀면서 풀고 죈다.
② 정 작업 시 끝날 무렵에는 힘을 빼고 천천히 타격한다.
③ 쇠톱 작업 시 톱날을 고정한 후에는 재조정을 하지 않는다.
④ 장갑을 낀 손이나 기름 묻은 손으로 해머를 잡고 작업해도 된다.

해설 ① 스패너는 고정된 자루에 힘이 걸리도록 하여 앞으로 당길 것
③ 톱날은 고정 후 작업 중에 재조정하여 사용한다.
④ 해머 작업 중 미끄러지지 않도록 하기 위하여 장갑을 벗고 작업한다.

12. **각 작업조건에 맞는 보호구의 연결로 틀린 것은?**

① 물체가 떨어지거나 날아올 위험이 있는 작업 : 안전모
② 고열에 의한 화상 등의 위험이 있는 작업 : 방열복
③ 선창 등에서 분진이 심하게 발생하는 하역 작업 : 방한복

정답 7. ④ 8. ① 9. ④ 10. ④ 11. ② 12. ③

④ 높이 또는 깊이 2미터 이상의 추락할 위험이 있는 장소에서 하는 작업 : 안전대

해설 분진이 많은 곳에서는 마스크를 착용한다.

13. 화재 시 소화제로 물을 사용하는 이유로 가장 적당한 것은?

① 산소를 잘 흡수하기 때문에
② 증발잠열이 크기 때문에
③ 연소하지 않기 때문에
④ 산소공급을 차단하기 때문에

해설 물은 증발잠열에 의한 냉각효과로 소화작용을 한다.

14. 보일러의 폭발사고 예방을 위하여 그 기능이 정상적으로 작동할 수 있도록 유지 관리해야 하는 장치로 가장 거리가 먼 것은?

① 압력방출장치 ② 감압밸브
③ 화염검출기 ④ 압력제한스위치

해설 감압밸브는 수송되는 유체의 압력을 감소시키는 장치로 보일러 폭발사고 예방과는 관계가 없다.

15. 보일러의 휴지보존법 중 장기보존법에 해당되지 않는 것은?

① 석회밀폐건조법 ② 질소가스봉입법
③ 소다만수보존법 ④ 가열건조법

해설 ④항은 보일러를 개방시켜서 자연건조하는 법이다.

16. 다음 중 불응축 가스가 주로 모이는 곳은?

① 증발기 ② 액분리기
③ 압축기 ④ 응축기

해설 불응축 가스의 주성분은 공기와 유증기로서 응축기와 수액기 상부에 체류한다.

17. 어떤 물질의 산성, 알칼리성 여부를 측정하는 단위는?

① CHU ② USRT
③ pH ④ Therm

해설 ⓐ pH 6 이하는 산성
ⓑ pH 6~10 은 중성
ⓒ pH 10 이상은 알칼리성

18. 1 PS는 1시간당 약 몇 kcal에 해당되는가?

① 860 ② 550
③ 632 ④ 427

해설 1 PS = 75 kg · m/s = 632.3 kcal/h

19. 강관용 공구가 아닌 것은?

① 파이프 바이스 ② 파이프 커터
③ 드레서 ④ 동력 나사절삭기

해설 드레서는 연삭숫돌의 날을 세우는 공구이다.

20. 냉동기에서 압축기의 기능으로 가장 거리가 먼 것은?

① 냉매를 순환시킨다.
② 응축기에 냉각수를 순환시킨다.
③ 냉매의 응축을 돕는다.
④ 저압을 고압으로 상승시킨다.

해설 압축기는 저온·저압의 냉매를 단열압축하여 고온·고압으로 만들어서 응축기가 쉽게 액화(응축)하게 하고 냉동장치에 냉매를 순환시킨다.

21. 냉동장치 운전 중 유압이 너무 높을 때의 원인으로 가장 거리가 먼 것은?

① 유압계가 불량일 때
② 유배관이 막혔을 때

정답 13. ② 14. ② 15. ④ 16. ④ 17. ③ 18. ③ 19. ③ 20. ② 21. ④

③ 유온이 낮을 때
④ 유압조정밸브 개도가 과다하게 열렸을 때

해설 유압조정밸브의 개도가 과다하면 유압은 낮아진다.

22. **원심식 압축기에 대한 설명으로 옳은 것은 어느 것인가?**

① 임펠러의 원심력을 이용하여 속도에너지를 압력에너지로 바꾼다.
② 임펠러 속도가 빠르면 유량흐름이 감소한다.
③ 1단으로 압축비를 크게 할 수 있어 단단 압축방식을 주로 채택한다.
④ 압축비는 원주 속도의 3제곱에 비례한다.

해설 터보 (원심식) 압축기는 원심력으로 디퓨저에 의해서 속력에너지를 압력에너지로 바꾼다.

23. **파이프 내의 압력이 높아지면 고무링이 파이프 벽에 더욱 밀착되어 누설을 방지하는 접합 방법은?**

① 기계적 접합 ② 플랜지 접합
③ 빅토릭 접합 ④ 소켓 접합

해설 빅토릭 접합은 영국에서 개발한 주철관 접합으로 압력이 높으면 누수가 없지만 반대로 낮으면 누수하는 결점이 있다.

24. **양측의 표면 열전달률이 3000 kcal/m^2·h·℃인 수랭식 응축기의 열관류율은? (단, 냉각관의 두께는 3 mm이고, 냉각관 재질의 열전도율은 40 kcal/m·h·℃이며, 부착 물때의 두께는 0.2 mm, 물때의 열전도율은 0.8 kcal/m·h·℃이다.)**

① 978 kcal/m^2·h·℃
② 988 kcal/m^2·h·℃
③ 998 kcal/m^2·h·℃
④ 1008 kcal/m^2·h·℃

해설 ⓐ 열저항 $R=\frac{1}{K}$

$$=\frac{1}{3000}+\frac{0.003}{40}+\frac{0.0002}{0.8}+\frac{1}{3000}\,[\mathrm{m^2\cdot h\cdot ℃/kcal}]$$

ⓑ 열관류율 $K=\frac{1}{R}$

$$=1008.403\ \mathrm{kcal/m^2\cdot h\cdot ℃}$$

25. **온도작동식 자동 팽창밸브에 대한 설명으로 옳은 것은?**

① 실온을 서모스탯에 의하여 감지하고, 밸브의 개도를 조정한다.
② 팽창밸브 직전의 냉매온도에 의하여 자동적으로 개도를 조정한다.
③ 증발기 출구의 냉매온도에 의하여 자동적으로 개도를 조정한다.
④ 압축기의 토출 냉매온도에 의하여 자동적으로 개도를 조정한다.

해설 TEV (온도작동 팽창밸브)는 증발기 출구 냉매온도에 의해서 작동되고 과열도를 일정하게 유지시킨다.

26. **표준 냉동사이클에서 과냉각도는 어느 것인가?**

① 45℃ ② 30℃
③ 15℃ ④ 5℃

해설 ⓐ 응축온도 : 30℃
ⓑ 팽창밸브 직전온도 : 25℃ (과냉각도 5℃)
ⓒ 증발온도 : −15℃
ⓓ 압축기 흡입상태 : −15℃의 포화증기

27. **빙점 이하의 온도에 사용하며 냉동기 배관, LPG 탱크용 배관 등에 많이 사용하는**

정답 22. ① 23. ③ 24. ④ 25. ③ 26. ④ 27. ②

강관은 어느 것인가?

① 고압배관용 탄소강관
② 저온배관용 강관
③ 라이닝강관
④ 압력배관용 탄소강관

28. 소요 냉각수량 120 L/min, 냉각수 입·출구 온도차 6℃인 수랭 응축기의 응축부하는?

① 6400 kcal/h ② 12000 kcal/h
③ 14400 kcal/h ④ 43200 kcal/h

해설 $Q_c = 120 \times 60 \times 1 \times 6$
$= 43200$ kcal/h

29. 고열원 온도 T_1, 저열원 온도 T_2인 카르노사이클의 열효율은?

① $\dfrac{T_2 - T_1}{T_1}$ ② $\dfrac{T_1 - T_2}{T_2}$
③ $\dfrac{T_2}{T_1 - T_2}$ ④ $\dfrac{T_1 - T_2}{T_1}$

해설 Q_1 : 고온부의 열량(kcal/h)
Q_2 : 저온부의 열량(kcal/h)
Q_a : 남는 열량(kcal/h)

$$\eta = \frac{Q_1 - Q_2}{Q_1} = \frac{Q_a}{Q_1} = \frac{T_1 - T_2}{T_1}$$

30. 제빙장치 중 결빙한 얼음을 제빙관에서 떼어낼 때 관내의 얼음 표면을 녹이기 위해 사용하는 기기는?

① 주수조 ② 양빙기
③ 저빙고 ④ 용빙조

해설 −9℃의 투명빙의 캔을 양빙기로 이동하여 20℃ 정도의 용빙조에 표면을 용해하여 얼음을 탈락시켜 저빙고에서 저장한다.

31. 2개 이상의 엘보를 사용하여 배관의 신축을 흡수하는 신축이음은?

① 루프형 이음 ② 벨로스형 이음
③ 슬리브형 이음 ④ 스위블형 이음

해설 2개 이상의 엘보를 이용한 스위블형 신축이음은 주로 난방설비에 사용한다.

32. 다음 온도-엔트로피 선도에서 a→b 과정은 어떤 과정인가?

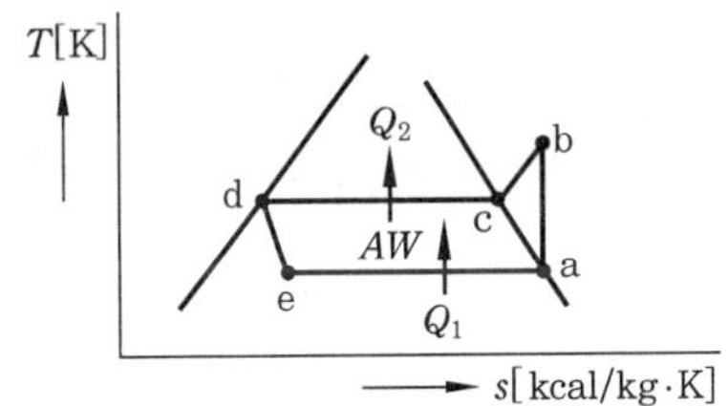

① 압축과정 ② 응축과정
③ 팽창과정 ④ 증발과정

해설 ⓐ a→b : 압축
ⓑ b→d : 응축
ⓒ d→e : 팽창
ⓓ e→a : 증발

33. 냉동장치에서 압축기의 이상적인 압축과정은?

① 등엔트로피 변화 ② 정압 변화
③ 등온 변화 ④ 정적 변화

해설 압축기는 가역 단열 정상류 변화이고 엔트로피가 일정하다.

34. 다음에 해당하는 법칙은?

회로망 중 임의의 한 점에서 흘러 들어오는 전류와 나가는 전류의 대수합은 0이다.

① 쿨롱의 법칙
② 옴의 법칙

정답 28. ④ 29. ④ 30. ④ 31. ④ 32. ① 33. ① 34. ③

③ 키르히호프의 제1법칙
④ 키르히호프의 제2법칙

35. 시퀀스 제어장치의 구성으로 가장 거리가 먼 것은?

① 검출부 ② 조절부
③ 피드백부 ④ 조작부

해설 피드백부는 폐회로 제어에서 출력을 검출하는 것으로 이것을 입력과 비교하여 제어하는 회로를 피드백 제어라 한다.

36. 서로 다른 지름의 관을 이을 때 사용되는 것은?

① 소켓 ② 유니언
③ 플러그 ④ 부싱

해설 ① 소켓 : 주철관 이음
② 유니언 : 직선관 이음
③ 캡, 플러그 : 관 끝을 막을 때
④ 부싱 : 이경관 이음 (관지름 다를 때)

37. NH_3, R-12, R-22 냉매의 기름과 물에 대한 용해도를 설명한 것으로 옳은 것은?

㉠ 물에 대한 용해도는 R-12가 가장 크다. ㉡ 기름에 대한 용해도는 R-12가 가장 크다. ㉢ R-22는 물에 대한 용해도와 기름에 대한 용해도가 모두 암모니아보다 크다.

① ㉠, ㉡, ㉢ ② ㉡, ㉢
③ ㉡ ④ ㉢

해설 ⓐ 물에 대한 용해도는 NH_3가 가장 크다 (800 ~ 900배 용해).
ⓑ R-22는 기름에 대한 용해도가 NH_3보다 크다.
ⓒ 윤활유에 잘 용해되는 냉매는 R-11, R-12, R-21, R-113이다.
ⓓ 윤활유와 저온에서 쉽게 분리되는 냉매는 R-13, R-22, R-114이다.

38. 식품을 냉각된 부동액에 넣어 직접 접촉시켜서 동결시키는 것으로 살포식과 침지식으로 구분하는 동결장치는?

① 접촉식 동결장치 ② 공기 동결장치
③ 브라인 동결장치 ④ 송풍식 동결장치

해설 브라인(brine)은 0℃ 이하에서 얼지 않는 액체로 일명 부동액이라 한다.

39. −10℃ 얼음 5 kg을 20℃ 물로 만드는데 필요한 열량은? (단, 물의 융해잠열은 80 kcal/kg으로 한다.)

① 25 kcal ② 125 kcal
③ 325 kcal ④ 525 kcal

해설 $Q = 5 \times \{(0.5 \times 10) + 80 + (1 \times 20)\}$
$= 525 \text{ kcal}$

40. 2단 압축 1단 팽창 냉동장치에 대한 설명 중 옳은 것은?

① 단단 압축시스템에서 압축비가 작을 때 사용된다.
② 냉동부하가 감소하면 중간냉각기는 필요 없다.
③ 단단 압축시스템보다 응축능력을 크게 하기 위해 사용된다.
④ −30℃ 이하의 비교적 낮은 증발온도를 요하는 곳에 주로 사용된다.

해설 2단 압축장치는 NH_3를 기준으로 압축비 6 이상이거나 증발온도 −35℃ (기준 사이클) 또는 응축온도가 높은 여름에는 −25℃ 이하에서 설치한다.

41. 단수 릴레이의 종류로 가장 거리가 먼 것은?

정답 35. ③ 36. ④ 37. ③ 38. ③ 39. ④ 40. ④ 41. ④

① 단압식 릴레이 ② 차압식 릴레이
③ 수류식 릴레이 ④ 비례식 릴레이

해설 단수 릴레이는 압력식(단압식, 차압식), 유류(수류)식 등이 있다.

42. 다음 중 냉동에 대한 설명으로 가장 적합한 것은?

① 물질의 온도를 인위적으로 주위의 온도보다 낮게 하는 것을 말한다.
② 열이 높은 곳에서 낮은 곳으로 흐르는 것을 말한다.
③ 물체 자체의 열을 이용하여 일정한 온도를 유지하는 것을 말한다.
④ 기체가 액체로 변화할 때의 기화열에 의한 것을 말한다.

해설 냉동은 열의 결핍현상으로 인위적으로 온도를 낮추는 것을 말하며 냉장, 냉각, 냉방, 제빙, 저빙 등이 여기에 속한다.

43. 회전식(rotary) 압축기에 대한 설명으로 틀린 것은?

① 흡입밸브가 없다.
② 압축이 연속적이다.
③ 회전 압축으로 인한 진동이 심하다.
④ 왕복동에 비해 구조가 간단하다.

해설 회전 압축기는 고도의 정밀도로 제작된 고속 압축기로 진동 및 소음이 적은 정숙한 냉동기이다.

44. 도선에 전류가 흐를 때 발생하는 열량으로 옳은 것은?

① 전류의 세기에 반비례한다.
② 전류의 세기의 제곱에 비례한다.
③ 전류의 세기의 제곱에 반비례한다.
④ 열량은 전류의 세기와 무관하다.

해설 $H = I^2 Rt$ [J]

45. 운전 중에 있는 냉동기의 압축기 압력계가 고압은 8 kg/cm^2, 저압은 진공도 100 mmHg를 나타낼 때 압축기의 압축비는?

① 약 6 ② 약 8
③ 약 10 ④ 약 12

해설 $a = \dfrac{8 + 1.033}{\dfrac{760 - 100}{760} \times 1.033} = 10.07$

46. 공기에서 수분을 제거하여 습도를 낮추기 위해서는 어떻게 하여야 하는가?

① 공기의 유로 중에 가열코일을 설치한다.
② 공기의 유로 중에 공기의 노점온도보다 높은 온도의 코일을 설치한다.
③ 공기의 유로 중에 공기의 노점온도와 같은 온도의 코일을 설치한다.
④ 공기의 유로 중에 공기의 노점온도보다 낮은 온도의 코일을 설치한다.

해설 습도를 낮추는 방법(감습)
ⓐ 압축감습
ⓑ 화공약품감습
ⓒ 냉각감습 (④항이 여기에 속함)

47. 온수 난방의 장점이 아닌 것은?

① 관 부식은 증기 난방보다 적고 수명이 길다.
② 증기 난방에 비해 배관지름이 작으므로 설비비가 적게 든다.
③ 보일러 취급이 용이하고 안전하며 배관 열손실이 적다.
④ 온수 때문에 보일러의 연소를 정지해도 여열이 있어 실온이 급변하지 않는다.

해설 온수 난방은 열용량이 크므로 증기 난방에 비해 배관지름이 크고, 설치비가 20 % 많이 든다.

48. 송풍기의 상사법칙으로 틀린 것은?

정답 42. ① 43. ③ 44. ② 45. ③ 46. ④ 47. ② 48. ④

① 송풍기의 날개 직경이 일정할 때 송풍 압력은 회전수 변화의 2승에 비례한다.
② 송풍기의 날개 직경이 일정할 때 송풍 동력은 회전수 변화의 3승에 비례한다.
③ 송풍기의 회전수가 일정할 때 송풍압력은 날개직경 변화의 2승에 비례한다.
④ 송풍기의 회전수가 일정할 때 송풍동력은 날개직경 변화의 3승에 비례한다.

해설 송풍기 상사법칙

① 송풍량 $\frac{Q_2}{Q_1} = \left(\frac{d_2}{d_1}\right)^3$

② 전압력 $\frac{P_2}{P_1} = \left(\frac{d_2}{d_1}\right)^2$

③ 축동력 $\frac{L_2}{L_1} = \left(\frac{d_2}{d_1}\right)^5$

여기서, d는 날개지름이다.

49. 온풍난방에 대한 설명 중 옳은 것은?

① 설비비는 다른 난방에 비하여 고가이다.
② 예열부하가 크므로 예열시간이 길다.
③ 습도조절이 불가능하다.
④ 신선한 외기도입이 가능하여 환기가 가능하다.

해설 온풍로난방 (온풍난방)
ⓐ 열효율이 높고 연소비가 절약된다.
ⓑ 직접난방에 비하여 설비비가 싸다.
ⓒ 예열부하가 적으므로 장치는 소형이 된다.
ⓓ 환기가 병용으로 되며(신선외기도입) 공기 중의 먼지가 제거되고 가습도 할 수 있다.

50. 이중덕트 변풍량 방식의 특징으로 틀린 것은?

① 각 실내의 온도제어가 용이하다.
② 설비비가 높고 에너지 손실이 크다.
③ 냉풍과 온풍을 혼합하여 공급한다.
④ 단일덕트 방식에 비해 덕트 스페이스가 작다.

해설 이중덕트이므로 단일덕트 방식보다 스페이스가 크다.

51. 다음 중 제2종 환기법으로 송풍기만 설치하여 강제 급기하는 방식은?

① 병용식 ② 압입식
③ 흡출식 ④ 자연식

해설 ① 제1종 : 병용식
③ 제3종 : 흡출식
④ 제4종 : 자연식

52. 물과 공기의 접촉면적을 크게 하기 위해 증발포를 사용하여 수분을 자연스럽게 증발시키는 가습방법은?

① 초음파식 ② 가열식
③ 원심분리식 ④ 기화식

해설 ⓐ 초음파식 : 진동판에 의해서 가습하는 방식
ⓑ 원심분리식 : 선회력을 주어 가습하는 방식
ⓒ 기화식 : 수증기로 가습하는 방식
ⓓ 분무식 : 순환수를 살수하는 방식

53. 다음 장치 중 신축이음 장치의 종류로 가장 거리가 먼 것은?

① 스위블 조인트 ② 볼 조인트
③ 루프형 ④ 버킷형

해설 신축이음은 스위블형, 벨로스형, 루프형, 슬리브형, 볼 조인트 등이 있다.

54. 수분무식 가습장치의 종류가 아닌 것은?

① 모세관식 ② 초음파식

정답 49. ④ 50. ④ 51. ② 52. ④ 53. ④ 54. ①

③ 분무식　　　　　④ 원심식

해설 문제 52번 해설 참조

55. **온수난방에 이용되는 밀폐형 팽창탱크에 관한 설명으로 틀린 것은?**

① 공기층의 용적을 작게 할수록 압력의 변동은 감소한다.
② 개방형에 비해 용적은 크다.
③ 통상 보일러 근처에 설치되므로 동결의 염려가 없다.
④ 개방형에 비해 보수점검이 유리하고 가압실이 필요하다.

해설 공기층의 용적이 작으면 압력 변동이 심하다.

56. **공기의 냉각, 가열코일의 선정 시 유의사항에 대한 내용 중 가장 거리가 먼 것은?**

① 냉각코일 내에 흐르는 물의 속도는 통상 약 1 m/s 정도로 하는 것이 좋다.
② 증기코일을 통과하는 풍속은 통상 약 3~5 m/s 정도로 하는 것이 좋다.
③ 냉각코일의 입・출구 온도차는 통상 약 5℃ 정도로 하는 것이 좋다.
④ 공기 흐름과 물의 흐름은 평행류로 하여 전열을 증대시킨다.

해설 공기와 물의 흐름은 대향류로 한다.

57. **단일덕트 정풍량 방식에 대한 설명으로 틀린 것은?**

① 실내부하가 감소될 경우에 송풍량을 줄여도 실내공기가 오염되지 않는다.
② 고성능 필터의 사용이 가능하다.
③ 기계실에 기기류가 집중 설치되므로 운전보수관리가 용이하다.
④ 각 실이나 존의 부하변동이 서로 다른 건물에서는 온습도에 불균형이 생기기 쉽다.

해설 정풍량 방식은 송풍량이 항상 일정하고 부하에 따른 개별실 조정이 어렵다.

58. **100℃ 물의 증발잠열은 약 몇 kcal/kg 인가?**

① 539　　　　② 600
③ 627　　　　④ 700

해설 100℃ 물의 증발잠열은 538.8 kcal/kg 이고, 0℃ 물의 증발잠열은 597.3 kcal/kg이다.

59. **난방방식 중 방열체가 필요 없는 것은?**

① 온수난방　　　② 증기난방
③ 복사난방　　　④ 온풍난방

해설 온풍난방은 온풍로에서 공기를 가열하여 실내에 취출하는 것으로 방열체가 없다.

60. **어떤 사무실 동쪽 유리면이 50 m^2이고 안쪽은 베니션 블라인드가 설치되어 있을 때, 동쪽 유리면에서 실내에 침입하는 냉방부하는? (단, 유리 통과율은 6.2 kcal/m^2・h・℃, 복사량은 512 kcal/m^2・h, 차폐계수는 0.56, 실내외 온도차는 10℃이다.)**

① 3100 kcal/h　　　② 14336 kcal/h
③ 17436 kcal/h　　　④ 15886 kcal/h

해설 ⓐ 일사량 $= 512 \times 50 \times 0.56 = 14336$ kcal/h
ⓑ 전도열량 $= 6.2 \times 50 \times 10 = 3100$ kcal/h
ⓒ 침입열량 $= 14336 + 3100 = 17436$ kcal/h

정답 55. ①　56. ④　57. ①　58. ①　59. ④　60. ③

2016년 시행문제

■ 공조냉동기계기능사 2016. 1. 24 시행

1. **최신 자동화 설비는 능률적인 만큼 재해를 일으키는 위험성도 그만큼 높아지는 게 사실이다. 자동화 설비를 구입, 사용하고자 할 때 검토해야 할 사항으로 가장 거리가 먼 것은?**

① 단락 또는 스위치나 릴레이 고장 시 오동작
② 밸브 계통의 고장에 따른 오동작
③ 전압 강하 및 정전에 따른 오동작
④ 운전 미숙으로 인한 기계 설비의 오동작

해설 자동화 설비는 운전하기 전에 충분한 숙련을 거쳐야 되므로 검토 대상이 아니다.

2. **안전관리의 목적으로 가장 적합한 것은?**

① 사회적 안정을 기하기 위하여
② 우수한 물건을 생산하기 위하여
③ 최고 경영자의 경영 관리를 위하여
④ 생산성 향상과 생산원가를 낮추기 위하여

3. **다음 기계 작업 중 반드시 운전을 정지하고 해야 할 작업의 종류가 아닌 것은?**

① 공작기계 정비 작업
② 냉동기 누설 검사 작업
③ 기계의 날 부분 청소 작업
④ 원심기에서 내용물을 꺼내는 작업

해설 냉동기 누설 검사 작업은 운전 중 또는 운정지 상태에서 할 수 있다.

4. **산업재해 예방을 위한 필요한 사항을 지켜야 하며, 사업주나 그 밖의 관련 단체에서 실시하는 산업재해 방지에 관한 조치를 따라야 하는 의무자는?**

① 근로자
② 관리감독자
③ 안전관리자
④ 안전보건관리책임자

해설 근로자는 사업주(안전관리 총괄자), 또는 안전관리 책임자로부터 실시하는 재해 방지 교육에 따른 조치를 따라야 한다.

5. **가스용접 장치에서 산소와 아세틸렌 가스를 혼합 분출시켜 연소시키는 장치는?**

① 토치 ② 안전기
③ 안전 밸브 ④ 압력 조정기

6. **다음 중 보일러에서 점화 전에 운전원이 점검 확인하여야 할 사항은?**

① 증기압력 관리
② 집진장치의 매진처리
③ 노내 여열로 인한 압력 상승
④ 연소실 내 잔류가스 측정

해설 보일러 운전 전에는 반드시 연소실의 잔류가스를 프리퍼지시킨다.

7. **신규 검사에 합격된 냉동용 특정설비의 각인 사항과 그 기호의 연결이 올바르게 된 것은?**

① 내용적 : TV
② 용기의 질량 : TM
③ 최고 사용 압력 : FT

정답 1. ④ 2. ④ 3. ② 4. ① 5. ① 6. ④ 7. ④

④ 내압 시험 압력 : TP

해설 ⓐ 내용적 : V
ⓑ 용기의 질량 : W
ⓒ 최고 충전 압력 : FP
ⓓ 내압 시험 압력 : TP

8. **휘발유 등 화기의 취급을 주의해야 하는 물질이 있는 장소에 설치하는 인화성 물질 경고표지의 바탕은 무슨 색으로 표시하는가?**

① 흰색 ② 노란색
③ 적색 ④ 흑색

해설 경고 표시 : 노란색 바탕에 검은색 삼각테로 이뤄지며 경고 내용은 중앙에 검은색으로 표현한다.

9. **프레온 누설 검지에는 할라이드(halide) 토치를 이용한다. 이때, 프레온 냉매의 누설량에 따른 불꽃의 색깔 변화로 옳은 것은?(단, 정상-소량 누설-다량 누설 순으로 한다.)**

① 청색-녹색-자색
② 자색-녹색-청색
③ 청색-자색-녹색
④ 자색-청색-녹색

해설 ⓐ 청색 : 정상(누설 없음)
ⓑ 녹색 : 소량 누설
ⓒ 자색 : 다량 누설
ⓓ 불꺼짐 : 많은 누설

10. **기계 운전 시 기본적인 안전 수칙에 대한 설명으로 틀린 것은?**

① 작업 중에는 작업 범위 외의 어떤 기계도 사용할 수 있다.
② 방호장치는 허가 없이 무단으로 떼어놓지 않는다.
③ 기계 운전 중에는 기계에서 함부로 이탈할 수 없다.
④ 기계 고장 시는 정지, 고장 표시를 반드시 기계에 부착해야 한다.

해설 작업 중에는 작업 범위 외의 어떤 기계도 사용할 수 없다.

11. **양중기의 종류 중 동력을 사용하여 중량물을 매달아 상하 및 좌우로 운반하는 기계장치는?**

① 크레인 ② 리프트
③ 곤돌라 ④ 승강기

해설 ② : 물건을 아래에서 위로 들어 올리는 기계
③ : 고층 건물의 옥상에 설치하여 짐을 들어 올리는 기기
④ : 고층 건물 등에서 동력을 이용하여 사람이나 짐을 아래위로 실어 나르는 장치

12. **가연성 가스가 있는 고압가스 저장실은 그 외면으로부터 화기를 취급하는 장소까지 몇 m 이상의 우회거리를 유지해야 하는가?**

① 1 m ② 2 m
③ 7 m ④ 8 m

해설 화기를 취급하는 장소와 직선거리 5 m, 우회거리 8 m를 유지한다.

13. **다음 중 일반 공구의 안전한 취급 방법이 아닌 것은?**

① 공구는 작업에 적합한 것을 사용한다.
② 공구는 사용 전 점검하여 불안전한 공구는 사용하지 않는다.
③ 공구는 옆 사람에게 넘겨줄 때에는 일의 능률 향상을 위하여 던져 신속하게 전달한다.
④ 손이나 공구에 기름이 묻었을 때에는 완전히 닦은 후 사용한다.

정답 8. ② 9. ① 10. ① 11. ① 12. ④ 13. ③

해설 공구는 신속하고 안전하게 전달한다(던져주는 행위 불가).

14. 가연성 냉매가스 중 냉매설비의 전기설비를 방폭구조로 하지 않아도 되는 것은?

① 에탄 ② 노말부탄
③ 암모니아 ④ 염화메탄

해설 암모니아는 제2종 가연성이고 냉동 장치에서는 방폭구조 설비가 없다.

15. 사고 발생의 원인 중 정신적 요인에 해당되는 항목으로 맞는 것은?

① 불안과 초조
② 수면 부족 및 피로
③ 이해 부족 및 훈련 미숙
④ 안전수칙의 미제정

해설 사고 발생의 원인
ⓐ 정신적 요인 : 불안, 초조
ⓑ 과로 : 수면 부족, 피로
ⓒ 교육적 원인 : 이해 부족, 훈련 미숙, 안전 수칙의 미제정

16. 펌프의 캐비테이션 방지대책으로 틀린 것은?

① 양흡입 펌프를 사용한다.
② 흡입관경을 크게 하고 길이를 짧게 한다.
③ 펌프의 설치 위치를 낮춘다.
④ 펌프 회전수를 빠르게 한다.

해설 펌프의 회전수를 느리게 하여 유량을 조절한다.

17. 2단 압축 냉동사이클에서 중간냉각을 행하는 목적이 아닌 것은?

① 고단 압축기가 과열되는 것을 방지한다.
② 고압 냉매액을 과랭시켜 냉동효과를 증대시킨다.
③ 고압 측 압축기의 흡입가스 중 액을 분리시킨다.
④ 저단 측 압축기의 토출가스를 과열시켜 체적효율을 증대시킨다.

해설 저단 측 압축기의 토출가스 온도의 과열도를감소시켜서 고단 압축기 과열압축을 방지한다.

18. 강관의 전기용접 접합 시의 특징(가스용접에 비해)으로 옳은 것은?

① 유해 광선의 발생이 적다.
② 용접 속도가 빠르고 변형이 적다.
③ 박판 용접에 적당하다.
④ 열량 조절이 비교적 자유롭다.

해설 ①, ③, ④는 가스용접 작업에 대한 설명이다.

19. 전류계의 측정 범위를 넓히는 데 사용되는 것은?

① 배율기 ② 분류기
③ 역률기 ④ 용량 분압기

해설 ① : 전압계의 측정 범위 확대
② : 전류계의 측정 범위 확대

20. 흡수식 냉동장치에 설치되는 안전장치의 설치 목적으로 가장 거리가 먼 것은?

① 냉수 동결 방지
② 흡수액 결정 방지
③ 압력 상승 방지
④ 압축기 보호

해설 흡수식 냉동장치에는 압축기가 없다.

21. 왕복동식과 비교하여 회전식 압축기에 관한 설명으로 틀린 것은?

① 잔류가스의 재팽창에 의한 체적효율의 감소가 적다.

정답 14. ③ 15. ① 16. ④ 17. ④ 18. ② 19. ② 20. ④ 21. ③

② 직결구동에 용이하며 왕복동에 비해 부품수가 적고 구조가 간단하다.
③ 회전식 압축기는 조립이나 조정에 있어 정밀도가 요구되지 않는다.
④ 왕복동식에 비해 진동과 소음이 적다.

해설 회전식 압축기는 고도의 정밀도가 요구되므로 대형 장치가 없다.

22. 수동나사 절삭 방법으로 틀린 것은?

① 관 끝은 절삭 날이 쉽게 들어갈 수 있도록 약간의 모따기를 한다.
② 관을 파이프 바이스에서 약 150 mm 정도 나오게 하고 관이 찌그러지지 않게 주의하면서 단단히 물린다.
③ 나사가 완성되면 편심 핸들을 급히 풀고 절삭기를 뺀다.
④ 나사 절삭기를 관에 끼우고 래칫을 조정한 다음 약 30° 씩 회전시킨다.

해설 나사가 완성되면 핸들을 서서히 풀고 모재를 뺀다.

23. 다음 설명 중 틀린 것은?

① 냉동능력 2 kW는 약 0.52 냉동톤(RT)이다.
② 냉동능력 10 kW, 압축기 동력 4 kW인 냉동장치의 응축부하는 14 kW이다.
③ 냉매증기를 단열 압축하면 온도는 높아지지 않는다.
④ 진공계의 지시값이 10 cmHg인 경우, 절대 압력은 약 0.9 kgf/cm^{2}이다.

해설 냉매를 압축하면 엔탈피, 온도, 압력이 상승한다.

24. 다음 냉동 장치의 제어 장치 중 온도 제어 장치에 해당되는 것은?

① T.C ② L.P.S
③ E.P.R ④ O.P.S

해설 ① : 온도 제어 장치
② : 저압 차단스위치
③ : 증발압력 조절밸브
④ : 유압보호 스위치

25. 냉동 장치에서 압력과 온도를 낮추고 동시에 증발기로 유입되는 냉매량을 조절해 주는 장치는?

① 수액기 ② 압축기
③ 응축기 ④ 팽창밸브

해설 팽창밸브 역할
ⓐ 냉매 유량 제어
ⓑ 감압 장치(온도 감소)
ⓒ 고저압 분리

26. 다음 중 응축기와 관계가 없는 것은?

① 스월(swirl)
② 셸 앤드 튜브(shell and tube)
③ 로핀 튜브(low finned tube)
④ 감온통(thermo sensing bulb)

해설 감온통은 온도식 팽창밸브 또는 증기압력식 온도 조절기 등에 부착되어 있다.

27. 단열 압축, 등온 압축, 폴리트로픽 압축에 관한 사항 중 틀린 것은?

① 압축일량은 등온 압축이 제일 작다.
② 압축일량은 단열 압축이 제일 크다.
③ 압축가스 온도는 폴리트로픽 압축이 제이 높다.
④ 실제 냉동기의 압축 방식은 폴리트로픽 압축이다.

해설 공업일(압축일)의 순서 : 등적 > 단열 > 폴리트로픽 > 등온 > 등압 순이고 토출가스 온도는 압축 일량이 클수록 높다.

28. 다음 중 기체의 용해도에 대한 설명으로 옳은 것은?

정답 22. ③ 23. ③ 24. ① 25. ④ 26. ④ 27. ③ 28. ③

① 고온 · 고압일수록 용해도가 커진다.
② 저온 · 저압일수록 용해도가 커진다.
③ 저온 · 고압일수록 용해도가 커진다.
④ 고온 · 저압일수록 용해도가 커진다.

해설 저온 · 고압일수록 쉽게 액화되어 용해되고, 고온 · 저압은 이상 기체의 조건이다.

29. 논리곱 회로라고 하며 입력신호 A, B가 있을 때 A, B 모두가 "1" 신호로 됐을 때만 출력 C가 "1" 신호로 되는 회로는?(단, 논리식은 A · B = C이다.)

① OR 회로 ② NOT 회로
③ AND 회로 ④ NOR 회로

30. 다음 중 공비 혼합물 냉매는?

① R-11 ② R-123
③ R-717 ④ R-500

해설 ① : CH_4 계열의 freon 냉매
② : C_2H_6 계열의 freon 냉매
③ : 무기질의 NH_3 냉매
④ : freon 계열의 공비 혼합 냉매

31. CA 냉장고의 주된 용도는?

① 제빙용 ② 청과물 보관용
③ 공조용 ④ 해산물 보관용

해설 청과물 냉장고에서 수분이 건조되면서 없어지는 산소(O_2) 대신에 탄산 가스(CO_2)를 투입하여 탄소 동화 작용을 이용하는 냉장고이다.

32. 원심식 냉동기의 서징 현상에 대한 설명 중 옳지 않은 것은?

① 흡입가스 유량이 증가되어 냉매가 어느 한계치 이상으로 운전될 때 주로 발생한다.
② 서징 현상 발생 시 전류계의 지침이 심하게 움직인다.
③ 운전 중 고 · 저압의 차가 증가하여 냉매가 임펠러를 통과할 때 역류하는 현상이다.
④ 소음과 진동을 수반하고 베어링 등 운동 부분에서 급격한 마모 현상이 발생한다.

해설 증발 압력이 낮아져서 흡입가스 유량이 감소할 때 발생된다.

33. 냉동능력이 29980 kcal/h인 냉동 장치에서 응축기의 냉각수 온도가 입구온도 32℃, 출구 온도 37℃일 때, 냉각수 수량이 120 L/min라고 하면 이 냉동기의 축동력은?(단, 열손실은 없는 것으로 가정한다.)

① 5 kW ② 6 kW
③ 7 kW ④ 8 kW

해설 $N = \dfrac{Q_c - Q_e}{860}$

$= \dfrac{120 \times 60 \times 1 \times (37-32) - 29980}{860}$

$= 7\text{ kW}$

34. KS 규격에서 SPPW는 다음 중 어느 것을 나타내는가?

① 배관용 탄소강 강관
② 압력배관용 탄소강 강관
③ 수도용 아연도금 강관
④ 일반구조용 탄소강 강관

해설 SPPW : SPP(배관용 탄소강 강관)에 Zn(아연)을 도금한 수도용 아연도금 강관이다.

35. 고속 다기통 압축기에 관한 설명으로 틀린 것은?

① 고속이므로 냉동능력에 비하여 소형경량이다.
② 다른 압축기에 비하여 체적 효율이 양호하며, 각 부품 교환이 간단하다.

정답 29. ③ 30. ④ 31. ② 32. ① 33. ③ 34. ③ 35. ②

③ 동적 밸런스가 양호하여 진동이 적어 운전 중 소음이 적다.
④ 용량 제어가 타기에 비하여 용이하고, 자동운전 및 무부하 기동이 가능하다.

해설 고속회전으로 톱클리어런스가 크기 때문에 체적 효율이 불량하여 고진공을 얻기 어렵다.

36. **2원 냉동장치에 대한 설명으로 틀린 것은?**

① 주로 약 -80℃ 정도의 극저온을 얻는데 사용된다.
② 비등점이 높은 냉매는 고온측 냉동기에 사용된다.
③ 저온부 응축기는 고온부 증발기와 열교환을 한다.
④ 중간 냉각기를 설치하여 고온측과 저온측을 열교환시킨다.

해설 중간 냉각기는 이단 압축 사이클에 사용되고 저온측과 고온측을 열교환하는 장치는 캐스케이드 콘덴서이다.

37. **전기장의 세기를 나타내는 것은?**

① 유전속 밀도 ② 전하 밀도
③ 정전력 ④ 전기력선 밀도

해설 ⓐ 전기장의 세기 : 두 전하가 있을 때 다른 종류의 전하는 흡인력이 발생하고, 같은 종류의 전하는 반발력이 작용한다.
ⓑ 전기력선 : 전기장의 상태를 나타내는 가상선이다.

38. **공기 냉각용 증발기로서 주로 벽 코일 동결실의 선반으로 사용되는 증발기의 형식은?**

① 만액식 셸 앤드 튜브식 증발기
② 보데로 증발기
③ 탱크식 증발기
④ 캐스케이드식 증발기

해설 벽 코일의 동결실 선반용은 캐스케이드식과 멀티피드 멀티석션식이 있다.

39. **관의 지름이 다를 때 사용하는 이음쇠가 아닌 것은?**

① 부싱 ② 레듀서
③ 리턴 밴드 ④ 편심 이경 소켓

해설 리턴 밴드는 유체의 흐름을 180°로 역류시키는 장치이다.

40. **브라인에 관한 설명으로 틀린 것은?**

① 무기질 브라인 중 염화나트륨이 염화칼슘보다 금속에 대한 부식성이 더 크다.
② 염화칼슘 브라인은 공정점이 낮아 제빙, 냉장 등으로 사용된다.
③ 브라인 냉매의 pH 값은 7.5~8.2(약 알칼리)로 유지하는 것이 좋다.
④ 브라인은 유기질과 무기질로 구분되며 유기질 브라인의 금속에 대한 부식성이 더 크다.

해설 금속에 대한 부식성은 무기질이 크다.

41. **유분리기의 설치 위치로서 적당한 곳은?**

① 압축기와 응축기 사이
② 응축기와 수액기 사이
③ 수액기와 증발기 사이
④ 증발기와 압축기 사이

해설 ① : 유분리기 설치
② : 균압관 설치
③ : 팽창밸브 설치
④ : 액분리기 설치

42. **강관에서 나타내는 스케줄 번호(schedule number)에 대한 설명으로 틀린 것은?**

① 관의 두께를 나타내는 호칭이다.
② 유체의 사용 압력에 비례하고 배관의

정답 36. ④ 37. ④ 38. ④ 39. ③ 40. ④ 41. ① 42. ④

허용응력에 반비례한다.

③ 번호가 클수록 관 두께가 두꺼워진다.

④ 호칭지름이 같은 관은 스케줄 번호가 같다.

해설 호칭지름이 같은 관이라도 배관의 재질에 따라서 스케줄 번호는 다르다.

43. 어떤 회로에 220 V의 교류전압으로 10 A의 전류를 통과시켜 1.8 kW의 전력을 소비하였다면 이 회로의 역률은?

① 0.72 ② 0.81

③ 0.96 ④ 1.35

해설 $\cos\theta = \frac{1800}{220 \times 10} = 0.818$

44. $P-h$ 선도의 등건조도선에 대한 설명으로 틀린 것은?

① 습증기 구역 내에서만 존재하는 선이다.

② 건도가 0.2는 습증기 중 20 %는 액체, 80 %는 건조 포화 증기를 의미한다.

③ 포화액의 건도는 0이고 건조 포화 증기의 건도는 1이다.

④ 등건조도선을 이용하여 팽창밸브 통과 후 발생한 플래시 가스량을 알 수 있다.

해설 건조도 0.2는 습증기 중 20 %는 기체, 80 %는 액체이다.

45. 30℃에서 2 Ω의 동선이 온도 70℃로 상승하였을 때, 저항은 얼마가 되는가?(단, 동선의 저항온도계수는 0.0042이다.)

① 2.3 Ω ② 3.3 Ω

③ 5.3 Ω ④ 6.3 Ω

해설 $R_2 = R_1(1+\alpha\Delta t)$

$= 2 \times \{1 + 0.0042 \times (70-30)\}$

$= 2.336\ \Omega$

46. 다음 중 효율은 그다지 높지 않고 풍량과 동력의 변화가 비교적 많으며 환기 · 공조 저속 덕트용으로 주로 사용되는 송풍기는?

① 시로코 팬

② 축류 송풍기

③ 에어 포일팬

④ 프로펠러형 송풍기

47. 다음 중 대기압 이하의 열매증기를 방출하는 구조로 되어 있는 보일러는?

① 무압 온수보일러

② 콘덴싱 보일러

③ 유동층 연소보일러

④ 진공식 증기보일러

해설 대기압 이하는 진공 보일러이다.

48. 배관 및 덕트에 사용되는 보온 단열재가 갖추어야 할 조건이 아닌 것은?

① 열전도율이 클 것

② 안전 사용 온도 범위에 적합할 것

③ 불연성 재료로서 흡습성이 작을 것

④ 물리 · 화학적 강도가 크고 시공이 용이할 것

해설 단열재는 열전도율이 작을 것

49. 팬형 가습기에 대한 설명으로 틀린 것은?

① 가습의 응답속도가 느리다.

② 팬 속의 물을 강제적으로 증발시켜 가습한다.

③ 패키지형의 소형 공조기에 많이 사용한다.

④ 가습장치 중 효율이 가장 우수하며, 가습량을 자유로이 변화시킬 수 있다.

해설 가습장치 중 효율이 가장 우수한 것은 증기 분무 가습이다.

정답 43. ② 44. ② 45. ① 46. ① 47. ④ 48. ① 49. ④

50. 다음 중 상대습도를 맞게 표시한 것은?

① $\phi = \frac{습공기수증기분압}{포화수증기압} \times 100$

② $\phi = \frac{포화수증기압}{습공기수증기분압} \times 100$

③ $\phi = \frac{습공기수증기중량}{포화수증기압} \times 100$

④ $\phi = \frac{포화수증기중량}{습공기수증기중량} \times 100$

해설 $\phi = \frac{습공기수증기분압}{포화수증기분압} \times 100 = \frac{습공기수증기중량}{포화수증기중량}$

51. 온풍난방에 사용되는 온풍로의 배치에 대한 설명으로 틀린 것은?

① 덕트 배관은 짧게 한다.
② 굴뚝의 위치가 되도록이면 가까워야 한다.
③ 온풍로의 후면(방문 쪽)은 벽에 붙여 고정한다.
④ 습기와 먼지가 적은 장소를 선택한다.

해설 온풍로 전면(버너 쪽)은 1.2~1.5 m를 띄우고 온풍로 후면(방문 쪽)은 0.6 m 이상 띄운다.

52. 냉열원기기에서 열교환기를 설치하는 목적으로 틀린 것은?

① 압축기 흡입가스를 과열시켜 액 압축을 방지시킨다.
② 프레온 냉동장치에서 액을 과냉각시켜 냉동효과를 증대시킨다.
③ 플래시 가스 발생을 최소화한다.
④ 증발기에서의 냉매 순환량을 증가시킨다.

해설 열교환기는 증발기 출구 흡입가스와 팽창밸브 직전의 액냉매와 열교환하는 것으로 냉매 순환량과는 관계가 없다.

53. 히트펌프 방식에서 냉·난방 절환을 위해 필요한 밸브는?

① 감압 밸브　② 2방 밸브
③ 4방 밸브　④ 전동 밸브

해설 4방 밸브는 히트펌프에서 냉매의 통로를 바꾸는(전환) 역할을 한다.

54. 건물의 바닥, 천장, 벽 등에 온수를 통하는 관을 구조체에 매설하고 아파트, 주택 등에 주로 사용되는 난방 방법은?

① 복사 난방　② 증기난방
③ 온풍난방　④ 전기히터난방

해설 우리나라 주택 등의 난방은 바닥복사 난방이다.

55. 실내 오염공기의 유입을 방지해야 하는 곳에 적합한 환기법은?

① 자연환기법　② 제1종 환기법
③ 제2종 환기법　④ 제3종 환기법

해설 ⓐ 제1종 환기법(병용식) : 송풍기와 배풍기 설치(오염공기 일부 방지)
ⓑ 제2종 환기법(압입식) : 송풍기(오염공기 유입 방지)
ⓒ 제3종 환기법(흡출식) : 배풍기(오염공기 유입 우려)
ⓓ 제4종 환기법(자연식)

56. 공기 조화 방식의 중앙식 공조방식에서 수-공기 방식에 해당되지 않는 것은?

① 이중 덕트 방식
② 유인 유닛 방식
③ 팬 코일 유닛 방식(덕트 병용)
④ 복사 냉난방 방식(덕트 병용)

해설 이중 덕트 방식은 전공기 방식이다.

정답 50. ①　51. ③　52. ④　53. ③　54. ①　55. ③　56. ①

57. 실내 취득 감열량이 35000 kcal/h이고, 실내로 유입되는 송풍량이 9000 m^3/h일 때 실내의 온도를 25℃로 유지하려면 실내로 유입되는 공기의 온도를 약 몇 ℃로 해야 되는가? (단, 공기의 비중량은 1.29 kg/m^3, 공기의 비열은 0.24 kcal/kg · ℃로 한다.)

① 9.5℃　　② 10.6℃
③ 12.4℃　　④ 14.8℃

해설 $t_2 = 25 - \dfrac{35000}{9000 \times 1.29 \times 0.24}$

$= 12.44℃$

58. 어떤 방의 체적이 2×3×2.5 m이고, 실내 온도를 21℃로 유지하기 위하여 실외 온도 5℃의 공기를 3회/h로 도입할 때 환기에 의한 손실열량은? (단, 공기의 비열은 0.24 kcal/kg · ℃, 비중량은 1.2 kg/m^3이다.)

① 207.4 kcal/h　　② 381.2 kcal/h
③ 465.7 kcal/h　　④ 727.2 kcal/h

해설 $q = (3 \times 2 \times 3 \times 2.5) \times 1.2 \times 0.24 \times (21-5) = 207.36$ kcal/h

59. 환수주관을 보일러 수면보다 높은 위치에 배관하는 것은?

① 강제 순환식　　② 건식 환수관식
③ 습식 환수관식　　④ 진공 환수관식

해설 ② : 환수주관이 보일러 수면보다 높을 것
③ : 환수주관이 보일러 수면보다 낮을 것
①과 ④는 보일러 수면과 관계가 없다.

60. 냉각 코일의 종류 중 증발관 내에 냉매를 팽창시켜 그 냉매의 증발잠열을 이용하여 공기를 냉각시키는 것은?

① 건코일　　② 냉수코일
③ 간접 팽창코일　　④ 직접 팽창코일

해설 ③ : 증발기에서 브라인을 냉각하여 현열로 부하를 냉각시키는 장치
④ : 냉매의 잠열을 이용하여 증발기가 직접 피냉각(부하) 물질을 냉각시키는 장치

정답 57. ③　58. ①　59. ②　60. ④

■ 공조냉동기계기능사 2016. 4. 2 시행

1. 용접기 취급상 주의 사항으로 틀린 것은?

① 용접기는 환기가 잘되는 곳에 두어야 한다.
② 2차 측 단자의 한쪽 및 용접기의 외통은 접지를 확실히 해 둔다.
③ 용접기는 지표보다 약간 낮게 두어 습기의 침입을 막아 주어야 한다.
④ 감전의 우려가 있는 곳에서는 반드시 전격방지기를 설치한 용접기를 사용한다.

해설 용접기는 환기가 잘되고 건조한 곳에 보관한다.

2. 냉동기 검사에 합격한 냉동기에는 다음 사항을 명확히 각인한 금속 박판을 부착하여야 한다. 각인할 내용에 해당되지 않는 것은?

① 냉매가스의 종류
② 냉동능력(RT)
③ 냉동기 제조자의 명칭 또는 약호
④ 냉동기 운전조건(주위 온도)

해설 ①, ②, ③ 항 외에 내압시험 압력, 정격 전류, 정격 전압, 소비 동력 등을 각인한다.

3. 냉동 장치를 정상적으로 운전하기 위한 유의사항이 아닌 것은?

① 이상고압이 되지 않도록 주의한다.
② 냉매 부족이 없도록 한다.
③ 습 압축이 되도록 한다.
④ 각 부의 가스 누설이 없도록 유의한다.

해설 냉동 장치는 일반적으로 표준 압축(건조포화증기)을 하도록 한다.

4. 전동공구 작업 시 감전의 위험성을 방지하기 위해 해야 하는 조치는?

① 단전 ② 감지
③ 단락 ④ 접지

5. 냉동 장치를 설비 후 운전할 때 [보기]의 작업순서로 올바르게 나열된 것은?

[보기]

㉠ 냉각운전 ㉡ 냉매충전 ㉢ 누설시험
㉣ 진공시험 ㉤ 배관의 방열공사

① ㉢ → ㉣ → ㉡ → ㉤ → ㉠
② ㉣ → ㉤ → ㉢ → ㉡ → ㉠
③ ㉢ → ㉤ → ㉣ → ㉡ → ㉠
④ ㉣ → ㉡ → ㉢ → ㉤ → ㉠

해설 냉동장치 설치 후의 시험 순서 : 누설시험 → 진공시험 → 냉매충전 → 냉각시험 → 보랭시험 → 방열시공 → 시운전 → 해방시험 → 냉각운전

6. 배관 작업 시 공구 사용에 대한 주의 사항으로 틀린 것은?

① 파이프 리머를 사용하여 관 안쪽에 생기는 거스러미 제거 시 손가락에 상처를 입을 수 있으므로 주의해야 한다.
② 스패너 사용 시 볼트에 적합한 것을 사용해야 한다.
③ 쇠톱 절단 시 당기면서 절단한다.
④ 리드형 나사절삭기 사용 시 조(jaw) 부분을 고정시킨 다음 작업에 임한다.

해설 쇠톱은 밀면서 절단한다.

7. 다음 중 소화방법으로 건조사를 이용하는 화재는?

① A급 ② B급

정답 1. ③ 2. ④ 3. ③ 4. ④ 5. ① 6. ③ 7. ④

③ C급　　④ D급

해설 ① : 보통화재
② : 유류화재
③ : 전기화재
④ : 금속화재(소화제 : 건조사)

8. **해머 작업 시 안전 수칙으로 틀린 것은?**

① 사용 전에 반드시 주위를 살핀다.
② 장갑을 끼고 작업하지 않는다.
③ 담금질된 재료는 강하게 친다.
④ 공동해머 사용 시 호흡을 잘 맞춘다.

해설 담금질한 것은 함부로 두들겨서는 안 된다.

9. **기계 설비의 본질적 안전화를 위해 추구해야 할 사항으로 가장 거리가 먼 것은?**

① 풀 프루프(fool proof)의 기능을 가져야 한다.
② 안전 기능이 기계설비에 내장되어 있지 않도록 한다.
③ 조작상 위험이 가능한 없도록 한다.
④ 페일 세이프(fail safe)의 기능을 가져야 한다.

해설 기계 설비의 고유 기능에 이상이 발생할 때를 대비해 안전 기능이 자동적으로 이행되어야 하므로 내장되어 있어야 한다.

10. **산업안전보건기준에 관한 규칙에 의하면 작업장의 계단 폭은 얼마 이상으로 하여야 하는가?**

① 50 cm　　② 100 cm
③ 150 cm　　④ 200 cm

11. **안전모와 안전대의 용도로 적당한 것은?**

① 물체 비산 방지용이다.
② 추락재해 방지용이다.
③ 전도 방지용이다.
④ 용접작업 보호용이다.

해설 ⓐ 안전모 : 추락, 충돌, 물체의 비래 또는 낙하로부터 머리 보호
ⓑ 안전대 : 전기 공사, 통신선로 공사 등 기타 높은 곳에서 작업할 때의 추락 방지

12. **다음 중 공구의 취급에 관한 설명으로 틀린 것은?**

① 드라이버에 망치질을 하여 충격을 가할 때에는 관통 드라이버를 사용하여야 한다.
② 손 망치는 타격의 세기에 따라 적당한 무게의 것을 골라서 사용하여야 한다.
③ 나사 다이스는 구멍에 암나사를 내는 데 쓰고, 핸드탭은 수나사를 내는 데 사용한다.
④ 파이프 렌치의 입에는 이가 있어 상처를 주기 쉬우므로 연질 배관에는 사용하지 않는다.

해설 나사 다이스는 수나사, 핸드탭은 암나사 공구이다.

13. **가스보일러의 점화 시 착화가 실패하여 연소실의 환기가 필요한 경우, 연소실 용적의 약 몇 배 이상 공기량을 보내어 환기를 행해야 하는가?**

① 2　　② 4
③ 8　　④ 10

해설 가스보일러 점화 및 착화 실패 시 연소실 용적의 4배 이상의 공기로 환기(프리퍼지)를 행해야 한다.

14. **컨베이어 등을 사용하여 작업할 때 작업 시작 전 점검 사항으로 해당되지 않는 것은?**

정답 8. ③　9. ②　10. ②　11. ②　12. ③　13. ②　14. ④

① 원동기 및 풀리 기능의 이상 유무
② 이탈 등의 방지장치 기능의 이상 유무
③ 비상정지장치 기능의 이상 유무
④ 작업면의 기울기 또는 요철 유무

해설 수직 경사 운전의 기울기는 설치 시에 결정되므로 작업 전에 확인할 점검사항이 아니다.

15. **산소 압력 조정기의 취급에 대한 설명으로 틀린 것은?**

① 조정기를 견고하게 설치한 다음 가스 누설 여부를 비눗물로 점검한다.
② 조정기는 정밀하므로 충격이 가해지지 않도록 한다.
③ 조정기는 사용 후에 조정나사를 늦추어서 다시 사용할 때 가스가 한꺼번에 흘러나오는 것을 방지한다.
④ 조정기의 각부에 작동이 원활하도록 기름을 친다.

해설 산소 용기에 유지류(기름)가 묻어 있으면 화재 폭발의 위험이 따른다.

16. **1 kg 기체가 압력 200 kPa, 체적 0.5 m^3의 상태로부터 압력 600 kPa, 체적 1.5 m^3로 상태변화하였다. 이 변화에서 기체 내부의 에너지 변화가 없다고 하면 엔탈피의 변화는?**

① 500 kJ만큼 증가
② 600 kJ만큼 증가
③ 700 kJ만큼 증가
④ 800 kJ만큼 증가

해설 엔탈피 변화 Δh
$= (600 \times 1.5) - (200 \times 0.5) = 800$ kJ

17. **냉동 장치의 냉매 배관의 시공상 주의점으로 틀린 것은?**

① 흡입관에서 두 개의 흐름이 합류하는 곳은 T이음으로 연결한다.
② 압축기와 응축기가 같은 위치에 있는 경우 토출관은 일단 세워 올려 하향 구배로 한다.
③ 흡입관의 입상이 매우 길 때는 약 10 m 마다 중간에 트랩을 설치한다.
④ 2대 이상의 압축기가 각각 독립된 응축기에 연결된 경우 토출관 내부에 가능한 응축기 입구 가까이에 균압관을 설치한다.

해설 두 개의 흐름이 합류하는 곳은 Y이음으로 연결한다.

18. **냉동 장치의 냉매 계통 중에 수분이 침입하였을 때 일어나는 현상을 열거한 것으로 틀린 것은?**

① 프레온 냉매는 수분에 용해되지 않으므로 팽창밸브를 동결 폐쇄시킨다.
② 침입한 수분이 냉매나 금속과 화학 반응을 일으켜 냉매 계통을 부식, 윤활유의 열화 등을 일으킨다.
③ 암모니아는 물에 잘 녹으므로 침입한 수분이 동결하는 장애가 적은 편이다.
④ R-12는 R-22보다 많은 수분을 용해하므로, 팽창밸브 등에서의 수분 동결의 현상이 적게 일어난다.

해설 freon 계열(R-12, R-22)은 수분과 분리되어 팽창밸브 빙결 현상이 발생하므로 건조기를 부착한다.

19. **프레온계 냉매의 특성에 관한 설명으로 틀린 것은?**

① 열에 대한 안정성이 좋다.
② 수분과의 용해성이 극히 크다.
③ 무색, 무취로 누설 시 발견이 어렵다.
④ 전기 절연성이 우수하므로 밀폐형 압축기에 적합하다.

정답 15. ④ 16. ④ 17. ① 18. ④ 19. ②

해설 프레온계 냉매는 수분과 분리된다.

20. 만액식 증발기에서 냉매 측 전열을 좋게 하는 조건으로 틀린 것은?

① 냉각관이 냉매에 잠겨 있거나 접촉해 있을 것
② 열전달 증가를 위해 관 간격이 넓을 것
③ 유막이 존재하지 않을 것
④ 평균 온도차가 클 것

해설 관의 간격이 넓으면 비접촉 효율이 증가하여 전열이 불량해진다.

21. 냉동 장치의 배관 설치 시 주의 사항으로 틀린 것은?

① 냉매의 종류, 온도 등에 따라 배관 재료를 선택한다.
② 온도 변화에 의한 배관의 신축을 고려한다.
③ 기기 조작, 보수, 점검에 지장이 없도록 한다.
④ 굴곡부는 가능한 적게 하고 곡률 반지름을 작게 한다.

해설 굴곡부는 가능한 적게 하고, 곡률 반지름을 크게 하여 유체 저항을 작게 한다.

22. 흡입배관에서 압력 손실이 발생하면 나타나는 현상이 아닌 것은?

① 흡입 압력의 저하
② 토출가스 온도의 상승
③ 비체적 감소
④ 체적효율 저하

해설 압력 손실이 발생하면 비체적이 증가한다.

23. 흡수식 냉동사이클에서 흡수기와 재생기는 증기 압축식 냉동사이클의 무엇과 같은 역할을 하는가?

① 증발기 ② 응축기
③ 압축기 ④ 팽창 밸브

해설 흡수식 냉동장치는 압축기 대신에 흡수기와 발생기가 사용되며, 흡수식에 없는 장치는 압축기와 팽창밸브이다.

24. 어떤 저항 R에 100 V의 전압이 인가해서 10 A의 전류가 1분간 흘렀다면 저항 R에 발생한 에너지는?

① 70000 J ② 60000 J
③ 50000 J ④ 40000 J

해설 $H = 10 \times 100 \times 60 = 60000$ J

25. 임계점에 대한 설명으로 옳은 것은?

① 어느 압력 이상에서 포화액은 증발이 시작됨과 동시에 건포화 증기로 변하게 되는데, 포화액선과 건포화 증기선이 만나는 점
② 포화온도하에서 증발이 시작되어 모두 증발하기까지의 온도
③ 물이 어느 온도에 도달하면 온도는 더 이상 상승하지 않고 증발이 시작하는 온도
④ 일정한 압력하에서 물체의 온도가 변화하지 않고 상(相)이 변화하는 점

해설 임계점은 포화액과 포화 증기가 만나는 점으로 그 이상에서는 액과 증기가 공존할 수 없다.

26. 관의 지름이 크거나 기계적 강도가 문제될 때 유니언 대용으로 결합하여 쓸 수 있는 것은?

① 이경 소켓 ② 플랜지
③ 니플 ④ 부싱

해설 관의 분해 조립 시에는 유니언 또는 플랜지를 사용하고 관의 지름이 클 때는 플랜지 이음한다.

정답 20. ② 21. ④ 22. ③ 23. ③ 24. ② 25. ① 26. ②

27. **동관 작업 시 사용되는 공구와 용도에 관한 설명으로 틀린 것은?**

① 플레어링 툴 세트－관을 압축 접합할 때 사용
② 튜브벤더－관을 구부릴 때 사용
③ 익스팬더－관 끝을 오므릴 때 사용
④ 사이징 툴－관을 원형으로 정형할 때 사용

해설 익스팬더 : 관 끝을 확관할 때 사용

28. **액순환식 증발기에 대한 설명으로 옳은 것은?**

① 오일이 체류할 우려가 크고 제상 자동화가 어렵다.
② 냉매량이 적게 소요되며 액펌프, 저압 수액기 등 설비가 간단하다.
③ 증발기 출구에서 액은 80 % 정도이고 기체는 20 % 정도 차지한다.
④ 증발기가 하나라도 여러 개의 팽창밸브가 필요하다.

해설 액순환식 증발기
ⓐ 증발기 출구에 15~20 % 기체냉매와 75~80 %의 액냉매가 유출된다.
ⓑ 전열 작용이 다른 증발기보다 20 % 이상 양호하다.
ⓒ 고압가스 제상의 자동화가 용이하다.
ⓓ 액 압축의 우려가 없다.
ⓔ 오일이 체류할 우려가 없다.
ⓕ 다른 증발기에 비하여 5~7배의 많은 냉매가 순환한다.
ⓖ 팽창밸브 한 개에 여러 대의 증발기를 사용한다.
ⓗ 시설이 복잡하고 시설비가 고가이다.
ⓘ 베이퍼 로크 현상의 우려가 있어서 액면과 펌프 사이의 낙차를 1~2(실제 1.2 ~1.8) m 둔다.

29. **팽창밸브에 대한 설명으로 옳은 것은?**

① 압축 증대장치로 압력을 높이고 냉각시킨다.
② 액봉이 쉽게 일어나고 있는 곳이다.
③ 냉동부하에 따른 냉매액의 유량을 조절한다.
④ 플래시 가스가 발생하지 않는 곳이며, 일명 냉각 장치라 부른다.

해설 팽창밸브의 역할
ⓐ 감압 작용
ⓑ 유량 조절
ⓒ 고압과 저압을 분리
ⓓ 플래시 가스 발생

30. **증기 압축식 냉동장치의 냉동원리에 관한 설명으로 가장 적합한 것은?**

① 냉매의 팽창열을 이용한다.
② 냉매의 증발잠열을 이용한다.
③ 고체의 승화열을 이용한다.
④ 기체의 온도차에 의한 현열 변화를 이용한다.

해설 증기 압축식 냉동장치는 기계 에너지를 압력 에너지로 전환시키고 액냉매 증발잠열을 이용하여 피냉각 물체의 열을 흡수한다.

31. **정현파 교류에서 전압의 실효값(V)을 나타내는 식으로 옳은 것은? (단, 전압의 최댓값을 V_m, 평균값을 V_a라고 한다.)**

① $V=\dfrac{V_a}{\sqrt{2}}$　　② $V=\dfrac{V_m}{\sqrt{2}}$

③ $V=\dfrac{\sqrt{2}}{V_m}$　　④ $V=\dfrac{\sqrt{2}}{V_a}$

해설 ⓐ 최댓값 $V_m=\sqrt{2}\ V=\dfrac{\pi}{2}V_a$

ⓑ 실효값 $V=\dfrac{V_m}{\sqrt{2}}=\dfrac{\pi}{2\sqrt{2}}V_a$

정답 27. ③　28. ③　29. ③　30. ②　31. ②

ⓒ 평균값 $V_a = \frac{2}{\pi} V_m = \frac{2\sqrt{2}}{\pi} V$

32. **다음 중 용적형 압축기에 대한 설명으로 틀린 것은?**

① 압축실 내의 체적을 감소시켜 냉매의 압력을 증가시킨다.
② 압축기의 성능은 냉동능력, 소비동력, 소음, 진동값 및 수명 등 종합적인 평가가 요구된다.
③ 압축기의 성능을 측정하는 데 유용한 두 가지 방법은 성능계수와 단위 냉동능력당 소비동력을 측정하는 것이다.
④ 개방형 압축기의 성능계수는 전동기와 압축기의 운전 효율을 포함하는 반면, 밀폐형 압축기의 성능계수에는 전동기 효율이 포함되지 않는다.

해설 성적계수= $\frac{q_e}{A_w} \cdot \eta_c \cdot \eta_m$

여기서, A_w : 압축일량
q_e : 냉동효과
η_c : 압축 효율
η_m : 기계 효율

33. **냉매 건조기(dryer)에 관한 설명으로 옳은 것은?**

① 암모니아 가스관에 설치하여 수분을 제거한다.
② 압축기와 응축기 사이에 설치한다.
③ 프레온은 수분에 잘 용해되지 않으므로 팽창밸브에서의 동결을 방지하기 위하여 설치한다.
④ 건조제로는 황산, 염화칼슘 등의 물질을 사용한다.

해설 프레온 냉매는 수분과 분리하여 냉동장치에 나쁜 영향(팽창밸브 빙결, 동부착 현상, 배관 부식)을 주므로 이를 방지하기 위해 건조기를 설치하여 수분을 흡착·제거한다.

34. **스윙(swing)형 체크밸브에 관한 설명으로 틀린 것은?**

① 호칭 치수가 큰 관에 사용된다.
② 유체의 저항이 리프트(lift)형보다 적다.
③ 수평 배관에만 사용할 수 있다.
④ 핀을 축으로 하여 회전시켜 개폐한다.

해설 리프트형 체크밸브는 수평 배관에 사용되고 스윙형 체크밸브는 수직, 수평 배관에 사용된다.

35. **냉동 사이클 내를 순환하는 동작유체로서 잠열에 의해 열을 운반하는 냉매로 가장 거리가 먼 것은?**

① 1차 냉매 ② 암모니아(NH_3)
③ 프레온(freon) ④ 브라인(brine)

해설 브라인은 피냉각 물질로부터 열을 받아서 1차 냉매에 열을 전달하는 중간 매개체 물질로서 현열로 열을 운반하는 2차 냉매이다.

36. **직접 식품에 브라인을 접촉시키는 것이 아니고 얇은 금속판 내에 브라인이나 냉매를 통하게 하여 금속판의 외면과 식품을 접촉시켜 동결하는 장치는?**

① 접촉식 동결장치
② 터널식 공기 동결장치
③ 브라인 동결장치
④ 송풍 동결장치

37. **냉동 부속 장치 중 응축기와 팽창밸브 사이의 고압관에 설치하며 증발기의 부하 변동에 대응하여 냉매 공급을 원활하게 하**

정답 32. ④ 33. ③ 34. ③ 35. ④ 36. ① 37. ②

는 것은?

① 유 분리기 ② 수액기
③ 액 분리기 ④ 중간 냉각기

해설 수액기의 역할
ⓐ 순환냉매를 일시 저장하여 부하 변동에 따른 냉매 수급량을 조절한다.
ⓑ 냉동장치 정지 시에 냉매를 회수하여 보관한다.
ⓒ 냉동장치 정비 보수 시에 냉매를 회수시킨다.

38. 냉매의 구비 조건으로 틀린 것은?

① 증발잠열이 클 것
② 표면장력이 작을 것
③ 임계온도가 상온보다 높을 것
④ 증발압력이 대기압보다 낮을 것

해설 증발압력이 대기압보다 높을 것(진공운전 방지)

39. 비열비를 나타내는 공식으로 옳은 것은?

① $\frac{\text{정적 비열}}{\text{비중}}$ ② $\frac{\text{정압 비열}}{\text{비중}}$
③ $\frac{\text{정압 비열}}{\text{정적 비열}}$ ④ $\frac{\text{정적 비열}}{\text{정압 비열}}$

해설 비열비 $k=\frac{C_p}{C_v}>1$ 이므로 항상 정압 비열이 정적 비열보다 크다.

40. LNG 냉열 이용 동결장치의 특징으로 틀린 것은?

① 식품과 직접 접촉하여 급속 동결이 가능하다.
② 외기가 흡입되는 것을 방지한다.
③ 공기에 분산되어 있는 먼지를 철저히 제거하여 장치 내부에 눈이 생기는 것을 방지한다.
④ 저온 공기의 풍속을 일정하게 확보함으로써 식품과의 열전달계수를 저하시킨다.

해설 저온 공기의 풍속을 일정하게 확보함으로써 식품과의 열전달계수를 상승시킨다.

41. 열에너지를 효율적으로 이용할 수 있는 방법 중 하나인 축열장치의 특징에 관한 설명으로 틀린 것은?

① 저속 연속운전에 의한 고효율 정격운전이 가능하다.
② 냉동기 및 열원설비의 용량을 감소할 수 있다.
③ 열회수 시스템의 적용이 가능하다.
④ 수질 관리 및 소음 관리가 필요 없다.

해설 축열장치는 온수를 재사용하므로 수질 관리와 방음(소음 관리)이 필요하다.

42. 암모니아 냉동장치에서 팽창밸브 직전의 온도가 25℃, 흡입가스의 온도가 −10℃인 건조포화 증기인 경우, 냉매 1 kg당 냉동효과가 350 kcal이고, 냉동능력 15 RT가 요구될 때의 냉매 순환량은?

① 139 kg/h ② 142 kg/h
③ 188 kg/h ④ 176 kg/h

해설 $G=\frac{15\times3320}{350}=142.3\text{ kg/h}$

43. 흡수식 냉동기에서 냉매 순환 과정을 바르게 나타낸 것은?

① 재생(발생)기 → 응축기 → 냉각(증발)기 → 흡수기
② 재생(발생)기 → 냉각(증발)기 → 흡수기 → 응축기
③ 응축기 → 재생(발생)기 → 냉각(증발)기 → 흡수기
④ 냉각(증발)기 → 응축기 → 흡수기 → 재

정답 38. ④ 39. ③ 40. ④ 41. ④ 42. ② 43. ①

생(발생)기

해설 ⓐ 냉매 순환 경로 : 흡수기 → 펌프 → 열교환기 → 발생기 → 응축기 → 증발기 → 흡수기

ⓑ 용제(흡수제) 순환 경로 : 흡수기 → 펌프 → 열교환기 → 발생기 → 열교환기 → 흡수기

44. 증발기 내의 압력에 의해서 작동하는 팽창밸브는?

① 저압측 플로트 밸브
② 정압식 자동 팽창밸브
③ 온도식 자동 팽창밸브
④ 수동식 팽창밸브

해설 정압식 팽창밸브는 증발 압력에 의해서 작동되고 부하 변동에는 민감하지 않다.

45. 2단 압축 냉동 사이클에서 중간 냉각기가 하는 역할로 틀린 것은?

① 저단 압축기의 토출가스 온도를 낮춘다.
② 냉매가스를 과냉각시켜 압축비를 상승시킨다.
③ 고단 압축기로의 냉매액 흡입을 방지한다.
④ 냉매액을 과냉각시켜 냉동효과를 증대시킨다.

해설 중간 냉각기 역할

ⓐ 팽창밸브 직전의 액냉매를 과냉각시켜서 플래시 가스 발생량을 감소시켜 냉동효과를 향상시킨다.

ⓑ 저단 토출가스 온도의 과열도 제거로 과열 압축을 방지하여 토출가스 온도 상승을 피한다.

ⓒ 고단 압축기 액 압축을 방지한다.

46. 어떤 상태의 공기가 노점온도보다 낮은 냉각 코일을 통과하였을 때 상태변화를 설명한 것으로 틀린 것은?

① 절대습도 저하　② 상대습도 저하
③ 비체적 저하　④ 건구온도 저하

해설 건구온도, 노점온도, 절대습도, 비체적, 엔탈피 등은 감소하고 상대습도는 상승한다.

47. 팬의 효율을 표시하는 데 있어서 사용되는 전압 효율에 대한 올바른 정의는?

① $\dfrac{축동력}{공기동력}$　② $\dfrac{공기동력}{축동력}$

③ $\dfrac{회전속도}{송풍기\ 크기}$　④ $\dfrac{송풍기\ 크기}{회전속도}$

48. 다음 중 일반적으로 실내 공기의 오염 정도를 알아보는 지표로 사용하는 것은?

① CO_2 농도　② CO 농도
③ PM 농도　④ H 농도

해설 실내 공기의 오염도는 CO_2 농도를 1000 ppm(0.1%) 이하로 한다.

49. 덕트에서 사용되는 댐퍼의 사용 목적에 관한 설명으로 틀린 것은?

① 풍량조절 댐퍼 - 공기량을 조절하는 댐퍼
② 배연 댐퍼 - 배연덕트에서 사용되는 댐퍼
③ 방화 댐퍼 - 화재 시에 연기를 배출하기 위한 댐퍼
④ 모터 댐퍼 - 자동제어 장치에 의해 풍량조절을 위해 모터로 구동되는 댐퍼

해설 ⓐ 방화 댐퍼 : 화재 시에 불의 이동을 차단하는 댐퍼

ⓑ 방연 댐퍼 : 화재 시에 매연의 이동을 차단하는 댐퍼

50. 실내 현열 손실량이 5000 kcal/h일 때, 실내 온도를 20℃로 유지하기 위해 36℃ 공

정답 44. ②　45. ②　46. ②　47. ②　48. ①　49. ③　50. ②

기 몇 m^3/h를 실내로 송풍해야 하는가? (단, 공기의 비중량은 1.2 kgf/m^3, 정압 비열은 0.24 kcal/kg · ℃이다.)

① 985 m^3/h ② 1085 m^3/h
③ 1250 m^3/h ④ 1350 m^3/h

해설 $Q = \dfrac{5000}{1.2 \times 0.24 \times (36-20)}$
$= 1085.07\ m^3/h$

51. **공기세정기에서 유입되는 공기를 정화시키기 위해 설치하는 것은?**

① 루버 ② 댐퍼
③ 분무노즐 ④ 일리미네이터

해설 루버 : 공기세정기 입구에 설치하여 공기를 정화시키기 위해 안내하는 장치

52. **단일덕트 정풍량 방식의 특징으로 옳은 것은?**

① 각 실마다 부하 변동에 대응하기가 곤란하다.
② 외기도입을 충분히 할 수 없다.
③ 냉풍과 온풍을 동시에 공급할 수가 있다.
④ 변풍량에 비하여 에너지 소비가 적다.

해설 단일덕트 방식은 개실별 제어가 곤란하다.

53. **보일러에서 배기가스의 현열을 이용하여 급수를 예열하는 장치는?**

① 절탄기 ② 재열기
③ 증기 과열기 ④ 공기 가열기

54. **감습장치에 대한 설명으로 옳은 것은?**

① 냉각식 감습장치는 감습만을 목적으로 사용하는 경우 경제적이다.
② 압축식 감습장치는 감습만을 목적으로 하면 소요동력이 커서 비경제적이다.
③ 흡착식 감습장치는 액체에 의한 감습법보다 효율이 좋으나 낮은 노점까지 감습이 어려워 주로 큰 용량의 것에 적합하다.
④ 흡수식 감습장치는 흡착식에 비해 감습 효율이 떨어져 소규모 용량에만 적합하다.

해설 감습장치의 효율 순서는 냉각감습, 화학감습, 압축감습 순으로 압축식이 소비동력이 제일 크다.

55. **실내 상태점을 통과하는 현열비선과 포화곡선과의 교점을 나타내는 온도로서 취출 공기가 실내 잠열부하에 상당하는 수분을 제거하는 데 필요한 코일 표면온도를 무엇이라 하는가?**

① 혼합온도
② 바이패스 온도
③ 실내 장치 노점온도
④ 설계온도

해설 코일의 표면온도에서 제습되므로 이것을 장치의 노점온도라 한다.

56. **다음 중 개별식 공조방식에 해당되는 것은?**

① 팬코일 유닛 방식(덕트 병용)
② 유인 유닛 방식
③ 패키지 유닛 방식
④ 단일 덕트 방식

해설 ①, ②, ④ 항은 중앙공급식으로 ②, ④는 전공기 방식이고 ①은 수공기 방식이며 패키지 유닛은 냉매 방식으로 개별식 공조장치이다.

57. **증기난방에 사용되는 부속기기인 감압밸브를 설치하는 데 있어서 주의 사항으로 틀린 것은?**

정답 51. ① 52. ① 53. ① 54. ② 55. ③ 56. ③ 57. ②

① 감압 밸브는 가능한 사용 개소의 가까운 곳에 설치한다.
② 감압 밸브로 응축수를 제거한 증기가 들어오지 않도록 한다.
③ 감압 밸브 앞에는 반드시 스트레이너를 설치하도록 한다.
④ 바이패스는 수평 또는 위로 설치하고 감압 밸브의 지름과 동일 지름으로 하거나 1차 측 배관 지름보다 한 치수 적은 것으로 한다.

해설 감압 밸브는 사용압력에 맞게 수증기 압력을 감소시키고 유량을 조절한다.

58. 회전식 전열교환기의 특징에 관한 설명으로 틀린 것은?

① 로터의 상부에 외기공기를 통과하고 하부에 실내 공기가 통과한다.
② 열교환은 현열뿐 아니라 잠열도 동시에 이루어진다.
③ 로터를 회전시키면서 실내 공기의 배기공기와 외기공기를 열교환한다.
④ 배기공기는 오염물질이 포함되지 않으므로 필터를 설치할 필요가 없다.

해설 배기공기에 오염물질이 포함되므로 여과기(필터)를 사용한다.

59. 온풍난방에 대한 장점이 아닌 것은?

① 예열시간이 짧다.
② 실내 온습도 조절이 비교적 용이하다.
③ 기기설치 장소의 선정이 자유롭다.
④ 단열 및 기밀성이 좋지 않은 건물에 적합하다.

해설 온풍난방은 상하의 온도차가 크므로 건물 실내의 기밀성과 단열이 좋은 곳에 적합하다.

60. 다음 설명 중 틀린 것은?

① 대기압에서 0℃ 물의 증발잠열은 약 597.3 kcal/kg이다.
② 대기압에서 0℃ 공기의 정압 비열은 약 0.44 kcal/kg · ℃이다.
③ 대기압에서 20℃의 공기 비중량은 약 1.2 kgf/m^3이다.
④ 공기의 평균 분자량은 약 28.96 kg/kmol이다.

해설 대기압에서 공기의 정압 비열은 0.24 kcal/kg · ℃ (1 kJ/kg · K)이다.

정답 58. ④ 59. ④ 60. ②

■ 공조냉동기계기능사 2016. 7. 10 시행

1. 보일러 운전 중 수위가 저하되었을 때 위해를 방지하기 위한 장치는?

① 화염 검출기
② 압력 차단기
③ 방폭문
④ 저수위 경보장치

해설 보일러 수위가 낮아지면 경보장치를 작동시켜서 관리자가 안전 수위를 확보하게 한다.

2. 보호구를 선택 시 유의 사항으로 적절하지 않은 것은?

① 용도에 알맞아야 한다.
② 품질이 보증된 것이어야 한다.
③ 쓰기 쉽고 취급이 쉬워야 한다.
④ 겉모양이 호화스러워야 한다.

해설 보호구는 ①, ②, ③ 외에 사용목적에 맞는 안전기능이 있어야 한다.

3. 보일러 취급 시 주의 사항으로 틀린 것은?

① 보일러의 수면계 수위는 중간 위치를 기준 수위로 한다.
② 점화 전에 미연소 가스를 방출시킨다.
③ 연료 계통의 누설 여부를 수시로 확인한다.
④ 보일러 저부의 침전물 배출은 부하가 가장 클 때 하는 것이 좋다.

해설 침전물 배출은 보일러를 정지시키고 한다.

4. 보일러 취급 부주의로 작업자가 화상을 입었을 때 응급처치 방법으로 적당하지 않은 것은?

① 냉수를 이용하여 화상부의 화기를 빼도록 한다.
② 물집이 생겼으면 터뜨리지 않고 상처부위를 보호한다.
③ 기계유나 변압기유를 바른다.
④ 상처 부위를 깨끗이 소독한 다음 상처를 보호한다.

해설 ①, ②, ④ 외에 의사의 진료에 따라 처치한다.

5. 가스용접 작업 시 유의 사항으로 적절하지 못한 것은?

① 산소병은 60℃ 이하 온도에서 보관하고 직사광선을 피해야 한다.
② 작업자의 눈을 보호하기 위해 차광안경을 착용해야 한다.
③ 가스누설의 점검을 수시로 해야 하며 점검은 비눗물로 한다.
④ 가스용접장치는 화기로부터 일정거리 이상 떨어진 곳에 설치해야 한다.

해설 산소병은 40℃ 이하의 공기 유동이 잘 되는 음지에 보관한다.

6. 다음 발화 온도가 낮아지는 조건 중 옳은 것은?

① 발열량이 높을수록
② 압력이 낮을수록
③ 산소 농도가 낮을수록
④ 열전도도가 낮을수록

해설 산소 농도가 높고 발열량이 높을수록 발화 온도는 낮다.

7. 산소-아세틸렌 용접 시 역화의 원인으로 가장 거리가 먼 것은?

① 토치 팁이 과열되었을 때

정답 1. ④ 2. ④ 3. ④ 4. ③ 5. ① 6. ① 7. ②

② 토치에 절연 장치가 없을 때
③ 사용가스의 압력이 부적당할 때
④ 토치 팁 끝이 이물질로 막혔을 때

해설 전기 용접기에서 절연 장치가 필요하다.

8. 안전사고의 원인으로 불안전한 행동(인적 원인)에 해당하는 것은?

① 불안전한 상태 방치
② 구조재료의 부적합
③ 작업 환경의 결함
④ 복장 보호구의 결함

해설 • 직접 원인
ⓐ 인적 원인 : 불안전한 행동
ⓑ 물적 원인 : 불안전한 상태
• 간접 원인
ⓐ 기술적 원인
ⓑ 교육적 원인
ⓒ 신체적 원인
ⓓ 정신적 원인
ⓔ 관리적 원인

9. 기계 설비에서 일어나는 사고의 위험요소로 가장 거리가 먼 것은?

① 협착점 ② 끼임점
③ 고정점 ④ 절단점

해설 기계 설비의 위험점
ⓐ 협착점
ⓑ 끼임점
ⓒ 절단점
ⓓ 물림점
ⓔ 접선 물림점
ⓕ 회전 말림점

10. 줄 작업 시 안전사항으로 틀린 것은?

① 줄의 균열 유무를 확인한다.
② 부러진 줄은 용접하여 사용한다.
③ 줄은 손잡이가 정상인 것만을 사용한다.
④ 줄 작업에서 생긴 가루는 입으로 불지 않는다.

해설 부러진 줄은 사용하지 않는다.

11. 해머(hammer)의 사용에 관한 유의 사항으로 가장 거리가 먼 것은?

① 쐐기를 박아서 손잡이가 튼튼하게 박힌 것을 사용한다.
② 열간 작업 시에는 식히는 작업을 하지 않아도 계속해서 작업할 수 있다.
③ 타격면이 닳아 경사진 것을 사용하지 않는다.
④ 장갑을 끼지 않고 작업을 진행한다.

해설 열처리(열간 작업 등)한 것은 함부로 두들겨서는 안 된다.

12. 재해예방의 4가지 기본 원칙에 해당되지 않는 것은?

① 대책선정의 원칙
② 손실우연의 원칙
③ 예방가능의 원칙
④ 재해통계의 원칙

해설 재해예방 4가지 기본원칙은 ①, ②, ③항 외에 원인연계의 원칙이 있다.

13. 아크용접작업 기구 중 보호구와 관계없는 것은?

① 용접용 보안면 ② 용접용 앞치마
③ 용접용 홀더 ④ 용접용 장갑

14. 안전관리 관리 감독자의 업무로 가장 거리가 먼 것은?

정답 8. ① 9. ③ 10. ② 11. ② 12. ④ 13. ③ 14. ①

① 작업 전·후 안전점검 실시
② 안전작업에 관한 교육훈련
③ 작업의 감독 및 지시
④ 재해 보고서 작성

해설 ①은 안전관리 감독자의 업무가 아니고 안전관리 책임자와 안전관리원의 업무이다.

15. 정(chisel)의 사용 시 안전관리에 적합하지 않은 것은?

① 비산 방지판을 세운다.
② 올바른 치수와 형태의 것을 사용한다.
③ 칩이 끊어져 나갈 무렵에는 힘주어서 때린다.
④ 담금질한 재료는 정으로 작업하지 않는다.

해설 정작업에서 처음과 끝날 무렵에는 힘을 적게 주어 때린다.

16. 저항이 250Ω이고 40 W인 전구가 있다. 점등 시 전구에 흐르는 전류는?

① 0.1 A ② 0.4 A
③ 2.5 A ④ 6.2 A

해설 $I = \sqrt{\frac{P}{R}} = \sqrt{\frac{40}{250}} = 0.4\text{ A}$

17. 바깥지름 54 mm, 길이 2.66 m, 냉각관수 28개로 된 응축기가 있다. 입구 냉각수온 22℃, 출구 냉각수온 28℃이며 응축온도는 30℃이다. 이때 응축부하는?(단, 냉각관의 열통과율은 900 kcal/m²·h·℃이고, 온도차는 산술 평균 온도차를 이용한다.)

① 25300 kcal/h ② 43700 kcal/h
③ 56859 kcal/h ④ 79682 kcal/h

해설 $q = k \times (\pi D l n) \times \left(t_c - \frac{t_{w_1} + t_{w_2}}{2}\right)$

$= 900 \times (\pi \times 0.054 \times 2.66 \times 28) \times \left(30 - \frac{22+28}{2}\right) = 56858.6\text{ kcal/h}$

18. 관 절단 후 절단부에 생기는 거스러미를 제거하는 공구로 가장 적절한 것은?

① 클립 ② 사이징 툴
③ 파이프 리머 ④ 쇠톱

해설 ① : 주철관 이음에서 납 가락지를 만드는 아가리
② : 동관을 확관하는 공구
③ : 관 절단 후 생기는 거스러미를 제거하는 공구
④ : 강을 절단하는 공구

19. 암모니아(NH_3) 냉매에 대한 설명으로 틀린 것은?

① 수분에 잘 용해된다.
② 윤활유에 잘 용해된다.
③ 독성, 가연성, 폭발성이 있다.
④ 전열 성능이 양호하다.

해설 윤활유(oil)는 freon에 용해되고 NH_3와는 분리된다.

20. 자기유지(self holding)에 관한 설명으로 옳은 것은?

① 계전기 코일에 전류를 흘려서 여자시키는 것
② 계전기 코일에 전류를 차단하여 자화 성질을 잃게 되는 것
③ 기기의 미소 시간 동작을 위해 동작되는 것
④ 계전기가 여자된 후에도 동작 기능이 계속해서 유지되는 것

해설 자기유지 : 계전기가 여자되어 자기 접점으로 자기 코일에 전원을 공급하여 동작 기능이 계속 유지되는 것이다.

정답 15. ③ 16. ② 17. ③ 18. ③ 19. ② 20. ④

21. **냉동기에서 열교환기는 고온유체와 저온유체를 직접혼합 또는 원형동관으로 유체를 분리하여 열교환하는데 다음 설명 중 옳은 것은?**

① 동관 내부를 흐르는 유체는 전도에 의한 열전달이 된다.
② 동관 내벽에서 외벽으로 통과할 때는 복사에 의한 열전달이 된다.
③ 동관 외벽에서는 대류에 의한 열전달이 된다.
④ 동관 내부에서 동관 외벽까지 복사, 전도, 대류의 열전달이 된다.

해설 열교환기는 기기 상호 간에 전도와 대류에 의해서 열교환하는 장치이다. ①은 유체의 대류에 의한 열전달이다.

22. **증발열을 이용한 냉동법이 아닌 것은?**

① 압축 기체 팽창 냉동법
② 증기분사식 냉동법
③ 증기압축식 냉동법
④ 흡수식 냉동법

해설 증발열을 이용하는 냉동법은 증기압축식 냉동법, 증기분사식 냉동법, 흡수식 냉동법, 터보(원심)식 냉동법 등이 있다.

23. **열전 냉동법의 특징에 관한 설명으로 틀린 것은?**

① 운전 부분으로 인해 소음과 진동이 생긴다.
② 냉매가 필요 없으므로 냉매 누설로 인한 환경오염이 없다.
③ 성적계수가 증기압축식에 비하여 월등히 떨어진다.
④ 열전소자의 크기가 작고 가벼워 냉동기를 소형, 경량으로 만들 수 있다.

해설 열전 냉동(전자 냉동)법은 두 개의 금속 또는 반도체를 이용하는 방식으로 한쪽은 열흡수, 다른 한쪽은 열방출하는 방식으로 압축기가 없으므로 소음, 진동이 전혀 발생하지 않는다.

24. **왕복식 압축기 크랭크축이 관통하는 부분에 냉매나 오일이 누설되는 것을 방지하는 것은?**

① 오일링 ② 압축링
③ 축봉장치 ④ 실린더재킷

해설 축봉장치는 크랭크축이 관통하는 부분의 밀봉장치로 냉매 누설 방지, 오일 누설 방지, 외기 침입 방지에 의해 장치 내부의 기밀을 보장한다.

25. **냉동장치에 사용하는 윤활유인 냉동기유의 구비 조건으로 틀린 것은?**

① 응고점이 낮아 저온에서도 유동성이 좋을 것
② 인화점이 높을 것
③ 냉매와 분리성이 좋을 것
④ 왁스(wax) 성분이 많을 것

해설 저온에서 왁스 성분, 고온에서 슬러지를 형성하지 말아야 한다.

26. **불연속 제어에 속하는 것은?**

① ON-OFF 제어 ② 비례 제어
③ 미분 제어 ④ 적분 제어

해설 ON-OFF 제어는 2위치 제어로 불연속 동작이다.

27. **다음의 $P-h$(몰리에르) 선도는 현재 어떤 상태를 나타내는 사이클인가?**

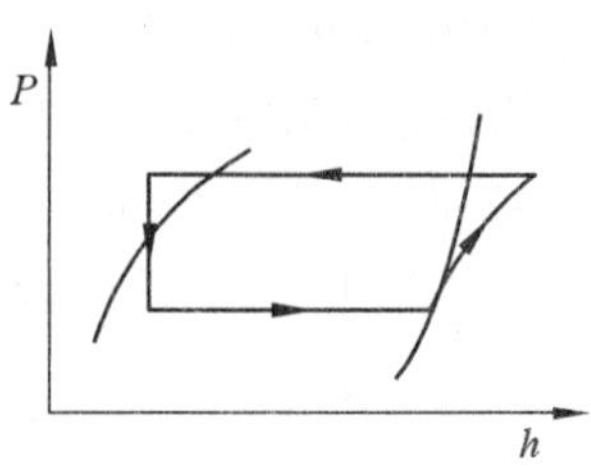

정답 21. ③ 22. ① 23. ① 24. ③ 25. ④ 26. ① 27. ④

① 습냉각 ② 과열압축
③ 습압축 ④ 과냉각

해설 표준압축 과냉각 사이클의 몰리에르 선도이다.

28. 냉동기에 냉매를 충전하는 방법으로 틀린 것은?

① 액관으로 충전한다.
② 수액기로 충전한다.
③ 유분리기로 충전한다.
④ 압축기 흡입 측에 냉매를 기화시켜 충전한다.

해설 유분리기는 토출가스 중의 윤활유(oil)를 분리시켜 응축기와 증발기의 전열 작용을 양호하게 한다.

29. 브라인을 사용할 때 금속의 부식방지법으로 틀린 것은?

① 브라인 pH를 7.5~8.2 정도로 유지한다.
② 공기와 접촉시키고, 산소를 용입시킨다.
③ 산성이 강하면 가성소다로 중화시킨다.
④ 방청제를 첨가한다.

해설 브라인은 공기(산소)와 접촉하면 금속의 부식이 촉진된다.

30. 다음 중 흡수식 냉동기에 관한 설명으로 틀린 것은?

① 압축식에 비해 소음과 진동이 적다.
② 증기, 온수 등 배열을 이용할 수 있다.
③ 압축식에 비해 설치 면적 및 중량이 크다
④ 흡수식은 냉매를 기계적으로 압축하는 방식이며 열적(熱的)으로 압축하는 방식은 증기 압축식이다.

해설 흡수식은 열에너지를 압력 에너지로 전환하는 방식이다.

31. 주파수가 60 Hz인 상용 교류에서 각속도는 얼마인가?

① 141 rad/s ② 171 rad/s
③ 377 rad/s ④ 623 rad/s

해설 $w = 2\pi f = 2\pi \times 60 = 377 \text{ rad/s}$

32. 흡입압력 조정밸브(SPR)에 대한 설명으로 틀린 것은?

① 흡입압력이 일정 압력 이하가 되는 것을 방지한다.
② 저전압에서 높은 압력으로 운전될 때 사용한다.
③ 종류에는 직동식, 내부 파일럿 작동식, 외부 파일럿 작동식 등이 있다.
④ 흡입압력의 변동이 많은 경우에 사용한다.

해설 흡입압력이 일정 압력 이상이 되는 것을 방지하여 전동기 과부하를 방지한다.

33. 다음 중 제빙 장치의 주요 기기에 해당되지 않는 것은?

① 교반기 ② 양빙기
③ 송풍기 ④ 탈빙기

해설 제빙 장치 주요 기기 : 교반기, 양빙기, 탈빙기, 호이스트(이동 수단) 등

34. 다음 중 프로세스 제어에 속하는 것은?

① 전압 ② 전류
③ 유량 ④ 속도

해설 프로세스 제어 : 온도, 유량, 압력, 액위, 농도, 밀도 등의 플랜트나 생산 공정 중의 상태량을 제어량으로 하는 제어로서 외란의 억제를 주목적으로 한다.

35. 배관의 신축 이음쇠의 종류로 가장 거리가 먼 것은?

정답 28. ③ 29. ② 30. ④ 31. ③ 32. ① 33. ③ 34. ③ 35. ③

① 스위블형 ② 루프형
③ 트랩형 ④ 벨로스형

해설 신축 이음쇠 : 루프형, 슬리브형, 벨로스형, 스위블형, 볼조인트 등이 있다.

36. 증기분사 냉동법에 관한 설명으로 옳은 것은?

① 융해열을 이용하는 방법
② 승화열을 이용하는 방법
③ 증발열을 이용하는 방법
④ 펠티에 효과를 이용하는 방법

해설 증기분사식 냉동장치

열에너지 —노즐→ 속력(운동) 에너지 —디퓨저→ 압력 에너지

37. 냉동장치에 수분이 침입되었을 때 에멀션 현상이 일어나는 냉매는?

① 황산 ② R-12
③ R-22 ④ NH_3

해설 에멀션 현상 : NH_3 냉동장치에서 수분이 침입하여 윤활유를 우윳빛으로 변색시키는 현상이다.

38. 역카르노 사이클에 대한 설명으로 옳은 것은?

① 2개의 압축 과정과 2개의 증발 과정으로 이루어져 있다.
② 2개의 압축 과정과 2개의 응축 과정으로 이루어져 있다.
③ 2개의 단열 과정과 2개의 등온 과정으로 이루어져 있다.
④ 2개의 증발 과정과 2개의 응축 과정으로 이루어져 있다.

해설 역카르노 사이클은 카르노 사이클의 반대 방향으로 작동하는 것으로 등온 팽창(증발기) → 단열 압축(압축기) → 등온 압축(응축기) → 단열 팽창(팽창 밸브) 과정이다.

39. 프레온 냉동장치의 배관에 사용되는 재료로 가장 거리가 먼 것은?

① 배관용 탄소강 강관
② 배관용 스테인리스 강관
③ 이음매 없는 동관
④ 탈산 동관

해설 배관용 탄소강 강관은 사용 압력이 $10\ kg/cm^2$ 이하이므로 냉동장치용 배관으로 사용할 수 없다.

40. 표준 냉동 사이클의 몰리에르($P-h$) 선도에서 압력이 일정하고, 온도가 저하되는 과정은?

① 압축과정 ② 응축과정
③ 팽창과정 ④ 증발과정

해설 ① : 압력, 온도 상승
② : 압력 일정, 온도 저하
③ : 압력, 온도 저하
④ : 압력, 온도 일정

41. 냉동 장치에서 가스 퍼저(purger)를 설치할 경우 가스의 인입선은 어디에 설치해야 하는가?

① 응축기와 증발기 사이에 한다.
② 수액기와 팽창 밸브 사이에 한다.
③ 응축기와 수액기의 균압관에 한다.
④ 압축기의 토출관으로부터 응축기의 3/4 되는 곳에 한다.

해설 고압가스 인입선은 응축기 상부와 수액기 상부에 연결된 균압관에서 불응축 가스를 인출한다.

42. 배관의 중간이나 밸브, 각종 기기의 접

정답 36. ③ 37. ④ 38. ③ 39. ① 40. ② 41. ③ 42. ①

속 및 보수 점검을 위하여 관의 해체 또는 교환 시 필요한 부속품은?

① 플랜지 ② 소켓
③ 밴드 ④ 바이패스관

해설 배관의 해체 또는 교환 시에 필요한 부속품은 유니언과 플랜지이다.

43. 저단측 토출가스의 온도를 냉각시켜 고단측 압축기가 과열되는 것을 방지하는 것은 어느 것인가?

① 부스터 ② 인터쿨러
③ 팽창탱크 ④ 콤파운드 압축기

해설 중간 냉각기(인터쿨러)
ⓐ 저단 압축기 토출가스 온도의 과열도를 감소시켜서 고단 압축기 과열 압축을 방지하여 토출가스 온도 상승을 피한다.
ⓑ 팽창밸브 직전의 액냉매를 과냉각시켜서 플래시 가스 발생을 감소시켜 냉동효과를 증대시킨다.
ⓒ 고단 압축기 액 압축을 방지한다.

44. 축봉장치(shaft seal)의 역할로 가장 거리가 먼 것은?

① 냉매 누설 방지
② 오일 누설 방지
③ 외기 침입 방지
④ 전동기의 슬립(slip) 방지

해설 ⓐ 축봉장치는 압축기 축을 밀봉시켜서 ①, ②, ③ 항을 유지시킨다.
ⓑ 슬립은 전동기의 회전 속도를 감소시키는 저항체이다.

45. 냉동 사이클에서 증발온도를 일정하게 하고 응축온도를 상승시켰을 경우의 상태변화로 옳은 것은?

① 소요동력 감소
② 냉동능력 증대
③ 성적계수 증대
④ 토출가스 온도 상승

해설 응축온도 상승에 따른 상태변화
ⓐ 압축비 상승
ⓑ 체적효율 감소
ⓒ 냉매순환량 감소
ⓓ 냉동능력 감소
ⓔ 단위능력당 소요동력 증대
ⓕ 성적계수 감소
ⓖ 플래시 가스 발생량 증대
ⓗ 실린더 과열
ⓘ 토출가스 온도 상승
ⓙ 윤활유 열화 및 탄화

46. 개별 공조방식의 특징이 아닌 것은?

① 취급이 간단하다.
② 외기 냉방을 할 수 있다.
③ 국소적인 운전이 자유롭다.
④ 중앙방식에 비해 소음과 진동이 크다.

해설 개별 공조방식은 외기 도입이 어려워서 외기 냉방을 할 수 없다.

47. 공조방식 중 각층 유닛방식의 특징으로 틀린 것은?

① 각 층의 공조기 설치로 소음과 진동의 발생이 없다.
② 각 층별로 부분 부하운전이 가능하다.
③ 중앙기계실의 면적을 적게 차지하고 송풍기 동력도 적게 든다.
④ 각 층 슬래브의 관통 덕트가 없게 되므로 방재상 유리하다.

해설 각 층에 공조기가 설치되어 소음, 진동 발생이 크고 정비 보수가 어렵다.

48. 다음 중 환기방법 중 제1종 환기법으로

정답 43. ② 44. ④ 45. ④ 46. ② 47. ① 48. ③

옳은 것은?

① 자연급기와 강제배기
② 강제급기와 자연배기
③ 강제급기와 강제배기
④ 자연급기와 자연배기

해설 ① : 제3종 환기법(흡출식)
② : 제2종 환기법(압입식)
③ : 제1종 환기법(병용식)
④ : 제4종 환기법(자연식)

49. 외기온도 −5℃일 때 공급 공기를 18℃로 유지하는 열펌프로 난방을 한다. 방의 총 열손실이 50000 kcal/h일 때 외기로부터 얻은 열량은?

① 43500 kcal/h ② 46047 kcal/h
③ 50000 kcal/h ④ 53255 kcal/h

해설 열효율 $\eta = 1 - \frac{T_2}{T_1} = 1 - \frac{Q_2}{Q_1}$ 식에서

외기로부터 얻는 열량

$$Q_2 = \frac{T_2}{T_1} \times Q_1 = \frac{273-5}{273+18} \times 50000$$
$$= 46048.1 \text{ kcal/h}$$

50. 외기 온도가 32.3℃, 실내 온도가 26℃이고, 일사를 받은 벽의 상당 온도차가 22.5℃, 벽체의 열관류율이 3 kcal/m²·h·℃일 때, 벽체의 단위면적당 이동하는 열량은?

① 18.9 kcal/m²·h
② 67.5 kcal/m²·h
③ 96.9 kcal/m²·h
④ 101.8 kcal/m²·h

해설 $q = k\Delta t_e = 3 \times 22.5$
$$= 67.5 \text{ kcal/m}^2 \cdot \text{h}$$

51. 프로펠러의 회전에 의하여 축 방향으로 공기를 흐르게 하는 송풍기는?

① 관류 송풍기
② 축류 송풍기
③ 터보 송풍기
④ 크로스 플로 송풍기

해설 ① 관류형(크로스 플로) 송풍기는 다익 송풍기와 비슷한 것으로 에어커튼으로 사용한다.
③ 터보 송풍기는 날개의 매수가 다익 송풍기보다 적고 뒤쪽으로 굽은 날개를 가지며 리밋 로드 팬이 여기에 속한다.

52. (가), (나), (다)와 같은 관로의 국부저항계수(전압 기준)가 큰 것부터 작은 순서로 나열한 것은?

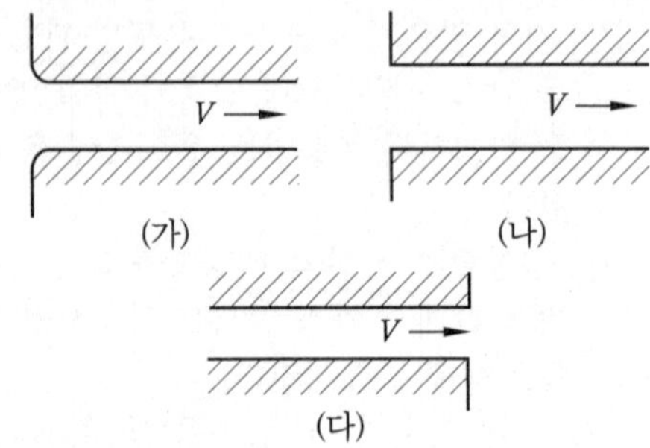

① (가) > (나) > (다) ② (가) > (다) > (나)
③ (나) > (다) > (가) ④ (다) > (나) > (가)

해설 국부저항이 작은 순서는 ①, 국부저항이 큰 순서는 ④이다.

53. 다음 중 건조 공기의 구성 요소가 아닌 것은?

① 산소 ② 질소
③ 수증기 ④ 이산화탄소

해설 건조 공기는 수분이 없는 공기를 말하고 실제로 존재하지는 않는다. 예를 들면 대기 상태의 공기는 습공기(건조 공기+수증기)이다.

54. 셸 앤드 튜브(shell & tube)형 열교환기에 관한 설명으로 옳은 것은?

정답 49. ② 50. ② 51. ② 52. ④ 53. ③ 54. ①

① 전열관 내 유속은 내식성이나 내마모성을 고려하여 약 1.8 m/s 이하가 되도록 하는 것이 바람직하다.
② 동관을 전열관으로 사용할 경우 유체 온도는 200℃ 이상이 좋다.
③ 증기와 온수의 흐름은 열교환 측면에서 병행류가 바람직하다.
④ 열관류율은 재료와 유체의 종류에 상관 없이 거의 일정하다.

해설 전열관 내의 유속은 이론적으로 0.5~1.5 m/s이나 마모성과 부식성을 고려하여 최대 2.3 m/s 이하로 한다.

55. 보일러에서 공기 예열기 사용에 따라 나타나는 현상으로 틀린 것은?

① 열효율 증가
② 연소 효율 증대
③ 저질탄 연소 가능
④ 노내 연소속도 감소

해설 공기 예열기를 사용하면 노내 연소속도는 증가한다.

56. 공기조화시스템의 열원장치 중 보일러에 부착되는 안전장치로 가장 거리가 먼 것은?

① 감압밸브 ② 안전밸브
③ 화염검출기 ④ 저수위 경보장치

해설 감압밸브는 주로 유량 조절용으로 사용된다.

57. 가습 방식에 따른 분류로 수분무식 가습기가 아닌 것은?

① 원심식 ② 초음파식
③ 모세관식 ④ 분무식

해설 모세관식은 증기분사형에 속한다.

58. 물질의 상태는 변화하지 않고, 온도만 변화시키는 열을 무엇이라고 하는가?

① 현열 ② 잠열
③ 비열 ④ 융해열

해설 ② : 물질의 온도 변화 없이 상태만 변화시키는 열량으로 증발열, 융해열, 응축열, 응고열이 여기에 속한다.
③ : 물질 1 kg의 온도를 1℃ 높이는 데 필요한 열량이다.

59. 축류형 송풍기의 크기는 송풍기의 번호로 나타내는데, 회전날개의 지름(mm)을 얼마로 나눈 것을 번호(NO)로 나타내는가?

① 100 ② 150
③ 175 ④ 200

해설 ① : 축류형 송풍기 NO
② : 원심형 송풍기 NO

60. 송풍기의 풍량 제어 방식에 대한 설명으로 옳은 것은?

① 토출 댐퍼 제어방식에서 토출 댐퍼를 조이면 송풍량은 감소하나 출구압력이 증가한다.
② 흡입 베인 제어방식에서 흡입측 베인을 조금씩 닫으면 송풍량 및 출구압력이 모두 증가한다.
③ 흡입 댐퍼 제어방식에서 흡입 댐퍼를 조이면 송풍량 및 송풍압력이 모두 증가한다.
④ 가변피치 제어방식에서 피치 각도를 증가시키면 송풍량은 증가하지만 압력은 감소한다.

해설 ① : 송풍량 감소, 출구압력 증가
② : 송풍량과 출구압력 모두 감소
③ : 송풍량과 송풍압력 모두 감소
④ : 송풍량 감소, 송풍압력 증가

정답 55. ④ 56. ① 57. ③ 58. ① 59. ① 60. ①

CBT 문제은행
공조냉동기계기능사

2018년 1월 10일 인쇄
2018년 1월 15일 발행

저　자 : 김증식
펴낸이 : 이정일

펴낸곳 : 도서출판 **일진사**
www.iljinsa.com
(우) 04317 서울시 용산구 효창원로 64길 6
전화 : 704-1616 / 팩스 : 715-3536
등록 : 제1979-000009호 (1979.4.2)

값 18,000원

ISBN : 978-89-429-1542-2